T0380582

Mathematische Strukturen

Joachim Hilgert

Mathematische Strukturen

Von der linearen Algebra über Ringen zur Geometrie mit Garben

2. Auflage

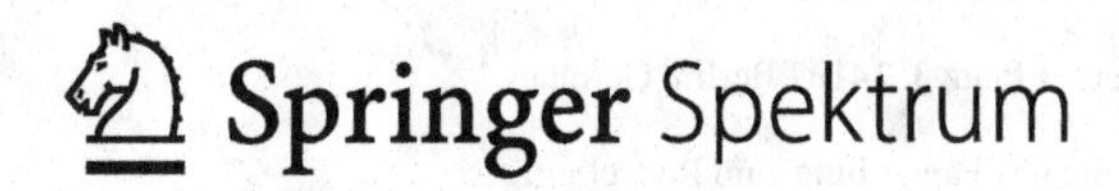

Joachim Hilgert
Institut für Mathematik
Universität Paderborn
Paderborn, Deutschland

ISBN 978-3-662-68892-2   ISBN 978-3-662-68893-9 (eBook)
https://doi.org/10.1007/978-3-662-68893-9

Die Deutsche Nationalbibliothek verzeichnet diese Publikation in der Deutschen Nationalbibliografie; detaillierte bibliografische Daten sind im Internet über https://portal.dnb.de abrufbar.

Planung/Lektorat: Andreas Ruedinger
Springer Spektrum ist ein Imprint der eingetragenen Gesellschaft Springer-Verlag GmbH, DE und ist ein Teil von Springer Nature.
Die Anschrift der Gesellschaft ist: Heidelberger Platz 3, 14197 Berlin, Germany

Vorwort

Die Mathematik als Wissenschaft erfüllt sowohl gewisse Kriterien für eine Naturwissenschaft als auch solche für eine Geisteswissenschaft. Ein wesentlicher Grund für diese Zwitterstellung ist, dass sich nicht entscheiden lässt, ob der Gegenstand mathematischer Forschung naturgegeben oder menschengemacht ist. Ein oft genommener begrifflicher Ausweg ist es, die Mathematik als eine *Strukturwissenschaft* zu bezeichnen. Dabei gibt es in der Mathematik gar keine formale Definition dafür, was eine Struktur ist. Legt man die Arbeitsdefinition „Eine Struktur ist eine Ansammlung von Objekten, zwischen denen Beziehungen bestehen, die gewissen Regeln unterliegen" zugrunde, ist die Bezeichnung Strukturwissenschaft für die Mathematik aber auf jeden Fall sehr treffend gewählt. Beginnend mit einfachen Zahlensystemen arbeitet die moderne Mathematik mit einer unüberschaubaren Menge unterschiedlichster solcher Strukturen. Selbst für sehr einfach zu formulierende Fragen, wie zum Beispiel die nach der Lösbarkeit gewisser Gleichungen, liefern erst diese Strukturen den Rahmen, innerhalb dessen man die Fragen beantworten kann.

Die mathematischen Strukturen sind nicht alle gleichberechtigt, es gibt eine gewisse Hierarchie in der Bedeutung solcher Strukturen. Manche kann man mit Fug und Recht fundamental nennen, während andere als sehr speziell betrachtet werden müssen. Wieder andere führen, zumindest gegenwärtig, ein Nischendasein.

Im Mittelpunkt dieses Buches stehen diejenigen mathematischen Strukturen, die ich für fundamental halte und von denen ich glaube, dass jeder professionelle Mathematiker sie kennen sollte. Die Strukturen werden im Kontext konkreter und bedeutsamer mathematischer Resultate vorgestellt, damit die Leser sich leichter selbst ein Bild von der Relevanz dieser Strukturen machen können. Die Auswahl sowohl der Strukturen als auch der Resultate ist natürlich beeinflusst von meinem eigenen mathematischen Hintergrund. Ich bin aber überzeugt, dass sie eine gute Plattform ist, von der aus man tiefer in jedes Gebiet der Mathematik einsteigen kann, das gegenwärtig an deutschen Universitäten in Forschung und Lehre abgedeckt ist.

Ich wende mich an Leser, die mit dem Schul-Stoff und dem Standardstoff des Mathematikstudiums der ersten drei Studiensemester vertraut sind. Konkret setze ich elementare Kenntnis folgender Konzepte als bekannt voraus:

(1) Primzahlfaktorisierung natürlicher Zahlen
(2) Reelle Zahlen
(3) Vektorräume und lineare Abbildungen
(4) Gruppen und ihre Homomorphismen
(5) Topologische Räume und stetige Abbildungen
(6) Differenzial- und Integralrechnung in einer und mehreren reellen Variablen
(7) σ-Algebren und elementare Maß- oder Wahrscheinlichkeitstheorie
(8) Zorn'sches Lemma und Auswahlaxiom

Leserfreundliche Einführungen, die mit vielen zusätzlichen Erläuterungen bis zu diesem Punkt führen, sind die Bücher [HH21] für (1) und (2) sowie [Hi13] für (3)–(8).

Besonderes Augenmerk gilt der Motivation der Strukturen und der Erläuterung der Bezüge zwischen verschiedenen Strukturen. Es wird bewusst auf eine getrennte Behandlung der Gebiete Algebra, Geometrie und Analysis verzichtet, obwohl die Curricula der meisten Kurse im Kontext der Bachelorausbildung eine solche Trennung vorgeben. Die Gliederung des Stoffes orientiert sich nicht an den mathematischen Disziplinen, sondern an der Natur der beschriebenen Strukturen. So können die Verbindungen und Parallelen zwischen den genannten Gebieten deutlich gemacht werden. Demselben Zweck dienen die explizite Diskussion von Beispielen, die mehrere Gebiete betreffen, und die Ausblicke auf spätere Anwendungen.

Das Ziel dieses Buches ist es, Studierenden der Mathematik die Einordnung der Inhalte des Bachelorstudiums zu ermöglichen. Die ausführliche Diskussion der Begriffsbildungen und die verschiedenartigen Beispiele sollen Ansporn sein, sich aktiv auch mit den strukturellen Definitionen und Argumenten auseinanderzusetzen, die Studierenden oft Schwierigkeiten bereiten. Um die Querverbindungen zwischen unterschiedlichen Inhalten typischer Bachelorprogramme besser herausarbeiten zu können, stelle ich auch einige Konzepte vor, die oft erst im Masterstudium ausführlich dargestellt werden.

Aus den Anfängervorlesungen sind allen Studierenden drei Typen von Strukturen bekannt. Der erste Typus ist die *algebraische Struktur* wie Körper, Gruppen und Vektorräume, in der eine Menge mit einer oder mehreren Verknüpfungen versehen ist, die bestimmten Regeln gehorchen müssen. Der zweite Typus ist die *Vergleichsstruktur* wie Ordnungs- oder Äquivalenzrelationen auf einer vorgegebenen Menge, mithilfe derer man Elemente dieser Menge in Bezug auf relevante Eigenschaften miteinander vergleichen kann. Der dritte Typus ist die *Teilmengenstruktur,* wie Topologien oder σ-Algebren, in der für eine Menge eine Familie von Teilmengen ausgezeichnet wird, die auch wieder bestimmten Regeln gehorchen müssen. Die meisten der grundlegenden mathematischen Strukturen werden durch Kombination solcher Typen von Strukturen gewonnen.

In diesem Buch befassen wir uns in Teil I mit exemplarischen algebraischen Strukturen. Startpunkt der Darstellung sind grundlegende Konzepte und Konstruktionen aus der (multi)linearen Algebra über Ringen. Es werden dabei diverse Analogien zwischen Definitionen und Konstruktionen offenbar, die ich zum Anlass nehme, Begriffsbildungen aus der Kategorientheorie zum systematischen Vergleich von Strukturen einzuführen. In Teil II werden die Einsichten aus Teil I mit Teilmengenstrukturen, insbesondere Topologien, kombiniert. Im Mittelpunkt stehen dabei lokale Strukturen, das heißt solche, die man vollständig durch ihre Eigenschaften in (kleinen) Umgebungen von Punkten festlegt. Der mathematische Begriff, der diese schwammige Beschreibung präzisiert, ist der einer Garbe. Dieser Begriff wird zu Anfang von Teil II besprochen und an etlichen Beispielen illustriert. Exemplarisch für lokale Strukturen folgen anschließend Einführungen in differenzierbare Mannigfaltigkeiten und algebraische Varietäten.

Garben liefern nicht nur eine praktische Begriffswelt zur Beschreibung lokaler mathematischer Strukturen. Sie sind auch ein mächtiges Werkzeug zur systematischen Untersuchung globaler Eigenschaften von lokalen und gemischten Strukturen. Ihr Einsatz erfordert allerdings zusätzliche technische Hilfsmittel aus Algebra und Topologie, deren Bereitstellung den Rahmen dieses Buches gesprengt hätte. Stattdessen geben wir in dem kurzen Teil III einen Ausblick auf weitere Strukturen, die sich durch Kombination, Modifikation oder Anreicherung schon beschriebener Strukturen ergeben. Ein besonderes Augenmerk legen wir dabei auf die Motivation für die Einführung und Untersuchung der jeweiligen Strukturen. Es geht dabei darum, ein Gefühl dafür zu vermitteln, dass die strukturellen Überlegungen der ersten beiden Teile uns erlauben, ohne große Mühe eine Vielzahl von mathematischen Begriffen einzuordnen. Als zusätzlicher Test sei die Lektüre in [Go11], zum Beispiel des Beitrags IV.8 über Modulräume, empfohlen.

Für die Erstellung dieser zweiten Auflage bin ich den gesamten Text der ersten Auflage sorgfältig durchgegangen, habe diverse Druckfehler ausgebessert und die eine oder andere Umformulierung vorgenommen. Wesentliche inhaltliche Änderungen gibt es nur in Teil III, den ich deutlich erweitert habe. Dazu gehört auch eine Aktualisierung und Erweiterung des Literaturverzeichnisses.

Februar 2024 Joachim Hilgert

Inhaltsverzeichnis

Teil I
Algebraische Strukturen

Wir beginnen den Teil über algebraische Strukturen mit einem einleitenden Kapitel über Ringe. In Kapitel stellen wir dann modellhaft eine reichhaltige algebraische Struktur vor, den *Modul* über einem *Ring*. Wir beschreiben etliche Beispiele, beweisen eine Reihe grundlegender Tatsachen über diese Struktur und auch einen prototypischen Satz über einen Spezialfall, die endlich erzeugten Moduln über euklidischen Ringen. Wir zeigen aber auch einige nichttriviale Anwendungen, insbesondere auf die aus der elementaren linearen Algebra bekannten linearen Abbildungen. Später werden wir auch Anwendungen auf die Integration von Funktionen in mehreren Variablen sehen.

In Kap. 3 werden exemplarisch etliche Konstruktionen im Kontext von Moduln erklärt. Auch in diesem Kapitel folgt die Stoffauswahl den beiden folgenden grundlegenden Kriterien: der Relevanz in der mathematischen Praxis und der Modellhaftigkeit für allgemeine mathematische Vorgehensweisen. Meine Wahl ist dabei auf die multilineare Algebra gefallen, die in den gängigen Lehrplänen trotz ihrer Omnipräsenz in allen Teilen der Mathematik recht stiefmütterlich behandelt wird.

Um den Lesern die Modellhaftigkeit der vorgestellten Strukturen und Konstruktionen zu verdeutlichen, führen wir in Kap. 4 Grundbegriffe der universellen Algebra und der Kategorientheorie ein. Anhand von vielen Beispielen skizzieren wir, wie der Gebrauch insbesondere der kategoriellen Sprache algebraische Strukturüberlegungen vereinheitlicht. In den letzten beiden Abschnitten zeigen wir dann noch, dass die in Kap. 2 und 3 vorgestellten Konstruktionen in einem präzisen Sinne natürlich, ja sogar in gewisser Weise zwangsläufig sind.

Ringe

1

Inhaltsverzeichnis

Wir beginnen mit einer kurzen Einführung in die allgemeine Ringtheorie, in der wir hauptsächlich einige grundlegende Definitionen und viele Beispiele besprechen. Wir steigen dann noch etwas tiefer in die Ringtheorie ein und besprechen einige interessante und fundamentale strukturelle Eigenschaften von Ringen, die wir in späteren Anwendungen brauchen werden. Gleichzeitig illustrieren diese Überlegungen den Umgang mit algebraischen Strukturen.

1.1 Elementare Definitionen und Beispiele

Die folgende Definition eines Ringes sollte als Abschwächung der Definition eines Körpers betrachtet werden, die die folgenden drei bedeutenden Beispiele erfasst: die ganzen Zahlen, die quadratischen Matrizen einer (beliebig) vorgegebenen Größe und die Abbildungen einer Menge in einen Körper mit den punktweise definierten Additionen und Multiplikationen.

Definition 1.1 (Ringe)
Sei $R \neq \emptyset$ eine Menge sowie $+\colon R \times R \to R$ *(Addition)* und $\cdot\colon R \times R \to R$ *(Multiplikation)* zwei Abbildungen. $(R, +, \cdot)$ heißt ein *Ring*, wenn die folgenden Eigenschaften gelten:

(i) $(R, +)$ ist eine abelsche Gruppe.
(ii) Die Multiplikation auf R ist assoziativ.

J. Hilgert, *Mathematische Strukturen*,
https://doi.org/10.1007/978-3-662-68893-9_1

(iii) *Rechts-Distributivgesetz:*

$$\forall x, y, z \in R: \quad (x + y) \cdot z = x \cdot z + y \cdot z.$$

(iii′) *Links-Distributivgesetz:*

$$\forall x, y, z \in R: \quad z \cdot (x + y) = z \cdot x + z \cdot y.$$

In den Distributivgesetzen soll die übliche Punkt-vor-Strich-Konvention gelten. Ein Ring $(R, +, \cdot)$ heißt *kommutativ,* wenn die Multiplikation kommutativ ist, das heißt

$$\forall x, y \in R: \quad x \cdot y = y \cdot x.$$

Wenn es in einem Ring $(R, +, \cdot)$ ein Element $e \in R$ mit

$$\forall x \in R: \quad e \cdot x = x \cdot e = x \tag{1.1}$$

gibt, dann heißt $(R, +, \cdot, e)$ ein *Ring mit Eins.* In diesem Fall heißt ein $x \in R$ eine *Einheit,* wenn es ein Element $y \in R$ mit $x \cdot y = y \cdot x = e$ gibt. Die Menge der Einheiten von R bezeichnen wir mit $\mathrm{Unit}(R)$.

Wie bei Körpern lässt man bei Ringen das Multiplikationssymbol oft weg, das heißt, man schreibt xy statt $x \cdot y$. Für die folgenden Beispiele sind die Ringaxiome direkt aus den Definitionen leicht zu verifizieren. Hier, wie auch in allen weiteren Beispielen, ist die Verifikation der nicht explizit bewiesenen Behauptungen als Übungsaufgabe zu verstehen.

Beispiel 1.2 (Ringe)

(i) Jeder Körper ist ein kommutativer Ring mit Eins.
(ii) $(\mathbb{Z}, +, \cdot, 1)$ ist ein kommutativer Ring mit Eins.
(iii) Die $n \times n$-Matrizen $\mathrm{Mat}(n \times n, \mathbb{K})$ über einem Körper $\mathbb{K}$ formen bzgl. der üblichen Matrizenaddition und -multiplikation einen Ring mit der Einheitsmatrix als Einselement. Dieser Ring ist für $n > 1$ nicht kommutativ.
(iii') Die Teilmenge $T \subseteq \mathrm{Mat}(n \times n, \mathbb{K})$ der strikt oberen Dreiecksmatrizen (alle Elemente auf oder unterhalb der Diagonale sind 0) formen bzgl. Addition und Multiplikation von Matrizen einen Ring. Dieser Ring enthält keine Eins, was man zum Beispiel daran sehen kann, dass die n-te Potenz $A^n = A \cdot \ldots \cdot A$ für jedes $A \in T$ gleich 0 ist.
(iv) Sei $\mathbb{K}$ ein Körper und V ein $\mathbb{K}$-Vektorraum. Dann ist die Menge $\mathrm{End}_{\mathbb{K}}(V) = \mathrm{Hom}_{\mathbb{K}}(V, V)$ der linearen Selbstabbildungen von V ein Ring bzgl. der punktweisen Addition und der Hintereinanderschaltung als Multiplikation. Wir beschreiben diese beiden Verknüpfungen genauer: Für $\varphi, \psi \in \mathrm{End}_{\mathbb{K}}(V)$ und $v \in V$ gilt:

(Add) $(\varphi + \psi)(v) = \varphi(v) + \psi(v)$, wobei die Addition auf der rechten Seite diejenige von V ist.

(Mult) $(\varphi \circ \psi)(v) = \varphi(\psi(v))$.

Der Ring $\mathrm{End}_{\mathbb{K}}(V)$ hat eine Eins, nämlich die Identität id_V.

(v) Sei M eine Menge und R ein Ring mit Eins. Dann ist die Menge $F(M, R) := \{f : M \to R\}$ der R-wertigen Abbildungen mit der punktweisen Addition und der punktweisen Multiplikation ein Ring mit der konstanten Funktion 1 als Einselement. Wieder beschreiben wir diese beiden Verknüpfungen genauer: Für $f, g \in F(M, R)$ und $x \in M$ gilt:

(Add) $(f + g)(x) = f(x) + g(x)$, wobei die Addition auf der rechten Seite diejenige von R ist.

(Mult) $(f \cdot g)(x) = f(x) \cdot g(x)$, wobei die Multiplikation auf der rechten Seite diejenige von R ist.

(v') Diverse Teilmengen von Funktionenräumen der Form $F(M, R)$ sind bzgl. der punktweisen Operationen kommutative Ringe. Dies ist zum Beispiel für $C^k(U, \mathbb{R})$, den Raum der k-mal stetig differenzierbaren reellwertigen Funktionen auf einer offenen Teilmenge U von $\mathbb{R}^n$, der Fall.

(vii) $\mathbb{Z}[i] := \mathbb{Z} + i\mathbb{Z} := \{c \in \mathbb{C} \mid c = a + ib;\ a, b \in \mathbb{Z}\}$, ist ein Ring bzgl. der komplexen Addition und der komplexen Multiplikation. Er heißt der Ring der *Gauß'schen Zahlen*. □

Mit den Beispielen 1.2(ii)–(iv) sind die vor der Definition genannten Ringe alle erfasst. Die Liste der schon im Grundstudium auftauchenden Ringe ist damit allerdings noch lange nicht erschöpft. Die folgende Beispielklasse trifft man zum Beispiel in der elementaren Zahlentheorie.

Beispiel 1.3 (Restklassenringe)
Sei $n \in \mathbb{Z}$ und $n\mathbb{Z} := \{nz \in \mathbb{Z} \mid z \in \mathbb{Z}\}$. Dann ist $n\mathbb{Z}$ eine Untergruppe der additiven abelschen Gruppe $(\mathbb{Z}, +)$. Die Teilmengen von $\mathbb{Z}$ der Form $k + n\mathbb{Z} := \{k + nz \in \mathbb{Z} \mid z \in \mathbb{Z}\}$ für $k \in \mathbb{Z}$ heißen die *Nebenklassen* von $n\mathbb{Z}$. Weil für $n \in \mathbb{N}$ und $k = 0, \ldots, n - 1$ die Menge $k + n\mathbb{Z}$ auch als die Menge aller ganzen Zahlen betrachtet werden kann, die bei Division durch n den Rest k ergeben, spricht man auch von den *Restklassen* modulo n. Die Menge $\mathbb{Z}/n\mathbb{Z} := \{k + n\mathbb{Z} \mid k \in \mathbb{Z}\}$ aller *Nebenklassen* von $n\mathbb{Z}$ bildet eine abelsche Gruppe bezüglich der Addition

(Add) $(k + n\mathbb{Z}) + (k' + n\mathbb{Z}) = (k + k') + n\mathbb{Z}$,

von der man durch eine kurze Rechnung nachweist, dass sie wohldefiniert ist. Wenn man $\mathbb{Z}/n\mathbb{Z}$ zusätzlich mit der Multiplikation

(Mult) $(k + n\mathbb{Z}) \cdot (k' + n\mathbb{Z}) = (k \cdot k') + n\mathbb{Z}$

ausstattet, die ebenfalls leicht als wohldefiniert zu erkennen ist, erhält man einen kommutativen Ring mit Eins, den man den *Restklassenring* modulo n nennt. Das Einselement ist durch $1 + n\mathbb{Z}$ gegeben, die Null durch $0 + n\mathbb{Z} = n\mathbb{Z}$. □

Von additiv geschriebenen abelschen Gruppen weiß man, dass sie genau ein neutrales Element haben, das heißt genau ein Element, das man zu jedem anderen Element addieren kann, ohne dieses Element zu verändern. Dieses Element heißt dann die *Null* der Gruppe. Für Ringe gibt es also immer genau eine Null, die man in der Regel mit 0 bezeichnet. Für multiplikativ geschriebene abelsche Gruppen erfüllt das neutrale Element genau die Bedingung aus (1.1), und man nennt es die *Eins* der Gruppe. Wie man an Beispiel 1.2(iii′) sieht, muss ein Ring keine Eins enthalten. Es kann aber auch nicht mehr als eine Eins geben, wie die folgende Proposition zeigt.

Proposition 1.4 (Null und Eins in Ringen)
Sei $(R, +, \cdot)$ ein Ring. Dann gilt:

(i) *Es gibt höchstens ein Einselement.*
(ii) *Wenn es ein Einselement e gibt, dann gibt es zu jedem $x \in R$ höchstens ein multiplikatives Inverses, das heißt, es gibt höchstens ein Element $y \in R$ mit $xy = e = yx$.*
(iii) $\forall x \in R: \quad 0 \cdot x = x \cdot 0 = 0.$
(iv) *Wenn man das additive Inverse von $x \in R$ mit $-x$ bezeichnet, dann gilt*

$$\forall x, y \in R: \quad x(-y) = -xy = (-x)y.$$

Beweis

(i) Seien e und e' Einselemente. Dann gilt $e = e \cdot e' = e'$.
(ii) Seien y und y' jeweils multiplikative Inverse von $x \in R$. Dann gilt $y = ey = (y'x)y = y'(xy) = y'e = y'$.
(iii) $0 \cdot x + 0 \cdot x = (0 + 0) \cdot x = 0 \cdot x$. Aber wenn $y + y = y$, dann folgt $y = 0 + y = (-y + y) + y = -y + (y + y) = -y + y = 0$. Analog erhält man $x \cdot 0 = 0$, weil $x \cdot 0 + x \cdot 0 = x \cdot (0 + 0) = x \cdot 0$ gilt.
(iv) Dies folgt aus $x(-y) + xy = x(-y + y) = x \cdot 0 = 0$ und $(-x)y + xy = (-x + x)y = 0 \cdot y = 0$. □

Es gibt auch Ringe mit Eins, für die jedes von Null verschiedene Element ein multiplikatives Inverses hat wie bei einem Körper, die aber nicht kommutativ sind. Solche Ringe nennt man *Divisionsringe* oder *Schiefkörper.*

Beispiel 1.5 (Quaternionen)
Sei $\mathbb{H} = \mathbb{R}^4$ mit einer vorgegebenen Basis, die mit $\{1, i, j, k\}$ bezeichnet wird. Setzt man die Multiplikationstabelle

$\cdot$	1	i	j	k
1	1	i	j	k
i	i	-1	k	$-j$
j	j	$-k$	-1	i
k	k	j	$-i$	-1

reell bilinear fort, so erhält man eine Multiplikation, bzgl. der $(\mathbb{H}, +, \cdot)$ zu einem Divisionsring, den *Quaternionen,* wird. Dabei ist das multiplikative Inverse eines Elements $z = r + is + ju + kv \neq 0$ durch

$$z^{-1} = \frac{r - is - ju - kv}{r^2 + s^2 + u^2 + v^2}$$

gegeben. Die Ähnlichkeit mit der Konstruktion der komplexen Zahlen als $\mathbb{R}^2$ mit einer neuen Multiplikation ist evident. In der Tat wurden die Quaternionen 1843 von William Rowan Hamilton gefunden, nachdem er längere Zeit vergeblich versucht hatte, nach $\mathbb{R}^1 = \mathbb{R}$ und $\mathbb{R}^2 = \mathbb{C}$ auch auf $\mathbb{R}^3$ eine Multiplikation zu finden, die $(\mathbb{R}^3, +)$ zu einem Körper macht. □

Die nächste Familie von Beispielen für Ringe ist von fundamentaler Bedeutung in Algebra, Geometrie und Analysis. Sie enthält als Spezialfälle die Polynomfunktionen auf $\mathbb{R}$, aber auch die Taylor-Reihen von unendlich oft differenzierbaren Funktionen in einer oder mehreren Variablen.

Beispiel 1.6 (Formale Potenzreihen und Polynome)
Seien R ein Ring mit Eins und $X_1, \ldots, X_k$ Symbole. Elemente von $\mathbb{N}_0^k$ nennen wir *Multiindizes.* Sie seien durch $\alpha = (\alpha_1, \ldots, \alpha_k)$ bezeichnet. Die Summe von zwei Multiindizes sei komponentenweise gegeben.

(i) Eine *formale Potenzreihe* in $X_1, \ldots, X_k$ mit Koeffizienten in R ist eine formale Summe

$$\sum_{\alpha \in \mathbb{N}_0^k} a_\alpha X^\alpha := \sum_{\alpha \in \mathbb{N}_0^k} a_\alpha X_1^{\alpha_1} \cdots X_k^{\alpha_k},$$

wobei die $a_\alpha \in R$ sind. Dies ist zunächst nichts anderes als eine suggestive Schreibweise für eine Familie $(a_\alpha)_{\alpha \in \mathbb{N}_0^k}$ von Elementen in R. Der Sinn dieser Schreibweise liegt darin, dass sie die folgende Multiplikation auf der Menge $R[[X_1, \ldots, X_k]]$ aller formalen Potenzreihen in $X_1, \ldots, X_k$ „natürlich“ erscheinen lässt, weil sie das „Ausmultiplizieren“ von Produkten von endlichen Summen nachahmt (man nennt dies das *Cauchy-Produkt*):

$$\text{(Mult)} \quad \Big(\sum_{\alpha \in \mathbb{N}_0^k} a_\alpha X^\alpha\Big)\Big(\sum_{\alpha \in \mathbb{N}_0^k} b_\alpha X^\alpha\Big) := \sum_{\alpha \in \mathbb{N}_0^k} \Big(\sum_{\beta+\gamma=\alpha} a_\beta b_\gamma\Big) X^\alpha.$$

Neben diesem Produkt hat man noch die übliche koeffizientenweise Addition, die der punktweisen Addition entspricht, wenn man die Elemente von $R[[X_1, \ldots, X_k]]$ als Funktionen $\mathbb{N}_0^k \to R$ auffasst:

$$\text{(Add)} \quad \left(\sum_{\alpha\in\mathbb{N}_0^k} a_\alpha X^\alpha\right) + \left(\sum_{\alpha\in\mathbb{N}_0^k} b_\alpha X^\alpha\right) := \sum_{\alpha\in\mathbb{N}_0^k}(a_\alpha + b_\alpha)X^\alpha.$$

Zusammen mit dieser Addition und dieser Multiplikation ist die Menge $R[[X_1, \ldots, X_k]]$ ein Ring mit Eins, der genau dann kommutativ ist, wenn der Ring R kommutativ ist. Die Eins ist dabei das Element X^0, das als einzigen von Null verschiedenen Koeffizienten $a_0 = 1$ an der Stelle $0 = (0, \ldots, 0)$ hat. Die Multiplikation ist so gebaut, dass man in einem Term der Form $X^\alpha = X_1^{\alpha_1} \cdots X_k^{\alpha_k}$ alle Faktoren einfach weglassen kann, für die $\alpha_j = 0$ ist. Im Extremfall schreibt man dann statt $a_0 X^0$ einfach a_0 und, für $a_0 = 1$, statt X^0 nur 1.

(ii) Eine formale Potenzreihe $\sum_{\alpha\in\mathbb{N}_0^k} a_\alpha X^\alpha$ heißt ein *Polynom,* wenn nur endlich viele a_α von Null verschieden sind. Der *Grad* eines Polynoms $0 \neq f = \sum_{\alpha\in\mathbb{N}_0^k} a_\alpha X^\alpha$ ist gegeben durch

$$\deg(f) := \max\left\{|\alpha| \mid a_\alpha \neq 0\right\},$$

wobei $|\alpha| := \alpha_1 + \ldots + \alpha_k$. Außerdem setzt man $\deg(0) := -\infty$. Wenn $a_\alpha \neq 0$ nur für $|\alpha| = d$ gilt, dann heißt f *homogen* vom Grad d. Die Menge der Polynome in $X_1, \ldots, X_k$ über R wird mit $R[X_1, \ldots, X_k]$ bezeichnet. Die Teilmenge der homogenen Polynome vom Grad d bezeichnen wir mit $R[X_1, \ldots, X_k]_d$. Wenn $k = 1$, dann heißt $a_{\deg f}$ der *Leitkoeffizient* von f. Ist der Leitkoeffizient gleich 1, so heißt f *monisch* oder *normiert*.

Die Teilmenge $R[X_1, \ldots, X_k]$ von $R[[X_1, \ldots, X_k]]$ ist bezüglich der Addition und der Multiplikation aus (i) abgeschlossen und bildet zusammen mit diesen Verknüpfungen selbst einen Ring mit Eins. □

In der Beschreibung der Addition von formalen Potenzreihen in Beispiel 1.6(i) kommt eine Formulierung vor, die oftmals signalisiert, dass etwas Interessantes oder Überraschendes passiert: „Wenn man [...] als [...] auffasst." Man verwendet sie, wenn man ein bekanntes Objekt unter einem neuen oder zumindest für den gegebenen Kontext unerwarteten Blickwinkel betrachtet.

Während man den Objekten aus Beispiel 1.6 im Studium normalerweise in der Algebra oder der Funktionentheorie begegnet, ist das folgende Beispiel wesentlich für die Theorie der linearen partiellen Differenzialgleichungen und wird in einschlägigen Vorlesung zumindest implizit eingeführt.

Beispiel 1.7 (Differenzialoperatoren)
Sei $U \subseteq \mathbb{R}^k$ eine offene Teilmenge und $C^\infty(U)$ der reelle Vektorraum der unendlich oft differenzierbaren Funktionen $f\colon U \to R$. Wir schreiben ∂_j für die partiellen

Ableitungen $\frac{\partial}{\partial x_j}$, das heißt $\partial_j f$ statt $\frac{\partial f}{\partial x_j}$. Für einen *Multiindex* $\alpha = (\alpha_1, \ldots, \alpha_k) \in \mathbb{N}_0^k$ und $x = (x_1, \ldots, x_k) \in \mathbb{R}^k$ setzen wir

$$\partial^\alpha := \left(\frac{\partial}{\partial x_1}\right)^{\alpha_1} \cdots \left(\frac{\partial}{\partial x_n}\right)^{\alpha_n} = \partial_1^{\alpha_1} \cdots \partial_k^{\alpha_k}.$$

Ähnlich wie in Beispiel 1.6 setzt man ∂_j^0 gleich 1. Wir betrachten Selbstabbildungen D von $C^\infty(U)$ der folgenden Bauart: Für jedes $\alpha \in \mathbb{N}_0^k$ sei $c_\alpha \in C^\infty(U)$, aber nur endlich viele von diesen c_α seien von Null verschieden. Dann setzen wir für $f \in C^\infty(U)$

$$D(f) := \sum_{\alpha \in \mathbb{N}_0^k} c_\alpha \partial^\alpha f. \tag{1.2}$$

Diese Selbstabbildungen heißen *Differenzialoperatoren* mit glatten Koeffizienten auf U. Mithilfe der bekannten Ableitungsregeln rechnet man leicht nach, dass jeder solche Differenzialoperator eine $\mathbb{R}$-lineare Selbstabbildung von $C^\infty(U)$ ist. Eine weitere solche Rechnung zeigt, dass die Menge $\mathcal{D}(U) \subseteq \mathrm{End}_\mathbb{R}\big(C^\infty(U)\big)$ aller Differenzialoperatoren mit glatten Koeffizienten auf U abgeschlossen unter der Addition und der Multiplikation aus Beispiel 1.2(iv) für $V = C^\infty(U)$ ist. Mehr noch, $\mathcal{D}(U)$ ist bezüglich der eingeschränkten Verknüpfungen ein Ring. Dazu muss man nur noch verifizieren, dass mit D auch $-D$ in $\mathcal{D}(U)$ liegt. Die Assoziativ- und Distributivgesetze sind automatisch erfüllt, weil sie für alle Elemente von $\mathrm{End}_\mathbb{R}\big(C^\infty(U)\big)$ gelten. Der Ring $\mathcal{D}(U)$ hat eine Eins, weil die Identität von der Form (1.2) ist: Man wählt c_0 konstant 1 und alle anderen c_α konstant 0.

Zu jedem Differenzialoperator $D \in \mathcal{D}(U)$ und jeder Funktion $h \in C^\infty(U)$ gehört eine Differenzialgleichung, nämlich $D(f) = h$, wobei man ein $f \in C^\infty(U)$ sucht, das diese Gleichung erfüllt. Könnte man die Abbildung D invertieren, so hätte man mit $f = D^{-1}(h)$ eine Lösung der Differenzialgleichung. Die Definition der Ringmultiplikation zeigt, dass die Invertierbarkeit von D als Abbildung gleichbedeutend mit der (multiplikativen) Invertierbarkeit von D als Ringelement ist (siehe Proposition 1.4). □

Übung 1.1 (Weyl-Algebra)
Man kann Beispiel 1.7 in unterschiedlicher Weise variieren. Man zeige:

(i) Die Differenzialoperatoren der Form (1.2) mit konstanten Funktionen c_α bilden mit den gleichen Verknüpfungen ebenfalls einen nichtkommutativen Ring mit Eins. Man spricht hier von der Algebra der Differenzialoperatoren mit *konstanten Koeffizienten*.

(ii) Die Differenzialoperatoren der Form (1.2) mit polynomialen Funktionen c_α bilden mit den gleichen Verknüpfungen ebenfalls einen nichtkommutativen Ring mit Eins. Wenn $U = \mathbb{R}^k$ gilt, nennt man diesen Ring die *Weyl-Algebra*.

1.2 Etwas Strukturtheorie für Ringe

Abbildungen zwischen Mengen spielen in der Mathematik oft die Rolle eines „Größenvergleichs". Passt eine Menge in eine andere Menge hinein? Lässt sich eine Menge von einer anderen Menge überdecken? Wenn ja, wie oft? Wenn die Mengen zusätzliche Strukturen tragen, kann man dieselben Fragen stellen, aber dahingehend präzisieren, dass bei den Einbettungen oder Überdeckungen die Strukturen erhalten bleiben sollen. Was genau mit „erhalten bleiben" gemeint ist, hängt von der Art der Struktur ab. Im Falle algebraischer Strukturen lässt sich das relativ leicht formulieren.

Im Falle von Ringen fassen wir die Idee der strukturerhaltenden Abbildung in die folgende Definition, die völlig analog zur Definition eines Gruppenhomomorphismus als strukturerhaltende Abbildung einer Gruppe und der linearen Abbildung als strukturerhaltender Abbildung eines Vektorraums ist. Später wird diese Idee im Konzept eines *Morphismus* einer Kategorie aufgehen.

Definition 1.8 (Ringhomomorphismus)
Seien R und S Ringe. Eine Abbildung $\varphi\colon R \to S$ heißt ein *Ringhomomorphismus,* wenn gilt:

(a) $\forall x, y \in R: \quad \varphi(x+y) = \varphi(x) + \varphi(y)$
(b) $\forall x, y \in R: \quad \varphi(xy) = \varphi(x)\varphi(y)$

Wir bezeichnen das Bild von φ mit $\mathrm{im}\,(\varphi)$ und den *Kern* $\varphi^{-1}(0_S)$ von φ mit $\ker\,(\varphi)$. Wenn φ bijektiv ist, heißt φ ein *Isomorphismus*. In diesem Fall rechnet man leicht nach, dass auch die Umkehrabbildung φ^{-1} ein Ringhomomorphismus ist (siehe auch Definition 2.6).

Wenn R und S Ringe mit Einselementen 1_R bzw. 1_S sind, heißt ein Ringhomomorphismus $\varphi\colon R \to S$ ein Homomorphismus von Ringen mit Eins, wenn zusätzlich

(c) $\varphi(1_R) = 1_S$

gilt. Die Definitionen von Kern, Bild und Isomorphismus überträgt man wortgleich auch für Ringe mit Eins.

Ganz unterschiedlich gebildete Ringe können isomorph sein, das heißt, Isomorphismen sind nicht notwendigerweise nur Umbenennungen von Elementen. Dennoch unterscheidet man normalerweise nicht zwischen isomorphen Ringen, solange man sich nur für Eigenschaften des Ringes interessiert, die durch Addition und Multiplikation ausgedrückt werden können, denn solche Eigenschaften lassen sich von einem Ring auf einen isomorphen Ring übertragen. Eine entsprechende Bemerkung gilt auch für alle anderen algebraischen Strukturen, in denen man von Isomorphie spricht.

Beispiel 1.9 (Ringhomomorphismus)
Sei $R = \mathbb{R}$ und $R' = \mathrm{Mat}(2 \times 2, \mathbb{R})$. Dann ist die durch $\varphi(r) = \begin{pmatrix} r & 0 \\ 0 & r \end{pmatrix}$ definierte Abbildung $\varphi\colon R \to R'$ ein Homomorphismus von Ringen mit Eins. Dagegen ist die durch $\psi(r) = \begin{pmatrix} r & 0 \\ 0 & 0 \end{pmatrix}$ definierte Abbildung zwar ein Ringhomomorphismus, aber nicht ein Homomorphismus von Ringen mit Eins. □

Die folgende Definition eines *Ideals* in einem Ring hat ihren historischen Ursprung in der Bestrebung, den Begriff einer Primzerlegung von ganzen Zahlen auf allgemeinere Ringe zu übertragen, in denen kein Analogon des Fundamentalsatzes der Arithmetik gilt, und so eine Schwachstelle eines fehlgeschlagenen Beweisversuchs der Fermat'schen Vermutung zu beheben (siehe [Ko97, § 1.3]). Für die Strukturtheorie von Ringen ist der Begriff deswegen zentral, weil er die Beschreibung von Quotientenringen in Analogie zu Quotientenvektorräumen ermöglicht.

Definition 1.10 (Ideal)
Sei R ein Ring. Eine Teilmenge $I \subseteq R$ heißt ein *Ideal* von R, wenn

$$I - I \subseteq I, \quad RI \subseteq I, \quad IR \subseteq I.$$

Man schreibt $I \trianglelefteq R$, wenn I ein Ideal in R ist.

Die Bedingung $I - I \subseteq I$ sagt einfach, dass I bezüglich der Addition eine Untergruppe von R ist.

Beispiel 1.11 (Ideale)

(i) Sei $\varphi : R \to S$ ein Ringhomomorphismus. Dann ist $\ker(\varphi)$ ein Ideal in R, denn es gilt

$$\varphi(xr) = \varphi(x)\varphi(r) = 0 \cdot \varphi(r) = 0 = \varphi(r) \cdot 0 = \varphi(r)\varphi(x) = \varphi(rx)$$

für $r \in R$ und $x \in \ker(\varphi)$. Dass $\ker(\varphi)$ eine additive Untergruppe von R ist, ist ohnehin klar, weil φ insbesondere ein Gruppenhomomorphismus bezüglich der Addition ist.

(ii) Die Auswertung einer Funktion an einer Stelle x liefert einen Ringhomomorphismus $\mathrm{ev}_x : C^k(]a, b[) \to \mathbb{R}$, $f \mapsto f(x)$. Allgemeiner kann man Funktionen auch auf Teilmengen einschränken, zum Beispiel

$$\mathrm{rest}_{]c,d[} : C^k(]a, b[) \to C^k(]c, d[), \quad f \mapsto f|_{]c,d[}$$

für ein Teilintervall $]c, d[\subseteq]a, b[$. Die zugehörigen Kerne bestehen aus den Funktionen, die auf $\{x\}$ bzw. $]c, d[$ verschwinden.

(iii) Der Ring $R = \mathrm{Mat}(n \times n, \mathbb{K})$ enthält keine Ideale außer $\{0\}$ und R. In der Tat, durch geeignete Multiplikation von links und rechts mit Matrizen, die nur einen von 0 verschiedenen Eintrag haben, sieht man, dass jedes von $\{0\}$ verschiedene Ideal alle solche Matrizen und dann ganz R enthält.

(iv) Sei R ein kommutativer Ring mit Eins. Dann ist $aR := \{ar \mid r \in R\}$ für jedes $a \in R$ ein Ideal, das man das von a erzeugte *Hauptideal* nennt.

(v) Sei R ein kommutativer Ring mit Eins und $A \subseteq R$. Dann ist $\{\sum_{j=1}^{n} a_j r_j \mid r_j \in R, a_j \in A, n \in \mathbb{N}\}$ ein Ideal, das man das von A *erzeugte Ideal* nennt.

(vi) Sei R ein Körper. Dann sind $\{0\}$ und R die einzigen Ideale in R. Wenn nämlich $0 \neq r$ in einem Ideal $I \trianglelefteq R$ enthalten ist, dann gilt für jedes $s \in R$, dass $s = 1 \cdot s = r(r^{-1}s) \in I$, also $I = R$. □

Im Falle des Ringes der ganzen Zahlen sind Ideale und Untergruppen bezüglich der Addition ein und dieselben Objekte.

Beispiel 1.12 (Untergruppen und Ideale in $\mathbb{Z}$)
Jede Untergruppe I von $(\mathbb{Z}, +)$ ist von der Form $d\mathbb{Z}$ mit $d \in \mathbb{N}_0$ und damit ein Ideal in $\mathbb{Z}$. Insbesondere ist jedes Ideal in $\mathbb{Z}$ von dieser Gestalt. Um das einzusehen, betrachten wir zunächst den Fall, dass $I = \{0\}$ ist. In diesem Fall wählen wir $d = 0$. Andernfalls finden wir ein von Null verschiedenes Element $n \in I$. Wegen $I - I \subseteq I$ ist dann auch $-n \in I$, und wir können annehmen, dass $n > 0$ ist. Sei d die *kleinste* positive Zahl in I und $k \in I$. Teilen mit Rest liefert $k = md + r$ für ein $m \in \mathbb{Z}$ und $0 \leq r < d$. Weil aber $\mathbb{N}I \subseteq I$ und $I = -I$ gilt, haben wir $\mathbb{Z}I \subseteq I$. Also gilt $r = k - md \in I$, sodass wegen der Minimalität von d die Gleichheit $r = 0$ gilt, und somit $k \in d\mathbb{Z}$ folgt. Da umgekehrt mit d auch $d\mathbb{Z}$ in I ist, gilt $I = d\mathbb{Z}$. □

Wir zeigen jetzt, wie man den Quotientenring zu einem Ideal bildet. Betrachtet man nur die Addition, so handelt es sich bei der Konstruktion um einen Spezialfall der Bildung der Quotientengruppe einer abelschen Gruppe bezüglich einer Untergruppe.

Proposition 1.13 (Quotientenringe)
Sei R ein Ring und $I \subseteq R$ ein Ideal.

(i) *Durch $x \sim y$ für $x - y \in I$ wird eine Äquivalenzrelation auf R definiert, deren Äquivalenzklassen durch*

$$[x] := x + I := \{x + i \mid i \in I\}$$

gegeben sind.

(ii) *Die Menge R/I der Äquivalenzklassen unter $\sim$ ist ein Ring bzgl. der für $x, y \in R$ durch*

(Add) $[x] + [y] := [x + y]$,
(Mult) $[x] \cdot [y] := [x \cdot y]$

definierten Addition und der Multiplikation auf R/I. Dieser Ring heißt der Quotientenring von R nach I.

(iii) *Die Abbildung $\varphi\colon R \to R/I, r \mapsto r + I$ ist ein surjektiver Ringhomomorphismus mit Kern I.*

Beweis Die Behauptungen über die Addition sind aus dem Fall von Quotientengruppen von abelschen Gruppen bekannt. Man vergleiche das auch mit der Konstruktion von Quotientenvektorräumen. Die Bedingungen $RI \subseteq I$ und $IR \subseteq I$ werden für den Nachweis der Wohldefiniertheit der Multiplikation auf R/I gebraucht. Die Details der anfallenden Routineverifikationen seien dem Leser als Übung überlassen. □

Das folgende Lemma über Quotientenringe hat seinen Ursprung in einer in China schon im dritten Jahrhundert bekannten Methode, eine natürliche Zahl mit vorgegebenen Resten bei Teilung durch mehrere teilerfremde Zahlen zu finden. Wir besprechen es hier, weil wir es später für eine Anwendung auf Normalformen linearer Abbildungen brauchen werden.

Lemma 1.14 (Chinesischer Restsatz)
Sei R ein Ring mit Eins sowie I und J Ideale in R mit $I + J = R$. Dann gilt:

(i) *Die Menge $R/I \times R/J := \{(r + I, s + J) \mid r, s \in R\}$ ist bezüglich komponentenweiser Addition und Multiplikation ein Ring, und die Abbildung*

$$\overline{\varphi}\colon R/(I \cap J) \to R/I \times R/J, \quad r + I \cap J \mapsto (r + I, r + J)$$

ist ein Ringisomorphismus.

(ii) *Wenn R kommutativ ist, gilt*

$$I \cap J = IJ := \left\{ \sum_{\text{endl.}} i_k j_k \;\middle|\; i_k \in I, j_k \in J \right\}.$$

Beweis Die Rechengesetze für Ringe auf $R/I \times R/J$ verifiziert man leicht, indem man in den Komponenten die entsprechenden Gesetze für R/I bzw. R/J anwendet (Übung!). Ebenso leicht verifiziert man, dass

$$\varphi\colon R \to R/I \times R/J, \quad r \mapsto (r + I, r + J)$$

ein Ringhomomorphismus mit Kern $I \cap J$ ist. Dies zeigt, dass $\overline{\varphi}$ ein wohldefinierter injektiver Ringhomomorphismus ist (Übung! Hinweis: In Konstruktion 2.9(iii) wird ein passendes Argument im Detail vorgeführt). Für (i) bleibt also nur zu zeigen, dass φ surjektiv ist. Dazu betrachten wir $(x_1 + I, x_2 + J) \in R/I \times R/J$. Da nach Voraussetzung $1 = y_1 + y_2$ für geeignete $y_1 \in I$ und $y_2 \in J$, können wir mit $z = x_1 y_2 + x_2 y_1$

$$\begin{aligned} z + I &= x_1 y_2 + I = x_1(y_2 + y_1) + I = x_1 + I, \\ z + J &= x_2 y_1 + J = x_2(y_1 + y_2) + J = x_2 + J, \end{aligned}$$

schreiben, also $\varphi(z) = (x_1 + I, x_2 + J)$. Dies zeigt die Surjektivität von φ.

Sei jetzt R kommutativ und $z \in I \cap J$. Wir schreiben wieder $1 = y_1 + y_2$ für geeignete $y_1 \in I$ und $y_2 \in J$. Dann gilt

$$z = zy_1 + zy_2 = y_1z + zy_2 \in IJ.$$

Umgekehrt folgt $IJ \subseteq I \cap J$ sofort aus der Definition. □

Übung 1.2 (Chinesischer Restsatz)
Seien m und n teilerfremde natürliche Zahlen sowie $p \in \{0, 1, \ldots, m-1\}$ und $q \in \{0, 1, \ldots, n-1\}$. Man zeige mithilfe von Lemma 1.14, dass es eine natürliche Zahl k gibt, die bei Division durch m den Rest p und bei Division durch n den Rest q ergibt.

Es ist nicht nötig, sich im chinesischen Restsatz auf zwei Ideale zu beschränken, wie die folgende Übung zeigt. Wir verwenden darin die Standardbezeichnung $A \cong B$ für den Umstand, dass A und B isomorph sind (hier als Ringe).

Übung 1.3 (Chinesischer Restsatz)
Sei R ein kommutativer Ring mit Eins sowie $I_1, \ldots, I_n$ Ideale in R mit $I_i + I_j = R$ für $i \neq j$. Sei

$$I_1 \cdots I_n := \left\{ \sum_{\text{endl.}} r_1 \ldots r_n \;\middle|\; r_i \in I_i \right\}.$$

Dann gilt:

(i) $(I_1 \cdots I_{n-1}) + I_n = R$.
(ii) $R/\left(\bigcap_{i=1}^n I_i\right) \cong \left(R/\left(\bigcap_{i=1}^{n-1} I_i\right)\right) \times R/I_n$.
(iii) $R/\left(\bigcap_{i=1}^n I_i\right) \cong R/I_1 \times \ldots \times R/I_n$.
(iv) $I_1 \cdots I_n = \bigcap_{i=1}^n I_i$.

1.3 Spezielle Klassen von Ringen

In diesem Abschnitt betrachten wir spezielle Klassen von Ringen. Unsere Auswahl folgt zwei Grundprinzipien: Jede der besprochenen Klassen ist von fundamentaler Bedeutung, und jedes besprochene Resultat wird im weiteren Verlauf mindestens einmal in entscheidender Weise zum Einsatz kommen.

Die Frage nach der Lösbarkeit von linearen Differenzialgleichungen der Form $Df = h$ (siehe Beispiel 1.7) motiviert, ebenso wie die Frage nach der Lösbarkeit von Gleichungen der Form $ax = b$ für ganzzahlige Koeffizienten a und b, eine allgemeine Frage: Gibt es zu einem gegebenen Ringelement ein multiplikatives Inverses? Wenn ja, wie kann man es finden? Wenn man nämlich die multiplikativen Inversen D^{-1} bzw. a^{-1} hat, kann man die Gleichungen $f = D^{-1}h$ und $x = a^{-1}b$ lösen. Im Allgemeinen gibt es solche multiplikativen Inversen aber nicht, und selbst wenn es sie gibt, sind sie schwer zu finden. Die Frage lässt sich aber modifizieren: Kann man einen Ring so in einen (Schief-)Körper einbetten, dass die Addition und Multiplikation auf dem Ring die Einschränkungen der jeweiligen Verknüpfung auf dem

Körper sind? In diesem Fall wüsste man für jedes von Null verschiedene Element des Ringes (diese Eigenschaft ist leicht zu testen), dass es ein Inverses zumindest in dem (Schief-)Körper gibt, und man könnte *schwache Lösungen* $f = D^{-1}h$ und $x = a^{-1}b$ für die infrage stehenden Gleichungen finden. „Schwach" wären diese Lösungen in folgendem Sinne: man kann nicht mehr sofort garantieren, dass sie im gewünschten Bereich liegen. Zum Beispiel hängt es bei der Gleichung $2x = b$ von b ab, ob die Lösung $x = \frac{b}{2}$ ganzzahlig ist oder nicht. Testen lässt sich das zum Beispiel an der letzten Ziffer von b in der Dezimaldarstellung.

Die gerade geschilderte Vorgehensweise ist typisch für strukturelles Denken in der Mathematik: Man schafft sich einen strukturellen Rahmen, in dem man ein Problem lösen kann, wobei möglicherweise die Lösung aber nicht automatisch eine Lösung des ursprünglichen Problems ist. Dann entwickelt man weitere Werkzeuge, mit denen man testet, ob die „schwache" Lösung tatsächlich auch eine Lösung des ursprünglichen Problems liefert.

Für die ganzen Zahlen $\mathbb{Z}$ findet man in der Tat eine Einbettung der gewünschten Art, denn $\mathbb{Z}$ liegt im Körper der rationalen Zahlen $\mathbb{Q}$. Im Allgemeinen wird das nicht gehen. Für nichtkommutative Ringe ist die Antwort auf die Frage nach der Einbettung etwas kompliziert, darum beschränken wir uns hier auf den kommutativen Fall, das heißt auf den Fall einer Einbettung in einen Körper. Dann darf der Ring keine zwei von Null verschiedenen Elemente x, y haben, deren Produkt Null ist. Andernfalls hätte man nämlich nach Proposition 1.4(iii) für die 1 des Körpers, dass

$$y = 1 \cdot y = (x^{-1}x) \cdot y = x^{-1} \cdot 0 = 0.$$

Wenn man annimmt, dass R ein kommutativer Ring mit Eins ist, gibt es keine weiteren Einschränkungen. So gelangt man zu folgender Definition.

Definition 1.15 (Integritätsbereiche)
Sei R ein kommutativer Ring. Ein Element $r \in R \setminus \{0\}$ heißt *Nullteiler*, wenn $0 \in r(R \setminus \{0\}) \cup (R \setminus \{0\})r$. Ein *Integritätsbereich* ist ein kommutativer Ring R mit Einselement 1, in dem $1 \neq 0$ gilt und es keine Nullteiler gibt.

Das folgende Beispiel zeigt insbesondere, dass $\mathbb{Z} \subseteq \mathbb{Q}$ ein Integritätsbereich ist.

Beispiel 1.16 (Integritätsbereiche)

(i) Jede additive Untergruppe R eines Körpers $\mathbb{K}$, die unter der Multiplikation abgeschlossen ist und die Eins enthält, ist ein Integritätsbereich: Wenn $R \ni r \neq 0$ und $sr = 0$ für $s \in R$ gilt, dann folgt $0 = 0 \cdot r^{-1} = srr^{-1} = s$. Für $rs = 0$ argumentiert man analog.
(ii) Der Restklassenring $\mathbb{Z}/4\mathbb{Z}$ (siehe Beispiel 1.3) ist kein Integritätsbereich, weil $[2] \cdot [2] = [0]$ gilt. Dagegen ist $\mathbb{Z}/2\mathbb{Z}$ sogar ein Körper. Man kann zeigen, dass $\mathbb{Z}/n\mathbb{Z}$ genau dann ein Integritätsbereich ist, wenn es ein Körper ist, und dies genau dann der Fall ist, wenn n (bzw. $-n$) eine Primzahl ist. □

Zur Vorbereitung des Nachweises, dass sich jeder Integritätsbereich in der gewünschten Art in einen Körper einbetten lässt, geben wir eine Charakterisierung der Nullteilerfreiheit durch eine Kürzungsregel an.

Proposition 1.17 (Charakterisierung von Integritätsbereichen)
Für einen kommutativen Ring $R \neq \{0\}$ mit Eins sind folgende Aussagen äquivalent:

(1) *R ist Integritätsbereich.*
(2) *Aus $ra = rb$ mit $r \neq 0$ folgt $a = b$.*

Beweis Für die Implikation (1) $\Rightarrow$ (2) schließt man

$$r \neq 0,\ ra = rb \quad \Longrightarrow \quad r(a-b) = 0 \quad \overset{(1)}{\Longrightarrow} \quad a - b = 0 \quad \Longrightarrow \quad a = b,$$

und die Umkehrung sieht man mit

$$r \neq 0,\ ra = 0 \quad \Longrightarrow \quad ra = r \cdot 0 \quad \overset{(2)}{\Longrightarrow} \quad a = 0.$$

□

Die Einbettung eines Integritätsbereichs in einen Körper funktioniert völlig analog zur Einbettung der ganzen Zahlen in die rationalen Zahlen. Man kann die Konstruktion als eine abstrakte Variante der Bruchrechnung auffassen. Insbesondere hat man genau dieselben Rechenregeln.

Satz 1.18 (Quotientenkörper)
Sei R ein Integritätsbereich und $S = R \times (R \setminus \{0\})$.

(i) *$(a, b) \sim (c, d) \ :\Leftrightarrow\ ad = bc$ definiert eine Äquivalenzrelation auf S.*
(ii) *Bezeichne die Äquivalenzklasse von (a, b) mit $\frac{a}{b}$ und die Menge der Äquivalenzklassen mit $Q(R)$. Dann definieren*

$$\text{(Add)} \quad \frac{a}{b} + \frac{c}{d} := \frac{ad + bc}{bd},$$
$$\text{(Mult)} \quad \frac{a}{b} \cdot \frac{c}{d} := \frac{ac}{bd}$$

eine Addition und eine Multiplikation auf $Q(R)$, die $(Q(R), +, \cdot)$ zu einem Körper mit Nullelement $\frac{0}{1}$ und Einselement $\frac{1}{1}$ machen.
(iii) *Das additive Inverse von $\frac{a}{b}$ ist $\frac{-a}{b}$, und das multiplikative Inverse von $\frac{a}{b}$ mit $a \neq 0$ ist $\frac{b}{a}$.*

Beweis Wegen der Kommutativität von R ist die Relation $\sim$ symmetrisch. Die Reflexivität ist offensichtlich. Sei jetzt $(a, b) \sim (c, d)$ und $(c, d) \sim (e, f)$. Dann gilt

$$adf = bcf = bde$$

und daher $d(af - be) = 0$. Weil $d \neq 0$, zeigt die Nullteilerfreiheit jetzt, dass $af = be$, das heißt $(a, b) \sim (e, f)$. Damit ist die Transitivität von $\sim$ gezeigt. Das Argument zeigt auch, dass

$$\frac{ad}{bd} = \frac{a}{b}$$

für $d \neq 0$. Man kann also in Brüchen von Null verschiedene Element kürzen. Der Rest des Beweises ist Routine, wobei zuerst der Nachweis der Wohldefiniertheit der Verknüpfungen geführt werden muss (Übung). □

Man beachte, dass die Abbildung $\varphi : R \to Q(R),\ r \mapsto \frac{r}{1}$ injektiv und *strukturerhaltend* in folgendem Sinne ist:

$$\begin{aligned}
\forall x, y \in R: \quad \varphi(x + y) &= \frac{x + y}{1} = \frac{x}{1} + \frac{y}{1} = \varphi(x) + \varphi(y), \\
\forall x, y \in R: \quad \varphi(xy) &= \frac{xy}{1} = \frac{x}{1} \cdot \frac{y}{1} = \varphi(x)\varphi(y), \\
\varphi(1) &= \frac{1}{1} = 1_{Q(R)},
\end{aligned}$$

das heißt, φ ist ein Homomorphismus von Ringen mit Eins. Damit lassen sich R als Teilmenge von $Q(R)$ und die Verknüpfungen auf R als Einschränkungen der jeweiligen Verknüpfung auf $Q(R)$ auffassen.

Der in Satz 1.18 konstruierte Körper heißt der *Quotientenkörper* des Integritätsbereichs R. Dieser Name ist insofern ein wenig problematisch, als jeder Körper ein Ring ist und es sich bei $Q(R)$ keineswegs um einen Quotientenring im Sinne von Proposition 1.13 handelt. Der Name „Quotientenkörper" kommt vielmehr daher, dass es sich um einen Körper handelt, der aus Quotienten (von Elementen des zugrunde liegenden Ringes) besteht. Normalerweise bereitet diese Zweideutigkeit des Namens aber keine Probleme, weil es nach Beispiel 1.11(vi) von $Q(R)$ nur die Quotientenringe $Q(R)/\{0\} = Q(R)$ und $Q(R)/Q(R)$ gibt, wobei letzterer nur aus einem Element besteht.

Auch wenn ein kommutativer Ring mit Eins kein Integritätsbereich ist, kann man abgeschwächte Varianten der Konstruktion eines Quotientenkörpers finden. Übung 1.4 behandelt die Frage: Gegeben ein kommutativer Ring R mit Eins und eine geeignete Teilmenge $S \subseteq R$. Wie findet man einen möglichst kleinen Ring R', der R enthält und in dem die Elemente aus S Einheiten sind? Der Name „Lokalisierung" für die resultierende Konstruktion wird sich erst später erschließen, er hat aber in der Tat damit zu tun, dass man Objekte nur in einer gewissen Umgebung eines vorgegebenen Punktes betrachten will (siehe zum Beispiel Konstruktion 7.25).

Übung 1.4 (Lokalisierung)

Sei R ein kommutativer Ring mit Eins und S eine Teilmenge von R, für die gilt:

(a) $1 \in S$.
(b) $a, b \in S$ impliziert $ab \in S$.

Auf $R \times S$ definieren wir die Relation $\sim$ durch

$$(r_1, s_1) \sim (r_2, s_2) \quad :\Leftrightarrow \quad \exists s \in S \text{ mit } (r_1 s_2 - r_2 s_1)s = 0.$$

(i) Man zeige, dass $\sim$ eine Äquivalenzrelation ist, die nur eine Äquivalenzklasse hat, falls $0 \in S$ gilt.
(ii) Für $0 \notin S$ sei $S^{-1}R$ die Menge der Äquivalenzklassen der Relation $\sim$ in $R \times S$. Die Äquivalenzklasse von $(r, s) \in R \times S$ sei mit $\frac{r}{s}$ bezeichnet. Man zeige: Durch

$$\text{(Add)} \quad \frac{r_1}{s_1} + \frac{r_2}{s_2} := \frac{r_1 s_2 + r_2 s_1}{s_1 s_2},$$
$$\text{(Mult)} \quad \frac{r_1}{s_1} \cdot \frac{r_2}{s_2} := \frac{r_1 r_2}{s_1 s_2}$$

für $r_1, r_2 \in R$ und $s_1, s_2 \in S$ werden Verknüpfungen auf $S^{-1}R$ definiert, für die $(S^{-1}R, +, \cdot)$ ein kommutativer Ring ist, den man die *Lokalisierung* von R in S nennt.
(iii) Man betrachte für den Fall $0 \notin S$ die Abbildung $\varphi : R \to S^{-1}R,\ r \mapsto \frac{r}{1}$ und zeige: φ ist ein Ringhomomorphismus, und φ ist genau dann injektiv, wenn S keine Nullteiler enthält. Die Elemente $\frac{s_1}{s_2}$ in $S^{-1}R$ mit $s_1, s_2 \in S$ sind Einheiten.

Die folgenden Definitionen von speziellen Typen von Idealen leiten sich vom Beispiel der ganzen Zahlen her. Insbesondere wird ein Ideal $d\mathbb{Z} \trianglelefteq \mathbb{Z}$ (siehe Beispiel 1.12) genau dann ein Primideal sein, wenn d Null oder eine Primzahl ist. Maximal ist $d\mathbb{Z} \trianglelefteq \mathbb{Z}$ genau dann, wenn d prim ist (siehe Bemerkung 1.32).

Definition 1.19 (Maximale und Primideale)
Ein Ideal I in einem kommutativen Ring R mit Eins heißt *prim,* wenn $1 \notin I$ und aus $xy \in I$ mit $x, y \in R$ folgt: $x \in I$ oder $y \in I$. Das Ideal I heißt *maximal,* wenn $1 \notin I$ und für jedes $r \in R \setminus I$ ein $s \in R$ mit $1 \in sr + I$ existiert.

Man sieht sofort an der Definition, dass die maximalen Ideale gerade diejenigen Ideale I sind, die in keinem von R und I verschiedenen Ideal enthalten sind (ein Ideal I ist gleich R genau dann, wenn $1 \in I$ ist).

Die folgende Proposition zeigt, dass sich die Eigenschaft eines Ideals, maximal oder prim zu sein, in schon bekannte Eigenschaften des zugehörigen Quotientenringes übersetzt. Diese zusätzliche Sichtweise auf die Eigenschaften eröffnet neue Untersuchungsmöglichkeiten.

Proposition 1.20 (Charakterisierung von maximalen und Primidealen)
Sei R ein kommutativer Ring mit Eins und $I \subseteq R$ ein Ideal.

(i) *R/I ist ein Integritätsbereich genau dann, wenn I prim ist.*
(ii) *R/I ist ein Körper genau dann, wenn I maximal ist.*
(iii) *Wenn I maximal ist, dann ist I prim.*

Beweis

(i) Sei R/I ein Integritätsbereich. Wenn $xy \in I$ für $x, y \in R$, dann gilt

$$(x + I)(y + I) = xy + I = 0 + I,$$

also $x + I = 0 + I$ oder $y + I = 0 + I$, das heißt $x \in I$ oder $y \in I$. Also ist I prim.
Sei umgekehrt I prim. Wenn jetzt $(x + I)(y + I) = 0 + I$, dann heißt das $xy \in I$, also $x \in I$ oder $y \in I$. Damit folgt $x + I = 0 + I$ oder $y + I = 0 + I$, und R/I ist nullteilerfrei.

(ii) Sei R/I ein Körper. Wenn $r \in R \setminus I$, dann gilt $r + I \in (R/I) \setminus \{0 + I\}$, also existiert ein $s + I \in R/I$ mit

$$(s + I)(r + I) = 1 + I.$$

Dann folgt aber sofort $1 \in sr + I$, das heißt, I ist maximal.
Sei umgekehrt I maximal und $r + I \in (R/I) \setminus \{0 + I\}$. Dann ist $r \in R \setminus I$, und es gibt ein $s \in R$ mit $sr \in 1 + I$. Aber das bedeutet $(s + I)(r + I) = 1 + I$, sodass $r + I$ ein multiplikatives Inverses in R/I hat. Also ist R/I ein Körper.

(iii) Dies folgt sofort aus (i) und (ii), weil jeder Körper ein Integritätsbereich ist. □

Als Nächstes beschreiben wir ein Analogon zum euklidischen Algorithmus für Polynomringe. Die Existenz eines solchen Analogons motiviert dann die Definition eines euklidischen Ringes. Auch diese Vorgehensweise ist typisch in der Mathematik. Wenn es mehrere Typen von Beispielen gibt, die alle eine bestimmte Eigenschaft E teilen, abstrahiert man von den Beispielen und betrachtet alle Objekte mit der Eigenschaft E. In einem nächsten Schritt erkundet man dann, welche weiteren Eigenschaften der Beispiele sich aus der Eigenschaft E ableiten lassen und daher für alle Objekte mit Eigenschaft E gelten.

Proposition 1.21 (Polynomdivision)
Sei R ein kommutativer Ring mit Eins und $f, g \in R[X] \setminus \{0\}$ (siehe Beispiel 1.6).

(i) *Wenn die höchsten (von Null verschiedenen) Koeffizienten von f und g sich nicht zu Null multiplizieren, dann gilt*

$$\deg(fg) = \deg(f) + \deg(g).$$

(ii) *Wenn der höchste Koeffizient von g eine Einheit ist, dann gibt es eindeutig bestimmte Polynome $q, r \in R[X]$ mit $f = qg + r$, wobei entweder $r = 0$ oder $\deg(r) < \deg(g)$ gilt.*

Beweis Seien $f = \sum_{i=0}^{m} a_i X^i$ und $g = \sum_{i=0}^{n} b_i X^i$ mit $a_m \neq 0 \neq b_n$. Dann gilt $\deg(f) = m$ und $\deg(g) = n$.

(i) $fg = a_m b_n X^{m+n} + \sum_{i=0}^{n+m-1} \left(\sum_{l+m=i} a_l b_m\right) X^i$. Weil aber nach Voraussetzung $a_m b_n \neq 0$ gilt, folgt $\deg(fg) = m + n$.

(ii) Existenz von q und r: Wenn $m < n$, dann wähle $q = 0$ und $r = f$. Wir können also $n \leq m$ annehmen, sodass $f = (a_m b_n^{-1} X^{m-n})g + \tilde{f}$, wobei entweder $\tilde{f} = 0$ oder $\deg(\tilde{f}) < m$. Wenn $\tilde{f} = 0$, dann wählen wir $r = 0$ und $q = a_m b_n^{-1} X^{m-n}$. Andernfalls finden wir mit Induktion über den Grad Elemente $\tilde{q}, \tilde{r} \in R[X]$ wie im Satz angegeben, insbesondere mit $\tilde{f} = \tilde{q}g + \tilde{r}$. Es gilt dann

$$f = (a_m b_n^{-1} X^{m-n} + \tilde{q})\, g + \tilde{r},$$

was die Existenz von q und r beweist.
Für Eindeutigkeit nehmen wir zwei Zerlegungen $f = qg + r = \tilde{q}g + \tilde{r}$ wie angegeben an. Dann gilt $(\tilde{q} - q)g = r - \tilde{r}$ und mit (i)

$$\deg\left((\tilde{q} - q)g\right) = \deg(q - \tilde{q}) + \deg(g) > \deg(r - \tilde{r}),$$

falls $\tilde{q} \neq q$. Also gilt $q = \tilde{q}$ und dann auch $r = \tilde{r}$. □

Der zweite Teil der folgenden Definition ist die angekündigte Abstraktion des euklidischen Algorithmus. Der erste Teil ist auch eine Abstraktion einer Eigenschaft von $\mathbb{Z}$, nämlich der Beschreibung der Ideale in Beispiel 1.12.

Definition 1.22 (Hauptideal- und euklidische Ringe)

(i) Sei R ein Integritätsbereich. R heißt ein *Hauptidealring*, wenn jedes Ideal I in R von der Form $I = xR$ mit $x \in R$ ist.

(ii) R heißt ein *euklidischer Ring*, wenn es eine Funktion $\mathrm{d}\colon R \setminus \{0\} \to \mathbb{N}_0$ gibt, die folgende Eigenschaften hat:

   (a) $\mathrm{d}(ab) \geq \mathrm{d}(a)$ für alle $a, b \in R \setminus \{0\}$.
   (b) Wenn $a \in R \setminus \{0\}$ und $b \in R$, dann gibt es Elemente $q, r \in R$ mit

$$b = qa + r, \quad \text{wobei } r = 0 \text{ oder } \mathrm{d}(r) < \mathrm{d}(a) \quad (\textit{Division mit Rest}).$$

   Die Funktion d mit den Eigenschaften (a) und (b) heißt eine *Gradfunktion* für R.

Mithilfe des euklidischen Algorithmus und von Proposition 1.21 sieht man, dass $\mathbb{Z}$ und Polynomringe über Körpern in der Tat euklidische Ringe sind.

Beispiel 1.23 (euklidische Ringe)

(i) $\mathbb{Z}$ ist ein euklidischer Ring mit $\mathrm{d}(n) = |n|$.

(ii) Sei $\mathbb{K}$ ein Körper. Dann ist $\mathbb{K}[X]$ ein euklidischer Ring mit Gradfunktion deg. Dies folgt sofort aus Proposition 1.21, weil in einem Körper jedes von Null verschiedene Element eine Einheit ist. □

Wir illustrieren die oben beschriebene Vorgehensweise der Herleitung einer Eigenschaft aus einer abstrahierten Eigenschaft E: Eine der Standardanwendungen des euklidischen Algorithmus ist die Berechnung des größten gemeinsamen Teilers (ggT) zweier ganzer Zahlen. Wenn wir den Begriff des Teilers passend für kommutative Ringe definieren, können wir in euklidischen Ringen ebenfalls den ggT algorithmisch bestimmen. Man muss allerdings konstatieren, dass die Anzahl der Beispiele für euklidische Ringe jenseits der eben beschriebenen recht überschaubar ist. Dies erklärt, warum der Begriff in der modernen Algebra keine wichtige Rolle spielt.

Definition 1.24 (Teiler und Primelemente)
Sei R ein kommutativer Ring und $a, b \in R$. Man sagt *a teilt b* und schreibt $a \mid b$, wenn es ein $r \in R$ mit $ra = b$ gibt. In diesem Fall heißt a auch ein *Teiler* von b in R. Ein *größter gemeinsamer Teiler* (ggT) von $a_1, \ldots, a_k \in R$ ist dann ein gemeinsamer Teiler der a_j, der von jedem anderen gemeinsamen Teiler geteilt wird. Wenn R eine Eins hat, heißen zwei Elemente a und b in R *teilerfremd*, wenn 1 ein ggT von a und b ist.

In Verallgemeinerung des Begriffs einer Primzahl nennt man ein Element $d \neq 0$ in $R \setminus \mathrm{Unit}(R)$ *prim*, wenn aus $d \mid ab$ für $a, b \in R$ folgt: $d \mid a$ oder $d \mid b$. Zwei Elemente $p, q \in R$ heißen *assoziiert*, wenn es eine Einheit $u \in \mathrm{Unit}(R)$ mit $p = uq$ gibt.

Primelemente in kommutativen Ringen spielen bei weitem nicht die Rolle, die Primzahlen für die Zahlentheorie spielen. Weit wichtiger sind die Primideale. Da prime Hauptideale in Integritätsbereichen von Primelementen erzeugt werden (siehe Proposition 1.29), gibt es aber einen Zusammenhang.

Beachte, dass in dieser Definition jede Einheit Teiler eines beliebigen Ringelements ist. Insbesondere ist in $\mathbb{Z}$ der ggT nicht eindeutig, sondern nur bis auf das Vorzeichen bestimmt. Allgemeiner ist in einem Integritätsbereich der ggT nur bis auf Einheiten eindeutig bestimmt (Übung; siehe Proposition 1.17).

Übung 1.5 ggT in $\mathbb{Z}$
Betrachtet man die in Definition 1.24 gegebene Definition eines ggT für $R = \mathbb{Z}$, so fällt auf, dass man in der Schule für zwei natürliche Zahlen den *größten* gemeinsamen Teiler normalerweise wirklich bezüglich der Ordnungsrelation bestimmt. Zeigen Sie, dass man so auf denselben ggT kommt wie mit Definition 1.24 (siehe zum Beispiel [HH21, Satz 1.13]).

Proposition 1.25 (ggT in Hauptidealringen)

(i) *Jeder euklidische Ring ist ein Hauptidealring.*
(ii) *Sei R ein Hauptidealring. Dann haben zwei Elemente $a, b \in R$ einen bis auf Multiplikation mit einer Einheit eindeutigen* ggT, *und dieser ist in der Menge $\{ma + nb \mid n, m \in R\}$ enthalten.*

Beweis

(i) Sei I ein Ideal in R. Wenn $I = \{0\}$ ist, dann gilt $I = 0 \cdot R$. Andernfalls wählen wir ein Element $d \in I$ mit minimalem $\mathrm{d}(d)$. Für jedes $i \in I$ finden wir dann $q, r \in R$ mit $i = qd + r$ und $r = 0$ oder $\mathrm{d}(r) < \mathrm{d}(d)$. Da aber $r = i - qd \in I$ ist, kann der zweite Fall nicht auftreten, sodass $i = dq \in dR$. Umgekehrt ist mit d auch dR in I, also gilt $I = dR$.

(ii) Setze

$$\langle a, b \rangle := \{na + mb \mid n, m \in R\}$$

für $a, b \in R$. Dann rechnet man sofort nach, dass $\langle a, b \rangle$ ein Ideal in R ist, also nach Voraussetzung von der Form dR. Dann ist d ein gemeinsamer Teiler von a und b. Da aber $d \in \langle a, b \rangle$ ist, gibt es $n, m \in R$ mit $d = na + mb$. Daher ist jeder gemeinsame Teiler von a und b auch Teiler von d. Also ist d ein ggT von a und b.

Um die Eindeutigkeitsaussage zu zeigen, nehmen wir an, dass d und d' jeweils ggT von a und b sind. Dann gibt es $r, r' \in R$ mit $dr = d'$ und $d = d'r'$, also $d = drr'$. Wegen Proposition 1.17 liefert dies $1 = rr'$ (R ist insbesondere ein Integritätsbereich), das heißt, r und r' sind Einheiten in R. □

Beachte, dass aus der Existenz eines ggT von zwei Elementen sofort auf die Existenz eines ggT von endlich vielen Elementen geschlossen werden kann.

Übung 1.6 (Euklidischer Algorithmus)
Man formuliere einen euklidischen Algorithmus für euklidische Ringe und zeige, dass das Ergebnis dieses Algorithmus der ggT zweier gegebener Ringelemente ist.

Man kann mithilfe des euklidischen Algorithmus den Fundamentalsatz der Zahlentheorie herleiten, der besagt, dass sich jede natürliche Zahl bis auf die Reihenfolge in eindeutiger Art und Weise als Produkt von Primzahlen schreiben lässt (siehe [HH21, Satz 1.19]). Auch diese Erkenntnis lässt sich auf beliebige euklidische Ringe übertragen, wenn man eine passende Definition von Zerlegung in Primfaktoren hat.

Definition 1.26 (Faktorieller Ring)
Sei R ein Integritätsbereich. Dann heißt R ein *faktorieller Ring*, wenn jede Nichteinheit $0 \neq r \in R \setminus \mathrm{Unit}(R)$ sich als Produkt von Primelementen schreiben lässt.

Das folgende Lemma werden wir dazu benutzen nachzuweisen, dass euklidische Ringe faktoriell sind.

Lemma 1.27
Sei R ein euklidischer Ring mit Gradfunktion d. *Seien $a, b \in R \setminus \{0\}$. Wenn $b \mid a$, aber nicht $a \mid b$, dann gilt* $\mathrm{d}(b) < \mathrm{d}(a)$.

Beweis Die Voraussetzungen zeigen: Einerseits gilt $a = qb + r$ mit $r \neq 0$ und $d(r) < d(a)$, andererseits haben wir $a = cb$. Daher rechnet man

$$r = a - qb = (q - c)b$$

und findet $d(a) > d(r) \geq d(b)$. □

Satz 1.28 (Euklidisch impliziert faktoriell)
Sei R ein euklidischer Ring. Dann ist R faktoriell.

Beweis Sei $0 \neq r \in R$. Wir wollen zeigen, dass r entweder eine Einheit ist oder sich als Produkt $r = p_1 \cdots p_k$ von Primelementen $p_1, \ldots, p_k \in R$ schreiben lässt. Dazu machen wir eine Induktion über den Grad $d(r)$ von r, das heißt, wir nehmen an, dass jedes Element von kleinerem Grad entweder eine Einheit ist oder als Produkt von Primelementen geschrieben werden kann. Wenn r eine Einheit oder ein Primelement ist, ist nichts mehr zu zeigen. Daher können wir annehmen, dass $0 \neq r \in R \setminus \mathrm{Unit}(R)$ kein Primelement ist. Dann gibt es $a, b \in R$ mit $r|ab$, nicht aber $r|a$ oder $r|b$. Man kann a und b so wählen, dass $d(a), d(b) < d(r)$. Um das einzusehen, teilen wir a und b mit Rest durch r und finden

$$a = cr + a', \quad b = dr + b'$$

mit $a' \neq 0 \neq b'$ sowie $d(a'), d(b') < d(r)$. Außerdem gilt $r|a'b'$, nicht aber $r|a'$ oder $r|b'$. Mit anderen Worten, a' und b' haben die gewünschten Eigenschaften. Wir wählen jetzt a und b mit den genannten Eigenschaften so, dass $d(a)$ minimal ist. Weil a und b keine Einheiten sind (andernfalls hätte man $r|b$ bzw. $r|a$), folgt aus $d(a), d(b) < d(r)$, dass sich a und b als Produkte von Primelementen schreiben lassen:

$$a = p_1 \cdots p_k, \quad b = q_1 \cdots q_l.$$

Schreibe jetzt $ab = rs$ mit $s \in R$. Weil p_1 prim ist, folgt $p_1|r$ oder $p_1|s$. Wir zeigen, dass der Fall $p_1|s$ nicht auftreten kann: Dazu schreibt man $a = p_1 a'$ und $s = p_1 s'$. Dann gilt $rp_1 s' = rs = ab = p_1 a' b$, also $rs' = a'b$. Beachte, dass a kein Teiler von a' sein kann, weil $ar' = a'$ die Gleichung $p_1 r' a' = a'$, also $p_1 r' = 1$, zur Folge hätte. Dann wäre p_1 eine Einheit, im Widerspruch zur Voraussetzung, dass p_1 prim ist. Also haben wir $a'|a$ und $a \nmid a'$, sodass Lemma 1.27 die Ungleichung $d(a') < d(a)$ liefert. Da aber $r|a'b$ sowie $r \nmid b$ und $r \nmid a'$ (andernfalls gälte $r|a$), ist dies ein Widerspruch zur Minimalität von $d(a)$. Wir haben also jetzt gezeigt, dass $p_1|r$, das heißt, es gibt ein $r_1 \in R$ mit $r = p_1 r_1$. Dann gilt $r|r_1$, und wie zuvor sieht man, dass $r_1 \nmid r$, weil p_1 keine Einheit ist. Also liefert Lemma 1.27 diesmal, dass $d(r) > d(r_1)$. Also ist r_1 entweder eine Einheit oder das Produkt von Primelementen. Aber dann ist $r = p_1 r_1$ in jedem Falle ein Produkt von Primelementen. □

Die in der Diskussion von euklidischen Ringen eingeführten Begriffe von Teilern und Primelementen erlauben uns, den angekündigten Zusammenhang zwischen Primzahlen und Primidealen bzw. maximalen Idealen in größerer Allgemeinheit als nur für $\mathbb{Z}$ zu zeigen.

Proposition 1.29 (Primelemente und Primideale)
Sei R ein Integritätsbereich.

(i) *Wenn ein Primelement $p \in R$ von der Form $p = ab$ mit $a, b \in R$ und $p \mid a$ ist, dann ist b eine Einheit.*
(ii) *Wenn $p, q \in R$ prim sind mit $p \mid q$, dann ist q von der Form up mit $u \in \mathrm{Unit}(R)$.*
(iii) *$0 \neq d \in R$ ist prim genau dann, wenn dR ein Primideal ist.*

Beweis

(i) Aus $p = ab$ und $a = pc$ folgt $p = pcb$, das heißt $1 = cb$.
(ii) Aus $pr = q$ folgt $q \mid p$, denn $q \mid r$ würde nach (i) dazu führen, dass p eine Einheit ist. Aber (i) zeigt auch, dass wegen $q \mid p$ das Element r eine Einheit ist.
(iii) Wenn p prim ist und $ab \in pR$ gilt, folgt $p \mid ab$ und daher $p \mid a$ oder $p \mid b$. Dies heißt aber, es gilt $a \in pR$ oder $b \in pR$, also ist pR prim. Umgekehrt, wenn pR prim ist und $p \mid ab$ gilt, dann folgt $ab \in pR$, also $a \in pR$ oder $b \in pR$, das heißt $p \mid a$ oder $p \mid b$. Also ist p prim. □

Bemerkung 1.30 (Primelemente und Primideale)
Man beachte, dass im Beweis von Proposition 1.29(iii) die Nullteilerfreiheit nicht benutzt wurde. Das heißt, für kommutative Ringe mit Eins gilt ganz allgemein, dass ein von 0 verschiedenes Element genau dann prim ist, wenn das zugehörige Hauptideal ein Primideal ist. □

Proposition 1.31 (Maximalität von Primidealen)
Sei R ein Hauptidealring. Dann ist jedes Primideal $I \neq \{0\}$ maximal.

Beweis Sei $I \neq \{0\}$ prim und $J \trianglelefteq R$ ein Ideal, das I enthält. Da R ein Hauptidealring ist, gibt es $a, b \in R$ mit $I = (a)$ und $J = (b)$. Nach Proposition 1.29(iii) ist $a \in R$ prim. Wegen $I \subset J$ gilt $a = br$ mit $r \in R$. Jetzt zeigt Proposition 1.29(i), dass r oder b eine Einheit ist. Im ersten Fall gilt $I = J$ und im zweiten $J = R$. Dies beweist die Maximalität von I. □

Bemerkung 1.32 (Primzahlen und Primideale)
Kombiniert man die Propositionen 1.29 und 1.31, dann folgt für $R = \mathbb{Z}$, dass für jede Primzahl p das Ideal $p\mathbb{Z}$ prim und damit maximal ist. Umgekehrt, wenn $\{0\} \neq d\mathbb{Z}$ maximal ist, dann ist $d\mathbb{Z}$ nach Proposition 1.20(iii) prim, also ist d nach Proposition 1.29 ein Primelement. □

Übung 1.7 (Primideale)
Sei $\varphi \colon R \to R'$ ein Homomorphismus zwischen zwei kommutativen Ringen mit Eins, der die Einsen erhält, und $I' \trianglelefteq R'$ ein Primideal. Man zeige, dass $\varphi^{-1}(I')$ ein Primideal in R ist.

Übung 1.8 (Irreduzible Elemente eines Integritätsbereichs)
In einem Integritätsbereich R heißt ein Element $r \in R \setminus \mathrm{Unit}(R)$ *irreduzibel*, falls sich r nicht in das Produkt von zwei Nichteinheiten zerlegen lässt, das heißt, $r = ab$ mit $a, b \in R$ impliziert $a \in \mathrm{Unit}(R)$ oder $b \in \mathrm{Unit}(R)$. Man zeige:

(i) Ist $p \in R$ prim, so ist p irreduzibel.
(ii) Ist R faktoriell, so gilt auch die Umkehrung von (i).

Übung 1.9 (Irreduzible Elemente in einem Hauptidealring)
Sei R ein Hauptidealring und $0 \neq r \in R$. Man zeige, dass die folgenden Aussagen äquivalent sind:

(1) r ist irreduzibel.
(2) (r) ist ein maximales Ideal.
(3) Die Kongruenz $ax \equiv b \mod r$, das heißt $ax - b \in rR$, besitzt eine Lösung für alle b in R und für alle a in R, die kein Vielfaches von r sind.
(4) r ist prim.

Übung 1.10 (Hauptidealringe sind faktoriell)
Sei R ein Hauptidealring. Man zeige:

(i) Für je zwei Elemente $a, b \in R$ existiert ein ggT $d \in R$ (siehe Definition 1.24).
(ii) Jede nichtleere Menge von Hauptidealen in R besitzt ein maximales Element.
(iii) R ist faktoriell.

Literatur Das in diesem Kapitel präsentierte Material wird in allen Büchern zur Algebra abgedeckt, ob sie als elementare Einführungen angelegt sind wie [Fi13], als konzise Darstellung zentraler Ergebnisse wie [Ke95] oder als Nachschlagewerk wie [La93].

Moduln

2

Inhaltsverzeichnis

Der Begriff des Moduls ist gleichzeitig eine Verallgemeinerung der Begriffe „abelsche Gruppe“, „Ring“ und „Vektorraum“. Die Modulstruktur ist so weit gefasst, dass sie den Rahmen für die relevanten Funktionen fast aller zentralen Gebiete der Mathematik bilden kann. Andererseits ist die Modulstruktur aber auch so reichhaltig, dass sie eine signifikante Theorie erlaubt, die ausgesprochen interessante Anwendungen hat. Ein wesentliches Ziel dieses Kapitels ist es, überzeugende Belege für diese beiden Behauptungen zu liefern.

Wir gehen davon aus, dass dem Leser das Konzept einer abelschen Gruppe bekannt ist. Moduln sind ebenso wie Vektorräume abelsche Gruppen mit einer zusätzlichen Verknüpfung. Bei Vektorräumen besteht diese Verknüpfung darin, dass man seine Elemente mit den Elementen eines Körpers multiplizieren kann. Diese skalare Multiplikation erfüllt dann diverse Rechenregeln wie zum Beispiel zwei Distributivgesetze. Für Moduln lässt man allgemeinere Skalare zu. Diese müssen nicht mehr Elemente eines Körpers sein, sondern nur Elemente eines Ringes. Man verzichtet also im Falle der Moduln bei den Skalaren auf mehrere Charakteristika eines Körpers, die Invertierbarkeit der von Null verschiedenen Elemente, die Existenz eines Einselements und auch auf die Kommutativität der Multiplikation. Nichtkommutative Ringe werden im ersten Studienjahr selten behandelt, spielen aber ebenso wie ihre Moduln eine sehr bedeutende Rolle zum Beispiel in der Untersuchung von Differenzialgleichungen und in der Funktionalanalysis.

J. Hilgert, *Mathematische Strukturen*,
https://doi.org/10.1007/978-3-662-68893-9_2

2.1 Strukturtheorie von Moduln

In diesem Abschnitt führen wir eine prototypische algebraische Strukturtheorie vor. Wir beginnen mit der Definition eines Moduls, geben eine Reihe von Beispielen an und führen Homomorphismen, das heißt strukturerhaltende Abbildungen, zwischen Moduln ein. Damit können wir dann Moduln über einem festen Ring miteinander vergleichen und treffen auf Unter- und Quotientenmoduln. Danach studieren wir die von Teilmengen erzeugten Untermoduln – ein Konzept, das man entsprechend variiert in allen algebraischen Strukturen findet. Etwas spezieller ist der Begriff des freien Moduls, aber auch er hat in einer Reihe von algebraischen Strukturen eine Entsprechung. Zum Abschluss studieren wir die Möglichkeit, Moduln aus kleineren Moduln zusammenzusetzen – eine Zielsetzung, die man für alle algebraischen Strukturen betrachtet.

Elementare Definitionen und Beispiele

Die folgende Definition eines Moduls verallgemeinert in offensichtlicher Weise sowohl die Definition eines Ringes als auch die eines Vektorraumes. Weniger offensichtlich ist, dass auch jede abelsche Gruppe ein Modul ist.

Definition 2.1 (Moduln)
Sei R ein Ring. Ein *Links-R-Modul* (oder einfach *R-Modul*) M ist eine abelsche Gruppe mit einer Abbildung

$$R \times M \to M, \ (r, m) \mapsto rm,$$

die folgenden Bedingungen genügt:

(i) $\forall r_1, r_2 \in R, \ \forall m \in M : \quad (r_1 r_2)m = r_1(r_2 m).$
(ii) $\forall r_1, r_2 \in R, \ \forall m \in M : \quad (r_1 + r_2)m = r_1 m + r_2 m.$
(iii) $\forall r \in R, \ \forall m_1, m_2 \in M : \quad r(m_1 + m_2) = rm_1 + rm_2.$
(iv) Wenn R ein Einselement $1 \in R$ hat, dann gilt $1m = m$ für alle $m \in M$.

Unser erster Satz von Beispielen ist eher abstrakter Natur. Wir starten mit Ringen oder Vektorräumen und finden in natürlicher Weise dazu assoziierte Moduln.

Beispiel 2.2 (Moduln)

(i) Sei R ein Ring, dann macht die Ringmultiplikation R zu einem R-Modul.
(i′) Sei R ein Ring und $I \subseteq R$ eine additive Untergruppe. Wenn sich die Ringmultiplikation zu einer Abbildung $R \times I \to I$ einschränken lässt, das heißt, wenn

$$\forall r \in R, \ \forall x \in I : \quad rx \in I,$$

dann macht diese Abbildung $(I, +)$ zu einem R-Modul. Man nennt I dann ein *Linksideal* in R.

(i'') Sei R ein Ring und I ein Linksideal in R. Dann ist Menge $R/I = \{r + I \mid r \in R\}$ der Nebenklassen von I bezüglich der Addition
(Add) $(r + I) + (r' + I) = (r + r') + I$
eine abelsche Gruppe, die *Quotientengruppe*. Bezüglich der Multiplikation
(Mult) $r(s + I) := rs + I$
wird $(R/I, +)$ dann zu einem R-Modul. Die R-Moduln von dieser Form heißen *zyklisch*.

(ii) Sei $\mathbb{K}$ ein Körper und V ein $\mathbb{K}$-Vektorraum. Dann macht die skalare Multiplikation $\mathbb{K} \times V \to V$ die abelsche Gruppe $(V, +)$ zu einem $\mathbb{K}$-Modul.

(iii) Sei $(M, +)$ eine abelsche Gruppe. Dann macht die durch

$$na := \begin{cases} \underbrace{a + \ldots + a}_{n-\text{ mal}} & n \in \mathbb{N} \\ 0 & n = 0 \\ -\underbrace{(a + \ldots + a)}_{(-n)-\text{ mal}} & -n \in \mathbb{N} \end{cases}$$

gegebene Abbildung $\mathbb{Z} \times M \to M$ die Gruppe $(M, +)$ zu einem $\mathbb{Z}$-Modul.

(iv) Sei V ein $\mathbb{K}$-Vektorraum. Dann ist V ein $\mathrm{End}(V)$-Modul bezüglich $\varphi v := \varphi(v)$. □

Das nächste Beispiel ist von viel speziellerer Natur, deutet aber schon an, dass Modulstrukturen auch für die Behandlung von Differenzialgleichungen von Interesse sein können.

Beispiel 2.3 (Vektorfelder)
Sei $U \subseteq \mathbb{R}^k$ eine offene Teilmenge und $C^\infty(U, \mathbb{R}^m)$ der $\mathbb{R}$-Vektorraum aller glatten Abbildungen von U nach $\mathbb{R}^m$. Dann ist $C^\infty(U, \mathbb{R})$ ein Ring bezüglich der punktweisen Addition und Multiplikation und $C^\infty(U, \mathbb{R}^m)$ ein $C^\infty(U, \mathbb{R})$-Modul bezüglich der punktweisen Addition und skalaren Multiplikation (siehe Beispiel 1.2). Wieder beschreiben wir diese beiden Verknüpfungen genauer: Für $f, g \in C^\infty(U, \mathbb{R}^m)$, $s \in C^\infty(U, \mathbb{R})$ und $x \in U$ gilt:

(Add) $(f + g)(x) = f(x) + g(x)$, wobei die Addition auf der rechten Seite diejenige von $\mathbb{R}^m$ ist.

(Mult) $(sf)(x) = s(x) \cdot f(x)$, wobei die Multiplikation auf der rechten Seite die skalare Multiplikation $\mathbb{R} \times \mathbb{R}^m \to \mathbb{R}^m$ ist.

Für den Fall, dass $k = m$ gilt, kann man die Elemente von $C^\infty(U, \mathbb{R}^m)$ als *Vektorfelder* interpretieren: Der Funktionswert $f(x) \in \mathbb{R}^k$ an der Stelle $x \in \mathbb{R}^k$ ist ein Vektor, den man sich an der Stelle x „angeklebt" denkt. Solche Vektorfelder definieren gewöhnliche Differenzialgleichungen: Man sucht differenzierbare *Lösungskurven* $\gamma \colon I \to \mathbb{R}^k$, wobei $I \subseteq \mathbb{R}$ ein möglichst großes Intervall ist. Lösen soll γ die

Differenzialgleichung

$$\gamma'(t) = f\big(\gamma(t)\big).$$

Man beachte, dass (Mult) schon eine zweite Modulstruktur auf $C^\infty(U, \mathbb{R}^m)$ definiert. Schließlich ist $C^\infty(U, \mathbb{R}^m)$ ja auch ein reeller Vektorraum, das heißt ein $\mathbb{R}$-Modul. Wenn man eine reelle Zahl als konstante Funktion auf U interpretiert, stellt man fest, dass die skalare Multiplikation $\mathbb{R} \times C^\infty(U, \mathbb{R}^m) \to C^\infty(U, \mathbb{R}^m)$ eine Einschränkung der skalaren Multiplikation $C^\infty(U, \mathbb{R}) \times C^\infty(U, \mathbb{R}^m) \to C^\infty(U, \mathbb{R}^m)$ ist. Damit ist die $C^\infty(U, \mathbb{R})$-Modulstruktur eine Verfeinerung der Vektorraumestruktur. □

Die Ringe von Differenzialoperatoren aus Beispiel 1.7 und Übung 1.1 legen das folgende Beispiel nahe. Es ist ein einfacher Prototyp für einen sogenannten D-Modul (siehe [Co95]).

Beispiel 2.4 (D-Moduln)
Die abelsche Gruppe $C^\infty(U, \mathbb{R})$ ist ein $\mathcal{D}(U)$-Modul bezüglich der durch

$$\forall D \in \mathcal{D}(U), f \in C^\infty(U, \mathbb{R}) : \quad Df := D(f)$$

definierten Abbildung $\mathcal{D}(U) \times C^\infty(U, \mathbb{R}) \to C^\infty(U, \mathbb{R})$, $(D, f) \mapsto Df$. Dieselbe Gleichung definiert auch eine Weyl-Algebra-Modulstruktur auf dem Raum $\mathbb{R}[x_1, \ldots, x_k]$ der Polynomfunktionen auf $\mathbb{R}^n$. Diese algebraische Variante des D-Moduls kann man für beliebige Körper der Charakteristik Null bilden, wenn man statt der Ableitung von Polynomfunktionen die durch dieselben Formeln gegebenen formalen Ableitungen der Polynome betrachtet. □

Das folgende Beispiel ist der Schlüssel zu einer ausgesprochen eleganten Behandlung diverser Normalformenprobleme aus der linearen Algebra (siehe Abschn. 2.2).

Beispiel 2.5 (Vektorraumendomorphismen)
Sei V ein $\mathbb{K}$-Vektorraum und $\varphi \in \mathrm{End}_\mathbb{K}(V) = \mathrm{Hom}_\mathbb{K}(V, V)$. Dann ist V ein $\mathbb{K}[X]$-Modul (siehe Beispiel 1.6) via

$$\Big(\sum a_j X^j\Big) v := \sum a_j \varphi^j(v).$$

□

Ganz analog zu Definition 2.1 definiert man *Rechts-R-Moduln* über eine skalare Multiplikation $M \times R \to M$, $(m, r) \mapsto mr$. Das Assoziativgesetz hat dann die Form $m(r_1 r_2) = (mr_1)r_2$, und die Distributivgesetze werden als $m(r_1 + r_2) = mr_1 + mr_2$ bzw. $(m_1 + m_2)r = m_1 r + m_2 r$ geschrieben. Man sieht, dass für kommutative Ringe jeder Linksmodul ein Rechtsmodul wird, wenn man nur das Ringelement auf die andere Seite schreibt. Für kommutative Ringe ist die Verkürzung von Linksmoduln zu Moduln daher ungefährlich. Wenn der Ring nichtkommutativ ist, sollte man explizit anmerken, wenn man Rechtsmoduln betrachtet.

Übung 2.1 (Rechtsmoduln)
Man finde Beispiele für Rechtsmoduln für nichtkommutative Ringe.

Übung 2.2 (Adjunktion einer Ring-Eins)

(i) Man zeige, dass sich jeder Ring R ringhomomorph in einen Ring mit Eins einbetten lässt. *Hinweis:* Man definiere auf $\tilde{R} := R \times \mathbb{Z}$ die komponentenweise Addition und definiert eine Multiplikation
$$(r, n)(r', n') := (rr' + r \cdot n' + n \cdot r', nn'),$$
wobei $n \cdot r := r \cdot n := \text{sign}(n)(r + \ldots + r)$ die $|n|$-fache Summe von $\text{sign}(r)$ ist. Dann kann man leicht nachrechnen, dass $\tilde{R}$ mit diesen Verknüpfungen ein Ring ist, in dem $(0, 1) \in \tilde{R}$ die Eins ist. Weiter sieht man, dass die Einbettung $R \to \tilde{R}, r \mapsto (r, 0)$ Addition und Multiplikation erhält.

(ii) Man zeige: Wenn M ein R-Modul ist, dann kann man durch $(r, n) \cdot x := r \cdot x + n \cdot x$ für $(r, n) \in \tilde{R}$ und $x \in M$ eine $\tilde{R}$-Modulstruktur auf M definieren. Dabei ist $n \cdot x$ wieder die $|n|$-fache Summe von $\text{sign}(x)$.

Homomorphismen, Unter- und Quotientenmoduln

Wir beginnen unsere systematische Strukturtheorie von Moduln mit der Definition der passenden strukturerhaltenden Abbildungen.

Definition 2.6 (Modulhomomorphismen)
Seien R ein Ring und M, N Links-R-Moduln. Eine Abbildung $\varphi \colon M \to N$ heißt ein *R-Modulhomomorphismus,* wenn für alle $r_1, r_2 \in R$ und $m_1, m_2 \in M$ gilt:
$$\varphi(r_1 m_1 + r_2 m_2) = r_1 \varphi(m_1) + r_2 \varphi(m_2).$$
Wenn φ bijektiv ist, dann heißt φ ein *R-Modulisomorphismus* oder einfach *Isomorphismus*. Die Menge der R-Modulhomomorphismen $M \to N$ wird mit $\text{Hom}_R(M, N)$ bezeichnet.

Man rechnet leicht nach (Übung!), dass das Inverse eines bijektiven Modulhomomorphismus selbst ein Modulhomomorphismus ist. Dieser Umstand rechtfertigt den Namen *Isomorphismus.* Wäre die Umkehrabbildung nicht automatisch strukturerhaltend, würde man eine bijektive strukturerhaltende Abbildung nur dann einen Isomorphismus nennen, wenn auch ihre Umkehrung strukturerhaltend ist.

Der Größenvergleich zwischen zwei Moduln durch einen Homomorphismus ist besonders einfach, wenn der eine Modul eine Teilmenge des anderen Moduls ist. In diesem Fall möchte man die Inklusionsabbildung $\iota \colon M \to N$ als Homomorphismus haben. Das funktioniert nur, wenn
$$\forall m_1, m_2 \in M, r_1, r_2 \in R : \quad r_1 m_1 + r_2 m_2 \in M$$
gilt. In diesem Fall nennt man M einen *Untermodul* von N.

Übung 2.3 (Untermoduln)
Sei R ein Ring, N ein Links-R-Modul und $M \subseteq N$ eine Teilmenge. Man zeige, dass M genau dann ein Untermodul von N ist, wenn $M - M \subseteq M$ und $RM \subseteq M$ gilt.

Man hätte analog zur eben vorgestellten Begriffsbildung des Untermoduls in Kap. 1 auch den Begriff des *Unterringes* bilden können. Gemäß Definition 1.8 ist dann ein Unterring S eines Ringes R eine Teilmenge, für die

$$\forall x, y \in S: \quad x + y \in S \text{ und } xy \in S$$

gilt sowie $1 \in S$, falls R ein Ring mit Eins ist. Dass wir es nicht getan haben, hat zwei Gründe. Erstens haben wir gar nicht erst versucht, eine systematische Strukturtheorie von Ringen zu entwickeln. Zweitens ist aus historischen Gründen die Sprechweise für die Tatsache, dass S ein Unterring von R ist, eher „R ist eine *Ringerweiterung* von S". Dieselbe Sprachregelung gibt es für Körper, wo man normalerweise nicht von $\mathbb{R}$ als Unterkörper von $\mathbb{C}$ spricht, sondern von $\mathbb{C}$ als Körpererweiterung von $\mathbb{R}$.

Aus den Definitionen sieht man sofort, dass sich die Begriffe *Untermodul* und *Modulhomomorphismus* zu *Untervektorraum* und *lineare Abbildung* reduzieren, wenn R ein Körper ist. Damit erhält man sofort eine große Klasse von Beispielen für Untermoduln. Man könnte sogar sagen, dass Modultheorie die lineare Algebra über Ringen ist.

Eine weitere Klasse von Beispielen erhält man aus Beispiel 2.2(iii): Jede Untergruppe M einer abelschen Gruppe N ist, als $\mathbb{Z}$-Modul betrachtet, ein Untermodul des $\mathbb{Z}$-Moduls N.

Beispiel 2.7 (Modulhomomorphismen und Untermoduln)

(i) $C^k(\mathbb{R})$ ist $C^\infty(\mathbb{R})$-Untermodul von $C(\mathbb{R})$.
(ii) Sei R ein Ring und $R^n := \{(r_1, \ldots, r_n) \mid r_j \in R\}$. Dann ist R^n bezüglich

$$r(r_1, \ldots, r_n) := (rr_1, \ldots, rr_n)$$

ein R-Modul und $\{(r_1, \ldots, r_k, 0, \ldots, 0) \mid r_j \in R\}$ ein Untermodul von R^n.
(iii) Betrachtet man R als Links-R-Modul wie in Beispiel 2.2(i), so ist $\rho_r : R \to R,\ s \mapsto s \cdot r$ für jedes $r \in M$ ein Modulhomomorphismus.
(iv) Die Ableitung

$$D : C^\infty(\mathbb{R}) \to C^\infty(\mathbb{R}), \quad f \mapsto \frac{df}{dt}$$

ist ein $\mathbb{R}$-Modulhomomorphismus, nicht aber ein $C^\infty(\mathbb{R})$-Modulhomomorphismus.
(v) $I := \left\{ \begin{pmatrix} a & 0 \\ c & 0 \end{pmatrix} \,\middle|\, a, c \in R \right\}$ ist ein Linksideal in $\mathrm{Mat}(2 \times 2, R)$ im Sinne von Beispiel 2.2(i′), nicht aber ein *Rechtsideal,* das heißt, es gilt nicht, dass

$$\forall r \in \mathrm{Mat}(2 \times 2, R),\ \forall x \in I : \quad xr \in I.$$

(vi) Wir verallgemeinern das Beispiel aus (v): Sei R ein Ring. Betrachtet man R als Links- oder Rechts-R-Modul und ist $I \subseteq R$ ein Untermodul, dann heißt I ein *Links-* bzw. *Rechtsideal*. I ist genau dann ein Ideal von R, wenn es sowohl ein Links- als auch ein Rechtsideal ist. □

Die Untermoduln, die wir als Bilder von Inklusionsabbildungen gefunden haben, sind Spezialfälle eines ganz allgemeinen Phänomens: Bilder von Modulhomomorphismen sind immer Untermoduln des Wertebereichs. Umgekehrt sind auch Urbilder von Untermoduln unter Modulhomomorphismen immer Untermoduln.

Beispiel 2.8 (Modulhomomorphismen und Untermoduln)
Sei $\varphi\colon M \to N$ ein Modulhomomorphismus sowie $M' \subseteq M$ und $N' \subseteq N$ Untermoduln. Dann ist $\varphi^{-1}(N')$ ein Untermodul von M und $\varphi(M')$ ein Untermodul von N. Insbesondere ist der *Kern* $\ker(\varphi) := \varphi^{-1}(0) = \varphi^{-1}(\{0\})$ ein Untermodul von M und das *Bild* $\operatorname{im}(\varphi) := \varphi(M)$ ein Untermodul von N. □

Die Verknüpfung von Modulhomomorphismen ist ein Modulhomomorphismus. Da die Verknüpfung von Abbildungen assoziativ ist, bilden insbesondere die *Modulendomorphismen* $\varphi\colon M \to M$ eines festen Moduls M eine Halbgruppe. Man bezeichnet die Menge auch mit $\operatorname{End}_R(M)$.

Übung 2.4 (Automorphismengruppe)
Sei M ein R-Modul. Man zeige:

$$\operatorname{Aut}_R(M) := \{\varphi \in \operatorname{Hom}_R(M, M) \mid \varphi \text{ bijektiv}\}$$

ist zusammen mit der Verknüpfung von Abbildungen als Multiplikation eine Gruppe.

Übung 2.5 (Modulstrukturen auf Hom$_R(M, N)$)
Sei R ein kommutativer Ring mit Eins und M, N zwei R-Moduln. Man zeige, dass durch

$$\forall r \in R, \varphi \in \operatorname{Hom}_R(M, N), m \in M: \quad (r \cdot \varphi)(m) := r\big(\varphi(m)\big) = \varphi(r \cdot m)$$

auf $\operatorname{Hom}_R(M, N)$ eine R-Modulstruktur definiert wird.

Ganz analog zur Konstruktion von Quotientenvektorräumen (siehe [Hi13, Beispiel 2.25]) und Quotientenringen (siehe Proposition 1.13) findet man auch Quotientenmoduln.

Konstruktion 2.9 (Quotientenmoduln)
Sei M ein R-Modul und N ein Untermodul von M. Weiter sei

$$M/N := \{m + N \mid m \in M\}$$

die Menge aller additiven N-Nebenklassen.

(i) M/N ist ein R-Modul via

$$r(m + N) := rm + N, \quad (m_1 + N) + (m_2 + N) := (m_1 + m_2) + N$$

für $r \in R$ und $m, m_1, m_2 \in M$. Die Wohldefiniertheit der beiden Verknüpfungen folgt aus den Untermoduleigenschaften $RN \subseteq N$ und $N + N \subseteq N$, die Rechenregeln sind dann unmittelbare Konsequenzen der entsprechenden Rechenregeln für M. Man nennt M/N den *Quotientenmodul* oder *Faktormodul* von M nach N.

(ii) Die Abbildung $\pi\colon M \to M/N$, $m \mapsto m + N$ ist ein surjektiver R-Modulhomomorphismus mit Kern N. Die Surjektivität und Homomorphie folgen sofort aus der Definition. Dass der Kern gleich N ist, liegt daran, dass die Nebenklasse $N = 0 + N$ die Null von M/N ist und $m + N = N$ genau dann gilt, wenn m in $N - N = N$ liegt.

(iii) Sei $\varphi\colon M \to L$ ein R-Modulhomomorphismus mit Kern N. Dann ist $\operatorname{im}(\varphi) = \varphi(M)$ isomorph zu M/N. Dazu betrachtet man die Abbildung $\bar{\varphi}\colon M/N \to \operatorname{im}(\varphi)$, die durch $\bar{\varphi}(m + N) := \varphi(m)$ definiert ist. Sie ist wohldefiniert, weil mit $m + N = m' + N$ auch $m - m' \in N$ gilt, also $\varphi(m) - \varphi(m') = \varphi(m - m') = 0$. Man rechnet dann leicht nach, dass $\bar{\varphi}$ ein Modulhomomorphismus ist. Die Surjektivität von $\bar{\varphi}$ ist eine unmittelbare Konsequenz der Definition. Wie in (ii) sieht man, dass $\bar{\varphi}(m + N) = \varphi(m) = 0$ genau dann gilt, wenn $m \in N$ ist, das heißt, wenn $m + N$ die Null in M/N ist. Also ist $\ker(\bar{\varphi}) = \{0\}$, und wie im Fall von linearen Abbildungen folgt daraus die Injektivität von $\bar{\varphi}$:

$$\begin{aligned}\bar{\varphi}(m + N) = \bar{\varphi}(m' + N) \Rightarrow \bar{\varphi}(m - m' + N) = 0 &\Rightarrow m - m' \in N \\ &\Rightarrow m + N = m' + N.\end{aligned}$$

Zusammen ergibt sich, dass $\bar{\varphi}$ ein Modulisomorphismus ist. Man nennt diese Aussage auch den *ersten Isomorphiesatz für Moduln.* □

Die Parallelität der Definitionen von Unterring und Quotientenring sowie von Untermodul und Quotientenmodul ist ebenso augenfällig wie die Ähnlichkeiten zu den aus der linearen Algebra bekannten Konzepten Untervektorraum und Quotientenvektorraum. Man kann diese Ähnlichkeiten präzisieren und damit die Konstruktionen auch auf andere Strukturen übertragen. Dazu muss man einen Rahmen schaffen, innerhalb dessen man über unterschiedliche algebraische Strukturen gleichzeitig sprechen kann. Einen solchen Rahmen stellt die *universelle Algebra* bereit. Wir werden in Kap. 4 darauf zurückkommen.

Erzeugte und freie Moduln

Ein besonders wichtiges Werkzeug zur Untersuchung von Vektorräumen in der linearen Algebra ist das Konzept einer Basis, mit dem man abstrakte Objekte durch Zahlentupel charakterisieren kann. Wir untersuchen im Folgenden, inwieweit sich diese Ideen der linearen Algebra auch für Moduln umsetzen lassen.

Wir beginnen mit einer Verallgemeinerung der *linearen Hülle* einer Teilmenge E eines Vektorraumes V. Die lineare Hülle lässt sich auf unterschiedliche Weisen beschreiben. Besonders leicht zu verallgemeinern ist die Sichtweise, dass die lineare Hülle von E in V der kleinste Untervektorraum von V ist, der E enthält.

Definition 2.10 (Erzeugter Untermodul)
Sei M ein Links-R-Modul und $E \subseteq M$ eine Teilmenge. Dann heißt

$$\langle E \rangle := \bigcap \{N \subseteq M \mid E \subseteq N,\ N \text{ Untermodul}\}$$

der von E *erzeugte* Links-R-Modul (siehe Beispiel 1.11).

In der linearen Algebra zeigt man, dass sich jedes Element der linearen Hülle von E als eine Linearkombination von Elementen aus E schreiben lässt. Von dieser Sichtweise rührt auch der alternative Name *linearer Spann* für die lineare Hülle her. Man kann diese Sichtweise auch auf Moduln übertragen: Dazu bezeichnen wir endliche Summen der Form $\sum r_j m_j$ mit $r_j \in R$ und $m_j \in M$ als *R-Linearkombinationen.*

Proposition 2.11 (Charakterisierung des Erzeugnisses)
Sei R ein Ring mit Eins und M ein Links-R-Modul. Für $E \subseteq M$ gilt

$$\langle E \rangle = \left\{ \sum_{\text{endl.}} r_j e_j \;\middle|\; r_j \in R,\ e_j \in E \right\}.$$

Beweis Die rechte Seite ist offensichtlich ein Untermodul, der E enthält (wegen $1 \in R$). Aber dann liefert die Definition, dass $\langle E \rangle$ in der rechten Seite enthalten ist. Umgekehrt enthält jeder Untermodul mit E auch alle R-Linearkombinationen von E. □

Wenn R ein Körper ist, fällt Definition 2.10 mit der Definition der linearen Hülle und Proposition 2.11 mit ihrer Charakterisierung als Menge der Linearkombinationen zusammen. Wir haben also eine Verallgemeinerung der linearen Hülle für *alle* Moduln gefunden.

Das zweite definierende Element einer Basis, die *lineare Unabhängigkeit,* lässt sich ebenfalls ganz allgemein formulieren. Allerdings wird sich herausstellen, dass ein Modul im Allgemeinen kein linear unabhängiges Erzeugendensystem hat.

Definition 2.12 (Unabhängigkeit, Basen und freie Moduln)
Sei R ein Ring mit Eins und M ein Links-R-Modul sowie $E \subseteq M$. Man sagt, E *erzeugt* M oder *spannt* M *auf*, wenn $\langle E \rangle = M$. Wenn M von einer endlichen Teilmenge aufgespannt wird, so heißt M *endlich erzeugt*. Die Menge E heißt *R-unabhängig,* wenn für alle $n \in \mathbb{N}, r_1, \ldots, r_n \in R$ und paarweise verschiedene $m_1, \ldots, m_n \in E$ gilt:

$$r_1 m_1 + \ldots + r_n m_n = 0 \quad \Rightarrow \quad r_1 = \ldots = r_n = 0.$$

Wenn E den Modul M erzeugt und R-unabhängig ist, dann heißt E eine *R-Basis* von M. Dies ist äquivalent dazu, dass jedes Element von M auf genau eine Weise (bis auf die Reihenfolge) als R-Linearkombination der Basiselemente geschrieben werden kann. Schließlich heißt M ein *freier* (Links-)R-Modul, wenn es eine R-Basis für M gibt.

Wenn $R = \mathbb{K}$ ein Körper ist, dann reduziert sich der Begriff der *R-Unabhängigkeit* auf den Begriff der *linearen Unabhängigkeit* aus der Theorie der Vektorräume. Aus unserer obigen Diskussion der linearen Hülle folgt also, dass eine R-Basis in diesem Fall das Gleiche ist wie eine Vektorraumbasis. Da nach dem Lemma von Zorn (siehe [Hi13, Satz A.11]) jeder $\mathbb{K}$-Vektorraum eine Basis hat, ist also jeder $\mathbb{K}$-Modul frei.

Beispiel 2.13 (Freie Moduln)

(i) Sei R ein Ring mit Eins. Dann ist R^n mit der R-Modulstruktur aus Beispiel 2.7(ii) frei mit Basis

$$\{(1, 0, \ldots, 0),\ (0, 1, 0, \ldots, 0), \ldots, (0, \ldots, 0, 1)\}.$$

(ii) $R = \mathrm{Mat}(2 \times 2, \mathbb{R})$, $M = \left\{ \begin{pmatrix} a & 0 \\ b & 0 \end{pmatrix} \;\middle|\; a, b \in \mathbb{R} \right\}$. Gäbe es eine R-Basis E für M, so wäre $2 = \dim_{\mathbb{R}} M \geq |E| \cdot \dim_{\mathbb{R}} R = 4|E|$. Also ist M nicht frei.

(iii) Ein von Null verschiedener freier R-Modul hat mindestens so viele Elemente wie R. Also ist zum Beispiel der $\mathbb{Z}$-Modul $\mathbb{Z}/n\mathbb{Z}$ nicht frei, das heißt, er hat keine Basis. □

Torsionsphänomene wie das in Beispiel 2.13(iii) beschriebene, das heißt die Existenz von $m \in M$ und $r \in R$ mit $rm = 0$, führen dazu, dass Moduln in der Regel nicht frei sind. Trotzdem sind freie Moduln für die Strukturtheorie sehr wichtig. Das liegt daran, dass alle Moduln als Quotientenmoduln von freien Moduln geschrieben werden können. Der Nachweis dieser Tatsache wird uns eine Weile beschäftigen, ist aber ausgesprochen lehrreich, da alle Einzelschritte grundlegende Konstruktionen und Denkfiguren algebraischer Strukturtheorien sind. Wir beginnen mit einer Charakterisierung der Freiheit eines Moduls durch eine sogenannte *universelle Eigenschaft*.

Satz 2.14 (Universelle Eigenschaft freier Moduln)
Sei R ein Ring mit Eins und M ein Links-R-Modul und $E \subset M$. Dann sind folgende Aussagen äquivalent:

(1) *M ist frei mit Basis E.*
(2) *Zu jedem Links-R-Modul V und zu jeder Abbildung $\varphi : E \to V$ gibt es genau einen R-Modulhomomorphismus $\overline{\varphi} : M \to V$ mit $\overline{\varphi}|_E = \varphi$.*

Beweis
(1) $\Rightarrow$ (2): $\overline{\varphi}(\Sigma r_j m_j) := \Sigma r_j \varphi(m_j)$ für $m_j \in E$.
(2) $\Rightarrow$ (1): Wir zeigen zunächst die R-Unabhängigkeit von E: Zu $m_1, \ldots, m_n \in E$, $r_1, \ldots, r_n \in R$ mit $\Sigma r_j m_j = 0$ wähle $V = R$ und $\varphi_j : E \to V$ mit

$$\varphi_j(m) = \begin{cases} 1 & m = m_j \\ 0 & \text{sonst.} \end{cases}$$

Dann rechnet man $\overline{\varphi}_i(\Sigma r_j m_j) = \Sigma r_j \varphi_i(m_j) = r_i$, und dies liefert mit $\overline{\varphi}_i(0) = 0$ die R-Unabhängigkeit von E. Um $\langle E \rangle = M$ zu zeigen, setze $N := \langle E \rangle$ und betrachte den Faktormodul $M/N = \{m + N \mid m \in M\}$. Die R-Modulstruktur von M/N ist durch $r \cdot (m + N) = (r \cdot m) + N$ gegeben. Wende (2) auf

$$\varphi : E \to M/N,\ m \mapsto [0] = 0 + N$$

an. Die Abbildungen

$$\left.\begin{array}{rl} \overline{\varphi}_1 : & M \to M/N \\ & m \mapsto [0] \end{array}\right\} \quad \text{und} \quad \left.\begin{array}{rl} \overline{\varphi}_2 : & M \to M/N \\ & m \mapsto m + N \end{array}\right\}$$

sind beide R-Modulhomomorphismen, die φ fortsetzen (weil $E \subseteq N$). Also liefert (2), dass $\overline{\varphi}_1 = \overline{\varphi}_2$, und das zeigt $M = N$. □

Es ist die Bedingung (2) aus Satz 2.14, die man die universelle Eigenschaft der freien Moduln nennt. Das liegt daran, dass für *beliebige* Abbildungen $\varphi\colon E \to V$ eine Aussage gemacht wird. Universelle Eigenschaften spielen in der Mathematik eine wichtige Rolle, und wir werden im weiteren Verlauf noch eine Menge solcher Eigenschaften sehen. Der Vorteil von universellen Eigenschaften ist in der Regel, dass man mit Objekten, deren Konstruktion kompliziert war, einfach arbeiten kann, weil man nur wenige Eigenschaften, darunter die charakterisierende universelle Eigenschaft, verwendet. Das ist in gewisser Weise analog zur Situation, die man schafft, wenn man die reellen Zahlen als (den einzigen) vollständigen geordneten Körper charakterisiert und dann mit diesen Eigenschaften arbeitet, ohne sich an die Konstruktionen über Cauchy-Folgen oder Dedekind'sche Schnitte erinnern zu müssen.

Universelle Eigenschaften lassen sich oft in übersichtlicher Weise durch *kommutative Diagramme* darstellen. Dabei bedeutet „kommutativ", dass die Abbildungen, die man aus dem Diagramm durch Komposition von Pfeilen zusammensetzen kann, übereinstimmen, sobald Anfangs- und Endpunkt übereinstimmen. Die universelle Eigenschaft der freien Moduln wird durch das folgende kommutative Diagramm dargestellt:

$$\begin{array}{ccc} E & \xrightarrow{\forall \varphi} & V \\ \big\downarrow & \nearrow_{\exists ! \overline{\varphi}} & \\ M & & \end{array}$$

Für Vektorräume hat man das Prinzip der „Invarianz der Basislänge", das besagt, dass jede Basis eines endlichdimensionalen Vektorraumes die gleiche Anzahl von Elementen hat. Für kommutative Ringe mit Eins lässt sich dieses Prinzip auch auf freie Moduln übertragen.

Proposition 2.15 (Invarianz der Basislänge)
Sei R ein kommutativer Ring mit Eins. Je zwei endliche Basen eines freien R-Moduls M haben gleich viele Elemente. Insbesondere ist n durch $M = R^n$ festgelegt.

Beweis Wenn $\{m_1, \dots, m_k\}$ eine Basis für M ist, dann ist

$$\eta\colon R^k \to M, \quad (r_1, \dots, r_k) \mapsto \sum_{j=1}^{k} r_j m_j$$

ein Modulisomorphismus. Nach dem Lemma von Zorn gibt es ein maximales Ideal $I \trianglelefteq R$ (die Vereinigung einer Kette von echten Idealen ist ein echtes Ideal). Die Menge $IM := \{\sum_{\text{endl.}} i_\alpha m_\alpha \mid i_\alpha \in I, m_\alpha \in M\}$ ist ein R-Untermodul von M, und die induzierte Abbildung $\varphi\colon M/IM \to R^k/IR^k$, $m + IM \mapsto \eta^{-1}(m) + IR^k$ ist ein bijektiver R-Modulhomomorphismus. Da Multiplikation mit Elementen aus I auf beiden Seiten immer Null liefert, kann man φ auch als R/I-Modulhomomorphismus interpretieren. Die Maximalität von I zeigt nach Proposition 1.20, dass R/I ein Körper ist, das heißt φ ist ein Vektorraumisomorphismus. Aber auch $\psi_k : R^k/IR^k \to (R/I)^k$, $(r_1, \dots, r_k) + IR^k \mapsto (r_1 + I, \dots, r_k + I)$ ist ein R/I-Modulisomorphismus, das heißt ein Vektorraumisomorphismus. Damit erhält man $\dim_{R/I}(M/IM) = k$, und k ist durch M und I festgelegt. Also stimmen die Längen zweier endlicher Basen überein. □

Für einen kommutativen Ring mit Eins nennt man die Anzahl n der Elemente einer endlichen Basis eines freien R-Moduls den *Rang* des Moduls. Im Falle von Vektorräumen, das heißt, wenn R ein Körper ist, ist der Rang nichts anderes als die Dimension des Vektorraumes.

Übung 2.6 (Ein Ring R, der als Modul zu R^2 isomorph ist)
Sei $\mathbb{K}$ ein Körper, V ein unendlich-dimensionaler $\mathbb{K}$-Vektorraum. Man zeige:

(i) V ist als $\mathbb{K}$-Vektorraum isomorph zu V^2.
(ii) Der Ring $R := \mathrm{Hom}_{\mathbb{K}}(V, V)$ ist als $\mathbb{R}$-Modul isomorph zu $\mathrm{Hom}_{\mathbb{K}}(V, V^2) \cong \mathrm{Hom}_{\mathbb{K}}(V, V)^2 = R^2$.

Exkurs: Direkte Summen und Produkte

Wir werden im nächsten Kapitel diverse Möglichkeiten kennenlernen, wie man aus gegebenen Moduln neue Moduln bauen kann. Eine spezielle solche Konstruktion, nämlich die direkte Summe von Moduln, betrachten wir allerdings schon in diesem

Kapitel, weil wir sie für den noch ausstehenden Nachweis der Existenz von freien Moduln mit vorgegebener Basis brauchen.

Konstruktion 2.16 (Direkte Summen und Produkte von Moduln)
Sei R ein Ring mit Eins und M_λ, mit $\lambda \in \Lambda$ eine Familie von Links-R-Moduln. Dann rechnet man leicht nach, dass

$$\prod_{\lambda\in\Lambda} M_\lambda := \left\{ f : \Lambda \to \bigcup_{\lambda\in\Lambda} M_\lambda \;\middle|\; f(\lambda) \in M_\lambda \right\}$$

bezüglich

$$\forall r \in R, f, f' \in \prod_{\lambda\in\Lambda} M_\lambda, \lambda \in \Lambda : \quad \left\{ \begin{array}{lcl} (r \cdot f)(\lambda) & = & r \cdot f(\lambda) \\ (f + f')(\lambda) & = & f(\lambda) + f'(\lambda) \end{array} \right.$$

ein Links-R-Modul und

$$\bigoplus_{\lambda\in\Lambda} M_\lambda := \left\{ f \in \prod_{\lambda\in\Lambda} M_\lambda \;\middle|\; f(\lambda) = 0 \text{ für alle bis auf endlich viele } \lambda \right\}$$

ein Untermodul von $\prod_{\lambda\in\Lambda} M_\lambda$ ist. $\prod_{\lambda\in\Lambda} M_\lambda$ heißt das *direkte Produkt* der M_λ und $\bigoplus_{\lambda\in\Lambda} M_\lambda$ die *direkte Summe* der M_λ.

Aus den Definitionen folgt unmittelbar, dass die Projektionen

$$\pi_{\lambda_0} : \prod_{\lambda\in\Lambda} M_\lambda \longrightarrow M_{\lambda_0}, \quad f \longmapsto f(\lambda_0)$$

und die Inklusionen

$$\iota_{\lambda_0} : M_{\lambda_0} \longrightarrow \bigoplus_{\lambda\in\Lambda} M_\lambda, \quad m \longmapsto \left(\lambda \mapsto \left\{ \begin{array}{cc} 0 \in M_\lambda & \lambda \neq \lambda_0 \\ m & \lambda = \lambda_0 \end{array} \right. \right)$$

für jedes $\lambda_0 \in \Lambda$ R-Modulhomomorphismen sind. □

Die folgende Übung zeigt, dass wir auch Inklusionen für direkte Produkte und Projektionen für direkte Summen betrachten könnten. Die in Proposition 2.17 beschriebenen universellen Eigenschaften für direkte Summen und Produkte haben dann aber keine Entsprechung.

Übung 2.7 (Direkte Summen und Produkte von Moduln)
Man zeige, dass die Inklusionsabbildung $\bigoplus_{\lambda\in\Lambda} M_\lambda \to \prod_{\lambda\in\Lambda} M_\lambda$ ein R-Modulhomomorphismus ist. Daraus schließe man dann, dass die Projektionen

$$\tilde{\pi}_{\lambda_0} : \bigoplus_{\lambda\in\Lambda} M_\lambda \longrightarrow M_{\lambda_0}, \quad f \longmapsto f(\lambda_0)$$

und die Inklusionen

$$\tilde{\iota}_{\lambda_0} : M_{\lambda_0} \longrightarrow \prod_{\lambda\in\Lambda} M_\lambda, \quad m \longmapsto \left(\lambda \mapsto \begin{cases} 0 \in M_\lambda & \lambda \neq \lambda_0 \\ m & \lambda = \lambda_0 \end{cases}\right)$$

für jedes $\lambda_0 \in \Lambda$ R-Modulhomomorphismen sind.

Proposition 2.17 (Homomorphismen für Produkte und Summen)
Sei R ein kommutativer Ring mit Eins. Weiter seien M_λ für $\lambda \in \Lambda$ sowie M und N Links-R-Moduln.

(i) $\varphi : M \to \prod_{\lambda\in\Lambda} M_\lambda$ *ist genau dann ein R-Modulhomomorphismus, wenn* $\pi_\lambda \circ \varphi : M \to M_\lambda$ *für jedes $\lambda \in \Lambda$ ein R-Modulhomomorphismus ist.*
(ii) *Seien $\psi_\lambda : M_\lambda \to N$ R-Modulhomomorphismen. Dann gibt es genau einen R-Modulhomomorphismus $\psi : \bigoplus_{\lambda\in\Lambda} M_\lambda \to N$ mit $\psi \circ \iota_\lambda = \psi_\lambda$ für alle $\lambda \in \Lambda$.*

Beweis Für (i) rechnen wir

$$\begin{aligned}
\varphi(m+m')(\lambda) &= (\pi_\lambda \circ \varphi)(m+m') \;=\; (\pi_\lambda \circ \varphi)(m) + (\pi_\lambda \circ \varphi)(m') \\
&= \varphi(m)(\lambda) + \varphi(m')(\lambda) \;=\; \big(\varphi(m) + \varphi(m')\big)(\lambda), \\
\varphi(rm)(\lambda) &= (\pi_\lambda \circ \varphi)(rm) \;=\; r \cdot ((\pi_\lambda \circ \varphi)(m)) \\
&= r\Big(\varphi(m)(\lambda)\Big) \;=\; \big(r \cdot \varphi(m)\big)(\lambda).
\end{aligned}$$

Für (ii) zeigen wir zunächst die Eindeutigkeit: Wenn $\psi \in \mathrm{Hom}_R\left(\bigoplus_{\lambda\in\Lambda} M_\lambda, N\right)$ mit $\psi \circ \iota_\lambda = \psi_\lambda$ für alle $\lambda \in \Lambda$, dann gilt

$$\psi(f) = \psi\left(\sum_{\lambda\in\Lambda} \iota_\lambda(f(\lambda))\right) = \sum_{\lambda\in\Lambda} \psi \circ \iota_\lambda(f(\lambda)) = \sum_{\lambda\in\Lambda} \psi_\lambda(f(\lambda)).$$

Um die Existenz nachzuweisen, setzen wir

$$\forall f \in \bigoplus_{\lambda\in\Lambda} M_\lambda : \quad \psi(f) := \sum_{\lambda\in\Lambda} \psi_\lambda(f(\lambda)).$$

Dann gilt

$$\forall m \in M_{\lambda_0} : \quad \psi \circ \iota_{\lambda_0}(m) = \sum_{\lambda\in\Lambda} \psi_\lambda\left(\left(\iota_{\lambda_0}(m)\right)(\lambda)\right) = \psi_{\lambda_0}(m)$$

und

$$\begin{aligned}\psi(rf+r'f') &= \sum_{\lambda\in\Lambda}\psi_\lambda\big(r\cdot f(\lambda)+r'\cdot f'(\lambda)\big)\\ &= \sum_{\lambda\in\Lambda} r\,\psi_\lambda\big(f(\lambda)\big)+r'\psi_\lambda\big(f'(\lambda)\big)\\ &= r\sum_{\lambda\in\Lambda}\psi_\lambda\big(f(\lambda)\big)+r'\sum_{\lambda\in\Lambda}\psi_\lambda\big(f'(\lambda)\big) \;=\; r\,\psi(f)+r'\psi(f').\end{aligned}$$

□

Übung 2.8 (Universelle Eigenschaft von Summe und Produkt)
Seien M_λ für $\lambda \in \Lambda$, sowie S und P Links-R-Moduln. Zeige:

(i) Wenn es R-Modulhomomorphismen $p_\lambda\colon P \to M_\lambda$ gibt, bezüglich der P die folgende universelle Eigenschaft hat (für alle λ)

$$\begin{array}{ccc} N & \xrightarrow{\forall\varphi_\lambda} & M_\lambda \\ {\scriptstyle\exists!\varphi}\big\downarrow & \nearrow_{p_\lambda} & \\ P & & \end{array}$$

dann ist P isomorph zum direkten Produkt der M_λ.

(ii) Wenn es R-Modulhomomorphismen $j_\lambda\colon M_\lambda \to S$ gibt, bezüglich der S die folgende universelle Eigenschaft hat (für alle λ)

$$\begin{array}{ccc} N & \xleftarrow{\forall\varphi_\lambda} & M_\lambda \\ {\scriptstyle\exists!\varphi}\big\uparrow & \swarrow_{j_\lambda} & \\ S & & \end{array}$$

dann ist S isomorph zur direkten Summe der M_λ.

Proposition 2.17 und Übung 2.8 liefern eine erste Andeutung einer Dualität zwischen den Konstruktionen *direkte Summe* und *direktes Produkt:* Beschreibt man eine Eigenschaft der einen Konstruktion durch ein Diagramm von Abbildungen und dreht die Pfeile alle um, so erhält man eine Eigenschaft der anderen Konstruktion. Wir werden noch eine Reihe solcher Dualitäten sehen.

Korollar 2.18 (Räume von Homomorphismen)
Sei R ein kommutativer Ring mit Eins. Weiter seien M_λ für $\lambda \in \Lambda$ sowie M und N Links-R-Moduln. Dann sind die folgenden Links-R-Moduln isomorph:

$$\mathrm{Hom}_R\Big(\bigoplus_{\lambda\in\Lambda} M_\lambda, N\Big) \cong \prod_{\lambda\in\Lambda}\mathrm{Hom}_R(M_\lambda, N).$$

Dabei sind die jeweiligen R-Modulstrukturen durch eine Kombination von Konstruktion 2.16 *und Übung* 2.5 *gegeben.*

Beweis Wir definieren eine Abbildung

$$\Phi : \prod_{\lambda \in \Lambda} \mathrm{Hom}_R(M_\lambda, N) \to \mathrm{Hom}_R\left(\bigoplus_{\lambda\in\Lambda} M_\lambda, N\right)$$

durch

$$\forall f \in \prod_{\lambda\in\Lambda} \mathrm{Hom}_R(M_\lambda, N),\ g \in \bigoplus_{\lambda\in\Lambda} M_\lambda : \quad \big(\Phi(f)\big)(g) := \sum_{\lambda\in\Lambda} f_\lambda(g_\lambda),$$

wobei wir $f_\lambda := f(\lambda) \in \mathrm{Hom}_R(M_\lambda, N)$ sowie $g_\lambda := g(\lambda) \in M_\lambda$ setzen. Eine längere, aber einfache Rechnung zeigt (Übung!), dass Φ ein R-Modulhomomorphismus ist. Als Nächstes definieren eine Abbildung

$$\Psi : \mathrm{Hom}_R\left(\bigoplus_{\lambda\in\Lambda} M_\lambda, N\right) \to \prod_{\lambda\in\Lambda} \mathrm{Hom}_R(M_\lambda, N)$$

durch $\big(\Psi(\psi)\big)_\lambda(m_\lambda) := \psi \circ \iota_\lambda(m_\lambda)$ für $\psi \in \mathrm{Hom}_R\left(\bigoplus_{\lambda\in\Lambda} M_\lambda, N\right)$ sowie $\lambda \in \Lambda$ und $m_\lambda \in M_\lambda$. Wieder rechnet man nach (Übung!), dass Ψ ein R-Modulhomomorphismus ist.

Zwei weitere Rechnungen (Übung!) zeigen, dass Φ und Ψ zueinander invers sind, was den Beweis abschließt. □

Man kann die Idee der Konstruktion von direkten Summen von Moduln auch umkehren und sie dafür verwenden, einen gegebenen Modul in kleine Stücke zu zerlegen.

Bemerkung 2.19 (Innere direkte Summe)
Sei M ein Links-R-Modul und M_λ, $\lambda \in \Lambda$ eine Familie von Untermoduln. Dann heißt M die *(innere) direkte Summe* der M_λ, wenn die von den Inklusionen $M_\lambda \hookrightarrow M$ via Proposition 2.17 induzierte Abbildung

$$\varphi : \bigoplus_{\lambda\in\Lambda} M_\lambda \longrightarrow M$$

bijektiv ist. Beachte, dass das Bild von φ gerade

$$\sum_{\lambda\in\Lambda} M_\lambda = \left\{ \sum_{\lambda\in\Lambda} m_\lambda \;\middle|\; \text{endliche Summen},\ m_\lambda \in M_\lambda \right\} = \left\langle \bigcup_{\lambda\in\Lambda} M_\lambda \right\rangle$$

ist. Die Abbildung φ ist genau dann bijektiv, wenn jedes Element m von M auf genau eine Weise als (endliche) Summe

$$\sum_{\lambda\in\Lambda} m_\lambda \quad \text{mit } m_\lambda \in M_\lambda$$

geschrieben werden kann. Also ist M genau dann die (innere) direkte Summe der M_λ, wenn es für alle $\lambda \in \Lambda$ R-Modulhomomorphismen $p_\lambda : M \longrightarrow M_\lambda$ gibt, die folgende Bedingungen erfüllen:

(a) $m = \sum_{\lambda\in\Lambda} p_\lambda(m)$ für alle $m \in M$, wobei alle bis auf endlich viele Summanden 0 sind.
(b) $p_\lambda(m) = m$ für alle $m \in M_\lambda$.

Die p_λ heißen *kanonische Projektionen.* □

Damit ist unser Exkurs über allgemeine Eigenschaften von direkten Summen und Produkten von Moduln beendet, und wir kommen zurück zur Konstruktion freier Moduln.

Konstruktion 2.20 (Freie Links-R-Moduln)
Sei R ein Ring mit Eins und E eine Menge. Setze

$${}_R\mathrm{F}(E) := \{f : E \to R \mid f(e) \neq 0 \text{ nur für endlich viele } e \in E\} = \bigoplus_E R.$$

Wenn der Ring R aus dem Kontext klar ist, schreiben wir auch einfach $\mathrm{F}(E)$ statt ${}_R\mathrm{F}(E)$. Die Abbildung $E \to {}_R\mathrm{F}(E)$, $e \mapsto f_e$ mit

$$f_e(e') := \begin{cases} 1 & e = e' \\ 0 & \text{sonst} \end{cases}$$

ist injektiv, und wir betrachten E als Teilmenge von ${}_R\mathrm{F}(E)$. Es ist ${}_R\mathrm{F}(E)$ ein R-Modul bezüglich

$$(f_1 + f_2)(e) := f_1(e) + f_2(e) \quad \text{und} \quad (r\,f)(e) := r\,f(e).$$

Sei jetzt V ein (Links-)R-Modul und $\varphi : E \to V$ eine Abbildung. Setze

$$\overline{\varphi}(f) := \sum_{e\in E} f(e)\varphi(e)$$

(nur endlich viele Summanden sind ungleich 0), dann ergibt sich $\overline{\varphi}(f_e) = \varphi(e)$ und

$$\begin{aligned}\overline{\varphi}(r_1 f_1 + r_2 f_2) &= \sum_{e \in E} \big(r_1 f_1 + r_2 f_2\big)(e)\varphi(e)\\ &= \sum_{e \in E} r_1 f_1(e)\varphi(e) + r_2 f_2(e)\varphi(e) \;=\; r_1\overline{\varphi}(f_1) + r_2\overline{\varphi}(f_2).\end{aligned}$$

Die Eindeutigkeit von $\overline{\varphi}$ ist klar, weil sich jedes $f \in {}_R\mathrm{F}(E)$ als Linearkombinationen der f_e schreiben lässt. Also ist ${}_R\mathrm{F}(E)$ nach Satz 2.14 frei mit Basis E. □

Damit haben wir die Existenz vieler freier Moduln sichergestellt. Die folgende Proposition zeigt, dass – bis auf Isomorphie – jeder freie Modul so gebildet wird und man deshalb von *dem* freien Links-R-Modul über E sprechen kann.

Proposition 2.21 (Eindeutigkeit des freien Moduls)
Sei M ein freier Links-R-Modul mit Basis E. Dann gilt $M \cong {}_R\mathrm{F}(E)$.

Beweis Aus den drei kommutativen Diagrammen

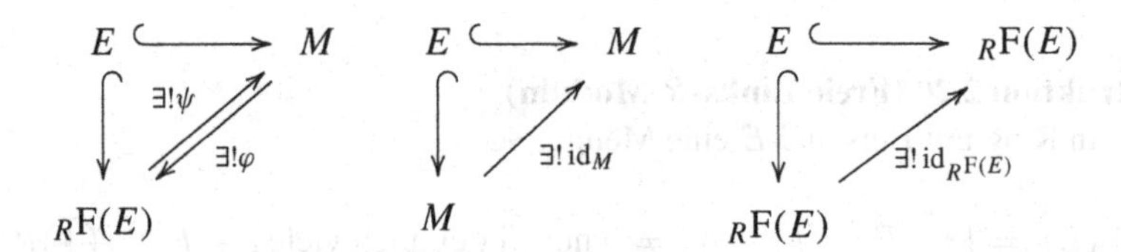

folgen die Identitäten $\psi \circ \varphi = \mathrm{id}_M$ und $\varphi \circ \psi = \mathrm{id}_{{}_R\mathrm{F}(E)}$. □

Wir sind jetzt in der Lage, die früher gemachte Behauptung zu beweisen, dass jeder R-Modul der Quotientenmodul eines freien R-Moduls ist: Sei M ein Links-R-Modul und $\mathrm{F}(M)$ der freie R-Modul mit Basis M. Dann liefert die universelle Eigenschaft (Satz 2.14) von $\mathrm{F}(M)$ das kommutative Diagramm

$$\begin{array}{ccc} M & \xrightarrow{\mathrm{id}_M} & M \\ \big\downarrow & \nearrow_{\overline{\mathrm{id}_M}} & \\ \mathrm{F}(M) & & \end{array}$$

in dem $\overline{\mathrm{id}_M}$ ein R-Modulhomomorphismus ist. Er ist surjektiv, weil id_M surjektiv ist. Mit Konstruktion 2.9(iii) ergibt sich also, dass M isomorph zu $F_M / \ker(\overline{\mathrm{id}_M})$ ist.

Übung 2.9 (Direkte Summen freier Moduln)
Sei R ein kommutativer Ring mit Eins und $M_1, \ldots, M_k$ freie R-Moduln mit disjunkten Basen $E_1, \ldots, E_k$. Sei $E := \bigcup_{j=1}^k E_j$. Dann ist $M = M_1 \oplus \ldots \oplus M_k$ frei mit Basis E.

Wir beenden unsere Diskussion freier Moduln mit einem technischen Resultat, das die Zerlegung eines Moduls in zwei Summanden erlaubt, wenn er einen freien Modul als Quotientenmodul hat. Wir werden dieses Ergebnis später ebenso wie den chinesischen Restsatz zur Gewinnung von Normalformen für lineare Abbildungen und Matrizen einsetzen.

Lemma 2.22 (Direkte Summen)
Sei R ein Ring und $\varphi\colon M \to M'$ ein surjektiver R-Modulhomomorphismus sowie $\psi\colon M' \to M$ ein R-Modulhomomorphismus mit $\varphi \circ \psi = \mathrm{id}_{M'}$. Dann gilt $M \cong \ker(\varphi) \oplus M'$.

Beweis Da $\mathrm{id}_{M'}$ injektiv ist, müssen auch ψ und $\varphi|_{\mathrm{im}(\psi)}$ injektiv sein. Insbesondere ist $\psi\colon M' \to \mathrm{im}(\psi)$ ein Isomorphismus. Es reicht jetzt zu zeigen, dass sich jedes $m \in M$ in eindeutiger Weise als $m = m_1 + m_2$ mit $m_1 \in \ker(\varphi)$ und $m_2 \in \mathrm{im}(\psi)$ schreiben lässt (siehe Bemerkung 2.19). Zunächst zeigen wir die Eindeutigkeit: Sei also $m_1 + m_2 = m_1' + m_2'$ mit $m_1, m_1' \in \ker(\varphi)$ und $m_2, m_2' \in \mathrm{im}(\psi)$. Wendet man darauf φ an, erhält man $\varphi(m_2) = \varphi(m_2')$, also $m_2 = m_2'$, weil $\varphi|_{\mathrm{im}(\psi)}$ injektiv ist. Um die Existenz zu zeigen, schreiben wir $m = \psi \circ \varphi(m) + l$ für ein $l \in M$. Es gilt dann

$$\varphi(m) = \varphi \circ \psi \circ \varphi(m) + \varphi(l) = \varphi(m) + \varphi(l),$$

also $l \in \ker(\varphi)$. Dies zeigt die Behauptung. □

Man codiert die Voraussetzungen von Lemma 2.22 oft in der Form einer *kurzen exakten Sequenz*

$$0 \longrightarrow \ker(\varphi) \longrightarrow M \xrightarrow{\ \varphi\ } M' \longrightarrow 0,$$

wobei man mit exakt meint, dass an jeder Stelle der Kern des auslaufenden Homomorphismus gleich dem Bild des einlaufenden Homomorphismus ist. Die Nullen stellen den 0-Modul dar.

Korollar 2.23
Sei $\varphi\colon M \to M'$ ein surjektiver R-Modulhomomorphismus und M' frei. Dann gilt $M \cong \ker(\varphi) \oplus M'$.

Beweis Dies folgt durch eine Kombination von Satz 2.14 und Lemma 2.22. Genauer gesagt, man wählt zu jedem Element e' einer Basis E' von M' ein Urbild in $\varphi^{-1}(e') \subseteq M$ und setzt die so konstruierte Abbildung $\psi\colon E' \to M$ zu einem Modulhomomorphismus $\psi\colon M' \to M$ fort. □

2.2 Anwendungen auf lineare Abbildungen

In diesem Abschnitt wollen wir die Strukturtheorie von Moduln dazu einsetzen, lineare Selbstabbildungen von endlichdimensionalen Vektorräumen näher zu untersuchen. Die Anwendungen fußen auf folgender Konstruktion: Sei $\mathbb{K}$ ein Körper und V ein endlichdimensionaler $\mathbb{K}$-Vektorraum. Jedes $\varphi \in \mathrm{End}_{\mathbb{K}}(V)$ induziert nach Beispiel 2.2(iii) eine $\mathbb{K}[X]$-Modulstruktur auf V:

$$\left(\sum a_j X^j\right) v := \sum a_j \varphi^j(v).$$

Umgekehrt erhält man aus einer $\mathbb{K}[X]$-Modulstruktur auf V einen Endomorphismus $\varphi \in \mathrm{End}_{\mathbb{K}}(V)$ via

$$\varphi(v) := Xv.$$

Auf diese Weise findet man eine Bijektion zwischen $\mathrm{End}_{\mathbb{K}}(V)$ und der Menge der $\mathbb{K}[X]$-Modulstrukturen auf V. Man kann also davon ausgehen, dass die Strukturtheorie von $\mathbb{K}[X]$-Moduln auch Ergebnisse über Endomorphismen liefert.

Zerlegung endlich erzeugter Moduln über euklidischen Ringen

Zur Umsetzung der geschilderten Strategie brauchen wir einen Zerlegungssatz für endlich erzeugte Moduln, den man mithilfe der spezielleren ringtheoretischen Ergebnisse aus Kap. 1 für Moduln über euklidischen Ringe zeigen kann. Wir beginnen mit einem technischen Lemma, das wir im Beweis des Zerlegungssatzes verwenden werden.

Lemma 2.24 (Annulatoren von Primelementen)
Sei R ein euklidischer Ring und $p \in R$ prim, $0 \neq r \in R$ und $M := R/rR$. Weiter sei $M_p := \{m \in M \mid pm = 0\}$. Dann ist M_p ein Untermodul von M und:

(i) *Wenn $0 \neq r = px \in R$ mit $x \in R$, dann gilt $M_p = xR/rR \cong R/pR$.*
(ii) *Wenn p kein Teiler von r ist, gilt $M_p = \{0\}$.*

Beweis

(i) Die Gleichheit $M_p = xR/rR$ folgt aus der Eindeutigkeit der Primzerlegung (siehe Satz 1.28): $m = s + rR$ ist genau dann in M_p, wenn $ps \in rR$. Wegen $r = px$ ist das gleichbedeutend mit $s \in xR$. Die Isomorphie erhält man aus dem R-Modulhomomorphismus

$$R \to xR/rR, \quad a \mapsto xa + rR,$$

dessen Kern gerade pR ist, und aus dem ersten Isomorphiesatz für Moduln (siehe Konstruktion 2.9).

(ii) Dies folgt wieder aus der Eindeutigkeit der Primzerlegung: $ps = rr'$ zeigt, dass $p|r'$, und damit ist $s \in rR$. □

Sei R ein euklidischer Ring und $p \in R$ prim. Nach Proposition 1.25, 1.31 und 1.20 ist R/pR ein Körper. Also folgt in Lemma 2.24(i) insbesondere, dass M_p ein R/pR-Vektorraum der Dimension 1 ist.

Bevor wir den angekündigten Zerlegungssatz beweisen können, müssen wir noch eine Schlussfolgerung aus Korollar 2.23 ziehen, die wir im Beweis brauchen werden.

Lemma 2.25 (Untermoduln freier Moduln)
Sei R ein Hauptidealring und M ein Untermodul von R^n. Dann gibt es ein $d \leq n$ so, dass M isomorph zu R^d ist.

Beweis Sei $\pi : R^n \to R,\ (r_1, \dots, r_n) \mapsto r_n$ die Projektion auf die letzte Komponente. Dann ist π ein R-Modulhomomorphismus und daher (siehe Beispiel 2.7) $I := \pi(M)$ ein Untermodul von R, das heißt ein Ideal in R. Da R ein Hauptidealring ist, gibt es ein $x \in I$ mit $I = xR$. Weiter ist $\{x\}$ eine Basis für I, das heißt, $I \cong R$ ist frei. Nach Korollar 2.23 gilt also $M \cong \ker(\pi|_M) \oplus I$. Da $\ker(\pi|_M) \subseteq R^{n-1}$, folgt mit Induktion über n, dass $\ker(\pi|_M) \cong R^{d'}$ mit $d' \leq n-1$. Damit gilt

$$M \cong \ker(\pi|_M) \oplus I \cong R^{d'} \oplus R \cong R^{d'+1}$$

mit $d' + 1 \leq n$. □

Wir kommen jetzt zu dem mehrfach angekündigten Zerlegungssatz für endlich erzeugte Moduln. Dass er von erheblicher Bedeutung ist, kann man schon daran ablesen, dass der Spezialfall von $\mathbb{Z}$-Moduln, das heißt abelschen Gruppen, unter dem Namen *Hauptsatz über endlich erzeugte abelsche Gruppen* bekannt ist.

Satz 2.26 (Zerlegung endlich erzeugter Moduln I)
Sei R ein euklidischer Ring und M ein endlich erzeugter R-Modul. Dann gibt es eindeutig bestimmte Ideale $R \neq I_1 \supseteq I_2 \supseteq \ldots \supseteq I_\ell$ in R so, dass

$$M \cong \bigoplus_{j=1}^{\ell} R/I_j.$$

Beweis Existenz der Ideale: Seien $m_1, \dots, m_n \in M$ Erzeuger von M. Betrachte den surjektiven R-Modulhomomorphismus

$$\psi : R^n \to M,\ (r_1, \dots, r_n) \mapsto \sum_{i=1}^{n} r_i m_i.$$

Nach Lemma 2.25 gilt $\ker(\psi) \cong R^d$ für ein $d \leq n$. Insbesondere gibt es einen R-Modulhomomorphismus $\varphi\colon R^d \to R^n$, dessen Bild gerade $\ker(\psi)$ ist. Wir haben dann eine exakte Sequenz

$$R^d \xrightarrow{\varphi} R^n \xrightarrow{\psi} M \longrightarrow 0.$$

Mit dem ersten Isomorphiesatz für Moduln (siehe Konstruktion 2.9) gilt

$$M \cong R^n / \ker(\psi) \cong R^n / \operatorname{im}(\varphi).$$

Seien $\{v_1, \ldots, v_d\}$ und $\{w_1, \ldots, w_n\}$ Basen von R^d und R^n (siehe Beispiel 2.13). Weiter sei $A \in \operatorname{Mat}(n \times d, R)$ die *darstellende Matrix* von φ bezüglich dieser Basen, das heißt $A = (a_{ij})_{\substack{i=1,\ldots,n \\ j=1,\ldots,d}}$ mit

$$\forall\, j = 1, \ldots, d: \quad \varphi(v_j) = \sum_{i=1}^{n} a_{ij} w_i.$$

Behauptung: Man kann die Basen so wählen, dass A eine „Diagonalmatrix" ($a_{ij} = 0$ für $i \neq j$) wird und außerdem $a_{11} \mid a_{22} \mid \ldots \mid a_{dd}$ gilt.

Mit dieser Behauptung erhalten wir dann $\operatorname{im}(\varphi) = \left\{ \sum_{i=1}^{d} a_{ii} r_i w_i \mid r_i \in R \right\}$ und daraus

$$M \cong R^n / \operatorname{im}\varphi \cong \left(\bigoplus_{i=1}^{d} R/a_{ii}R \right) \oplus \left(\bigoplus_{i=d+1}^{n} R \right).$$

Indem man jetzt diejenigen Summanden streicht, für die $a_{ii} \in \operatorname{Unit}(R)$, das heißt für die $a_{ii}R = R$ (das passiert für die ersten k Elemente mit $k \leq d$, dann nicht mehr), und $(n-d)$-mal das Nullideal anhängt, findet man eine Idealfolge der gesuchten Art.

Wir beweisen jetzt die Behauptung mit Induktion über n: Zunächst wählen wir die Basis so, dass $\tilde{\mathrm{d}}(A)$ mit

$$\tilde{\mathrm{d}}(A) := \min\{\mathrm{d}(a_{ij}) \mid a_{ij} \neq 0; i = 1, \ldots, d;\ j = 1, \ldots, n\}$$

minimal ist, wobei $\mathrm{d}\colon R \setminus \{0\} \to \mathbb{N}_0$ die Gradfunktion von R ist. Beachte, dass der Fall $A = 0$ ohnehin klar ist.

Die Basiswechsel werden durch elementare Zeilen- und Spaltenumformungen bewirkt. Dabei benützen wir nur Vertauschungen und Additionen von Vielfachen einer Zeile (Spalte) zu einer anderen, weil man nur von diesen allgemein die Invertierbarkeit garantieren kann. Ansonsten besteht der Beweis in einer Adaption des Gauß-Algorithmus: Durch Zeilen- und Spaltentausch können wir erreichen, dass $\tilde{\mathrm{d}}(A) = \mathrm{d}(a_{11})$. Beachte, dass wegen der Minimalität von $\tilde{\mathrm{d}}(A)$ das Element a_{11} alle Koeffizienten in der ersten Reihe und der ersten Spalte der Matrix A teilen muss, weil wir sonst durch Addition von geeigneten Vielfachen der ersten Zeile (Spalte) via

Teilen mit Rest Elemente mit kleinerem Grad erzeugen könnten. Jetzt teilen wir die Elemente a_{i1} (ohne) Rest durch a_{11} und subtrahieren das entsprechende Vielfache der ersten Zeile von der i-ten Zeile. Damit können wir $a_{i1} = 0$ für $i > 1$ annehmen. Ganz analog erhalten wir $a_{1j} = 0$ für $j > 1$. Damit hat A die Gestalt

$$A = \begin{pmatrix} a_{11} & 0 \\ 0 & A' \end{pmatrix}$$

mit $A' \in \operatorname{Mat}\big((d-1) \times (n-1), R\big)$. Wenn a_{11} alle Koeffizienten von A' teilt, sind wir nach Induktion fertig. Wenn nicht, das heißt, wenn es ein a_{ij} gibt, das von a_{11} nicht geteilt wird, dann addiert man die j-te Zeile zur ersten, teilt a_{ij} mit Rest r durch a_{11} und subtrahiert dann das entsprechende Vielfache der ersten Spalte von der j-ten Spalte. Dies erzeugt dann den Eintrag r in der Position $1j$, und das steht im Widerspruch zur Minimalität von $\mathrm{d}(a_{11})$. Also kann dieser Fall gar nicht auftreten, und wir sind fertig.

Eindeutigkeit der Ideale: Wir nehmen also

$$M = \bigoplus_{j=1}^{\ell} R/I_j$$

mit den genannten Eigenschaften an und wollen die I_j mithilfe von M beschreiben. Dazu sei $I_j = r_j R$ so, dass

$$r_1 \mid r_2 \mid \ldots \mid r_\ell.$$

1. Schritt („Streichen"): Zunächst ermitteln wir, wie oft das Nullideal vorkommt: Setze dazu

   $$M' := \{m \in M \mid \exists r \in R \setminus \{0\} : rm = 0\}.$$

   Dann ist M' ein Untermodul von M. Genauer sieht man, dass

   $$M' = \bigoplus_{j=1}^{\tilde{\ell}} R/I_j$$

   mit $\tilde{\ell} := \max\{j \mid I_j \neq 0\}$ und $M/M' \cong R^{\ell-\tilde{\ell}}$. Damit ist durch M festgelegt (siehe Proposition 2.15), wie viele Summanden R in M vorkommen, und wir können annehmen, dass keines der r_j gleich 0 ist.
2. Schritt („Kürzen"): Für $p \in R$ prim setze jetzt $M_p := \{m \in M \mid pm = 0\}$. Dann ist M_p ein R/pR-Vektorraum, und nach Lemma 2.24 zählt die Dimension von M_p gerade die Anzahl der r_j, in denen p als Primfaktor vorkommt. Sei jetzt p ein

Primteiler von r_1 und damit von allen anderen r_j. Dann gilt also $\dim_{R/pR} M_p = \ell$. Wenn

$$M = \bigoplus_{j=1}^{\ell'} R/s_j R$$

eine weitere Summenzerlegung der geforderten Art ist, dann teilt also p mindestens ℓ der Elemente $s_1, \ldots, s_{\ell'}$. Insbesondere gilt $\ell \leq \ell'$. Aus Symmetriegründen folgt damit $\ell = \ell'$, und p teilt alle s_j.
Betrachte den Modul pM: Wieder mit Lemma 2.24 sieht man, dass

$$pM \cong \bigoplus_{j=1}^{\ell} R/x_j R \cong \bigoplus_{j=1}^{\ell} R/y_j R$$

mit $px_j = r_j$ und $py_j = s_j$ gilt.

Jetzt wiederholt man das bisherige Verfahren für pM statt M (dabei werden allerdings keine freien R-Summanden mehr auftauchen), das heißt, man kürzt ein gemeinsames Primelement aller Summanden. Sukzessive stellt man fest, dass die r_j und die s_j bis auf Einheiten übereinstimmen. □

Mit dem chinesischen Restsatz (siehe Lemma 1.14) kann man die Summenzerlegung aus Satz 2.26 noch weiter aufspalten:

Satz 2.27 (Zerlegung endlich erzeugter Moduln II)
Sei R euklidisch und $r \in R$ habe die Faktorzerlegung $r = up_1^{n_1} \cdots p_k^{n_k}$ mit $p_j \in R$ nichtassoziierte Primelemente und $u \in \mathrm{Unit}(R)$. Dann gilt

$$R/rR \cong \bigoplus_{i=1}^{k} R/p_i^{n_i} R.$$

Beweis Wir führen eine Induktion über k durch und schreiben dazu $r = r' p_k^{n_k}$. Dann sind r' und $p_k^{n_k}$ teilerfremd, das heißt, wir haben mit Proposition 1.25 $R = r'R + p_k^{n_k} R$. Mit dem chinesischen Restsatz und Induktion folgt

$$R/rR \cong R/r'R \oplus R/p_k^{n_k} R \cong \left(\bigoplus_{i=1}^{k-1} R/p_i^{n_i} R \right) \oplus R/p_k^{n_k} R \cong \bigoplus_{i=1}^{k} R/p_i^{n_i} R.$$

□

Übung 2.10 (Endlich erzeugte Moduln über Hauptidealringen)
Man verallgemeinere mithilfe der Übungsaufgaben am Ende von Kap. 1 die Sätze 2.26 und 2.27 für Hauptidealringe (anstatt euklidische Ringe).

Mit Satz 2.26 und 2.27 haben wir zwei Fliegen mit einer Klappe geschlagen. Für $R = \mathbb{K}[X]$ werden wir sie einsetzen, um Normalformen für lineare Abbildungen zu finden. Für $R = \mathbb{Z}$ stellen sie Prototypen strukturtheoretischer Sätze dar, denn sie liefern für jedes Exemplar der betrachteten Struktur – endlich erzeugte abelsche Gruppen – ein dazu isomorphes Modell, das in einfach zu beschreibender Weise (direkte Summe) aus Bausteinen zusammengebaut ist, die ihrerseits vollständig verstanden sind (die zyklischen Gruppen $\mathbb{Z}/q\mathbb{Z}$).

Mehr kann man nicht erwarten, denn es gibt eine unübersehbare Anzahl von im Wesentlichen gleichen Modellen derselben abelschen Gruppe (siehe die Bemerkung zum Begriff der Isomorphie nach Definition 1.8). Man kann ja für jede endliche oder abzählbare Menge M eine Bijektion φ zu einer (eigentlich sogar vielen verschiedenen) solcher Gruppen $A := \bigoplus_{j=1}^{n} \mathbb{Z}/q_j\mathbb{Z}$ finden. Wenn man dann auf so einer Menge die Gruppenverknüpfung durch $m * m' := \varphi^{-1}\big(\varphi(m) + \varphi(m')\big)$ definiert, ist $(M, *)$ eine zu $(A, +)$ isomorphe abelsche Gruppe. Wichtig ist zu bemerken, dass alles, was sich über strukturelle, das heißt durch die Gruppenmultiplikation bestimmte, Eigenschaften von $(M, *)$ sagen lässt, kann man an $(A, +)$ ablesen und mit φ auf $(M, *)$ übertragen.

Minimalpolynom und rationale Normalform

Wir kommen jetzt zu den angekündigten Anwendungen auf Normalformen linearer Abbildungen. Sei dazu $\mathbb{K}$ ein Körper und V ein endlichdimensionaler Vektorraum. Weiter sei $\varphi \in \mathrm{End}_{\mathbb{K}}(V)$ und $\mathbb{K}[\varphi]$ der von $\mathbb{K}\varphi$ erzeugte Unterring von $\mathrm{End}_{\mathbb{K}}(V)$. Der Ringhomomorphismus

$$\mathrm{ev}_{\varphi} \colon \mathbb{K}[X] \to \mathbb{K}[\varphi], \quad \sum a_j X^j \mapsto \sum a_i \varphi^j$$

heißt die *Auswertung* in φ. Die Auswertung hat einen nichttrivialen Kern, weil $\mathbb{K}[\varphi]$ ein endlichdimensionaler $\mathbb{K}$-Vektorraum ist, aber $\mathbb{K}[X]$ nicht (und die Auswertung ist offensichtlich $\mathbb{K}$-linear). Der Kern der Auswertung ist von der Form $q_{\varphi}\mathbb{K}[X]$, wobei q_{φ} normiert ist (siehe Beispiel 1.6) und dadurch eindeutig bestimmt wird. Dabei benützen wir, dass $\mathbb{K}[X]$ euklidisch ist (siehe Beispiel 1.23) und daher ein Hauptidealring (siehe Proposition 1.25) sowie, dass die von Null verschiedenen konstanten Polynome gerade die Einheiten in $\mathbb{K}[X]$ sind. Das Polynom $q_{\varphi} \in \mathbb{K}[X]$ heißt das *Minimalpolynom* von φ.

Die folgende Proposition zeigt, dass das Minimalpolynom q_{φ} eine wichtige Rolle in der Zerlegung von V als $\mathbb{K}[X]$-Modul spielt.

Proposition 2.28 (Minimalpolynom)
Sei $\varphi \in \mathrm{End}_{\mathbb{K}}(V)$ und

$$V \cong \bigoplus_{j=1}^{\ell} \mathbb{K}[X]/q_j\mathbb{K}[X]$$

die Summenzerlegung aus Satz 2.26, *angewandt auf die von* φ induzierte $\mathbb{K}[X]$-*Modulstruktur auf* V. *Wenn die* q_j *normiert sind, dann ist* $q_\ell = q_\varphi$ *das Minimalpolynom von* φ.

Beweis Die Modulstruktur auf V ist gerade so gemacht, dass ein $f \in \mathbb{K}[X]$ genau dann im Kern von ev_φ liegt, wenn $fV = \{0\}$. Dies ist aber genau dann der Fall, wenn f von allen q_j geteilt wird. Wegen $q_1 \mid q_2 \mid \ldots \mid q_\ell$ folgt $\ker \mathrm{ev}_\varphi = q_\ell \mathbb{K}[X]$, also die Behauptung. □

Als Nächstes geben wir natürliche Basen für die $\mathbb{K}$-Vektorräume der Form $\mathbb{K}[X]/q\mathbb{K}[X]$ an. Die Matrizendarstellung bezüglich solcher Basen wird die rationale Normalform von φ liefern.

Proposition 2.29 (Zyklische Basis)
Sei $0 \neq q \in \mathbb{K}[X]$. *Dann ist* $\mathbb{K}[X]/q\mathbb{K}[X]$ *ein* $\mathbb{K}$-*Vektorraum der Dimension* $\deg(q)$. *Genauer, die Nebenklassen* $x^j := X^j + q\mathbb{K}[X]$ *mit* $0 \leq j \leq \deg(q) - 1$ *bilden eine Basis für diesen Raum.*

Beweis Nachzuprüfen, dass $\mathbb{K}[X]/q\mathbb{K}[X]$ ein $\mathbb{K}$-Vektorraum ist, ist reine Routine. Die x^j mit $0 \leq j \leq \deg(q) - 1$ sind linear unabhängig, da jede nichttriviale lineare Relation ein Polynom liefert, das von q geteilt wird. Umgekehrt liefert Division durch q mit Rest, dass jedes Polynom modulo $q\mathbb{K}[X]$ gleich einem Polynom vom Grad kleiner $\deg(q)$ ist. □

Angenommen, die Zerlegung in Proposition 2.28 besteht nur aus einem Summanden. Sei $v \in V$ der Vektor, der dem Element $x^0 = 1 + q\mathbb{K}[X]$ in Proposition 2.29 entspricht. Dann bildet $v, \varphi(v) = Xv, \ldots, \varphi^d(v) = X^d v$ mit $d = \deg(q) - 1$ eine Basis für V. Dieser Umstand motiviert die folgende Definition.

Definition 2.30 (φ-zyklische Vektoren)
Sei $\varphi \in \mathrm{End}_\mathbb{K}(V)$ eine lineare Selbstabbildung des $\mathbb{K}$–Vektorraumes V. Wir sagen, dass $v \in V$ ein *φ-zyklischer Vektor* ist, wenn V von den $\varphi^j(v)$ mit $j \in \mathbb{N}_0$ aufgespannt wird. Dies bedeutet, dass

$$\mathbb{K}[X]/q_\varphi\mathbb{K}[X] \to V, \quad f + q_\varphi\mathbb{K}[X] \mapsto fv$$

ein Vektorraumisomorphismus ist (siehe Konstruktion 2.9).

Unter der Annahme der Existenz eines φ-zyklischen Vektors erhalten wir jetzt unmittelbar die rationale Normalform von φ.

Satz 2.31 (Rationale Normalform)
Sei $\varphi \in \mathrm{End}_{\mathbb{K}}(V)$ und $q_\varphi = X^d + a_{d-1}X^{d-1} + \ldots + a_0$ das Minimalpolynom von φ. Wenn es einen φ-zyklischen Vektor $v_1 \in V$ gibt, dann hat V eine Basis $v_1, \ldots, v_d$, bezüglich der die darstellende Matrix von φ die folgende Gestalt hat:

$$\begin{pmatrix} 0 & & \cdots & & 0 & -a_0 \\ 1 & 0 & & & \vdots & -a_1 \\ 0 & 1 & \ddots & & \vdots & -a_2 \\ \vdots & 0 & \ddots & 0 & \vdots & \vdots \\ \vdots & \vdots & \ddots & 1 & 0 & -a_{d-2} \\ 0 & 0 & \cdots & 0 & 1 & -a_{d-1} \end{pmatrix}$$

Beweis Setze $v_j := \varphi^{j-1}(v_1) = X^{j-1}v_1$ mit $j = 2, \ldots, d$. Nach Lemma 2.29 bilden jetzt die $v_1, \ldots, v_d$ eine Basis für V. Die Behauptung über die darstellende Matrix ist jetzt einfach zu verifizieren. □

Im Allgemeinen gibt es in V keine Vektoren, die für ganz V zyklisch sind. Die Proposition 2.28 zeigt aber, dass man V immer in eine direkte Summe von φ-invarianten Unterräumen zerlegen kann, für die es φ-zyklische Vektoren gibt.

Übung 2.11 (Zerlegung in zyklische Räume)
Sei $\mathbb{K}$ ein Körper, V ein endlichdimensionaler $\mathbb{K}$-Vektorraum und $\varphi \in \mathrm{End}_{\mathbb{K}}(V)$. Zeige, dass V die endliche direkte Summe von Unterräumen V_j ist, die alle einen φ-zyklischen Vektor haben.

Übung 2.12 (Minimalpolynom)
Sei $V = \mathbb{R}^3$ und $\varphi \in \mathrm{End}_{\mathbb{R}}(\mathbb{R}^3)$ gegeben durch $\varphi(x) = Ax$ mit

$$A := \begin{pmatrix} 1 & 1 & 0 \\ 0 & 1 & 0 \\ 0 & 0 & 2 \end{pmatrix}.$$

Betrachte V mit der von φ induzierten $\mathbb{R}[X]$-Modulstruktur, $p \cdot x := p(\varphi)x$ für $p \in \mathbb{R}[X]$ und $x \in V$. Bestimme einen φ-zyklischen Vektor von V und das Minimalpolynom von φ.

Charakteristisches Polynom und Jordan-Normalform

Die Verfeinerung des Zerlegungssatzes 2.26 in Satz 2.27 führt auf die Zerlegung des *charakteristischen Polynoms* χ_φ eines Endomorphismus $\varphi \in \mathrm{End}_{\mathbb{K}}(V)$ in Potenzen von Linearfaktoren und letztlich zur Jordan-Normalform. Wir beginnen mit dem Spezialfall, in dem die Zerlegung aus Satz 2.27 nur einen Summanden hat, der von der Form $\mathbb{K}[X]/(X - \lambda)^k\mathbb{K}[X]$ mit $\lambda \in \mathbb{K}$ ist. Letzteres ist eine Zusatzannahme, denn im Allgemeinen weiß man nicht, ob es Eigenwerte von φ in $\mathbb{K}$ gibt.

Lemma 2.32 (Jordan-Block)
Sei $\varphi \in \mathrm{End}_{\mathbb{K}}(V)$ und $V \cong \mathbb{K}[X]/(X-\lambda)^k\mathbb{K}[X]$ mit $\lambda \in \mathbb{K}$. Dann gibt es eine Basis $\{v_1, \ldots, v_k\}$ von V bezüglich der die darstellende Matrix von φ die Gestalt

$$\begin{pmatrix} \lambda & 1 & 0 & \cdot\cdot & \cdots & 0 \\ 0 & \lambda & 1 & 0 & & \vdots \\ \vdots & \ddots & \ddots & \ddots & \ddots & \vdots \\ \vdots & & 0 & \lambda & 1 & 0 \\ \vdots & & & 0 & \lambda & 1 \\ 0 & \cdots & \cdot\cdot & \cdot\cdot & 0 & \lambda \end{pmatrix}$$

hat. Insbesondere ist $(X-\lambda)^k$ das charakteristische Polynom χ_φ von φ.

Beweis Sei v_j das Bild von $(X-\lambda)^{k-j} + (X-\lambda)^k\mathbb{K}[X]$ unter dem $\mathbb{K}[X]$-Modulisomorphismus

$$\mathbb{K}[X]/(X-\lambda)^k\mathbb{K}[X] \to V.$$

Dann sieht man wie im Beweis von Proposition 2.29, dass $v_1, \ldots, v_k$ eine Basis wird (Übung). Schließlich rechnet man

$$Xv_j = (X-\lambda)v_j + \lambda v_j = v_{j-1} + \lambda v_j, \quad j \geq 2$$

und

$$Xv_1 = (X-\lambda)v_1 + \lambda v_1 = \lambda v_1.$$

Dies zeigt die Behauptung. □

Der Einfachheit halber nehmen wir ab jetzt an, dass der Körper $\mathbb{K}$ *algebraisch abgeschlossen* ist, das heißt, jedes nichtkonstante Polynom ist von der Form

$$f = c(X-\lambda_1)\cdots(X-\lambda_n),$$

wobei die $\lambda_j \in \mathbb{K}$ nicht notwendigerweise verschieden sind. Insbesondere haben die Primelemente von $\mathbb{K}[X]$ alle Grad 1. Diese Bedingung ist nach dem Fundamentalsatz der Algebra ([Hi13, Satz 2.59]) für $\mathbb{C}$ erfüllt. Man kann zeigen, dass jeder Körper als Teilkörper eines algebraisch abgeschlossenen Körpers betrachtet werden kann ([Ke95, Theorem 19.6.1]). Damit lässt sich dann ein Teil der folgenden Resultate auf beliebige Körper übertragen.

Proposition 2.33 (Charakteristisches Polynom)
Sei $\varphi \in \mathrm{End}_{\mathbb{K}}(V)$ und $V \cong \bigoplus_{j=1}^{\ell} \mathbb{K}[X]/q_j\mathbb{K}[X]$ *die Summenzerlegung aus* Satz 2.26, *angewandt auf die von φ induzierte $\mathbb{K}[X]$-Modulstruktur auf V. Wenn die q_j normiert sind, dann ist $q_1 \cdots q_\ell = \chi_\varphi$ das charakteristische Polynom von φ.*

Beweis Jeder direkte Summand in V ist ein φ-invarianter Unterraum, und die charakteristischen Polynome der Einschränkungen multiplizieren sich auf zum charakteristischen Polynom von φ. Also können wir $\ell = 1$ annehmen. Dann liefert Satz 2.27 eine weitere Summenzerlegung, sodass wir annehmen dürfen: $V \cong \mathbb{K}[X]/q^k\mathbb{K}[X]$ mit $q \in \mathbb{K}[X]$ prim. Da wir $\mathbb{K}$ algebraisch abgeschlossen angenommen haben, ist $q = X - \lambda$ mit $\lambda \in \mathbb{K}$. Mit Lemma 2.32 folgt dann die Behauptung. □

Mit dieser Proposition können wir zeigen, dass für algebraisch abgeschlossenes $\mathbb{K}$ zu jedem $\varphi \in \mathrm{End}_{\mathbb{K}}(V)$ eine Basis gefunden werden kann, bezüglich der die darstellende Matrix in Jordan-Normalform ist, das heißt eine Blockdiagonalmatrix, in der die Blöcke die Gestalt aus Lemma 2.32 haben.

Satz 2.34 (Jordan-Normalform)
Wenn $\mathbb{K}$ algebraisch abgeschlossen ist, dann gibt es zu jedem $\varphi \in \mathrm{End}_{\mathbb{K}}(V)$ eine Basis für V, bezüglich der die darstellende Matrix von φ in Jordan-Normalform ist.

Beweis Kombiniere Proposition 2.33 mit Lemma 2.32. □

Die obigen Überlegungen liefern noch mehr nützliche Resultate über die Natur von linearen Abbildungen. Wir beweisen ein Diagonalisierbarkeitskriterium und einen Zerlegungssatz für Matrizen.

Korollar 2.35 (Diagonalisierbarkeit)
Sei $\mathbb{K}$ *algebraisch abgeschlossen. Ein Endomorphismus* $\varphi \in \mathrm{End}_{\mathbb{K}}(V)$ *ist diagonalisierbar genau dann, wenn das Minimalpolynom* q_φ von φ *keine mehrfachen Nullstellen hat.*

Beweis φ ist genau dann diagonalisierbar, wenn alle Jordan-Blöcke trivial sind (das heißt 1×1-Matrizen). Nach Proposition 2.33 und Lemma 2.32 bedeutet das gerade, dass jedes q_j nur einfache Nullstellen hat. Jetzt zeigt Proposition 2.28, dass q_φ nur einfache Nullstellen hat. Umgekehrt sind aber alle q_j Teiler von q_φ, haben also nur einfache Nullstellen, wenn q_φ nur einfache Nullstellen hat. Damit folgt die Behauptung. □

Satz 2.36 (Jordan-Chevalley-Zerlegung)
Sei $\mathbb{K}$ *algebraisch abgeschlossen und* $\varphi \in \mathrm{End}_{\mathbb{K}}(V)$. *Dann gibt es eindeutig bestimmte Elemente* $\varphi_d, \varphi_n \in \mathrm{End}_{\mathbb{K}}(V)$ *mit folgenden Eigenschaften:*

(i) $\varphi = \varphi_d + \varphi_n$.
(ii) φ_d *ist diagonalisierbar.*
(iii) φ_n *ist nilpotent.*
(iv) $\varphi_d \circ \varphi_n = \varphi_n \circ \varphi_d$.

Es gibt ein Polynom $f_d \in \mathbb{K}[X]$ *ohne konstanten Term mit* $f_d(\varphi) = \varphi_d$. *Insbesondere gilt* $\varphi_d(U_2) \subseteq U_1$, *wenn* $U_1 \subseteq U_2$ *Unterräume von* V *mit* $\varphi(U_2) \subseteq U_1$ *sind.*

Beweis Die Existenz von $\varphi_d, \varphi_n \in \mathrm{End}_{\mathbb{K}}(V)$ mit den Eigenschaften (i)–(iv) erhält man aus der Jordan-Normalform (das heißt Satz 2.34) und die Eindeutigkeit aus dem Umstand, dass nur die Nullabbildung diagonalisierbar und nilpotent ist (Übung).

Der Beweis der Existenz von f_d liefert einen unabhängigen Beweis der Existenz von φ_d und φ_n: Sei $\chi_\varphi = \prod_{i=1}^k (X - \lambda_i)^{m_i}$ das charakteristische Polynom von φ. Nach dem chinesischen Restsatz in der Version von Übung 1.3 finden wir ein Polynom $f_d \in \mathbb{K}[X]$ mit

$$\forall i = 1, \ldots, k: \quad f_d \in \lambda_i + (X - \lambda_i)^{m_i} \mathbb{K}[X]$$

und $f_d \in X\mathbb{K}[X]$ (falls alle $\lambda_i \neq 0$).

Betrachte die φ-invarianten Unterräume $V_i := \ker\,(\varphi - \lambda_i\,\mathrm{id})^{m_i}$. Es folgt, dass $f_d(\varphi)|_{V_i} = \lambda_i\,\mathrm{id}\,|_{V_i}$ und

$$\big((\varphi - f_d(\varphi))|_{V_i}\big)^{m_i} = 0.$$

Da $V = \bigoplus_{i=1}^k V_i$ eine φ-invariante direkte Summenzerlegung ist, folgt, dass $f_d(\varphi)$ diagonalisierbar ist und $\varphi - f_d(\varphi)$ nilpotent. Damit folgt die Behauptung. □

Literatur An deutschen Universitäten sind Moduln nur selten im Programm von Vorlesungen zur linearen Algebra oder Einführungen in die Algebra enthalten. Das schlägt sich auch in der deutschsprachigen Lehrbuchliteratur nieder. Ausnahmen sind [Bo14, KM95]. Das in diesem Kapitel präsentierte Material findet man auch in [Ke95] und in [La93].

Multilineare Algebra

3

Inhaltsverzeichnis

Die multilineare Algebra ist eine Erweiterung der linearen Algebra, in der die Untersuchung innerer Produkte und anderer bilinearer Abbildungen sowie Determinanten systematisch eingebettet ist. Startpunkt ist die Definition einer multilinearen Abbildung, wie man sie von höheren Ableitungen differenzierbarer Funktionen in mehreren Variablen und der Determinante als Funktion der Spaltenvektoren kennt. Die entscheidende Idee ist dann die Einführung des Tensorprodukts von Moduln. Das ist ein Modul, der multilineare Abbildungen in lineare Abbildungen verwandelt und so ihre Untersuchung mithilfe von Methoden der linearen Algebra erlaubt. Tensorprodukte tauchen in fast allen Bereichen der Mathematik auf und spielen eine wichtige Rolle insbesondere in der Differenzialgeometrie, der algebraischen Geometrie, der algebraischen Topologie und der Funktionalanalysis. Sie sind aber auch der Startpunkt für die Gewinnung diverser universeller Strukturen mit Multiplikationen. Prominente Beispiele sind die äußere Algebra, die eine weitreichende Verallgemeinerung der Differenzialformen ist, die symmetrische Algebra und die universelle einhüllende Algebra einer Lie-Algebra.

In diesem Kapitel behandeln wir Tensorprodukte und die daraus gewonnene Tensoralgebra als Prototyp struktureller Konstruktionen, reißen aber auch kurz an, wie die abstrakten Konstruktionen mit dem Tensorkalkül der Differenzialgeometrie (zum Beispiel in der allgemeinen Relativitätstheorie angewandt) zusammenhängen. Wir folgen hier dem in Abschn. 2.1 bei der Konstruktion von freien Moduln etablierten Prinzip, neue Objekte über ihre gewünschten (universellen) Eigenschaften einzuführen, die jeweils so zu formulieren sind, dass es bis auf Isomorphie höchstens ein solches Objekt gibt, und dann die Existenz eines solchen Objekts nachzuweisen.

J. Hilgert, *Mathematische Strukturen*,
https://doi.org/10.1007/978-3-662-68893-9_3

3.1 Tensorprodukte

Wir beginnen mit einer formalen Definition multilinearer Abbildungen im Kontext von Moduln.

Definition 3.1 (Multilineare Abbildungen)
Sei R ein Ring und $(M_\lambda)_{\lambda\in\Lambda}$ eine Familie von R-Moduln und P ein R-Modul. Eine Abbildung

$$\varphi : \prod_{\lambda\in\Lambda} M_\lambda \longrightarrow P$$

heißt R-*multilinear*, wenn für jedes $\lambda_0 \in \Lambda$, alle $r, s \in R$, und alle $f, g, h \in \prod_{\lambda\in\Lambda} M_\lambda$ mit

(a) $f(\lambda) = g(\lambda) = h(\lambda)$ für alle $\lambda \neq \lambda_0$,
(b) $f(\lambda_0) = r\, g(\lambda_0) + s\, h(\lambda_0)$

gilt, dass

$$\varphi(f) = r\, \varphi(g) + s\, \varphi(h).$$

Wenn $P = R$, dann heißt φ *Multilinearform*. Die Menge der R-multilinearen Abbildungen bezeichnen wir mit $\mathrm{L}_R(M_\lambda; P)$. Wenn $\Lambda = \{1, \ldots, n\}$, dann schreiben wir auch $\mathrm{L}_R(M_1, \ldots, M_n; P)$.

Multilineare Abbildungen sind Verallgemeinerungen linearer Abbildungen. Bilineare Abbildungen tauchen oft als Multiplikationen auf. Höhere Linearitäten findet man bei Determinanten, aber auch in der Beschreibung geometrischer Größen wie zum Beispiel Krümmungen (siehe Abschn. 9.2).

Beispiel 3.2 (Multilineare Abbildungen)

(i) Wenn $|\Lambda| = 1$, dann sind die multilinearen Abbildungen gerade die Modulhomomorphismen.
(ii) $\varphi : M_1 \times M_2 \to P$ ist bilinear, wenn für alle $m_1, m_1' \in M_1, m_2, m_2' \in M_2$ und $r, r' \in R$ gilt:

$$\begin{aligned}\varphi(r\, m_1 + r' m_1', m_2) &= r\varphi(m_1, m_2) + r'\varphi(m_1', m_2),\\ \varphi(m_1, r\, m_2 + r' m_2') &= r\varphi(m_1, m_2) + r'\varphi(m_1, m_2').\end{aligned}$$

(iii) Wenn R ein kommutativer Ring ist, ist die Matrizenmultiplikation

$$\mathrm{Mat}(m \times n, R) \times \mathrm{Mat}(n \times l, R) \longrightarrow \mathrm{Mat}(m \times l, R), \quad (A, B) \mapsto AB$$

bilinear. □

Tensorprodukte zweier Moduln über R

Wir beginnen unsere Diskussion von Tensorprodukten mit der Umwandlung von bilinearen Abbildungen in lineare Abbildungen. In diesem Kontext lässt sich die Rolle des Ringes R in der Konstruktion leichter durchschauen. Um die Subtilität der Konstruktion transparent zu machen, führen wir sie hier auch für nicht notwendigerweise kommutative Ringe durch. Dabei ist zu beachten, dass jeder R-Modul M, gleich ob rechts oder links, als abelsche Gruppe eine mit der R-Modulstruktur verträgliche $\mathbb{Z}$-Modulstruktur trägt (siehe Beispiel 2.2). Mit verträglich ist hier gemeint, dass

$$\forall r \in R, m \in M, z \in \mathbb{Z}: \quad r \cdot (z \cdot m) = z \cdot (r \cdot m) \;\text{ bzw. }\; (z \cdot m) \cdot r = z \cdot (m \cdot r). \tag{3.1}$$

Dies folgt sofort (Übung!) aus den Eigenschaften der R-Modulstruktur und der Konstruktion der $\mathbb{Z}$-Modulstruktur.

Definition 3.3 (Tensorprodukt über R)
Sei R ein Ring, M ein Rechts-R-Modul und N ein Links-R-Modul. Ein Paar (T, π) heißt ein *Tensorprodukt* von M und N, wenn gilt:

(a) T ist abelsche Gruppe.
(b) $\pi: \; M \times N \to T$ ist $\mathbb{Z}$-bilinear und erfüllt

$$\forall m \in M, \; n \in N, \; r \in R: \quad \pi(m \cdot r, n) = \pi(m, r \cdot n). \tag{3.2}$$

(c) (T, π) erfüllt folgende *universelle Eigenschaft:* Zu jeder abelschen Gruppe C und jeder $\mathbb{Z}$-bilinearen Abbildung $\varrho: M \times N \to C$ mit (3.2) gibt es genau einen Gruppenhomomorphismus $\overline{\varrho}: T \to C$ mit $\overline{\varrho} \circ \pi = \varrho$, das heißt, man hat das folgende kommutative Diagramm:

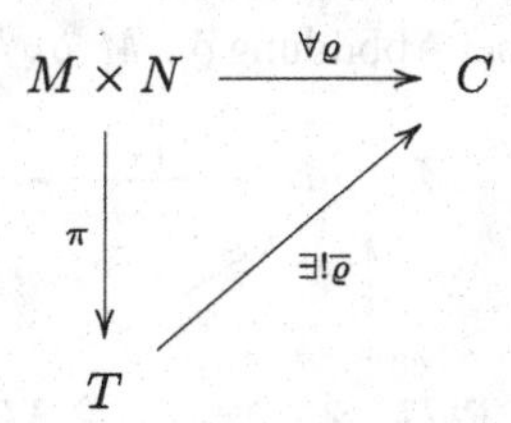

Man beachte, dass in Definition 3.3 keine Links-R-Modulstruktur auf T gefordert wird. Dazu würden wir zusätzlich eine Links-R-Modulstruktur auf M brauchen. Diese Situation analysieren wir in einem späteren Schritt. Man erkennt hier aber, dass sich die Situation vereinfacht, wenn R kommutativ ist. Dann liefert die Rechts-R-Modulstruktur auf M eine Links-R-Modulstruktur durch $r \cdot m := m \cdot r$ und es läge nahe, in (a) eine R-Modulstruktur auf T zu fordern sowie in (b) vorauszusetzen, dass π eine R-bilineare Abbildung ist.

Konstruktion 3.4 (Tensorprodukt über R)
Unter den Voraussetzungen von Definition 3.3 sei ${}_{\mathbb{Z}}\mathrm{F}(M \times N)$ der freie $\mathbb{Z}$-Modul über $M \times N$. Weiter sei $Y \subseteq {}_{\mathbb{Z}}\mathrm{F}(M \times N)$ die Teilmenge der Elemente in ${}_{\mathbb{Z}}\mathrm{F}(M \times N)$ von folgendem Typus:

$$\begin{aligned} (m+m', n) &- (m,n) - (m',n), \\ (m, n+n') &- (m,n) - (m,n'), \\ (m \cdot r, n) &- (m, r \cdot n), \end{aligned}$$

wobei $m, m' \in M, n, n' \in N$ und $r \in R$. Man beachte hierbei, dass $M \times N$ als Teilmenge von ${}_{\mathbb{Z}}\mathrm{F}(M \times N)$ betrachtet wird (siehe Satz 2.14 und Konstruktion 2.20). Wir bezeichnen den Quotienten $\mathbb{Z}$-Modul ${}_{\mathbb{Z}}\mathrm{F}(M \times N)/\langle Y \rangle$ mit $M \otimes_R N$ und definieren $\pi : M \times N \to M \otimes_R N$ durch $\pi(m,n) = (m,n) + \langle Y \rangle$ (siehe Definition 2.10 und Konstruktion 2.20). Wir bezeichnen $\pi(m,n)$ mit $m \otimes n$. Wenn $R = \mathbb{Z}$, dann schreiben wir einfach $M \otimes N$ statt $M \otimes_{\mathbb{Z}} N$. □

Damit haben wir einen Kandidaten für das Tensorprodukt über R, es fehlt aber noch der Nachweis, dass $M \otimes_R N$ wirklich ein Tensorprodukt über R ist.

Proposition 3.5 (Existenz von Tensorprodukten über R)
Unter den Voraussetzungen von Definition 3.3 *ist* $(M \otimes_R N, \pi)$ *ein Tensorprodukt über* R *von* M *und* N.

Beweis Es gilt $M \otimes_R N = \langle \{m \otimes n \mid m \in M, n \in N\} \rangle$. Die Abbildung π ist $\mathbb{Z}$-bilinear und erfüllt nach der Definition von Y die Gl. (3.2). Sei jetzt $\varrho : M \times N \to C$ wie in der Definition des Tensorprodukts. Dann folgt aus Konstruktion 2.20, dass ϱ auf ${}_{\mathbb{Z}}\mathrm{F}(M \times N)$ zu einem $\mathbb{Z}$-Modulhomomorphismus $\tilde{\varrho} : {}_{\mathbb{Z}}\mathrm{F}(M \times N) \to C$ fortgesetzt werden kann. Da ϱ als $\mathbb{Z}$-bilinear vorausgesetzt war, gilt $\tilde{\varrho}|_{\langle Y \rangle} \equiv 0$ und (3.2) liefert die Existenz einer Abbildung $\overline{\varrho} : M \otimes_R N = {}_{\mathbb{Z}}\mathrm{F}(M \times N)/\langle Y \rangle \longrightarrow C$ mit

$$\begin{array}{ccc} M \otimes_R N & \xrightarrow{\;\overline{\varrho}\;} & C \\ \uparrow & \nwarrow^{\pi} & \uparrow \varrho \\ \mathrm{F}_{\mathbb{Z}}(M \times N) & \hookleftarrow & M \times N \end{array}$$

Aus dem Diagramm liest man $\overline{\varrho} \circ \pi = \varrho$ ab. Die Eindeutigkeitsaussage ist klar, weil $\overline{\varrho}$ durch seine Werte auf $\{m \otimes n \mid m \in M, n \in N\}$ bestimmt wird. □

Wir haben unsere Diskussion von Tensorprodukten zu Beginn mit der Möglichkeit motiviert, aus bilinearen Abbildungen lineare Abbildungen zu machen. Die universelle Eigenschaft des Tensorprodukts über R ist so gebaut, dass diese Umwandlung garantiert wird. Umgekehrt, wenn C eine abelsche Gruppe, das heißt ein $\mathbb{Z}$-Modul, ist und $\varphi : M \otimes_R N \to C$ ein $\mathbb{Z}$-Modulhomomorphismus, dann ist die Abbildung

$$\varrho = \varphi \circ \pi : M \times N \to C, \quad (m, n) \mapsto \varphi(m \otimes n)$$

$\mathbb{Z}$-bilinear und erfüllt (3.2). Also ist

$$\big\{\varrho \in \mathrm{L}_{\mathbb{Z}}(M, N; C) \mid \varrho \text{ erfüllt (3.2)}\big\} \longrightarrow \mathrm{Hom}_{\mathbb{Z}}\big(M \otimes_R N, C\big), \quad \varrho \longmapsto \overline{\varrho} \quad (3.3)$$

eine Bijektion. In diesem Fall sind bilineare Abbildungen (von einem bestimmten Typus) also sogar gleichwertig mit linearen Abbildungen. Aussagen dieser Form ergeben sich auch für andere Tensorprodukte.

In der Bildung von Tensorprodukten von Moduln können im Vergleich zu Tensorprodukten von Vektorräumen überraschende Effekte auftreten, vergleichbar den neuen Phänomenen in der Multiplikation auf Ringen im Vergleich zur Multiplikation in Körpern. Insbesondere gibt es das Analogon zu Nullteilern.

Beispiel 3.6 (Verschwindende Tensorprodukte von Moduln)
Seien $R = \mathbb{Z}$, $M = \mathbb{Z}/3\mathbb{Z}$ und $N = \mathbb{Z}/2\mathbb{Z}$. Dann gilt

$$\mathrm{F}_{\mathbb{Z}}(M \times N) = \Big\{f : \mathbb{Z}/3\mathbb{Z} \times \mathbb{Z}/2\mathbb{Z} \to \mathbb{Z}\Big\} \cong \mathrm{Mat}(3 \times 2, \mathbb{Z})$$

und $(m, 3 \cdot n) - (m \cdot 3, n) = (m, n) - (0, n) \in \langle Y \rangle$. Aus

$$((0, n) + \langle Y \rangle) + ((0, n) + \langle Y \rangle) = (0 + 0, n) + \langle Y \rangle = (0, n) + \langle Y \rangle$$

folgt $(0, n) \in \langle Y \rangle$, also $(m, n) \in \langle Y \rangle$ für alle $m \in M$ und alle $n \in N$, was $\langle Y \rangle = \mathrm{F}_{\mathbb{Z}}(M \times N)$ zeigt. Aber dann gilt nach Konstruktion 3.4, dass $\mathbb{Z}/3\mathbb{Z} \otimes \mathbb{Z}/2\mathbb{Z} = \{0\}$. □

Eine Frage, die wir in Kap. 2 bei der Untersuchung von direkten Summen und Produkten nicht systematisch behandelt haben, ist die nach der *Natürlichkeit* dieser Konstruktionen. Damit ist gemeint, dass wir nicht erklärt haben, wie sich diese Konstruktionen in Bezug auf Modulhomorphismen verhalten. Wenn zum Beispiel M und N zwei R-Moduln sind sowie $\varphi \colon M \to M'$ und $\psi : N \to N'$ zwei R-Modulhomomorphismen, gibt es dann einen Zusammenhang zwischen $M \oplus N$ und $M' \oplus N'$? Nach Konstruktion 2.16 lassen sich die Elemente von $M \oplus N$ einfach als Paare (m, n) mit $m \in M$ und $n \in N$ schreiben. Dann rechnet man sofort nach, dass

$$\varphi \oplus \psi \colon M \oplus N \to M' \oplus N', \quad (m, n) \mapsto \big(\varphi(n), \psi(m)\big) \quad (3.4)$$

ein R-Modulhomomorphismus ist (Übung). Ganz analog werden wir in Zukunft bei der Konstruktion von neuen Objekten aus Ausgangsobjekten immer danach fragen, ob Homomorphismen zwischen zwei Sätzen von Ausgangsobjekten auch Homomorphismen zwischen den zugehörigen neuen Objekten liefern. Das wird dann unser Kriterium für die Natürlichkeit einer Konstruktion sein. Sobald wir die Sprache der Kategorientheorie zur Verfügung haben werden, sprechen wir dann auch von der *Funktorialität* der Konstruktion.

Die folgende Proposition zeigt, dass die Konstruktion des Tensorprodukts über R im eben erklärten Sinne eine natürliche Konstruktion ist.

Proposition 3.7 (Tensorprodukt von Homomorphismen)
Sei R ein Ring, M und M' Rechts-R-Moduln sowie N und N' Links-R-Moduln. Weiter seien $\varphi \in \mathrm{Hom}_R(M, M')$ und $\psi \in \mathrm{Hom}_R(N, N')$. Dann gibt es genau einen $\mathbb{Z}$-Modulhomomorphismus $\tau : M \otimes_R N \to M' \otimes_R N'$ mit $\tau(m \otimes n) = \varphi(m) \otimes \psi(n)$. Er wird mit $\varphi \otimes \psi$ bezeichnet.

Beweis Die Abbildung $\varrho : M \times N \to M' \otimes_R N',\ (m, n) \mapsto \varphi(m) \otimes \psi(n)$ ist $\mathbb{Z}$-bilinear, und es gilt $\varrho(m \cdot r, n) = \varphi(m \cdot r) \otimes \psi(n) = \varphi(m) \otimes \psi(r \cdot n) = \varrho(m, r \cdot n)$. Also gibt es nach Proposition 3.5 genau einen Homomorphismus $\overline{\varrho} : M \otimes_R N \longrightarrow M' \otimes_R N'$ mit $\overline{\varrho} \circ \pi = \varrho$, das heißt $\overline{\varrho}(m \otimes n) = \varphi(m) \otimes \psi(n)$. □

Ähnlich wie in Beispiel 3.6 findet man für Tensorprodukte von Modulhomomorphismen Nullteilerphänomene: So gilt zum Beispiel im Allgemeinen gilt nicht, dass $\overline{\varphi} : N \otimes M' \to M \otimes M'$ für $N \subseteq M$ injektiv ist.

Beispiel 3.8 (Verschwindende Tensorprodukte von Homomorphismen)
Wir betrachten $R = \mathbb{Z},\ M = \mathbb{Z},\ N = 2\mathbb{Z},\ M' = \mathbb{Z}/2\mathbb{Z}$. Wegen $M \cong N$ gilt

$$N \otimes M' \cong M \otimes M' \cong M' \quad (R \otimes_R M' \cong M').$$

Mit der Einbettung $j : N \hookrightarrow M$ und $n = 2k \in N$ gilt

$$j(n) \otimes m' = 2k \otimes m' = k \otimes 2m' = k \otimes 0 = 0.$$

Dies zeigt, dass $j \otimes \mathrm{id}_{M'} : N \otimes M' \to M \otimes M'$ die Nullabbildung ist. □

Wir kommen jetzt auf die Frage zurück, wie man ein Tensorprodukt $M \otimes_R N$ über R mit einer Links-R-Modulstruktur versehen kann. Es stellt sich heraus, das geht, sobald M neben der Rechts-R-Modulstruktur auch noch eine damit verträgliche Links-R-Modulstruktur trägt. Es funktioniert sogar für verträgliche Links-S-Rechts-R-Modulstrukturen auf M. Das führt auf den Begriff eines S-R-Bimoduls: Eine abelsche Gruppe M, die eine Rechts-R-Modulstruktur und eine Links-S-Modulstruktur trägt, die im Sinne von

$$\forall s \in S, m \in M, r \in R : \quad s \cdot (m \cdot r) = (s \cdot m) \cdot r \tag{3.5}$$

verträglich sind, heißt ein (S, R)-*Bimodul*. Gl. (3.5) erlaubt uns, die Schreibweise $s \cdot m \cdot r$ für die Produkte $s \cdot (m \cdot r)$ und $(s \cdot m) \cdot r$.

Man beachte, dass wegen (3.1) jeder Links-R-Modul ein $(R, \mathbb{Z})$-Bimodul und jeder Rechts-R-Modul ein $(\mathbb{Z}, R)$-Bimodul ist.

Proposition 3.9 (Modulstrukturen auf Tensorprodukten über R)
Seien A, R und B Ringe, N ein (R, B)-Bimodul und M ein (A, R)-Bimodul. Dann gilt:

(i) *$M \otimes_R N$ ist (A, B)-Bimodul mit*

$$a \cdot \Big(\sum_j m_j \otimes n_j\Big) \cdot b = \sum_j (a \cdot m_j) \otimes (n_j \cdot b).$$

(ii) *Sei C ein (A, B)-Bimodul und $\varrho : M \times N \to C$* eine *$\mathbb{Z}$-bilineare Abbildung mit*

$$\begin{aligned} \varrho(m \cdot r, n) &= \varrho(m, r \cdot n), \\ \varrho(a \cdot m, n) &= a \cdot \varrho(m, n), \\ \varrho(m, n \cdot b) &= \varrho(m, n) \cdot b \end{aligned}$$

für $m \in M, n \in N, a \in A, b \in B$ und $r \in R$. Dann ist der induzierte $\mathbb{Z}$-Modulhomomorphismus $\overline{\varrho} : M \otimes_R N \to C$ ein (A, B)-Bimodulhomomorphismus, das heißt

$$\forall a \in A, t \in M \otimes_R N, b \in B : \quad \overline{\varrho}(a \cdot t \cdot b) = a \cdot \overline{\varrho}(t) \cdot b.$$

Beweis

(i) Setze für $a \in A$ die Abbildung $\mathrm{L}_a : M \times N \to M \times N$, $(m, n) \mapsto (a \cdot m, n)$ zu einem $\mathbb{Z}$-Modulhomomorphismus $\overline{\mathrm{L}}_a : \mathrm{F}_{\mathbb{Z}}(M \times N) \to \mathrm{F}_{\mathbb{Z}}(M \times N)$ fort:

$$\begin{array}{ccc} \mathrm{F}_{\mathbb{Z}}(M \times N) & \xrightarrow{\overline{\mathrm{L}}_a} & \mathrm{F}_{\mathbb{Z}}(M \times N) \\ \uparrow & & \uparrow \\ M \times N & \xrightarrow{\mathrm{L}_a} & M \times N \end{array}$$

Wegen

$$a \cdot (m + m') = (a \cdot m) + (a \cdot m') \quad \text{und} \quad (a \cdot m) \cdot r = a \cdot (m \cdot r)$$

bildet $\overline{\mathrm{L}}_a$ den $\mathbb{Z}$-Modul $\langle Y \rangle$ (in der Notation von Konstruktion 3.4) in sich ab und faktorisiert zu einem $\mathbb{Z}$-Modulhomomorphismus

$$\begin{array}{ccc} M \otimes_R N & \xrightarrow{\widetilde{\mathrm{L}}_a} & M \otimes_R N \\ \uparrow \pi & & \uparrow \pi \\ \mathrm{F}_{\mathbb{Z}}(M \times N) & \xrightarrow{\overline{\mathrm{L}}_a} & \mathrm{F}_{\mathbb{Z}}(M \times N) \end{array}$$

Setze $a \cdot t := \tilde{\mathrm{L}}_a(t)$ für alle $t \in M \otimes_R N$. Dann gilt

$$\begin{aligned} a \cdot \Big(\sum_j m_j \otimes n_j \Big) &= \tilde{\mathrm{L}}_a \circ \pi \Big(\sum_j (m_j, n_j) \Big) = \pi \Big(\sum_j \mathrm{L}_a(m_j, n_j) \Big) \\ &= \pi \Big(\sum_j (a \cdot m_j, n_j) \Big) = \sum_j \Big((a \cdot m_j) \otimes n_j \Big). \end{aligned}$$

Analog betrachtet man für $b \in B$ die Abbildung $\mathrm{R}_b : M \times N \to M \times N,\ (m, n) \mapsto (m, n \cdot b)$ und setzt sie zu einem $\mathbb{Z}$-Modulhomomorphismus $\overline{\mathrm{R}}_b : \mathrm{F}_{\mathbb{Z}}(M \times N) \to \mathrm{F}_{\mathbb{Z}}(M \times N)$ fort: Wegen

$$(n + n') \cdot b = (n \cdot b) + (n' \cdot b) \quad \text{und} \quad r \cdot (n \cdot b) = (r \cdot n) \cdot b$$

bildet auch $\overline{\mathrm{R}}_b$ den $\mathbb{Z}$-Modul $\langle Y \rangle$ in sich ab und faktorisiert zu einem $\mathbb{Z}$-Modulhomomorphismus:

$$\begin{array}{ccc} M \otimes_R N & \xrightarrow{\widetilde{\mathrm{R}}_b} & M \otimes_R N \\ \uparrow \pi & & \uparrow \pi \\ \mathrm{F}_{\mathbb{Z}}(M \times N) & \xrightarrow{\overline{\mathrm{R}}_b} & \mathrm{F}_{\mathbb{Z}}(M \times N) \end{array}$$

Mit $t \cdot b := \tilde{\mathrm{R}}_b(t)$ gilt dann für alle $t \in M \otimes_R N$ die Gleichung $\big(\sum_j m_j \otimes n_j \big) \cdot b = \sum_j \big(m_j \otimes (n_j \cdot b) \big)$, und man erhält $(a \cdot t) \cdot b = a \cdot (t \cdot b)$. Der restliche Nachweis von (i) besteht in Routinerechnungen (Übung).

(ii) Es genügt zu zeigen, dass $\overline{\varrho}\big(a \cdot (m \otimes n) \cdot b\big) = a \cdot \overline{\varrho}(m \otimes n) \cdot b$. Dazu rechnen wir $\overline{\varrho}\big(a \cdot (m \otimes n) \cdot b\big) = \overline{\varrho}\big((a \cdot m) \otimes (n \cdot b)\big) = \varrho(a \cdot m, n \cdot b) = a \cdot \varrho(m, n) \cdot b = a \cdot \overline{\varrho}(m \otimes n) \cdot b$.

□

Proposition 3.9 erlaubt es, ausgehend von passenden Bimoduln, iterierte Tensorprodukte zu betrachten. Analog zur Untersuchung von iterierten Produkten von Zahlen stellt sich die Frage, ob die Reihenfolge der Ausmultiplikation eine Rolle spielt, das heißt, ob es ein Assoziativitätsgesetz für Tensorprodukte gibt. Die folgende Proposition zeigt, dass dem so ist, wenn man nicht zwischen isomorphen Moduln unterscheidet.

Proposition 3.10 (Assoziativität von Tensorprodukten)
Seien A, B, R und S Ringe, M ein (A, R)-Bimodul, N ein (R, S)-Bimodul und L ein (S, B)-Modul. Dann ist $M \otimes_R N$ ein (A, S)-Bimodul, $N \otimes_S L$ ein (R, B)-Bimodul, und es gibt genau einen (A, B)-Bimodulisomorphismus

$$\Phi : (M \otimes_R N) \otimes_S L \longrightarrow M \otimes_R (N \otimes_S L)$$

mit $\Phi\big((m \otimes n) \otimes l\big) = m \otimes (n \otimes l)$ für $m \in M, n \in N, l \in L$.

Beweis Die Aussagen über die Existenz der Bimodulstrukturen folgen direkt aus Proposition 3.9, und die Eindeutigkeit von Φ ist klar, weil die Elemente $(m \otimes n) \otimes l$ den $\mathbb{Z}$-Modul $(M \otimes_R N) \otimes_S L$ erzeugen.

Um die Existenz zu zeigen, betrachten wir für jedes $l \in L$ den R-Modulhomomorphismus (Übung: Homomorphie nachrechnen!) $\mathrm{R}_l : N \to N \otimes_S L,\ n \mapsto n \otimes l$. Nach Proposition 3.7 ist

$$\psi_l := \mathrm{id}_M \otimes \mathrm{R}_l : M \otimes_R N \to M \otimes_R (N \otimes_S L)$$

ein $\mathbb{Z}$-Modulhomomorphismus. Jetzt betrachte die $\mathbb{Z}$-bilineare Abbildung

$$\varphi : (M \otimes_R N) \times L \to M \otimes_R (N \otimes_S L), \quad (t, l) \mapsto \psi_l(t).$$

Behauptung: $\psi_{s \cdot l}(t) = \psi_l(t \cdot s)$, das heißt $\varphi(t \cdot s, l) = \varphi(t, s \cdot l)$.
Dies folgt aus den Identitäten

$$\begin{aligned} \psi_{s \cdot l}(m \otimes n) &= m \otimes \big(n \otimes (s \cdot l)\big), \\ \psi_l\big((m \otimes n) \cdot s\big) &= \psi_l\big(m \otimes (n \cdot s)\big) \ = \ m \otimes \big((n \cdot s) \otimes l\big). \end{aligned}$$

Also existiert ein $\mathbb{Z}$-Modulhomomorphismus $\Phi : (M \otimes_R N) \otimes_S L \longrightarrow M \otimes_R (N \otimes_S L)$ mit

$$\Phi\big((m \otimes n) \otimes l\big) = \varphi\big((m \otimes n), l\big) = \psi_l(m \otimes n) = m \otimes (n \otimes l).$$

Analog findet man $\Psi : M \otimes_R (N \otimes_S L) \to (M \otimes_R N) \otimes_S L$ mit $\Psi\big(m \otimes (n \otimes l)\big) = (m \otimes n) \otimes l$, und es ergibt sich $\Psi = \Phi^{-1}$.

Damit bleibt nur noch zu zeigen, dass Φ und Ψ sogar (A, B)-Bimodulhomomorphismen sind. Dazu genügt es, die Gleichungen

$$a \cdot \Phi\big((m \otimes n) \otimes l\big) \cdot b = \Phi\big(a \cdot \big((m \otimes n) \otimes l\big) \cdot b\big)$$

und

$$a \cdot \Psi\big(m \otimes (n \otimes l)\big) \cdot b = \Psi\big(a \cdot \big(m \otimes (n \otimes l)\big) \cdot b\big)$$

für $a \in A, b \in B, m \in M, n \in N$ und $l \in L$ zu verifizieren. Diese folgen aber aus den Identitäten

$$a \cdot \big((m \otimes n) \otimes l\big) \cdot b = a \cdot \big((m \otimes n) \otimes (l \cdot b)\big) = \big((a \cdot m) \otimes n\big) \otimes (l \cdot b)$$

und

$$a \cdot \big(m \otimes (n \otimes l)\big) \cdot b = \big((a \cdot m) \otimes (n \otimes l)\big) \cdot b = (a \cdot m) \otimes \big(n \otimes (l \cdot b)\big).$$

□

Tensorprodukte von Moduln über kommutativen Ringen

Wie weiter oben schon angedeutet, ist die Theorie der Tensorprodukte einfacher, wenn man sich auf kommutative Ringe beschränkt. Wir betrachten jetzt den Spezialfall, dass nicht nur die Ringe kommutativ sind, sondern außerdem alle gleich einem festen Ring R. Das läuft darauf hinaus, dass alle Moduln als (R, R)-Bimoduln betrachtet werden. Die oben bewiesenen Sätze zeigen dann, dass man Tensorprodukte von endlich vielen Moduln bilden kann, wobei die Anzahl der Moduln beliebig ist. Die stärkeren Voraussetzungen erlauben uns nicht nur kürzere Beweise, sondern auch bessere Ergebnisse. Insbesondere müssen wir uns nicht auf endliche Produkte beschränken. Man beachte auch, dass in der nachfolgenden Definition die Tensorprodukte automatisch eine R-Modulstruktur tragen.

Definition 3.11 (Tensorprodukt von R-Moduln)
Sei R ein kommutativer Ring und M_λ, $\lambda \in \Lambda$ eine Familie von R-Moduln. Ein Paar (T, π) heißt ein *Tensorprodukt* von M_λ, wenn gilt:

(a) T ist R-Modul.
(b) $\pi : \prod_{\lambda \in \Lambda} M_\lambda \to T$ ist R-multilinear.
(c) (T, π) erfüllt folgende universelle Eigenschaft: Zu jedem R-Modul C und jeder R-multilinearen Abbildung $\varrho : \prod_{\lambda \in \Lambda} M_\lambda \to C$ gibt es genau einen R-Modulhomomorphismus $\overline{\varrho} : T \to C$ mit $\overline{\varrho} \circ \pi = \varrho$, das heißt, man hat das folgende kommutative Diagramm:

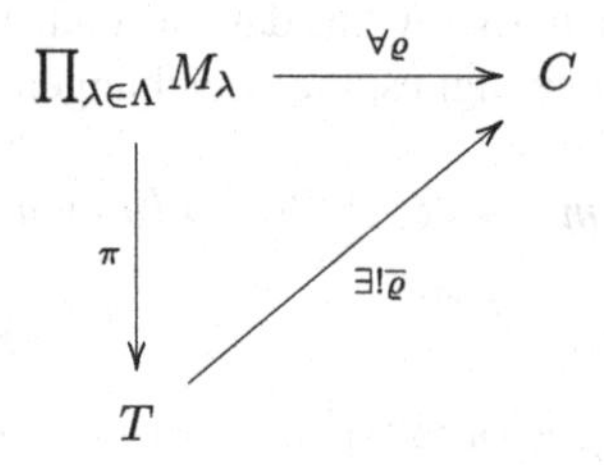

Die Konstruktion solcher Tensorprodukte folgt derselben Idee wie die Konstruktion 3.4 eines Tensorprodukts über R, ist aber wegen der Vielzahl an Faktoren technisch ein wenig kompliziert hinzuschreiben.

Konstruktion 3.12 (Tensorprodukt von R-Moduln)
Betrachte den von $\prod_{\lambda\in\Lambda} M_\lambda$ erzeugten freien $\mathbb{Z}$-Modul A. Sei Y die Menge der Elemente in A vom Typ

$$f - g - h; \quad \begin{cases} f(\lambda) = g(\lambda) \;=\; h(\lambda) & \lambda \neq \lambda_0 \\ f(\lambda_0) = g(\lambda_0) + h(\lambda_0) \end{cases}$$

$$f - g; \quad \begin{cases} f(\lambda) = g(\lambda) & \lambda_0 \neq \lambda \neq \lambda_1 \\ r \cdot f(\lambda_0) = g(\lambda_0) \\ f(\lambda_1) = r \cdot g(\lambda_1) \end{cases}$$

wobei $\lambda_0, \lambda_1 \in \Lambda$ jeweils fest gewählt sind. Wenn Λ abzählbar ist und wir die Funktionen $f \in \prod_{\lambda\in\Lambda} M_\lambda$ als Folgen $(\ldots, m_{\lambda_0}, \ldots)$ schreiben, bedeutet das, wir betrachten Elemente der Form

$$(\ldots, \underset{\substack{\uparrow \\ \lambda_0}}{m + m'}, \ldots) - (\ldots, \underset{\substack{\uparrow \\ \lambda_0}}{m}, \ldots) - (\ldots, \underset{\substack{\uparrow \\ \lambda_0}}{m'}, \ldots)$$

und

$$(\ldots, \underset{\substack{\uparrow \\ \lambda_0}}{r \cdot m}, \ldots, \underset{\substack{\uparrow \\ \lambda_1}}{n}, \ldots) - (\ldots, \underset{\substack{\uparrow \\ \lambda_0}}{m}, \ldots, \underset{\substack{\uparrow \\ \lambda_1}}{r \cdot n}, \ldots).$$

Bezeichne $A/\langle Y\rangle$ mit $\bigotimes_{\lambda\in\Lambda} M_\lambda$ und das Bild von $f = \big(f(\lambda)\big)_{\lambda\in\Lambda}$ unter $\pi : \prod_{\lambda\in\Lambda} M_\lambda \to \bigotimes_{\lambda\in\Lambda} M_\lambda$ mit $\bigotimes_{\lambda\in\Lambda} f(\lambda)$. □

In Analogie zu Proposition 3.5 können wir jetzt die Existenz von beliebigen Tensorprodukten von R-Moduln zeigen.

Satz 3.13 (Existenz von Tensorprodukten)
Sei R ein kommutativer Ring und M_λ, $\lambda \in \Lambda$ eine Familie von R-Moduln, dann ist $\big(\bigotimes_{\lambda\in\Lambda} M_\lambda, \pi\big)$ ein Tensorprodukt der M_λ.

Beweis Wähle $\lambda_0 \in \Lambda$ beliebig und setze für $r \in R$

$$\mathrm{L}_r : \prod_{\lambda\in\Lambda} M_\lambda \to \prod_{\lambda\in\Lambda} M_\lambda, \quad f \mapsto \mathrm{L}_r f$$

mit

$$\mathrm{L}_r f(\lambda) = \begin{cases} r \cdot f(\lambda) & \lambda = \lambda_0 \\ f(\lambda) & \lambda \neq \lambda_0 \end{cases}$$

zu einem $\mathbb{Z}$-Modulhomomorphismus $\overline{\mathrm{L}}_r : A \to A$ fort, wobei A wie in Konstruktion 3.12 der von $\prod_{\lambda\in\Lambda} M_\lambda$ erzeugte freie $\mathbb{Z}$-Modul ist. Die Abbildung $\overline{\mathrm{L}}_r$ erhält Y und faktorisiert zu einem $\mathbb{Z}$-Modulhomomorphismus $\tilde{\mathrm{L}}_r : \bigotimes_{\lambda\in\Lambda} M_\lambda \to \bigotimes_{\lambda\in\Lambda} M_\lambda$. Setze $r \cdot f := \tilde{\mathrm{L}}_r(f)$ für alle $f \in \bigotimes_{\lambda\in\Lambda} M_\lambda$. Damit gilt

$$r \cdot (\ldots \otimes \underset{\substack{\uparrow \\ \lambda_0}}{m} \otimes \ldots) = (\ldots \otimes \underset{\substack{\uparrow \\ \lambda_0}}{r \cdot m} \otimes \ldots),$$

und man rechnet leicht nach, dass $\bigotimes_{\lambda\in\Lambda} M_\lambda$ zu einem R-Modul wird (Übung; siehe Proposition 3.9).

Sei jetzt $\varrho : \prod_{\lambda\in\Lambda} M_\lambda \to C$ wie in Definition 3.11. Setze ϱ zu einem $\mathbb{Z}$-Modulhomomorphismus $\tilde{\varrho} : A \to C$ fort. Dann verschwindet $\tilde{\varrho}$ auf Y, weil ϱ R-multilinear ist. Also faktorisiert $\tilde{\varrho}$ zu einer Abbildung $\overline{\varrho} : \bigotimes_{\lambda\in\Lambda} M_\lambda \to C$, die zuerst einmal nur ein $\mathbb{Z}$-Modulhomomorphismus ist (Übung; siehe Proposition 3.5).

Wie in Proposition 3.9(ii) zeigt man jetzt, dass $\overline{\varrho}$ automatisch ein R-Modulhomomorphismus ist. □

Wie in Proposition 3.7 kann man jetzt einsehen, dass auch Konstruktion 3.12 natürlich ist (Übung!).

Es lassen sich noch eine Reihe von weiteren Folgerungen aus Satz 3.13 ziehen. Zum Beispiel können wir die eingangs gemachte Behauptung, dass Tensorprodukte von R-Moduln multilineare Abbildungen in lineare Abbildungen verwandeln, präzisieren und gleichzeitig verschärfen. Analog zur in (3.3) beschriebene Situation von Tensorprodukten zweier Moduln erhalten wir sogar eine Identifikation von multilinearen Abbildungen auf Produkten mit linearen Abbildungen auf Tensorprodukten.

Bemerkung 3.14 (Multilinear versus linear)
Sei R ein kommutativer Ring und M_λ, $\lambda \in \Lambda$ eine Familie von R-Moduln. Dann liefert die Zuordnung $\varrho \mapsto \overline{\varrho}$ eine Bijektion

$$\Phi : \mathrm{L}_R(M_\lambda; C) \longrightarrow \mathrm{Hom}_R\Big(\bigotimes_{\lambda\in\Lambda} M_\lambda,\ C\Big),$$

wobei C ein weiterer R-Modul ist (siehe Definition 3.1). Mit den punktweisen R-Modulstrukturen (siehe Übung 2.5) ist Φ sogar ein R-Modulisomorphismus (Übung). □

Da wir jetzt insbesondere auch n-fache Tensorprodukte nicht als Iterationen von Tensorprodukten gewonnen haben, stellt sich wieder die Frage, ob das Ergebnis sich von einem iterativ gewonnenen Tensorprodukt unterscheidet. Mithilfe der universellen Eigenschaft der Tensorprodukte sieht man, dass dem nicht so ist, wobei man isomorphe Moduln wieder als gleich betrachtet.

Korollar 3.15 (Assoziativität des Tensorprodukts)
Sei R ein kommutativer Ring und $M_1, \ldots, M_k$ R-Moduln. Dann gibt es für jedes sukzessive Tensorprodukt $\big((M_1 \otimes_R \ldots) \otimes_R (\ldots \otimes_R M_k)\big)$ einen (und nur einen) R-Modulisomorphismus:

$$\mu : \big((M_1 \otimes_R \ldots) \otimes_R (\ldots \otimes_R M_k)\big) \to M_1 \otimes \ldots \otimes M_k := \bigotimes_{j=1}^{k} M_j$$

mit $\mu\big((m_1 \otimes \ldots) \otimes (\ldots \otimes m_k)\big) = m_1 \otimes \ldots \otimes m_k = \otimes_{j=1}^{k} m_j$.

Beweis Mit Proposition 3.10 und Induktion sieht man (Übung), dass

$$\begin{aligned} M_1 \times \ldots \times M_k &\longrightarrow (M_1 \otimes_R \ldots) \otimes_R (\ldots \otimes_R M_k), \\ (m_1, \ldots, m_k) &\longmapsto (m_1 \otimes \ldots) \otimes (\ldots \otimes m_k) \end{aligned}$$

ein Tensorprodukt der M_j, $j = 1, \ldots, k$ ist. Andererseits folgt aus Satz 3.13, dass auch $\prod_{j=1}^{k} M_j \to \bigotimes_{j=1}^{k} M_j$ mit $(m_1, \ldots, m_k) \mapsto \otimes_{j=1}^{k} m_j$ ein Tensorprodukt der M_j, $j = 1 \ldots k$ definiert. Jetzt argumentiert man mit der Eindeutigkeit des Tensorprodukts (in der universellen Eigenschaft):

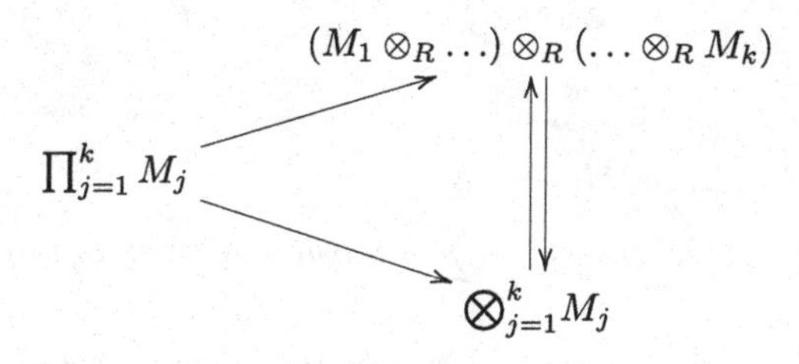

□

Wir haben schon verschiedene Analogien zwischen Tensorprodukten und Produkten von natürlichen Zahlen gesehen. Nicht thematisiert haben wir in Abschn. 2.1 bei der Diskussion direkter Summen, dass es dort Analogien zur Addition von natürlichen Zahlen gibt, zum Beispiel ein Assoziativgesetz. Die Analogien gehen sogar noch weiter: Bildet man Tensorprodukte von direkten Summen, erhält man sogar ein Distributivgesetz.

Satz 3.16 (Distributivgesetz für Tensorprodukte)
Sei R ein kommutativer Ring und $M_1, \ldots, M_k$ R-Moduln. Weiter sei jedes M_j von der Form $M_j = \bigoplus_{\lambda \in \Lambda_j} N_{j,\lambda}$. Setze $\Gamma = \Lambda_1 \times \ldots \times \Lambda_k$ und

$$N := \bigoplus_{\gamma \in \Gamma} \left(N_{1,\gamma_1} \otimes \ldots \otimes N_{k,\gamma_k}\right).$$

Dann gilt

$$M_1 \otimes \ldots \otimes M_k \cong N.$$

Beweis Betrachte die $N_{j,\lambda} \leq M_j$ als Untermoduln. Jede der Abbildungen

$$\begin{aligned} \varphi_\gamma : N_{1,\gamma_1} \times \ldots \times N_{k,\gamma_k} &\longrightarrow M_1 \otimes \ldots \otimes M_k, \\ \left(n_{1,\gamma_1}, \ldots, n_{k,\gamma_k}\right) &\longmapsto n_{1,\gamma_1} \otimes \ldots \otimes n_{k,\gamma_k} \end{aligned}$$

induziert einen R-Modulhomomorphismus

$$\overline{\varphi_\gamma} : N_{1,\gamma_1} \otimes \ldots \otimes N_{k,\gamma_1} \longrightarrow M_1 \otimes \ldots \otimes M_k,$$

und nach Proposition 2.17(ii) lassen sich die $\overline{\varphi_\gamma}$ zu einem Modulhomomorphismus

$$\overline{\varphi} : N \longrightarrow M_1 \otimes \ldots \otimes M_k$$

zusammensetzen, der

$$\overline{\varphi}\Big(\sum_\gamma \underbrace{n_{1,\gamma_1} \otimes \ldots \otimes n_{k,\gamma_k}}_{\in N_{1,\gamma_1} \otimes \ldots \otimes N_{k,\gamma_k}}\Big) = \sum_\gamma \underbrace{n_{1,\gamma_1} \otimes \ldots \otimes n_{k,\gamma_k}}_{\in M_1 \otimes \ldots \otimes M_k}$$

erfüllt. Setze

$$\begin{aligned} \varrho : M_1 \times \ldots \times M_k &\longrightarrow N, \\ (m_1, \ldots, m_k) &\longmapsto \sum_\gamma \left(\pi_{\gamma_1}(m_1) \otimes \ldots \otimes \pi_{\gamma_k}(m_k)\right), \end{aligned}$$

wobei $\pi_{\gamma_j} : M_j \to N_{j,\gamma_j}$ für $\gamma_j \in \Lambda_j$ die Projektion auf den N_{j,γ_j}-Faktor ist (siehe Proposition 2.17(i)). Dann induziert ϱ einen Modulhomomorphismus $\overline{\varrho} : M_1 \otimes \ldots \otimes M_k \to N$. Also gilt

$$\begin{aligned} \overline{\varphi} \circ \overline{\varrho}\Big(\sum_{\gamma_1} n_{1,\gamma_1} \otimes \ldots \otimes \sum_{\gamma_k} n_{k,\gamma_k}\Big) &= \overline{\varphi} \circ \varrho\Big(\sum_{\gamma_1} n_{1,\gamma_1}, \ldots, \sum_{\gamma_k} n_{n_k,\gamma_k}\Big) \\ &= \overline{\varphi}\Big(\sum_\gamma (n_{1,\gamma_1} \otimes \ldots \otimes n_{k,\gamma_k})\Big) \\ &= \sum_\gamma \left(n_{1,\gamma_1} \otimes \ldots \otimes n_{k,\gamma_k}\right) \\ &= \Big(\sum_{\gamma_1} n_{1,\gamma_1}\Big) \otimes \ldots \otimes \Big(\sum_{\gamma_k} n_{k,\gamma_k}\Big), \end{aligned}$$

das heißt, $\overline{\varphi} \circ \overline{\varrho}$ und $\mathrm{id}_{M_1 \otimes \ldots \otimes M_k}$ stimmen auf der Menge $\{m_1 \otimes \ldots \otimes m_k \mid m_j \in M_j\}$ überein, die den R-Modul $M_1 \otimes \ldots \otimes M_k$ erzeugt. Also gilt $\overline{\varphi} \circ \overline{\varrho} = \mathrm{id}_{M_1 \otimes \ldots \otimes M_k}$. Analog sieht man, dass $\overline{\varrho} \circ \overline{\varphi} = \mathrm{id}_N$. □

In Beispiel 3.8 haben wir gesehen, dass Tensorprodukte von Einbettungen von Untermoduln keineswegs Einbettungen sein müssen. So etwas kann nicht passieren, wenn man Tensorprodukte von freien Moduln betrachtet. In diesem Fall bilden die Tensorprodukte von Basiselementen selbst eine Basis.

Proposition 3.17 (Tensorprodukte freier Moduln)
Sei R ein kommutativer Ring mit Eins und $M_1, \ldots, M_k$ freie R-Moduln mit Basen $E_1, \ldots, E_k$. Sei $E := \{e_1 \otimes \ldots \otimes e_k \mid e_j \in E_j\}$. Dann ist $M = M_1 \otimes \ldots \otimes M_k$ frei mit Basis E.

Beweis Es ist klar, dass $\langle E \rangle = M$. Um die R-Unabhängigkeit von E zu zeigen, beweisen wir die folgende Behauptung: Seien A und B R-Moduln und $a_1, \ldots, a_p \in A$, $b_1, \ldots, b_q \in B$ R-unabhängig, dann ist auch $\big\{a_i \otimes b_j \mid (i, j) \in \{1, \ldots, p\} \times \{1, \ldots, q\}\big\}$ eine R-unabhängige Menge.
Dazu:

$$0 = \sum_{i,j} r_{ij}(a_i \otimes b_j) = \sum_{i,j} r_{ij} a_i \otimes b_j = \sum_j \big(\underbrace{\sum_i r_{ij} a_i}_{=:a'_j}\big) \otimes b_j.$$

Für $f \in \mathrm{Hom}_R(A, R)$, $g \in \mathrm{Hom}_R(B, R)$ (siehe Proposition 3.7) ist die Abbildung

$$f \otimes g : A \times B \to R, \quad (a, b) \mapsto f(a)g(b)$$

R-bilinear. Also gibt es $\overline{\varrho} : A \otimes_R B \to R$ mit $\overline{\varrho} \circ \pi = f \otimes g$, das heißt

$$0 = \overline{\varrho}\Big(\sum_j a'_j \otimes b_j\Big) = \sum_j f(a'_j)\, g(b_j).$$

Jetzt wählen wir g mit $g\big(\sum_{j=1}^q r_j\, b_j\big) = r_l$ und erhalten $f(a'_l) = 0$ für $l = 1, \ldots, q$. Wenn jetzt f so gewählt ist, dass $f\big(\sum_{i=1}^p r_i\, a_i\big) = r_n$, so ergibt sich $f\big(\sum_{i=1}^p r_{ij}\, a_i\big) = r_{nj}$ für $n = 1, \ldots, p$. Zusammen erhält man $r_{ij} = 0$ für alle für alle i, und j und das beweist die Behauptung. □

Eine Konsequenz aus Proposition 3.17 ist, dass für Vektorräume die Dimensionsformel

$$\dim_{\mathbb{K}} \big(V_1 \otimes_{\mathbb{K}} \ldots \otimes_{\mathbb{K}} V_k\big) = \big(\dim_{\mathbb{K}} V_1\big) \cdot \ldots \cdot \big(\dim_{\mathbb{K}} V_k\big)$$

gilt. Zusammen mit der Dimensionsformel (siehe Übung 2.9)

$$\dim_{\mathbb{K}}\big(V_1 \oplus \ldots \oplus V_k\big) = \big(\dim_{\mathbb{K}} V_1\big) + \ldots + \big(\dim_{\mathbb{K}} V_k\big)$$

sieht man auch hier wieder die Analogien zu Produkten und Summen von Zahlen.

Bemerkung 3.18 (Endliche Tensorprodukte von Vektorräumen)
In Büchern über lineare Algebra, die auch Tensorprodukte thematisieren, ebenso wie in Texten zur Differenzialgeometrie wird oft eine andere Konstruktion von Tensorprodukten gewählt. Sie funktioniert nur für endlichdimensionale Vektorräume, ist aber dafür auch ohne den Umweg über freie Moduln implementierbar: Sei $\mathbb{K}$ ein Körper und $V_1, \ldots, V_k$ seien endlichdimensionale $\mathbb{K}$-Vektorräume. Weiter seien $V_1^*, \ldots, V_k^*$ die entsprechenden Dualräume. Dann ist der $\mathbb{K}$-Vektorraum $\mathrm{L}_{\mathbb{K}}(V_1^*, \ldots, V_k^*; \mathbb{K})$ der $\mathbb{K}$-multilinearen Abbildungen ein $\mathbb{K}$-Vektorraum der Dimension $\prod_{j=1}^k \dim_{\mathbb{K}}(V_j)$. Wir definieren für $(v_1, \ldots, v_k) \in V_1 \times \ldots \times V_k$ die $\mathbb{K}$-multilineare Abbildung $v_1 \otimes \ldots \otimes v_k \in \mathrm{L}_{\mathbb{K}}(V_1^*, \ldots, V_k^*; \mathbb{K})$ durch

$$(v_1 \otimes \ldots \otimes v_k)(f_1, \ldots, f_k) := \prod_{j=1}^k f_j(v_j).$$

Dann ist die Abbildung

$$\varrho_0 : V_1 \times \ldots \times V_k \to \mathrm{L}_{\mathbb{K}}(V_1^*; \ldots, V_k^*; \mathbb{K}), \quad (v_1, \ldots, v_k) \mapsto v_1 \otimes \ldots \otimes v_k$$

$\mathbb{K}$-multilinear. Also gibt es eine eindeutig bestimmte $\mathbb{K}$-lineare Abbildung

$$\overline{\varrho}_0 : \; V_1 \otimes \ldots \otimes V_k \longrightarrow \mathrm{L}_{\mathbb{K}}(V_1^*, \ldots, V_k^*; \mathbb{K})$$

mit $\overline{\varrho}_0 \circ \pi = \varrho_0$. Da $\mathrm{L}_{\mathbb{K}}(V_1^*, \ldots, V_k^*; \mathbb{K})$ von den $v_1 \otimes \ldots \otimes v_k$ aufgespannt wird, ist $\overline{\varrho}_0$ surjektiv, also aus Dimensionsgründen bijektiv. Durch Verknüpfung mit diesem Isomorphismus verifiziert man, dass $\big(\mathrm{L}_{\mathbb{K}}(V_1^*, \ldots, V_k^*; \mathbb{K}), \varrho_0\big)$ ein Tensorprodukt der V_j ist. Das funktioniert natürlich nur, weil man schon weiß, dass $V_1 \otimes \ldots \otimes V_k$ ein Tensorprodukt ist. Startet man mit $\big(\mathrm{L}_{\mathbb{K}}(V_1^*, \ldots, V_k^*; \mathbb{K}), \varrho_0\big)$, so muss man die universelle Eigenschaft des Tensorprodukts direkt zeigen. □

Übung 3.1 (Rechenregeln für Tensorprodukte von Vektorräumen)
Sei $\mathbb{K}$ ein Körper und V, W, U endlichdimensionale K-Vektorräume. Man zeige die folgenden Isomorphien von $\mathbb{K}$-Vektorräumen:

(i) $(V \otimes W)^* \cong V^* \otimes W^*$.
(ii) $\mathrm{Hom}_{\mathbb{K}}(V, W) \cong V^* \otimes W$.
(iii) $\mathrm{L}_{\mathbb{K}}(V, W; U) \cong \mathrm{Hom}_{\mathbb{K}}(V \otimes W, U)$.
(iv) $(V \oplus W) \otimes U \cong (V \otimes U) \oplus (W \otimes U)$.

3.2 Tensoralgebren

Wir haben schon mehrfach auf die Analogien zwischen Tensorprodukten und Produkten von Zahlen sowie zwischen direkten Summen und Summen von Zahlen hingewiesen. In diesem Abschnitt gehen wir einen Schritt weiter und zeigen, dass man für kommutatives R auf der direkten Summe aller Tensorpotenzen eines gegebenen R-Moduls ein R-bilineares Produkt einführen kann, das diese Summe zu einem Ring macht. Diesen Ring nennt man die Tensoralgebra des Moduls.

Universelle Eigenschaft und Konstruktion

Auch wenn wir eben schon angedeutet haben, wie man Tensoralgebren mithilfe von Tensorprodukten konstruiert, folgen wir doch in unserer Behandlung der Tensoralgebren der in Abschn. 3.1 dargelegten Strategie, neu einzuführende Objekte zunächst durch universelle Eigenschaften zu charakterisieren und dann die Existenz durch eine Konstruktion sicherzustellen.

Da die universelle Eigenschaft Bezug auf andere Algebren nimmt, beginnen wir mit der formalen Definition einer R-Algebra.

Definition 3.19 (R-Algebren)
Sei R ein kommutativer Ring und A ein R-Modul und $\cdot : A \times A \to A$ eine R-bilineare Multiplikationsabbildung. Dann heißt $(A, \cdot)$ eine *R-Algebra*.

Es sei betont, dass hier außer der R-Bilinearität keine algebraischen Bedingungen an die Multiplikation gestellt werden. Insbesondere ist nicht verlangt, dass sie assoziativ ist. Im Falle einer assoziativen Multiplikation nennt man die R-Algebra *assoziativ*. Falls die Multiplikation kommutativ ist, nennt man die R-Algebra *kommutativ*.

Beispiel 3.20 (R-Algebren)

(i) Sei R ein Ring, dann ist R eine $\mathbb{Z}$-Algebra bezüglich der Ringmultiplikation.
(ii) Sei R ein kommutativer Ring. Dann ist R eine R-Algebra bezüglich der Ringmultiplikation.
(iii) Sei R kommutativ, dann ist $\mathrm{Mat}(n \times n, R)$ eine R-Algebra bezüglich der Matrizenmultiplikation.
(iv) Sei R kommutativ und M ein R-Modul, dann ist $\mathrm{Hom}_R(M, M)$ eine R-Algebra bezüglich der Verknüpfung von Abbildungen.
(v) Sei $(A, \cdot)$ eine R-Algebra, dann ist A auch eine R-Algebra bezüglich

$$(a, b) \mapsto a \cdot b - b \cdot a \quad \text{und} \quad (a, b) \mapsto a \cdot b + b \cdot a$$

□

Da R-Algebren Verallgemeinerungen von Ringen sind, ist es nicht weiter erstaunlich, dass man auch die elementaren Strukturbegriffe von Ringen auf R-Algebren überträgt (siehe Definition 1.8 und 1.10).

Definition 3.21 (Unteralgebren, Ideale und Homomorphismen)
Sei R ein kommutativer Ring. Wenn A eine R-Algebra ist, dann heißt ein R-Untermodul B von A eine *Unteralgebra* von A, falls $B \cdot B \subseteq B$ ist. Wenn sogar $B \cdot A,\ A \cdot B \subseteq B$ gilt, heißt B ein *Ideal* in A. Für zwei R-Algebren A und A' heißt ein R-Modulhomomorphismus $\varphi : A \to A'$ ein *R-Algebrenhomomorphismus,* falls

$$\forall a, b \in A : \quad \varphi(a \cdot b) = \varphi(a) \cdot \varphi(b)$$

und, für den Fall, dass beide Algebren eine Eins haben, $\varphi(1_A) = 1_{A'}$, gilt.

Definition 3.19 und 3.21 erlauben uns, die universelle Eigenschaft der Tensoralgebra über einem Modul zu formulieren.

Definition 3.22 (Universelle Eigenschaft von Tensoralgebren)
Sei R ein kommutativer Ring mit Eins und M ein R-Modul. Ein Paar (T, ϱ) heißt *Tensoralgebra* über M, wenn gilt:

(a) T ist eine assoziative R-Algebra mit Eins.
(b) $\varrho : M \to \mathrm{T}$ ist R-linear, das heißt ein R-Modulhomomorphismus.
(c) (T, ϱ) erfüllt folgende *universelle Eigenschaft:* Zu jeder assoziativen R-Algebra A mit Eins und jedem R-Modulhomomorphismus $\varphi : M \to A$ gibt es genau einen R-Algebrenhomomorphismus $\overline{\varphi} : \mathrm{T} \to A$ mit $\overline{\varphi} \circ \varrho = \varphi$, das heißt, wir haben das folgende kommutative Diagramm:

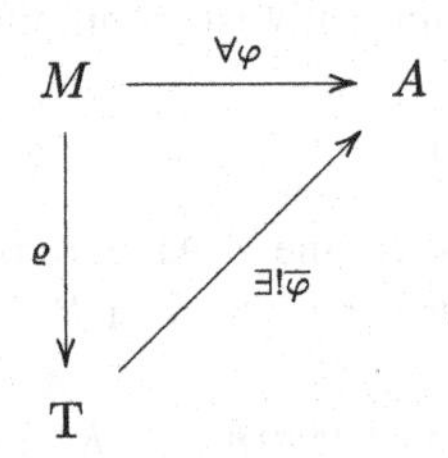

Wir führen jetzt die Konstruktion einer Tensoralgebra über M durch.

Konstruktion 3.23 (Tensoralgebra über M)
Sei R ein kommutativer Ring mit Eins und M ein R-Modul. Dann ist für jedes $n \in \mathbb{N}$ das Tensorprodukt $\mathrm{T}^n(M) := M^{\otimes n} := M \otimes \ldots \otimes M$ (n Faktoren) ein R-Modul. Setze

$$\mathrm{T}(M) := \bigoplus_{n \in \mathbb{N}_0} \mathrm{T}^n(M),$$

wobei $\mathrm{T}^0(M) := R$. Dann ist $\mathrm{T}(M)$ ein R-Modul. Betrachte die Abbildung

$$\pi_{p,q} : \mathrm{T}^p(M) \times \mathrm{T}^q(M) \to \mathrm{T}^p(M) \otimes \mathrm{T}^q(M), \quad (a, b) \mapsto a \otimes b,$$

die $\mathrm{T}^p(M) \otimes \mathrm{T}^q(M)$ zu einem Tensorprodukt von $\mathrm{T}^p(M)$ und $\mathrm{T}^q(M)$ macht. Dann definiert

$$\Theta_{p,q} : \mathrm{T}^p(M) \times \mathrm{T}^q(M) \to \mathrm{T}^{p+q}(M), \quad (a, b) \mapsto a \otimes b$$

nach Satz 3.13 einen kanonischen Isomorphismus

$$\overline{\Theta}_{p,q} : \mathrm{T}^p(M) \otimes \mathrm{T}^q(M) \to \mathrm{T}^{p+q}(M)$$

mit $\overline{\Theta}_{p,q}\big((m_1 \otimes \ldots \otimes m_p) \otimes (m'_1 \otimes \ldots \otimes m'_q)\big) = m_1 \otimes \ldots \otimes m_p \otimes m'_1 \otimes \ldots \otimes m'_q$ und $\Theta_{p,q} = \overline{\Theta}_{p,q} \circ \pi_{p,q}$. Jetzt setzt man

$$\Theta : \mathrm{T}(M) \times \mathrm{T}(M) \to \mathrm{T}(M), \quad \Big(\bigoplus_{p \geq 0} a_p, \bigoplus_{q \geq 0} b_q\Big) \mapsto \bigoplus_{n \geq 0}\Big(\sum_{n=p+q} \Theta_{p,q}(a_p, b_q)\Big)$$

und erhält eine wohldefinierte R-bilineare Abbildung (Übung; siehe Proposition 2.17). Um nachzuweisen, dass dieses Produkt $\mathrm{T}(M)$ zu einer assoziativen R-Algebra macht, genügt es,

$$\forall a \in \mathrm{T}^p(M), b \in \mathrm{T}^q(M), c \in \mathrm{T}^r(M) : \quad \Theta\big(\Theta(a, b), c\big) = \Theta\big(a, \Theta(b, c)\big)$$

zu zeigen. Dazu rechnen wir

$$\begin{aligned} \Theta\big(\Theta(a, b), c\big) = \Theta\big(\Theta_{p,q}(a, b), c\big) &= \Theta_{p+q,r}(a \otimes b, c) = a \otimes b \otimes c \\ = \Theta_{p,q+r}(a, b \otimes c) &= \Theta\big(a, \Theta_{q,r}(b, c)\big) = \Theta\big(a, \Theta(b, c)\big) \end{aligned}$$

und bemerken, dass $1 \in R = \mathrm{T}^0(M) \subset \mathrm{T}(M)$ eine Eins für $\mathrm{T}(M)$ ist. □

Der Nachweis dafür, dass $(\mathrm{T}(M), \varrho)$ eine Tensoralgebra über M ist, basiert auf den universellen Eigenschaften des Tensorprodukts und der direkten Summe.

Satz 3.24 (Existenz der Tensoralgebra über M)
Das Paar $(\mathrm{T}(M), \varrho)$ *aus Konstruktion* 3.23 *ist eine Tensoralgebra über* M.

Beweis Zu einer R-linearen Abbildung $\varphi : M \to A$ betrachte für $n > 0$ die R-multilineare Abbildung

$$\tau_n : M \times \ldots \times M \to A, \quad (m_1, \ldots, m_n) \mapsto \varphi(m_1) \cdot \ldots \cdot \varphi(m_n).$$

Dann gibt es nach der universellen Eigenschaft des Tensorprodukts (siehe Definition 3.11) eine R-lineare Abbildung $\overline{\tau}_n : M^{\otimes n} \longrightarrow A$ mit $\overline{\tau}_n \circ \pi_n = \tau_n$, wobei

$\pi_n : M^n \to M^{\otimes n}$ die kanonische Abbildung ist, die $M^{\otimes n}$ zu einem Tensorprodukt der M-Faktoren macht. Weiter setzen wir

$$\overline{\tau}_0 : R \to A, \quad r \mapsto r \cdot 1_A.$$

Mit Proposition 2.17, die auf der universellen Eigenschaft der direkten Summe beruht, setzen wir die $\overline{\tau}_n$ zu einem R-Modulhomomorphismus

$$\overline{\varphi} : \bigoplus_{n \geq 0} M^{\otimes n} \longrightarrow A$$

mit $\overline{\varphi} \circ \iota_n = \overline{\tau_n}$ zusammen, wobei $\iota_n : M^{\otimes n} \hookrightarrow \bigoplus_{n\geq 0} M^{\otimes n} = \mathrm{T}(M)$ die kanonische Injektion ist. Es ergibt sich $\overline{\varphi} \circ \varrho = \overline{\varphi} \circ \iota_1 = \overline{\tau_1} = \tau_1 = \varphi$ und es bleibt (für die Existenzaussage) zu zeigen, dass $\overline{\varphi} : \mathrm{T}(M) \to A$ ein R-Algebrenhomomorphismus ist. Die Identität $\overline{\varphi}(1) = 1_A$ ist mit den Definitionen klar. Es reicht jetzt,

$$\forall a \in \mathrm{T}^p(M),\ b \in \mathrm{T}^q(M) : \quad \overline{\varphi}(a \otimes b) = \overline{\varphi}(a)\, \overline{\varphi}(b)$$

nachzuweisen. Wenn also $a = m_1 \otimes \ldots \otimes m_p,\ b = m_1' \otimes \ldots \otimes m_q'$, dann rechnen wir

$$\begin{aligned}
\overline{\varphi}(a \otimes b) &= \overline{\varphi}(m_1 \otimes \ldots \otimes m_p \otimes m_1' \otimes \ldots \otimes m_q') \\
&= \varphi(m_1) \cdot \ldots \cdot \varphi(m_p)\, \varphi(m_1') \cdot \ldots \cdot \varphi(m_q') \\
&= \overline{\varphi}(m_1 \otimes \ldots \otimes m_q)\, \overline{\varphi}(m_1' \otimes \ldots \otimes m_q') \\
&= \overline{\varphi}(a)\, \overline{\varphi}(b).
\end{aligned}$$

Jetzt folgt die Behauptung mit R-Linearität.

Um die Eindeutigkeitsaussage zu zeigen, nehmen wir an, dass $\overline{\psi} : \mathrm{T}(M) \to A$ mit $\overline{\psi} \circ \varrho = \varphi$ gegeben ist. Dann gilt $\overline{\psi}(m_1 \otimes \ldots \otimes m_n) = \varphi(m_1) \cdots \varphi(m_n)$ und $\overline{\psi}(r) = r \cdot 1_A$, was wiederum $\overline{\psi} = \overline{\varphi}$ impliziert, weil die Menge $\{m_1 \otimes \ldots \otimes m_n \mid n > 0,\ m_j \in M\} \cup \{1\}$ die Algebra $\mathrm{T}(M)$ erzeugt. □

Wir haben schon gesehen, dass direkte Summen und Tensorprodukte natürliche Konstruktionen (siehe die Erklärung zur *Natürlichkeit* nach Beispiel 3.6 und Proposition 3.7) sind. Die Natürlichkeit von Tensoralgebren bekommt man direkt aus der universellen Eigenschaft.

Proposition 3.25 (Fortsetzung von Modulhomomorphismen)
Sei R ein kommutativer Ring mit Eins, M und N seien R-Moduln und $\varphi \in \mathrm{Hom}_R(M, N)$. Dann gibt es genau einen R-Algebrenhomomorphismus $\mathrm{T}(\varphi) : \mathrm{T}(M) \to \mathrm{T}(N)$ mit $\mathrm{T}(\varphi)|_M = \varphi$.

Beweis Weil 1 und M die Algebra $\mathrm{T}(M)$ erzeugen und per definitionem $\mathrm{T}(\varphi)(1) = 1$ gelten soll, ist die Eindeutigkeit klar. Die Existenz folgt aus der universellen Eigenschaft (siehe Definition 3.22), angewandt auf $\varrho_N \circ \varphi : M \to \mathrm{T}(N)$, wobei $\varrho_N : N \hookrightarrow \mathrm{T}(N)$ die kanonische Inklusion ist. □

Die Fortsetzung $\mathrm{T}(\varphi)$ eines Modulhomomorphismus φ erhält nicht nur das Produkt, sondern auch die Graduierung der Tensoralgebren, das heißt, es gilt mit der Notation aus Proposition 3.25, dass $\mathrm{T}(\varphi)\big(\mathrm{T}^q(M)\big) \subset \mathrm{T}^q(N)$. Dies folgt sofort aus der Gleichung

$$\mathrm{T}(\varphi)(m_1 \otimes \ldots \otimes m_q) = \varphi(m_1) \otimes \ldots \otimes \varphi(m_q).$$

Beispiel 3.26 (Tensorfelder)
Sei $U \subseteq \mathbb{R}^m$ eine offene Teilmenge und $R := C^\infty(U, \mathbb{R})$. Betrachte den R-Modul $M := C^\infty(U, \mathbb{R}^m)$ der Vektorfelder wie in Beispiel 2.3. Die Elemente von $\mathrm{T}(M)$ heißen *Tensorfelder* auf U. Die Algebra $\mathrm{T}(M)$ ist in natürlicher Weise isomorph zur Algebra $\bigoplus_{n\in\mathbb{N}_0} C^\infty\big(U, \mathrm{T}^n(\mathbb{R}^m)\big)$ mit den punktweisen Operationen. Um den R-Modulisomorphismus

$$C^\infty\big(U, \mathrm{T}^n(\mathbb{R}^m)\big) \cong \mathrm{T}^n(M) \tag{3.6}$$

hinschreiben zu können, überlegt man sich zuerst (Übung), dass für einen endlichdimensionalen $\mathbb{R}$-Vektorraum V gilt:

$$C^\infty(U, V) \cong C^\infty(U, \mathbb{R}) \otimes_{\mathbb{R}} V = R \otimes_{\mathbb{R}} V$$

als R-Moduln. Damit findet man

$$\bigoplus_{n\in\mathbb{N}_0} C^\infty\big(U, \mathrm{T}^n(\mathbb{R}^m)\big) \cong R \otimes_{\mathbb{R}} \bigoplus_{n\in\mathbb{N}_0} \mathrm{T}^n(\mathbb{R}^m) = R \otimes_{\mathbb{R}} \mathrm{T}(\mathbb{R}^m).$$

Sei A eine R-Algebra. Jeder R-Modulhomomorphismus $R \otimes_{\mathbb{R}} \mathbb{R}^m \to A$ ist in eindeutiger Weise durch eine $\mathbb{R}$-lineare Abbildung $\mathbb{R}^m \to A$ gegeben, die sich wiederum in eindeutiger Weise zu einem $\mathbb{R}$-Algebrenhomomorphismus $\mathrm{T}(\mathbb{R}^m) \to A$ fortsetzen lässt. Sei $\rho : \mathbb{R}^m \to \mathrm{T}(\mathbb{R}^m)$ die Abbildung, die $(\mathrm{T}(\mathbb{R}^m), \rho)$ zu einer Tensoralgebra über $\mathbb{R}^m$ macht. Dann ist das Paar $(R \otimes_{\mathbb{R}} \mathrm{T}(\mathbb{R}^m), {}_R\rho)$ mit

$${}_R\rho : R \otimes_{\mathbb{R}} \mathbb{R}^m \to R \otimes_{\mathbb{R}} \mathrm{T}(\mathbb{R}^m), \quad r \otimes v \mapsto r \otimes \rho(v)$$

eine Tensoralgebra über $R \otimes_{\mathbb{R}} \mathbb{R}^m \cong C^\infty(U, \mathbb{R}^m)$. Da die universelle Eigenschaft die Tensoralgebra bis auf Isomorphie eindeutig bestimmt, folgt (3.6). □

3.3 Symmetrische und äußere Algebren

Die Einführung der Tensorprodukte haben wir damit motiviert, dass sie erlauben, multilineare Abbildungen in lineare Abbildungen umzuwandeln. Wenn man an die multilinearen Abbildungen zusätzliche Bedingungen stellt, ändert das natürlich nichts daran, dass man sie als lineare Abbildungen auf Tensorprodukten schreiben kann. Aber man generiert so Redundanz, das heißt, es wäre möglich, einen kleineren Modul zu finden, auf dem man die spezielle multilineare Abbildung als lineare Abbildung schreiben kann. Wie das funktioniert, zeigen wir in diesem Abschnitt für symmetrische und antisymmetrische multilineare Abbildungen. Man könnte dabei genauso vorgehen, wie wir das bei den Tensorprodukten gemacht haben, und die sogenannten *symmetrischen* und *äußeren* Produkte konstruieren. Mithilfe der Tensoralgebren können wir die Konstruktionen aber etwas effizienter gestalten und alle symmetrischen bzw. äußeren Produkte gleichzeitig konstruieren, indem wir die *symmetrische* und die *äußere Algebra* einführen.

Übung 3.2 (Tensorprodukte von Hom-Räumen)
Sei R ein kommutativer Ring mit Eins und $M_1, \ldots, M_k$ sowie A eine kommutative R-Algebra. Man zeige, dass es einen R-Modulhomomorphismus

$$\bigotimes_{j=1}^{k} \mathrm{Hom}_R(M_j, A) \to \mathrm{Hom}_R\left(\bigotimes_{j=1}^{k} M_j,\, A\right)$$

gibt. Hinweis: Konstruiere zuerst einen R-Modulhomomorphismus

$$\bigotimes_{j=1}^{k} \mathrm{Hom}_R(M_j, A) \to \mathrm{L}_R(M_1, \ldots, M_k; A).$$

Die symmetrische Algebra über M

Symmetrische Algebren können als Unteralgebren von Tensoralgebren gewonnen werden, sie lassen sich aber ebenso wie Tensorprodukte und Tensoralgebren durch eine universelle Eigenschaft charakterisieren. Der allgemeinen Philosophie dieses Kapitels folgend werden wir diesen Weg gehen. Die Konstruktion wird dadurch deutlich einfacher, denn sie reduziert sich darauf, einen Quotienten der Tensoralgebra zu bilden.

Definition 3.27 (Symmetrische Algebra über M)
Sei R ein kommutativer Ring mit Eins und M ein R-Modul. Ein Paar (S, ψ) heißt *symmetrische Algebra* über M, wenn gilt:

(a) S ist eine assoziative R-Algebra mit Eins.
(b) $\psi : M \to \mathrm{S}$ ist ein R-Modulhomomorphismus mit

$$\forall m, m' \in M : \quad \psi(m)\psi(m') = \psi(m')\psi(m).$$

(c) (S, ψ) erfüllt folgende *universelle Eigenschaft:* Zu jeder assoziativen R-Algebra A mit Eins und jedem R-Modulhomomorphismus $\varphi : M \to A$ mit

$$\forall m, m' \in M : \quad \varphi(m)\varphi(m') = \varphi(m')\varphi(m) \tag{3.7}$$

gibt es genau einen R-Algebrenhomomorphismus $\overline{\varphi} : \mathrm{S} \to A$ mit $\varphi = \overline{\varphi} \circ \psi$, das heißt, wir haben das folgende kommutative Diagramm:

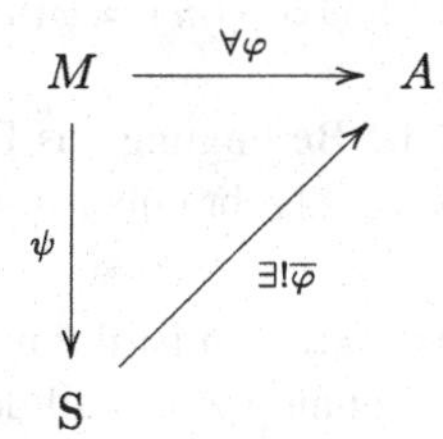

Der Unterschied zwischen den universellen Eigenschaften von symmetrischen und Tensoralgebren über Moduln besteht nur in der zusätzlichen Bedingung (3.7) an ψ und die zu liftende Abbildung φ. Also findet man eine Fortsetzung von φ zu einem eindeutig bestimmten Algebrenhomomorphismus $\overline{\varphi}\colon \mathrm{T}(M) \to A$ mit $\varphi = \overline{\varphi} \circ \varrho$ (siehe Definition 3.22). Wenn dieser durch einen R-Algebrenhomomorphismus $\pi\colon \mathrm{T}(M) \twoheadrightarrow \mathrm{S}$ mit einer kommutativen Algebra S faktorisiert, dann kann man $\psi := \pi \circ \varrho$ setzen. Diese Überlegung führt auf die folgende Konstruktion.

Konstruktion 3.28 (Symmetrische Algebra über M)
Sei J das von $\{m \otimes m' - m' \otimes m \mid m, m' \in M\}$ erzeugte (beidseitige) Ideal von $\mathrm{T}(M)$. Dann ist der Quotient $\mathrm{T}(M)/\mathrm{J}$ sowohl ein R-Modul als auch ein Ring. Genauer gesagt ist $\mathrm{T}(M)/\mathrm{J}$ eine R-Algebra (Übung!). Wir bezeichnen sie mit $\mathrm{S}(M)$. Die Zusammensetzung von $M \hookrightarrow \mathrm{T}(M)$ und $\mathrm{T}(M) \to \mathrm{S}(M) = \mathrm{T}(M)/\mathrm{J}$ bezeichnen wir mit $\psi : M \to \mathrm{S}(M)$.

Die Algebra $\mathrm{S}(M)$ ist nach Konstruktion assoziativ mit Eins. Sie ist aber auch kommutativ, denn wegen $(m + \mathrm{J})(m' + \mathrm{J}) = m \otimes m' + \mathrm{J}$ gilt

$$(m + \mathrm{J})(m' + \mathrm{J}) - (m' + \mathrm{J})(m + \mathrm{J}) = (m \otimes m' - m' \otimes m) + \mathrm{J} = \mathrm{J}.$$

Damit ist die Bedingung aus Definition 3.27(b) für $\mathrm{S}(M)$ erfüllt. □

Satz 3.29 (Existenz der symmetrischen Algebra über M)
$\big(\mathrm{S}(M), \psi\big)$ *ist eine symmetrische Algebra über* M.

Beweis Sei $\varphi : M \to A$ wie in der Definition der symmetrischen Algebra. Die Eindeutigkeit von $\overline{\varphi}$ ist klar, weil $1 + \mathrm{J}$ und $\psi(M)$ die Algebra $\mathrm{S}(M)$ erzeugen.

Um die Existenz nachzuweisen, beachten wir, dass es nach Definition 3.22 genau einen R-Algebrahomomorphismus $\Phi : \mathrm{T}(M) \to A$ mit $\Phi|_M = \varphi$ gibt. Damit rechnet man

$$\begin{aligned}\Phi(m \otimes m' - m' \otimes m) = \Phi(m \otimes m') - \Phi(m' \otimes m) &= \Phi(m)\Phi(m') - \Phi(m')\Phi(m)\\ &= \varphi(m)\varphi(m') - \varphi(m')\varphi(m) = 0\end{aligned}$$

und erhält $\Phi|_\mathrm{J} \equiv 0$. Also faktorisiert Φ zu einem R-Algebrahomomorphismus $\overline{\varphi} : \mathrm{S}(M) \to A$, für den dann gilt:

$$\forall m \in M : \quad \overline{\varphi} \circ \psi(m) = \overline{\varphi}(m + \mathrm{J}) = \varphi(m).$$

Da nach Konstruktion auch die Bedingung aus Definition 3.27(b) für $\mathrm{S}(M)$ erfüllt ist, ist $\mathrm{S}(M)$ eine symmetrische Algebra über M. □

Wie für alle bisherigen Konstruktionen ist der nächste Schritt, die Natürlichkeit zu zeigen. Das funktioniert ganz analog zum Fall der Tensoralgebra einzig und allein mit der universellen Eigenschaft.

Proposition 3.30 (Natürlichkeit der symmetrischen Algebra)
Sei R ein kommutativer Ring mit Eins, M und N zwei R-Moduln sowie $\psi \in \mathrm{Hom}_R(M, N)$. Dann gibt es genau einen R-Algebrahomomorphismus $\mathrm{S}(\psi) : \mathrm{S}(M) \to \mathrm{S}(N)$ mit $\mathrm{S}(\psi) \circ \psi_M = \psi_N \circ \psi$, wobei $\psi_M : M \to \mathrm{S}(M)$ und $\psi_N : N \to \mathrm{S}(N)$ die Abbildungen sind, die $(\mathrm{S}(M), \psi_M)$ und $(\mathrm{S}(N), \psi_N)$ zu symmetrischen Algebren über M bzw. N machen. Damit ist das folgende Diagramm kommutativ:

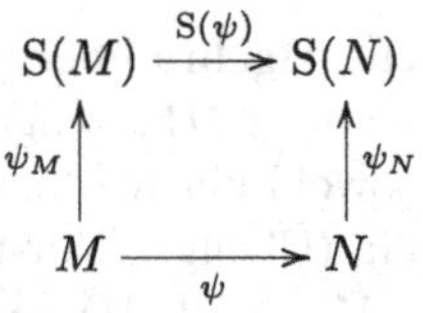

$$\begin{array}{ccc} \mathrm{S}(M) & \xrightarrow{\mathrm{S}(\psi)} & \mathrm{S}(N) \\ \uparrow{\scriptstyle \psi_M} & & \uparrow{\scriptstyle \psi_N} \\ M & \xrightarrow[\psi]{} & N \end{array}$$

Beweis Weil $1 + \mathrm{J}$ und $\psi_M(M)$ die Algebra $\mathrm{S}(M)$ erzeugen und per definitionem $\mathrm{S}(\psi_M)(1) = 1$ gelten soll, ist die Eindeutigkeit klar. Die Existenz folgt aus der universellen Eigenschaft, angewandt auf $\psi_N \circ \psi : M \to \mathrm{S}(N)$. □

Anders als im Falle der Tensoralgebra ist nicht offensichtlich, dass die Abbildung $\psi : M \to \mathrm{S}(M)$, die $(\mathrm{S}(M), \psi)$ zu einer symmetrischen Algebra macht, injektiv ist. Es könnte im Prinzip ja sein, dass bei der Quotientenbildung Elemente von M miteinander identifiziert werden. Dem ist allerdings nicht so.

Proposition 3.31 (Einbettung von M in $\mathrm{S}(M)$)
Sei R ein kommutativer Ring mit Eins und M ein R-Modul. In der Notation von Konstruktion 3.28 ist die Abbildung $\psi : M \to \mathrm{S}(M)$ injektiv.

Beweis Als abelsche Gruppe ist J eine direkte Summe:

$$\mathrm{J} = \bigoplus_{q \geq 2} \big(\mathrm{J} \cap \mathrm{T}^q(M)\big),$$

denn J ist von $\{m \otimes m' - m' \otimes m \mid m, m' \in M\} \subseteq \mathrm{T}^2(M)$ erzeugt, und jedes Element t von $\mathrm{T}(M)$ kann als Summe $h = \sum_{j \geq 0} h_j$ von homogenen Elementen $h_j \in \mathrm{T}^j(M)$ geschrieben werden. Es ergibt sich

$$(m \otimes m' - m' \otimes m)h = \sum_{j \geq 0} \underbrace{(m \otimes m' - m' \otimes m)h_j}_{\in \mathrm{T}^{j+2}(M)}$$

und eine analoge Formel für die Multiplikation von links. Also kann jedes Element in J als Summe von Elementen in $\mathrm{J} \cap \mathrm{T}^q(M)$ mit $q \geq 2$ geschrieben werden. Wenn jetzt $\psi(m) = 0$ gilt, das heißt $m \in M \cap \mathrm{J} = \mathrm{T}^1(M) \cap \mathrm{J}$, dann folgt $m = 0$. □

Wir kommen jetzt auf die ursprüngliche Motivation für die Einführung der symmetrischen Algebra zurück, nämlich die Umwandlung symmetrischer multilinearer Abbildungen in lineare Abbildungen.

Definition 3.32 (Symmetrische Abbildungen)
Seien M und N Mengen und $f : M^q \to N$ eine Abbildung. Dann heißt f *symmetrisch,* wenn für alle Elemente $\sigma \in \mathrm{S}_q$ der symmetrischen Gruppe auf q Buchstaben gilt, dass

$$\forall (m_1, \ldots, m_q) \in M^q : \quad f(m_1, \ldots, m_q) = f(m_{\sigma(1)}, \ldots, m_{\sigma(q)}).$$

Der R-Modul, auf dem eine symmetrische R-multilineare Abbildung in q Variablen zu einer R-linearen Abbildung wird, ist der Quotientenmodul $\mathrm{S}^q(M) := \mathrm{T}^q(M)/\mathrm{J} \cap \mathrm{T}^q(M)$, wobei J das Ideal aus Konstruktion 3.28 ist. Man nennt diesen Modul die q-te *symmetrische Potenz* von M.

Proposition 3.33 (Symmetrische multilineare Abbildungen)
Sei R ein kommutativer Ring mit Eins und M, N seien R-Moduln.

(i) *Sei $\gamma \in \mathrm{Hom}_R\big(\mathrm{S}^q(M), N\big)$. Dann definiert*

$$\tilde{\gamma} : (m_1, \ldots, m_q) \longmapsto \gamma(m_1 \otimes \ldots \otimes m_q + \mathrm{J})$$

ein Element $\tilde{\gamma} \in \mathrm{L}_R\big(M, \ldots, M; N\big)$, das symmetrisch ist.

(ii) $\mathrm{Sym}_R(M^q; N) := \{\tilde{\gamma} \in \mathrm{L}_R(M, \ldots, M; N) \mid \tilde{\gamma}$ symmetrisch$\}$ *ist ein R-Untermodul von* $\mathrm{L}_R(M, \ldots, M; N)$.

(iii) *Die Zuordnung* $\gamma \mapsto \tilde{\gamma}$ *liefert einen R-Modulisomorphismus*

$$\mathrm{Hom}_R\left(\mathrm{S}^q(M), N\right) \longrightarrow \mathrm{Sym}_R(M^q; N).$$

Beweis Bemerkung 3.14 für $M^{\otimes q}$ liefert einen R-Modulisomorphismus

$$\Psi : \mathrm{Hom}_R\left(\mathrm{T}^q(M), N\right) \longrightarrow \mathrm{L}_R(M, \ldots, M; N)$$

mit $\Psi(\varphi)(m_1, \ldots, m_q) = \varphi(m_1 \otimes \ldots \otimes m_q)$. Damit erhalten wir das kommutative Diagramm

$$\begin{array}{ccc} \mathrm{Hom}_R\left(\mathrm{T}^q(M), N\right) & \xrightarrow{\Psi} & \mathrm{L}_R(M, \ldots, M; N) \\ {\scriptstyle j}\uparrow {\scriptstyle \gamma \mapsto \gamma \circ p_q} & & \uparrow \\ \mathrm{Hom}_R\left(\mathrm{S}^q(M), N\right) & \longrightarrow & \mathrm{Sym}_R(M^q; N) \end{array}$$

wobei $p_q : \mathrm{T}^q(M) \to \mathrm{S}^q(M)$ die Quotientenabbildung ist. Die Zuordnung $\gamma \mapsto j(\gamma) := \gamma \circ p_q$ ist ein R-Modulhomomorphismus, injektiv mit Bild

$$B = \{\varphi \in \mathrm{Hom}_R(\mathrm{T}^q(M), N) \mid \varphi|_{\mathrm{J} \cap \mathrm{T}^q(M)} = 0\}.$$

Außerdem gilt $\Psi \circ j(\gamma)(m_1, \ldots, m_q) = (m_1 \otimes \ldots \otimes m_q + \mathrm{J}) = \tilde{\gamma}(m_1, \ldots, m_q)$. Bleibt noch zu zeigen, dass $\Psi(B) = \mathrm{Sym}_R(M^q, N)$. Dazu rechnen wir

$$\begin{aligned} &\Psi \circ j(\gamma)(m_1, \ldots, m_p, m, m', m_{p+3}, \ldots, m_q) - \Psi \circ j(\gamma)(\ldots, m', m, \ldots) \\ =&j(\gamma)(\ldots \otimes m \otimes m' \otimes \ldots) - j(\gamma)(\ldots \otimes m' \otimes m \otimes \ldots) \\ =&j(\gamma)(\underbrace{\ldots \otimes (m \otimes m' - m' \otimes m) \otimes \ldots}_{\in \mathrm{J} \cap \mathrm{T}^q(M)}) = 0 \end{aligned}$$

und schließen, dass $\Psi \circ j(\gamma)$ symmetrisch ist. Das bedeutet aber $\Psi(B) \subset \mathrm{Sym}_R(M^q; N)$, weil S_q von den Transpositionen erzeugt wird.

Umgekehrt, wenn $\Psi(\varphi)$ symmetrisch ist, dann verschwindet φ auf Elementen der Form $\ldots \otimes (m \otimes m' - m' \otimes m) \otimes \ldots$ und damit auf $\mathrm{J} \cap \mathrm{T}^q(M)$. Also ist φ von der Form $j(\gamma)$. □

Zu Beginn dieses Abschnitts wurde behauptet, dass man die symmetrische Algebra als Unteralgebra der Tensoralgebra verstehen kann, konstruiert wurde sie dann aber als Quotient der Tensoralgebra. Um die symmetrische Algebra in die Tensoralgebra einzubetten, betrachtet man *symmetrische Tensoren.*

Definition 3.34 (Symmetrische und antisymmetrische Tensoren)
Sei R ein kommutativer Ring mit Eins und M ein R-Modul. Für jede Permutation $\sigma \in \mathrm{S}_q$ ist die Abbildung

$$\varphi_\sigma : M^q \to M^{\otimes q} = \mathrm{T}^q(M), \quad (m_1, \ldots, m_q) \mapsto m_{\sigma^{-1}(1)} \otimes \ldots \otimes m_{\sigma^{-1}(q)}$$

R-multilinear. Sei $\Phi_\sigma : \mathrm{T}^q(M) \longrightarrow \mathrm{T}^q(M)$ der zugehörige R-Modulhomomorphismus mit

$$\Phi_\sigma(m_1 \otimes \ldots \otimes m_q) = m_{\sigma^{-1}(1)} \otimes \ldots \otimes m_{\sigma^{-1}(k)}.$$

Man schreibt einfach $\sigma \cdot t$ statt $\Phi_\sigma(t)$.

Ein Element $t \in \mathrm{T}^q(M)$ heißt *symmetrischer Tensor,* wenn

$$\forall \sigma \in \mathrm{S}_q : \quad \sigma \cdot t = t,$$

und *schiefsymmetrischer Tensor,* wenn

$$\forall \sigma \in \mathrm{S}_q : \quad \sigma \cdot t = \mathrm{sign}(\sigma) t,$$

wobei $\mathrm{sign}(\sigma)$ das Signum der Permutation σ ist, das sich zum Beispiel als die Determinante der zugehörigen Permutationsmatrix bestimmen lässt ([Hi13, Def. 5.16]). Wir bezeichnen die Menge der symmetrischen Tensoren in $\mathrm{T}^q(M)$ mit $\mathrm{S}_q(M)$ und die Menge der schiefsymmetrischen Tensoren in $\mathrm{T}^q(M)$ mit $\Lambda_q(M)$.

Wir haben die Definition der schiefsymmetrischen Tensoren hier gleich mit aufgenommen, weil wir sie in der Diskussion der äußeren Algebren brauchen werden.

Proposition 3.35 (Symmetrisierung)
Sei R ein kommutativer Ring mit Eins, für den $q!$ eine Einheit ist, und M ein R-Modul. Dann ist die Abbildung

$$\mathrm{sym} : \mathrm{T}^q(M) \to \mathrm{S}_q(M), \quad t \mapsto \frac{1}{q!} \sum_{\sigma \in \mathrm{S}_q} \sigma \cdot t$$

ein surjektiver R-Modulhomomorphismus mit $\mathrm{sym} \circ \mathrm{sym} = \mathrm{sym}$ *(das heißt eine Projektion). Der Kern* $\ker(\mathrm{sym}) = \{t \in \mathrm{T}^q(M) \mid \mathrm{sym}(t) = 0\}$ *ist* $\mathrm{J} \cap \mathrm{T}^q(M)$ *mit dem Ideal* J *aus Definition* 3.28.

Beweis Für $\sigma', \sigma \in \mathrm{S}_q$ gilt $\varphi_{\sigma'\sigma} = \varphi_{\sigma'} \circ \varphi_\sigma$, und die Eindeutigkeitsaussage in der universellen Eigenschaft von $\mathrm{S}(M)$ liefert, dass auch $\Phi_{\sigma'\sigma} = \Phi_{\sigma'} \circ \Phi_\sigma$ gilt. Damit rechnen wir

$$\begin{aligned}\sigma' \cdot \mathrm{sym}(t) &= \sigma' \cdot \frac{1}{q!} \sum_{\sigma \in \mathrm{S}_q} \sigma \cdot t \;=\; \frac{1}{q!} \sum_{\sigma \in \mathrm{S}_q} (\sigma \cdot t) \;=\; \frac{1}{q!} \sum_{\sigma \in \mathrm{S}_q} (\sigma'\sigma) \cdot t \\ &= \frac{1}{q!} \sum_{\sigma'' \in \mathrm{S}_q} \sigma'' \cdot t \;=\; \mathrm{sym}(t),\end{aligned}$$

das heißt, wir finden $\mathrm{sym}\colon \mathrm{T}^q(M) \to \mathrm{S}_q(M)$. Wenn $t \in \mathrm{S}_q(M)$, dann gilt

$$\mathrm{sym}(t) = \frac{1}{q!} \sum_{\sigma \in \mathrm{S}_q} \sigma \cdot t = \frac{1}{q!}\, q!\, t = t,$$

also $\mathrm{sym} \circ \mathrm{sym} = \mathrm{sym}$. Weil $\Phi_\sigma : \mathrm{T}^q(M) \to \mathrm{T}^q(M)$ für jedes σ ein R-Modulhomomorphismus ist, rechnet man leicht nach, dass sym ebenfalls ein R-Modulhomomorphismus ist.

Nach dem Beweis von Proposition 3.31 ist $\mathrm{J}_q := \mathrm{J} \cap \mathrm{T}^q(M)$ als R-Modul erzeugt von den Elementen der Form

$$\big(\ldots \otimes (m \otimes m') \otimes \ldots\big) - \big(\ldots \otimes (m' \otimes m) \otimes \ldots\big),$$

das heißt von den Elementen $t - \tau_{j,j+1} \cdot t$ mit

$$\tau_{j,j+1} := \begin{pmatrix} 1 & j & j+1 \ldots q \\ 1 & j+1 & j \quad \ldots q \end{pmatrix} \in \mathrm{S}_q.$$

Wenn $\sigma \in \mathrm{S}_q$ mit $\sigma = \sigma_1\sigma_2$, dann gilt $t - \sigma \cdot t = (t - \sigma_2 \cdot t) + (\sigma_2 \cdot t - \sigma_1\sigma_2 \cdot t)$. Also finden wir

$$\mathrm{J}_q = \langle t - \sigma \cdot t \mid \sigma \in \mathrm{S}_q, t \in \mathrm{T}^q(M) \rangle_{R\text{-Modul}}$$

(der von den $t - \sigma \cdot t$ mit $\sigma \in \mathrm{S}_q$ und $t \in \mathrm{T}^q(M)$ erzeugte R-Modul), weil S_q von den $\tau_{j,j+1}$ erzeugt wird (siehe [Hi13, Prop. 5.15]). Wegen

$$\mathrm{sym}(t - \sigma \cdot t) = \frac{1}{q!} \sum_{\sigma' \in \mathrm{S}_q} \sigma' \cdot t - \frac{1}{q!} \sum_{\sigma' \in \mathrm{S}_q} \sigma'\sigma \cdot t = 0$$

gilt $\mathrm{J}_q \subseteq \ker(\mathrm{sym})$. Umgekehrt, wenn $t \in \ker(\mathrm{sym})$, so folgt $t = t - \mathrm{sym}(t) \in \mathrm{J}_q$, weil

$$q!(t - \mathrm{sym}(t)) = q!t - \sum_{\sigma \in \mathrm{S}_q} \sigma \cdot t = \sum_{\sigma \in \mathrm{S}_q} (t - \sigma \cdot t) \in \mathrm{J}_q.$$

□

Mit der Symmetrisierungsabbildung können wir jetzt zumindest für Ringe, die Algebren über einem Körper sind, die symmetrische Algebra als $\mathbb{R}$-Untermodul in die Tensoralgebra einbetten.

Korollar 3.36 (Symmetrische Tensoren und symmetrische Potenzen)
Sei $q!$ eine Einheit in R. Dann gilt:

(i) $\mathrm{T}^q(M) = \mathrm{S}_q(M) \oplus \mathrm{J}_q$ *als R-Modul.*
(ii) *Die Abbildung $p_q|_{\mathrm{S}_q(M)} : \mathrm{S}_q(M) \to \mathrm{S}^q(M)$ ist ein R-Modulisomorphismus, wobei $p_q : \mathrm{T}^q(M) \to \mathrm{S}^q(M)$ die kanonische Projektion ist.*
(iii) *Sei $\varphi : \bigoplus_{q\in\mathbb{N}_0} \mathrm{S}_q(M) \to \mathrm{S}(M) = \bigoplus_{q\in\mathbb{N}_0} \mathrm{S}^q(M)$ der aus den $p_q|_{\mathrm{S}_q(M)}$ zusammengesetzte Isomorphismus von R-Moduln. Dann ist die durch φ^{-1} von $\mathrm{S}(M)$ nach $\bigoplus_{q\in\mathbb{N}_0} \mathrm{S}_q(M)$ transportierte Algebren-Multiplikation durch*

$$\mathrm{S}_q(M) \times \mathrm{S}_{q'}(M) \to \mathrm{S}_{q+q'}(M), \quad (a, a') \mapsto \mathrm{sym}(a \otimes a')$$

gegeben.

Beweis

(i) Für $t \in \mathrm{T}^q(M)$ gilt $\mathrm{sym}(t) \in \mathrm{S}_q(M)$ und $t - \mathrm{sym}(t) \in \mathrm{J}_q$, also haben wir $\mathrm{T}^q(M) = \mathrm{S}_q(M) + \mathrm{J}_q$. Um die Direktheit der Summe nachzuweisen, beachten wir, dass $t \in \mathrm{S}_q(M) \cap \ker(\mathrm{sym}) = \mathrm{J}_q$ die Identität $t = \mathrm{sym}(t) = 0$ impliziert.
(ii) Wegen $\mathrm{J}_q = \ker(p_q)$ liefert (i) sowohl $p_q\big(\mathrm{S}_q(M)\big) = p_q\big(\mathrm{T}^q(M)\big) = S^q(M)$ als auch $\ker(p_q) \cap \mathrm{S}_q(M) = \{0\}$. Nach dem ersten Isomorphiesatz (siehe Konstruktion 2.9) folgt damit die Behauptung.
(iii) Für $(a, a') \in \mathrm{S}_q(M) \times \mathrm{S}_{q'}(M)$ gilt

$$\varphi(a)\varphi(a') = (a + \mathrm{J})(a' + \mathrm{J}) = (a \otimes a') + \mathrm{J} = \mathrm{sym}(a \otimes a') + \mathrm{J}.$$

Da $\mathrm{sym} : \mathrm{T}^{q+q'}(M) \to \mathrm{S}_{q+q'}(M)$ gerade die Projektion mit Kern $\mathrm{J}_{q+q'}$ ist, folgt

$$\varphi^{-1}\big(\varphi(a)\varphi(a')\big) = \mathrm{sym}(a \otimes a').$$

□

Die äußere Algebra über M

Für die äußeren Algebren gelten mutatis mutandis dieselben Motivationen, Sätze und Beweise wie für die symmetrischen Algebren. Der Unterschied ist, dass man jetzt nicht symmetrische multilineare Abbildungen betrachten will, sondern *antisymmetrische,* die man auch *schiefsymmetrisch* oder *alternierend* nennt. Bei den Tensoren kommt man so zu den schiefsymmetrischen Tensoren aus Definition 3.34, und als Algebra erhält man die *äußere* Algebra.

Definition 3.37 (Äußere Algebra über M)
Sei R ein kommutativer Ring mit Eins und M ein R-Modul. Ein Paar (Λ, η) heißt *äußere Algebra* über M, wenn gilt:

(a) Λ ist eine assoziative R-Algebra mit Eins.
(b) $\eta : M \to \Lambda$ ist ein R-Modulhomomorphismus mit

$$\forall m \in M : \quad \eta(m)^2 = 0.$$

(c) (Λ, η) erfüllt folgende *universelle Eigenschaft:* Zu jeder assoziativen R-Algebra A mit Eins und jedem R-Modulhomomorphismus $\varphi : M \to A$ mit

$$\forall m \in M : \quad \varphi(m)^2 = 0 \tag{3.8}$$

gibt es genau einen R-Algebrahomomorphismus $\overline{\varphi} : \Lambda \to A$ mit $\varphi = \overline{\varphi} \circ \eta$, das heißt, wir haben das folgende kommutative Diagramm:

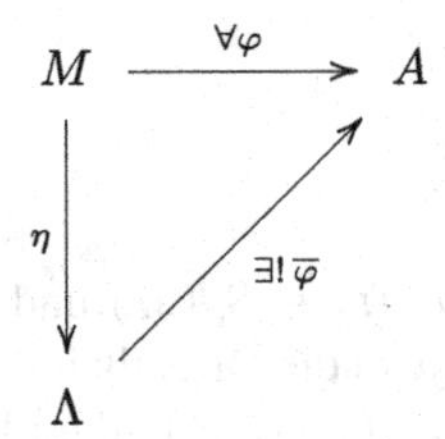

Bemerkung 3.38 (Endlich erzeugte Moduln)
Sei R ein kommutativer Ring mit Eins, M ein R-Modul und (Λ, η) eine äußere Algebra über M. Wenn M von den Elementen $e_1, \ldots, e_k \in M$ erzeugt wird, dann gilt für jedes $k+1$-Tupel $(m_1, \ldots, m_{k+1})$ von Elementen in M, dass $\eta(m_1) \wedge \ldots \wedge \eta(m_{k+1}) = 0$, wobei $\wedge$ die Multiplikation in Λ bezeichnet. Um das einzusehen, schreibt man jedes der m_j als R-Linearkombination der e_i und multipliziert dann aus. Es ergibt sich eine Linearkombination von Ausdrücken der Form $\eta(e_{i_1}) \wedge \ldots \wedge \eta(e_{i_{k+1}})$. Man beachte, dass mindestens ein e_i in diesem Ausdruck doppelt vorkommen muss. Wegen

$$\begin{aligned} 0 &= \eta(e_i + e_j) \wedge \eta(e_i + e_j) \\ &= \eta(e_i) \wedge \eta(e_i) + \eta(e_i) \wedge \eta(e_j) + \eta(e_j) \wedge \eta(e_i) + \eta(e_j) \wedge \eta(e_j) \\ &= \eta(e_i) \wedge \eta(e_j) + \eta(e_j) \wedge \eta(e_i) \end{aligned}$$

gilt $\eta(e_i) \wedge \eta(e_j) = -\eta(e_j) \wedge \eta(e_i)$ für $i, j \in \{1, \ldots, k\}$. Daher lässt sich die Reihenfolge der e_{i_m} in obigem Ausdruck nur um den Preis eines Vorzeichens verändern. So bringt man die beiden gleichen e_i's nebeneinander und findet so, dass $\eta(e_{i_1}) \wedge \ldots \wedge \eta(e_{i_{k+1}}) = 0$. $\square$

Konstruktion 3.39 (Äußere Algebra über M)
Sei I das von $\{m \otimes m \mid m \in M\}$ erzeugte (beidseitige) Ideal von $\mathrm{T}(M)$. Dann ist der Quotient $\Lambda(M) := \mathrm{T}(M)/\mathrm{I}$ eine R-Algebra (Übung). Das Produkt auf $\Lambda(M)$ bezeichnen wir mit $\wedge : \Lambda(M) \times \Lambda(M) \to \Lambda(M)$ und die Zusammensetzung von $M \hookrightarrow \mathrm{T}(M)$ und $\mathrm{T}(M) \to \Lambda(M)$ mit $\eta \colon \mathrm{T}(M) \to \Lambda(M)$. □

Satz 3.40 (Existenz der äußeren Algebra über M)
$\big(\Lambda(M), \eta\big)$ *ist eine äußere Algebra über M.*

Beweis $\Lambda(M)$ ist als Quotient einer assoziativen Algebra assoziativ, und η ist ein R-Modulhomomorphismus. Sei jetzt $\varphi : M \to A$ wie in der Definition der äußeren Algebra. Die Eindeutigkeit von $\overline{\varphi}$ ist klar, weil $1+I$ und $\{m+\mathrm{I} \mid m \in M\}$ die Algebra $\Lambda(M)$ erzeugen. Man findet einen R-Algebrahomomorphismus $\Phi : \mathrm{T}(M) \to A$ mit $\varphi = \Phi|_M$. Wegen $\varphi(m)^2 = 0$ für alle $m \in M$ gilt

$$\Phi(m \otimes m) = \Phi(m)\,\Phi(m) = \varphi(m)^2 = 0.$$

Dies liefert $\Phi|_{\mathrm{I}} \equiv 0$, also faktorisiert Φ zu einem R-Algebrahomomorphismus $\overline{\varphi}$: $\mathrm{T}(M)/\mathrm{I} \to A$ mit $\overline{\varphi} \circ \eta(m) = \overline{\varphi}(m + \mathrm{I}) = \Phi(m) = \varphi(m)$.

Bleibt noch zu zeigen, dass $\eta(m) \wedge \eta(m) = 0$ für alle $m \in M$ gilt. Das ist aber klar mit der Rechnung

$$\eta(m) \wedge \eta(m) = (m + \mathrm{I})(m + \mathrm{I}) = m \otimes m + \mathrm{I} = \mathrm{I} = 0 \in \mathrm{T}(M)/\mathrm{I}.$$ □

Proposition 3.41 (Natürlichkeit der äußeren Algebra)
Sei R ein kommutativer Ring mit Eins, M und N zwei R-Moduln und $\psi \in \mathrm{Hom}_R(M, N)$. Dann gibt es genau einen R-Algebrahomomorphismus $\Lambda(\psi) : \Lambda(M) \to \Lambda(N)$ mit

$$\begin{array}{ccc} \Lambda(M) & \xrightarrow{\Lambda(\psi)} & \Lambda(N) \\ \uparrow{\scriptstyle \eta_M} & & \uparrow{\scriptstyle \eta_N} \\ M & \xrightarrow[\psi]{} & N \end{array}$$

wobei $\eta_M : M \to \Lambda(M)$ und $\eta_N : N \to \Lambda(N)$ die Abbildungen sind, die $(\Lambda(M), \psi_M)$ und $(\Lambda(N), \psi_N)$ zu äußeren Algebren über M bzw. N machen.

Beweis Weil $1 + \mathrm{I}$ und $\eta_M(M)$ die Algebra $\Lambda(M)$ erzeugen und per definitionem $\Lambda(\psi)(1) = 1$ gelten soll, ist die Eindeutigkeit klar. Die Existenz folgt aus der universellen Eigenschaft der äußeren Algebra (siehe Definition 3.37), angewandt auf die Abbildung $\eta_N \circ \psi : M \to \Lambda(N)$. □

Beispiel 3.42 (Differenzialformen)
Sei $U \subseteq \mathbb{R}^m$ eine offene Teilmenge und $R := C^\infty(U, \mathbb{R})$. Betrachte den R-Modul $M := C^\infty(U, \mathbb{R}^m)$ der Vektorfelder wie in Beispiel 2.3. Die Elemente des dazu dualen R-Moduls $M^\vee := \mathrm{Hom}_R(M, R) \cong C^\infty\big(U, (\mathbb{R}^m)^*\big)$ heißen 1-*Formen* auf U. Die Elemente von $\Lambda(M^\vee)$ heißen *Differenzialformen* auf U. Wie für die Tensorfelder in Beispiel 3.26 zeigt man, dass die Algebra $\Lambda(M^\vee)$ in natürlicher Weise isomorph zur Algebra $C^\infty\big(U, \Lambda((\mathbb{R}^m)^*)\big) = R \otimes_{\mathbb{R}} \Lambda\big((\mathbb{R}^m)^*\big)$ ist. Der Nachweis vereinfacht sich sogar etwas dadurch, dass $\Lambda\big((\mathbb{R}^m)^*\big)$ im Gegensatz zu $\mathrm{T}\big((\mathbb{R}^m)^*\big)$ endlichdimensional ist (siehe Bemerkung 3.38, die zeigt, dass für $q > m$ gilt: $\mathrm{T}^q\big((\mathbb{R}^m)^*\big) \subseteq \mathrm{I}$). □

Proposition 3.43 (Einbettung von M in $\Lambda(M)$)
Sei R kommutativer Ring mit Eins und M ein R-Modul. In der Notation von Konstruktion 3.39 ist $\eta : M \to \Lambda(M)$ injektiv.

Beweis Wie im Beweis von Proposition 3.31 zeigt man (Übung), dass

$$\mathrm{I} = \bigoplus_{q \geq 2} \big(\mathrm{I} \cap \mathrm{T}^q(M)\big).$$

Wenn $\eta(m) = 0$, so folgt $m \in M \cap \mathrm{I} = \mathrm{T}^1(M) \cap \mathrm{I}$ und daher $m = 0$. □

Im Gegensatz zur Symmetrie von Abbildungen (siehe Definition 3.32) lässt sich die Antisymmetrie nur formulieren, wenn man die Elemente des Bildbereichs mit ± 1 multiplizieren kann. Wir begnügen uns hier damit, antisymmetrische multilineare Abbildungen zu definieren.

Definition 3.44 (Alternierende multilineare Abbildungen)
Sei R ein kommutativer Ring mit Eins und M, N R-Moduln. Eine R-multilineare Abbildung $f : M^q \to N$ heißt *alternierend, antisymmetrisch* oder *schiefsymmetrisch,* wenn für alle Permutationen $\sigma \in \mathrm{S}_q$ gilt, dass

$$\forall (m_1, \ldots, m_q) \in M^q : \quad f(m_1, \ldots, m_q) = \mathrm{sign}(\sigma) f(m_{\sigma(1)}, \ldots, m_{\sigma(q)}).$$

Das prominenteste Beispiel einer alternierenden Abbildung ist die Determinante von quadratischen Matrizen mit Einträgen in einem kommutativen Ring, wenn man sie als Funktion $\det : (R^n)^n \to R$ der Spaltenvektoren betrachtet (siehe [Hi13, Satz 5.20]).

Der R-Modul, auf dem eine alternierende R-multilineare Abbildung in q Variablen zu einer R-linearen Abbildung wird, ist der Quotientenmodul $\Lambda^q(M) := \mathrm{T}^q(M)/\mathrm{I} \cap \mathrm{T}^q(M)$, wobei I das Ideal aus Konstruktion 3.39 ist. Man nennt diesen Modul die q-te *äußere Potenz* von M.

Proposition 3.45 (Alternierende multilineare Abbildungen)
Sei R ein kommutativer Ring mit Eins und M, N seien R-Moduln.

(i) *Sei* $\gamma \in \mathrm{Hom}_R\big(\Lambda^q(M), N\big)$. *Dann definiert*

$$\tilde{\gamma} : (x_1, \ldots, x_q) \mapsto \gamma(x_1 \otimes \ldots \otimes x_q + \mathrm{I}_q) = \gamma\big((x_1 + \mathrm{I}) \wedge \ldots \wedge (x_q + \mathrm{I})\big)$$

eine alternierende Abbildung $M^q \to N$.

(ii) $\mathrm{Alt}_R(M^q, N) := \{\tilde{\gamma} \in \mathrm{L}_R(M, \ldots, M; N) \mid \tilde{\gamma} \text{ alternierend}\}$ *ist ein R-Untermodul von* $\mathrm{L}_R(M, \ldots, M; N)$.

(iii) *Die Zuordnung* $\gamma \mapsto \tilde{\gamma}$ *liefert einen R-Modulisomorphismus*

$$\mathrm{Hom}_R\big(\Lambda^q(M), N\big) \longrightarrow \mathrm{Alt}_R(M^q, N).$$

Beweis Der Beweis ist analog zu dem von Proposition 3.33. Wir skizzieren ihn hier nur und überlassen die Details dem Leser als Übung.

$$\begin{array}{ccc} \mathrm{Hom}_R\big(\mathrm{T}^q(M), N\big) & \xrightarrow{\Psi} & \mathrm{L}_R(M, \ldots, M; N) \\ \uparrow & & \uparrow \\ \mathrm{Hom}_R\big(\Lambda^q(M), N\big) & \longrightarrow & \mathrm{Alt}_R(M^q; N) \end{array}$$

Eine direkte Rechnung zeigt, dass

$$\mathrm{Alt}_R(M^q, N) = \big\{\Psi(\varphi) \bigm| \varphi \in \mathrm{Hom}_R(\mathrm{T}^q(M), N),\ \varphi|_{\mathrm{I}_q} \equiv 0\big\}$$

gilt. Umgekehrt, wenn $\Psi(\varphi)$ alternierend ist, dann verschwindet φ auf einem Erzeugendensystem von I_q also auf ganz I_q. □

Da wir antisymmetrische Tensoren in Definition 3.34 schon eingeführt haben, können wir jetzt sofort die *Antisymmetrisierung* oder *Alternierung* einführen.

Proposition 3.46 (Alternierung)
Sei R kommutativer Ring mit Eins, für den $q!$ eine Einheit ist und M ein R-Modul. Dann ist die Abbildung

$$\mathrm{alt} : \mathrm{T}^q(M) \to \Lambda_q(M), \quad t \mapsto \frac{1}{q!} \sum_{\sigma \in \mathrm{S}_q} \mathrm{sign}(\sigma)\sigma \cdot t$$

ein surjektiver R-Modulhomomorphismus mit $\mathrm{alt} \circ \mathrm{alt} = \mathrm{alt}$ *und* $\ker(\mathrm{alt}) = \mathrm{I}_q := \mathrm{I} \cap \mathrm{T}^q(M)$ *mit dem Ideal* I *aus Konstruktion* 3.39.

Beweis Der Beweis ist analog zum Beweis von Proposition 3.35:

$$\begin{aligned}\sigma' \cdot \mathrm{alt}(t) = \sigma' \cdot \frac{1}{q!} \sum_{\sigma \in \mathrm{S}_q} \mathrm{sign}(\sigma)\sigma \cdot t &= \frac{1}{q!} \sum_{\sigma \in \mathrm{S}_q} \mathrm{sign}(\sigma) \cdot (\sigma'\sigma \cdot t) \\ &= \mathrm{sign}(\sigma') \frac{1}{q!} \sum_{\sigma \in \mathrm{S}_q} \mathrm{sign}(\sigma'\sigma) \cdot (\sigma'\sigma \cdot t) \\ &= \mathrm{sign}(\sigma') \frac{1}{q!} \sum_{\sigma'' \in \mathrm{S}_q} \mathrm{sign}(\sigma'')(\sigma'' \cdot t) \\ &= \mathrm{sign}(\sigma')\,\mathrm{alt}(t).\end{aligned}$$

Also gilt $\mathrm{alt} : \mathrm{T}^q(M) \to \Lambda_q(M)$, und für $t \in \Lambda_q(M)$ rechnet man

$$\mathrm{alt}(t) = \frac{1}{q!} \sum_{\sigma \in \mathrm{S}_q} \mathrm{sign}(\sigma)\sigma \cdot t = \frac{1}{q!} \sum_{\sigma \in \mathrm{S}_q} \mathrm{sign}(\sigma)^2 t = \frac{1}{q!} \sum_{\sigma \in \mathrm{S}_q} t = t.$$

Dies zeigt $\mathrm{alt} \circ \mathrm{alt} = \mathrm{alt}$.

Weil $\Phi_\sigma : \mathrm{T}^q(M) \to \mathrm{T}^q(M)$ ein R-Modulhomomorphismus für jedes $\sigma \in \mathrm{S}_q$ ist, ist auch alt ein R-Modulhomomorphismus. Da $q!$ eine Einheit in R ist, ist für $q \geq 2$ auch 2 eine Einheit in R. Es gilt

$$x \otimes x = \frac{1}{2}\,(x \otimes x + x \otimes x)$$

und

$$x \otimes x' + x' \otimes x = (x + x') \otimes (x + x') - (x \otimes x) - (x' \otimes x'),$$

also wird I_q von den Elementen der Form

$$(\ldots \otimes x \otimes x' \otimes \ldots) + (\ldots \otimes x' \otimes x \otimes \ldots),$$

das heißt von den Elementen der Form $t + \tau_{j,j+1} \cdot t$, erzeugt. Wenn $\sigma \in \mathrm{S}_q$ mit $\sigma = \sigma_1\sigma_2$, so gilt

$$t - \mathrm{sign}(\sigma)\sigma \cdot t = (t - \mathrm{sign}(\sigma_1)\sigma_1 \cdot t) + \mathrm{sign}(\sigma_1)\big(\sigma_1 \cdot t - \mathrm{sign}(\sigma_2)\sigma_2(\sigma_1 \cdot t)\big)$$

und damit

$$\mathrm{I}_q = \langle t - \mathrm{sign}(\sigma)\sigma \cdot t \mid \sigma \in \mathrm{S}_q,\ t \in \mathrm{T}^q(M)\rangle_{R\text{-Modul}}.$$

Man findet $t - \mathrm{alt}(t) \in I_q$ für $t \in \mathrm{T}^q(M)$ und wegen

$$\mathrm{alt}(t - \mathrm{sign}(\sigma')\sigma' \cdot t) = \frac{1}{q!} \sum_{\sigma \in \mathrm{S}_q} \mathrm{sign}(\sigma)\sigma \cdot t - \frac{1}{2} \sum_{\sigma \in \mathrm{S}_q} \mathrm{sign}(\sigma\,\sigma')\sigma\,\sigma' \cdot t = 0,$$

schließlich $\mathrm{I}_q \subseteq \ker(\mathrm{alt})$. Umgekehrt, wenn $\mathrm{alt}(t) = 0$ gilt, dann ergibt sich $t = t - \mathrm{alt}(t) \in \mathrm{I}_q$. □

Mit alt : $\mathrm{T}^q(M) \to \Lambda_q(M)$ statt sym : $\mathrm{T}^q(M) \to \mathrm{S}_q(M)$ zeigt man jetzt wortgleich das folgende Analogon von Korollar 3.36.

Korollar 3.47 (Schiefsymmetrische Tensoren und äußere Potenzen)
Sei $q!$ eine Einheit in R. Dann gilt:

(i) $\mathrm{T}^q(M) = \Lambda_q(M) \oplus I_q$ *als R-Modul.*
(ii) $\Lambda_q(M) \longrightarrow \Lambda^q(M)$ *ist ein R-Modulisomorphismus.*
(iii) *Sei $\varphi : \bigoplus_{q\in\mathbb{N}_0} \Lambda_q(M) \to \Lambda(M) = \bigoplus_{q\in\mathbb{N}_0} \Lambda^q(M)$ der aus den in (ii) gegebenen Isomorphismen zusammengesetzte Isomorphismus von R-Moduln. Dann ist die durch φ^{-1} von $\Lambda(M)$ nach $\bigoplus_{q\in\mathbb{N}_0} \Lambda_q(M)$ transportierte Algebrenmultiplikation durch*

$$\Lambda_q(M) \times \Lambda_{q'}(M) \to \Lambda_{q+q'}(M), \quad (a, a') \mapsto \mathrm{alt}(a \otimes a)$$

gegeben.

Literatur Ähnlich wie die allgemeine Modultheorie ist auch die multilineare Algebra in deutschen Studienplänen selten verankert. Am ehesten findet man sie im Kontext der Differenzialgeometrie, dann aber für speziellere Situationen. Die hier vorgestellten Konzepte und Resultate findet man größtenteils in den schon in Kap. 2 erwähnten Quellen [Ke95, KM95, La93]. Eine wirklich umfassende Quelle ist [Bo70].

Mustererkennung

4

Inhaltsverzeichnis

In diesem Kapitel geht es darum, gewisse Muster in den Überlegungen von Kap. 2 und 3 aufzudecken und Belege für die Behauptung aus der Einleitung zu Teil I, dass die vorgestellte Strukturtheorie von Moduln modellhaft für algebraische Strukturen sein würde, zu liefern. Insbesondere gehen wir auf die in Abschn. 2.1 angesprochenen Parallelitäten zwischen den Konstruktionen von Unter- und Quotientenstrukturen für Vektorräume, Ringe und Moduln sowie die in Kap. 3 wiederholt erwähnte Natürlichkeit der vorgestellten Konstruktionen ein. Ersteres führt uns auf Grundbegriffe der *universellen Algebra,* Letzteres auf elementare Konzepte der *Kategorientheorie.*

4.1 Universelle Algebra

Die universelle Algebra formalisiert den Begriff einer algebraischen Struktur als einer Menge zusammen mit einer beliebigen Anzahl von Verknüpfungen auf dieser Menge. Dabei ist der Begriff der Verknüpfung weiter gefasst als bei Gruppen oder Ringen. Man lässt Verknüpfungen auf einer Menge M zu, die mehr als zwei Elemente verknüpfen, aber auch solche, die nur ein Element als Input haben oder sogar ganz ohne Input auskommen. Das hat den Vorteil, dass man gewisse Elemente auszeichnen kann, wie das neutrale Element in einer Gruppe oder die Eins in einem Ring, indem man sie als Bild einer Abbildung $M^0 := \{\emptyset\} \to M$ beschreibt. Verknüpfungen mit nur einem Element als Input, das heißt Abbildungen der Form $M^1 := M \to M$, erlauben es, Verknüpfungen mit anderen Mengen zu modellieren, wie sie in Moduln

J. Hilgert, *Mathematische Strukturen*,
https://doi.org/10.1007/978-3-662-68893-9_4

vorkommen, wo man für jedes Element r des Ringes R eine Abbildung $M \to M, m \mapsto r \cdot m$ hat. Man gelangt so zum Begriff der n-stelligen Verknüpfung auf M, wobei $n \in \mathbb{N}_0 = \mathbb{N} \cup \{0\}$ ist.

Definition 4.1 (*n*-stellige Verknüpfung)
Sei M eine Menge und $n \in \mathbb{N}_0$. Eine *n-stellige Verknüpfung* ist eine Abbildung $M^n \to M$.

Eine algebraische Struktur soll eine Menge mit Verknüpfungen sein, aber in den konkreten Beispielen wie Gruppen oder Ringen hat man außerdem Gesetzmäßigkeiten wie Assoziativität oder Distributivität. Um präzise fassen zu können, was wir unter einer algebraischen Struktur verstehen wollen, müssen wir festlegen, von welcher Art diese Gesetzmäßigkeiten sein dürfen. In der universellen Algebra gibt es den Begriff einer *gleichungsdefinierten Klasse,* an den wir uns hier anlehnen wollen. Die Schlüsselidee ist, als Gesetze nur Gleichungen von Ausdrücken zuzulassen, die gültig sind, gleich welche Elemente der Menge man einsetzt. Um diese Idee formulieren zu können, führen wir zunächst die *Termalgebra* zu einer Menge von Verknüpfungen ein, deren Elemente die Ausdrücke sind, die man gleichsetzen kann.

Definition 4.2 (Termalgebren)
Sei Φ eine Menge mit einer Abbildung $s\colon \Phi \to \mathbb{N}_0$. Wir setzen $\Phi_n := s^{-1}(n)$ und fixieren eine Menge X von Variablen. Die *Termalgebra* $T_\Phi(X)$ zu Φ wird induktiv durch folgende Setzungen definiert:

(a) $\forall x \in X: \quad x \in T_\Phi(X)$.
(b) $\forall n \in \mathbb{N}_0, \varphi \in \Phi_n, t_1, \dots t_n \in T_\Phi(X): \quad \varphi(t_1, \dots, t_n) \in T_\Phi(X)$.

Die Bedingung (b) bedeutet, dass man n Termen in ein $\varphi \in \Phi_n$ „einsetzen“ und dadurch einen neuen Term bilden kann. Die Elemente von Φ_n liefern also Abbildungen $T_\Phi(X)^n \to T_\Phi(X)$. Wir betrachten die Elemente als n-stellige Verknüpfungen auf $T_\Phi(X)$. Die Termalgebra von Φ besteht also aus Termen, die man durch Verschachtelung der Verknüpfungen bilden kann, wobei man Variablen aus einer vorgegebenen Variablenmenge einsetzt. Im multiplikativen Assoziativgesetz eines Ringes kommen zum Beispiel die Terme $x_1 \cdot (x_2 \cdot x_3)$ und $(x_1 \cdot x_2) \cdot x_3$ vor, die man $\varphi\big(x_1, \varphi(x_2, x_3)\big)$ bzw. $\varphi\big(\varphi(x_1, x_2), x_3\big)$ schreiben würde, wenn die Multiplikation als $\varphi\colon R \times R \to R$ notiert ist.

Sei jetzt M eine Menge und Φ eine Menge von Verknüpfungen auf M und $s\colon \Phi \to \mathbb{N}_0$ die Abbildung die jeder Verknüpfung ihre Stelligkeit zuordnet. Da in jedem Term $t \in T_\Phi(X)$ nur endlich viele Variablen vorkommen, kann man für jede *Auswertungsabbildung* $\mathrm{ev}\colon X \to M$ also auch die Terme der Termalgebra auswerten und erhält eine Auswertungsabbildung $\mathrm{ev}\colon T_\Phi(X) \to M$. Damit können wir den Begriff einer algebraischen Struktur im Sinne der universellen Algebra formal fassen.

Definition 4.3 (Algebraische Struktur)
Eine *algebraische Struktur* besteht aus einer Menge M, einer Menge Φ von Verknüpfungen auf M und einer Menge $\Gamma \subseteq T_\Phi(X)^2$ von Paaren von Termen, für die gilt:

(a) In Γ kommen nur endlich viele Variablen vor.
(b) $\forall\,(t_1, t_2) \in \Gamma, \mathrm{ev}\colon X \to M: \quad \mathrm{ev}(t_1) = \mathrm{ev}(t_2)$.

Das folgende Beispiel der Gruppenstruktur illustriert insbesondere die Rolle der 0- und 1-stelligen Verknüpfungen.

Beispiel 4.4 (Gruppenstruktur)
Sei G eine Menge mit drei Verknüpfungen:

$$\begin{aligned} 1 &: G^0 \to G,\ \emptyset \mapsto 1,\\ \iota &: G^1 \to G,\ g \mapsto g^{-1},\\ \mu &: G^2 \to G,\ (g,h) \mapsto g * h. \end{aligned}$$

Die Menge Γ besteht aus den Termpaaren

$$\begin{aligned} \mu\big(x_1, \mu(x_2, x_3)\big) &, \mu\big(\mu(x_1, x_2), x_3\big),\\ \mu(1, x_1) &, x_1,\\ x_1 &, \mu(x_1, 1),\\ \mu\big(\iota(x_1), x_1\big) &, 1,\\ 1 &, \mu\big(x_1, \iota(x_1)\big). \end{aligned}$$

Das heißt, die Verknüpfungen unterliegen folgenden Gesetzmäßigkeiten:

(a) μ ist assoziativ.
(b) $\forall g \in G: \ 1 * g = g = g * 1$.
(c) $\forall g \in G: \ g^{-1} * g = 1 = g * g^{-1}$.

Dann heißt $(1, \iota, \mu)$ eine *Gruppenstruktur* auf G und $(G, 1, \iota, \mu)$ eine *Gruppe*. □

Die schon betrachteten algebraischen Strukturen, wie (abelsche) Gruppen, Ringe, Vektorräume, R-Moduln oder R-Algebren, lassen sich alle als algebraische Strukturen im Sinne von Definition 4.3 auffassen (Übung: Man arbeite die Details aus). Dagegen sind Körper oder Integritätsbereiche keine algebraischen Strukturen im Sinne von Definition 4.3, sondern nur Ringe mit speziellen Eigenschaften. Das liegt daran, dass man diese Strukturen nicht durch allgemeingültige Gleichungen definiert, sondern für bestimme Elemente (zum Beispiel die von Null verschiedenen) gewisse Eigenschaften verlangt (zum Beispiel invertierbar zu sein).

Über die schon erwähnten Beispiele hinaus findet man in der Mathematik noch viele weitere algebraische Strukturen, auch solche mit mehr als 2-stelligen Verknüpfungen.

Beispiel 4.5 (Algebraische Strukturen)
Sei R ein kommutativer Ring mit Eins und V ein R-Modul.

(i) V ist eine *Lie-Algebra* über R, wenn V eine R-Algebrastruktur $[\cdot,\cdot] : V \times V \to V$ im Sinne von Definition 3.19 trägt, die folgende Eigenschaften hat:

(a) $\forall x \in V: \quad [x,x] = 0$ *(Antisymmetrie).*
(c) $\forall x,y,z \in V: \quad \big[[x,y],z\big] + \big[[y,z],x\big] + \big[[z,x],y\big] = 0$ *(Jacobi-Identität).*

(ii) Sei $V = V_0 \oplus V_1$ eine direkte Summe von R-Moduln. Dann ist V eine $\mathbb{Z}_2$-*graduierte Lie-Algebra* über R, wenn V eine R-Algebrastruktur $[\cdot,\cdot] : V \times V \to V$ im Sinne von Definition 3.19 trägt, die folgende Eigenschaften hat:

(a) $\forall x \in V_i, y \in V_j: \quad [x,y] = -(-1)^{ij}[y,x] \in V_{ij}$
(graduierte Antisymmetrie).
(b) $\forall x \in V_i, y \in V_j, z \in V_k: \quad (-1)^{ik}\big[x,[y,z]\big] + (-1)^{ji}\big[y,[z,x]\big] + (-1)^{kj}\big[z,[x,y]\big] = 0$
(graduierte Jacobi-Identität).

(iii) V ist eine *Jordan-Algebra* über R, wenn V eine R-Algebrastruktur $V \times V \to V, (x,y) \mapsto xy$ im Sinne von Definition 3.19 trägt, die folgende Eigenschaften hat:

(a) $\forall x,y \in V: \quad xy = yx$ *(Kommutativität).*
(b) $\forall x,y \in V: \quad x(x^2y) = x^2(xy)$ *(Jordan-Identität).*

(iv) V ist ein *Lie-Tripelsystem* über R, wenn V eine R-multilineare 3-stellige Verknüpfung $[\cdot,\cdot,\cdot] : V^3 \to V$ trägt, die folgende Eigenschaften hat:

(a) $\forall x,y \in V: \quad [x,x,y] = 0.$
(b) $\forall x,y,z \in V: \quad [x,y,z] + [y,z,x] + [z,x,y] = 0.$
(c) $\forall x,y,z,a,b \in V:$

$$\big[x,y,[z,a,b]\big] = \big[z,[x,y,a],b\big] + \big[[x,y,z],a,b\big] + \big[z,a,[x,y,b]\big].$$

(v) V ist ein *Jordan-Tripelsystem* über R, wenn V eine R-multilineare 3-stellige Verknüpfung $\{\cdot,\cdot,\cdot\} : V^3 \to V$ trägt, die folgende Eigenschaften hat:

(a) $\forall x,y,z \in V: \quad \{x,y,z\} = \{x,z,y\}.$
(b) $\forall x,y,z,a,b \in V:$

$$\big\{x,y,\{z,a,b\}\big\} = \big\{z,\{x,y,a\},b\big\} - \big\{\{y,x,z\},a,b\big\} + \big\{z,a,\{x,y,b\}\big\}.$$

□

Mit Definition 4.3 bietet sich sofort eine Verallgemeinerung der Begriffe „Untervektorraum“, „Unterring“, „Untermodul“ etc. an.

Definition 4.6 (Algebraische Unterstruktur)
Sei (M, Φ, Γ) eine algebraische Struktur. Sei $N \subseteq M$ eine Teilmenge und $\Phi|_N$ die Familie von Abbildungen $\varphi_N : N^{s(\varphi)} \to M$, wobei $s(\varphi)$ die Stelligkeit von $\varphi \in \Phi$ ist. Wenn

$$\forall \varphi \in \Phi : \quad \varphi(N^{s(\varphi)}) \subseteq N$$

gilt, das heißt, wenn N unter Φ *abgeschlossen* ist, dann heißt $(N, \Phi|_N, \Gamma|_N)$ oder einfach N eine *Unterstruktur* von (M, Φ, Γ). Dabei besteht $\Gamma|_N$ aus den Paaren von Termen in $T_{\Phi|_N}(X)$, die man erhält, wenn man jede Verknüpfung, die in Termen von Γ vorkommt, auf N einschränkt.

Wir testen diese Definition an Gruppen: Sei $(G, 1, \iota, *)$ eine Gruppe und $H \subseteq G$ eine Unterstruktur im Sinne von Definition 4.6. Dann gilt $1 \in H$ und $h_1 * h_2 \in H$ sowie $h^{-1} \in H$ für alle $h, h_1, h_2 \in H$. Also ist H im üblichen Sinne eine Untergruppe von G. Umgekehrt gilt für jede Untergruppe H von G, dass $1 \in H$ und außerdem H abgeschlossen unter Inversion und Multiplikation ist. Also liefert Definition 4.6 für Gruppenstrukturen tatsächlich genau den Begriff der Untergruppe.

Übung 4.1 (Algebraische Strukturen)
Man formuliere die Verknüpfungen und Gesetzmäßigkeiten für Ringe, Körper, Vektorräume, Moduln und Algebren als algebraische Strukturen im Sinne von Definition 4.3 und zeige, dass Definition 4.6 die korrekten Begriffe von Unterstrukturen liefert.

Während die Formulierung einer Unterstruktur ziemlich offensichtlich war, muss man für die Definition von Quotientenstrukturen algebraischer Strukturen einen zusätzlichen Begriff einführen: die *Kongruenzrelation*.

Definition 4.7 (Kongruenzrelation)
Sei (M, Φ, Γ) eine algebraische Struktur und $\sim$ eine Äquivalenzrelation auf M. Wenn für alle $\varphi \in \Phi$ mit $s := s(\varphi) \geq 1$

$$\forall a_1, b_1, \ldots, a_s, b_s \in M \text{ mit } a_j \sim b_j : \quad \varphi(a_1, \ldots, a_s) \sim \varphi(b_1, \ldots, b_s), \tag{4.1}$$

gilt, dann heißt $\sim$ eine *Kongruenzrelation* für (M, Φ, Γ).

Die Menge der Äquivalenzklassen bezüglich einer Kongruenzrelation ist die gesuchte gemeinsame Verallgemeinerung der Quotientenstrukturen aus Kap. 2.

Konstruktion 4.8 (Algebraische Quotientenstukturen)
Sei (M, Φ, Γ) eine algebraische Struktur und $\sim$ eine Kongruenzrelation für (M, Φ, Γ). Wir bezeichnen die Menge der Äquivalenzklassen $[m]$ von Elementen

$m \in M$ mit $M_\sim$. Wegen (4.1) wird dann für jede s-stellige Verknüpfung $\Phi \ni \varphi\colon M^s \to M$ durch

$$\forall m \in M: \quad \varphi_\sim([m_1], \ldots, [m_s]) := [\varphi(m_1, \ldots, m_s)]$$

eine s-stellige Verknüpfung $\varphi_\sim\colon M_\sim^s \to M_\sim$ definiert. Mit $\Phi_\sim := \{\varphi_\sim\}$ wird dann $(M_\sim, \Phi_\sim, \Gamma_\sim)$ zu einer algebraischen Struktur, die wir die *Quotientenstruktur* von (M, Φ, Γ) bezüglich $\sim$ nennen. Analog zum Fall der algebraischen Unterstrukturen gewinnt man die Paare von Termen in der Termalgbra $T_{\Phi_\sim}(X)$ aus den Termen von Γ, in denen man jedes $\varphi \in \Phi$ durch das entsprechende $\varphi_\sim \in \Phi_\sim$ ersetzt. □

Um den Zusammenhang zwischen Konstruktion 4.8 und den schon betrachteten Quotientenstrukturen zu erläutern, betrachten wir den Spezialfall einer algebraischen Struktur mit einer (kommutativen) Gruppenaddition. Damit sind Ringe, Moduln und Vektorräume erfasst. Wir setzen $I := [0]$. Wenn $x \in I$, dann liefert (4.1), dass $\varphi(x, m_1, \ldots) \sim \varphi(0, m_1, \ldots)$ für jedes $\varphi \in \Phi$. Für die Addition ergibt sich für $x, y \in I$, dass $x + y \sim 0 + 0$, das heißt $x + y \in I$. Die 1-stellige Verknüpfung $m \to -m$ liefert dagegen $-x \sim 0$ für $x \in I$. Also ist I eine Untergruppe. Wenn jetzt (M, Φ, Γ) ein R-Modul ist, dann liefern die 1-stelligen Verknüpfungen $m \mapsto r \cdot m$, dass

$$\forall x \in I: \quad r \cdot x \sim r \cdot 0 = 0,$$

das heißt $r \cdot I \subseteq I$. In anderen Worten, I ist ein Untermodul. Zwei Elemente $m, m' \in M$ sind genau dann kongruent, erfüllen also $m \sim m'$, wenn $m - m' \sim 0$. Das bedeutet, die Äquivalenzklasse $[m]$ von $\sim$ ist gerade die Nebenklasse $m + I$. Damit ist klar, dass die Quotientenstruktur aus Konstruktion 4.8 für Moduln nichts anderes ist als der Quotientenmodul aus Konstruktion 2.9. Für Ringe und Vektorräume sieht der Nachweis praktisch genauso aus (Übung!).

Als nächstes Beispiel betrachten wir den Zusammenhang von Kongruenzrelationen und *Normalteilern* in einer nicht notwendigerweise kommutativen Gruppe G. In diesem Beispiel ist die Äquivalenzklasse $N = [1]$ der Eins das relevante Objekt.

Beispiel 4.9 (Normalteiler und Quotientengruppen)
Sei $(G, 1, \iota, \mu)$ eine Gruppe und $\sim$ eine Kongruenzrelation dafür. Mit den Verknüpfungen μ und ι aus Beispiel 4.4 zeigt man, wie oben für die abelschen Untergruppen eines Moduls, dass $N := [1]$ eine Untergruppe ist. Seien jetzt $n \in N$ und $g \in G$. Dann rechnet man

$$gng^{-1} = \mu(gn, g^{-1}) = \mu(\mu(g, n), g^{-1}) \sim \mu(\mu(g, 1), g^{-1}) = \mu(g, g^{-1}) = 1,$$

weil mit $n \sim 1$ folgt, dass $\mu(g, n) \sim \mu(g, 1) = g$ gilt. Also gilt

$$\forall g \in G, n \in N: \quad gng^{-1} \in N,$$

und das ist genau die Bedingung an N, ein Normalteiler zu sein. Wie zuvor sieht man, dass $g \sim h$ äquivalent zu $g \in hN$ ist. Damit ist die Quotientenstruktur aus

Konstruktion 4.8 gerade der Raum $G/N := \{gN \mid g \in G\}$ der *Nebenklassen* von N. Die induzierten Verknüpfungen auf G/N sind dann:

$$[1] : (G/N)^0 \to G/N,\ \emptyset \mapsto [1] = 1N = N,$$
$$\iota_N : (G/N)^1 \to G/N,\ gN \mapsto g^{-1}N,$$
$$\mu_N : (G/N)^2 \to G/N,\ (gN, hN) \mapsto ghN.$$

Wenn umgekehrt $N \subseteq G$ ein Normalteiler ist, dann definiert

$$\forall g, h \in G : \quad g \sim h \ :\Leftrightarrow\ g \in hN$$

eine Kongruenzrelation (Übung). □

Ein Beispiel für eine algebraische Struktur, die nur 1-stellige Verknüpfungen hat, aber trotzdem reichhaltig ist, ist die *G-Menge* für eine Gruppe G.

Beispiel 4.10 (G-Menge)
Sei M eine Menge und G eine Gruppe. Für jedes $g \in G$ sei eine Abbildung $\varphi_g : M \to M$ gegeben. Mit $\Phi = \{\varphi_g \mid g \in G\}$ heißt (M, Φ) eine *G-Menge,* wenn jedes φ_g folgende Bedingungen erfüllt sind, wobei man $g \cdot m := \varphi_g(m)$ schreibt:

(a) $\forall m \in M : \quad 1 \cdot m = m.$
(b) $\forall g, h \in G, m \in M : \quad g \cdot (h \cdot m) = (gh) \cdot m.$

Man spricht statt von einer G-Menge M auch von einer *G-Wirkung* auf M.

Aus (a) und (b) folgt insbesondere, dass jedes φ_g bijektiv ist.

Eine Kongruenzrelation $\sim$ für (M, Φ) ist eine Äquivalenzrelation mit

$$\forall g \in G, m, m' \in M : \quad m \sim m' \ \Rightarrow\ g \cdot m \sim g \cdot m'.$$

Ein Beispiel dafür ist $\sim_G$, das durch

$$\forall m, m' \in M : \quad m \sim_G m' \ :\Leftrightarrow\ \exists g \in G \text{ mit } m' = g \cdot m$$

definiert wird. Die Äquivalenzklassen bezüglich $\sim_G$ sind gerade die *Bahnen*

$$G \cdot m := [m] = \{g \cdot m \in M \mid g \in G\},$$

und die zugehörige Quotientenstruktur ist die G-Menge $G\backslash M$ aller Bahnen mit der *trivialen Wirkung,* das heißt

$$\forall g \in G, [m] \in G\backslash M : \quad g \cdot [m] = [m].$$

□

Übung 4.2 (Kongruenzrelationen)
Man beschreibe die Kongruenzrelationen für Lie-Algebren und Lie-Tripelsysteme sowie für Jordan-Algebren und Jordan-Tripelsysteme.

4.2 Naive Kategorienlehre

Die Kategorientheorie wurde Mitte des 20. Jahrhunderts als eine Formalisierung gewisser Überlegungen der algebraischen Topologie begründet und spielt in der Mathematik des beginnenden 21. Jahrhunderts eine bedeutende Rolle. In diesem Kapitel beschränken wir uns auf die Einführung einiger grundlegender Begriffe aus der Kategorientheorie, die wir dann, ähnlich wie die universelle Algebra in Abschn. 4.1, als eine Art formaler Mustererkennung auf die Konstruktionen der vorangegangenen Kapitel anwenden. Dadurch werden schon beobachtete Ähnlichkeiten präzisiert, aber auch der Blick für mögliche Konstruktionen in anderen Bereichen geschärft. Wir illustrieren das Potential der kategoriellen Ideen, indem wir sie auch auf topologische Begriffe anwenden und so eine Brücke zu Teil II dieses Buches bauen.

Kategorien

Eine Kategorie besteht aus Objekten und einer Art Abbildungen, genannt *Morphismen,* zwischen den Objekten. Schon bei der allerersten Definition des Gebiets muss man sich entscheiden, wie man es mit der Mengenlehre halten will: Sollen die Objekte einer Kategorie eine Menge bilden oder nicht? Die Frage ist wichtig, da das grundlegende Beispiel für eine Kategorie die Kategorie der Mengen mit den Abbildungen als Morphismen sein soll. Wenn aber jede Menge ein Objekt dieser Kategorie ist, dann ist die Menge der Objekte die *Menge aller Mengen,* und das ist bekanntermaßen eine problematische Setzung (siehe [HH21, § 4.2]).

Da axiomatische Mengentheorie nicht in der im Vorwort abgedruckten Liste von Voraussetzungen für die Lektüre dieses Buches steht, blenden wir dieses Problem in diesem Kapitel aus und betreiben in Analogie zur naiven Mengenlehre, mit der man zu Beginn des Mathematikstudiums hantiert, eine naive Kategorienlehre. Wir machen das, indem wir von der *Klasse* der Objekte einer Kategorie sprechen, aber nicht näher auf die Bedeutung des Wortes „Klasse“ eingehen.

Definition 4.11 (Kategorie)
Eine *Kategorie* $\mathbf{C}$ hat folgende Bestandteile:

(a) Eine Klasse $\mathrm{ob}(\mathbf{C})$ von *Objekten.*
(b) Zu je zwei Objekten X und Y, wir schreiben $X, Y \in \mathrm{ob}(\mathbf{C})$, gibt es eine Menge $\mathrm{Hom}_{\mathbf{C}}(X, Y)$, auch $\mathbf{C}(X, Y)$ geschrieben, von *Morphismen.*
(c) Zu je drei Objekten $X, Y, Z \in \mathrm{ob}(\mathbf{C})$ gibt es eine Abbildung

$$\mathbf{C}(X, Y) \times \mathbf{C}(Y, Z) \to \mathbf{C}(X, Z), \quad (f, g) \mapsto g \circ f,$$

die *Verknüpfung* genannt wird und die folgende Eigenschaften hat:

(i) Für kompatible, das heißt verknüpfbare, Tripel f, g, h von Morphismen gilt das Assoziativgesetz

$$(f \circ g) \circ h = f \circ (g \circ h).$$

(ii) Für jedes Objekt $X \in \text{ob}(\mathbf{C})$ gibt es einen Morphismus $1_X \in \mathbf{C}(X, X)$, genannt *Identität*, mit

$$\forall f \in \mathbf{C}(Y, X), g \in \mathbf{C}(X, Y): \quad 1_X \circ f = f \quad \text{und} \quad g \circ 1_X = g.$$

Man schreibt auch $f : X \to Y$ oder $X \xrightarrow{f} Y$ für $f \in \mathbf{C}(X, Y)$. Dementsprechend werden Morphismen oft auch *Pfeile* genannt. Außerdem gibt es die Notationen $\text{End}_{\mathbf{C}}(X)$ und $\mathbf{C}(X)$ für $\mathbf{C}(X, X) = \text{Hom}_{\mathbf{C}}(X, X)$.

Wenn man die mathematischen Begriffsbildungen, die man in den ersten Studienjahren kennenlernt, Revue passieren lässt, stellt man fest, dass man schon eine ziemlich große Zahl von Beispielen für Kategorien gesehen hat. Es beginnt mit der Kategorie **Set**, deren Objekte die Mengen und deren Morphismen die Abbildungen zwischen Mengen sind. Für zwei Mengen X und Y ist dann also $\mathbf{Set}(X, Y)$ die Menge der Abbildungen von X nach Y. Die Verknüpfung ist in diesem Beispiel nichts anderes als die Verknüpfung von Abbildungen. Damit ist die Assoziativität von $\circ$ klar. Die Identität 1_X ist in diesem Beispiel einfach die identische Abbildung $x \mapsto x$, sofern $X \neq \emptyset$ gilt. Die Menge $\mathbf{Set}(\emptyset)$ hat ohnehin nur ein Element, und das ist dann $1_\emptyset$.

Von *der* Identität zu sprechen, ist nicht nur im Beispiel **Set** gerechtfertigt. Für zwei Identitäten $1_X, 1'_X \in \mathbf{C}(X)$ gilt immer $1_X = 1_X \circ 1'_X = 1'_X$.

Um im Folgenden nicht ständig die Assoziativität der Verknüpfung und die Neutralität der Identität nachweisen zu müssen, führen wir hier gleich das Konzept einer *Unterkategorie* ein und nutzen dann aus, dass Assoziativität und Neutralität auf Unterkategorien vererbt werden.

Definition 4.12 (Unterkategorie)
Sei $\mathbf{C}$ eine Kategorie. Eine *Unterkategorie* $\mathbf{S}$ von $\mathbf{C}$ besteht aus einer Teilklasse $\text{ob}(\mathbf{S})$ von $\text{ob}(\mathbf{C})$ als Objekten und, für jedes Paar $X, Y \in \text{ob}(\mathbf{S})$, aus Teilmengen $\mathbf{S}(X, Y) \subseteq \mathbf{C}(X, Y)$ mit:

(i) Für $f \in \mathbf{S}(X, Y)$ und $g \in \mathbf{S}(Y, Z)$ gilt $g \circ f \in \mathbf{S}(X, Z)$.
(ii) Für $X \in \text{ob}(\mathbf{S})$ gilt $1_X \in \mathbf{S}(X, X)$.

Die Unterkategorie $\mathbf{S}$ heißt *voll,* wenn für $X, Y \in \text{ob}(\mathbf{S})$ immer $\mathbf{S}(X, Y) = \mathbf{C}(X, Y)$ gilt.

Mit dieser Definition ist klar, dass eine Unterkategorie bezüglich der Verknüpfung und den Identitäten der Ausgangskategorie selbst eine Kategorie ist.

Wir setzen unsere Liste von elementaren Beispielen von Kategorien fort: Die Kategorie **Grp**, deren Objekte alle Gruppen sind und deren Morphismen zwischen zwei Gruppen G, H die Gruppenhomomorphismen $\varphi\colon G \to H$ sind, ist eine Unterkategorie von **Set**. Dazu muss man nachrechnen, dass die Verknüpfung von zwei Gruppenhomomorphismen selbst ein Gruppenhomomorphismus ist. Seien also $(G_1, *_1), (G_2, *_2), (G_3, *_3)$ Gruppen und $\varphi_1\colon G_1 \to G_2$ sowie $\varphi_2\colon G_2 \to G_3$ Gruppenhomomorphismen. Dann gilt für $g, h \in G_1$, dass

$$\begin{aligned}\varphi_2 \circ \varphi_1(g *_1 h) = \varphi_2\big(\varphi_1(g) *_2 \varphi_1(h)\big) &= \varphi_2\big(\varphi_1(g)\big) *_3 \varphi_2\big(\varphi_1(h)\big)\\ &= \big(\varphi_2 \circ \varphi_1(g)\big) *_3 \big(\varphi_2 \circ \varphi_1(h)\big),\end{aligned}$$

das heißt, $\varphi_2 \circ \varphi_1$ ist in der Tat ein Gruppenhomomorphismus. Außerdem muss man verifizieren, dass die identische Abbildung auf einer Gruppe ein Gruppenhomomorphismus ist, was aber trivial ist.

Eine volle Unterkategorie von **Grp** erhält man, wenn man nur abelsche Gruppen als Objekte betrachtet: **Ab**. Eine Unterkategorie von **Ab**, die aber nicht voll ist, ist **Ring**, deren Objekte die Ringe sind. Die Elemente von **Ring**(R, S) sind die Ringhomomorphismen $\varphi\colon R \to S$. Hier muss man wieder nachprüfen, dass die Verknüpfung von Ringhomomorphismen selbst ein Ringhomomorphismus ist. Die zugehörige Rechnung ist praktisch identisch zur obigen Rechnung für die Gruppenhomomorphismen. Der Nachweis, dass die identische Abbildung ein Ringhomomorphismus ist, ist wieder trivial. Die Ringe mit Eins bilden wiederum eine Unterkategorie $\mathbf{Ring}_1$ von **Ring**. Auch diese Unterkategorie ist nicht voll, da man von einem Ringhomomorphismus verlangt, dass er die Eins erhält, um ihn als Morphismus der Kategorie zu zählen (siehe Beispiel 1.9). In $\mathbf{Ring}_1$ findet man als volle Unterkategorie die Kategorie $\mathbf{CRing}_1$ der kommutativen Ringe mit Eins. Auch wenn Körper und Integritätsbereiche keine algebraischen Strukturen im Sinne von Definition 4.3 sind, so bilden sowohl die Körper als auch die Integritätsbereiche volle Unterkategorien von $\mathbf{CRing}_1$. Wir bezeichnen sie mit **Field** bzw. **ID**.

Eine andere Familie von Unterkategorien von **Ab** sind die Kategorien ${}_R\mathbf{Mod}$ und $\mathbf{Mod}_R$ der Links- bzw. Rechts-R-Moduln für einen festen Ring R, wobei die Morphismen zwischen zwei R-Moduln die R-Modulhomomorphismen sind (Übung). Für kommutatives R sind Links-R-Moduln und Rechts-R-Moduln ein und die selbe Sache: Man setzt einfach $r \cdot m = m \cdot r$ und unterscheidet dann nicht zwischen ${}_R\mathbf{Mod}$ und $\mathbf{Mod}_R$. In diesem Fall finden wir auch die Kategorie $\mathbf{Alg}_R$ der assoziativen R-Algebren als Unterkategorie von $\mathbf{Mod}_R$. Die Morphismen dieser Unterkategorie sind die R-Algebrenhomomorphismen, von denen man wieder zeigen muss, das sie unter Verknüpfung abgeschlossen sind (Übung). Auch hier muss man wieder die triviale Bemerkung machen, dass die identische Abbildung auf einer R-Algebra ein R-Algebrenhomomorphismus ist. In $\mathbf{Alg}_R$ findet man die volle Unterkategorie $\mathbf{CAlg}_R$ der kommutativen R-Algebren.

Wir fassen die Zusammenhänge zwischen den eben beschriebenen Kategorien von algebraischen Strukturen in Abb. 4.1 in einem Diagramm zusammen. Dabei bedeutet $\mathbf{S} \hookrightarrow \mathbf{C}$, dass **S** eine Unterkategorie von **C** ist. Wenn **S** sogar eine volle Unterkategorie von **C** ist, schreiben wir $\mathbf{S} \overset{v}{\hookrightarrow} \mathbf{C}$.

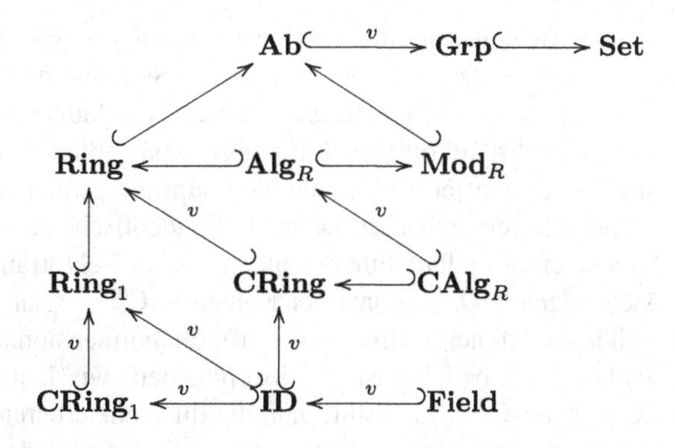

Abb. 4.1 Kategorien algebraischer Strukturen

Übung 4.3 (Kategorien algebraischer Strukturen)
Sei X eine endliche Variablenmenge und Φ eine Menge von Verknüpfungen. Weiter sei $\Gamma \subseteq T_\Phi(X)^2$ eine Menge von Paaren von Termen (siehe Definition 4.2 und 4.3).

(i) Man definiere dazu eine Kategorie $\mathbf{C}_{\Phi,\Gamma}$ von algebraischen Strukturen vom Typ (Φ, Γ) so, dass man als Spezialfälle die Kategorien von Gruppen, Ringen und R-Moduln erhält.
(ii) Man beschreibe detailliert Objekte und Morphismen für die Kategorien der Lie-Algebren, Lie-Tripelsysteme, Jordan-Algebren und Jordan-Tripelsysteme.

Löst man den Blick von den in Kap. 2 und 3 thematisierten algebraischen Strukturen, findet man im Stoffkanon der Anfängervorlesungen eine Reihe weiterer Unterkategorien von **Set**, die von ganz anderer Natur sind. Die wichtigste dieser Unterkategorien ist **Top**, deren Objekte die topologischen Räume sind. Die Morphismen dieser Unterkategorie sind die stetigen Abbildungen. Um zu zeigen, dass man so eine Unterkategorie erhält, muss man feststellen, dass Verknüpfungen von stetigen Abbildungen stetig sind und außerdem die Identität auf einem topologischen Raum immer stetig ist.

Man kann die algebraischen Kategorien aus Abb. 4.1 mit **Top** kombinieren, indem man von den Mengen verlangt, dass sie nicht nur die entsprechende algebraische Struktur tragen, sondern auch eine Topologie haben. Zusätzlich verlangt man, dass alle Strukturabbildungen wie Additionen, Multiplikationen, Inversion etc. stetig sind. Als Morphismen nimmt man dann die Homomorphismen der algebraischen Struktur, die zusätzlich stetig sind. Zum Beispiel erhält man so die Kategorie $\mathbf{Grp}_{\mathrm{top}}$ der *topologischen Gruppen*.

Definition 4.13 (Topologische Gruppe)
Eine *topologische Gruppe* ist ein topologischer Raum G, zusammen mit einer stetigen Gruppenmultiplikation $G \times G \to G,\ (g, h) \mapsto gh$, für die auch die Inversion $G \to G,\ g \mapsto g^{-1}$ eine stetige Abbildung ist. Dabei nimmt man an, dass $G \times G$ die Produkttopologie trägt (siehe Beispiel 4.27).

In der Funktionalanalysis ist die relevante Kategorie die der topologischen Vektorräume über $\mathbb{C}$. Wir verzichten hier auf eine nähere Beschreibung und auch darauf, weitere Beispiele aus dieser Baureihe von Kategorien der *topologischen Algebra* aufzulisten. Stattdessen setzen wir unsere Sichtung des Stoffes der Analysisvorlesungen fort und betrachten differenzierbare Abbildungen. Solche Abbildungen definiert man zunächst auf offenen Teilmengen von endlichdimensionalen reellen Vektorräumen, und man lernt, dass die Verknüpfung zweier differenzierbarer Abbildungen selbst differenzierbar ist. Da auch die identische Abbildung auf einer offenen Teilmenge eines endlichdimensionalen reellen Vektorraumes differenzierbar ist, bietet sich folgende Definition einer Kategorie $\mathbf{C}^{\mathrm{diff}}_{\mathbb{R}-\mathrm{Vect}}$ an: Die Objekte dieser Kategorie sollen die offenen Teilmengen von endlichdimensionalen reellen Vektorräumen sein, wobei $n \in \mathbb{N}$ beliebig ist. Als Morphismen zwischen zwei solchen offenen Mengen $X, Y \in \mathrm{ob}(\mathbf{C}^{\mathrm{diff}}_{\mathbb{R}-\mathrm{Vect}})$ wählt man die differenzierbaren Abbildungen $\varphi\colon X \to Y$. In der Praxis betrachtet man oft bessere Differenzierbarkeitseigenschaften, zum Beispiel k-fache stetige Differenzierbarkeit. Das führt dann auf Unterkategorien $\mathbf{C}^{k}_{\mathbb{R}-\mathrm{Vect}}$ von $\mathbf{C}^{\mathrm{diff}}_{\mathbb{R}-\mathrm{Vect}}$, die die gleichen Objekte hat, deren Morphismenmengen aber nur aus den Abbildungen der entsprechenden Differenzierbarkeitsklasse bestehen. Dabei kann man $k \in \mathbb{N}$ wählen, aber auch $k = \infty$ setzen, wenn man von unendlich oft differenzierbaren Abbildungen sprechen will. In jedem Falle weiß man, dass diese Differenzierbarkeitsklassen unter Verknüpfung erhalten bleiben und die identische Abbildung einer offenen Menge zu jeder dieser Differenzierbarkeitsklassen gehört.

Man kann im Beispiel der differenzierbaren Funktionen die *reellen* Vektorräume durch *komplexe* Vektorräume ersetzen und von den Funktionen verlangen, dass sie komplex differenzierbar sind. Man findet so analoge Kategorien $\mathbf{C}^{\mathrm{diff}}_{\mathbb{C}-\mathrm{Vect}}$ und $\mathbf{C}^{k}_{\mathbb{C}-\mathrm{Vect}}$. Wenn man sich näher mit komplexer Differenzierbarkeit beschäftigt hat, weiß man, dass die letzteren Kategorien alle gleich sind, weil komplex differenzierbare Abbildungen automatisch unendlich oft komplex differenzierbar sind. Es gilt sogar, dass solche Funktionen $\mathbb{C}$-*analytisch* sind, das heißt, alle Komponentenfunktionen (bezüglich einer beliebigen Basis) lassen sich lokal in komplexe Potenzreihen entwickeln (siehe [Hi13, § 4.5.3]). Da die Verknüpfung analytischer Abbildungen (reell oder komplex) wieder analytisch ist, erhält man zwei weitere Kategorien, die man mit $\mathbf{C}^{\omega}_{\mathbb{K}-\mathrm{Vect}}$ bezeichnet, wobei $\mathbb{K}$ gleich $\mathbb{R}$ oder $\mathbb{C}$ ist.

In der Diskussion der $\mathbb{K}$-differenzierbaren Funktionen haben wir stillschweigend benutzt, dass es auf endlichdimensionalen $\mathbb{K}$-Vektorräumen kanonische Topologien gibt, die man aus Normen gewinnt. Dabei benutzt man den Umstand, dass auf solchen Räumen alle Normen äquivalent sind. Da man außerdem weiß, dass lineare Abbildungen zwischen endlichdimensionalen $\mathbb{K}$-Vektorräumen automatisch stetig bezüglich der kanonischen Topologien sind (siehe [Hi13, § 2.3.2] für beide Resultate), findet man die Kategorie $\mathbf{Vect}^{\mathrm{fin}}_{\mathbb{K}} = \mathbf{Mod}^{\mathrm{fg}}_{\mathbb{K}}$ der endlichdimensionalen $\mathbb{K}$-Vektorräume, das heißt der endlich erzeugten $\mathbb{K}$-Moduln, als Unterkategorie von $\mathbf{Grp}_{\mathrm{top}}$. Lineare Abbildungen sind automatisch $\mathbb{K}$-analytisch, also ist $\mathbf{Vect}^{\mathrm{fin}}_{\mathbb{K}}$ sogar eine Unterkategorie von $\mathbf{C}^{\omega}_{\mathbb{K}-\mathrm{Vect}}$. Die verschiedenen Inklusionen sind in Abb. 4.2 zusammengestellt.

Es ist keineswegs zwingend, dass die Morphismenmengen einer Kategorie aus Abbildungen bestehen. Man betrachte zum Beispiel die folgende Konstruktion der *opponierten Kategorie* $\mathbf{C}^{\mathrm{op}}$ zu einer Kategorie $\mathbf{C}$, in der man einfach nur alle Pfeile umdreht. Wenn man sie auf **Set** anwendet, erhält man eine Kategorie, in der nur

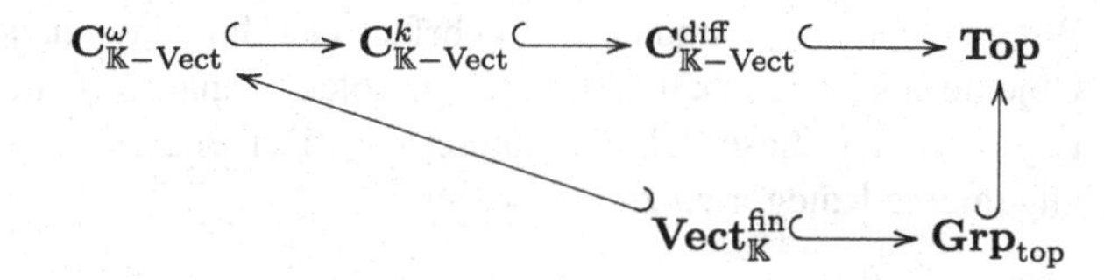

Abb. 4.2 Unterkategorien von **Top**

die allerwenigsten Morphismen $\varphi \in \mathbf{Set}^{\text{op}}(X, Y)$ Abbildungen sind, obwohl die Objekte $X, Y \in \text{ob}(\mathbf{Set}^{\text{op}})$ Mengen sind.

Beispiel 4.14 (Opponierte Kategorie)
Sei **C** eine Kategorie. Dann bildet man die *opponierte Kategorie* $\mathbf{C}^{\text{op}}$ von **C** durch

- $\text{ob}(\mathbf{C}^{\text{op}}) := \text{ob}(\mathbf{C})$,
- $\mathbf{C}^{\text{op}}(X, Y) := \mathbf{C}(Y, X)$ (mit der passenden Verknüpfung). □

Wem Beispiel 4.14 gekünstelt erscheint, der kann sich an das folgende Beispiel einer Kategorie halten, deren Morphismen keine Abbildungen sind.

Beispiel 4.15 (Geordnete Mengen)
Sei M eine Menge und $\leq$ eine *partielle Ordnung* auf M, das heißt eine reflexive, transitive und antisymmetrische Relation. Wir betrachten die Elemente von M als die Objekte einer Kategorie **M**. Für $m, m' \in \text{ob}(\mathbf{M}) = M$ setzen wir

$$\mathbf{M}(m, m') := \begin{cases} \{m \to m'\} & \text{falls } m \leq m', \\ \emptyset & \text{sonst.} \end{cases}$$

Als Verknüpfung wählen wir $(m' \to m'') \circ (m \to m') := m \to m''$. Wenn $m = m'$ gilt, dann ist $m \to m'$ also die Identität 1_m auf m. Die Transitivität und Antisymmetrie der Relation $\leq$ implizieren, dass die Verknüpfung $\circ$ assoziativ ist. Die Reflexivität garantiert die Existenz der Identitäten 1_m.

Dreht man in dieser Konstruktion die Ordnung um, so erhält man die opponierte Kategorie. □

Kategorien, für die wie in Beispiel 4.15 die Objekte eine Menge bilden, nennt man *kleine Kategorien*.

Ähnlich wie für Mengen oder Moduln kann man auch für Kategorien aus bestehenden Kategorien neue Kategorien konstruieren. Hier ist zum Beispiel das Produkt von zwei Kategorien.

Beispiel 4.16 (Produkt zweier Kategorien)
Seien **A** und **B** Kategorien. Dann bildet man die *Produktkategorie* $\mathbf{A} \times \mathbf{B}$ durch

$$\text{Ob}(\mathbf{A} \times \mathbf{B}) := \text{Ob}(\mathbf{A}) \times \text{Ob}(\mathbf{B}) \quad \text{(Paare von Objekten)},$$
$$(\mathbf{A} \times \mathbf{B})((X, X'), (Y, Y')) := \mathbf{A}(X, Y) \times \mathbf{B}(X', Y'). \quad \square$$

Wir haben in Kap. 2 und Kap. 3 mehrfach erwähnt, dass man isomorphe algebraische Objekte als gleich betrachten sollte, solange man sich nur für die algebraischen Eigenschaften dieser Objekte interessiert. Der Begriff der Isomorphie ist leicht auf allgemeine Kategorien zu übertragen.

Definition 4.17 (Isomorphie in Kategorien)
Ein Morphismus $f \in \mathbf{C}(X, Y)$ in einer Kategorie heißt ein *Isomorphismus,* wenn es einen Morphismus $g \in \mathbf{C}(Y, X)$ mit $f \circ g = 1_Y$ und $g \circ f = 1_X$ gibt (*Automorphismus,* wenn $X = Y$). Zwei Objekte X und Y einer Kategorie heißen *isomorph,* wenn es einen Isomorphismus $f \in \mathbf{C}(X, Y)$ gibt. Man schreibt dann $X \cong Y$ oder $X \cong_{\mathbf{C}} Y$, wenn man die Kategorie $\mathbf{C}$ betonen will.

Für die algebraischen Kategorien aus Abb. 4.1 liefert diese Definition gerade den Isomorphiebegriff, den wir in den jeweiligen Beispielen eingeführt haben, sofern er nicht schon als bekannt vorausgesetzt war.

Übung 4.4 (Monomorphismen und Epimorphismen)
Sei $\mathbf{C}$ eine Kategorie. Ein Morphismus $f \in \mathbf{C}(A, B)$ heißt ein *Monomorphismus,* wenn

$$\forall C \in \mathrm{Ob}(\mathbf{C}), g, h \in \mathbf{C}(C, A): \quad f \circ g = f \circ h \Rightarrow g = h,$$

und ein *Epimorphismus,* wenn

$$\forall C \in \mathrm{Ob}(\mathbf{C}), g, h \in \mathbf{C}(B, C): \quad g \circ f = h \circ f \Rightarrow g = h.$$

(i) Man zeige, dass jeder Isomorphismus $f \in \mathbf{C}(A, B)$ sowohl ein Monomorphismus als auch ein Epimorphismus ist.
(ii) Man zeige, dass die Einbettung $\iota : \mathbb{Z} \to \mathbb{Q}$ in der Kategorie **Ring** sowohl ein Monomorphismus als auch ein Epimorphismus ist, aber kein Isomorphismus.

Funktoren

In Kap. 3 haben wir einige der vorgeführten Konstruktionen *natürlich* genannt. Die Begriffe der Kategorientheorie erlauben uns zu präzisieren, wieso es sich dabei jeweils um eine Ausprägung ein und derselben Vorstellung von Natürlichkeit gehandelt hat, nämlich der *Funktorialität* der jeweiligen Konstruktion. Funktoren zwischen Kategorien sind ein Analogon von (strukturerhaltenden) Abbildungen zwischen Mengen.

Definition 4.18 (Funktor zwischen Kategorien)
Seien $\mathbf{A}$ und $\mathbf{B}$ Kategorien. Ein *Funktor* $F : \mathbf{A} \to \mathbf{B}$ besteht aus einer Zuordnung

$$\mathrm{ob}(\mathbf{A}) \to \mathrm{ob}(\mathbf{B}), \quad X \mapsto FX$$

und einer Familie von Abbildungen

$$\forall X, Y \in \mathrm{ob}(\mathbf{A}): \quad \mathbf{A}(X, Y) \to \mathbf{B}(FX, FY), \quad \varphi \mapsto F\varphi$$

mit folgenden Eigenschaften:

(a) Für verknüpfbare Morphismen φ und ψ in $\mathbf{A}$ gilt: $F(\varphi \circ \psi) = (F\varphi) \circ (F\psi)$.
(b) Für $X \in \text{ob}(\mathbf{A})$ gilt: $F(1_X) = 1_{FX}$.

Ein offensichtliches Beispiel für einen Funktor ist die *Identität* $\text{id}_{\mathbf{C}}$, die es für jede Kategorie $\mathbf{C}$ gibt. Sie ist durch die Zuordnungen $X \mapsto X$ auf den Objekten und $\varphi \mapsto \varphi$ auf den Morphismen definiert.

Eine immer noch abstrakte und sehr einfach zu verstehende Klasse von Beispielen für Funktoren sind die *Vergiss-Funktoren* von einer Unterkategorie in eine Kategorie. Dabei betrachtet man Objekte der Unterkategorie als Objekte der größeren Kategorie und Morphismen zwischen zwei Objekten der Unterkategorie als Morphismen in der größeren Kategorie zwischen diesen beiden Objekten (betrachtet als Objekte der größeren Kategorie). Im Fall der Unterkategorie **Grp** von **Set** bedeutet das, dass man bei einer Gruppe einfach die Gruppenstruktur „vergisst" und Gruppenhomomorphismen nur als Abbildungen betrachtet.

Die Vergiss-Funktoren werden im Kontext der adjungierten Funktoren (siehe Abschn. 4.4) noch eine wichtige Rolle spielen, zunächst wollen wir aber eine Reihe von Funktoren diskutieren, die wir in den vorangegangenen Kapiteln zwar schon gesehen, aber noch nicht als Funktoren erkannt haben. Zum Beispiel zeigen die Überlegungen, die zur Betrachtung des R-Modulhomomorphismus (3.4) führten, dass das Bilden der direkten Summe von zwei Moduln ein Funktor ist.

Beispiel 4.19 (Funktorialität der direkten Summe von Moduln)
Sei R ein Ring. Wir setzen (siehe Beispiel 4.16)

$$\text{ob}(\mathbf{Mod}_R \times \mathbf{Mod}_R) \to \text{ob}(\mathbf{Mod}_R), \quad (X, Y) \mapsto X \oplus Y$$

und, für $(X, Y), (X', Y') \in \text{ob}(\mathbf{Mod}_R \times \mathbf{Mod}_R)$ sowie einen Morphismus $(\varphi, \psi) \in \text{Hom}_{\mathbf{Mod}_R \times \mathbf{Mod}_R}\big((X, Y), (X', Y')\big)$:

$$\oplus(\varphi, \psi) := \varphi \oplus \psi : X \oplus Y \to X' \oplus Y', \quad (x, y) \mapsto \big(\varphi(x), \psi(y)\big).$$

Man rechnet leicht nach (Übung), dass man auf diese Weise einen Funktor $\oplus : \mathbf{Mod}_R \times \mathbf{Mod}_R \to \mathbf{Mod}_R$ definiert hat. □

Proposition 3.7 liefert uns, dass auch die Konstruktion des Tensorprodukts von Moduln ein Funktor ist.

Beispiel 4.20 (Funktorialität des Tensorprodukts)
Der Funktor $\otimes_R : \mathbf{Mod}_R \times_R \mathbf{Mod} \to \mathbf{Ab}$ ist durch

$$\text{ob}(\mathbf{Mod}_R \times_R \mathbf{Mod}) \to \text{ob}(\mathbf{Ab}), \quad (M, N) \mapsto M \otimes_R N$$

und $\otimes_R(\varphi, \psi) := \varphi \otimes \psi$ aus Proposition 3.7 gegeben. □

Analog liefert Proposition 3.25, dass auch die Konstruktion der Tensoralgebra funktoriell ist.

Beispiel 4.21 (Funktorialität der Tensoralgebra)
Sei R ein kommutativer Ring mit Eins. Der Funktor $\mathrm{T}\colon \mathbf{Mod}_R \to \mathbf{Alg}_R$ ist durch

$$\mathrm{ob}(\mathbf{Mod}_R) \to \mathrm{ob}(\mathbf{Alg}_R), \quad M \mapsto \mathrm{T}(M)$$

und $\mathrm{T}(\varphi)$ aus Proposition 3.25 gegeben. □

Die Funktorialität der symmetrischen Algebra erhält man aus Proposition 3.30.

Beispiel 4.22 (Funktorialität der symmetrischen Algebra)
Sei R ein kommutativer Ring mit Eins. Der Funktor $\mathrm{S}\colon \mathbf{Mod}_R \to \mathbf{CAlg}_R$ ist durch

$$\mathrm{ob}(\mathbf{Mod}_R) \to \mathrm{ob}(\mathbf{CAlg}_R), \quad M \mapsto \mathrm{S}(M)$$

und $\mathrm{S}(\varphi)$ aus Proposition 3.30 gegeben. □

Mit Proposition 3.41 sieht man, dass auch die Konstruktion der äußeren Algebra ein Funktor ist.

Beispiel 4.23 (Funktorialität der äußeren Algebra)
Sei R ein kommutativer Ring mit Eins. Der Funktor $\Lambda\colon \mathbf{Mod}_R \to \mathbf{Alg}_R$ ist durch

$$\mathrm{ob}(\mathbf{Mod}_R) \to \mathrm{ob}(\mathbf{Alg}_R), \quad M \mapsto \Lambda(M)$$

und $\Lambda(\varphi)$ aus Proposition 3.41 gegeben. □

Das letzte Beispiel in dieser Reihe gewinnen wir aus Satz 2.14. Er zeigt, dass auch die Konstruktion eines freien Moduls ein Funktor ist.

Beispiel 4.24 (Funktorialität des freien Moduls)
Sei R ein Ring mit Eins. Der Funktor ${}_R\mathrm{F}\colon \mathbf{Set} \to {}_R\mathbf{Mod}$ ist durch

$$\mathrm{ob}(\mathbf{Set}) \to \mathrm{ob}({}_R\mathbf{Mod}), \quad E \mapsto {}_R\mathrm{F}(E)$$

und ${}_R\mathrm{F}(\varphi) := \overline{\varphi}$ aus Satz 2.14 gegeben. □

Übung 4.5 (Freie Rechts-R-Moduln)
Man definiere ein passendes Konzept freier Rechts-R-Moduln, gebe eine Konstruktion $\mathbf{Set} \to \mathbf{Mod}_R$, $E \mapsto F_R(E)$ an und zeige, dass sie funktoriell ist.

Das folgende Beispiel beschreibt, ähnlich wie die Vergiss-Funktoren, eine sehr allgemeine Klasse von Funktoren, die ebenfalls leicht zu verstehen ist.

Beispiel 4.25 (Dargestellte Funktoren)
Sei $\mathbf{C}$ eine Kategorie und $X \in \mathrm{ob}(\mathbf{C})$.

(i) Für $Y, Y' \in \mathrm{ob}(\mathbf{C})$ und $\varphi \in \mathbf{C}(Y, Y')$ betrachte die Abbildung

$$\varphi_* : \mathbf{C}(X, Y) \to \mathbf{C}(X, Y'), \quad f \mapsto \varphi \circ f.$$

Dann definiert

$$\mathrm{ob}(\mathbf{C}) \to \mathrm{ob}(\mathbf{Set}) \ , \ Y \mapsto \mathrm{H}^X(Y) := \mathbf{C}(X, Y),$$
$$\mathbf{C}(Y, Y') \to \mathbf{Set}\big(\mathbf{C}(X, Y), \mathbf{C}(X, Y')\big) \ , \ \varphi \mapsto \mathrm{H}^X(\varphi) := \varphi_*$$

einen Funktor $\mathrm{H}^X : \mathbf{C} \to \mathbf{Set}$.

(ii) Für $Y, Y' \in \mathrm{ob}(\mathbf{C}^{\mathrm{op}})$ und $\psi \in \mathbf{C}^{\mathrm{op}}(Y, Y') = \mathbf{C}(Y', Y)$ betrachte die Abbildung

$$\psi^* : \mathbf{C}(Y, X) \to \mathbf{C}(Y', X), \quad h \mapsto h \circ \psi.$$

Dann definiert

$$\mathrm{ob}(\mathbf{C}^{\mathrm{op}}) \to \mathrm{ob}(\mathbf{Set}) \ , \ Y \mapsto \mathrm{H}_X(Y) := \mathbf{C}(Y, X),$$
$$\mathbf{C}^{\mathrm{op}}(Y, Y') \to \mathbf{Set}\big(\mathbf{C}(Y, X), \mathbf{C}(Y', X)\big) \ , \ \psi \mapsto \mathrm{H}_X(\psi) := \psi^*$$

einen Funktor $\mathrm{H}_X : \mathbf{C}^{\mathrm{op}} \to \mathbf{Set}$. □

Funktoren, die so wie in Beispiel 4.25 durch Objekte *dargestellt* werden können, spielen in der modernen Mathematik eine Rolle, die den ganzen Zahlen innerhalb der rationalen Zahlen vergleichbar ist. So wie man lineare Gleichungen mit ganzzahligen Koeffizienten zwar in $\mathbb{Q}$, aber nicht in $\mathbb{Z}$ lösen kann, lassen sich manche Konstruktionen a priori nicht in der Klasse der Objekte einer Kategorie durchführen, wohl aber mit einem Funktor als Ergebnis. Und so wie man dann in speziellen Fällen nachweisen kann, dass die Lösung einer Gleichung doch ganzzahlig war, kann man in Spezialfällen auch nachweisen, dass der resultierende Funktor durch ein Objekt dargestellt werden konnte.

Ein Funktor $F : \mathbf{A}^{\mathrm{op}} \longrightarrow \mathbf{B}$, wie er in Beispiel 4.25(ii) vorkommt, heißt auch ein *kontravarianter* Funktor oder *Kofunktor* von $\mathbf{A}$ nach $\mathbf{B}$. Wenn man den Gegensatz dazu betonen möchte, spricht man von einem gewöhnlichen Funktor auch als einem *kovarianten* Funktor.

Übung 4.6 (Duale Moduln)
Sei R ein kommutativer Ring mit Eins und $M \in \mathrm{ob}(\mathbf{Mod}_R)$. Wir versehen $M^\vee := \mathrm{Hom}_R(M, R) = \mathbf{Mod}_R(M, R)$ mit der R-Modulstruktur aus Übung 2.5 und nennen $M^\vee$ den zu M *dualen* R*-Modul*.

Für $M, N \in \mathrm{ob}(\mathbf{Mod}_R)$ und $\varphi \in \mathrm{Hom}_R(M, N)$ setze $\varphi^\vee : N^\vee \to M^\vee, \ f \mapsto f \circ \varphi$. Man zeige, dass durch

$$\mathrm{ob}(\mathbf{Mod}_R) \to \mathrm{ob}(\mathbf{Mod}_R) \ , \ M \mapsto M^\vee,$$
$$\mathbf{Mod}_R(M, N) \to \mathbf{Mod}_R(N^\vee, M^\vee) \ , \ \varphi \mapsto \varphi^\vee$$

ein kontravarianter Funktor ${}^\vee : \mathbf{Mod}_R \to \mathbf{Mod}_R$ definiert wird. □

Übung 4.7 (Hom-Funktor)
Sei $\mathbf{A}$ eine Kategorie und $\mathbf{A}^{\mathrm{op}} \times \mathbf{A}$ die Produktkategorie. Man zeige, dass durch

$$\mathrm{ob}(\mathbf{A}^{\mathrm{op}} \times \mathbf{A}) \to \mathrm{ob}(\mathbf{Set})\ ,\ (A, A') \mapsto \mathbf{A}(A, A'),$$
$$(\mathbf{A}^{\mathrm{op}} \times \mathbf{A})\big((A, A'), (X, X')\big) \to \mathbf{Set}\big(\mathbf{A}(A, A'), \mathbf{A}(X, X')\big)\ ,\ (\varphi, \psi) \mapsto (\alpha \mapsto \psi \circ \alpha \circ \varphi)$$

ein Funktor $\mathrm{Hom}_{\mathbf{A}} : \mathbf{A}^{\mathrm{op}} \times \mathbf{A} \to \mathbf{Set}$ definiert wird.

Übung 4.8 (Produkt-Funktor)
Sei $F : \mathbf{A} \to \mathbf{B}$ und $F' : \mathbf{A}' \to \mathbf{B}'$ Funktoren. Man zeige, dass durch

$$\mathrm{ob}(\mathbf{A} \times \mathbf{A}') \to \mathrm{ob}(\mathbf{B} \times \mathbf{B}')\ ,\ (A, A') \mapsto \big(F(A), F'(A')\big)$$

und

$$(\mathbf{A} \times \mathbf{A}')\big((A, A'), (X, X')\big) \to (\mathbf{B} \times \mathbf{B}')\big((F(A), F'(A')), (F(X), F'(X'))\big),$$
$$(\varphi, \varphi') \mapsto \big(F(\varphi), F'(\varphi')\big)$$

ein Funktor $F \times F' : \mathbf{A} \times \mathbf{A}' \to \mathbf{B} \times \mathbf{B}'$ definiert wird.

Übung 4.9 (Verknüpfung von Funktoren)
Seien $F : \mathbf{A} \to \mathbf{B}$ und $G : \mathbf{B} \to \mathbf{C}$ Funktoren. Man zeige, dass durch

$$\mathrm{ob}(\mathbf{A}) \to \mathrm{ob}(\mathbf{C})\ ,\ A \mapsto G\big(F(A)\big),$$
$$\mathbf{A}(A, A') \to \mathbf{C}\big(G(F(A)), G(F(A'))\big)\ ,\ \varphi \mapsto G\big(F(\varphi)\big)$$

ein Funktor $G \circ F : \mathbf{A} \to \mathbf{C}$ definiert wird.

Übung 4.10 (Topologische Räume)
Sei $(X, \mathfrak{T})$ ein topologischer Raum, das heißt, $\mathfrak{T}$ ist die Menge der offenen Teilmengen von X. Betrachte auf $\mathfrak{T}$ die partielle Ordnung, die durch die Inklusion gegeben ist. Dann liefert Beispiel 4.15 eine Kategorie, deren Objekte die Elemente von $\mathfrak{T}$ sind. Wir bezeichnen diese Kategorie mit $\mathbf{T}$ und beachten, dass es zwischen zwei offenen Teilmengen U und V von X genau dann einen Morphismus $V \to U$ gibt, wenn $V \subseteq U$.

Sei jetzt $(X', \mathfrak{T}')$ ein weiterer topologischer Raum und $f : X \to X'$ eine stetige Abbildung. Man zeige, dass durch $U' \mapsto f^{-1}(U')$ sowohl ein Funktor $\mathbf{T}' \to \mathbf{T}$ als auch ein Funktor $\mathbf{T}'^{\mathrm{op}} \to \mathbf{T}^{\mathrm{op}}$ definiert wird.

4.3 Kategorielle Konstruktionen: Limiten

Ausgangspunkt für unsere Überlegungen in diesem Abschnitt sind die Konstruktionen von Produkten und direkten Summen von Moduln (siehe Konstruktion 2.16). Im Gegensatz zu verschiedenen anderen funktoriellen Konstruktionen in Kap. 2 und 3, machen sie aus Objekten der Kategorie $\mathbf{Mod}_R$ wieder solche Objekte. Es stellt sich heraus, dass man auch hier wieder Konstruktionsmuster erkennen kann, die sich auf andere Situationen übertragen lassen.

Produkte und Summen

Die entscheidende Idee in der Definition von Produkten und Summen einer Familie von Objekten in einer Kategorie ist es, nicht Konstruktion 2.16 für Moduln nachzuahmen, sondern die universellen Eigenschaften aus Übung 2.8 zum Prinzip zu erheben.

Definition 4.26 (Kategorielles Produkt)
Sei **C** eine Kategorie und $(X_i)_{i \in I}$ eine Familie von Objekten in **C**. Ein *Produkt* der X_i ist ein Objekt P in **C** zusammen mit Morphismen

$$p_i : P \longrightarrow X_i,$$

genannt *Projektionen,* mit folgender Eigenschaft: Ist Y ein Objekt in **C** und sind $q_i : Y \longrightarrow X_i$ für $i \in I$ Morphismen, so gibt es genau einen Morphismus $q : Y \to P$ in **C**, für den $p_i \circ q = q_i$ für alle $i \in I$ gilt. Wir haben also das folgende kommutative Diagramm:

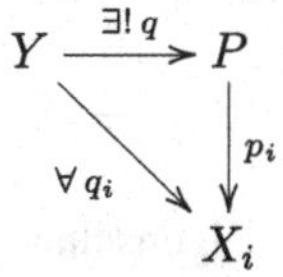

$$\begin{array}{ccc} Y & \xrightarrow{\exists!\, q} & P \\ & \searrow^{\forall q_i} & \downarrow p_i \\ & & X_i \end{array}$$

Man bezeichnet q mit $(q_i)_{i \in I}$ oder, im Falle endlicher Teilmengen, mit $(q_1, \cdots, q_n)$.

Produkte sind bis auf Isomorphismen eindeutig (Übung). Man schreibt daher $\prod_{i \in I} X_i$ oder $X_1 \times \cdots \times X_n$ für *das* Produkt der X_i.

Beispiel 4.27 (Topologisches Produkt)
In der Kategorie **Set** ist das übliche kartesische Produkt $\prod_{i \in I} X_i$ ein Produkt im kategoriellen Sinn (Übung). Sind die X_i alle mit Topologien versehen, kann man auf $\prod_{i \in I} X_i$ die kleinste Topologie (siehe [Hi13, Def. 1.40]) betrachten, die alle Urbilder von offenen Mengen unter den Projektionen $p_k \colon \prod_{i \in I} X_i \to X_k$ enthält. Das heißt, man betrachtet die kleinste Familie von Teilmengen von $\prod_{i \in I} X_i$, die unter endlichen Schnitten und beliebigen Vereinigungen stabil ist und sowohl diese Urbilder als auch die leere Menge und den vollen Raum enthält. Die so gewonnene Topologie heißt die *Produkttopologie,* und sie macht $\prod_{i \in I} X_i$ zu einem Produkt der X_i in der Kategorie **Top** (Übung). □

Die Kategorien von algebraischen Strukturen aus Übung 4.3 lassen alle Produkte zu. Man betrachtet einfach das kartesische Produkt der Objekte und definiert die Verknüpfungen komponentenweise (Übung). Es ist aber keineswegs so, dass das Produkt auch nur von zwei Objekten in jeder Kategorie existieren muss. Man betrachte zum

Beispiel die Kategorie **C**, die aus zwei Objekten X und Y besteht und keinerlei Morphismen außer den Identitäten hat. In **C** kann es schon deshalb kein Produkt geben, weil kein Objekt von **C** Morphismen sowohl nach X als auch nach Y hat.

Beispiel 4.28 (Produkte algebraischer Strukturen)
Sei $\mathbf{C} = \mathbf{C}_{\Phi,\Gamma}$ eine Kategorie algebraischer Strukturen. Dann gibt es in **C** kategorielle Produkte. Sie sind gegeben durch die mengentheoretischen Produkte mit den komponentenweisen Verknüpfungen. □

Schon nach Übung 2.8 haben wir darauf hingewiesen, dass es zwischen den universellen Eigenschaften von Produkten und Summen von Moduln eine einfache Dualität gibt, die darauf beruht, Pfeile umzudrehen. Für Kategorien bedeutet das, zur opponierten Kategorie überzugehen. Dies führt uns zur Definition der *kategoriellen Summe,* die man auch *Koprodukt* nennt.

Definition 4.29 (Kategorielle Summe oder Koprodukt)
Sei **C** eine Kategorie und $(X_i)_{i \in I}$ eine Familie von Objekten in **C**. Eine *Summe* der X_i ist ein Objekt S in **C** zusammen mit Morphismen

$$\iota_i : X_i \longrightarrow S,$$

genannt *Inklusionen,* mit folgender Eigenschaft: Ist Y ein Objekt in **C** und sind $q_i : X_i \longrightarrow Y$ für $i \in I$ Morphismen, so gibt es genau einen Morphismus $q : S \to Y$ in **C**, für den $q \circ \iota_i = q_i$ für alle $i \in I$ gilt. Wir haben also das folgende kommutative Diagramm:

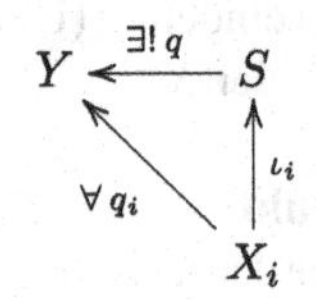

Summen sind ebenso wie Produkte bis auf Isomorphismen eindeutig (Übung). Man schreibt $\coprod_{i \in I} X_i$ für *die* Summe der X_i.

Beispiel 4.30 (Mengentheoretische und topologische Summen)
In der Kategorie **Set** ist die disjunkte Vereinigung $\coprod_{i \in I} X_i$ der X_i mit den Einbettungen $\iota_k : X_k \to \coprod_{i \in I} X_i$ die Summe im kategoriellen Sinn (Übung). Sind die X_i alle mit Topologien versehen, ist die Vereinigung aller dieser Topologien selbst eine Topologie, bezüglich der jedes X_k eine offene und abgeschlossene Teilmenge von $\coprod_{i \in I} X_i$ ist. Mit dieser Topologie heißt $\coprod_{i \in I} X_i$ die *topologische Summe* der X_i. Sie ist in der Tat eine Summe der X_i in **Top** (Übung). □

Dasselbe Beispiel wie für Produkte zeigt auch, dass die Summe selbst nur von zwei Objekten nicht in jeder Kategorie existieren muss: Man betrachtet wieder die Kategorie **C**, die aus zwei Objekten X und Y besteht und keinerlei Morphismen außer den Identitäten hat. In **C** kann es schon deshalb keine Summe geben, weil es für kein Objekt von **C** Morphismen sowohl von X als auch von Y in dieses Objekt gibt.

Beispiel 4.31 (Tensorprodukte von Algebren)
Sei R ein kommutativer Ring mit Eins und $\mathbf{Alg}_{R,1}$ die Unterkategorie von $\mathbf{Alg}_R$ der R-Algebren mit Eins (mit Morphismen, die die Eins erhalten). Für $A, B \in \mathrm{ob}(\mathbf{Alg}_{R,1})$ ist das Tensorprodukt $A \otimes_R B$ ein R-Modul, es trägt aber auch eine R-bilineare Multiplikation: Die Multiplikation $\mu_A : A \times A \to A$ kann nach Bemerkung 3.14 als R-Modulhomomorphismus $\overline{\mu}_A : A \otimes_R A \to A$ aufgefasst werden, und analog hat man $\overline{\mu}_B : B \otimes_R B \to B$. Damit bekommt man den R-Modulhomomorphismus

$$\overline{\mu}_A \otimes \overline{\mu}_B : (A \otimes_R A) \otimes_R (B \otimes_R B) \to A \otimes_R B,$$

der, verknüpft mit dem Isomorphismus

$$(A \otimes_R B) \otimes_R (A \otimes_R B) \to (A \otimes_R A) \otimes_R (B \otimes_R B),$$

der von der R-multilinearen Abbildung

$$A \times B \times A \times B \to (A \otimes_R A) \otimes_R (B \otimes_R B), \quad (a, b, a', b') \mapsto (a \otimes a') \otimes (b \otimes b')$$

induziert wird, eine R-bilineare Abbildung

$$\mu_{A \otimes_R B} : (A \otimes_R B) \times (A \otimes_R B) \to (A \otimes_R B)$$

liefert. Es gilt $\mu_{A \otimes_R B}(a \otimes b, a' \otimes b') = aa' \otimes bb'$, und weil die Elemente der Form $a \otimes b$ den R-Modul $A \otimes_R B$ aufspannen, folgt die Assoziativität des Produkts $\mu_{A \otimes_R B}$ sofort aus der Assoziativität der Produkte μ_A und μ_B. Außerdem ist klar, dass $1_A \otimes 1_B$ die Eins von $A \otimes_R B$ ist, wenn 1_A und 1_B die Einsen von A bzw. B sind.

Beachte, dass $\iota_A : A \to A \otimes_R B$, $a \mapsto a \otimes 1_B$ und $\iota_B : B \to A \otimes_R B$, $b \mapsto 1_A \otimes b$ Morphismen von $\mathbf{Alg}_{R,1}$ sind. Sei jetzt $C \in \mathrm{ob}(\mathbf{Alg}_{R,1})$ und $\varphi_A \in \mathbf{Alg}_{R,1}(A, C)$ sowie $\varphi_B \in \mathbf{Alg}_{R,1}(B, C)$. Wenn $\overline{\mu}_C : C \otimes_R C \to C$ der von der Multiplikation μ_C auf C induzierte R-Modulhomomorphismus ist, dann ist

$$\varphi := \overline{\mu}_C \circ (\varphi_A \otimes \varphi_B) : A \otimes_R B \to C$$

ein R-Modulhomomorphismus, der die Diagramme

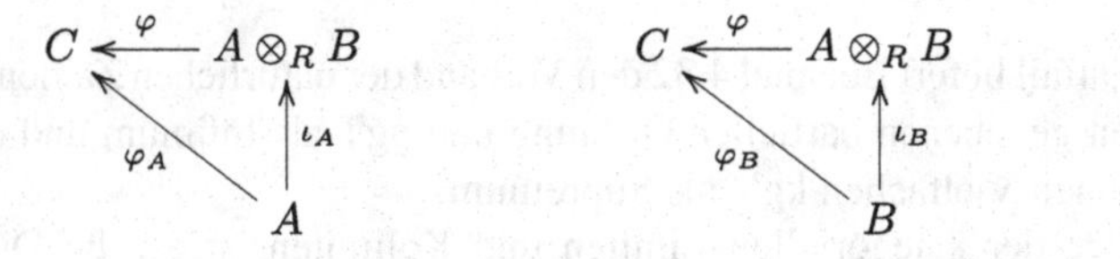

kommutativ macht. Wenn man nun noch zeigen könnte, dass φ ein Morphismus von R-Algebren ist, hätte man nachgewiesen, dass $A \otimes_R B$ die kategorielle Summe von A und B ist. Allerdings stößt dieser Nachweis auf Schwierigkeiten, wenn C nicht kommutativ ist:

$$\varphi\big((a \otimes b)(a' \otimes b')\big) = \varphi_A(a)\varphi_A(a')\varphi_B(b)\varphi_B(b') \in C,$$
$$\varphi(a \otimes b)\varphi(a' \otimes b') = \varphi_A(a)\varphi_B(b)\varphi_A(a')\varphi_B(b') \in C.$$

Wir halten daher als Ergebnis fest, dass das Tensorprodukt von R-Algebren die kategorielle Summe in der vollen Unterkategorie $\mathbf{CAlg}_{R,1}$ der kommutativen Algebren in $\mathbf{Alg}_{R,1}$ ist. □

Beispiel 4.32 (Partiell geordnete Mengen)
Wir greifen Beispiel 4.15 einer partiell geordneten Menge $(M, \leq)$ auf und betrachten die dort konstruierte Kategorie $\mathbf{M}$. Dann gilt

$$\forall m, m' \in M : \quad m \leq m' \Leftrightarrow \mathbf{M}(m, m') \neq \emptyset.$$

Ein Element $i \in M$ ist ein Produkt von m und m', wenn es Morphismen $i \to m$ und $i \to m'$ gibt, sodass für jedes Element $a \in M$ mit Morphismen $a \to m$ und $a \to m'$ ein Morphismus $a \to i$ existiert, der das Diagramm

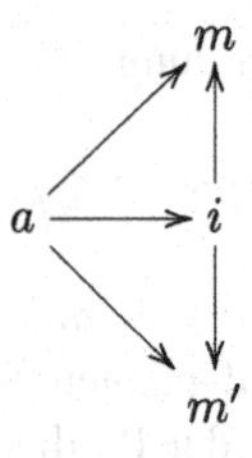

kommutativ macht. Durch die Ordnung ausgedrückt bedeutet das nichts anderes als: i ist die *größte untere Schranke* oder das *Infimum* von m und m'.

Da die opponierte Kategorie $\mathbf{M}^{\text{op}}$ dieselbe Menge mit der umgekehrten partiellen Ordnung ist, sieht man sofort, dass ein Element $s \in M$ genau dann eine kategorielle Summe von m und m' ist, wenn s die *kleinste obere Schranke* oder das *Supremum* von m und m' ist.

Die Kategorie hat also genau dann endliche Produkte und Summen, wenn es zu zwei Elementen $m, m' \in M$ immer sowohl ein Supremum $m \vee m' \in M$ als auch ein Infimum $m \wedge m' \in M$ gibt. Solche partiell geordneten Mengen nennt man *Verbände.* □

Als Spezialfall liefert Beispiel 4.32 den Verband der natürlichen Zahlen mit der durch Teilbarkeit gegebenen partiellen Ordnung und ggT als Infimum und dem kleinsten gemeinsamen Vielfachen kgV als Supremum.

Die Idee der kategoriellen Limiten und Kolimiten ist es, die Diagramme aus Übung 2.8 zu verallgemeinern.

Definition 4.33 (Diagramme der Gestalt I in einer Kategorie)
Sei $\mathbf{I}$ eine kleine Kategorie. Ein *Diagramm der Gestalt* $\mathbf{I}$ in einer Kategorie $\mathbf{C}$ ist ein Funktor $D : \mathbf{I} \to \mathbf{C}$.

Die Gestalt der Diagramme in Produkten und Summen von n Objekten ist einfach die Kategorie $\bullet \dots \bullet$ bestehend aus n Objekten und nur den trivialen Morphismen (Identitäten). Die Diagramme aus Übung 2.8 gehen daraus in zwei weiteren Schritten hervor.

Definition 4.34 (D-Kegel und D-Limes)
Sei $D : \mathbf{I} \to \mathbf{C}$ ein Diagramm der Gestalt $\mathbf{I}$ in $\mathbf{C}$.

(i) Ein *D-Kegel* $A \xrightarrow{\varphi} D(\mathbf{I})$ besteht aus einem Objekt $A \in \mathrm{ob}(\mathbf{C})$ und einer Familie $\varphi = (\varphi_i)_{i \in \mathbf{I}}$ von Morphismen $\varphi_i \in \mathbf{C}\big(A, D(i)\big)$, wobei für jeden Morphismus $f_{ij} \in \mathbf{I}(i, j)$ das Diagramm

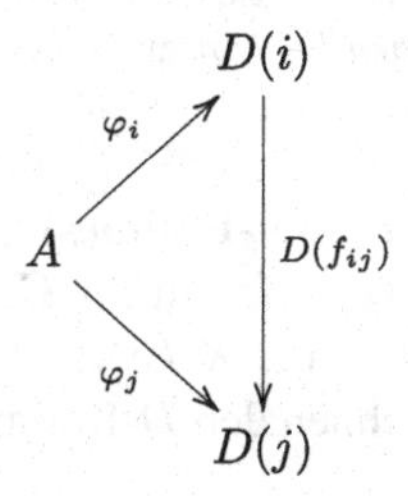

kommutativ ist. Die Namensgebung *D-Kegel* erklärt sich aus der Form des Diagramms: A ist die Spitze des Kegels und die $D(i)$'s bilden zusammen mit den sie verbindenden Pfeilen die Basis des Kegels.

(ii) Ein *D-Limes* ist ein D-Kegel $L \xrightarrow{\psi} D(\mathbf{I})$, der folgende universelle Eigenschaft hat: Zu jedem D-Kegel $A \xrightarrow{\varphi} D(\mathbf{I})$ gibt es genau $p \in \mathbf{C}(A, L)$ mit

$$\forall i \in \mathbf{I} : \quad \psi_i \circ p = \varphi_i \in \mathbf{C}\big(A, D(i)\big).$$

Als Diagramm ausgedrückt, bedeutet das

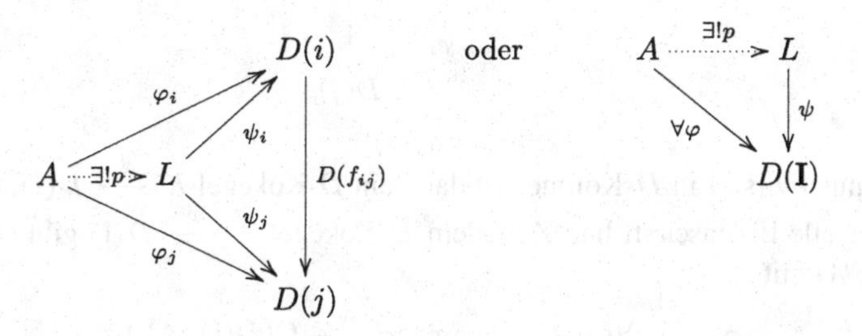

Wie bei den durch universelle Eigenschaften beschriebenen Objekten ist auch für D-Limiten klar, dass sie bis auf Isomorphie eindeutig sind, wenn sie existieren.

Es ist daher sinnvoll, die Bezeichnungen $\varprojlim_{\mathbf{I}} D$ oder $\varprojlim_{i\in\mathbf{I}} D(i)$ für *den* D-Limes einzuführen.

In der letzten Form des Diagramms eines D-Limes aus Definition 4.34 ist das Diagramm eines Produkts (siehe Definition 4.26) leicht wiederzuerkennen. Um auch mit Summen umgehen zu können, müssen wir die dualen Begriffe einführen. Wir starten mit einer Übung, in der zu einem Funktor der *opponierte Funktor* konstruiert wird.

Übung 4.11 (Opponierter Funktor)
Sei $F\colon \mathbf{C} \to \mathbf{D}$ ein Funktor. Man zeige, dass durch

$$\forall X \in \text{ob}(C): \quad F^{\text{op}}(X) := F(X)$$

und

$$\forall \varphi \in \mathbf{C}(X, Y): \quad F^{\text{op}}(\varphi) := F(\varphi)^{\text{op}},$$

wobei $\varphi = \varphi^{\text{op}} \in \mathbf{C}^{\text{op}}(Y, X) = \mathbf{C}(X, Y)$ ist, ein Funktor $F^{\text{op}}\colon \mathbf{C}^{\text{op}} \to \mathbf{D}^{\text{op}}$ definiert wird. Diesen Funktor nennen wir den *opponierten Funktor* zu F. Man zeige weiter, dass $F^{\text{op}}(\varphi^{\text{op}}) = F(\varphi)^{\text{op}}$ gilt.

Definition 4.35 (D-Kokegel und D-Kolimes)
Sei $D : \mathbf{I} \to \mathbf{C}$ ein Diagramm der Gestalt $\mathbf{I}$ in $\mathbf{C}$. Dann ist $D^{\text{op}}\colon \mathbf{I}^{\text{op}} \to \mathbf{C}^{\text{op}}$ ein Diagramm der Gestalt $\mathbf{I}^{\text{op}}$ in $\mathbf{C}^{\text{op}}$. Ein *D-Kokegel* ist ein D^{op}-Kegel, und ein *D-Kolimes* ist ein D^{op}-Limes. Wir bezeichnen den D-Kolimes mit $\varinjlim_{\mathbf{I}} D$ oder $\varinjlim_{i\in\mathbf{I}} D(i)$.

Man kann die Definition 4.35 eines Kolimes auch ohne die Verwendung des opponierten Funktors durch Diagramme beschreiben, indem man alle Pfeile umdreht. Ein D-Kokegel $A \xleftarrow{\varphi} D(\mathbf{I})$ besteht aus einem Objekt $A \in \text{ob}(\mathbf{C})$ und einer Familie $\varphi = (\varphi_i)_{i\in\mathbf{I}}$ von Morphismen $\varphi_i \in \mathbf{C}\big(D(i), A\big)$, wobei für jeden Morphismus $f_{ij} \in \mathbf{I}(j, i)$ das Diagramm

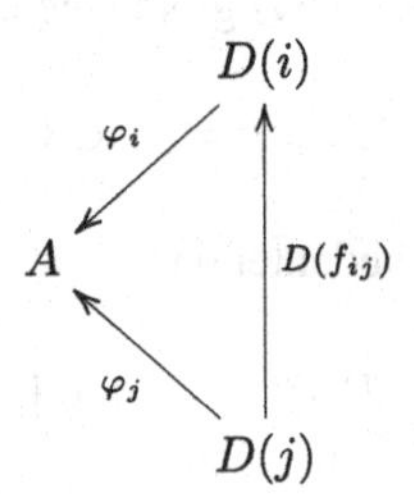

kommutativ ist. Ein D-Kolimes ist dann ein D-Kokegel $K \xleftarrow{\psi} D(\mathbf{I})$, der folgende universelle Eigenschaft hat: Zu jedem D-Kokegel $A \xleftarrow{\varphi} D(\mathbf{I})$ gibt es genau $p \in \mathbf{C}(K, A)$ mit

$$\forall i \in \mathbf{I}: \quad p \circ \psi_i = \varphi_i \in \mathbf{C}\big(D(i), A\big).$$

Als Diagramm ausgedrückt, bedeutet das

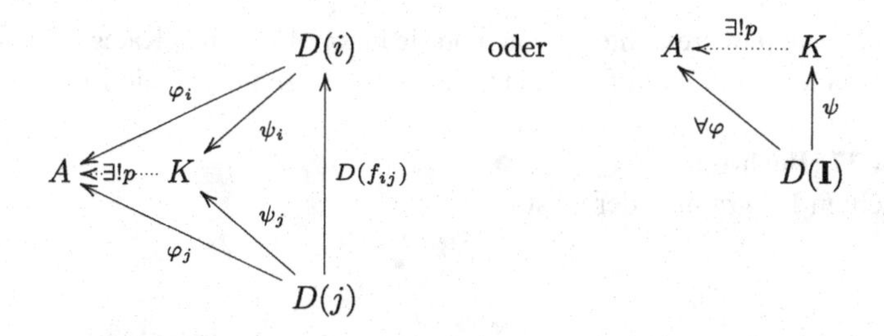

Hier ist in der letzten Form das Diagramm einer Summe (siehe Definition 4.26) leicht wiederzuerkennen.

Beispiel 4.36 (Pull-back)
Wir betrachten Diagramme der Gestalt

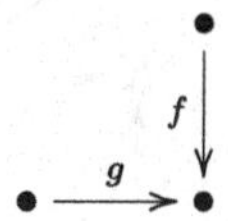

Das bedeutet, das Limesdiagramm hat die Gestalt

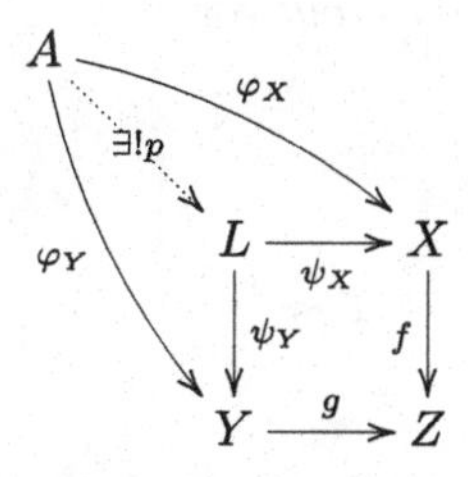

Man nennt so einen Limes den *Pull-back* von

$$\begin{array}{ccc} & & X \\ & & \big\downarrow f \\ Y & \xrightarrow{g} & Z \end{array}$$

(i) Sei $\mathbf{C} = \mathbf{Set}$. Dann ist ein Limes durch $L := \{(x, y) \in X \times Y \mid f(x) = g(y)\}$ und $\varphi_X(x, y) = x$ sowie $\varphi_Y(x, y) = y$ gegeben. Man spricht hier auch vom *Faserprodukt* $X \times_Z Y$ von X und Y über Z.

(ii) Betrachte den Spezialfall des Faserprodukts aus (i), für den X eine Teilmenge von Z ist und $f : X \to Z$ die Inklusion. Dann ist auch $L := \{y \in Y \mid g(y) \in X\} = g^{-1}(X) \subseteq Y$ mit $\psi_X(y) = g(y)$ sowie $\psi_Y(y) = y$ ein Pull-back.

(iii) Ein Spezialfall von (ii) liegt vor, wenn auch Y eine Teilmenge von Z und $g : Y \to Z$ die Inklusion ist. In diesem Fall ist $L = X \cap Y$ einfach der Schnitt der beiden Mengen. □

Faserprodukte sind interessanter, wenn man sie in topologischen Kategorien betrachtet. Wir verzichten hier darauf und betrachten stattdessen das duale Konzept.

Beispiel 4.37 (Push-out)
Wir betrachten Diagramme der Gestalt

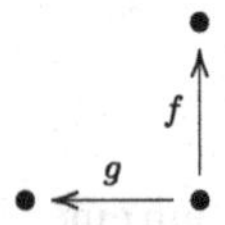

Das bedeutet, das Kolimesdiagramm hat die Gestalt

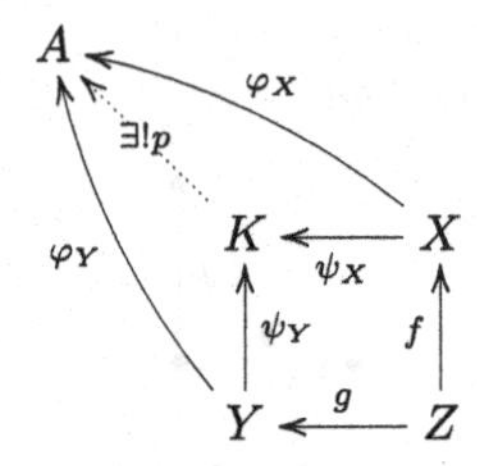

Man nennt so einen Limes den *Push-out* von

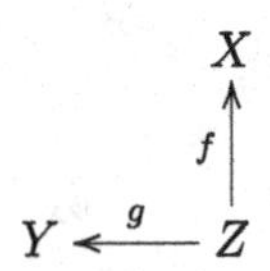

(i) Sei $\mathbf{C} = \mathbf{Set}$. Dann ist ein Kolimes durch die Menge $K := (X \coprod Y)_\sim$ der Äquivalenzklassen der wie folgt definierten Äquivalenzrelation $\sim$ gegeben: Für $a, b \in X \coprod Y$ gilt $a \sim b$ genau dann, wenn $a = b$ oder $a = f(z), b = g(z)$ oder $a = g(z), b = f(z)$ gilt.
(ii) Betrachte den Spezialfall von (i), für den Z eine Teilmenge von X ist und $f\colon Z \to X$ die Inklusion. Dann werden die Punkte in Z mit ihren Bildern in Y unter g identifiziert. Man spricht dann auch von der *Verklebung* von X und Y entlang $g\colon Z \to Y$.
(iii) Ein Spezialfall von (ii) liegt vor, wenn $Z = X \cap Y$ ist. In diesem Fall ist $K = X \cup Y$ mit den Inklusionen $X \cup Y \hookleftarrow X \hookleftarrow X \cap Y$ und $X \cup Y \hookleftarrow Y \hookleftarrow X \cap Y$ ein Push-out. □

Auch für die Verklebungen gilt, dass sie interessanter werden, wenn man sie für topologische Räume durchführt. Wir werden noch eine Reihe solcher Beispiele sehen.

Wir schließen unsere Diskussion von Limiten mit den eigentlichen Namensgebern dieser Konstruktionen ab, den *induktiven* und *projektiven* Limiten.

Definition 4.38 (Induktive und projektive Limiten)
Sei $(I, \leq)$ eine partiell geordnete Menge und $\mathbf{I}$ die zugehörige kleine Kategorie (siehe Beispiel 4.15). Ein *projektives System* der Gestalt $(I, \leq)$ in einer Kategorie $\mathbf{C}$ ist ein Diagramm D der Gestalt $\mathbf{I}$ in $\mathbf{C}$. Der *inverse* oder *projektive Limes* dieses Systems ist der D-Limes, sofern dieser existiert. Ein *induktives System* der Gestalt $(I, \leq)$ ist ein Diagramm D der Gestalt $\mathbf{I}^{\mathrm{op}}$ in $\mathbf{C}$. Der *direkte* oder *induktive Limes* dieses Systems ist der D-Kolimes, sofern dieser existiert.

Beispiel 4.39 (Induktive und projektive Limiten von Mengen)
Mit den Bezeichnungen aus Definition 4.38 und 4.34 sei $\mathbf{C} = \mathbf{Set}$.

(i) Die Menge

$$\varprojlim{}_D := \left\{ (a_i)_{i \in I} \in \prod_{i \in I} D(i) \;\middle|\; \forall i, j \in I : \; D(f_{ij}) a_i = a_j \right\}$$

zusammen mit den Abbildungen

$$\psi_j : \varprojlim{}_{\mathbf{I}} D = \varprojlim{}_D \to D(j), \quad (a_i)_{i \in I} \mapsto a_j$$

ist der projektive Limes von D.

(ii) Betrachte die Menge der Äquivalenzklassen

$$\varinjlim{}_D := \left[\coprod_{i \in I} D(i) \right]_{\sim}$$

in $\coprod_{i \in I} D(i)$ bezüglich der durch

$$\forall i, j \in I : \quad D(i) \ni a_i \sim a_j \in D(j) :\Leftrightarrow \begin{array}{c} \exists \ell \in I, a_\ell \in D(\ell) : \\ D(f_{i\ell}) a_\ell = a_i, D(f_{j\ell}) a_\ell = a_j \end{array}$$

definierten Äquivalenzrelation. Wir bezeichnen die Äquivalenzklasse von $a \in \coprod_{i \in I} D(i)$ bezüglich $\sim$ mit $[a]_\sim$. Dann ist $\varinjlim{}_D$, zusammen mit den Abbildungen

$$\psi_j : D(j) \to \varinjlim{}_D = \varinjlim{}_{\mathbf{I}} D, \quad a_j \mapsto [a_j]_\sim,$$

der induktive Limes von D. □

Die beiden nächsten Beispiele werden in Kap. 5 in verallgemeinerter Form wieder aufgegriffen und spielen dort eine wichtige Rolle.

Beispiel 4.40 (Garben stetiger Funktionen)
Sei $(X, \mathfrak{T})$ ein topologischer Raum.

(i) Sei $x \in X$ und $I := \{U \in \mathfrak{T} \mid x \in U\}$ die Menge aller offenen Umgebungen von x in X. Wir ordnen I durch Inklusion und betrachten für jedes $U \in I$ die kommutative $\mathbb{R}$-Algebra $\mathcal{C}(U, \mathbb{R})$ der stetigen $\mathbb{R}$-wertigen Funktion. Dann wird durch

$$D(U) := \mathcal{C}(U, \mathbb{R}), \quad \big(f_{VU} : D(U) \to D(V),\ \varphi \mapsto \varphi|V\big)$$

ein Diagramm $D : \mathbf{I}^{\mathrm{op}} \to \mathbf{CAlg}_{\mathbb{R}}$ definiert. Der induktive Limes $\varinjlim_{\mathbf{I}} D$ existiert. Er besteht aus den Äquivalenzklassen $[\varphi]_\sim$ von Funktionen $\varphi \in \mathcal{C}(U, \mathbb{R})$ mit $U \in I$ bezüglich der Äquivalenzrelation $\sim$, die zwei Funktionen $\varphi \in \mathcal{C}(U, \mathbb{R})$ und $\psi \in \mathcal{C}(V, \mathbb{R})$ in Relation setzt, wenn es ein $W \subseteq U \cap V$ in I mit $\varphi|_W = \psi|_W$ gibt. Die Abbildung $D(U) \to \varinjlim_{\mathbf{I}} D$ ist dabei durch $\varphi \mapsto [\varphi]_\sim$ gegeben.

(ii) Sei $M \subseteq X$ eine Teilmenge und $I := \{U \in \mathfrak{T} \mid M \subseteq U\}$ die Menge aller offenen Umgebungen von M in X. Damit lässt sich die Konstruktion aus (i) imitieren (Details als Übung). □

Die folgenden Beispiele sind eher algebraischer Natur, aber auch sie lassen sich mit einer topologischen Struktur ausstatten, die für die näheren Untersuchungen von großer Bedeutung sind.

Beispiel 4.41 (Induktive und projektive Limiten)

(i) Für eine Primzahl p seien in dem Diagramm

$$\ldots \xrightarrow{f_{n+1}} \mathbb{Z}/p^{n+1}\mathbb{Z} \xrightarrow{f_n} \mathbb{Z}/p^n\mathbb{Z} \xrightarrow{f_{n-1}} \ldots \xrightarrow{f_1} \mathbb{Z}/p\mathbb{Z}$$

in $\mathbf{Ring}_1$ die Abbildungen $f_n \colon \mathbb{Z}/p^{n+1}\mathbb{Z} \to \mathbb{Z}/p^n\mathbb{Z}$ durch $z + p^{n+1}\mathbb{Z} \mapsto z + p^n\mathbb{Z}$ gegeben. Ein inverser Limes ist dann durch

$$\mathbb{Z}_p := \Big\{(z_n)_{n\in\mathbb{N}} \in \prod_{n\in\mathbb{N}} \mathbb{Z}/p^n\mathbb{Z} \;\Big|\; f_n(z_{n+1}) = z_n\Big\}$$

gegeben. Man nennt $\mathbb{Z}_p$ auch den Ring der *ganzen p-adischen Zahlen.* Man kann zeigen, dass $\mathbb{Z}_p$ ein Integritätsbereich ist, dessen Quotientenkörper isomorph zum Körper $\mathbb{Q}_p$ der *p-adischen Zahlen,* das heißt der Vervollständigung von $\mathbb{Q}$ bezüglich des p-adischen Abstands (siehe [Hi13, Beispiel 1.5, Konstruktion 1.25]), ist.

(ii) Für einen kommutativen Ring R mit Eins seien in dem Diagramm

$$\ldots \xleftarrow{f_{n+1}} \mathrm{GL}_{n+1}(R) \xleftarrow{f_n} \mathrm{GL}_n(R) \xleftarrow{f_{n+1}} \ldots \xleftarrow{f_1} \mathrm{GL}_1(R)$$

in **Grp** die Abbildungen $f_n \colon \mathrm{GL}_n(R) \to \mathrm{GL}_{n+1}(R)$ durch

$$g \mapsto \begin{pmatrix} g & 0 \\ 0 & 1 \end{pmatrix}$$

gegeben. Ein direkter Limes ist dann durch die Gruppe (unendlich großer) Matrizen $A := (a_{ij})_{1,j\in\mathbb{N}}$ gegeben, deren Einträge in R liegen und folgende Bedingungen erfüllen:

(a) Nur endlich viele Diagonalelemente a_{ii} sind ungleich 1.
(b) Nur endlich viele Nichtdiagonalelemente a_{ij}, $i \neq j$ sind ungleich 0.
(c) Wenn

$$A = \begin{pmatrix} A_N & 0 & \dots \\ 0 & 1 & \\ \vdots & & \ddots \end{pmatrix}$$

mit $N \in \mathbb{N}$ und $A_N \in \mathrm{Mat}_{N\times N}(R)$ gilt, dann ist A_N invertierbar in $\mathrm{Mat}_{N\times N}(R)$, das heißt, $\det(A_N)$ ist eine Einheit in R.

Auf solchen Matrizen lässt sich die übliche Formel der Matrizenmultiplikation verwenden, das heißt, man setzt $AB := C$ mit

$$c_{ij} := \sum_{k\in\mathbb{N}} a_{ik}b_{kj}.$$

Die so gewonnene Gruppe wird mit $\mathrm{GL}_\infty(R)$ bezeichnet. □

Es gibt allgemeine Sätze, die Kriterien für Kategorien angeben, unter denen die Limiten und/oder Kolimiten beliebiger Diagramme oder nur endlicher Diagramme existieren. Wir gehen in diesem Buch nicht näher auf diese (wichtige!) Fragestellung ein, sondern verweisen dafür auf [HS73, Le14, ML98].

Übung 4.12 (Induktive und projektive Limiten von R-Moduln)
Man zeige, dass in der Kategorie $\mathbf{Mod}_R$ sowohl injektive und projektive Limiten existieren.

Übung 4.13 (Tensorprodukte kommutieren mit Kolimiten)
Seien $D_1, D_2 : \mathbf{I} \to \mathbf{Mod}_R$ Diagramme, deren Kolimiten $\varinjlim_{\mathbf{I}} D_1$ und $\varinjlim_{\mathbf{I}} D_2$ existieren. Man zeige, dass

$$D_1 \otimes D_2 : \mathbf{I} \to \mathbf{Mod}_R,\ i \mapsto D_1(i) \otimes_R D_2(i),\ f_{ij} \mapsto D_1(f_{ij}) \otimes D_2(f_{ij})$$

ein Diagramm ist, dessen Kolimes existiert und durch $(\varinjlim_{\mathbf{I}} D_1) \otimes_R (\varinjlim_{\mathbf{I}} D_2)$ gegeben ist. Hinweis: Das folgende Diagramm kann dabei hilfreich sein.

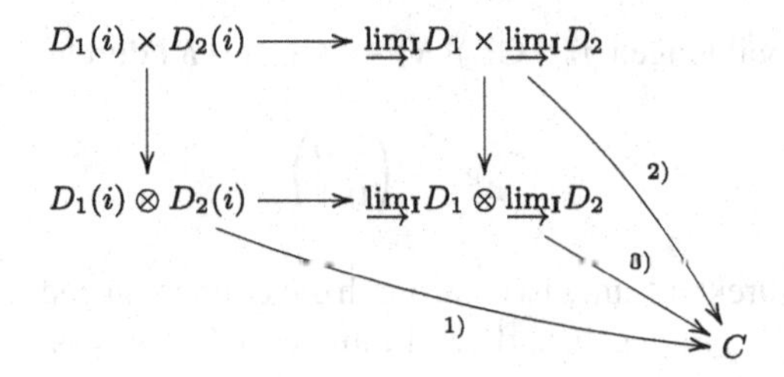

Übung 4.14 (Homomorphismen kommutieren mit Limiten)
Sei $D : \mathbf{I} \to \mathbf{Mod}_R$ ein Diagramm, für das der Limes $\varprojlim_{\mathbf{I}} D$ existiert, und $M \in \operatorname{ob}(\mathbf{Mod}_R)$. Man zeige, dass durch

$$i \mapsto \operatorname{Hom}_R\big(M, D(i)\big) \quad \text{und} \quad f_{ij} \mapsto \big(\varphi(j) \mapsto D(f_{ij}) \circ \varphi(j)\big)$$

ein Diagramm $\operatorname{Hom}_R(M, D) : \mathbf{I} \to \mathbf{Mod}_R$ definiert wird, dessen Limes existiert und durch $\operatorname{Hom}_R\big(M, \varprojlim_{\mathbf{I}} D\big)$ gegeben ist. Hinweis: Die folgenden Diagramme können dabei hilfreich sein.

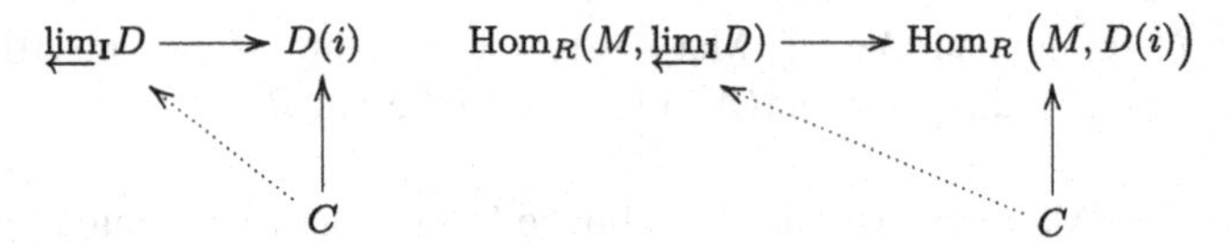

Übung 4.15 (Homomorphismen und Kolimiten)
Sei $D : \mathbf{I} \to \mathbf{Mod}_R$ ein Diagramm, für das der Limes $\varinjlim_{\mathbf{I}} D$ existiert, und $M \in \operatorname{ob}(\mathbf{Mod}_R)$. Man zeige, dass durch

$$i \mapsto \operatorname{Hom}_R\big(D(i), M\big) \quad \text{und} \quad f_{ij} \mapsto \big(\varphi(j) \mapsto \varphi(j) \circ D(f_{ij})\big)$$

ein Diagramm $\operatorname{Hom}_R(D, M) : \mathbf{I} \to \mathbf{Mod}_R$ definiert wird, dessen Limes existiert und durch $\operatorname{Hom}_R\big(\varinjlim_{\mathbf{I}} D, M\big)$ gegeben ist. Hinweis: Das folgende Diagramm hilft zu sehen, dass die natürliche Abbildung

$$\operatorname{Hom}_R\big(\varinjlim_{\mathbf{I}} D, M\big) \to \prod_i \operatorname{Hom}_R\big(D(i), M\big)$$

bijektiv ist.

$$\begin{array}{ccc} \varinjlim_{\mathbf{I}} D & \longleftarrow & D(i) \\ & \searrow & \downarrow \\ & & M \end{array}$$

Übung 4.16 ((Ko)Limiten kommutieren mit (Ko)Limiten)
Sei $D : \mathbf{I} \times \mathbf{I}' \to \mathbf{Mod}_R$ ein Diagramm. Für jedes $i \in \operatorname{ob}(\mathbf{I})$ definiert man ein Diagramm $D(i, \bullet) : \mathbf{I}' \to \mathbf{Mod}_R$ durch

$$i' \mapsto D(i, i'), \quad f_{i'j'} \mapsto D(f_{(i,i')(i,j')}).$$

Analog findet man ein Diagramm $D(\bullet, i') : \mathbf{I}' \to \mathbf{Mod}_R$ für jedes $i' \in \operatorname{ob}(\mathbf{I}')$. Man zeige:

(i) Falls die Limiten $\varprojlim_{\mathbf{I}'} D(i, \bullet)$ und $\varprojlim_{\mathbf{I}} D(\bullet, i')$ für alle $(i, i') \in \mathrm{ob}(\mathbf{I} \times \mathbf{I}')$ existieren, existiert auch $\varprojlim_{\mathbf{I}\times\mathbf{I}'} D$, und es gilt

$$\varprojlim_{\mathbf{I}\times\mathbf{I}'} D = \varprojlim_{i\in\mathbf{I}}\big(\varprojlim_{i'\in\mathbf{I}'} D(i, i')\big) = \varprojlim_{i'\in\mathbf{I}'}\big(\varprojlim_{i\in\mathbf{I}} D(i, i')\big).$$

(ii) Falls die Kolimiten $\varinjlim_{\mathbf{I}'} D(i, \bullet)$ und $\varinjlim_{\mathbf{I}} D(\bullet, i')$ für alle $(i, i') \in \mathrm{ob}(\mathbf{I}\times\mathbf{I}')$ existieren, existiert auch $\varinjlim_{\mathbf{I}\times\mathbf{I}'} D$, und es gilt

$$\varinjlim_{\mathbf{I}\times\mathbf{I}'} D = \varinjlim_{i\in\mathbf{I}}\big(\varinjlim_{i'\in\mathbf{I}'} D(i, i')\big) = \varinjlim_{i'\in\mathbf{I}'}\big(\varinjlim_{i\in\mathbf{I}} D(i, i')\big).$$

Übung 4.17 (Homomorphismen kommutieren mit (Ko)Limiten)
Seien $D : \mathbf{I} \to \mathbf{Mod}_R$ und $D' : \mathbf{I}' \to \mathbf{Mod}_R$ Diagramme, für die $\varinjlim_{\mathbf{I}} D$ und $\varprojlim_{\mathbf{I}'} D'$ existieren. Man zeige, dass durch

$$(i, i') \mapsto \mathrm{Hom}_R\big(D(i), D(i')\big) \quad \text{und} \quad f_{(i,i')(j,j')} \mapsto \big(\varphi(j, j') \mapsto D'(f_{i'j'}) \circ \varphi(j, j') \circ D(f_{ij})\big)$$

ein Diagramm $\mathrm{Hom}_R(D, D') : \mathbf{I} \times \mathbf{I}' \to \mathbf{Mod}_R$ definiert wird, dessen Limes existiert und durch

$$\mathrm{Hom}_R\big(\varinjlim_{\mathbf{I}} D, \varprojlim_{\mathbf{I}'} D'\big) = \varprojlim_{\mathbf{I}\times\mathbf{I}'} \mathrm{Hom}_R\big(D(i), D'(i')\big)$$

gegeben ist. Hinweis: Das folgende Diagramm kann dabei hilfreich sein.

$$\begin{array}{ccc}
\mathrm{Hom}_R\big(D(i), D'(i')\big) & \longleftarrow & \mathrm{Hom}_R\big(\varinjlim_{\mathbf{I}} D, D'(i')\big) \\
\uparrow & & \uparrow \\
\mathrm{Hom}_R\big(D(i), \varprojlim_{\mathbf{I}'} D'\big) & \longleftarrow & \mathrm{Hom}_R\big(\varinjlim_{\mathbf{I}} D, \varprojlim_{\mathbf{I}'} D'\big)
\end{array}$$

4.4 Adjungierte Funktoren

Ausgangspunkt für unsere Überlegungen in diesem Abschnitt ist die Beobachtung, dass die zentrale Aussage von Satz 2.14, nämlich die Bijektivität der Abbildung

$$\mathbf{Set}(E, V) \to {}_R\mathbf{Mod}({}_R\mathrm{F}(E), V),$$

wobei $V \in \mathrm{ob}({}_R\mathbf{Mod})$ ist, in ganz ähnlicher Form auch in der universellen Eigenschaft der Tensoralgebra (siehe Definition 3.22) und der symmetrischen Algebra (siehe Definition 3.27) vorkommt. Für Erstere hat man für einen kommutativen Ring R mit Eins die Bijektivität der Abbildung

$$\mathbf{Mod}_R(M, A) \to \mathbf{Alg}_R(\mathrm{T}(M), A),$$

wobei $A \in \mathrm{ob}(\mathbf{Alg}_R)$ ist, und für Letztere die Bijektivität der Abbildung

$$\mathbf{Mod}_R(M, A) \to \mathbf{Alg}_R(\mathrm{S}(M), A),$$

wobei $A \in \text{ob}(\mathbf{CAlg}_R)$ ist. In allen drei Fällen betrachtet man Objekte einer Kategorie als Objekte einer sie umfassenden Kategorie, indem man die Zusatzeigenschaften „vergisst" (siehe die Bemerkungen nach Definition 4.18). Die Ähnlichkeiten der drei Aussagen geht aber noch weiter. Alle drei Konstruktionen waren funktoriell, was sich in einer gewissen Natürlichkeitsbedingung für die drei Bijektionen niederschlägt. Wenn wir den Vergiss-Funktor jeweils mit G bezeichnen und für ${}_R\mathrm{F}$, T und S jeweils F schreiben, dann haben diese Bijektionen alle die Form

$$\Gamma_{A,B} : \mathbf{A}\big(A, G(B)\big) \to \mathbf{B}\big(F(A), B\big)$$

und für $\varphi \in \mathbf{A}(A', A)$ sowie $\psi \in \mathbf{B}(B, B')$ erfüllen sie (Übung)

$$\forall \alpha \in \mathbf{A}\big(A, G(B)\big) : \quad \Gamma_{A',B'}\big(G(\psi) \circ \alpha \circ \varphi\big) = \psi \circ \Gamma_{A,B}(\alpha) \circ F(\varphi).$$

Man fasst diese Eigenschaften in der Definition eines Paares von *adjungierten Funktoren* zusammen.

Definition 4.42 (Adjungierte Funktoren)
Seien $\mathbf{A}$ und $\mathbf{B}$ zwei Kategorien sowie $F : \mathbf{A} \to \mathbf{B}$ und $G : \mathbf{B} \to \mathbf{A}$ zwei Funktoren. Dann heißt F *linksadjungiert* zu G und G *rechtsadjungiert* zu F, wenn es zu jedem Paar $(A, B) \in \text{ob}(\mathbf{A} \times \mathbf{B})$ eine Bijektion (genannt *Adjunktion*)

$$\Gamma_{A,B} : \mathbf{A}\big(A, G(B)\big) \to \mathbf{B}\big(F(A), B\big),$$

gibt, die die folgende Natürlichkeitsbedingung erfüllt: Für alle $\varphi \in \mathbf{A}(A', A)$, $\psi \in \mathbf{B}(B, B')$ und $\alpha \in \mathbf{A}\big(A, G(B)\big)$ gilt

$$\Gamma_{A',B'}\big(G(\psi) \circ \alpha \circ \varphi\big) = \psi \circ \Gamma_{A,B}(\alpha) \circ F(\varphi).$$

Wir schreiben für diesen Zusammenhang $F \dashv G$ oder auch $\mathbf{A} \underset{G}{\overset{F}{\rightleftarrows}}_{\perp\Gamma} \mathbf{B}$, wenn wir die ganze Information in der Notation transportieren wollen.

Es stellt sich heraus, dass es eine Vielzahl von Beispielen für Paare von adjungierten Funktoren gibt. Insbesondere gibt es viele Beispiele von adjungierten Funktoren zu Vergiss-Funktoren. Wir werden mit Satz 4.57 zeigen, dass adjungierte Funktoren zu einem gegebenen Funktor im Wesentlichen eindeutig bestimmt sind. Man muss also in gewisser Weise zwangsläufig auch auf die komplizierteren der beschriebenen funktoriellen Konstruktionen stoßen, sobald man ihre einfachen adjungierten Konstruktionen gefunden hat.

Beispiel 4.43 (Quotientenkörper)
Seien $\mathbf{ID}$ und $\mathbf{Field}$ die Kategorien der Integritätsbereiche bzw. der Körper wie in Abschn. 4.2 und $\mathbf{ID}_m$ die Unterkategorie von $\mathbf{ID}$, deren Objekte alle Integritätsbereiche sind, als Morphismen aber nur die injektiven *unitalen* (das heißt die Eins

erhaltenden) Ringhomomorphismen genommen werden. Dann ist **Field** auch eine Unterkategorie von $\mathbf{ID}_m$. Sei $G : \mathbf{Field} \to \mathbf{ID}_m$ der Funktor, der jeden Körper als Integritätsbereich auffasst und jeden Körperhomomorphismus (automatisch injektiv) als unitalen Ringhomomorphismus interpretiert. Dann ist der durch

$$\mathrm{ob}(\mathbf{ID}_m) \to \mathrm{ob}(\mathbf{Field}) \ , \ R \mapsto Q(R),$$
$$\mathbf{ID}_m(R, R') \to \mathbf{Field}\big(Q(R), Q(R')\big) \ , \ \varphi \mapsto \left(\frac{r}{s} \mapsto \frac{\varphi(r)}{\varphi(s)}\right)$$

definierte Funktor $F : \mathbf{ID}_m \to \mathbf{Field}$ linksadjungiert zu G (die Bezeichnungen sind dieselben wie in Satz 1.18). Die zugehörige Adjunktion

$$\Gamma_{R,\mathbb{K}} : \mathbf{ID}_m\big(R, G(\mathbb{K})\big) \to \mathbf{Field}\big(Q(R), \mathbb{K}\big)$$

für $R \in \mathrm{ob}(\mathbf{ID}_m)$ und $\mathbb{K} \in \mathrm{ob}(\mathbf{Field})$ ist durch

$$\Gamma_{R,\mathbb{K}}(\varphi) \mapsto \left(\frac{r}{s} \mapsto \varphi(r)\varphi(s)^{-1}\right)$$

gegeben. □

Beispiel 4.44 (Abelisierung von Gruppen)
Seien **Ab** und **Grp** die Kategorien der abelschen Gruppen bzw. der Gruppen wie in Abschn. 4.2 und $G : \mathbf{Ab} \to \mathbf{Grp}$ der Funktor, der jede abelsche Gruppe einfach als Gruppe auffasst. Dann ist der durch

$$\mathrm{ob}(\mathbf{Grp}) \to \mathrm{ob}(\mathbf{Ab}) \ , \ H \mapsto H/[H, H],$$
$$\mathbf{Grp}(H, H') \to \mathbf{Ab}\big(H/[H, H], H'/[H', H']\big) \ , \ \varphi \mapsto \big(g[H, H] \mapsto \varphi(g)[H', H']\big)$$

definierte Funktor $F : \mathbf{Grp} \to \mathbf{Ab}$ linksadjungiert zu G. Hier ist $[H, H]$ die von den Elementen der Form $ghg^{-1}h^{-1}$ erzeugte Untergruppe von H. Diese ist automatisch ein Normalteiler (siehe Beispiel 4.9), sodass der Quotientenraum $H/[H, H]$ eine Gruppenstruktur trägt. Aus der Definition folgt sofort, dass $H/[H, H]$ abelsch ist. (die Bezeichnungen sind dieselben wie in Satz 1.18). Die zugehörige Adjunktion

$$\Gamma_{H,A} : \mathbf{Grp}\big(H, G(A)\big) \to \mathbf{Ab}\big(H/[H, H], A\big)$$

für $H \in \mathrm{ob}(\mathbf{Grp})$ und $A \in \mathrm{ob}(\mathbf{Ab})$ ist durch

$$\Gamma_{H,A}(\varphi) \mapsto \big(g[H, H] \mapsto \varphi(g)\big)$$

gegeben. Dabei ist zu beachten, dass $\Gamma_{H,A}$ wohldefiniert ist, weil $\varphi(ghg^{-1}h^{-1}) = \varphi(g)\varphi(h)\varphi(g^{-1})\varphi(h^{-1}) = 1$. □

Beispiel 4.45 (Tensorprodukte und Hom-Räume)
Sei R ein kommutativer Ring mit Eins und $\mathbf{Mod}_R$ die Kategorie der R-Moduln wie in Abschn. 4.2. Für $C \in \mathrm{ob}(\mathbf{Mod}_R)$ betrachten wir die Funktoren $G := \mathrm{Hom}_R(C, \cdot) : \mathbf{Mod}_R \to \mathbf{Mod}_R$ und $\cdot \otimes_R C : \mathbf{Mod}_R \to \mathbf{Mod}_R$. Es gilt $F \dashv G$, und die zugehörige Adjunktion

$$\Gamma_{M,N} : \mathbf{Mod}_R\big(M, \mathrm{Hom}_R(C, N)\big) \to \mathbf{Mod}_R\big(M \otimes_R C, N\big)$$

für $M, N \in \mathrm{ob}(\mathbf{Mod}_R)$ ist durch

$$\Gamma_{M,N}(\varphi) \mapsto \big(m \otimes c \mapsto \varphi(m)(c)\big)$$

gegeben. □

Beispiel 4.46 (Produkte und Funktionenräume)
Für $B \in \mathrm{ob}(\mathbf{Set})$ betrachten wir den Funktor $F := (\cdot) \times B : \mathbf{Set} \to \mathbf{Set}$, der durch

$$\begin{aligned} \mathrm{ob}(\mathbf{Set}) &\to \mathrm{ob}(\mathbf{Set}) \ , \ A \mapsto A \times B, \\ \mathbf{Set}(A, A') &\to \mathbf{Set}\big(A \times B, A' \times B\big) \ , \ \varphi \mapsto \big((a, b) \mapsto (\varphi(a), b)\big) \end{aligned}$$

gegeben ist, sowie den Funktor $(\cdot)^B : \mathbf{Set} \to \mathbf{Set}$, der durch

$$\begin{aligned} \mathrm{ob}(\mathbf{Set}) &\to \mathrm{ob}(\mathbf{Set}) \ , \ A \mapsto A^B := \{f : B \to A\}, \\ \mathbf{Set}(A, A') &\to \mathbf{Set}\big(A^B, (A')^B\big) \ , \ \varphi \mapsto \big(f \mapsto \varphi \circ f\big) \end{aligned}$$

gegeben ist. Es gilt $F \dashv G$, und die zugehörige Adjunktion

$$\Gamma_{A,A'} : \mathbf{Set}(A \times B, A') \to \mathbf{Set}\big(A, (A')^B\big)$$

für $A, A' \in \mathrm{ob}(\mathbf{Set})$ ist durch

$$\Gamma_{A,A'}(\varphi) \mapsto \big(a \mapsto (b \mapsto \varphi(a, b))\big)$$

gegeben. □

Beispiel 4.47 (Vervollständigung metrischer Räume)
Sei **Met** die Kategorie der metrischen Räume mit den gleichmäßig stetigen Abbildungen als Morphismen. Die vollständigen metrischen Räume bilden eine volle Unterkategorie **CMet**. Der Funktor $G : \mathbf{CMet} \to \mathbf{Met}$ sei der natürliche Vergiss-Funktor, der jeden vollständigen metrischen Raum einfach als metrischen Raum auffasst. Die Vervollständigung eines metrischen Raumes X durch Einbettung in die Menge $\overline{X}$ der Äquivalenzklassen von Cauchy-Folgen (siehe [Hi13, Konstruktion 1.25]) liefert einen Funktor $F : \mathbf{Met} \to \mathbf{CMet}$, denn gleichmäßig stetige Abbildungen $\varphi : X \to Y$ zwischen metrischen Räumen lassen sich in eindeutiger

Weise zu einer gleichmäßig stetigen Abbildung $\overline{\varphi} : \overline{X} \to \overline{Y}$ auf die Vervollständigungen fortsetzen. Es gilt $F \dashv G$, und die zugehörige Adjunktion

$$\Gamma_{X,C} : \mathbf{Met}\big(X, G(C)\big) \to \mathbf{CMet}(\overline{X}, C)$$

für $X \in \mathrm{ob}(\mathbf{Met})$ und $C \in \mathrm{ob}(\mathbf{CMet})$ ist durch

$$\Gamma_{X,C}(\varphi) \mapsto \overline{\varphi}$$

gegeben, wobei beachtet werden muss, dass die Einbettung $C \to \overline{C}$ surjektiv, also ein Isomorphismus metrischer Räume, ist. □

Beispiel 4.48 (Skalarerweiterung)
Sei R ein kommutativer Ring mit Eins und S eine R-Algebra. Betrachte die Funktoren $G : {}_S\mathbf{Mod} \to \mathbf{Mod}_R$, der jeden Links-$S$-Modul als R-Modul auffasst. Dann ist der Funktor $F := S \otimes_R (\cdot) : \mathbf{Mod}_R \to {}_S\mathbf{Mod}$ linksadjungiert zu G. Die zugehörige Adjunktion

$$\Gamma_{M,N} : \mathbf{Mod}_R(M, N) \to {}_S\mathbf{Mod}(S \otimes_R M, N)$$

für $M \in \mathrm{ob}(\mathbf{Mod}_R)$ und $N \in \mathrm{ob}({}_S\mathbf{Mod})$ ist durch

$$\Gamma_{M,N}(\varphi) \mapsto \big(s \otimes m \mapsto s \cdot \varphi(m)\big)$$

gegeben. □

Beispiel 4.49 (Frobenius-Reziprozität für Gruppen)
Sei R ein kommutativer Ring mit Eins und G eine Gruppe. Ein R-Modul M heißt ein *G-Modul,* wenn es eine G-Wirkung $G \times M \to M$ (siehe Beispiel 4.10) gibt und jede der Abbildungen $m \mapsto g \cdot m$ ein R-Modulhomomorphismus ist. Die G-Moduln bilden zusammen mit den R-Modulhomomorphismen $\varphi \in \mathbf{Mod}_R(M, M')$, die

$$\forall g \in G, m \in M : \quad g \cdot \varphi(m) = \varphi(g \cdot m)$$

erfüllen, eine Unterkategorie ${}_G\mathbf{Mod}_R$ von $\mathbf{Mod}_R$.

Sei jetzt H eine Untergruppe von G. Dann gibt es einen Vergiss-Funktor

$$\mathrm{Res}^G_H : {}_G\mathbf{Mod}_R \to {}_H\mathbf{Mod}_R,$$

der dadurch entsteht, dass man die G-Wirkung einfach auf H einschränkt. Dieser Vergiss-Funktor hat einen adjungierten Funktor $\mathrm{Ind}^G_H : {}_H\mathbf{Mod}_R \to {}_G\mathbf{Mod}_R$, den man die *Induktion* von H nach G nennt. Man kann ihn wie folgt konstruieren: Für $M \in \mathrm{ob}({}_H\mathbf{Mod}_R)$ setzt man

$$\mathrm{Ind}^G_H(M) := \{f : G \to M \mid \forall g \in G, h \in H : f(hg) = h \cdot f(g)\}.$$

Da die H-Wirkung R-linear ist, ist $\mathrm{Ind}_H^G(M)$ ein R-Untermodul von $M^G := \{f\colon G \to M\}$. Mit

$$\forall g, g' \in G: \quad (g \cdot f)(g') := f(g'g)$$

definiert man eine G-Modulstruktur auf $\mathrm{Ind}_H^G(M)$, weil man für $g, g' \in G, h \in H$ und $f \in \mathrm{Ind}_H^G(M)$ wie folgt rechnen kann:

$$(g \cdot f)(hg') = f(hg'g) = h \cdot f(g'g) = h \cdot (g \cdot f)(g').$$

Für $\varphi \in {}_H\mathbf{Mod}_R(M, M')$ setzen wir

$$\mathrm{Ind}_H^G(\varphi) : \mathrm{Ind}_H^G(M) \to \mathrm{Ind}_H^G(M'), \quad f \mapsto \varphi \circ f.$$

Dann rechnet man leicht nach (Übung), dass $\mathrm{Ind}_H^G : {}_H\mathbf{Mod}_R \to {}_G\mathbf{Mod}_R$ in der Tat ein Funktor ist.

Sei $N \in \mathrm{ob}({}_G\mathbf{Mod}_R)$ und $M \in \mathrm{ob}({}_H\mathbf{Mod}_R)$. Wenn $\varphi \in {}_G\mathbf{Mod}_R\big(N, \mathrm{Ind}_H^G(M)\big)$, dann definieren wir

$$\hat{\varphi} : N \to M, \quad n \mapsto \big(\varphi(n)\big)(1),$$

wobei $1 \in G$ die Eins ist. Dann gilt

$$\hat{\varphi}(h \cdot n) = \big(\varphi(h \cdot n)\big)(1) = \big(h \cdot \varphi(n)\big)(1) = \varphi(n)(h) = h \cdot \big(\varphi(n)(1)\big) = h \cdot \hat{\varphi}(n),$$

das heißt $\hat{\varphi} \in {}_H\mathbf{Mod}_R(\mathrm{Res}_H^G(N), M)$. Umgekehrt setzen wir

$$\tilde{\psi} : N \to \mathrm{Ind}_H^G(M), \quad n \mapsto \big(g' \mapsto \psi(g' \cdot n)\big)$$

für $\psi \in {}_H\mathbf{Mod}_R\big(\mathrm{Res}_H^G(N), M\big)$. Dann gilt

$$\big(\tilde{\psi}(g \cdot n)\big)(g') = \psi\big(g' \cdot (g \cdot n)\big) = \psi(g'g \cdot n) = \big(\tilde{\psi}(n)\big)(g'g) = \big(g \cdot \big(\tilde{\psi}(n)\big)\big)(g'),$$

das heißt $\tilde{\psi}(g \cdot n) = g \cdot \big(\tilde{\psi}(n)\big)$ und somit $\tilde{\psi} \in {}_G\mathbf{Mod}_R\big(N, \mathrm{Ind}_H^G(M)\big)$. Es ist nun eine Übungsaufgabe zu verifizieren, dass $\varphi \mapsto \hat{\varphi}$ und $\psi \mapsto \tilde{\psi}$ zueinander inverse Abbildungen sind. Zusammen erhalten wir für jedes Objekt $(N, M) \in \mathrm{ob}({}_G\mathbf{Mod}_R \times {}_H\mathbf{Mod}_R)$ eine Bijektion

$$\Gamma_{N,M} : {}_G\mathbf{Mod}_R\big(N, \mathrm{Ind}_H^G(M)\big) \to {}_H\mathbf{Mod}_R(\mathrm{Res}_H^G(N), M).$$

Eine weitere Übungsaufgabe ist es nun zu verifizieren, dass diese Bijektion natürlich in (N, M) ist, das heißt $\mathrm{Res}_H^G \dashv \mathrm{Ind}_H^G$ zu zeigen. □

Damit ist die Liste der elementaren Beispiele von Paaren adjungierter Funktoren bei Weitem nicht erschöpft. Wir stellen noch einige in Übungsaufgaben vor, verweisen aber ansonsten auf die Tabellen in [ML98, S. 87] und [HS73, S. 198].

Übung 4.18 (Frobenius-Reziprozität für Algebren)
Sei R ein kommutativer Ring mit Eins und B eine R-Algebra mit Eins. Für eine Unteralgebra A von B, die die Eins enthält, hat man immer den natürlichen Restriktionsfunktor $\mathrm{Res}_A^B : {}_B\mathbf{Mod} \to {}_A\mathbf{Mod}$. Man zeige, dass die Funktoren

$$\mathrm{Ind}_A^B := \mathrm{Hom}_A(B, \cdot) : {}_A\mathbf{Mod} \to {}_B\mathbf{Mod}$$

und

$$\mathrm{Prod}_A^B := B \otimes_A (B, \cdot) : {}_A\mathbf{Mod} \to {}_B\mathbf{Mod}$$

rechts- bzw. linksadjungiert zu Res_A^B sind, das heißt $\mathrm{Prod}_A^B \dashv \mathrm{Res}_A^B \dashv \mathrm{Ind}_A^B$.

Übung 4.19 (Äußere Algebren)
Sei R ein kommutativer Ring mit Eins, in dem $1 + 1 \neq 0$ gilt. Eine *$\mathbb{Z}$-graduierte* R-Algebra A ist eine R-Algebra, die sich als direkte Summe $\bigoplus_{n\in\mathbb{Z}} A_n$ von R-Untermoduln $A_n \subseteq A$ schreiben lässt, die zusätzlich

$$\forall n, m \in \mathbb{Z} : \quad A_n \cdot A_m \subseteq A_{n+m}$$

erfüllen. Eine $\mathbb{Z}$-graduierte R-Algebra heißt *alternierend,* wenn $A_n = 0$ für $n < 0$ und

$$\forall n, m \in \mathbb{N}_0, x \in A_n, y \in A_m : \quad xy = (-1)^{nm} yx.$$

(i) Man definiere eine Unterkategorie $\mathbf{Alg}_R^{\mathrm{alt}}$ der alternierenden R-Algebren von $\mathbf{Alg}_R$ und zeige, dass der Funktor $\Lambda : \mathbf{Mod}_R \to \mathbf{Alg}_R$ aus Beispiel 4.23 als $\Lambda : \mathbf{Mod}_R \to \mathbf{Alg}_R^{\mathrm{alt}}$ aufgefasst werden kann.
(ii) Man betrachte den Vergiss-Funktor $G : \mathbf{Alg}_R^{\mathrm{alt}} \to \mathbf{Mod}_R$ und zeige, dass $\Lambda \dashv G$.

Übung 4.20 (Universelle einhüllende Algebra)
Sei R ein kommutativer Ring mit Eins und $\mathbf{LieAlg}_R$ die Kategorie der R-Lie-Algebren (siehe Beispiel 4.5 und Übung 4.3).

(i) Für eine assoziative R-Algebra A definiert man das *Kommutatorprodukt*

$$\forall a, b \in A : [a, b] := ab - ba.$$

Man zeige, dass $(A, [\cdot, \cdot])$ eine R-Lie-Algebra ist und durch Ersetzen der Multiplikation die Identität zu einem Funktor $G : \mathbf{Alg}_R \to \mathbf{LieAlg}_R$ wird.
(ii) Sei L eine R-Lie-Algebra und $\mathrm{T}(L)$ die Tensoralgebra über L. Sei $I(L) \subseteq \mathrm{T}(L)$ das von den Elementen der Form $x \otimes y - y \otimes y - [x, y] \in \mathrm{T}(L)$ mit $x, y \in L$ erzeugte Ideal von $\mathrm{T}(L)$. Man zeige, dass durch

$$\mathrm{ob}(\mathbf{LieAlg}_R) \to \mathrm{ob}(\mathbf{Alg}_R)\ ,\ L \mapsto \mathrm{U}(L) := \mathrm{T}(L)/I(L),$$
$$\mathbf{LieAlg}_R(L, L') \to \mathbf{Alg}_R\big(\mathrm{U}(L), \mathrm{U}(L')\big)\ ,\ \varphi \mapsto \big(t + I(L) \mapsto \mathrm{T}(\varphi)(t) + I(L')\big)$$

ein Funktor $\mathrm{U} : \mathbf{LieAlg}_R \to \mathbf{Alg}_R$ definiert wird, der linksadjungiert zu G ist.

Man nennt $\mathrm{U}(L)$ die *universelle einhüllende* Algebra von L.

Eindeutigkeit von adjungierten Funktoren

Wir beginnen jetzt mit den Vorbereitungen für den Nachweis der Eindeutigkeit von adjungierten Funktoren. Um den passenden notationellen Rahmen dafür zu schaffen, führen wir zunächst die Kategorie *aller* Funktoren zwischen zwei Kategorien ein, auch wenn uns diese Kategorie neue mengentheoretische Probleme beschert.

Definition 4.50 (Natürliche Transformationen und Funktorkategorie)
Seien **A** und **B** Kategorien. Die *Funktorkategorie* $[\mathbf{A}, \mathbf{B}]$ hat als Objekte alle Funktoren $F : \mathbf{A} \to \mathbf{B}$. Ein Morphismus $\Phi \in [\mathbf{A}, \mathbf{B}](F, F')$ wird durch eine Familie $(\Phi_A)_{A \in \mathrm{ob}(\mathbf{A})}$ von Morphismen $\Phi_A : F(A) \to F'(A)$ gegeben, die

$$\forall \alpha \in \mathbf{A}(A, A') : \quad F'(\alpha) \circ \Phi_A = \Phi_{A'} \circ F(\alpha) \tag{4.2}$$

erfüllt. Man nennt so ein Φ auch eine *natürliche Transformation* von F nach F' und schreibt $\mathbf{A} \overset{F}{\underset{F'}{\Downarrow\Phi}} \mathbf{B}$ für Φ, wenn man die ganze Information in der Notation transportieren will.

Das mengentheoretische Problem mit der Definition 4.50 liegt darin, dass die natürlichen Transformationen Φ von F nach F' nicht immer eine Menge bilden. Das haben wir aber in Definition 4.11 von den Morphismen zwischen zwei Objekten gefordert. Dieses Problem lässt sich auf unterschiedliche Weisen lösen. Manche Autoren lassen auch Kategorien zu, für die die Morphismen zwischen zwei Objekten keine Mengen bilden, und nennen Kategorien, wie wir sie in Definition 4.11 eingeführt haben, *lokal klein* (siehe [Le14, Def. 1.1.1 und § 3.2]). Andere Autoren beschränken die Gültigkeit der Axiome auf ein gewähltes *Universum* von Mengen, das selbst eine Menge ist (siehe [ML98, § I.6]). Wie schon in Abschn. 4.2 blenden wir das Problem auch hier aus und konzentrieren uns auf das Potential der geschilderten Begriffe, Konstruktionsmuster zu beschreiben.

Damit $[\mathbf{A}, \mathbf{B}]$, unabhängig von den mengentheoretischen Schwierigkeiten, eine Kategorie werden kann, muss man eine Verknüpfung von natürlichen Transformationen definieren. Dies geschieht für $\Phi \in [\mathbf{A}, \mathbf{B}](F, F')$ und $\Psi \in [\mathbf{A}, \mathbf{B}](F', F'')$ durch die Formel $(\Psi \circ \Phi)_A := \Psi_A \circ \Phi_A$ für $A \in \mathrm{ob}(\mathbf{A})$. Verlangt wird für eine Kategorie auch eine identische Transformation 1_F, die aber einfach durch $(1_F)_A := 1_{F(A)}$ gegeben ist.

Mit diesen Setzungen ergibt sich jetzt der Begriff des *natürlichen Isomorphismus* von Funktoren, als Isomorphismus in der Kategorie $[\mathbf{A}, \mathbf{B}]$ (siehe Definition 4.17), der sich explizit auch ohne Rückgriff auf diese Kategorie formulieren lässt.

Definition 4.51 (Natürlicher Isomorphismus von Funktoren)
Seien **A** und **B** Kategorien sowie $F, F' : \mathbf{A} \to \mathbf{B}$ Funktoren. Ein *natürlicher Isomorphismus* von F zu F' ist eine natürliche Transformation $\Phi = (\Phi_A)_{A \in \mathrm{ob}(\mathbf{A})}$ von F nach F', zu der es eine natürliche Transformation $\Psi = (\Psi_A)_{A \in \mathrm{ob}(\mathbf{A})}$ von F' nach F gibt, die

$$\forall A \in \mathrm{ob}(\mathbf{A}) : \quad \Psi_A \circ \Phi_A = 1_{F(A)} \text{ und } \Phi_A \circ \Psi_A = 1_{F'(A)}$$

erfüllt. Wir schreiben $F \simeq F'$, wenn es einen natürlichen Isomorphismus von F zu F' gibt.

Übung 4.21 (Natürlicher Isomorphismus von Funktoren)
Seien **A** und **B** Kategorien sowie $F, F' : \mathbf{A} \to \mathbf{B}$ Funktoren. Sei $\Phi = (\Phi_A)_{A \in \mathrm{ob}(\mathbf{A})}$ eine natürliche Transformation von F zu F', für die jedes $\Phi_A \in \mathbf{B}(F(A), F'(A))$ ein Isomorphismus ist. Man zeige, dass die $\Phi_A^{-1} \in \mathbf{B}(F(A), F'(A))$ eine natürliche Transformation von F' zu F bilden und Φ ein natürlicher Isomorphismus ist.

Mithilfe der Funktorkategorien kann man die dargestellten Funktoren H^X und H_X aus Beispiel 4.25 zusammenfassen.

Beispiel 4.52 (Dargestellte Funktoren)
Sei **C** eine Kategorie.

(i) Man definiert einen Funktor $H^\bullet : \mathbf{C}^{\mathrm{op}} \to [\mathbf{C}, \mathbf{Set}]$ durch

$$\mathrm{ob}(\mathbf{C}^{\mathrm{op}}) \to \mathrm{ob}([\mathbf{C}, \mathbf{Set}]) \ , \ X \mapsto H^X,$$

$$\mathbf{C}^{\mathrm{op}}(X, X') \to [\mathbf{C}, \mathbf{Set}](H^X, H^{X'}) \ , \ \varphi \mapsto H^\varphi := \mathbf{C} \underset{H^{X'}}{\overset{H^X}{\Downarrow\Phi}} \mathbf{Set} \ ,$$

wobei $\Phi_C : \mathbf{C}(X, C) = H^X(C) \to H^{X'}(C) = \mathbf{C}(X', C), \ f \mapsto f \circ \varphi$ ist.

(ii) Man definiert einen Funktor $H_\bullet : \mathbf{C} \to [\mathbf{C}^{\mathrm{op}}, \mathbf{Set}]$ durch

$$\mathrm{ob}(\mathbf{C}) \to \mathrm{ob}([\mathbf{C}^{\mathrm{op}}, \mathbf{Set}]) \ , \ X \mapsto H_X,$$

$$\mathbf{C}(X, X') \to [\mathbf{C}^{\mathrm{op}}, \mathbf{Set}](H_X, H_{X'}) \ , \ \psi \mapsto H_\psi := \mathbf{C}^{\mathrm{op}} \underset{H_{X'}}{\overset{H_X}{\Downarrow\Psi}} \mathbf{Set} \ ,$$

wobei $\Psi_C : \mathbf{C}(C, X) = H_X(C) \to H_{X'}(C) = \mathbf{C}(C, X'), \ h \mapsto \psi \circ h$ ist. □

In Beispiel 4.52 ist der Teil (ii) eigentlich überflüssig. Wenn man nämlich den Funktor $H^\bullet : \mathbf{C}^{\mathrm{op}} \to [\mathbf{C}, \mathbf{Set}]$ für die Kategorie $\mathbf{D} = \mathbf{C}^{\mathrm{op}}$ betrachtet, erhält man (Übung!) nichts anderes als den Funktor $H_\bullet : \mathbf{D} \to [\mathbf{D}^{\mathrm{op}}, \mathbf{Set}]$.

Beispiel 4.53 (Evaluationsfunktor)
Sei **C** eine Kategorie. Man definiert einen Funktor $\mathrm{ev} : \mathbf{C}^{\mathrm{op}} \times [\mathbf{C}^{\mathrm{op}}, \mathbf{Set}] \to \mathbf{Set}$ durch

$$\mathrm{ob}(\mathbf{C}^{\mathrm{op}} \times [\mathbf{C}^{\mathrm{op}}, \mathbf{Set}]) \to \mathrm{ob}(\mathbf{Set}) \ , \ (C, F) \mapsto F(C)$$

und

$$(\mathbf{C}^{\mathrm{op}} \times [\mathbf{C}^{\mathrm{op}}, \mathbf{Set}])\big((C,F),(C',F')\big) \to \mathbf{Set}\big(F(C), F'(C')\big)$$

$$\Big(\varphi,\ \mathbf{C}^{\mathrm{op}} \underset{F'}{\overset{F}{\Downarrow\Phi}} \mathbf{Set}\Big) \mapsto F'(\varphi) \circ \Phi_C.$$

□

Ein Vergleich von Definition 4.42, 4.50 und 4.51 legt nahe, dass sich die Adjungiertheit von Funktoren durch natürliche Isomorphismen von Funktoren ausdrücken lässt. Dazu betrachten wir ein Paar $\mathbf{A} \underset{G}{\overset{F}{\rightleftarrows}} \mathbf{B}$ von Funktoren und bilden dazu die Funktoren (siehe Beispiel 4.16 und Übung 4.8)

$$F^{\mathrm{op}} \times 1_{\mathbf{B}} : \mathbf{A}^{\mathrm{op}} \times \mathbf{B} \to \mathbf{B}^{\mathrm{op}} \times \mathbf{B} \quad \text{und} \quad 1_{\mathbf{A}^{\mathrm{op}}} \times G : \mathbf{A}^{\mathrm{op}} \times \mathbf{B} \to \mathbf{A}^{\mathrm{op}} \times \mathbf{A}.$$

Verknüpft man diese Funktoren mit dem Hom-Funktor $\mathrm{Hom}_{\mathbf{A}} : \mathbf{A}^{\mathrm{op}} \times \mathbf{A} \to \mathbf{Set}$ bzw. seinem Analogon $\mathrm{Hom}_{\mathbf{B}}$ für $\mathbf{B}$ (siehe Übung 4.7 und 4.9), findet man die beiden in der Adjunktion von F und G relevanten Funktoren

$$\mathbf{A}\big(\cdot, G(\cdot)\big), \mathbf{B}\big(F(\cdot), \cdot\big) : \mathbf{A}^{\mathrm{op}} \times \mathbf{B} \to \mathbf{Set}.$$

Aus den Definitionen folgt sofort (Übung!), dass $\mathbf{A} \underset{G}{\overset{F}{\rightleftarrows}}_{\perp\Gamma} \mathbf{B}$ genau dann gilt, wenn

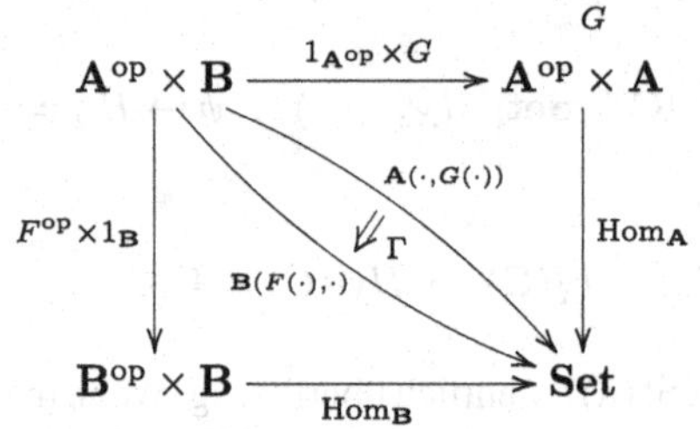

Das zentrale Werkzeug für den Nachweis der Eindeutigkeit von adjungierten Funktoren ist das Yoneda-Lemma.

Lemma 4.54 (Yoneda)
Sei $\mathbf{A}$ *eine Kategorie. Dann ist der Evaluationsfunktor*

$$\mathrm{ev} : \mathbf{A}^{\mathrm{op}} \times [\mathbf{A}^{\mathrm{op}}, \mathbf{Set}] \to \mathbf{Set}$$

natürlich isomorph zur Verknüpfung der Funktoren

$$H_{\bullet}^{\mathrm{op}} \times 1_{[\mathbf{A}^{\mathrm{op}}, \mathbf{Set}]} : \mathbf{A}^{\mathrm{op}} \times [\mathbf{A}^{\mathrm{op}}, \mathbf{Set}] \to [\mathbf{A}^{\mathrm{op}}, \mathbf{Set}]^{\mathrm{op}} \times [\mathbf{A}^{\mathrm{op}}, \mathbf{Set}]$$

und

$$\mathrm{Hom}_{[\mathbf{A}^{\mathrm{op}},\mathbf{Set}]} : [\mathbf{A}^{\mathrm{op}}, \mathbf{Set}]^{\mathrm{op}} \times [\mathbf{A}^{\mathrm{op}}, \mathbf{Set}] \to \mathbf{Set}.$$

Beweis Wir suchen einen natürlichen Isomorphismus Φ von $F := \mathrm{ev}$ zu $F' := \mathrm{Hom}_{[\mathbf{A}^{\mathrm{op}},\mathbf{Set}]} \circ (H_\bullet^{\mathrm{op}} \times 1_{[\mathbf{A}^{\mathrm{op}},\mathbf{Set}]})$. Mit $\mathbf{C} := \mathbf{A}^{\mathrm{op}} \times [\mathbf{A}^{\mathrm{op}}, \mathbf{Set}]$ suchen wir also einen natürlichen Isomorphismus $\mathbf{C} \underset{F'}{\overset{F}{\Downarrow \Phi}} \mathbf{Set}$. Für $(A, X) \in \mathrm{ob}(\mathbf{C})$ gelten

$$F(A, X) = X(A) \quad \text{und} \quad F'(A, X) = [\mathbf{A}^{\mathrm{op}}, \mathbf{Set}](H_A, X).$$

Wir suchen also zu $(A, X) \in \mathrm{ob}(\mathbf{C})$ eine natürliche Bijektion

$$\Phi_{(A,X)} : X(A) \to [\mathbf{A}^{\mathrm{op}}, \mathbf{Set}](H_A, X), \quad x \mapsto \tilde{x},$$

wobei $\widetilde{x} = (\widetilde{x}_B)_{B \in \mathrm{ob}(\mathbf{A}^{\mathrm{op}})} = \mathbf{A}^{\mathrm{op}} \underset{X}{\overset{H_A}{\Downarrow \widetilde{x}}} \mathbf{Set}$. Das heißt, jedes $\tilde{x}_B$ ist eine Abbildung $\tilde{x}_B : H_A(B) = \mathbf{A}^{\mathrm{op}}(A, B) \to X(B)$. Man beachte, dass für $\varphi \in \mathbf{A}^{\mathrm{op}}(A, B)$ der Morphismus $X(\varphi) \in \mathbf{Set}\big(X(A), X(B)\big)$ einfach nur eine Abbildung $X(A) \to X(B)$ ist.

Behauptung 1: Durch $\tilde{x}_B(\varphi) := X(\varphi)(x)$ wird eine natürliche Transformation $\mathbf{A}^{\mathrm{op}} \underset{X}{\overset{H_A}{\Downarrow \widetilde{x}}} \mathbf{Set}$ definiert.

Mit Behauptung 1 hat man die Abbildungen $\Phi_{(A,X)}$ festgelegt.

Behauptung 2: Durch die $\Phi_{(A,X)}$ wird eine natürliche Transformation

$$\mathbf{C} \underset{F'}{\overset{F}{\Downarrow \Phi}} \mathbf{Set}$$

definiert.

Wir konstruieren die Umkehrabbildung zu $\Phi_{(A,X)}$: Für $\alpha = (\alpha_B)_{B \in \mathrm{ob}(\mathbf{A}^{\mathrm{op}})} = \mathbf{A}^{\mathrm{op}} \underset{X}{\overset{H_A}{\Downarrow \widetilde{x}}} \mathbf{Set}$ setzen wir $\hat{\alpha} := \alpha_A(1_A)$. Das ist sinnvoll, weil α_A eine Abbildung $H_A(A) = \mathbf{A}^{\mathrm{op}}(A, A) = \mathbf{A}(A, A) \to X(A)$ ist und $1_A \in \mathbf{A}(A, A)$ gilt. Also gilt $\hat{\alpha} \in X(A)$, und wir haben eine Abbildung

$$\Psi_{(A,X)} : [\mathbf{A}^{\mathrm{op}}, \mathbf{Set}](H_A, X) \to X(A), \quad \alpha \mapsto \hat{\alpha}$$

konstruiert.

Behauptung 3: Es gilt $\Psi_{(A,X)} = \Phi^{-1}_{(A,X)}$.

Behauptung 4: Durch die $\Psi_{(A,X)}$ wird eine natürliche Transformation

$$\mathbf{C} \underset{F}{\overset{F'}{\rightrightarrows}} \mathbf{Set} \quad \Downarrow \Psi$$

definiert.

Die Verknüpfungen der beiden natürlichen Transformationen Ψ und Φ ergibt nach Behauptung 3 jeweils die identische natürliche Transformation. Damit ist das Yoneda-Lemma auf die vier aufgeführten Behauptungen zurückgeführt. Die Verifikation dieser Behauptungen besteht jeweils in einer kurzen expliziten Rechnung, in die nur die relevanten Definitionen eingehen. Diese Rechnungen seien dem Leser als Übung überlassen (man findet sie zum Beispiel in [Le14, § 4.2]).

Die für uns wichtigste Anwendung des Yoneda-Lemmas ist die Erkenntnis, dass man eine Kategorie immer in eine Funktorkategorie „einbetten" kann (analog der Einbettung eines Integritätsbereichs in seinen Quotientenkörper). Um den Begriff der Einbettung präziser fassen zu können, machen wir die folgenden Definitionen.

Definition 4.55 (Volle und treue Funktoren)
Ein Funktor $F : \mathbf{A} \to \mathbf{B}$ heißt *voll/treu,* wenn für jedes Paar von Objekten $A, A' \in \mathrm{ob}(\mathbf{A})$ die Abbildung $F : \mathbf{A}(A, A') \to \mathbf{B}\big(F(A), F(A')\big)$ surjektiv/injektiv ist.

Die angekündigte *Yoneda-Einbettung* einer Kategorie ist ein Funktor, der voll und treu ist.

Korollar 4.56 (Yoneda-Einbettung)
Sei $\mathbf{A}$ *eine Kategorie. Dann ist der Funktor* $H_\bullet : \mathbf{A} \to [\mathbf{A}^{\mathrm{op}}, \mathbf{Set}]$ *aus Beispiel* 4.52 *voll und treu.*

Beweis Wir müssen zeigen, dass für $A, A' \in \mathrm{ob}(\mathbf{A})$ die Abbildung

$$\mathbf{A}(A, A') \to [\mathbf{A}^{\mathrm{op}}, \mathbf{Set}](H_A, H_{A'}), \quad \psi \mapsto H_\psi$$

bijektiv ist. Die Abbildung

$$\mathbf{A}(A, A') = H_{A'}(A) \to [\mathbf{A}^{\mathrm{op}}, \mathbf{Set}](H_A, H_{A'}), \quad x \mapsto \tilde{x}$$

ist nach Lemma 4.54 bijektiv. Es genügt also zu zeigen, dass die beiden Abbildungen übereinstimmen. In der Notation des Beweises von Lemma 4.54 müssen wir also zeigen, dass für $\psi \in \mathbf{A}(A, A')$ gilt $\tilde{\psi} = H_\psi$. Äquivalent dazu ist $\hat{H_\psi} = \psi$. Letzteres folgt aber aus der Rechnung $\hat{H_\psi} = (H_\psi)_A(1_A) = \psi \circ 1_A = \psi$.

Die nach Beispiel 4.52 erklärte Dualität zwischen $H_\bullet$ und $H^\bullet$ über die opponierten Kategorien liefert jetzt sofort, dass auch der Funktor $H^\bullet : \mathbf{A}^{\mathrm{op}} \to [\mathbf{A}, \mathbf{Set}]$ voll und treu ist (Übung!).

Die für uns entscheidende Eigenschaft *volltreuer* (das heißt voller und treuer) Funktoren ist, dass man damit die Isomorphie von Objekten wahlweise in einer der beiden beteiligten Kategorien testen kann.

Übung 4.22 (Volltreue Funktoren)
Sei $J : \mathbf{A} \to \mathbf{B}$ ein volltreuer Funktor und $A, A' \in \mathrm{ob}(\mathbf{A})$. Dann gilt:

(i) $\varphi \in \mathbf{A}(A, A')$ ist genau dann ein Isomorphismus, wenn $J(\varphi) \in \mathbf{B}\big(J(A), J(A')\big)$ ein Isomorphismus ist.
(ii) Zu jedem Isomorphismus $\psi \in \mathbf{B}\big(J(A), J(A')\big)$ gibt es genau einen Isomorphismus $\varphi \in \mathbf{A}(A, A')$ mit $J(\varphi) = \psi$.
(iii) A und A' sind genau dann isomorph in $\mathbf{A}$, wenn $J(A)$ und $J(A')$ isomorph in $\mathbf{B}$ sind.

Wir können jetzt unser Programm abschließen und zeigen, dass adjungierte Funktoren bis auf natürliche Isomorphie eindeutig bestimmt sind. Für Existenzaussagen über adjungierte Funktoren verweisen wir auf [ML98,HS73,Le14].

Satz 4.57 (Eindeutigkeit des adjungierten Funktors)
Sei

$$\mathbf{A} \underset{G}{\overset{F}{\rightleftarrows}} \mathbf{B} \quad (F \dashv G)$$

ein Paar von adjungierten Funktoren. Dann gilt:

(i) *Wenn* $\mathbf{A} \underset{G}{\overset{F'}{\rightleftarrows}} \mathbf{B}$ $(F' \dashv G)$, *dann ist F' natürlich isomorph zu F.*

(ii) *Wenn* $\mathbf{A} \underset{G'}{\overset{F}{\rightleftarrows}} \mathbf{B}$ $(F \dashv G')$, *dann ist G' natürlich isomorph zu G.*

Beweis

(i) Sei $A \in \mathrm{ob}(\mathbf{A})$ fest gewählt. Setzt man in die Funktoren $\mathbf{B}(F(\cdot), \cdot)$ und $\mathbf{B}(F'(\cdot), \cdot)$ das Objekt A bzw. den Morphismus 1_A ein, ergeben sich die Funktoren

$$H^{F(A)} = \mathbf{B}\big(F(A), \cdot\big), H^{F'(A)} = \mathbf{B}\big(F'(A), \cdot\big) : \mathbf{B} \to \mathbf{Set}.$$

Nach Voraussetzung sind diese Funktoren beide natürlich isomorph zu dem Funktor $\mathbf{A}(A, G(\cdot))$, den man erhält, wenn man A und 1_A in den Funktor $\mathbf{A}(\cdot, G(\cdot))$ einsetzt. Insbesondere sind also $H^{F(A)}$ und $H^{F'(A)}$ natürlich isomorph. Weil aber $H^{\bullet}$ volltreu ist, sind nach Übung 4.22 auch die Objekte $F(A)$ und $F'(A)$ isomorph. Da die Isomorphismen der Funktoren

$$\mathbf{B}\big(F(\cdot), \cdot\big) \cong \mathbf{A}\big(\cdot, G(\cdot)\big) \cong \mathbf{B}\big(F'(\cdot), \cdot\big)$$

von $\mathbf{A}^{\mathrm{op}} \times \mathbf{B}$ nach **Set** in beiden Variablen natürlich sind, setzen sich die Isomorphismen $F(A) \to F'(A)$ zu einer natürlichen Transformation zusammen, die dann nach Übung 4.21 ein natürlicher Isomorphismus $F \cong F'$ ist. Damit ist (i) gezeigt.

(ii) Sei $B \in \mathrm{ob}(\mathbf{B})$ fest gewählt. Setzt man in die Funktoren $\mathbf{A}(\cdot, G(\cdot))$ und $\mathbf{A}(\cdot, G'(\cdot))$ das Objekt B bzw. den Morphismus 1_B ein, ergeben sich die Funktoren

$$H_{G(B)} = \mathbf{A}\big(\cdot, G(B)\big), H_{G'(B)} = \mathbf{A}\big(\cdot, G(B)\big) : \mathbf{A} \to \mathbf{Set}.$$

Nach Voraussetzung sind diese Funktoren beide natürlich isomorph zu dem Funktor $\mathbf{B}(F(\cdot), B)$, den man erhält, wenn man B und 1_B in den Funktor $\mathbf{B}(F(\cdot), \cdot)$ einsetzt. Insbesondere sind also $H_{G(B)}$ und $H_{G'(B)}$ natürlich isomorph. Weil aber $H_\bullet$ volltreu ist, sind nach Übung 4.22 auch die Objekte $G(B)$ und $G'(B)$ isomorph. Da die Isomorphismen der Funktoren

$$\mathbf{A}\big(\cdot, G(\cdot)\big) \cong \mathbf{B}\big(F(\cdot), \cdot\big) \cong \mathbf{A}\big(\cdot, G'(\cdot)\big)$$

von $\mathbf{A}^{\mathrm{op}} \times \mathbf{B}$ nach **Set** in beiden Variablen natürlich sind, setzen sich die Isomorphismen $G(B) \to G'(B)$ zu einer natürlichen Transformation zusammen, die dann nach Übung 4.21 ein natürlicher Isomorphismus $G \cong G'$ ist. Damit ist der Beweis von (ii) abgeschlossen.

Übung 4.23 (Rechtsadjungierte Funktoren vertauschen mit Limiten)
Seien **A** und **B** Kategorien sowie $F : \mathbf{A} \to \mathbf{B}$ und $G : \mathbf{B} \to \mathbf{A}$ adjungiert Funktoren: $F \dashv G$. Man zeige:

(i) G vertauscht mit Limiten: $G\big(\varprojlim_{i\in\mathbf{I}} D(i)\big) = \varprojlim_{i\in\mathbf{I}} G\big(D(i)\big)$.
(ii) F vertauscht mit Kolimiten: $F\big(\varinjlim_{i\in\mathbf{I}} D(i)\big) = \varinjlim_{i\in\mathbf{I}} F\big(D(i)\big)$.

Äquivalenz von Kategorien

Die für den Beweis von Satz 4.57 zusammengetragenen Definitionen erlauben uns, den Begriff der *Äquivalenz* von Kategorien einzuführen, der in der Praxis sehr viel bedeutender ist als der offensichtliche Begriff der *Isomorphie* von Kategorien.

Definition 4.58 (Isomorphie und Äquivalenz von Kategorien)
A und **B** seien Kategorien.

(i) **A** und **B** heißen *isomorph,* wenn es zwei Funktoren $F : \mathbf{A} \to \mathbf{B}$ und $G : \mathbf{B} \to \mathbf{A}$ mit $G \circ F = \mathrm{id}_\mathbf{A}$ und $F \circ G = \mathrm{id}_\mathbf{B}$ gibt.
(ii) **A** und **B** heißen *äquivalent,* wenn es zwei Funktoren $F : \mathbf{A} \to \mathbf{B}$ und $G : \mathbf{B} \to \mathbf{A}$ mit $G \circ F \simeq \mathrm{id}_\mathbf{A}$ und $F \circ G \simeq \mathrm{id}_\mathbf{B}$ gibt (siehe Definition 4.51).

Wir werden in den späteren Kapiteln diverse Beispiele für äquivalente Kategorien sehen. Um auch hier ein elementares Beispiel aus der linearen Algebra einfach behandeln zu können, geben wir die folgende Charakterisierung der Äquivalenz von Kategorien an.

Proposition 4.59 (Äquivalenz von Kategorien)
Zwei Kategorien $\mathbf{A}$ *und* $\mathbf{B}$ *sind genau dann äquivalent, wenn es einen volltreuen Funktor* $F : \mathbf{A} \to \mathbf{B}$ *gibt, der essenziell surjektiv ist, das heißt*

$$\forall B \in \mathrm{ob}(\mathbf{B})\ \exists A \in \mathrm{ob}(\mathbf{A}) : \quad F(A) \cong B.$$

Beweis Wenn $\mathbf{A}$ und $\mathbf{B}$ äquivalent sind, dann gibt es Funktoren $F : \mathbf{A} \to \mathbf{B}$ und $G : \mathbf{B} \to \mathbf{A}$ mit $G \circ F \simeq \mathrm{id}_{\mathbf{A}}$ und $F \circ G \simeq \mathrm{id}_{\mathbf{B}}$. Wir zeigen, dass F volltreu und essenziell surjektiv ist: Zu $B \in \mathrm{ob}(\mathbf{B})$ wähle $A := G(B)$. Dann gilt

$$B = \mathrm{id}_{\mathbf{B}}(B) \cong (F \circ G)(B) = F(A),$$

also ist F essenziell surjektiv. Sei $\Phi = (\Phi_A)_{A \in \mathrm{ob}(\mathbf{A})}$ der natürliche Isomorphismus von $G \circ F$ zu $\mathrm{id}_{\mathbf{A}}$. Dann gilt

$$\forall \alpha \in \mathbf{A}(A, A') : \quad \alpha \circ \Phi_A = \Phi_{A'} \circ (G \circ F)(\alpha).$$

Also ist für zwei Objekte $A, A' \in \mathrm{ob}(\mathbf{A})$ die Abbildung

$$\mathbf{A}(A, A') \to \mathbf{B}\big(F(A), F(A')\big), \quad \alpha \mapsto F(\alpha)$$

invertierbar mit Inversem

$$\mathbf{B}\big(F(A), F(A')\big) \to \mathbf{A}(A, A'), \quad \beta \mapsto \Phi_{A'} \circ G(\beta) \circ \Phi_A^{-1}.$$

Dies zeigt, dass F auch volltreu ist.

Umgekehrt nehmen wir jetzt an, dass $F : \mathbf{A} \to \mathbf{B}$ ein essenziell surjektiver volltreuer Funktor ist. Wegen der essenziellen Surjektivität von F können wir für jedes $B \in \mathrm{ob}(\mathbf{B})$ ein $G(B) := A \in \mathrm{ob}(\mathbf{A})$ und einen Isomorphismus $\Psi_B : B \to F(A)$ wählen. Für jeden Morphismus $\beta \in \mathbf{B}(B, B')$ betrachten wir das kommutative Diagramm

$$\begin{array}{ccc} B & \xrightarrow{\Psi_B} & F\big(G(B)\big) \\ {\scriptstyle\beta}\downarrow & & \downarrow{\scriptstyle \Psi_{B'} \circ \beta \circ \Psi_B^{-1}} \\ B' & \xrightarrow{\Psi_{B'}} & F\big(G(B')\big) \end{array}$$

Da F volltreu ist, ist die Abbildung

$$\mathbf{A}(A, A') \to \mathbf{B}\big(F(A), F(A')\big), \quad \alpha \mapsto F(\alpha)$$

bijektiv. Also ist auch

$$\mathbf{A}(A, A') \to \mathbf{B}(B, B'), \quad \alpha \mapsto \Psi_{B'} \circ F(\alpha) \circ \Psi_B^{-1}$$

bijektiv. Angewandt auf $A = G(B)$ und $A' = G(B')$ liefert das einen (eindeutig bestimmten) Morphismus $G(\beta) := \alpha \in \mathbf{A}(A, A')$ mit $\Psi_{B'} \circ F(\alpha) \circ \Psi_B^{-1} = \beta$. Man rechnet nun nach (Details als Übung!), dass $G : \mathbf{B} \to \mathbf{A}$ ein Funktor ist und $\Psi = (\Psi_B)_{B \in \text{ob}(\mathbf{B})}$ ein natürlicher Isomorphismus von $\text{id}_\mathbf{B}$ und $F \circ G$.

Um auch einen natürlichen Isomorphismus von $\text{id}_\mathbf{A}$ und $G \circ F$ zu konstruieren, betrachten wir zu $A \in \text{ob}(\mathbf{A})$ den Isomorphismus $\Psi_{F(A)}^{-1} : F\big(G(F(A))\big) \to F(A)$. Da

$$\mathbf{A}\big(G(F(A)), A\big) \to \mathbf{B}\big(F\big(G(F(A))\big), F(A)\big), \quad \alpha \mapsto F(\alpha)$$

bijektiv ist, gibt es einen eindeutig bestimmten Morphismus $\Phi_A \in \mathbf{A}\big(A, G(F(A))\big)$ mit $F(\Phi_A) = \Psi_{F(A)}^{-1}$. Die Konstruktion zeigt sofort, dass Φ_A ein Isomorphismus mit $F(\Phi_A^{-1}) = \Psi_{F(A)}$ ist. Also liefert das obige Diagramm für $\beta = F(\alpha)$ mit $\alpha \in \mathbf{A}(A, A')$ das kommutative Diagramm

$$\begin{array}{ccc} F(A) & \xleftarrow{F(\Phi_A)} & F\big(G(F(A))\big) \\ {\scriptstyle F(\alpha)}\downarrow & & \downarrow{\scriptstyle F\left(\Phi_{A'}^{-1} \circ \alpha \circ \Phi_A\right)} \\ F(A') & \xleftarrow{F(\Phi_{A'})} & F\big(G(F(A'))\big) \end{array}$$

Wieder aus der Volltreue von F erhält man, dass $\Phi_{A'}^{-1} \circ \alpha \circ \Phi_A = \alpha$. Also haben wir das kommutative Diagramm

$$\begin{array}{ccc} A & \xleftarrow{\Phi_A} & G(F(A)) \\ {\scriptstyle \alpha}\downarrow & & \downarrow{\scriptstyle \Phi_{A'}^{-1} \circ \alpha \circ \Phi_A} \\ A' & \xleftarrow{\Phi_{A'}} & G(F(A')) \end{array}$$

und $\Phi = (\Phi_A)_{A \in \text{ob}(\mathbf{A})}$ ist ein natürlicher Isomorphismus von $\text{id}_\mathbf{A}$ und $G \circ F$.

Beispiel 4.60 (Äquivalenz von Kategorien)
Sei $\mathbb{K}$ ein Körper und $\mathbf{Mat}_\mathbb{K}$ die Kategorie, deren Objekte die Vektorräume $\mathbb{K}^n$ mit $n \in \mathbb{N}_0$ ($\mathbb{K}^0 := \{0\}$) und deren Morphismen durch $\mathbf{Mat}_\mathbb{K}(\mathbb{K}^n, \mathbb{K}^m) := \text{Mat}_{n \times m}(\mathbb{K})$ mit der Matrizenmultiplikation als Komposition definiert sind. Dann ist $\mathbf{Mat}_\mathbb{K}$ äquivalent zur Kategorie $\mathbf{Vect}_\mathbb{K}^{\text{fin}}$ der endlichdimensionalen $\mathbb{K}$-Vektorräume mit den $\mathbb{K}$-linearen Abbildungen als Morphismen.

Um dies einzusehen, betrachten wir den Funktor $F : \mathbf{Mat}_\mathbb{K} \to \text{Vect}_\mathbb{K}^{\text{fin}}$, der durch $F(\mathbb{K}^n) := \mathbb{K}^n$ und

$$\forall A \in \text{Mat}_{n \times m}(\mathbb{K}),\ v \in \mathbb{K}^n : \quad F(A)v := Av$$

definiert ist. Er ist offensichtlich volltreu. Da jeder endlichdimensionale $\mathbb{K}$-Vektorraum isomorph zu einem $\mathbb{K}^n$ ist (wähle eine Basis), liefert Proposition 4.59 die Behauptung. □

Literatur Das Buch [Gr08] ist eine Standardreferenz (Erstauflage 1968) zur universellen Algebra, das weit über die wenigen Grundbegriffe hinausgeht, die wir hier diskutiert haben. Klassische Texte zur Kategorientheorie sind [HS73, ML98]. Dass die Kategorientheorie in der gegenwärtigen Mathematik eine wesentlich größere Rolle spielt als die universelle Algebra, spiegelt sich auch in der Tatsache, dass es eine Reihe neuerer Bücher gibt, die dem Thema ganz oder teilweise gewidmet sind, zum Beispiel [Le14, KS06]. Abgesehen davon haben die meisten Bücher über moderne algebraische Geometrie, Darstellungstheorie oder Topologie mindestens ein Kapitel zum Thema Kategorien und Funktoren. Die Hinzunahme von natürlichen Transformation zu Objekten und Morphismen ist ein allererster Schritt in Richtung einer *höheren Kategorientheorie,* die in der modernen Homotopietheorie eine wichtige Rolle spielt. Wir gehen in diesem Buch darauf nicht ein, man findet in [La21] aber eine elementare Einführung.

Teil II
Lokale Strukturen

Die Stetigkeit einer reellwertigen Funktion auf einem topologischen Raum ist eine lokale Eigenschaft: Wenn man für jeden Punkt des Definitionsbereichs die Funktion nur in einer kleinen Umgebung des Punktes kennt, kann man entscheiden, ob die Funktion stetig ist oder nicht. Dagegen ist die Integrierbarkeit einer reellwertigen Funktion auf einem mit einem Maß versehenen topologischen Raum keine lokale Eigenschaft. So ist zum Beispiel für die konstante Funktion 1 auf $\mathbb{R}$ die Einschränkung auf jede beschränkte offene Menge integrierbar, die gesamte Funktion aber nicht.

Für offene Teilmengen von $\mathbb{R}^n$ ist auch die Differenzierbarkeit von reellwertigen Funktionen eine lokale Eigenschaft. Angesichts der Nützlichkeit differenzierbarer Funktionen stellt sich die Frage, ob man das Konzept der Differenzierbarkeit auch auf andere topologische Räume ausdehnen kann. Welche Anforderung muss man dafür an einen topologischen Raum stellen? Eine Antwort auf diese Frage ist: „Der topologische Raum muss lokal so aussehen wie $\mathbb{R}^n$." Man fordert also, dass der topologische Raum eine zusätzliche Struktur trägt, die von lokaler Natur ist.

In diesem Teil des Buches wird die Idee einer lokalen Struktur präzisiert und eine Reihe bedeutender lokaler Strukturen vorgestellt. Wir beginnen in Kap. 5 mit dem abstrakten Konzept einer Garbe, das einerseits die Idee einer lokalen Eigenschaft präzisiert und andererseits ein sehr vielseitig einsetzbares und starkes begriffliches Werkzeug ist, das aus der modernen Mathematik nicht mehr wegzudenken ist.

Als erste konkrete lokale Struktur betrachten wir das Konzept einer Mannigfaltigkeit, deren lokales Modell ein Vektorraum mit passender Funktionengarbe ist. Wir beschränken uns auf endlichdimensionale Vektorräume über $\mathbb{R}$ oder $\mathbb{C}$, was dann auf endlichdimensionale reelle bzw. komplexe Mannigfaltigkeiten führt. Für die zugehörigen Garben von Funktionen hat man immer noch diverse Auswahlmöglichkeiten. Für stetige Funktionen erhält man den Begriff einer topologischen Mannigfaltigkeit. Wenn mindestens eine stetige Ableitung gefordert wird, erhält man differenzierbare Mannigfaltigkeiten unterschiedlichsten Regularitätsgrades. Am Ende der Skala hat man die analytischen Mannigfaltigkeiten, für die die Funktionen des lokalen Modells die Potenzreihen mit positivem Konvergenzradius sind. Für die reellen Mannigfaltigkeiten kennt man schon einen guten Teil der lokalen Theorie aus den üblichen Analysisvorlesungen, in denen Differential- und Integralrechnung in einer und mehreren Variablen behandelt wird. Daher liegt der Schwerpunkt in Kap. 6 auf der Konstruktion abgeleiteter lokaler Strukturen wie dem Tangentialbündel und der Garbe der Differentialformen. Mithilfe von Differentialformen kann man eine Integrationstheorie für Mannigfaltigkeiten entwickeln. Die Vorgehensweise dabei ist exemplarisch für lokale Strukturen: Man kennt Integrale in den lokalen Modellen und weiß (aus dem Transformationssatz), wie sie sich unter Diffeomorphismen verhalten. Dieses Wissen nutzt man, um durch Verkleben ein globales Integral von Differentialformen maximalen Grades zu definieren. Ebenfalls exemplarisch für diesen Kontext ist der Satz von Stokes, der durch Verkleben aus dem Hauptsatz der Differential- und Integralrechnung gewonnen wird.

Die lokale Theorie komplexer Mannigfaltigkeiten, das heißt die Differential- und Integralrechnung von komplexwertigen Funktionen in einer oder mehreren komplexen Variablen, wird in den Anfängervorlesungen üblicherweise nicht behandelt. Da sich ein dafür zentrales Resultat, der Cauchy-Integralsatz, leicht aus dem Satz von Stokes ableiten lässt, beweisen wir einige grundlegende lokale Ergebnisse und zeigen damit als exemplarisches globales Resultat, dass auf einer kompakten komplexen Mannigfaltigkeit jede komplex-differenzierbare Funktion konstant ist.

In Kap. 7 wenden wir uns der zweiten Familie von lokalen Strukturen zu, die in diesem Teil ausführlicher besprochen werden sollen: den algebraischen Varietäten und Schemata. Hier erfordert die lokale Theorie weitere algebraische Vorbereitungen. Wir zeigen dazu insbesondere den Hilbert'schen Nullstellensatz, der den Fundamentalsatz der Algebra verallgemeinert und erlaubt, Nullstellenmengen von Polynomen mit Koeffizienten in einem algebraisch abgeschlossenen Körper durch Ideale in Polynomringen zu beschreiben. Diese Nullstellenmengen sind die lokalen Modelle für algebraische Varietäten, deren Punkte dann mit maximalen Idealen eines Ringes identifiziert werden können. Die lokalen Modelle für Schemata sind noch etwas vielfältiger und dienen dem Zweck, auch Aussagen über Nullstellenmengen von Polynomen mit Koeffizienten in beliebigen Körpern (oder sogar Ringen) machen zu können.

Garben

5

Inhaltsverzeichnis

Garben sind Strukturen auf topologischen Räumen, die man durch Vorgabe von lokalen Daten beschreiben kann. Dabei sollte man sich lokale Daten als Objekte vorstellen, die man offenen Teilmengen zuordnet, zum Beispiel die Menge aller stetigen Funktionen, die auf der offenen Teilmenge definiert sind. Damit man bei einer solchen Zuordnung von lokalen Daten sprechen kann, sollten die Objekte, die zwei offenen Mengen zugeordnet sind, miteinander verträglich sein, wenn die offenen Mengen sich schneiden. Für die stetigen Funktionen äußert sich das zum Beispiel dadurch, dass die Einschränkungen von stetigen Funktion auf die Schnittmenge ebenfalls stetig sind. Eine Präzisierung dieser Idee ist das Konzept der Prägarbe, das wir in Abschn. 5.1 näher untersuchen. Eine wahrhaft lokale Struktur hat man aber erst, wenn es schon ausreicht, verträgliche lokale Daten vorzugeben, und dann garantiert ist, dass sie von einem eindeutig bestimmten globalen Objekt kommen, so wie das im Falle von stetigen oder differenzierbaren Funktionen ist. Präzisiert man diese Zusatzbedingung an Prägarben, landet man beim Konzept einer Garbe.

Wir werden wiederholt beispielhaft Garben von Funktionen mit vorgegebenen Differenzierbarkeitseigenschaften auf offenen Teilmengen von $\mathbb{K}^n$ mit $\mathbb{K}$ gleich $\mathbb{R}$ oder $\mathbb{C}$ betrachten. Diese Garben werden in Kap. 6 eine zentrale Rolle spielen. Wir gehen davon aus, dass die Differenzialrechnung in einer oder mehreren reellen Variablen den Lesern bekannt ist. Diese Theorie hat in weiten Teilen eine komplexe Entsprechung, die zwar in den einführenden Vorlesungen oft nicht explizit erwähnt wird, sich aber wörtlich aus dem reellen Fall übertragen lässt, indem man einfach $\mathbb{R}$ durch $\mathbb{C}$ ersetzt und kleine Intervalle durch kleine Kreisscheiben. Das gilt insbesondere für die Definitionen von Differenzierbarkeit und die Entwicklung von Funktionen durch Potenzreihen (siehe [Di85] oder [Hi13] für einheitliche Darstellungen).

J. Hilgert, *Mathematische Strukturen*,
https://doi.org/10.1007/978-3-662-68893-9_5

5.1 Prägarben und Garben

Die ökonomischste Art, das Konzept einer Prägarbe einzuführen, ist, sie als Funktor zu definieren. Man sollte dabei aber immer die Idee lokaler Daten im Hinterkopf haben.

Definition 5.1 (Prägarben)
Sei $(X, \mathfrak{T})$ ein topologischer Raum, das heißt, $\mathfrak{T}$ ist die Menge der offenen Teilmengen von X. Betrachte die Kategorie $\mathfrak{T}^{\mathrm{op}}$, deren Objekte die Elemente von $\mathfrak{T}$ sind, und in der es zwischen zwei offenen Teilmengen U und V von X genau dann einen (einzigen) Morphismus $U \to V$ gibt, wenn $V \subseteq U$ gilt (siehe Übung 4.10). Weiter sei $\mathbf{C}$ eine Kategorie. Eine $\mathbf{C}$-*Prägarbe* über X ist ein Funktor $\mathcal{F}\colon \mathfrak{T}^{\mathrm{op}} \to \mathbf{C}$. Das heißt, eine Prägarbe ordnet jeder offenen Teilmenge U von X ein Objekt $\mathcal{F}(U)$ von $\mathbf{C}$ zu, und jedem Paar (U, V) von offenen Teilmengen von X mit $V \subseteq U$ ist ein $\mathbf{C}$-Morphismus $\rho_{V,U} := \rho^{\mathcal{F}}_{V,U} : \mathcal{F}(U) \to \mathcal{F}(V)$ zugeordnet. Man nennt $\rho_{V,U}$ die *Restriktion* von U auf V. Wenn $W \subseteq V \subseteq U$ offen in X sind, gilt $\rho_{W,V} \circ \rho_{V,U} = \rho_{W,U}$.

In dieser Allgemeinheit brauchen die Objekte $\mathcal{F}(U) \in \mathrm{ob}(\mathbf{C})$ keine Mengen zu sein. Dann ist es auch nicht sinnvoll, von Elementen von $\mathcal{F}(U)$ zu sprechen. In der Regel betrachtet man $\mathbf{C}$-Prägarben für Kategorien $\mathbf{C} = \mathbf{C}_{\Phi,\Gamma}$ von algebraischen Strukturen eines vorgegebenen Typus (Φ, Γ) (siehe Übung 4.3), also zum Beispiel Prägarben von Mengen (wenn $\Phi = \emptyset$), abelschen Gruppen, Ringen oder Moduln. Für diese Art von Prägarben nennt man die Elemente von $\mathcal{F}(U)$ *Schnitte* von $\mathcal{F}$ über U.

Die einfachsten Prägarben sind durch Funktionenräume gegeben, wobei die Restriktion jeweils durch Einschränkung der Funktionen auf Teilmengen gegeben ist.

Beispiel 5.2 (Prägarben)
Wenn $(X, \mathfrak{T})$ ein topologischer Raum ist, kann man als $\mathcal{F}(U)$ den Raum der stetigen Funktionen auf U mit Werten in einem festen topologischen Raum R nehmen. So erhält man die Prägarbe $\mathcal{C}^0_{X,R} := \mathcal{C}_{X,R} := \mathcal{F}$ der stetigen R-wertigen Funktionen auf X. Wenn R ein topologischer Vektorraum ist, zum Beispiel $\mathbb{R}$ oder $\mathbb{C}$, dann ist $\mathcal{C}_{X,R}$ eine Prägarbe von Vektorräumen. Wenn R ein normierter Vektorraum ist, kann man als $\mathcal{F}(U)$ die Menge der beschränkten Funktionen auf U nehmen und erhält so die Prägarbe $\mathcal{B}_{X,R}$ der beschränkten R-wertigen Funktionen auf X.

Sei $\mathbb{K}$ gleich $\mathbb{R}$ oder $\mathbb{C}$. Wenn X eine offene Teilmenge von $\mathbb{K}^n$ ist und V ein vollständiger $\mathbb{K}$-Vektorraum, kann man als $\mathcal{F}(U)$ auch die Menge der k-mal stetig differenzierbaren V-wertigen Funktionen nehmen ($k \in \mathbb{N} \cup \{\infty\}$) und erhält so die Prägarbe $\mathcal{C}^{\mathbb{K},k}_{X,V} := \mathcal{F}$. Man kann als $\mathcal{F}(U)$ auch die $\mathbb{K}$-analytischen V-wertigen Funktionen nehmen, das heißt Funktionen, die um jeden Punkt herum durch eine Potenzreihe mit Koeffizienten in V und positivem Konvergenzradius dargestellt werden können. Diese Prägarbe bezeichnen wir mit $\mathcal{C}^{\mathbb{K},\omega}_{X,V}$. Wenn $V = \mathbb{K}$, lassen wir das V normalerweise aus der Bezeichnung weg. Auch das $\mathbb{K}$ lässt man aus der Bezeichnung oft weg, wenn aus dem Kontext klar ist, ob reelle oder komplexe Differenzierbarkeit gemeint ist.

Für $\mathbb{K} = \mathbb{C}$ stimmen die Prägarben $C_{X,V}^{\mathbb{C},k}$ für $k \in \mathbb{N} \cup \{\infty\} \cup \{\omega\}$ alle überein (siehe Satz 6.82), aber wir werden dieses Resultat aus der lokalen Funktionentheorie hier nirgendwo benutzen. Man schreibt oft auch $\mathcal{H}ol_{X,V}$ für diese Prägarbe und nennt ihre Schnitte *holomorphe Funktionen*.

Eine weitere Alternative für $\mathcal{F}(U)$ ist die Menge der integrierbaren Funktionen auf U. Man erhält so die Prägarbe $\mathcal{L}_X^1$. □

Man beachte die stark einschränkenden Voraussetzungen, die in Beispiel 5.2 für X gemacht werden, wo von Prägarben von differenzierbaren oder holomorphen Funktionen die Rede ist. Um unser Ziel zu verwirklichen, passende lokale Strukturen auf topologischen Räumen zu definieren, die es erlauben, auch auf allgemeineren Räumen differenzierbare oder holomorphe Funktionen zu betrachten, müssen wir Prägarben miteinander vergleichen können. Dann können wir zum Beispiel Räume in Betracht ziehen, die „lokal so aussehen wie" $\mathbb{R}^n$ oder $\mathbb{C}^n$. In einem ersten Schritt vergleichen wir Prägarben, die über demselben Raum definiert sind.

Definition 5.3 (Morphismen von Prägarben)
Sei $(X, \mathfrak{T})$ ein topologischer Raum, $\mathbf{C}$ eine Kategorie und $\mathcal{F}, \mathcal{G}$ zwei $\mathbf{C}$-Prägarben über X. Ein *Morphismus* ist eine natürliche Transformation $\varphi\colon \mathcal{F} \to \mathcal{G}$. Das heißt, jedem $U \in \mathfrak{T}$ ist ein $\mathbf{C}$-Morphismus $\varphi_U : \mathcal{F}(U) \to \mathcal{G}(U)$ zugeordnet, und für $V \subseteq U$ in $\mathfrak{T}$ ist das Diagramm

$$\begin{array}{ccc} \mathcal{F}(U) & \xrightarrow{\varphi_U} & \mathcal{G}(U) \\ {\scriptstyle \rho^{\mathcal{F}}_{V,U}}\downarrow & & \downarrow{\scriptstyle \rho^{\mathcal{G}}_{V,U}} \\ \mathcal{F}(V) & \xrightarrow[\varphi_V]{} & \mathcal{G}(V) \end{array}$$

kommutativ. Ein *Isomorphismus* von $\mathcal{F}$ nach $\mathcal{G}$ ist ein Morphismus $\varphi\colon \mathcal{F} \to \mathcal{G}$, zu dem es einen Morphismus $\psi\colon \mathcal{G} \to \mathcal{F}$ gibt, der für jedes $U \in \mathfrak{T}$ die Identitäten $\psi_U \circ \varphi_U = 1_{\mathcal{F}(U)}$ und $\varphi_U \circ \psi_U = 1_{\mathcal{G}(U)}$ erfüllt.

Übung 5.1 (Kategorie der C-Prägarben)
Seien $(X, \mathfrak{T})$ ein topologischer Raume und $\mathbf{C}$ eine Kategorie. Man zeige, dass die $\mathbf{C}$-Prägarben zusammen mit den $\mathbf{C}$-Prägarbenmorphismen eine Kategorie $\mathbf{PG}(X, \mathbf{C})$ bilden. □

Für Prägarben abelscher Gruppen liefern Morphismen insbesondere auch neue Beispiele von Prägarben.

Beispiel 5.4 (Kern und Bild eines Morphismus)
Sei $(X, \mathfrak{T})$ ein topologischer Raum und $\mathcal{F}, \mathcal{G}$ Prägarben abelscher Gruppen über X. Weiter sei $\varphi\colon \mathcal{F} \to \mathcal{G}$ ein Morphismus. Dann bilden die Kerne und Bilder der φ_U für $U \in \mathfrak{T}$ jeweils eine Prägarbe abelscher Gruppen über X.

Um ein konkretes Beispiel vor Augen zu haben, betrachten wir $X = \mathbb{C}$ mit der Prägarbe $U \mapsto \mathcal{H}ol_{\mathbb{C}}(U)$ der holomorphen Funktionen. Dann definiert die Familie $\varphi_U : \mathcal{H}ol_{\mathbb{C}}(U) \to \mathcal{H}ol_{\mathbb{C}}(U),\ s \mapsto \exp \circ s$ für offenes $U \subseteq \mathbb{C}$ einen Morphismus von

Prägarben abelscher Gruppen. Es gilt $\ker(\varphi_U) = \{s \in \mathcal{H}ol_{\mathbb{C}}(U) \mid s(U) \subseteq 2\pi i\mathbb{Z}\}$, also besteht $\ker(\varphi_U)$ aus den lokal konstanten (das heißt konstant auf Zusammenhangskomponenten) Funktionen auf U mit Werten in $2\pi i\mathbb{Z}$. Das Bild $\operatorname{im}(\varphi_U)$ besteht dagegen aus denjenigen holomorphen Funktionen $f: U \to \mathbb{C}^\times := \mathbb{C} \setminus \{0\}$, die einen holomorphen Logarithmus haben, das heißt als $f = e^h$ mit $h \in \mathcal{H}ol_{\mathbb{C}}(U)$ geschrieben werden können. Für vorgegebenes f findet man um jeden Punkt eine kleine Umgebung U' und einen Logarithmus von $f|_{U'}$, weil die Exponentialfunktion $\exp: \mathbb{C} \to \mathbb{C}^\times$ nach dem Satz vom lokalen Inversen um jeden Punkt herum lokal invertierbar ist. □

Beispiel 5.5 (Differenzialoperatoren als Prägarbenmorphismen)
Sei X eine offene Teilmenge von $\mathbb{R}$ und $\mathcal{C}_X^\infty$ die Prägarbe der unendlich oft differenzierbaren Funktionen auf X (siehe Beispiel 5.2). Dann definiert die Ableitung $C^\infty(U, \mathbb{R}) \ni f \mapsto \varphi_U(f) = \frac{df}{dx}$ für offenes $U \subseteq X$ einen Morphismus von Prägarben reeller Vektorräume. Beachte, dass jedes $C^\infty(U, \mathbb{R})$ auch eine Multiplikation hat, die sie zu einer $\mathbb{R}$-Algebra macht. Damit kann $\mathcal{C}_X^\infty$ auch als Garbe von $\mathbb{R}$-Algebren interpretiert werden. Da die Ableitung eines Produkts aber nicht das Produkt der Ableitungen ist, ist φ kein Morphismus von Prägarben von $\mathbb{R}$-Algebren.

Sei jetzt X eine offene Teilmenge von $\mathbb{R}^n$ und D ein Differenzialoperator auf X (siehe Beispiel 1.7). Dann definiert auch $C^\infty(U, \mathbb{R}) \ni f \mapsto \varphi_U(f) := D(f)$ für offenes $U \subseteq X$ einen Morphismus von Prägarben reeller Vektorräume. □

Um auch Prägarben über unterschiedlichen topologischen Räumen vergleichen zu können, führen wir das Konzept des direkten Bildes einer Prägarbe ein.

Definition 5.6 (Direktes Bild)
Seien $(X, \mathfrak{T})$ und $(X', \mathfrak{T}')$ topologische Räume und $f: X \to X'$ eine stetige Abbildung. Wenn $\mathcal{F}$ eine **C**-Prägarbe über X ist, wird durch

$$\forall U' \in \mathfrak{T}' : \quad (f_*\mathcal{F})(U') := \mathcal{F}\big(f^{-1}(U')\big)$$

eine **C**-Prägarbe $f_*\mathcal{F}$ über X' definiert, die man das *direkte Bild* von $\mathcal{F}$ unter f nennt.

Wir wollen zwei Prägarben $\mathcal{F}$ und $\mathcal{F}'$ über X und X' als gleichwertig betrachten, wenn es einen Homöomorphismus $f: X \to X'$ gibt, für den $f_*\mathcal{F}$ und $\mathcal{F}'$ isomorph sind. Der Ansatz für eine lokale Struktur, die Differenzialrechnung erlaubt, ist dann eine Prägarbe, die in diesem Sinne lokal gleichwertig zu einer Prägarbe von differenzierbaren Funktionen ist. In diesem Kontext ist zu bemerken, dass sich eine Prägarbe $\mathcal{F}$ über einem topologischen Raum X auf jeder offenen Teilmenge $U \subseteq X$ zu einer Prägarbe $\mathcal{F}|_U$ über U einschränken lässt. Lokale Gleichwertigkeit von $\mathcal{F}$ mit einer Prägarbe von differenzierbaren Funktionen bedeutet dann nichts weiter, als dass es zu jedem Punkt in X eine offene Umgebung U gibt, für die die Einschränkung $\mathcal{F}|_U$ gleichwertig zu einer Prägarbe von differenzierbaren Funktionen ist.

Beispiel 5.7 (Einschränkung einer Prägarbe)
Sei $(X, \mathfrak{T})$ ein topologischer Raum, $\mathbf{C}$ eine Kategorie und $\mathcal{F}$ eine $\mathbf{C}$-Prägarbe über X. Für jede offene Teilmenge $U \subseteq X$ definiert $V \mapsto \mathcal{F}(V)$ für offene $V \subseteq U$ eine $\mathbf{C}$-Prägarbe $\mathcal{F}|_U$ über U. □

Bemerkung 5.8 (Inverses Bild)
Analog zu Definition 5.6 des direkten Bildes einer $\mathbf{C}$-Prägarbe könnte man auch versuchen, zu einer stetigen Abbildung $f\colon X \to X'$ und einer Prägarbe $\mathcal{F}'$ über X' eine Prägarbe $\mathcal{F}$ über X zu konstruieren. Da Bilder offener Mengen unter stetigen Funktionen nicht automatisch offen sind, reicht es dafür aber nicht, einfach $\mathcal{F}(U) := \mathcal{F}'\big(f(U)\big)$ zu setzen. Stattdessen wird man mit offenen Teilmengen $V \subseteq X'$, die $f(U)$ enthalten, arbeiten und dann einen Limes in $\mathbf{C}$ bilden müssen. Das funktioniert allerdings nur, wenn $\mathbf{C}$ die entsprechenden Limiten auch enthält. Wir kommen auf diese Konstruktion und ihren Zusammenhang mit der Konstruktion des inversen Bildes im nächsten Abschnitt nochmal zurück (siehe Beispiel 5.19). □

Um den oben geschilderten Ansatz für die Entwicklung einer lokalen Struktur zur Verallgemeinerung der Differenzialrechnung ausarbeiten zu können, müssen wir den schon in der Einleitung zu diesem Kapitel angekündigten Schritt von den Prägarben zu den Garben gehen.

Garben

Wir definieren $\mathbf{C}$-Garben als $\mathbf{C}$-Prägarben, deren Schnitte man in eindeutiger Weise aus kompatiblen Schnitten über beliebig kleinen offenen Teilmengen gewinnen kann. Für Kategorien der Form $\mathbf{C} = \mathbf{C}_{\Phi,\Gamma}$ von algebraischen Strukturen eines vorgegebenen Typus (Φ, Γ) (siehe Übung 4.3) lässt sich das problemlos machen. Insbesondere gewinnt man so Garben von Mengen. Die im folgenden benutzten Definitionen lassen sich formulieren, wenn die Kategorie $\mathbf{C}$ Limiten und Kolimiten zulässt. Für ganz allgemeine Kategorien kann man die „Yoneda-Philosophie" benutzen und eine $\mathbf{C}$-Prägarbe $\mathcal{F}$ eine Garbe nennen, wenn für jedes Objekt T von $\mathbf{C}$ die Zuordnung $U \mapsto \mathrm{Hom}_{\mathbf{C}}(T, \mathcal{F}(U))$ eine Garbe von Mengen ist. Falls in $\mathbf{C}$ beliebige Produkte existieren, kann man die Garben-Bedingung dann wieder wie in der Definition von Garben von Mengen ausdrücken. Der Einfachheit halber betrachten wir in diesem Buch nur $\mathbf{C}_{\Phi,\Gamma}$-Garben.

Definition 5.9 (Garben)
Sei $(X, \mathfrak{T})$ ein topologischer Raum und $\mathbf{C} = \mathbf{C}_{\Phi,\Gamma}$ eine Kategorie von algebraischen Strukturen. Eine $\mathbf{C}$-Prägarbe $\mathcal{F}$ über X heißt eine $\mathbf{C}$-*Garbe*, wenn für jede offene Überdeckung $\{V_i\}_{i\in I}$ von $U \in \mathfrak{T}$ die folgenden beiden Bedingungen erfüllt sind:

(a) Wenn $s, s' \in \mathcal{F}(U)$ für jedes $i \in I$ die Identität $\rho_{V_i,U}(s) = \rho_{V_i,U}(s') \in \mathcal{F}(V_i)$ erfüllen, dann gilt $s = s' \in \mathcal{F}(U)$.

(b) Wenn die $s_i \in \mathcal{F}(V_i)$ für jedes Paar $i, j \in I$ die Identität $\rho_{V_i \cap V_j, V_i}(s_i) = \rho_{V_i \cap V_j, V_j}(s_j) \in \mathcal{F}(V_i \cap V_j)$ erfüllt, dann gibt es ein $s \in \mathcal{F}(U)$, das für jedes $i \in I$ die Identität $\rho_{V_i, U}(s) = s_i \in \mathcal{F}(V_i)$ erfüllt.

Beispiel 5.10 (Garben)
Die Prägarben $\mathcal{C}_{X,R}$ und $\mathcal{C}^{\mathbb{K},k}_{X,V}$ aus Beispiel 5.2 sind Garben. Dagegen sind die Prägarben $\mathcal{B}_{X,V}$ und $\mathcal{L}^1_X$ keine Garben, weil Funktionen nicht notwendigerweise beschränkt oder integrierbar sind, wenn X von kleinen offenen Mengen überdeckt werden kann, auf denen die Funktionen diese Eigenschaften haben. □

Beispiel 5.11 (Konstante Garben)
Sei $(X, \mathfrak{T})$ ein topologischer Raum und A eine algebraische Struktur vom Typ (Φ, Γ), wie in Übung 4.3, zum Beispiel eine abelsche Gruppe. Für $U \in \mathfrak{T}$ sei $\mathcal{F}(U) := A$. Dann definiert $\mathcal{F}$ eine **C**-Prägarbe über X, wobei $\mathbf{C} = \mathbf{C}_{\Phi,\Gamma}$ die Kategorie der algebraischen Strukturen vom Typ (Φ, Γ) ist. Interpretiert man die Elemente von $\mathcal{F}(U)$ als die Menge der konstanten A-wertigen Funktionen auf U, so erkennt man, dass die Prägarbe $\mathcal{F}$ keine Garbe ist, wenn zum Beispiel X nicht zusammenhängend ist. Man kann zeigen, dass $\mathcal{F}$ genau dann eine Garbe ist, wenn jede offene Teilmenge von X zusammenhängend ist. Definiert man dagegen $A_X(U)$ als die Menge der lokal konstanten A-wertigen Funktionen auf U (das heißt Funktionen, für die es zu jedem Punkt eine Umgebung gibt, auf der sie konstant sind), so erhält man eine Garbe A_X, die man die *konstante Garbe* mit Werten in A nennt. □

Beispiel 5.12 (Wolkenkratzergarben)
Sei $(X, \mathfrak{T})$ ein topologischer Raum, $x \in X$ und A eine (additiv geschriebene) abelsche Gruppe. Durch

$$\mathfrak{T} \ni U \mapsto \mathcal{F}(U) := \begin{cases} A & \text{falls } x \in U \\ \{0\} & \text{falls } x \notin U \end{cases}$$

wird eine Garbe $\mathcal{F}$ über X definiert, die man eine *Wolkenkratzergarbe* nennt. □

Sei $(X, \mathfrak{T})$ ein topologischer Raum, $\mathbf{C} = \mathbf{C}_{\Phi,\Gamma}$ eine Kategorie von algebraischen Strukturen und $\mathcal{F}, \mathcal{G}$ zwei **C**-Garben über X. Ein *Morphismus* $\varphi\colon \mathcal{F} \to \mathcal{G}$ ist nichts anderes als ein Morphismus zwischen den **C**-Prägarben $\mathcal{F}$ und $\mathcal{G}$, das heißt, die **C**-Garben bilden eine volle Unterkategorie $\mathbf{G}(X, \mathbf{C})$ der Kategorie $\mathbf{PG}(X, \mathbf{C})$ der **C**-Prägarben (siehe Übung 5.1).

Beispiel 5.13 (Verkleben von Garben)
Sei $(X, \mathfrak{T})$ ein topologischer Raum, $\{U_i \in \mathfrak{T} \mid i \in I\}$ eine offene Überdeckung von X und $\mathbf{C} = \mathbf{C}_{\Phi,\Gamma}$ eine Kategorie von algebraischen Strukturen. Weiter seien $\mathcal{F}_i \in \mathrm{ob}\big(\mathbf{G}(U_i, \mathbf{C})\big)$ für $i \in I$ Garben über U_i, wobei U_i mit der Unterraumtopologie $\mathfrak{T}_i := \{U \in \mathfrak{T} \mid U \subseteq U_i\}$ versehen ist. Eine Familie von Garbenisomorphismen

$$\big\{\varphi_{ij}\colon \mathcal{F}_j|_{U_i \cap U_j} \to \mathcal{F}_i|_{U_i \cap U_j} \bigm| i, j \in I\big\}$$

heißt ein Satz von *Klebedaten*, wenn

$$\forall i, j, k \in I: \quad \varphi_{ij} \circ \varphi_{jk} = \varphi_{ik} : \mathcal{F}_k|_{U_i \cap U_j \cap U_k} \to \mathcal{F}_i|_{U_i \cap U_j \cap U_k},$$

wobei wir auch den von φ_{ij} durch Einschränkung auf U_k induzierten Isomorphismus $\mathcal{F}_j|_{U_i \cap U_j \cap U_k} \to \mathcal{F}_i|_{U_i \cap U_j \cap U_k}$ mit φ_{ij} bezeichnen. Insbesondere erfüllen Klebedaten $\varphi_{ii} = 1_{\mathcal{F}_i}$ für jedes $i \in I$.

Für einen Satz $\Phi := \{\varphi_{ij} \mid i, j \in I\}$ von Klebedaten und $U \in \mathfrak{T}$ bezeichnen wir die Menge

$$\left\{ (s_i) \in \prod_{i \in I} \mathcal{F}_i(U \cap U_i) \,\middle|\, \forall i, j \in I: \rho^{\mathcal{F}_i}_{U \cap U_i \cap U_j, U \cap U_i}(s_i) = \varphi_{ij}\left(\rho^{\mathcal{F}_j}_{U \cap U_i \cap U_j, U \cap U_j}(s_j)\right) \right\}$$

mit $\mathcal{F}(U)$. Dann definieren die Zuordnungen $\mathfrak{T} \ni U \mapsto \mathcal{F}(U)$ eine **C**-Garbe (Übung), die wir die *Verklebung* der $\mathcal{F}_i$ mittels Φ nennen. Aus der Konstruktion folgt, dass die Einschränkungen $\mathcal{F}|_{U_i}$ isomorph zu den Ausgangsgarben $\mathcal{F}_i$ sind (siehe Beispiel 5.7). □

Übung 5.2 (Garben)
Sei $\varphi: \mathcal{F} \to \mathcal{G}$ ein Morphismus von Garben abelscher Gruppen über X. Man zeige, dass die Kernprägarbe (siehe Beispiel 5.4) von φ selbst eine Garbe ist. Weiter finde man ein Beispiel, das zeigt, dass die Bildprägarbe von φ im Allgemeinen keine Garbe ist.

Übung 5.3 (Garben)
Seien $(X, \mathfrak{T})$ und $(X', \mathfrak{T}')$ topologische Räume und $f: X \to X'$ eine stetige Abbildung. Man zeige: Wenn $\mathcal{F}$ eine **C**-Garbe über X ist, dann ist das direkte Bild $f_*\mathcal{F}$ (siehe Definition 5.6) eine **C**-Garbe über X'.

Garbifizierung von Prägarben

Die Bedingungen aus Definition 5.9 suggerieren, dass Garben sehr spezielle Prägarben sind. Es stellt sich aber heraus, dass man alle Prägarben von algebraischen Strukturen zu Garben „vervollständigen" kann. Die Vorgehensweise ähnelt dem Übergang von der Prägarbe der konstanten Funktionen zur Garbe der lokal konstanten Funktionen mit Werten in einer algebraischen Struktur (siehe Beispiel 5.11).

Definition 5.14 (Halme von Prägarben)
Sei $(X, \mathfrak{T})$ ein topologischer Raum, $\mathbf{C} = \mathbf{C}_{\Phi,\Gamma}$ eine Kategorie algebraischer Strukturen und $\mathcal{F}$ eine **C**-Prägarbe über X. Für $x \in X$ betrachte die durch

$$(U, s) \sim_x (U', s') \quad :\Leftrightarrow \quad \left(\exists x \in V \in \mathfrak{T}, V \subseteq U \cap U' : \quad \rho_{V,U}(s) = \rho_{V,U'}(s') \right)$$

definierte Relation auf der Menge $\{(U, s) \mid x \in U \in \mathfrak{T}, s \in \mathcal{F}(U)\}$. Man zeigt leicht (Übung!), dass $\sim_x$ eine Äquivalenzrelation ist. Die Menge $\mathcal{F}_x$ der Äquivalenzklassen von $\sim_x$ heißt der *Halm* von $\mathcal{F}$ in x. Die Elemente von $\mathcal{F}_x$ nennt man die *Keime* von $\mathcal{F}$ in x.

Bemerkung 5.15 (Algebraische Struktur von Halmen)
Da die $\rho_{V,U}$ Morphismen der Kategorie $\mathbf{C}_{\Phi,\Gamma}$ sind, ist die definierende Bedingung für $\sim_x$ verträglich mit den Verknüpfungen aus Φ. Es folgt (Übung!), dass die Halme $\mathcal{F}_x$ einer $\mathbf{C}_{\Phi,\Gamma}$-Prägarbe $\mathcal{F}$ über X selbst Objekte von $\mathbf{C}_{\Phi,\Gamma}$ sind und die Abbildung $\mathcal{F}(U) \to \mathcal{F}_x, s \mapsto s_x := [s]_{\sim_x}$ für jedes Paar (x, U) mit $x \in U \in \mathfrak{T}$ ein $\mathbf{C}_{\Phi,\Gamma}$-Morphismus ist. Hierbei bezeichnet $[s]_{\sim_x}$ die Äquivalenzklasse von s bezüglich $\sim_x$. □

Man kann auch eine Verbindung von den Halmen einer Prägarbe zu den induktiven Limiten aus Kap. 4 schlagen.

Übung 5.4 (Algebraische Struktur von Halmen)
Sei $(X, \mathfrak{T})$ ein topologischer Raum, $\mathbf{C} = \mathbf{C}_{\Phi,\Gamma}$ eine Kategorie algebraischer Strukturen und $\mathcal{F}$ eine $\mathbf{C}$-Prägarbe über X. Für $x \in X$ sei $I_x := \{U \in \mathfrak{T} \mid x \in U\}$ durch die Inklusion geordnet. Man zeige:

(i) Die $\rho_{V,U} : \mathcal{F}(U) \to \mathcal{F}(V)$ für $x \in V \subseteq U$ bilden ein induktives System in $\mathbf{C}_{\Phi,\Gamma}$ für die zu $(I_x, \subseteq)$ gehörige kleine Kategorie $\mathcal{I}_x$ (siehe Definition 4.38).
(ii) Das induktive System aus (i) hat einen induktiven Limes, und dieser ist durch die Abbildungen $\mathcal{F}(U) \to \mathcal{F}_x,\ s \mapsto s_x$ gegeben.
(iii) Wenn $\varphi : \mathcal{F} \to \mathcal{G}$ ein Morphismus von $\mathbf{C}$-Prägarben über X ist, dann wird für jedes $x \in X$ durch

$$\forall x \in U \in \mathfrak{T}, s \in \mathcal{F}(U) : \quad s_x \mapsto \big(\varphi_U(s)\big)_x$$

ein $\mathbf{C}$-Morphismus $\varphi_x : \mathcal{F}_x \to \mathcal{G}_x$ definiert.
(iv) Die Zuordnungen $\mathcal{F} \to \mathcal{F}_x$ und $\varphi \mapsto \varphi_x$ definieren für jedes $x \in X$ einen *Halmfunktor* $H_x : \mathbf{PG}(X, \mathbf{C}) \to \mathbf{C}$.

Satz 5.16 (Garbifizierung einer Prägarbe)
Sei $(X, \mathfrak{T})$ ein topologischer Raum, $\mathbf{C} = \mathbf{C}_{\Phi,\Gamma}$ eine Kategorie algebraischer Strukturen und $\mathcal{F}$ eine $\mathbf{C}$-Prägarbe über X. Dann gibt es eine bis auf einen $\mathbf{C}$-Garbenisomorphismus eindeutig bestimmte $\mathbf{C}$-Garbe $\mathcal{F}^+$ über X und einen Morphismus $\theta := \theta^{\mathcal{F}} : \mathcal{F} \to \mathcal{F}^+$ von $\mathbf{C}$-Prägarben mit folgender universeller Eigenschaft: Wenn $\mathcal{G}$ eine $\mathbf{C}$-Garbe ist, gibt es zu jedem $\mathbf{C}$-Prägarbenmorphismus $\varphi : \mathcal{F} \to \mathcal{G}$ genau einen $\mathbf{C}$-Garbenmorphismus $\psi : \mathcal{F}^+ \to \mathcal{G}$ mit $\psi \circ \theta = \varphi$, das heißt, das Diagramm

$$\begin{array}{ccc} \mathcal{F} & \xrightarrow{\forall \varphi} & \mathcal{G} \\ & \searrow^{\theta} & \uparrow{\scriptstyle \exists ! \psi} \\ & & \mathcal{F}^+ \end{array}$$

ist kommutativ. Weiter gilt, dass für jedes $x \in X$ die Halmabbildung $\theta_x : \mathcal{F}_x \to \mathcal{F}^+_x$ ein $\mathbf{C}$-Isomorphismus ist.

Beweis Für jedes $U \in \mathfrak{T}$ setzen wir

$$\mathcal{F}^+(U) := \left\{ s\colon U \to \coprod_{x \in U} \mathcal{F}_x \;\middle|\; \text{(A) und (B)} \right\},$$

wobei

(A) $\forall x \in U: \quad s(x) \in \mathcal{F}_x,$
(B) $\forall x \in U: \quad \exists x \in V \subseteq U$ offen, $t \in \mathcal{F}(V)$ mit $\big(\forall y \in V: \; t_y = s(y)\big).$

Zusammen mit den Restriktionsabbildungen $\rho^{\mathcal{F}^+}_{V,U}\colon \mathcal{F}^+(U) \to \mathcal{F}^+(V), s \mapsto s|_V$ für $V \subseteq U$ in $\mathfrak{T}$ ist $\mathcal{F}^+$ eine **C**-Prägarbe, wobei die Verknüpfungen punktweise in den jeweiligen $\mathcal{F}_x$ genommen werden.

Sei jetzt $U \in \mathfrak{T}$ und $\{V_i\}_{i \in I}$ eine offene Überdeckung von U. Wenn $s, s' \in \mathcal{F}^+(U)$ auf allen V_i übereinstimmen, dann sind s und s' als Elemente von $\mathcal{F}^+(U)$ gleich. Damit ist Bedingung (a) aus Definition 5.9 erfüllt. Seien jetzt $s_i \in \mathcal{F}^+(V_i)$ kompatibel, das heißt, es gelte $s_i|_{V_i \cap V_j} = s_j|_{V_i \cap V_j}$ für jedes Paar (i, j) von Elementen in I. Für $x \in V_i$ setzen wir $s(x) := s_i(x) \in \mathcal{F}_x$. Die Kompatibilität der s_i zeigt, dass auf diese Weise eine Abbildung $s\colon U \to \coprod_{x \in X} \mathcal{F}_x$ definiert wird, die (A) erfüllt. Wegen $s_i \in \mathcal{F}^+(V_i)$ gibt es zu jedem $x \in V_i$ eine offene Umgebung V_x von x, die in V_i enthalten ist, und ein $t \in \mathcal{F}(V_x)$ mit

$$\forall y \in V_x: \quad t_y = s_i(y) = s(y).$$

Damit erfüllt s auch (B), ist also ein Element von $\mathcal{F}^+(U)$. Da offensichtlich $s|_{V_i} = s_i$ gilt, haben wir auch die Bedingung (b) aus Definition 5.9 für $\mathcal{F}^+$ nachgewiesen. Also ist $\mathcal{F}^+$ eine **C**-Garbe.

Jetzt setzen wir für jedes $U \in \mathfrak{T}$

$$\theta_U\colon \mathcal{F}(U) \to \mathcal{F}^+(U), \; t \mapsto (x \mapsto t_x). \tag{†}$$

Da jede der Abbildungen $t \mapsto t_x$ ein **C**-Morphismus ist, ist θ_U ebenfalls ein **C**-Morphismus.

Es bleibt nur noch die universelle Eigenschaft zu zeigen, denn die Eindeutigkeitsaussage des Satzes ist eine unmittelbare Konsequenz dieser Eigenschaft. Gegeben sei also eine **C**-Garbe $\mathcal{G}$ über X und ein **C**-Prägarbenmorphismus $\varphi\colon \mathcal{F} \to \mathcal{G}$. Für $U \in \mathfrak{T}$ wollen wir dazu einen **C**-Morphismus $\psi_U\colon \mathcal{F}^+(U) \to \mathcal{G}(U)$ konstruieren. Zu $s \in \mathcal{F}^+(U)$ gibt es eine Überdeckung $\{V_i\}_{i \in I}$ von U durch offene Teilmengen $V_i \subseteq U$ und Elemente $t_i \in \mathcal{F}(V_i)$ mit

$$\forall i \in I, x \in V_i: \quad (t_i)_x = s(x).$$

Wir setzen $\mathcal{G}(V_i) \ni \psi_i(s) := \varphi_{V_i}(t_i) \colon V_i \to \coprod_{x \in V_i} \mathcal{G}_x$ und wählen ein $x \in V_i \cap V_j$. Weil $(t_i)_x = s(x) = (t_j)_x$ ist, gibt es eine offene Umgebung V_x von x in $V_i \cap V_j$ mit $\rho^{\mathcal{F}}_{V_x,V_i}(t_i) = \rho^{\mathcal{F}}_{V_x,V_j}(t_j)$. Die Rechnung

$$\begin{aligned}
\rho^{\mathcal{G}}_{V_x,V_i\cap V_j}\big(\rho^{\mathcal{G}}_{V_i\cap V_j,V_i}(\psi_i(s))\big) = \rho^{\mathcal{G}}_{V_x,V_i}\big(\psi_i(s)\big) \;&=\; \rho^{\mathcal{G}}_{V_x,V_i}\big(\varphi_{V_i}(t_i)\big)\\
= \varphi_{V_x}\big(\rho^{\mathcal{F}}_{V_x,V_i}(t_i)\big) \;&=\; \varphi_{V_x}\big(\rho^{\mathcal{F}}_{V_x,V_j}(t_j)\big)\\
&= \rho^{\mathcal{G}}_{V_x,V_i\cap V_j}\big(\rho^{\mathcal{G}}_{V_i\cap V_j,V_j}(\psi_j(s))\big)
\end{aligned}$$

liefert, weil $\mathcal{G}$ eine Garbe ist und die V_x ganz $V_i \cap V_j$ überdecken, dass

$$\rho^{\mathcal{G}}_{V_i\cap V_j,V_i}\big(\psi_i(s)\big) = \rho^{\mathcal{G}}_{V_i\cap V_j,V_j}\big(\psi_j(s)\big).$$

Wieder mit der Garbeneigenschaft von $\mathcal{G}$ findet man also ein Element $\psi_U(s) \in \mathcal{G}(U)$ mit

$$\forall\, i \in I: \quad \rho^{\mathcal{G}}_{V_i,U}\big(\psi_U(s)\big) = \psi_U(s)|_{V_i} = \psi_i(s) = \varphi_{V_i}(t_i).$$

Weil φ ein Morphismus ist, folgt aus der Konstruktion, dass für $V \subseteq U$ in $\mathfrak{T}$ gilt: $\psi_V \circ \rho^{\mathcal{F}^+}_{V,U} = \rho^{\mathcal{G}}_{V,U} \circ \psi_U$. Dies zeigt, dass ψ ein **Set**-Garbenmorphismen ist. Da alle zur Konstruktion von ψ verwendeten Morphismen **C**-Prägarbenmorphismen sind, ist auch ψ ein **C**-Prägarbenmorphismus, das heißt ein **C**-Garbenmorphismus (Übung!).

Wenn $s = \theta_U(t)$ für $t \in \mathcal{F}(U)$ ist, dann gilt $(t_i)_x = s(x) = t_x \in \mathcal{F}_x$ für alle $x \in V_i$. Also gibt es zu jedem $x \in V_i$ eine offene Umgebung $V_x \subseteq V_i$ mit $\rho^{\mathcal{F}}_{V_x,V_i}(t_i) = \rho^{\mathcal{F}}_{V_x,U}(t)$. Weil φ ein Morphismus ist, folgt

$$\rho^{\mathcal{G}}_{V_x,U}\big(\psi_U(s)\big) = \rho^{\mathcal{G}}_{V_x,V_i}\big(\psi_i(s)\big) = \rho^{\mathcal{G}}_{V_x,V_i}\big(\varphi_{V_i}(t_i)\big) = \rho^{\mathcal{G}}_{V_x,U}\big(\varphi_U(t)\big).$$

Also gilt, wieder weil $\mathcal{G}$ eine Garbe ist, $\psi_U(s) = \varphi_U(t)$. Das heißt, wir haben gezeigt, dass $\psi \circ \theta = \varphi$.

Um die Eindeutigkeit von ψ zu zeigen, nehmen wir an, dass ψ' ein **C**-Garbenmorphismus ist, der $\psi' \circ \theta = \varphi$ erfüllt. Für $s \in \mathcal{F}^+(U)$ und $t_i, i \in I$ wie oben gilt dann wegen $s|_{V_i} = \theta_{V_i}(t_i)$, dass

$$\begin{aligned}
\rho^{\mathcal{G}}_{V_i,U}\big(\psi'_U(s)\big) &= \psi'_{V_i}\big(\rho^{\mathcal{F}^+}_{V_i,U}(s)\big) \;=\; \psi'_{V_i}(s|_{V_i}) \;=\; \psi'_{V_i}\big(\theta_{V_i}(t_i)\big)\\
&= (\psi' \circ \theta)_{V_i}(t_i) \;=\; \varphi_{V_i}(t_i) \;=\; (\psi \circ \theta)_{V_i}(t_i)\\
&= \rho^{\mathcal{G}}_{V_i,U}\big(\psi_U(s)\big).
\end{aligned}$$

Dies zeigt $\psi'_U(s) = \psi_U(s)$, wieder weil $\mathcal{G}$ eine Garbe ist. Da U beliebig war, folgt $\psi' = \psi$. Damit ist die universelle Eigenschaft von $\mathcal{F}^+$ nachgewiesen, und es bleibt nur noch die letzte Aussage des Satzes zu zeigen.

Sei also $x \in X$ und $\theta_x : \mathcal{F}_x \to \mathcal{F}^+_x$ die Halmabbildung zu θ (siehe Übung 5.4). Die Charakterisierung (†) von θ zeigt, dass für $t \in \mathcal{F}(U)$ gilt: $\theta_x(t_x) = (y \mapsto t_y)_x$, wobei der Keim von $(y \mapsto t_y) \in \mathcal{F}^+(U)$ in x für die Prägarbe $\mathcal{F}^+(U)$ zu nehmen ist. Wenn für $t' \in \mathcal{F}(U)$ gilt, dass $t_x = t'_x$, dann existiert eine Umgebung $x \in U' \in \mathfrak{T}$ mit $\rho^{\mathcal{F}}_{U',U}(t) = \rho^{\mathcal{F}}_{U',U}(t')$, also auch $t_y = t'_y$ für alle $y \in U'$. Damit ist θ_x injektiv. Die Surjektivität von θ_x ist aber eine unmittelbare Konsequenz von Bedingung (B). □

Wendet man die Garbifizierungskonstruktion aus dem Beweis von Satz 5.16 auf eine Prägarbe von konstanten Funktionen mit Werten in einer algebraischen Struktur an, so erhält man mit der Eigenschaft (B) gerade die lokal konstanten Funktionen. Analog findet man die lokal beschränkten Funktionen, wenn man mit der Prägarbe der beschränkten Funktion startet. Für die Prägarbe $\mathcal{L}^1_X$ von integrierbaren Funktionen aus Beispiel 5.2 findet man die lokal integrierbaren Funktionen. Alle diese Beispiele illustrieren, dass der Garbenbegriff geeignet ist, lokale Eigenschaften zu charakterisieren.

Bemerkung 5.17 (Garbifizierung als adjungierter Funktor)
Satz 5.16 hat auch eine interessante kategorielle Interpretation: Wenn $\mathcal{F}$ und $\mathcal{G}$ zwei **C**-Prägarben über X sind und $\alpha : \mathcal{F} \to \mathcal{G}$ ein Morphismus ist, liefert Satz 5.16 erst die Morphismen $\theta^{\mathcal{G}} : \mathcal{G} \to \mathcal{G}^+$ und $\theta^{\mathcal{F}} : \mathcal{F} \to \mathcal{F}^+$ und dann zu $\varphi := \theta^{\mathcal{G}} \circ \alpha : \mathcal{F} \to \mathcal{G}^+$ einen Morphismus $\alpha^+ : \mathcal{F}^+ \to \mathcal{G}^+$ mit $\alpha^+ \circ \theta^{\mathcal{F}} = \theta^{\mathcal{G}} \circ \alpha$. Also ist das Diagramm

$$\begin{array}{ccc} \mathcal{F} & \xrightarrow{\alpha} & \mathcal{G} \\ {\scriptstyle \theta^{\mathcal{F}}}\downarrow & & \downarrow{\scriptstyle \theta^{\mathcal{G}}} \\ \mathcal{F}^+ & \xrightarrow[\alpha^+]{} & \mathcal{G}^+ \end{array}$$

kommutativ. Die Eindeutigkeitsaussagen in Satz 5.16 zeigen, dass $\mathcal{F} \mapsto \mathcal{F}^+$ und $\alpha \mapsto \alpha^+$ einen Garbifizierungsfunktor Garb: $\mathbf{PG}(X, \mathbf{C}) \to \mathbf{G}(X, \mathbf{C})$ liefern. Unmittelbar klar aus den Definitionen ist, dass man auch einen Vergiss-Funktor $V : \mathbf{G}(X, \mathbf{C}) \to \mathbf{PG}(X, \mathbf{C})$ hat.

Wendet man Satz 5.16 auf eine **C**-Garbe $\mathcal{F}$ an, so zeigt die Eindeutigkeitsaussage auch, dass $\mathcal{F} = \mathcal{F}^+$ und $\theta^{\mathcal{F}} = 1_{\mathcal{F}}$ ist.

Satz 5.16 liefert weiter, dass man für $\mathcal{F} \in \mathrm{ob}\big(\mathbf{PG}(X, \mathbf{C})\big)$ und $\mathcal{G} \in \mathrm{ob}\big(\mathbf{G}(X, \mathbf{C})\big)$ eine wohldefinierte Abbildung

$$\Gamma_{\mathcal{F},\mathcal{G}} : \mathrm{Hom}_{\mathbf{PG}(X,\mathbf{C})}\big(\mathcal{F}, V(\mathcal{G})\big) \to \mathrm{Hom}_{\mathbf{G}(X,\mathbf{C})}(\mathcal{F}^+, \mathcal{G}), \quad \varphi \mapsto \psi$$

hat, wobei $\Gamma_{\mathcal{F},\mathcal{G}}(\varphi) = \psi$ durch die Identität $\varphi = \psi \circ \theta^{\mathcal{F}}$ eindeutig bestimmt ist. Insbesondere ist $\Gamma_{\mathcal{F},\mathcal{G}}$ injektiv. Für jedes $\varphi \in \mathrm{Hom}_{\mathbf{PG}(X,\mathbf{C})}\big(\mathcal{F}, V(\mathcal{G})\big)$ ist

$$\begin{array}{ccc} \mathcal{F} & \xrightarrow{\varphi} & \mathcal{G} \\ {\scriptstyle \theta^{\mathcal{F}}}\downarrow & & \downarrow{\scriptstyle 1_{\mathcal{G}}} \\ \mathcal{F}^+ & \xrightarrow[\varphi^+]{} & \mathcal{G} \end{array}$$

kommutativ, also gilt $\varphi^+ = \psi = \Gamma_{\mathcal{F},\mathcal{G}}(\varphi)$. Zu $\tilde{\psi} \in \mathrm{Hom}_{\mathbf{G}(X,\mathbf{C})}(\mathcal{F}^+, \mathcal{G})$ definieren wir $\tilde{\varphi} := \tilde{\psi} \circ \theta^{\mathcal{F}} \in \mathrm{Hom}_{\mathbf{PG}(X,\mathbf{C})}\big(\mathcal{F}, V(\mathcal{G})\big)$ und erhalten

$$\Gamma_{\mathcal{F},\mathcal{G}}(\tilde{\varphi}) \circ \theta^{\mathcal{F}} = \tilde{\varphi}^+ \circ \theta^{\mathcal{F}} = \tilde{\varphi} = \tilde{\psi} \circ \theta^{\mathcal{F}}.$$

Es folgt $\Gamma_{\mathcal{F},\mathcal{G}}(\tilde{\varphi}) = \tilde{\psi}$, das heißt, $\Gamma_{\mathcal{F},\mathcal{G}}$ ist auch surjektiv. Direkt aus den Definitionen leitet man jetzt noch ab, dass $\Gamma_{\bullet,\bullet}$ die Natürlichkeitsbedingung aus Definition 4.42 erfüllt (Übung!). Damit ist dann gezeigt, dass der Garbifizierungsfunktor Garb linksadjungiert zum Vergiss-Funktor $V\colon \mathbf{G}(X, \mathbf{C}) \to \mathbf{PG}(X, \mathbf{C})$ ist. □

Das folgende Beispiel zeigt, wie man Garben mithilfe der Garbifizierung als Limiten und Kolimiten aus garbenwertigen Diagrammen konstruiert.

Beispiel 5.18 (Limiten und Kolimiten von Garben)
Sei $(X, \mathfrak{T})$ topologischer Raum und $\mathbf{C} = \mathbf{C}_{\Phi,\Gamma}$ eine Kategorie algebraischer Strukturen. Weiter sei $\mathbf{I}$ eine kleine Kategorie und $D\colon \mathbf{I} \to \mathbf{G}(X, \mathbf{C})$ ein Diagramm. Für jedes $U \in \mathfrak{T}$ definieren wir den *Schnittfunktor* $\rho_U\colon \mathbf{G}(X, \mathbf{C}) \to \mathbf{C}$ durch

$$\begin{aligned} \mathrm{ob}\big(\mathbf{G}(X, \mathbf{C})\big) \ni \mathcal{F} &\mapsto \mathcal{F}(U) \in \mathrm{ob}(\mathbf{C}),\\ \mathbf{G}(X, \mathbf{C})(\mathcal{F}, \mathcal{F}') \ni \varphi &\mapsto \varphi_U \in \mathbf{C}\big(\mathcal{F}(U), \mathcal{F}'(U)\big). \end{aligned}$$

Durch Verknüpfung mit D erhalten wir ein Diagramm $D_U := \rho_U \circ D\colon \mathbf{I} \to \mathbf{C}$. Durch

$$U \mapsto D_U(i), \quad (U \to V) \mapsto \Big(\rho^{D(i)}_{V,U}\colon D_U(i) \to D_V(i)\Big)$$

für $V \subseteq U$ in $\mathfrak{T}$ wird für jedes $i \in \mathrm{ob}(\mathbf{I})$ ein Funktor $\hat{D}(i)\colon \mathbf{T}^{\mathrm{op}} \to \mathbf{C}$ definiert (siehe Übung 4.10). Wegen $\rho_V \circ D(i) = \rho_{V,U} \circ \rho_U \circ D(i)$ sind die $\hat{D}(i)$ Prägarben.

(i) Wir nehmen an, dass für jedes $U \in \mathfrak{T}$ der Limes $L_U := \varprojlim_{\mathbf{I}} D_U$ existiert. Dann liefert die universelle Eigenschaft

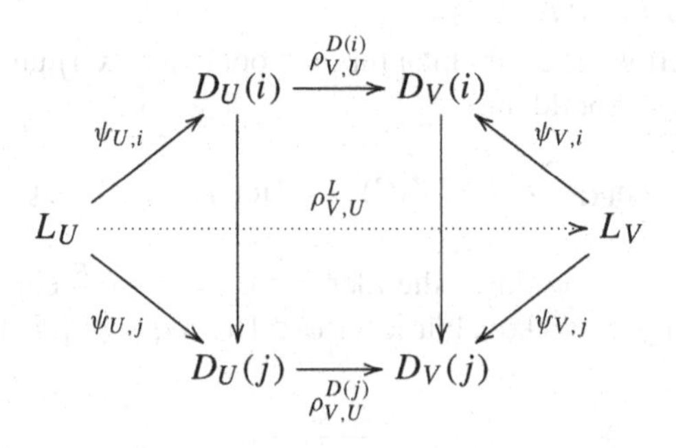

und $U \mapsto L_U$ wird mit den $\rho^L_{V,U}$ zu einer Prägarbe, die man zu einer Garbe $\mathcal{L}_D \in \mathbf{G}(X, \mathbf{C})$ garbifiziert. Dann verifiziert man (Übung), dass $\mathcal{L}_D$ der kategorielle Limes $\varprojlim_{\mathbf{I}} D$ von D in $\mathbf{G}(X, \mathbf{C})$ ist.

(ii) Wir nehmen an, dass für jedes $U \in \mathfrak{T}$ der Limes $K_U := \varinjlim_{\mathbf{I}} D_U$ existiert. Dann liefert die universelle Eigenschaft

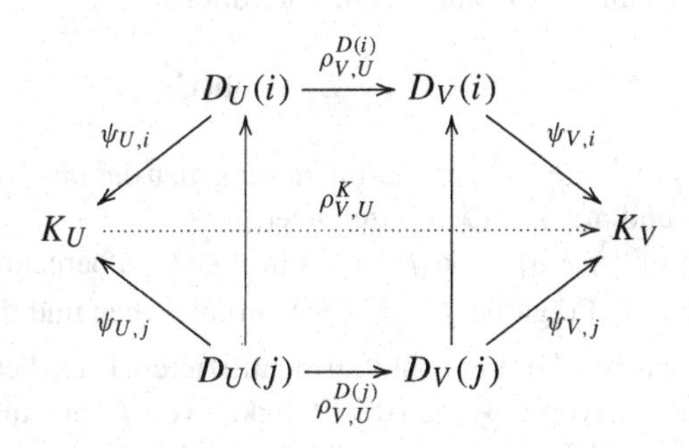

und $U \mapsto K_U$ wird mit den $\rho^K_{V,U}$ zu einer Prägarbe, die man zu einer Garbe $\mathcal{K}_D \in \mathbf{G}(X, \mathbf{C})$ garbifiziert. Dann verifiziert man (Übung), dass $\mathcal{K}_D$ der kategorielle Limes $\varinjlim_{\mathbf{I}} D$ von D in $\mathbf{G}(X, \mathbf{C})$ ist. □

Wendet man die Konstruktionen von Beispiel 5.18 auf direkte Produkte an (siehe Beispiel 4.28), so erhält man das Konzept des *direkten Bildes* von Garben.

Übung 5.5 (Direktes Bild)
Mit den Bezeichnungen von Definition 5.6 zeige man:

(i) Die Zuordnung $f_*\colon \mathrm{ob}(\mathbf{PG}(X, \mathbf{C})) \to \mathrm{ob}(\mathbf{PG}(X', \mathbf{C}))$ lässt sich zu einem Funktor $f_*\colon \mathbf{PG}(X, \mathbf{C}) \to \mathbf{PG}(X', \mathbf{C})$ erweitern.
(ii) Die Einschränkung des Funktors f_* auf $\mathbf{G}(X, \mathbf{C})$ liefert einen Funktor $f_*\colon \mathbf{G}(X, \mathbf{C}) \to \mathbf{G}(X', \mathbf{C})$.
(iii) Wenn $X \xrightarrow{f} Y \xrightarrow{g} Z$ stetige Abbildungen sind, gilt

$$(g \circ f)_* = g_* \circ f_*\colon \mathbf{G}(X, \mathbf{C}) \to \mathbf{G}(Z, \mathbf{C}).$$

Beispiel 5.19 (Inverses Bild)
Seien $(X, \mathfrak{T})$ und $(X', \mathfrak{T}')$ topologische Räume, $f\colon X \to X'$ eine stetige Abbildung, $\mathbf{C} = \mathbf{C}_{\Phi,\Gamma}$ eine Kategorie algebraischer Strukturen und $\mathcal{F}'$ eine $\mathbf{C}$-Prägarbe über X'. Zu einer offenen Menge $U \in \mathfrak{T}$ betrachten wir die durch Inklusion geordnete Menge $I_U := \{V \in \mathfrak{T}' \mid f(U) \subseteq V\}$ und betrachten die zur umgekehrten Ordnung gehörige Kategorie $\mathbf{I}_U$. Dann ist

$$D_U\colon \mathbf{I}_U \to \mathbf{C},\ V \mapsto \mathcal{F}'(V)$$

ein Diagramm im Sinne von Definition 4.33. Dieses Diagramm hat einen Kolimes $L_U \in \mathrm{ob}(\mathbf{C})$ im Sinne von Definition 4.34 (siehe auch Beispiel 4.40): Analog zur Definition 5.14 von Halmen definiert man durch

$$(V, s) \sim_U (\tilde{V}, \tilde{s}) \quad :\Leftrightarrow \quad \left(\exists\, I_U \ni W \subseteq V \cap \tilde{V} :\ \rho^{\mathcal{F}'}_{W,V}(s) = \rho^{\mathcal{F}'}_{W,\tilde{V}}(\tilde{s})\right)$$

eine Äquivalenzrelation auf der Menge $\{(V, s) \mid V \in I_U, s \in \mathcal{F}'(V)\}$. Die Menge L_U der Äquivalenzklassen von $\sim_U$ ist der gesuchte Limes (siehe Bemerkung 5.15 und Übung 5.4 – Details als Übung!). Die Zuordnung

$$\mathfrak{T} \ni U \mapsto L_U \in \mathrm{ob}(\mathbf{C})$$

ist eine Prägarbe $f^{<-1>}(\mathcal{F}')$, deren Garbifizierung man das *inverse Bild* der Prägarbe $\mathcal{F}'$ unter f nennt und mit $f^{-1}(\mathcal{F}')$ bezeichnet.

Um den Halm $\big(f^{-1}(\mathcal{F}')\big)_x$ von $f^{-1}(\mathcal{F}')$ in $x \in X$ zu berechnen, kann man sich nach Satz 5.16 auf die Prägarbe $f^{<-1>}(\mathcal{F}')$ zurückziehen und den Isomorphismus $\theta_x^{f^{<-1>}(\mathcal{F}')}$ benutzen, um die Halme in x zu identifizieren. Dann betrachtet man kleine offene Umgebungen U von x. Wegen der Stetigkeit von f kann man dann als V auch beliebig kleine offene Umgebungen von $f(x)$ wählen. Damit liefert der induktive Limes zur Bestimmung des Halmes von $f^{<-1>}(\mathcal{F}')$ in x gerade den induktiven Limes zur Bestimmung des Halmes von $\mathcal{F}'$ in $f(x)$. Das heißt, man erhält

$$\big(f^{-1}(\mathcal{F}')\big)_x = \theta_x^{f^{<-1>}(\mathcal{F}')}\big((f^{<-1>}(\mathcal{F}'))_x\big) \equiv (f^{<-1>}(\mathcal{F}'))_x = \mathcal{F}'_{f(x)}.$$

Wenn $f\colon X \to X'$ die Inklusion einer offenen Teilmenge $X \subseteq X'$ ist, ergibt sich aus der Konstruktion sofort, dass $f^{-1}(\mathcal{F}) = \mathcal{F}|_X$. □

Im Allgemeinen sind die inversen Garben in der hier vorgestellten Form wenig einladend. Sie haben aber eine Reihe nützlicher Eigenschaften, auf die man nicht verzichten möchte (siehe zum Beispiel Satz 5.20). Zum Glück gibt es eine viel einfachere Beschreibung der inversen Bildgarbe, die sich erst zeigt, wenn man Garben ganz allgemein unter einem anderen Blickwinkel betrachtet (siehe Definition 5.26 und Satz 5.27).

Übung 5.6 (Inverses Bild)
Mit den Bezeichnungen von Beispiel 2.19 zeige man:

(i) Die Zuordnung $f^{<-1>}\colon \mathrm{ob}\big(\mathbf{PG}(X', \mathbf{C})\big) \to \mathrm{ob}\big(\mathbf{PG}(X, \mathbf{C})\big)$ lässt sich zu einem Funktor $f^{<-1>}\colon \mathbf{PG}(X', \mathbf{C}) \to \mathbf{PG}(X, \mathbf{C})$ erweitern.
(ii) Die Zuordnung $f^{-1}\colon \mathrm{ob}\big(\mathbf{G}(X', \mathbf{C})\big) \to \mathrm{ob}\big(\mathbf{G}(X, \mathbf{C})\big)$ lässt sich zu einem Funktor $f^{-1}\colon \mathbf{G}(X', \mathbf{C}) \to \mathbf{G}(X, \mathbf{C})$ erweitern.
(iii) Wenn $X \xrightarrow{f} Y \xrightarrow{g} Z$ stetige Abbildungen sind, gilt

$$(g \circ f)^{-1} = f^{-1} \circ g^{-1}\colon \mathbf{G}(Z, \mathbf{C}) \to \mathbf{G}(X, \mathbf{C}).$$

Wenn $f\colon X \to X'$ ein Homöomorphismus ist, dann sind die Funktoren „inverses Bild“ und „direktes Bild“ zueinander invers, denn dann ist nach Konstruktion $f^{<-1>}\mathcal{F}'$ nichts anderes als $(f^{-1})_*\mathcal{F}'$. Im Allgemeinen sind die beiden Funktoren aber immer noch adjungiert.

Satz 5.20 (Inverse und direkte Bilder)
Seien $(X, \mathfrak{T})$ und $(X', \mathfrak{T}')$ topologische Räume, $f\colon X \to X'$ eine stetige Abbildung und $\mathbf{C} = \mathbf{C}_{\Phi,\Gamma}$ eine Kategorie algebraischer Strukturen. Dann sind $f_*\colon \mathbf{G}(X, \mathbf{C}) \to \mathbf{G}(X', \mathbf{C})$ und $f^{-1}\colon \mathbf{G}(X', \mathbf{C}) \to \mathbf{G}(X, \mathbf{C})$ adjungierte Funktoren. Genauer gesagt, es gilt $f^{-1} \dashv f_*$.

Beweis Seien $\mathcal{F}$ und $\mathcal{F}'$ zwei $\mathbf{C}$-Prägarben über X bzw. X' und $\psi\colon \mathcal{F}' \to f_*\mathcal{F}$ ein Morphismus in $\mathbf{G}(X', \mathbf{C})$. Wir wollen zu ψ einen Morphismus $\varphi := \Gamma_{\mathcal{F},\mathcal{F}'}(\psi)\colon f^{-1}\mathcal{F}' \to \mathcal{F}$ in $\mathbf{G}(X, \mathbf{C})$ definieren. Nach Bemerkung 5.17 genügt es dafür, einen Morphismus $\varphi\colon f^{<-1>}\mathcal{F}' \to \mathcal{F}$ in $\mathbf{PG}(X, \mathbf{C})$ zu definieren. Sei dazu $U \in \mathfrak{T}$ und $s \in f^{<-1>}\mathcal{F}'(U)$. Dann gibt es eine offene Umgebung V von $f(U)$ in X' und ein $s_V \in \mathcal{F}'(V)$ mit (V, s_V) in der Äquivalenzklasse s (siehe Beispiel 2.19). Dann gilt $\psi_V(s_V) \in f_*\mathcal{F}(V) = \mathcal{F}\big(f^{-1}(V)\big)$, und wir setzen

$$\varphi_U(s) := \rho^{\mathcal{F}}_{U,f^{-1}(V)}\big(\psi_V(s_V)\big) \in \mathcal{F}(U).$$

Diese Konstruktion ist verträglich mit Restriktionen, das heißt, $\mathfrak{T} \ni U \mapsto \varphi_U\colon f^{<-1>}\mathcal{F}'(U) \to \mathcal{F}(U)$ ist in der Tat ein Morphismus $\varphi\colon f^{<-1>}\mathcal{F}' \to \mathcal{F}$ in $\mathbf{PG}(X, \mathbf{C})$. Wir bezeichnen den zugehörigen Morphismus $f^{-1}\mathcal{F}' \to \mathcal{F}$ in $\mathbf{G}(X, \mathbf{C})$ ebenfalls mit φ.

Wenn umgekehrt $\varphi\colon f^{-1}\mathcal{F}' \to \mathcal{F}$ ein Morphismus in $\mathbf{G}(X, \mathbf{C})$ ist, betrachten wir $V \in \mathfrak{T}'$. Wegen $f\big(f^{-1}(V)\big) \subseteq V$ haben wir einen $\mathbf{C}$-Morphismus $\mathcal{F}'(V) \to f^{<-1>}\mathcal{F}'\big(f^{-1}(V)\big)$, den man mit dem natürlichen Morphismus $f^{<-1>}\mathcal{F}'\big(f^{-1}(V)\big) \to f^{-1}\mathcal{F}'\big(f^{-1}(V)\big)$ verknüpfen kann. Beachte, dass

$$\varphi_{f^{-1}(V)}\colon f^{-1}\mathcal{F}'\big(f^{-1}(V)\big) \to \mathcal{F}\big(f^{-1}(V)\big) = f_*\mathcal{F}(V).$$

Durch Hintereinanderschaltung dieser Abbildungen erhalten wir einen $\mathbf{C}$-Morphismus $\psi_V\colon \mathcal{F}'(V) \to f_*\mathcal{F}(V)$. Wieder ist die Konstruktion verträglich mit Restriktionen, das heißt, $\mathfrak{T}' \ni V \mapsto \psi_V\colon \mathcal{F}'(V) \to f_*\mathcal{F}(V)$ ist in der Tat ein Morphismus in $\mathbf{G}(X', \mathbf{C})$. Man überprüft (Übung!), dass die beiden angeführten Konstruktionen invers zueinander sind und die Abbildungen $\Gamma_{\bullet,\bullet}$ mit

$$\Gamma_{\mathcal{F},\mathcal{F}'}\colon \mathbf{G}(X', \mathbf{C})\big(\mathcal{F}', f_*(\mathcal{F})\big) \to \mathbf{G}(X, \mathbf{C})\big(f^{-1}(\mathcal{F}'), \mathcal{F}\big)$$

außerdem die Natürlichkeitsbedingung aus Definition 4.42 erfüllen. Damit ist die Behauptung gezeigt. □

Bemerkung 5.21 (Abbildungen von Halmen)
In der Situation von Satz 5.20 schreiben wir $\Gamma_{\mathcal{F},\mathcal{F}'}(\psi) =: \psi^\sharp$ und $\Gamma^{-1}_{\mathcal{F},\mathcal{F}'}(\varphi) =: \varphi^\flat$. Für ein vorgegebenes $\psi \in \mathbf{G}(X', \mathbf{C})\big(\mathcal{F}', f_*(\mathcal{F})\big)$ und $x \in X$ wollen wir die Halmabbildung

$$\psi^\sharp_x\colon \big(f^{-1}(\mathcal{F}')\big)_x \to \mathcal{F}_x$$

beschreiben. Die Konstruktion im Beweis von Satz 5.20 liefert für $U \in \mathfrak{T}$ und $\tilde{s} \in \big(f^{<-1>}(\mathcal{F}')\big)(U)$ eine offene Umgebung V von $f(U)$ und ein $s_V \in \mathcal{F}'(V)$ mit (V, s_V) in der Äquivalenzklasse von $\tilde{s}$ und

$$\psi_U^\sharp\big(\theta^{f^{<-1>}(\mathcal{F}')}(\tilde{s})\big) = \rho^{\mathcal{F}}_{U, f^{-1}(V)}\big(\psi_V(s_V)\big) \in \mathcal{F}(U).$$

Sei jetzt U eine Umgebung von x und $s \in \big(f^{-1}(\mathcal{F}')\big)(U)$. Wenn U klein genug ist, können wir annehmen, dass $s = \theta^{f^{<-1>}(\mathcal{F}')}(\tilde{s})$ für ein $\tilde{s} \in \big(f^{<-1>}(\mathcal{F}')\big)(U)$. Unter Verwendung von Satz 5.16 finden wir so

$$\psi_x^\sharp(s_x) = \psi_{f(x)}(t_{f(x)}) \in \big(f^{-1}(\mathcal{F}')\big)_x = \mathcal{F}'_{f(x)},$$

wenn $s \in \big(f^{-1}(\mathcal{F}')\big)(U)$ in einer kleinen Umgebung von x durch $t \in \mathcal{F}'(V)$ repräsentiert wird. □

5.2 Étalé-Räume

Wir haben Garben über X als spezielle Prägarben über X eingeführt, weil wir lokale Eigenschaften codieren wollten. In manchen Büchern findet man eine völlig andere (aber äquivalente) Definition, nämlich als spezielle topologische Räume mit einer stetigen Abbildung nach X. In Anlehnung an die übliche Bezeichnung für die zu einer Garbe gehörigen Räume soll der entsprechende Typus von Raum hier *Étalé-Raum* über X genannt werden.

Definition 5.22 (Étalé-Räume)
Seien $(E, \mathfrak{S})$ und $(X, \mathfrak{T})$ topologische Räume, $\mathbf{C} = \mathbf{C}_{\Phi,\Gamma}$ eine Kategorie algebraischer Strukturen und $\pi : E \to X$ eine stetige Abbildung, die folgende Bedingungen erfüllen:

(a) π ist ein lokaler Homöomorphismus, das heißt, zu jedem Punkt in E gibt es eine offene Umgebung W, für die die Abbildung $\pi|_W : W \to \pi(W) \in \mathfrak{T}$ ein Homöomorphismus ist.
(b) Für jedes $x \in X$ ist die Faser $E_x := \pi^{-1}(x)$ über x ein Objekt von $\mathbf{C}$.
(c) Die faserweisen Verknüpfungen

$$\{(e_1, \ldots, e_k) \in E \times \ldots \times E \mid \pi(e_1) = \ldots = \pi(e_k)\} \to E$$

sind stetige Abbildungen.

Dann heißt das Tripel (E, X, π) ein **C**-*Étalé-Raum* über X.

Sei $U \in \mathfrak{T}$. Eine stetige Funktion $s : U \to E$ heißt ein *Schnitt* von π über U, wenn $\pi \circ s = \mathrm{id}_U$.

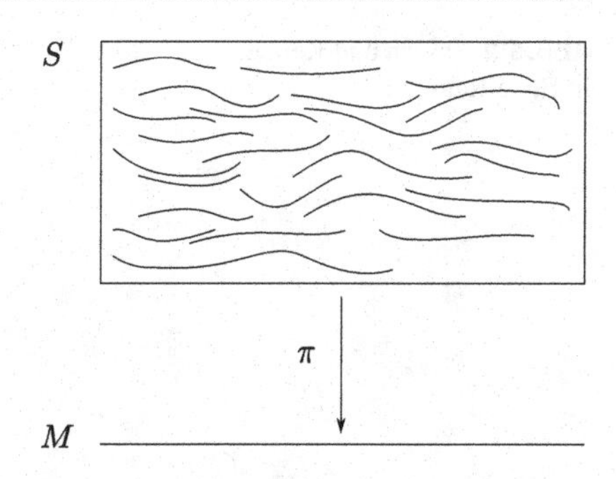

Abb. 5.1 Blätterteigstruktur von Étalé-Räumen

Eigenschaft (a) zeigt, dass es jede Menge Schnitte gibt: Zu jedem Punkt $e \in E$ findet man eine offene Umgebung W, für die $\pi|_W : W \to U := \pi(W) \in \mathfrak{T}$ ein Homöomorphismus ist, das heißt, $s := (\pi|_W)^{-1} : U \to W \subseteq E$ ist ein Schnitt. Damit geben die Bilder von Schnitten E die Gestalt eines Blätterteiges. Stetige Wege gibt es nur innerhalb der Blätter (siehe Abb. 5.1).

Zusammen liefern die Eigenschaften (a)–(c), dass

$$U \mapsto \mathcal{F}_\pi(U) := \{s : U \to E \mid s \text{ Schnitt von } \pi \text{ über } U\}$$

eine **C**-Garbe ist (Übung). Wir nennen $\mathcal{F}_\pi$ die *Schnittgarbe* von (E, X, π).

Es wird sich herausstellen, dass jede **C**-Garbe isomorph zur Schnittgarbe eines bis auf Isomorphie eindeutig bestimmten Étalé-Raumes ist. Diesen Raum wird man dann *den* Étalé-Raum der Garbe nennen.

Konstruktion 5.23 (Étalé-Raum einer Garbe)
Sei $(X, \mathfrak{T})$ ein topologischer Raum, $\mathbf{C} = \mathbf{C}_{\Phi,\Gamma}$ eine Kategorie algebraischer Strukturen und $\mathcal{F}$ eine **C**-Garbe über X. Wir setzen $\acute{\mathrm{E}}(\mathcal{F}) := \coprod_{x \in X} \mathcal{F}_x$ und definieren $\pi : \acute{\mathrm{E}}(\mathcal{F}) \to X$ durch $\pi(\mathcal{F}_x) = \{x\}$.

Für $U \in \mathfrak{T}$ und $s \in \mathcal{F}(U)$ setzen wir außerdem $[s] := \{s_x \in \mathcal{F}_x \mid x \in U\}$ (siehe Abb. 5.2). Dann ist die Menge $\mathfrak{S}$ aller Teilmengen von $\acute{\mathrm{E}}(\mathcal{F})$, die sich als Vereinigung von Mengen der Form $[s]$ mit $s \in \mathcal{F}(U)$ und $U \in \mathfrak{T}$ schreiben lassen, eine Topologie auf $\acute{\mathrm{E}}(\mathcal{F})$:

Nach Definition ist $\mathfrak{S}$ abgeschlossen unter beliebigen Vereinigungen. Außerdem ist $\emptyset \in \mathfrak{S}$, weil $\emptyset \in \mathfrak{T}$ gilt. Da es zu jedem $p \in \acute{\mathrm{E}}(\mathcal{F})$ ein $x \in X$ mit $p \in \mathcal{F}_x$ gibt, gibt es auch ein $U \in \mathfrak{T}$ und ein $s \in \mathcal{F}(U)$ mit $s_x = p$. Damit ist $p \in [s]$, und es gilt $\acute{\mathrm{E}}(\mathcal{F}) \in \mathfrak{S}$. Bleibt also noch nachzuweisen, dass $\mathfrak{S}$ unter endlichen Schnitten abgeschlossen ist. Dazu stellen wir zunächst fest, dass es zu $p \in [s] \cap [t]$ mit $s \in \mathcal{F}(U)$ und $t \in \mathcal{F}(V)$ ein offenes $W \subseteq V \cap U$ und ein $r \in \mathcal{F}(W)$ mit $[r] \subseteq [s] \cap [t]$ gibt, weil man ein $x \in V \cap U$ mit $p = s_x = t_x$ findet. Also ist $[s] \cap [t]$ die Vereinigung von Mengen der Form $[r]$, das heißt in $\mathfrak{S}$. Damit folgt die Behauptung aus dem De Morgan'schen Gesetz.

Wir wollen zeigen, dass $(\acute{\mathrm{E}}(\mathcal{F}), X, \pi)$ ein **C**-Étalé-Raum ist. Bedingung (b) aus Definition 5.22 ist nach Bemerkung 5.15 erfüllt, weil $\acute{\mathrm{E}}(\mathcal{F})_x = \mathcal{F}_x$ gilt.

Abb. 5.2 Fasern und Keime in Étalé-Räumen

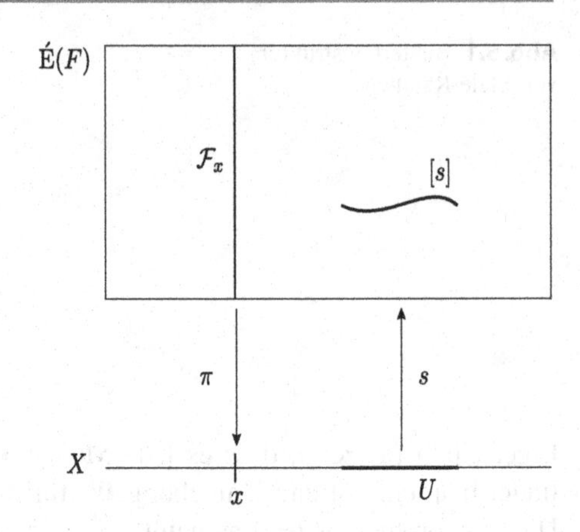

Um (a) zu zeigen, stellen wir fest, dass für $U \in \mathfrak{T}$ und $s \in \mathcal{F}(U)$ die Abbildung $\pi|_{[s]}\colon [s] \to U$ stetig ist, weil für offenes $V \subseteq U$ die Menge

$$(\pi|_{[s]})^{-1}(V) = \{s_x \in [s] \mid x \in V\} = [\rho_{V,U}(s)]$$

offen ist. Die Umkehrabbildung $f\colon U \to [s],\ x \mapsto s_x$ von $\pi|_{[s]}$ ist ebenfalls stetig, weil für jede Teilmenge der Form $[t]$ von $[s]$ mit $t \in \mathcal{F}(V)$ und offenem $V \subseteq U$ die Menge $f^{-1}([t]) = \pi([t]) = V$ offen ist. Da $\acute{\mathrm{E}}(\mathcal{F})$ von offenen Teilmengen der Form $[s]$ mit $s \in \mathcal{F}(U)$ und $U \in \mathfrak{T}$ überdeckt wird, ist damit Eigenschaft (a) nachgewiesen.

Sei schließlich $\varphi \in \Phi$ eine k-stellige Verknüpfung, $(p_1, \ldots, p_k) \in \mathcal{F}_x^k$ und $p_0 = \varphi(p_1, \ldots, p_k)$. Wir wählen $U_0, \ldots, U_k \in \mathfrak{T}$ und $s_j \in \mathcal{F}(U_j)$ für $j = 0, \ldots, k$ mit $p_j \in [s_j]$. Dann gibt es ein $U \in \mathfrak{T}$, das in allen U_j enthalten ist und

$$\rho_{U,U_0}(s_0) = \varphi\big(\rho_{U,U_1}(s_1), \ldots, \rho_{U,U_k}(s_k)\big)$$

erfüllt. Damit gilt aber

$$\varphi\big(\{(e_1, \ldots, e_k) \in [\rho_{U,U_1}(s_1)] \times \ldots \times [\rho_{U,U_k}(s_k)] \mid \pi(e_1) = \ldots = \pi(e_k)\}\big) \subseteq [s_0],$$

und weil U_0 beliebig klein gewählt werden konnte, beweist dies die Stetigkeitsaussage (c). □

Wir haben jetzt sowohl jedem $\mathbf{C}_{\Phi,\Gamma}$-Étalé-Raum (E, X, π) über X eine $\mathbf{C}_{\Phi,\Gamma}$-Garbe $\mathcal{F}_\pi$ über X zugeordnet als auch jeder $\mathbf{C}_{\Phi,\Gamma}$-Garbe $\mathcal{F}$ über X einen $\mathbf{C}_{\Phi,\Gamma}$-Étalé-Raum $(\acute{\mathrm{E}}(\mathcal{F}), X, \pi)$. Unser nächstes Ziel ist zu zeigen, dass die Verknüpfung der beiden Zuordnungen (in beiden möglichen Reihenfolgen) ein Objekt liefert, das zum Ausgangsobjekt isomorph ist. Dazu müssen wir zunächst einen Isomorphiebegriff für $\mathbf{C}_{\Phi,\Gamma}$-Étalé-Räume einführen.

Definition 5.24 (Morphismen von Étalé-Räumen)
Sei $\mathbf{C} = \mathbf{C}_{\Phi,\Gamma}$ eine Kategorie algebraischer Strukturen und seien (E, X, π) und (E', X, π') zwei **C**-Étalé-Räume über X. Ein *Morphismus* $(E, X, \pi) \to (E', X, \pi')$ ist eine stetige Abbildung $\varphi : E \to E'$ mit $\pi' \circ \varphi = \pi$, und

$$\forall x \in X : \quad \varphi|_{E_x} : E_x \to E'_x \text{ ist ein } \mathbf{C}\text{-Morphismus.}$$

Man verifiziert (Übung), dass die **C**-Étalé-Räume über X zusammen mit den Morphismen aus Definition 5.24 eine Kategorie $\mathbf{\acute{E}}(X, \mathbf{C})$ bilden. Damit hat man auch einen Begriff von Isomorphismen von **C**-Étalé-Räumen über X.

Satz 5.25 (Étalé-Räume versus Garben)
Sei $\mathbf{C} = \mathbf{C}_{\Phi,\Gamma}$ eine Kategorie algebraischer Strukturen und $(X, \mathfrak{T})$ ein topologischer Raum.

(i) *Die Zuordnungen* $(E, X, \pi) \mapsto S(E, X, \pi) := \mathcal{F}_\pi$ und

$$\mathrm{Hom}_{\mathbf{\acute{E}}(X,\mathbf{C})}\big((E, X, \pi), (E', X, \pi')\big) \ni \varphi \mapsto \tilde{\varphi} \in \mathrm{Hom}_{\mathbf{G}(X,\mathbf{C})}(\mathcal{F}_\pi, \mathcal{F}_{\pi'})$$

mit

$$\forall U \in \mathfrak{T} : \quad (S\varphi)_U := \tilde{\varphi}_U : \mathcal{F}_\pi(U) \to \mathcal{F}_{\pi'}(U), \ s \mapsto \varphi \circ s$$

definieren einen Funktor $S \colon \mathbf{\acute{E}}(X, \mathbf{C}) \to \mathbf{G}(X, \mathbf{C})$.

(ii) *Die Zuordnungen* $\mathcal{F} \mapsto \acute{\mathrm{E}}(\mathcal{F})$ *und*

$$\mathrm{Hom}_{\mathbf{G}(X,\mathbf{C})}(\mathcal{F}, \mathcal{F}') \ni \tilde{\varphi} \mapsto \varphi \in \mathrm{Hom}_{\mathbf{\acute{E}}(X,\mathbf{C})}\big(\acute{\mathrm{E}}(\mathcal{F}), \acute{\mathrm{E}}(\mathcal{F}')\big)$$

mit

$$\forall p = s_x \in [s] : \quad (\acute{\mathrm{E}}\tilde{\varphi})(p) := \varphi(p) := \big(\tilde{\varphi}_U(s)\big)_x,$$

wobei $x \in U \in \mathfrak{T}$ und $s \in \mathcal{F}(U)$ ist, definieren einen Funktor $\acute{\mathrm{E}} : \mathbf{G}(X, \mathbf{C}) \to \mathbf{\acute{E}}(X, \mathbf{C})$.

(iii) *Für alle $\mathcal{F} \in \mathrm{ob}(\mathbf{G}(X, \mathbf{C}))$ sind $\mathcal{F}$ und $S\big(\acute{\mathrm{E}}(\mathcal{F})\big)$ isomorph.*

(iv) *Für alle $(E, X, \pi) \in \mathrm{ob}(\mathbf{\acute{E}}(X,\mathbf{C}))$ sind (E, X, π) und $\acute{\mathrm{E}}\big(S(E, X, \pi)\big) = \acute{\mathrm{E}}(\mathcal{F}_\pi)$ isomorph.*

Beweis

(i) Seien $\varphi \colon (E, X, \pi) \to (E', X, \pi')$ und $\varphi' \colon (E', X, \pi') \to (E'', X, \pi'')$ Morphismen in $\mathbf{\acute{E}}(X, \mathbf{C})$. Dann liefert die Rechnung

$$\begin{aligned}\big(S(\varphi' \circ \varphi)\big)_U(s) &= (\varphi' \circ \varphi) \circ s = \varphi' \circ (\varphi \circ s) \\ &= (S\varphi')_U\big((S\varphi)_U(s)\big) = \big((S\varphi')_U \circ (S\varphi)_U\big)(s) \\ &= \big((S\varphi' \circ S\varphi)_U\big)(s)\end{aligned}$$

für $U \in \mathfrak{T}$ und $s \in \mathcal{F}_\pi(U)$, dass $S(\varphi' \circ \varphi) = (S\varphi') \circ (S\varphi)$. Damit ist Bedingung (b) aus Definition 4.18 für S erfüllt. Da die Identitäten $1_{\{E,X,\pi\}}$ offensichtlich auf die Identitäten $1_{\mathcal{F}_\pi}$ abgebildet werden, also auch Bedingung (a) aus Definition 4.18 erfüllt ist, ist S in der Tat ein Funktor.

(ii) Seien $\tilde{\varphi}\colon \mathcal{F} \to \mathcal{F}'$ und $\tilde{\varphi}'\colon \mathcal{F}' \to \mathcal{F}''$ Morphismen in $\mathbf{G}(X, \mathbf{C})$. Dann liefert die Rechnung

$$\begin{aligned} \acute{\mathrm{E}}(\tilde{\varphi}' \circ \tilde{\varphi})(s_x) &= \big((\tilde{\varphi}' \circ \tilde{\varphi})_U(s)\big)_x = \big((\tilde{\varphi}'_U \circ \tilde{\varphi}_U)(s)\big)_x \\ &= \big((\tilde{\varphi}'_U)((\tilde{\varphi}_U)(s))\big)_x = \acute{\mathrm{E}}(\tilde{\varphi}')\big((\tilde{\varphi}_U)(s))_x\big) \\ &= \acute{\mathrm{E}}(\tilde{\varphi}')\big(\acute{\mathrm{E}}\tilde{\varphi}(s_x)\big) = \big(\acute{\mathrm{E}}(\tilde{\varphi}') \circ \acute{\mathrm{E}}(\tilde{\varphi})\big)(s_x) \end{aligned}$$

für $x \in U \in \mathfrak{T}$ und $s \in \mathcal{F}(U)$, dass $\acute{\mathrm{E}}(\tilde{\varphi}' \circ \tilde{\varphi}) = (\acute{\mathrm{E}}\tilde{\varphi}') \circ (\acute{\mathrm{E}}\tilde{\varphi})$. Wieder ist klar, dass die Identitäten aufeinander abgebildet werden, also ist auch É ein Funktor.

(iii) Sei $U \in \mathfrak{T}$. Dann gilt

$$S(\acute{\mathrm{E}}\mathcal{F})(U) = \left\{ t\colon U \overset{\text{stetig}}{\longrightarrow} \acute{\mathrm{E}}\mathcal{F} \mid \forall x \in U : t(x) \in \mathcal{F}_x \right\}.$$

Die Stetigkeit von t in $x \in U$ bedeutet, dass es eine offene Umgebung V von x in U gibt und ein $s \in \mathcal{F}(V)$ mit $t(x) = s_x$. Damit ist klar, dass die Abbildung

$$\tilde{\varphi}_U : \mathcal{F}(U) \to S(\acute{\mathrm{E}}\mathcal{F})(U), \quad s \mapsto (x \mapsto s_x)$$

wohldefiniert ist. Da das Bilden von Keimen ein $\mathbf{C}$-Morphismus ist und die Verknüpfungen auf $S(\acute{\mathrm{E}}\mathcal{F})(U)$ punktweise definiert sind, definieren die $\tilde{\varphi}_U$ ebenfalls einen $\mathbf{C}$-Morphismus.

Es reicht jetzt zu zeigen, dass $\tilde{\varphi}_U$ invertierbar ist, denn dann ist $\tilde{\varphi}_U^{-1}$ automatisch ein $\mathbf{C}$-Morphismus, und weil $U \in \mathfrak{T}$ beliebig war, definieren $U \mapsto \tilde{\varphi}_U$ und $U \mapsto \tilde{\varphi}_U^{-1}$ zueinander inverse $\mathbf{G}(X, \mathbf{C})$-Morphismen.

Sei also $t \in S(\acute{\mathrm{E}}\mathcal{F})(U)$ und $\{V_i\}_{i\in I}$ eine offene Überdeckung von U, für die $s_i \in \mathcal{F}(V_i)$ mit

$$\forall x \in V_i : \quad t(x) = (s_i)_x$$

existieren. Dann sind die s_i auf den Schnitten der V_i verträglich und definieren, weil $\mathcal{F}$ eine Garbe ist, ein $s \in \mathcal{F}(U)$ mit

$$\forall x \in U : \quad t(x) = s_x.$$

Dann gilt $\tilde{\varphi}_U(s) = t$, das heißt, $\tilde{\varphi}_U$ ist surjektiv. Die Injektivität von $\tilde{\varphi}_U$ folgt ebenfalls aus der Garbeneigenschaft, weil zwei Schnitte, deren Keime überall übereinstimmen, lokal übereinstimmen. Damit ist die Behauptung bewiesen.

(iv) Als Menge ist der Étalé-Raum $\acute{\mathrm{E}}(\mathcal{F}_\pi)$ gerade $\coprod_{x\in X}(\mathcal{F}_\pi)_x = \coprod_{x\in X} E_x = E$. Die Projektion $\acute{\mathrm{E}}(\mathcal{F}_\pi) \to X$ ist durch $(\mathcal{F}_\pi)_x \ni p \mapsto x$ gegeben, stimmt also mit π überein. Es bleibt daher nur zu zeigen, dass die Topologien von $\acute{\mathrm{E}}(\mathcal{F}_\pi)$ und E übereinstimmen, denn dann ist die Identität ein $\acute{\mathbf{E}}(X, \mathbf{C})$-Isomorphismus zwischen $\acute{\mathrm{E}}(\mathcal{F}_\pi)$ und E.
Sei $W \subseteq E$ offen. Dann ist W die Vereinigung eine Familie $\{W_i\}_{i\in I}$ von offenen Teilmengen von W, für die $\pi|_{W_i}: W_i \to U_i := \pi(W_i) \in \mathfrak{T}$ Homöomorphismen sind. Die Umkehrabbildungen $s_i = (\pi|_{W_i})^{-1}: U_i \to W_i \subseteq E$ sind Schnitte von $S(E, X, \pi)(U_i)$, und es gilt $W_i = [s_i]$ in der Notation von Konstruktion 5.23. Damit ist W als Vereinigung der W_i offen in $\acute{\mathrm{E}}(\mathcal{F}_\pi)$.
Umgekehrt, wenn $W \subseteq \acute{\mathrm{E}}(\mathcal{F}_\pi)$ offen ist, findet man eine Familie $\{U_i\}_{i\in I}$ von offenen Teilmengen von X und Schnitte $s_i \in \mathcal{F}_\pi(U_i)$, für die W die Vereinigung der $[s_i] = s_i(U_i)$ ist. Es reicht also zu zeigen, dass Schnitte von $\mathcal{F}_\pi$ automatisch offene Abbildungen sind. Das wiederum ist unmittelbar klar, weil $\pi: E \to X$ ein lokaler Homöomorphismus ist. □

Übung 5.7 (Kategorienäquivalenz von Garben und Étalé-Räumen)
Sei $(X, \mathfrak{T})$ ein topologischer Raum und $\mathbf{C} = \mathbf{C}_{\Phi,\Gamma}$ eine Kategorie algebraischer Strukturen. Man zeige, dass die Kategorien $\mathbf{G}(X, \mathbf{C})$ der $\mathbf{C}$-Garben über X und die Kategorie $\acute{\mathbf{E}}(X, \mathbf{C})$ der $\mathbf{C}$-Étalé-Räume über X äquivalent sind.

Übung 5.8 (Produkte von Garben und Étalé-Räumen)
Sei $(X, \mathfrak{T})$ ein topologischer Raum und $\mathbf{C} = \mathbf{C}_{\Phi,\Gamma}$ eine Kategorie algebraischer Strukturen. Man transferiere das Konzept von Produktgarben (siehe Beispiel 5.18) über X auf die Kategorie $\acute{\mathbf{E}}(X, \mathbf{C})$ der $\mathbf{C}$-Étalé-Räume über X.

Hinweis: Für zwei Étalé-Räume (E, X, π) und (E', X, π') über X betrachte man das mengentheoretische Faserprodukt $E \times_X E' := \{(e, e') \in E \times E' \mid \pi(e) = \pi'(e')\}$ aus Beispiel 4.36.

Definition 5.26 (Inverses Bild)
Seien $(X, \mathfrak{T})$ und $(X', \mathfrak{T}')$ topologische Räume, $f: X \to X'$ eine stetige Abbildung, $\mathbf{C} = \mathbf{C}_{\Phi,\Gamma}$ eine Kategorie algebraischer Strukturen und (E', X', π') ein $\mathbf{C}$-Étalé-Raum über X'. Dann definiert

$$\pi : E := \{(e', x) \in E' \times X \mid f(x) = \pi'(e')\} \to X, \quad (e', x) \mapsto x$$

einen Étalé-Raum (E, X, π), den man das *inverse Bild* von (E', X', π') unter f nennt und mit $f^{-1}(E', X', \pi')$ bezeichnet. Dabei ist die Topologie von E als die Unterraumtopologie von E als (abgeschlossener) Teilmenge von $E' \times X$ gegeben, das seinerseits mit der Produkttopologie versehen ist (Details als Übung).

Satz 5.27 (Inverses Bild)
Die Konstruktionen von inversen Bildern von Garben und Étalé-Räumen entsprechen einander, wenn man die Funktoren S und $\acute{\mathrm{E}}$ anwendet.

Beweis Im Lichte von Satz 5.25 genügt es zu zeigen, dass die $\mathbf{C}$-Prägarben

$$\mathfrak{T} \ni U \mapsto S\big(f^{-1}(E', X', \pi')\big)(U) \quad \text{und} \quad \mathfrak{T} \ni U \mapsto f^{-1}\big(S(E', X', \pi')\big)(U)$$

über X isomorph sind. Der Raum $S\big(f^{-1}(E', X', \pi')\big)(U)$ lässt sich mit

$$\left\{ s\colon U \overset{\text{stetig}}{\longrightarrow} E' \mid \pi' \circ s = f \right\}$$

identifizieren, weil der Étalé-Raum von $f^{-1}(E', X', \pi')$ durch $E = \{(e', x) \in E' \times X \mid \pi'(e') = f(x)\}$ gegeben und damit für einen Schnitt $s\colon U \to E$ die zweite Komponente redundant ist. Die Stetigkeit von s bedeutet, dass es zu jedem $x \in U$ eine offene Umgebung U_1 in U, ein $f(x) \in V \in \mathfrak{T}'$ sowie ein $t \in S(E', X', \pi')(V)$ mit $s|_{U_1} = t \circ f|_{U_1}$ gibt.

Weiter gilt

$$f^{-1}\big(S(E', X', \pi')\big)(U) = \left\{ \tilde{s}\colon U \overset{\text{stetig}}{\longrightarrow} \coprod_{x \in U} f^{-1}\big(S(E', X', \pi')\big)_x \right\},$$

wobei die Stetigkeit von $\tilde{s}$ bedeutet, dass es zu jedem $x \in U$ eine offene Umgebung U_1 in U und ein $r \in f^{-1}\big(S(E', X', \pi')\big)(U_1)$ mit

$$\forall y \in U_1: \quad \tilde{s}(y) = r_{f(y)}$$

gibt. Nach Definition von $f^{-1}\big(S(E', X', \pi')\big)(U_1) = \varinjlim_{V \supseteq f(U_1)} S(E', X', \pi')(V)$ ist das gleichwertig dazu, dass es zu $x \in U$ eine Umgebung U_1 von x in U und eine offene Umgebung V_1 von $f(U_1)$ in X' sowie ein $t \in S(E', X', \pi')(V_1)$ mit $s|_{U_1} = t \circ f|_{U_1}$ gibt.

Um den Beweis abzuschließen, genügt es jetzt nachzuweisen, dass

$$f^{-1}\big(S(E', X', \pi')\big)_x = S(E', X', \pi')_{f(x)}.$$

Das lässt sich aber direkt an den Definitionen verifizieren (Übung). □

5.3 Geringte Räume

In diesem Abschnitt betrachten wir eine spezielle Klasse von Garben, die in den späteren Beschreibungen von lokalen Strukturen immer die Rolle der für die jeweilige Struktur relevanten Garbe von Funktionen spielen wird. Für einen topologischen Raum ist das zum Beispiel die Garbe der stetigen Funktionen, für eine (reelle oder komplexe) differenzierbare Mannigfaltigkeit die Garbe der (reell oder komplex) differenzierbaren Funktionen und für eine algebraische Varietät die Garbe der regulären Funktionen. All diesen Beispielen ist gemein, dass man die jeweiligen Funktionen miteinander multiplizieren kann und so eine Ringstruktur entsteht.

Definition 5.28 (Geringte Räume)
Sei $(X, \mathfrak{T})$ ein topologischer Raum und $\mathcal{O}_X$ eine Garbe von kommutativen Ringen über X, dann nennt man das Paar $(X, \mathcal{O}_X)$ einen *geringten Raum*. Wenn R ein fest gewählter kommutativer Ring ist und $\mathcal{O}_X$ eine Garbe von kommutativen R-Algebren (das heißt $\mathbf{C} = \mathbf{CAlg}_R$; siehe Abschn. 4.2), dann nennt man das Paar $(X, \mathcal{O}_X)$ einen *R-geringten Raum* und $\mathcal{O}_X$ die *Strukturgarbe* von X.

Ein *Morphismus* $(X, \mathcal{O}_X) \to (Y, \mathcal{O}_Y)$ von geringten Räumen $(X, \mathcal{O}_X)$ und $(Y, \mathcal{O}_Y)$ ist ein Paar $(f, f^\flat)$, wobei $f\colon X \to Y$ eine stetige Abbildung und $f^\flat\colon \mathcal{O}_Y \to f_*\mathcal{O}_X$ ein $\mathbf{C}$-Garbenmorphismus ist. □

Jeder geringte Raum ist ein $\mathbb{Z}$-geringter Raum, daher sprechen wir in Zukunft nur noch über R-geringte Räume.

Übung 5.9 (Kategorie der geringten Räume)
Sei $R \in \mathrm{ob}(\mathbf{CRing}_1)$. Man zeige, dass die R-geringten Räume $(X, \mathcal{O}_X)$ zusammen mit den Morphismen $(f, f^\flat)\colon (X, \mathcal{O}_X) \to (Y, \mathcal{O}_Y)$ eine Kategorie $\mathbf{RSp}_R$ (*R-ringed spaces*) bilden, für die

$$(g, g^\flat) \circ (f, f^\flat) = (g \circ f, f^\flat \circ g^\flat)\colon (X, \mathcal{O}_X) \to (Z, \mathcal{O}_Z)$$

gilt, wenn $(f, f^\flat)\colon (X, \mathcal{O}_X) \to (Y, \mathcal{O}_Y)$ und $(g, g^\flat)\colon (y, \mathcal{O}_Y) \to (Z, \mathcal{O}_Z)$.

Die R-geringten Räume bilden zusammen mit den in Definition 5.28 beschriebenen Morphismen eine Kategorie (siehe Übung 5.9). Es stellt sich hier sofort die Frage, warum man in der Definition eines Morphismus von geringten Räumen mit dem direkten und nicht mit dem inversen Bild der entsprechenden Strukturgarben arbeitet. Man könnte in der Tat ebenso gut den Morphismus $f^\flat\colon \mathcal{O}_Y \to f_*\mathcal{O}_X$ durch einen Morphismus $f^\sharp\colon f^{-1}\mathcal{O}_Y \to \mathcal{O}_X$ ersetzen, denn nach Satz 5.20 gibt es einen natürlichen Isomorphismus zwischen $\mathrm{Hom}_{\mathbf{G}(X,\mathbf{CAlg}_R)}(f^{-1}\mathcal{O}_Y, \mathcal{O}_X)$ und $\mathrm{Hom}_{\mathbf{G}(Y,\mathbf{CAlg}_R)}(\mathcal{O}_Y, f_*\mathcal{O}_X)$.

Beispiel 5.29 (Geringte Funktionenräume)
Sei $X \subseteq \mathbb{K}^n$ eine offene Teilmenge. Dann sind die Paare $(X, \mathcal{C}_X^{\mathbb{K},k})$ mit den Garben $\mathcal{C}_X^{\mathbb{K},k}$ aus Beispiel 5.10 $\mathbb{K}$-geringte Räume.

Wenn Y zusätzlich eine offene Teilmenge von $\mathbb{K}^m$ ist und $f\colon X \to Y$ eine k-fach stetig $\mathbb{K}$-differenzierbare Abbildung, dann ist $(f, f^\flat)$ mit

$$f_V^\flat\colon \mathcal{C}_Y^{\mathbb{K},k}(V) = C^{\mathbb{K},k}(V, \mathbb{K}) \to C^{\mathbb{K},k}(f^{-1}(V), \mathbb{K}) = (f_*\mathcal{C}_X^{\mathbb{K},k})(V),\ h \mapsto h \circ f$$

für eine offene Teilmenge $V \subseteq Y$ ein Morphismus $(X, \mathcal{C}_X^{\mathbb{K},k}) \to (Y, \mathcal{C}_Y^{\mathbb{K},k})$. □

Das nächste Beispiel ist von zentraler Bedeutung in der algebraischen Geometrie.

Beispiel 5.30 (Spektrum eines Ringes)
Sei R ein kommutativer Ring mit Eins und $\mathrm{Spec}\,(R) := \{P \trianglelefteq R \mid P \text{ ist prim}\}$ die Menge der Primideale von R (siehe Definition 1.19). Man nennt $\mathrm{Spec}\,(R)$ das

Spektrum von R. Das Spektrum von R wird zu einem topologischen Raum, wenn man die Teilmengen

$$\mathrm{V}(I) := \{P \in \mathrm{Spec}\,(R) \mid I \subseteq P\}$$

mit $I \lhd R$ als die abgeschlossenen Teilmengen von Spec (R) setzt. Um das einzusehen, beweisen wir die folgenden drei Behauptungen:

(i) $\forall\, I, J \unlhd R: \quad \mathrm{V}(IJ) = \mathrm{V}(I) \cup \mathrm{V}(J)$.
(ii) Für eine Familie $\{I_\alpha\}_{\alpha \in A}$ von Idealen in R gilt: $\mathrm{V}(\sum_{\alpha \in A} I_\alpha) = \bigcap_{\alpha \in A} \mathrm{V}(I_\alpha)$.
(iii) $\mathrm{V}(R) = \emptyset$ und $\mathrm{V}(\{0\}) = \mathrm{Spec}\,(R)$.

Behauptung (i) liefert, dass die Vereinigung von zwei (und somit endlich vielen) abgeschlossenen Mengen abgeschlossen ist. Die Behauptung (ii) zeigt, dass Schnitte beliebiger Familien von abgeschlossenen Mengen abgeschlossen sind. Behauptung (iii) die Abgeschlossenheit von $\emptyset$ und Spec (R) liefert, folgt, dass die Menge $\mathfrak{Z}$ der $\mathrm{Spec}\,(R) \setminus \mathrm{V}(I)$ mit $I \unlhd R$ in der Tat eine Topologie auf Spec (R) definiert. Man nennt diese Topologie die *Zariski-Topologie*.

Um (i) zu beweisen, stellen wir zunächst fest, dass $I \subseteq P$ für $I, J \unlhd R$ und $P \in \mathrm{Spec}\,(R)$ sofort $IJ \subseteq P$, also $\mathrm{V}(IJ) \supseteq \mathrm{V}(I) \cap \mathrm{V}(J)$ liefert. Umgekehrt, wenn $IJ \subseteq P$ und $J \not\subseteq P$, dann gibt es ein $r \in J \setminus P$, und wegen $Ir \subseteq P$ gilt $I \subseteq P$, weil P prim ist. Dies zeigt $\mathrm{V}(IJ) \subseteq \mathrm{V}(I) \cap \mathrm{V}(J)$. Aussage (ii) ist klar, denn $\sum_{\alpha \in A} I_\alpha \subseteq P$ ist äquivalent zu $I_\alpha \subseteq P$ für alle $\alpha \in A$. Die letzte Aussage folgt, weil kein Primideal die Eins, aber jedes Primideal die Null enthält.

Für $P \in \mathrm{Spec}\,(R)$ sei R_P der Ring, der gemäß Übung 1.4 aus R entsteht, wenn man in $S := R \setminus P$ lokalisiert. Man beachte dabei, dass S die in Übung 1.4 gemachten Voraussetzungen genau deshalb erfüllt, weil P ein Primideal ist.

Jetzt können wir die Strukturgarbe $\mathcal{O} := \mathcal{O}_{\mathrm{Spec}\,(R)}$ für Spec (R) definieren: Für $U \in \mathfrak{Z}$ offen setzen wir

$$\mathcal{O}(U) := \left\{ t \colon U \to \coprod_{P \in U} R_P \;\middle|\; t(P) \in R_P \text{ und (A)} \right\},$$

wobei

(A) $\forall\, P \in U\; \exists\, P \in U_P \in \mathfrak{Z}, r, s \in R, s \notin \bigcup_{Q \in U_P} Q : \left(\forall Q \in U_P : t(Q) = \frac{r}{s} \in R_Q \right)$.

Beachte dabei, dass für $s \in R \setminus P$ gilt: $P \notin \mathrm{V}(sR)$. Also ist

$$U(s) := \mathrm{Spec}\,(R) \setminus \mathrm{V}(sR) \in \mathfrak{Z}$$

eine offene Umgebung von P. Für $Q \in U(s)$ gilt $Q \notin \mathrm{V}(sR)$, das heißt, es gibt ein $r \in R$ mit $sr \notin Q$. Weil Q ein Ideal ist, folgt $s \notin Q$, das heißt, wir haben $s \notin \bigcup_{Q \in U(s)} Q$. Also ist $\mathcal{O}(U) \neq \emptyset$.

Die $\mathcal{O}(U)$ sind bezüglich der punktweisen Operationen Ringe, da aus $s, s' \in R \setminus Q$ für $Q \in \operatorname{Spec}(R)$ auch $s, s' \in R \setminus Q$ folgt. Die Konstruktion ist verträglich mit Einschränkungsabbildungen, daher ist $\mathfrak{Z} \ni U \mapsto \mathcal{O}(U)$ eine Prägarbe von Ringen. Da Bedingung (A) von lokaler Natur ist, ist $\mathcal{O}$ sogar eine Garbe (Übung). Damit ist $(\operatorname{Spec}(R), \mathcal{O}_{\operatorname{Spec}(R)})$ ein geringter Raum.

Wenn R' ein weiterer kommutativer Ring mit Eins ist und $\varphi\colon R \to R'$ ein Ringhomomorphismus, der die Eins erhält, dann findet man wie folgt einen Morphismus $(f, f^\flat)\colon (\operatorname{Spec}(R'), \mathcal{O}_{\operatorname{Spec}(R')}) \to (\operatorname{Spec}(R), \mathcal{O}_{\operatorname{Spec}(R)})$. Die Abbildung $f\colon \operatorname{Spec}(R') \to \operatorname{Spec}(R)$ ist durch

$$\forall P' \in \operatorname{Spec}(R') : \quad f(P') = \varphi^{-1}(P') \in \operatorname{Spec}(R)$$

gegeben (wohldefiniert wegen Übung 1.7). Sei jetzt $U \in \mathfrak{Z}_R$ und $t \in \mathcal{O}_{\operatorname{Spec}(R)}(U)$ sowie $P' \in f^{-1}(U) \subseteq \operatorname{Spec}(R')$. Durch

$$\forall r \in R, s \in R \setminus \varphi^{-1}(P') : \quad \varphi_{P'}\Big(\frac{r}{s}\Big) := \frac{\varphi(r)}{\varphi(s)} \in R'_{P'}$$

wird ein Ringhomomorphismus $\varphi_{P'}\colon R_{f(P')} \to R'_{P'}$ definiert, also erhalten wir eine Abbildung

$$f_U^\flat(t)\colon f^{-1}(U) \to \coprod_{P' \in f^{-1}(U)} R'_{P'}, \quad P' \mapsto \varphi_{P'} \circ t \circ f(P').$$

Man verifiziert (Übung), dass $f_U^\flat(t) \in \mathcal{O}_{\operatorname{Spec}(R')}\big(f^{-1}(U)\big) = f_*\mathcal{O}_{\operatorname{Spec}(R)}(U)$ und die Abbildung

$$f_U^\flat : \mathcal{O}_{\operatorname{Spec}(R)}(U) \to f_*\mathcal{O}_{\operatorname{Spec}(R)}(U), \quad t \mapsto f_U^\flat(t)$$

ein Ringhomomorphismus ist. Da die Konstruktion verträglich mit Einschränkungen ist, definieren die $f_U^\flat$ zusammen einen Garbenmorphismus $f^\flat$.

Man verifiziert weiter (Übung), dass die Zuordnungen $R \mapsto (\operatorname{Spec}(R), \mathcal{O}_{\operatorname{Spec}(R)})$ und $(\varphi\colon R \to R') \mapsto (f, f^\flat)\colon (\operatorname{Spec}(R'), \mathcal{O}_{\operatorname{Spec}(R')}) \to (\operatorname{Spec}(R), \mathcal{O}_{\operatorname{Spec}(R)})$ einen Funktor

$$\operatorname{Spec}\colon \mathbf{CRing}_1 \to \mathbf{RSp}$$

definieren.

Sei abschließend R_0 ein kommutativer Ring mit Eins. Dann lassen sich die obigen Konstruktionen auf kommutative R_0-Algebren übertragen, und man erhält einen Funktor

$$\operatorname{Spec}\colon \mathbf{CAlg}_{R_0} \to \mathbf{RSp}_{R_0}.$$

□

Sei $X \subseteq \mathbb{R}^n$ wie in Beispiel 5.29. Wenn eine stetige Funktion $s\colon X \to \mathbb{R}$ an einer Stelle $x \in X$ nicht verschwindet, dann gibt es eine kleine Umgebung U von x, auf der die Funktion nirgends verschwindet. Dann kann man die inverse Funktion $U \to \mathbb{R}$, $x \mapsto \frac{1}{f(x)}$ bilden, deren Keim in x dann das Inverse des Keimes s_x von s in x im Ring $(\mathcal{C}_X^{\mathbb{R},k})_x$ ist. Damit ist jeder Keim $s_x \in (\mathcal{C}_X^{\mathbb{R},k})_x$, der in einem echten Ideal von $(\mathcal{C}_X^{\mathbb{R},k})_x$ liegt, im Kern der Auswertungsabbildung

$$\mathrm{ev}_x : (\mathcal{C}_X^{\mathbb{R},k})_x \to \mathbb{R}, \; s_x \mapsto s(x)$$

enthalten. Anders ausgedrückt, $\ker(\mathrm{ev}_x)$ ist das einzige maximale Ideal in $(\mathcal{C}_X^{\mathbb{R},k})_x$. Ringe mit nur einem maximalen Ideal nennt man *lokale Ringe*. Faktorisiert man aus einem solchen Ring das maximale Ideal heraus, ergibt sich ein Körper, den man den *Restklassenkörper* des Ringes nennt. Die Auswertungsabbildung zeigt, dass im vorliegenden Fall der Restklassenkörper einfach nur $\mathbb{R}$ ist.

Wenn jetzt $Y \subseteq \mathbb{R}^m$ offen und $f : X \to Y$ eine stetige Abbildung ist, liefert ein Garbenmorphismus $f^\flat : \mathcal{C}_Y^{\mathbb{R},k} \to f_*(\mathcal{C}_X^{\mathbb{R},k})$ nach Satz 5.20 einen Garbenmorphismus $f^\sharp : f^{-1}(\mathcal{C}_Y^{\mathbb{R},k}) \to \mathcal{C}_X^{\mathbb{R},k}$ und dieser nach Übung 5.4 und Satz 5.27 (siehe auch Bemerkung 5.21) den Ringhomomorphismus

$$f_x^\sharp : (\mathcal{C}_Y^{\mathbb{R},k})_{f(x)} = (f^{-1}\mathcal{C}_Y^{\mathbb{R},k})_x \to (\mathcal{C}_X^{\mathbb{R},k})_x, \quad s_{f(x)} \mapsto (f^\flat(s))_x. \qquad (*)$$

Da alle Ringhomomorphismen hier die Eins erhalten gilt $\mathrm{ev}_x \circ f_x^\sharp = \mathrm{ev}_{f(x)}$, das heißt $f_x^\sharp\big(\ker(\mathrm{ev}_{f(x)})\big) \subseteq \ker(\mathrm{ev}_x)$, und $f^\flat(s) = s \circ f$. Wendet man $(*)$ auf die Projektionen $s(x_1, \ldots, x_n) = x_j$ an, so sieht man, dass die Komponentenfunktionen von $f : X \to Y \subseteq \mathbb{R}^m$ alle in $\mathcal{C}_X^{\mathbb{R},k}(X)$ sind, das heißt, $f : X \to \mathbb{R}^m$ ist k-mal stetig differenzierbar. Umgekehrt liefert $s \mapsto s \circ f$ für jedes k-mal stetig differenzierbare $f : X \to \mathbb{R}^m$ einen Garbenmorphismus $f^\flat : \mathcal{C}_Y^{\mathbb{R},k} \to f_*(\mathcal{C}_X^{\mathbb{R},k})$.

Das eben vorgeführte Argument lässt sich auf andere Garben von stetigen Funktionen übertragen, solange die betrachtete Funktionenfamilie unter dem Übergang von $f|_U$ zu $\frac{1}{f|_U}$ abgeschlossen bleibt, wie das zum Beispiel für differenzierbare Funktionen der Fall ist. Für Spektren von Ringen hat man analoge Ergebnisse, wobei die Beweise ganz anders aussehen (siehe Satz 5.34). Das führt auf die folgenden Definitionen.

Definition 5.31 (Lokal geringte Räume)
Ein R-geringter Raum $(X, \mathcal{O}_X)$ heißt *lokal R-geringter Raum*, wenn die Halme $(\mathcal{O}_X)_x$ für $x \in X$ alle lokale Ringe sind. Seien $(X, \mathcal{O}_X)$ und $(Y, \mathcal{O}_Y)$ lokal geringte Räume. Ein Morphismus

$$(f, f^\flat) : (X, \mathcal{O}_X) \to (Y, \mathcal{O}_Y)$$

von geringten Räumen ist ein *Morphismus* von *lokal* geringten Räumen, wenn für jedes $x \in X$ der Ringhomomorphismus

$$f_x^\sharp : (f^{-1}\mathcal{O}_Y)_x = (\mathcal{O}_Y)_{f(x)} \to (\mathcal{O}_X)_x$$

(siehe Übung 5.4 und Satz 5.20) *lokal* ist, das heißt, die maximalen Ideale ineinander abbildet. □

Die lokal R-geringten Räume bilden eine Unterkategorie $\mathbf{RSp}_{\mathrm{lok},R}$ der Kategorie $\mathbf{RSp}_R$ der R-geringten Räume (Übung).

Proposition 5.32 (Lokal geringte Funktionenräume)
Seien $X \subseteq \mathbb{K}^n$ und $Y \subseteq \mathbb{K}^m$ offen, sowie $\mathcal{O}_X := C_X^{\mathbb{K},k}$ und $\mathcal{O}_Y := C_Y^{\mathbb{K},k}$ für $k \in \mathbb{N}_0 \cup \{\infty\} \cup \{\omega\}$. Dann gilt:

(i) *$(X, \mathcal{O}_X)$ ist ein lokaler $\mathbb{K}$-geringter Raum.*
(ii) *Für jedes $x \in X$ ist der Restklassenkörper von $\mathcal{O}_{X,x}$ gleich $\mathbb{K}$.*
(iii) *Jeder Morphismus $(f, f^\flat)\colon (X, \mathcal{O}_X) \to (Y, \mathcal{O}_Y)$ ist automatisch lokal, das heißt ein Morphismus lokal $\mathbb{K}$-geringter Räume.*
(iv) *Für jeden Morphismus $(f, f^\flat)\colon (X, \mathcal{O}_X) \to (Y, \mathcal{O}_Y)$ sind die Komponenten der vektorwertigen Abbildung $f\colon X \to Y$ in $\mathcal{O}_X(X)$, und der zu $f^\flat\colon \mathcal{O}_Y \to f_*(\mathcal{O}_X)$ gehörige Garbenmorphismus $f^\sharp\colon f^{-1}\mathcal{O}_Y \to \mathcal{O}_X$ ist durch*

$$\forall x \in X: \quad f_x^\sharp : (\mathcal{O}_Y)_{f(x)} = (f^{-1}\mathcal{O}_Y)_x \to (\mathcal{O}_X)_x, \quad s_{f(x)} \mapsto (s \circ f)_x$$

gegeben.

Beweis Das Argument vor Definition 5.31 lässt sich auf jeden der betrachteten geringten Räume anwenden. □

Wir wollen zeigen, dass Ringspektren lokal geringte Räume sind. Dafür müssen wir insbesondere zeigen, dass die lokalisierten Ringe R_P aus der Konstruktion von $\mathcal{O}_{\mathrm{Spec}\,(R)}$ in Beispiel 5.30 lokale Ringe sind.

Lemma 5.33 (Lokalisierungen sind lokal)
Sei R ein kommutativer Ring mit Eins und $P \in \mathrm{Spec}\,(R)$. Dann ist der lokalisierte Ring R_P ein lokaler Ring. Das eindeutig bestimmte maximale Ideal von R_P ist

$$\left\{ \frac{r}{s} \in R_P \;\middle|\; r \in P, s \in R \setminus P \right\}.$$

Beweis Betrachte das Ideal $I_P := \left\{ \frac{r}{s} \in R_P \mid r \in P, s \in R \setminus P \right\}$ in R_P. Wenn $\frac{r}{s} \in R_P \setminus I_P$, dann gilt $r \notin P$, das heißt, $\frac{r}{s}$ ist eine Einheit in R_P. Also ist I_P ein maximales Ideal und das Komplement von I_P genau die Menge der Einheiten in R. Da jedes echte Ideal und insbesondere jede Nichteinheit in einem maximalen Ideal enthalten ist, ist die Vereinigung aller maximalen Ideale genau das Komplement der Einheiten. Daher kann es keine anderen maximalen Ideale als I_p geben. □

Satz 5.34 (Ringspektren sind lokal geringte Räume)
Der Funktor $\mathrm{Spec} : \mathbf{CAlg}_{R_0} \to \mathbf{RSp}_{R_0}$ faktorisiert für jedes $R_0 \in \mathrm{ob}(\mathbf{CRing})$ durch die Kategorie $\mathbf{RSp}_{\mathrm{lok},R_0}$.

Beweis Zu zeigen sind die beiden folgenden Aussagen:

(i) $(\mathrm{Spec}\,(R), \mathcal{O}_{\mathrm{Spec}\,(R)})$ ist für jedes $R \in \mathrm{ob}(\mathbf{CAlg}_{R_0})$ ein lokal R_0-geringter Raum.
(ii) Für jeden die Eins erhaltenden Ringhomomorphismus $\varphi\colon R \to R'$ gilt für den Morphismus

$$\mathrm{Spec}\,(\varphi) = (f, f^\flat)\colon (\mathrm{Spec}\,(R'), \mathcal{O}_{\mathrm{Spec}\,(R')}) \to (\mathrm{Spec}\,(R), \mathcal{O}_{\mathrm{Spec}\,(R)}),$$

dass der Ringhomomorphismus

$$f^\sharp_{P'}\colon (f^{-1}\mathcal{O}_{\mathrm{Spec}\,(R)})_{P'} = (\mathcal{O}_{\mathrm{Spec}\,(R)})_{f(P')} \to (\mathcal{O}_{\mathrm{Spec}\,(R')})_{P'}$$

für jedes $P' \in \mathrm{Spec}\,(R')$ lokal ist.

Um (i) zu zeigen, genügt es nach Lemma 5.33, nachzuweisen, dass für jedes $P \in \mathrm{Spec}\,(R)$ der Halm $(\mathcal{O}_{\mathrm{Spec}\,(R)})_P$ isomorph zu R_P ist.

Die Auswertungsabbildungen $\mathrm{ev}_{U,P}\colon \mathcal{O}_{\mathrm{Spec}\,(R)}(U) \to R_P,\ t \mapsto t(P)$ für $P \in U \in \mathfrak{Z}_R$ sind mit den Einschränkungen verträglich und liefern daher Ringhomomorphismen $\varphi_P\colon (\mathcal{O}_{\mathrm{Spec}\,(R)})_P \to R_P$. Wir wollen zeigen, dass φ_P ein bijektiv ist.

Jeder Keim $x \in (\mathcal{O}_{\mathrm{Spec}\,(R)})_P$ wird nach Beispiel 5.30 auf einer offenen Umgebung U_P von P durch ein Paar (r, s) mit $r \in R$ und $s \in R \setminus P$ repräsentiert. Es gilt dann $\varphi_P(x) = \frac{r}{s} \in R_P$. Wenn $x, x' \in (\mathcal{O}_{\mathrm{Spec}\,(R)})_P$ mit $\varphi_P(x) = \varphi_P(x')$ auf einer Umgebung U_P von P durch (r, s) bzw. (r', s') repräsentiert sind, folgt also $\frac{r}{s} = \frac{r'}{s'} \in R_P$. Es gibt dann ein $s'' \in R \setminus P$ mit $rs's'' = r'ss'' \in R$. Seien die offenen Umgebungen $U(s)$, $U(s')$ und $U(s'')$ von P wie in Beispiel 5.30 definiert. Dann gilt für jedes $Q \in U_P \cap U(s) \cap U(s') \cap U(s'')$, dass $\frac{r}{s} = \frac{r'}{s'} \in R_Q$, wobei die Brüche in R_Q zu nehmen sind. Aber das zeigt $x = x'$, und φ_P ist injektiv. Das Argument zeigt aber auch, dass es zu $\frac{r}{s} \in R_P$ eine Umgebung U von P und ein $t \in \mathcal{O}_{\mathrm{Spec}\,(R)}(U)$ mit $\mathrm{ev}_{U,P}(t) = \frac{r}{s}$ gibt. Es folgt, dass $\varphi(t_P) = \frac{r}{s}$ für $t_P \in (\mathcal{O}_{\mathrm{Spec}\,(R)})_P$, also ist φ_P auch surjektiv. Damit ist (i) bewiesen.

Um (ii) zu zeigen, stellen wir zunächst fest, dass Bemerkung 5.21 uns erlaubt, $f^\sharp_{P'}$ explizit zu bestimmen. Unter den Identifikationen $(\mathcal{O}_{\mathrm{Spec}\,(R)})_{f(P')} \equiv R_{f(P')} = R_{\varphi^{-1}(P')}$ und $(\mathcal{O}_{\mathrm{Spec}\,(R')})_{P'} \equiv R'_{P'}$ ergibt sich mit der Formel für $f^\flat_U(t)$ in Beispiel 5.30, dass

$$f^\sharp_{P'}\colon R_{\varphi^{-1}(P')} \to R'_{P'}, \quad \frac{r}{s} \mapsto \frac{\varphi(r)}{\varphi(s)}.$$

Wegen $\varphi\big(\varphi^{-1}(P')\big) \subseteq P'$ bildet $f^\sharp_{P'}$ nach der Formel in Lemma 5.33 die maximalen Ideale ineinander ab, ist also lokal. □

5.4 Modulgarben

Geringte Räume liefern den begrifflichen Rahmen für verallgemeinerte Räume von skalaren Funktionen, die zu einem topologischen Raum mit einer gegebenen lokalen Zusatzstruktur passen. Modulgarben sind die vektorwertige Erweiterung dieses Konzepts. Die Anfangsgründe der Theorie von Modulgarben wirken daher auch wie elementare lineare Algebra – in der Variante von Moduln über kommutativen Ringen aus Kap. 2 und 3.

Definition 5.35 ($\mathcal{O}_X$-Moduln)
Sei $(X, \mathcal{O}_X)$ ein R-geringter Raum. Eine Garbe $\mathcal{F}$ von abelschen Gruppen über X heißt ein *$\mathcal{O}_X$-Modul* oder eine *$\mathcal{O}_X$-Modulgarbe*, wenn die folgenden Bedingungen erfüllt sind

(a) $\forall\, U \subseteq X$ offen: $\mathcal{F}(U)$ ist ein $\mathcal{O}_X(U)$-Modul.
(b) $\forall\, V \subseteq U \subseteq X$ offen sowie $r \in \mathcal{O}_X(U)$ und $v \in \mathcal{F}(U)$ gilt:

$$\rho^{\mathcal{F}}_{V,U}(rv) = \rho^{\mathcal{O}_X}_{V,U}(r)\rho^{\mathcal{F}}_{V,U}(v),$$

das heißt, die Restriktionen sind mit den Modulstrukturen verträglich.

Ein *Morphismus* $\varphi \colon \mathcal{F} \to \mathcal{G}$ zwischen zwei $\mathcal{O}_X$-Moduln ist ein Morphismus von Garben abelscher Gruppen, für die alle $\varphi_U \colon \mathcal{F}(U) \to \mathcal{G}(U)$ mit offenem $U \subseteq X$ $\mathcal{O}_X(U)$-Modulhomomorphismen sind. Wir bezeichnen die resultierende Kategorie der $\mathcal{O}_X$-Moduln mit $\mathbf{Mod}_{\mathcal{O}_X}$.

Wenn $(X, \mathcal{O}_X)$ ein R-geringter Raum ist, dann sind die Halme $\mathcal{O}_{X,x}$ nach Bemerkung 5.15 R-Algebren. Die Halme $\mathcal{F}_x$ eines $\mathcal{O}_X$-Moduls $\mathcal{F}$ sind nach derselben Bemerkung R-Moduln. Es gilt aber noch mehr: Die Verträglichkeit der skalaren Multiplikationen mit den Restriktionen zeigt, dass $\mathcal{F}_x$ sogar ein $\mathcal{O}_{X,x}$-Modul ist.

Bemerkung 5.36 (Étalé-Version der Modulgarben)
Sei $(X, \mathcal{O}_X)$ ein R-geringter Raum und $\mathcal{F}$ ein $\mathcal{O}_X$-Modul. Die $\mathcal{O}_{X,x}$-Modulstruktur der Halme $\mathcal{F}_x$ zeigt, dass auf dem kategoriellen Produkt $\acute{\mathrm{E}}(\mathcal{O}_X) \times \acute{\mathrm{E}}(\mathcal{F})$ der zugehörigen Étalé-Räume $(\acute{\mathrm{E}}(\mathcal{O}_X), X, \pi)$ und $(\acute{\mathrm{E}}(\mathcal{F}), X, \pi_{\mathcal{F}})$ (siehe Übung 5.8) ein $\acute{\mathbf{E}}(X, \mathbf{Set})$-Morphismus $\acute{\mathrm{E}}(\mathcal{O}_X) \times \acute{\mathrm{E}}(\mathcal{F}) \to \acute{\mathrm{E}}(\mathcal{F})$ definiert ist, der auf den Fasern durch die skalare Multiplikation gegeben ist. Analog haben wir einen $\acute{\mathbf{E}}(X, \mathbf{Set})$-Morphismus $\acute{\mathrm{E}}(\mathcal{F}) \times \acute{\mathrm{E}}(\mathcal{F}) \to \acute{\mathrm{E}}(\mathcal{F})$, der faserweise durch die Addition gegeben ist.

Umgekehrt, wenn $(X, \mathfrak{T})$ ein topologischer Raum ist und (A, X, π) ein Objekt von $\acute{\mathbf{E}}(X, \mathbf{Alg}_R)$, dann ist X zusammen mit der Schnittgarbe $S(A, X, \pi) \in \mathbf{G}(X, \mathbf{Alg}_R)$ ein R-geringter Raum $(X, \mathcal{O}_X)$, das heißt ein Objekt von $\mathbf{RSp}_R$. Ist außerdem $(E, X, \pi_E) \in \mathrm{ob}\big(\acute{\mathbf{E}}(X, \mathbf{Mod}_R)\big)$, so ist X zusammen mit der Schnittgarbe $\mathcal{F} := S(E, X, \pi) \in \mathbf{G}(X, \mathbf{Mod}_R)$ eine Garbe von R-Moduln. Wenn zusätzlich ein $\acute{\mathbf{E}}(X, \mathbf{Set})$-Morphismus $(A, X, \pi) \times (E, X, \pi_E) \to (E, X, \pi_E)$ gegeben ist, der für jedes $x \in X$ eine A_x-Modulstruktur auf dem R-Modul E_x definiert, dann ist $\mathcal{F}$ sogar ein $\mathcal{O}_X$-Modul. Um das einzusehen, stellt man fest, dass $A_x = \mathcal{O}_{X,x}$ und $E_x = \mathcal{F}_x$, und multipliziert lokale Schnitte punktweise (Details als Übung).

Zusammen stellt man also fest, dass unter der Äquivalenz der Kategorien $\mathbf{G}(X, \mathbf{Mod}_R)$ und $\mathbf{\acute{E}}(X, \mathbf{Mod}_R)$ (siehe Übung 5.7) die Unterkategorie $\mathbf{Mod}_{\mathcal{O}_X}$ die folgende Unterkategorie $\mathbf{\acute{E}Mod}_{\mathcal{O}_X}$ von Étalé-Räumen in $\mathbf{\acute{E}}(X, \mathbf{Mod}_R)$ entspricht: Die *Objekte* (E, X, π_E) von $\mathbf{\acute{E}Mod}_{\mathcal{O}_X}$ sind mit einem $\mathbf{\acute{E}}(X, \mathbf{Set})$-Morphismus

$$\acute{\mathrm{E}}(\mathcal{O}_X) \times (E, X, \pi_E) \to (E, X, \pi_E)$$

ausgestattet, der für jedes $x \in X$ den R-Modul E_x zu einem $\mathcal{O}_{X,x}$-Modul macht. Ein *Morphismus* $(E, X, \pi_E) \to (E', X, \pi_{E'})$ zwischen zwei Objekten von $\mathbf{\acute{E}Mod}_{\mathcal{O}_X}$ ist ein $\mathbf{\acute{E}}(X, \mathbf{Mod}_R)$-Morphismus $\varphi\colon E \to E'$, für den die Einschränkungen $\varphi|_{E_x} : E_x \to E'_x$ Morphismen von $\mathcal{O}_{X,x}$-Moduln sind. □

Die Überlegungen aus Bemerkung 5.36 zeigen, dass die Konstruktionen von Limiten und Kolimiten von Garben aus Beispiel 5.18 $\mathcal{O}_X$-Moduln liefern, wenn man mit $\mathcal{O}_X$-Moduln startet. Da $\mathbf{Mod}_R$ insbesondere kategorielle Summen und Produkte zulässt (siehe Konstruktion 2.16), gibt es also insbesondere auch kategorielle Summen und Produkte von $\mathcal{O}_X$-Moduln. Analog findet man auch die Existenz von injektiven und projektiven Limiten von $\mathcal{O}_X$-Moduln (siehe Übung 4.12).

Auch andere funktorielle Konstruktionen von Moduln, die sich, wie das Tensorprodukt, nicht als Limes oder Kolimes beschreiben lassen, kann man auf $\mathcal{O}_X$-Moduln übertragen. Wie für Limiten und Kolimiten hat man dabei zwei Möglichkeiten. Entweder man wendet die Konstruktion erst separat für jede offene Menge $U \in \mathfrak{T}$ auf die Schnittmoduln $\mathcal{F}(U)$ an und macht daraus eine Prägarbe, die anschließend garbifiziert wird, oder aber man betrachtet die zu den $\mathcal{O}_X$-Moduln gehörigen Étalé-Räume, wendet die Konstruktion faserweise an und zeigt, dass das Resultat zu $\mathbf{\acute{E}Mod}_{\mathcal{O}_X}$ gehört, indem man verifiziert, dass die faserweise skalare Multiplikation einen Morphismus von Étalé-Räumen definiert.

Beispiel 5.37 (Tensorprodukte von $\mathcal{O}_X$-Moduln)
Sei $(X, \mathcal{O}_X)$ ein R-geringter Raum sowie $\mathcal{F}$ und $\mathcal{G}$ zwei $\mathcal{O}_X$-Moduln.

(i) Die Garbifizierung der Prägarbe $U \mapsto \mathcal{F}(U) \otimes_{\mathcal{O}_X(U)} \mathcal{G}(U)$ ist ein $\mathcal{O}_X$-Modul $\mathcal{F} \otimes_{\mathcal{O}_X} \mathcal{G}$ bezüglich der $\mathcal{O}_X(U)$-Modulstrukturen auf $\big(\mathcal{F} \otimes_{\mathcal{O}_X} \mathcal{G}\big)(U)$, die durch die Morphismen

$$\mathcal{O}_X(U) \times \big(\mathcal{F}(U) \otimes_{\mathcal{O}_X(U)} \mathcal{G}(U)\big) \to \mathcal{F}(U) \otimes_{\mathcal{O}_X(U)} \mathcal{G}(U), \quad (s, a \otimes b) \mapsto (sa) \otimes b$$

bei der Garbifizierung als Morphismen

$$\mathcal{O}_X(U) \times \big(\mathcal{F} \otimes_{\mathcal{O}_X} \mathcal{G}\big)(U) \to \big(\mathcal{F} \otimes_{\mathcal{O}_X} \mathcal{G}\big)(U)$$

induziert werden.

(ii) Der durch die Abbildungen

$$\pi_U : \mathcal{F}(U) \times \mathcal{G}(U) = (\mathcal{F} \times \mathcal{G})(U) \to \big(\mathcal{F} \otimes_{\mathcal{O}_X} \mathcal{G}\big)(U), \quad (a, b) \mapsto a \otimes b$$

für $U \in \mathfrak{T}$ gegebene $\mathbf{G}(X, \mathbf{Set})$-Morphismus $\pi : \mathcal{F} \times \mathcal{G} \to \mathcal{F} \otimes_{\mathcal{O}_X} \mathcal{G}$ ist $\mathcal{O}_X$-bilinear in dem Sinne, dass die π_U alle $\mathcal{O}_X(U)$-bilinear sind.

(iii) Der $\mathcal{O}_X$-Modul $\mathcal{F} \otimes_{\mathcal{O}_X} \mathcal{G}$ erfüllt, zusammen mit $\pi : \mathcal{F} \times \mathcal{G} \to \mathcal{F} \otimes_{\mathcal{O}_X} \mathcal{G}$, die folgende universelle Eigenschaft: Zu jedem $\mathcal{O}_X$-bilinearen $\mathbf{G}(X, \mathbf{Set})$-Morphismus $\varrho : \mathcal{F} \times \mathcal{G} \to \mathcal{H}$ gibt es genau einen $\mathbf{Mod}_{\mathcal{O}_X}$-Morphismus $\overline{\varrho} : \mathcal{F} \otimes_{\mathcal{O}_X} \mathcal{G} \to \mathcal{H}$ mit $\overline{\varrho} \circ \pi = \varrho$, das heißt, man hat das folgende kommutative Diagramm

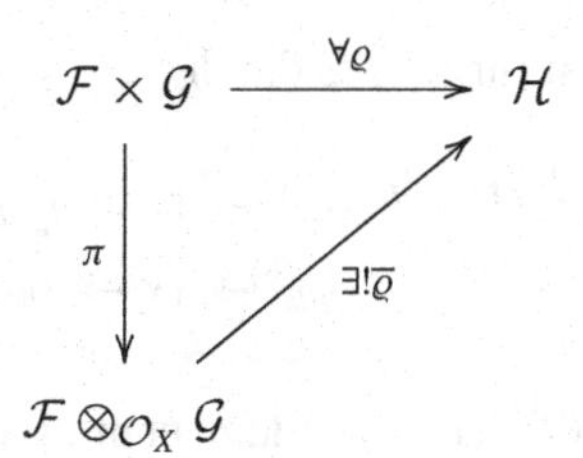

Ein Vergleich mit Definition 3.3 zeigt, warum man $\mathcal{F} \otimes_{\mathcal{O}_X} \mathcal{G}$ als das Tensorprodukt der $\mathcal{O}_X$-Moduln $\mathcal{F}$ und $\mathcal{G}$ bezeichnet.

(iv) Die Konstruktion kann iteriert werden und liefert so ein assoziatives Tensorprodukt (siehe Proposition 3.10). □

Die Existenz von direkten Summen und Tensorprodukten von $\mathcal{O}_X$-Moduln erlaubt es, in $\mathbf{Mod}_{\mathcal{O}_X}$ auch Tensoralgebren zu betrachten, und legt es weiter nahe, symmetrische und äußere Algebren zu konstruieren.

Übung 5.10 ($\mathcal{O}_X$-Tensoralgebren)
Man definiere die Tensoralgebra eines $\mathcal{O}_X$-Moduls und beweise eine charakterisierende universelle Eigenschaft dafür.

Übung 5.11 (Symmetrische und äußere $\mathcal{O}_X$-Algebren)
Man übertrage die Konstruktionen und Resultate aus Abschn. 3.3 auf $\mathcal{O}_X$-Algebren.

Das folgende Beispiel liefert insbesondere das Konzept eines *dualen* $\mathcal{O}_X$-Moduls.

Beispiel 5.38 (Hom-Räume von $\mathcal{O}_X$-Moduln)
Sei $(X, \mathcal{O}_X)$ ein R-geringter Raum sowie $\mathcal{F}$ und $\mathcal{G}$ zwei $\mathcal{O}_X$-Moduln.

(i) Die Prägarbe $U \mapsto \operatorname{Hom}_{\mathcal{O}_X(U)}\big(\mathcal{F}(U), \mathcal{G}(U)\big)$ ist eine Garbe, die wir mit $\mathcal{H}om_{\mathcal{O}_X}(\mathcal{F}, \mathcal{G})$ bezeichnen. Jedes $\big(\mathcal{H}om_{\mathcal{O}_X}(\mathcal{F}, \mathcal{G})\big)(U)$ trägt eine $\mathcal{O}_X(U)$-Modulstruktur:

$$\mathcal{O}_X(U) \times \operatorname{Hom}_{\mathcal{O}_X(U)}\big(\mathcal{F}(U), \mathcal{G}(U) \to \operatorname{Hom}_{\mathcal{O}_X(U)}\big(\mathcal{F}(U), \mathcal{G}(U),$$
$$(s, \varphi) \mapsto (a \mapsto s\varphi(a)).$$

Damit wird $\mathcal{H}om_{\mathcal{O}_X}(\mathcal{F}, \mathcal{G})$ zu einem $\mathcal{O}_X$-Modul.

(ii) Wenn $\mathcal{G}$ in (i) gleich $\mathcal{O}_X$ ist, dann bezeichnet man den $\mathcal{O}_X$-Modul $\mathcal{H}om_{\mathcal{O}_X}(\mathcal{F}, \mathcal{G}) = \mathcal{H}om_{\mathcal{O}_X}(\mathcal{F}, \mathcal{O}_X)$ mit $\mathcal{F}^\vee$ und nennt ihn den zu $\mathcal{F}$ *dualen* $\mathcal{O}_X$*-Modul*.

(iii) Wenn I eine Indexmenge ist und $\mathcal{O}_X^{(I)} := \bigoplus_{i \in I} \mathcal{O}_X$ die direkte Summe sowie $\mathcal{F}^I = \prod_{i \in I} \mathcal{F}$ das direkte Produkt, dann gilt

$$\mathcal{H}om_{\mathcal{O}_X}\big(\mathcal{O}_X^{(I)}, \mathcal{F}\big) \cong \mathcal{H}om_{\mathcal{O}_X}\big(\mathcal{O}_X, \mathcal{F}^I\big).$$

Der Isomorphismus ist für $U \in \mathfrak{T}$ durch

$$\operatorname{Hom}_{\mathcal{O}_X(U)}\big(\mathcal{O}_X^{(I)}(U), \mathcal{F}(U)\big) \to \operatorname{Hom}_{\mathcal{O}_X(U)}\big(\mathcal{O}_X(U), \mathcal{F}^I(U)\big)$$
$$\varphi_U \mapsto \big(s \mapsto (\varphi(s_i))_{i \in I}\big)$$

gegeben, wobei $s_i \in \mathcal{O}_X^{(I)}(U)$ das Element mit s an der i-ten Position und sonst lauter Nullen ist. □

$\mathcal{O}_X$-Moduln, die zumindest lokal von der Form $\mathcal{O}_X^{(I)}$ sind, spielen in der Geometrie eine besondere Rolle. Für endliche Indexmengen werden sie uns in den späteren Kapiteln als *Vektorbündel* wieder begegnen.

Definition 5.39 (Lokalfreie Garben)
Sei $(X, \mathcal{O}_X)$ ein geringter Raum und $\mathcal{F}$ ein $\mathcal{O}_X$-Modul.

(i) $\mathcal{F}$ heißt *frei*, wenn es eine Indexmenge I gibt, für die die durch I parametrisierte direkte Summe $\mathcal{O}_X^{(I)} := \bigoplus_I \mathcal{O}_X$ als $\mathcal{O}_X$-Modul isomorph zu $\mathcal{F}$ ist.

(ii) $\mathcal{F}$ heißt *lokalfrei*, wenn es zu jedem $x \in X$ ein $x \in U \in \mathfrak{T}$ gibt, für das $\mathcal{F}|_U$ frei ist. Wenn für jedes $x \in X$ das U so gewählt werden kann, dass $\mathcal{F}|_U$ isomorph zu einer endlichen direkten Summe von $\mathcal{O}_X|_U$ ist, dann heißt $\mathcal{F}$ *lokalfrei vom endlichen Typ*.

Das nachfolgende Beispiel deutet an, in welchem Zusammenhang lokalfreie $\mathcal{O}_X$-Moduln mit Vektorbündeln stehen.

Beispiel 5.40 (Lokalfreie $\mathcal{O}_X$-Moduln von Funktionen)
Sei $X \subseteq \mathbb{K}^n$ eine offene Teilmenge und V ein endlichdimensionaler $\mathbb{K}$-Vektorraum. Dann ist die Garbe $\mathcal{C}_{X,V}^{\mathbb{K},k}$ aus Beispiel 5.10 ein lokalfreier $\mathcal{C}_X^{\mathbb{K},k}$-Modul von endlichem Typ. Wir bezeichnen sie mit $\mathcal{C}_X^{\mathbb{K},k} \otimes V$. Die folgenden Modulgarben erhält man aus den schon besprochen Konstruktionen für $\mathcal{O}_X$-Moduln. Sie alle sind lokalfreie $\mathcal{C}_X^{\mathbb{K},k}$-Moduln von endlichem Typ (Details als Übung).

(i) Wenn V und W endlichdimensionale $\mathbb{K}$-Vektorräume sind, gilt

$$\left(\mathcal{C}_X^{\mathbb{K},k} \otimes V\right) \otimes_{\mathcal{O}_X} \left(\mathcal{C}_X^{\mathbb{K},k} \otimes W\right) \cong \mathcal{C}_X^{\mathbb{K},k} \otimes (V \otimes W).$$

(ii) Wenn $V = \varprojlim_{i \in \mathbf{I}} V_i$ ein endlichdimensionaler $\mathbb{K}$-Vektorraum ist, gilt

$$\varprojlim_{i \in \mathbf{I}} \left(\mathcal{C}_X^{\mathbb{K},k} \otimes V_i\right) \cong \mathcal{C}_X^{\mathbb{K},k} \otimes \left(\varprojlim_{i \in \mathbf{I}} V_i\right).$$

Insbesondere gilt für endlichdimensionale $\mathbb{K}$-Vektorräume V und W

$$\left(\mathcal{C}_X^{\mathbb{K},k} \otimes V\right) \times \left(\mathcal{C}_X^{\mathbb{K},k} \otimes W\right) \cong \mathcal{C}_X^{\mathbb{K},k} \otimes (V \times W).$$

(iii) Wenn $V = \varinjlim_{i \in \mathbf{I}} V_i$ ein endlichdimensionaler $\mathbb{K}$-Vektorraum ist, gilt

$$\varinjlim_{i \in \mathbf{I}} \left(\mathcal{C}_X^{\mathbb{K},k} \otimes V_i\right) \cong \mathcal{C}_X^{\mathbb{K},k} \otimes \left(\varinjlim_{i \in \mathbf{I}} V_i\right).$$

Insbesondere gilt für endlichdimensionale $\mathbb{K}$-Vektorräume V und W

$$\left(\mathcal{C}_X^{\mathbb{K},k} \otimes V\right) \oplus \left(\mathcal{C}_X^{\mathbb{K},k} \otimes W\right) \cong \mathcal{C}_X^{\mathbb{K},k} \otimes (V \oplus W).$$

□

Literatur Garben lernen Studierende in Deutschland üblicherweise entweder in der Funktionentheorie mehrerer Variablen, der Theorie Riemann'scher Flächen oder in der algebraischen Geometrie kennen. Das heißt, Garben kommen im Bachelorstudium eher selten vor. Insbesondere benutzen wenige Dozenten den Garbenzugang zur Einführung von Mannigfaltigkeiten, wie das zum Beispiel in [Ra04, We15] gemacht wird. Texte zur komplexen Analysis in mehreren Variablen enthalten immer Kapitel über Garben (siehe zum Beispiel [Ta02] oder [We79]), ebenso wie Texte zur modernen algebraischen Geometrie wie [Ha77, GW10]. Es gibt aber auch diverse Texte wie [Br97, Go73, KS06, Te75], in denen die Garben im Mittelpunkt stehen. In diesen Texten wird dann normalerweise auch die Garbenkohomologie behandelt.

Mannigfaltigkeiten

6

Inhaltsverzeichnis

Sei $\mathbb{K}$ gleich $\mathbb{R}$ oder $\mathbb{C}$. Eine $\mathbb{K}$-Mannigfaltigkeit ist ein topologischer Raum, der „lokal so aussieht wie" $\mathbb{K}^n$. Wie man „lokal" zu verstehen hat, wurde schon in Kap. 5 diskutiert: Der topologische Raum soll die Struktur eines geringten Raumes tragen, deren Einschränkung auf hinreichend kleine Umgebungen isomorph zu einem passenden geringten Raum auf einer offenen Teilmenge von $\mathbb{K}^n$ ist. Was man hier als passend betrachtet, hängt davon ab, mit welcher Brille man „genauso aussehen" einschätzen will. Die schwächste denkbare Brille ist, wenn man nur stetige Funktionen auf den offenen Stücken von $\mathbb{K}^n$ betrachten will. Dann betrachtet man auf den offenen Teilmengen U von $\mathbb{K}^n$ die geringten Räume $\mathcal{C}_U$. Man spricht dann von einer topologischen Mannigfaltigkeit. Je stärker die Brille ist, desto mehr Differenzierbarkeitsordnungen kann man erkennen und betrachtet dementsprechend $\mathcal{C}_U^{\mathbb{K},k}$ mit $k \in \mathbb{N} \cup \{\infty, \omega\}$. In diesen Fällen spricht man von *differenzierbaren Mannigfaltigkeiten*.

Aus technischen Gründen macht man zwei A-priori-Annahmen über den zugrunde liegenden topologischen Raum $(X, \mathfrak{T})$: Er soll ein Hausdorff-Raum sein, und die Topologie $\mathfrak{T}$ soll eine *abzählbare Basis* haben, das heißt, es gibt eine abzählbare Familie $\mathcal{B} := \{U_i \in \mathfrak{T} \mid i \in \mathbb{N}\}$, für die jedes $U \in \mathfrak{T}$ als Vereinigung von Elementen von $\mathcal{B}$ geschrieben werden kann. Für solche A-priori-Annahmen gibt es zwei Gründe. Sie ermöglichen die Einsatz von Resultaten aus anderen Gebieten in der Theorie selbst oder aber bei der Anwendung auf Fragestellungen aus anderen

J. Hilgert, *Mathematische Strukturen*,
https://doi.org/10.1007/978-3-662-68893-9_6

Gebieten. Die A-priori-Annahmen müssen aber auch für die Schlüsselbeispiele, die von der Theorie erfasst werden sollen, erfüllt sein. Im Falle der angesprochenen A-priori-Annahmen für Mannigfaltigkeiten greifen beide Begründungen.

Definition 6.1 (Mannigfaltigkeiten und ihre Morphismen)
Sei $(X, \mathfrak{T})$ ein Hausdorff-Raum, dessen Topologie eine abzählbare Basis hat.

(i) Ein geringter Raum $(X, \mathcal{O}_X)$ heißt eine *Mannigfaltigkeit* vom *Typ* $\mathcal{C}^{\mathbb{K},k}$ oder $\mathcal{C}^{\mathbb{K},k}$-Mannigfaltigkeit, wenn jeder Punkt $x \in X$ eine Umgebung $U \in \mathfrak{T}$ hat, für die die Einschränkung $(U, \mathcal{O}_X|_U)$ von $(X, \mathcal{O}_X)$ auf U isomorph zu $(V, \mathcal{C}_V^{\mathbb{K},k})$ für eine offene Teilmenge $V \subseteq \mathbb{K}^n$ ist. Wir bezeichnen die Strukturgarbe $\mathcal{O}_X$ von X dann auch mit $\mathcal{C}_X^{\mathbb{K},k}$.
(ii) Ein *Morphismus* zwischen zwei Mannigfaltigkeiten vom selben Typ ist definitionsgemäß nichts anderes als ein Morphismus zwischen den entsprechenden geringten Räumen.
(iii) Die Kategorie, die die Mannigfaltigkeiten vom Typ $\mathcal{C}^{\mathbb{K},k}$ zusammen mit ihren Morphismen bilden, bezeichnen wir mit $\mathbf{Man}_{\mathbb{K},k}$.

Nach Proposition 5.32 sind alle Mannigfaltigkeiten vom Typ $\mathcal{C}^{\mathbb{K},k}$ lokal $\mathbb{K}$-geringte Räume, und die Morphismen zwischen diesen lokal $\mathbb{K}$-geringten Räumen sind automatisch lokal. Man hätte also auch das „lokal" in die Definition mit aufnehmen können.

Beispiel 6.2 (Offene Teilmengen von $\mathbb{K}^n$)
Sei $X \subseteq \mathbb{K}^n$ eine offene Teilmenge. Dann ist $(X, \mathcal{C}_X^{\mathbb{K},k})$ für $k \in \mathbb{N}_0 \cup \{\infty, \omega\}$ eine Mannigfaltigkeit vom Typ $\mathcal{C}^{\mathbb{K},k}$. Beispiele dafür sind die Gruppen $\mathrm{GL}(m, \mathbb{K})$ als offene Teilmengen des Raumes der $m \times m$-Matrizen mit Einträgen in $\mathbb{K}$ (den man mit $\mathbb{K}^{m^2}$ identifiziert). □

Beispiel 6.3 (Offene Teilmengen von Mannigfaltigkeiten)
Sei $(X, \mathcal{O}_X)$ eine Mannigfaltigkeit vom Typ $\mathcal{C}^{\mathbb{K},k}$ und $U \subseteq X$ eine offene Teilmenge. Dann ist $(U, \mathcal{O}_X|_U)$ selbst eine Mannigfaltigkeit vom Typ $\mathcal{C}^{\mathbb{K},k}$, und $(\iota, \iota^\flat)\colon (U, \mathcal{O}_X|_U) \to (X, \mathcal{O}_X)$ mit der Inklusion $\iota : U \to X$ und der Restriktion $\iota^\flat = \rho_{U,X}$ ist ein Morphismus von $\mathcal{C}^{\mathbb{K},k}$-Mannigfaltigkeiten. □

Nach Proposition 5.32 ist für einen Morphismus $(f, f^\flat) : (X, \mathcal{O}_X) \to (Y, \mathcal{O}_Y)$ von $\mathcal{C}^{\mathbb{K},k}$-Mannigfaltigkeiten der Garbenmorphismus $f^\flat : \mathcal{O}_Y \to f_*\mathcal{O}_X$ durch f vollständig festgelegt. Man lässt ihn daher in der Notation üblicherweise weg und spricht von $f : X \to Y$ als einer *Abbildung der Klasse* $\mathcal{C}^{\mathbb{K},k}$.

Beispiel 6.4 (Einschränkung von Morphismen)
Seien $(X, \mathcal{O}_X)$ und $(Y, \mathcal{O}_Y)$ Mannigfaltigkeiten vom Typ $\mathcal{C}^{\mathbb{K},k}$ und $f : X \to Y$ eine Abbildung der Klasse $\mathcal{C}^{\mathbb{K},k}$. Wenn $U \subseteq X$ und $V \subseteq Y$ jeweils offene Teilmengen

sind, für die $f(U) \subseteq V$ gilt, dann ist $f|_U : U \to V$ ebenfalls eine Abbildung der Klasse $\mathcal{C}^{\mathbb{K},k}$. □

6.1 Karten und Parametrisierungen

Karten und Parametrisierungen von Mannigfaltigkeiten sind nichts anderes als die zugrunde liegenden Abbildungen der lokalen Isomorphismen von geringten Räumen, deren Existenz in Definition 6.1 von Mannigfaltigkeiten gefordert werden.

Definition 6.5 (Karten und Parametrisierungen)
Sei $(X, \mathcal{O}_X)$ eine Mannigfaltigkeit vom Typ $\mathcal{C}^{\mathbb{K},k}$. Wenn jetzt $U \subseteq X$ und $V \subseteq \mathbb{K}^n$ offen sind und es einen Isomorphismus $\Phi := (\varphi, \varphi^\flat) : (U, \mathcal{O}_X|_U) \to (V, \mathcal{C}_V^{\mathbb{K},k})$ gibt, dann nennt man $\varphi : U \to V$ eine *Karte* und $\varphi^{-1} : V \to U$ eine *Parametrisierung* der Mannigfaltigkeit. Wir nennen die offene Menge U in diesem Fall auch *Koordinaten-* oder *Kartenumgebung*.

Wenn zwei Karten $\varphi_1 : U_1 \to V_1$ und $\varphi_2 : U_2 \to V_2$ einer Mannigfaltigkeit $(X, \mathcal{O}_X)$ einen überlappenden Definitionsbereich haben, dann ist $\varphi_2 \circ \varphi_1^{-1}$ auf seinem Definitionsbereich $\varphi_1(U_1 \cap U_2) = V_1 \cap \varphi_1 \circ \varphi_2^{-1}(V_2) \subseteq \mathbb{K}^n$ nach Proposition 5.32 in der entsprechenden Funktionenklasse. Das heißt, jede Komponentenfunktion von $\varphi_2 \circ \varphi_1^{-1}$ ist ein lokaler Schnitt von $\mathcal{C}_{\mathbb{K}^n}^{\mathbb{K},k}$.

Bemerkung 6.6 (Dimension)
Für Mannigfaltigkeiten vom Typ $\mathcal{C}^{\mathbb{K},k}$ mit $k \neq 0$ ist das n in Definition 6.1 für jeden Definitionsbereich U einer Karte eindeutig bestimmt, denn eine lokal umkehrbare differenzierbare Abbildung liefert über die Ableitung Isomorphismen der $\mathbb{K}^n$. Wir nennen n dann die *Dimension* von U. Schneiden sich die Definitionsbereiche zweier Karten, müssen ihre Dimensionen übereinstimmen. Wenn X *zusammenhängend* ist, das heißt nicht als disjunkte Vereinigung von offenen Teilmengen geschrieben werden kann, dann müssen die Dimensionen aller U übereinstimmen. Andernfalls könnte man X ja als disjunkte Vereinigung der Mengen X_n schreiben, die man als Vereinigungen aller Definitionsbereiche von Karten der Dimension n bekommt. Für zusammenhängendes X nennt man die eindeutig bestimmte Dimension seiner Kartendefinitionsbereiche die Dimension von X und bezeichnet sie mit $\dim_{\mathbb{K}}(X)$.

Für topologische Mannigfaltigkeiten, das heißt Mannigfaltigkeiten vom Typ $\mathcal{C}^{\mathbb{K},0}$, gelten dieselben Schlussfolgerungen und Definitionen. Sie beruhen aber auf einem relativ schwierigen topologischen Satz (siehe [tD91, Satz II.4.7]), der besagt, dass es einen Homöomorphismus zwischen zwei offenen Mengen $V \subseteq \mathbb{K}^n$ und $V' \subseteq \mathbb{K}^{n'}$ nur geben kann, wenn $n = n'$ gilt. □

Wenn $\{U_i \in \mathfrak{T} \mid i \in I\}$ eine Überdeckung von X ist und es zu jedem $i \in I$ einen Isomorphismus $\Phi_i := (\varphi_i, \varphi_i^\flat) : (U_i, \mathcal{O}_X|_{U_i}) \to (V_i, \mathcal{C}_{\mathbb{K}^n}^k|_{V_i})$ gibt, dann erfüllt die

Familie $(U_i, \varphi_i)_{i\in I}$ von Karten folgende Bedingung:

$$\forall i, j \in I \text{ ist } \varphi_{ij} := \varphi_i \circ \varphi_j^{-1} : \varphi_j(U_i \cap U_j) \to \varphi_i(U_i \cap U_j) \text{ ein } \mathcal{C}^k_{\mathbb{K}^n}\text{-Morphismus.}$$

Umgekehrt liefern solche Daten auch eine Mannigfaltigkeitsstruktur auf einem topologischen Raum.

Beispiel 6.7 (Verklebung von Karten)
Sei $(X, \mathfrak{T})$ ein topologischer Raum, $\{U_i \in \mathfrak{T} \mid i \in I\}$ eine Überdeckung von X und $(\varphi_i : U_i \to V_i)_{i\in I}$ eine Familie von Homöomorphismen auf offene Teilmengen $V_i \subseteq \mathbb{K}^n$. Man betrachte folgende Bedingung (siehe Abb. 6.1):

$$\forall i, j \in I \text{ ist } \varphi_{ij} := \varphi_i \circ \varphi_j^{-1} : \varphi_j(U_i \cap U_j) \to \varphi_i(U_i \cap U_j) \text{ eine } \mathcal{C}^{\mathbb{K},k}\text{-Abbildung.} \tag{$*$}$$

Wenn Bedingung $(*)$ gilt, bilden die $(\varphi_{ij})_{i,j\in I}$ einen Satz von Klebedaten (siehe Beispiel 5.13) für die Garbenfamilie $(\mathcal{F}_i)_{i\in I}$ mit $\mathcal{F}_i := \varphi_i^{-1}(\mathcal{C}^{\mathbb{K},k}_{V_i}) = (\varphi_i^{-1})_*(\mathcal{C}^{\mathbb{K},k}_{V_i})$ über U_i. Also liefert Beispiel 5.13 eine Garbe $\mathcal{F}$ über X, deren Einschränkung auf U_i gerade $\mathcal{F}_i$ ist. Da die $(V_i, \mathcal{C}^{\mathbb{K},k}_{V_i})$ $\mathbb{K}$-geringte Räume sind, gilt das auch für die isomorphen $(U_i, \mathcal{F}_i)$. Da andererseits die Eigenschaft, ein $\mathbb{K}$-geringter Raum zu sein, eine lokale Beschreibung hat, ist also $(X, \mathcal{F})$ ein $\mathbb{K}$-geringter Raum, der lokal isomorph zu $(\mathbb{K}^n, \mathcal{C}^{\mathbb{K},k}_{\mathbb{K}^n})$ ist. Damit ist gezeigt, dass $(X, \mathcal{F})$ eine $\mathcal{C}^{\mathbb{K},k}$-Mannigfaltigkeit ist. □

Beispiel 6.7 und unsere Vorüberlegung dazu zeigen, dass Definition 6.1 äquivalent zur traditionellen Definition von Mannigfaltigkeiten über Karten und Atlanten ist. Dabei ist ein *Atlas* eine Familie von Karten, deren Definitionsbereiche den ganzen Raum überdecken. In dieser Sprache nennt man dann einen maximalen Atlas (der alle Karten enthält, für die die Übergangsfunktionen $\mathcal{C}^{\mathbb{K},k}_{\mathbb{K}^m}$-Morphismen sind) eine *differenzierbare Struktur* auf dem Raum. Durch die Verwendung des Garbenbegriffs erspart man sich das Hantieren mit den unhandlichen maximalen Atlanten.

Abb. 6.1 Kartenwechsel

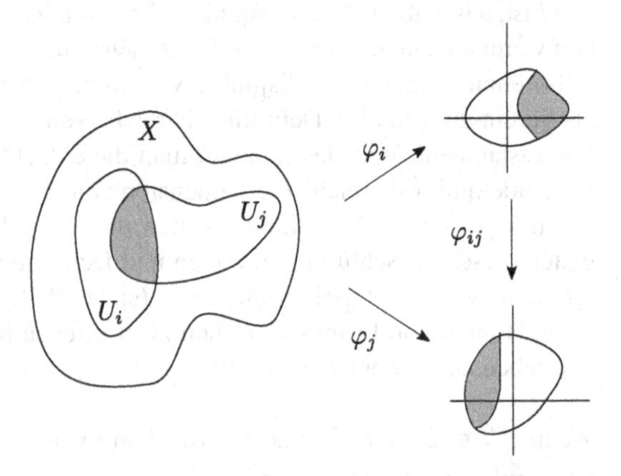

Bemerkung 6.8 (Morphismen in Karten)
Seien M und N Mannigfaltigkeiten vom Typ $\mathcal{C}^{\mathbb{K},k}$ und $f : M \to N$ eine Abbildung. f ist genau dann ein $\mathbf{Man}_{\mathbb{K},k}$-Morphismus, wenn es für jeden Punkt $p \in X$ Karten (U, φ) von M und (V, ψ) von N gibt, für die $p \in U$ und $f(p) \in V$ ist und außerdem gilt: $\psi \circ f \circ \varphi^{-1} : \varphi\big(f^{-1}(V) \cap U\big) \to \psi(V)$ ist eine $\mathcal{C}^{\mathbb{K},k}$-Abbildung (siehe Abb. 6.2). Wenn $k \neq 0$, das heißt, wenn die beteiligten Mannigfaltigkeiten differenzierbar sind, dann spricht man auch von differenzierbaren Abbildungen. Im Falle $k = \infty$ sagt man auch *glatt* statt differenzierbar. Für $k = \omega$ nennt man die Abbildung *analytisch*. □

Beispiel 6.9 (Sphären)

(i) Sei $X := \mathbb{S}^1 := \{(x_1, x_2) \in \mathbb{R}^2 : x_1^2 + x_2^2 = 1\}$ die 1-Sphäre. Für die Abbildungen
$\varphi_1 : U_1 = \{(x_1, x_2) \in M : x_2 > 0\} \to\ ]-1, 1[\ , \varphi_1(x_1, x_2) = x_1,$
$\varphi_2 : U_2 = \{(x_1, x_2) \in M : x_2 < 0\} \to\ ]-1, 1[\ , \varphi_2(x_1, x_2) = x_1,$
$\varphi_3 : U_3 = \{(x_1, x_2) \in M : x_1 > 0\} \to\ ]-1, 1[\ , \varphi_3(x_1, x_2) = x_2,$
$\varphi_4 : U_4 = \{(x_1, x_2) \in M : x_1 < 0\} \to\ ]-1, 1[\ , \varphi_4(x_1, x_2) = x_2$
gilt $\varphi_3 \circ \varphi_1^{-1} : \varphi_1(U_1 \cap U_3) \to \varphi_3(U_1 \cap U_3),\ x_1 \mapsto \sqrt{1 - x_1^2}$ und eine analoge Formel für $\varphi_4 \circ \varphi_2^{-1}$ (siehe Abb. 6.3).

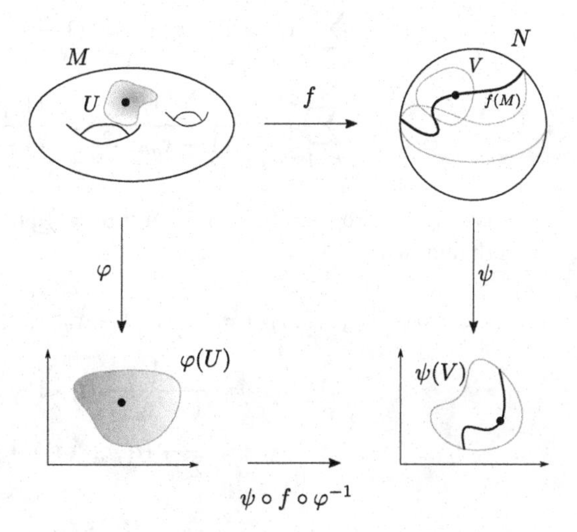

Abb. 6.2 Differenzierbarkeit von Abbildungen

Abb. 6.3 Kartenumgebungen auf dem Kreis

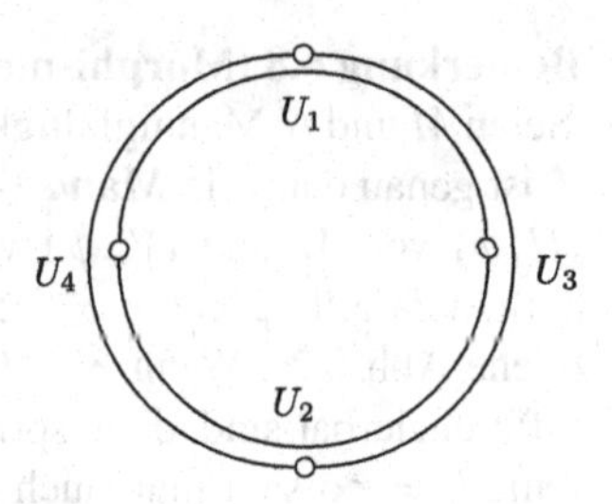

(ii) Sei $X := \mathbb{S}^n := \{x \in \mathbb{R}^{n+1} \mid |x| = 1\}$ die n-Sphäre. Für $e_{n+1} := (0, \ldots, 0, 1)$ setzt man $V = X \setminus \{e_{n+1}\}$ und $U = X \setminus \{-e_{n+1}\}$ sowie

$$\begin{aligned} \psi : V \to \mathbb{R}^n, \quad \psi(x) &= \frac{1}{1 + x_{n+1}}(x_1, \ldots, x_n), \\ \varphi : U \to \mathbb{R}^n, \quad \varphi(x) &= \frac{1}{1 - x_{n+1}}(x_1, \ldots, x_n) \end{aligned}$$

(stereografische Projektionen, siehe Abb. 6.4). Dann gilt

$$t\,\varphi(x) + (1-t)e_{n+1} = \left(\frac{tx_1}{1-x_{n+1}}, \ldots, \frac{tx_n}{1-x_{n+1}}, \ 1-t\right) \overset{t=1-x_{n+1}}{=} x.$$

Für $(t_1, \ldots, t_n) := \varphi(x_1, \ldots, x_{n+1})$ findet man

$$\begin{aligned} \sum_{k=1}^n x_k^2 = 1 - x_{n+1}^2 &= (1 - x_{n+1})(1 + x_{n+1}), \\ \sum_{k=1}^n t_k^2 = \frac{\sum x_k^2}{(1 - x_{n+1})^2} &= \frac{(1 + x_{n+1})}{(1 - x_{n+1})}, \end{aligned}$$

also $x_{n+1} = (\alpha - 1)(\alpha + 1)^{-1}$ mit $\alpha = \sum t_k^2$ und $x_k = t_k(1 - x_{n+1})$. Damit erhalten wir:

$$\begin{aligned} \psi \circ \varphi^{-1}(t_1, \ldots, t_n) &= \psi\left(t_1 \cdot 1 - x_{n+1}, \ldots, t_n \cdot 1 - x_{n+1}, \ \frac{\sum t_k^2 - 1}{\sum t_k^2 + 1}\right) \\ &= \frac{1}{1 + x_{n+1}}\,(t_1 \cdot 1 - x_{n+1}, \ldots, t_n \cdot 1 - x_{n+1}) \\ &= \frac{1}{\sum t_k^2}\,(t_1, \ldots, t_n). \end{aligned}$$

□

Beachte, dass in Beispiel 6.9 zwei verschiedene Familien von Karten für $\mathbb{S}^1$ angegeben worden sind (durch lineare Projektionen bzw. stereografische Projektionen). Man prüft leicht nach, dass die Vereinigung dieser Familien von Karten immer noch Bedingung $(*)$ in Beispiel 6.7 erfüllt. Also definieren beide Varianten dieselbe Garbe auf $\mathbb{S}^1$, das heißt dieselbe differenzierbare Struktur.

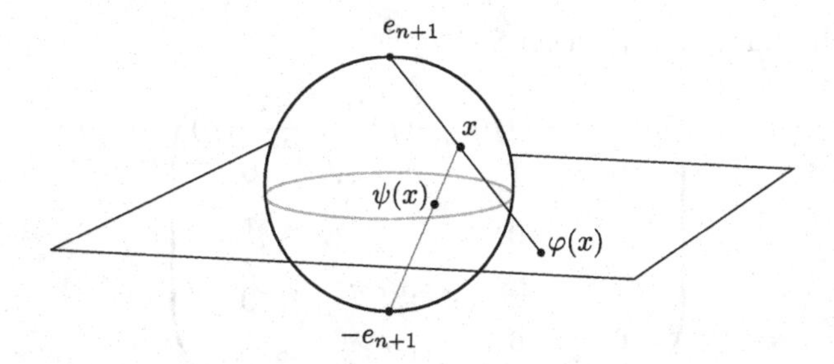

Abb. 6.4 Stereografische Projektionen

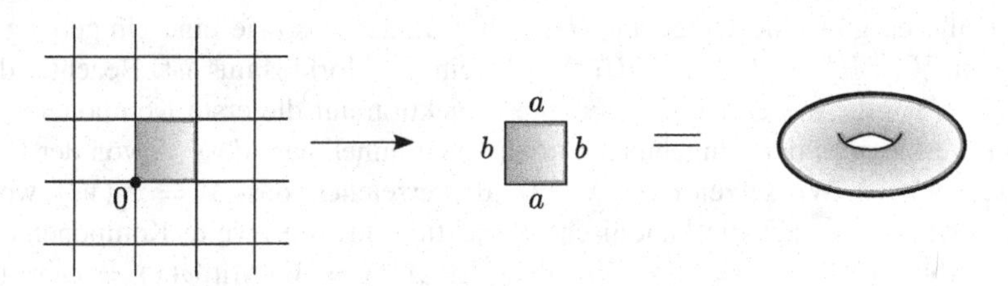

Abb. 6.5 Zweidimensionaler Torus

Übung 6.1 (Tori)
Sei X der *n-dimensionale Torus* $\mathbb{R}^n/\mathbb{Z}^n$ mit der Quotiententopologie (siehe [Hi13a, Beispiel 3.58] und Abb. 6.5): $\pi : \mathbb{R}^n \to X,\ \pi(x) = x + \mathbb{Z}^n$.

Man gebe eine Familie von Karten an, die X zu einer reellen C^∞-Mannigfaltigkeit machen.

Übung 6.2 (Produkte von Mannigfaltigkeiten)
Seien $(X, \mathcal{O}_X)$ und $(Y, \mathcal{O}_Y)$ Mannigfaltigkeiten vom Typ $\mathcal{C}^{\mathbb{K},k}$ und $X \times Y$ mit der Produkttopologie versehen. Wenn (U, φ) und (V, ψ) Karten für X bzw. Y sind, dann betrachtet man

$$\varphi \times \psi : U \times V \to \mathbb{K}^n \times \mathbb{K}^m = \mathbb{K}^{n+m}$$

als einen Homöomorphismus mit offenem Bild. Man zeige, dass die Gesamtheit aller so gebildeten Karten gemäß Beispiel 6.7 verklebt werden können. Man nennt die so konstruierte Mannigfaltigkeit $(X \times Y, \mathcal{O}_{X\times Y})$ das *Produkt* von $(X, \mathcal{O}_X)$ und $(Y, \mathcal{O}_Y)$. Man zeige weiter, dass es sich um das kategorielle Produkt in $\mathbf{Man}_{\mathbb{K},k}$ handelt.

Beispiel 6.10 ($\mathbb{K}$-Hyperflächen)

Sei $D \subseteq \mathbb{K}^{n+1}$ offen und $f : D \to \mathbb{K}$ in $\mathcal{C}^{\mathbb{K},k}_{\mathbb{K}^{n+1}}(D)$ mit $k \neq 0$. Weiter sei $\operatorname{grad}\big(f(p)\big) \neq 0$ für alle $p \in D$ mit $f(p) = 0$, wobei $\operatorname{grad} f(p) := \big(\frac{\partial f}{\partial x_1}(p), \ldots, \frac{\partial f}{\partial x_{n+1}}(p)\big)$. Dann ist $X := \{x \in D \mid f(x) = 0\}$ eine n-dimensionale Mannigfaltigkeit vom Typ $\mathcal{C}^{\mathbb{K},k}$: Sei $p \in X$ fest gewählt. Durch Umnummerieren können wir erreichen, dass $\frac{\partial f}{\partial x_1}(p) \neq 0$ ist. Wir betrachten die Funktion $F : \mathbb{K}^{n+1} \to \mathbb{K}^{n+1}$, die durch

$$x = (x_1, x_2, \ldots, x_{n+1}) \mapsto \big(f(x), x_2, \ldots, x_{n+1}\big)$$

gegeben ist.

Die Jacobi-Matrix von F an der Stelle p ist:

$$\begin{pmatrix} \frac{\partial f}{\partial x_1}(p) & \frac{\partial f}{\partial x_2}(p) & \frac{\partial f}{\partial x_3}(p) & \dots & \frac{\partial f}{\partial x_{n+1}}(p) \\ 0 & 1 & 0 & \dots & 0 \\ \vdots & 0 & \ddots & \ddots & \vdots \\ \vdots & \vdots & \ddots & \ddots & 0 \\ 0 & 0 & \dots & 0 & 1 \end{pmatrix}$$

Also ist F nach dem Satz über die lokale Umkehrfunktion in p lokal invertierbar. Das heißt, es gibt eine Umgebung U_1 von p in $\mathbb{K}^{n+1}$ sowie eine Umgebung V_1 von 0 in $\mathbb{K} \times \mathbb{K}^n$, sodass $F : U_1 \to V_1$ ein $\mathcal{C}^k$-Morphismus ist. Beachte, dass $f = \pi \circ F$ gilt, wobei $\pi : \mathbb{K} \times \mathbb{K}^n$ die Projektion auf die erste Komponente ist. Durch Verkleinern der Umgebungen können wir annehmen, dass V_1 von der Form $]-\varepsilon, \varepsilon[\times V$ ist. Wir setzen $U = X \cap U_1$ und erreichen, dass $V = \pi'(V_1)$, wobei $\pi' : \mathbb{K} \times \mathbb{K}^n \to \mathbb{K}^n$ die kanonische Projektion auf die zweite Komponente ist (siehe Abb. 6.6). Sei $\varphi = \pi' \circ F|_U$, dann ist $\varphi(U) = V$. Mit $\varphi(x) = \varphi(y)$ und $\pi \circ F(y) = f(y) = 0 = f(x) = \pi \circ F(x)$ folgt auch $F(x) = F(y)$ und somit $x = y$. Also ist φ bijektiv und stetig. Da die Projektion π' aber eine offene Abbildung ist, ist φ sogar ein Homöomorphismus. Wenn nun (U', φ') eine andere Karte von X ist, die ebenso wie (U, φ) konstruiert wurde, dann ist die Abbildung $\varphi' \circ \varphi^{-1}$ als Einschränkung einer Abbildung vom Typ $F' \circ F^{-1}$ eine $\mathcal{C}^{\mathbb{K},k}$-Abbildung.

□

Beispiel 6.11 (Grassmann-Mannigfaltigkeiten)

(a) Der *projektive Raum* $\mathbb{P}^n_{\mathbb{K}}$ (die Menge der Geraden in $\mathbb{K}^{n+1}$ durch den Ursprung). Für $x \in \mathbb{K}^{n+1} \setminus \{0\}$ setze $[x] := \{\mathbb{K}x\}$. Dann gilt $[x] = [y]$, wenn $x = \lambda y$ mit $\lambda \in \mathbb{K}\setminus\{0\}$. Wir definieren $\mathbb{P}^n_{\mathbb{K}} := (\mathbb{K}^{n+1}\setminus\{0\})/\mathbb{K}^\times$ mit der Quotiententopologie. Beachte, dass $\mathbb{P}^n_{\mathbb{R}} = \mathbb{S}^n/_\sim$ mit $x \sim y$ gilt, wenn $x = y$ oder $x = -y$. Der projektive Raum ist ein Spezialfall des nächsten Beispiels; wir verzichten daher auf die explizite Angabe von Karten.

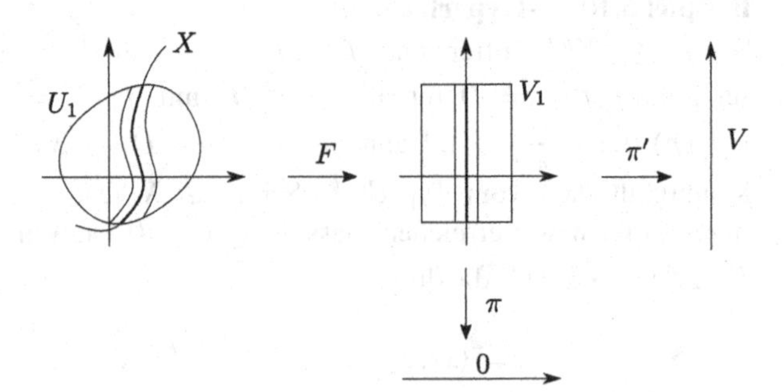

Abb. 6.6 Reguläre Hyperflächen

(b) Die *Grassmann'schen Mannigfaltigkeiten* $\mathbb{G}_{k,n}$ (die Menge der k-dimensionalen Unterräume von $\mathbb{K}^n$). Sei

$$V := \{(v_1, \ldots, v_k) \mid v_i \in \mathbb{K}^n \text{ linear unabhängig}\}.$$

Für $x \in V$ sei dann $[x]$ der von den v_i in x erzeugte Unterraum von $\mathbb{K}^n$. Man kann V mit der Menge $S_{k,n}$ aller $n \times k$-Matrizen vom Rang k identifizieren (indem man eine Basis des $\mathbb{K}^n$ festlegt) und sieht, dass die Gruppe $\mathrm{GL}(k, \mathbb{K})$ auf V (durch Multiplikation von rechts) operiert. Es gilt $[x] = [y]$, wenn es ein $A \in \mathrm{GL}(k, \mathbb{K})$ mit $x = yA$ gibt. Die Menge $\mathrm{S}_{k,n}$ ist offen in der Menge aller $n \times k$-Matrizen und daher eine Mannigfaltigkeit (*Stiefel-Mannigfaltigkeit*). Betrachte die Abbildung $\pi : \mathrm{S}_{k,n} \to \mathbb{G}_{k,n}$ definiert durch $\pi(x) = [x]$. Wir versehen $\mathbb{G}_{k,n}$ mit der Quotiententopologie bezüglich π. Um eine Menge von Koordinatenumgebungen anzugeben, betrachten wir beliebige k-elementige Teilmengen I von $\{1, \ldots, n\}$. Für $x \in S_{k,n}$ sei x_I die durch I gegebene $k \times k$-Untermatrix von x. Wir setzen $U_I := \{[x] \in \mathbb{G}_{k,n} \mid \det(x_I) \neq 0\}$. (Beachte, dass diese Definition von U_I nur von $[x]$, nicht aber von der Wahl der Repräsentation abhängt). Wegen $\mathrm{Rang}(x) = k$ für alle $x \in \mathrm{S}_{k,n}$ folgt sofort $\cup_I U_I = \mathbb{G}_{k,n}$. Wir definieren $\varphi_I : U_I \to \mathbb{K}^{k(n-k)}$ wie folgt:

$$\varphi_I([x]) := x_{I'} \cdot x_I^{-1},$$

wobei I' das Komplement von I in $\{1, \ldots, n\}$ ist. Die Abbildung φ_I ist wohldefiniert und injektiv, da aus $x = yA$ auch $x_I = y_I A$ und $x_{I'} = y_{I'} A$ folgt. Die Abbildung φ_I ist surjektiv, weil für jede $(n-k) \times k$-Matrix z die Matrix $\binom{1}{z} =: x$ unter φ_I auf z abgebildet wird. Es bleibt zu zeigen, dass die φ_I stetig und offen sind (Übung). Außerdem ist zu zeigen, dass $\varphi_J \circ \varphi_I^{-1} : \varphi_I(U_I \cap U_J) \to \varphi_J(U_I \cap U_J)$ ein Diffeomorphismus ist (Übung).

□

In den Anfängervorlesungen wird oft die folgende Definition von Untermannigfaltigkeiten von $\mathbb{K}^n$ präsentiert (siehe [Hi13, Def. 4.16]).

Definition 6.12 ($\mathbb{K}$-Untermannigfaltigkeiten von V)
Sei V ein endlichdimensionaler $\mathbb{K}$-Vektorraum. Eine Teilmenge $M \subseteq V$ heißt eine *d-dimensionale $\mathbb{K}$-Untermannigfaltigkeit* vom Typ $C^{\mathbb{K},k}$, wenn es zu jedem $x \in M$ eine offene Umgebung U von x in V und eine bijektive $C^{\mathbb{K},k}$-Abbildung $\varphi\colon U \to \varphi(U) \subseteq V$ mit offenem Bild und $\mathbb{K}$-differenzierbarer Umkehrfunktion gibt, die

$$\varphi(U \cap M) = \varphi(U) \cap E$$

erfüllt, wobei E ein d-dimensionaler $\mathbb{K}$-linearer Unterraum von V ist.

Übung 6.3 ($\mathbb{K}$-Untermannigfaltigkeiten von V)
Sei V ein endlichdimensionaler $\mathbb{K}$-Vektorraum und $M \subseteq V$ eine d-dimensionale differenzierbare Untermannigfaltigkeit vom Typ $C^{\mathbb{K},k}$ im Sinne von Definition 6.12. Man zeige, dass M eine $C^{\mathbb{K},k}$-Mannigfaltigkeit ist.

Hinweis (siehe [Hi13a, Beispiel 3.60]): Zu jedem $x \in M$ hat man dann eine offene Umgebung $V_x \subseteq V$ von x und eine injektive differenzierbare Abbildung $\Phi_x : V_x \to V$ mit offenem Bild $\Phi_x(V_x)$, sodass $\Phi_x^{-1} : \Phi_x(V_x) \to V_x$ auch differenzierbar ist. Weiter gibt es einen d-dimensionalen linearen Unterraum E_x von V mit

$$\Phi_x(V_x \cap M) = \Phi_x(V_x) \cap E_x.$$

Man fixiere für jedes $x \in M$ einen linearen Isomorphismus $\psi_x : E_x \to \mathbb{K}^d$ und setze $Y_x := V_x \cap M$. Dann arbeitet man mit den Homöomorphismen

$$\varphi_x := \psi_x \circ \Phi_x|_{Y_x} : Y_x \to U_x := \psi_x\big(\Phi_x(V_x) \cap E_x\big) \subseteq \mathbb{K}^d.$$

Zum Abschluss geben wir noch eine interessante Familie von Beispielen an, für die wir aber erst etwas topologischen Hintergrund bereitstellen wollen.

Bemerkung 6.13 (Zusammenhangskomponenten topologischer Räume)
Sei $(X, \mathfrak{T})$ ein topologischer Raum. Er heißt *zusammenhängend*, wenn M nicht als Vereinigung von zwei disjunkten nichtleeren offenen Mengen geschrieben werden kann. Eine beliebige Teilmenge $A \subseteq X$ heißt *zusammenhängend*, wenn sie als topologischer Raum mit der Relativtopologie zusammenhängend ist. Da die offenen Teilmengen von A dann genau die Schnitte von A mit offenen Teilmengen von X sind, bedeutet dies gerade, dass A nicht von zwei offenen Teilmengen U_1, U_2 von X mit

$$U_1 \cap A \neq \emptyset, \quad U_2 \cap A \neq \emptyset, \quad U_1 \cap U_2 \cap A = \emptyset$$

überdeckt werden kann.

Wenn $(X, \mathfrak{T})$ zusammenhängend ist, dann sind die einzigen Teilmengen von X, die sowohl offen als auch abgeschlossen sind, die leere Menge und X selbst. Wenn nämlich $Y \subseteq X$ offen und abgeschlossen ist, dann ist auch $X \setminus Y$ offen und abgeschlossen, und wegen

$$Y \cup (X \setminus Y) = X, \quad Y \cap (X \setminus Y) = \emptyset$$

muss eine der beiden Mengen leer sein, das heißt, die andere ist ganz X.

(i) Sei $(Y_i)_{i \in I}$ eine Familie von zusammenhängenden Teilmengen eines topologischen Raumes $(X, \mathfrak{T})$ mit $\bigcap_{i \in I} Y_i \neq \emptyset$. Dann ist $\bigcup_{i \in I} Y_i$ zusammenhängend. Um das einzusehen, setzen wir $E := \bigcup_{i \in I} Y_i$ und wählen $x \in \bigcap_{i \in I} Y_i$. Sei $E \subseteq F_1 \cup F_2$ mit disjunkten offenen Mengen F_1 und F_2. Wir können $x \in F_1$ annehmen. Da Y_i zusammenhängend ist und $x \in F_1$ ist, liefert $Y_i \subseteq F_1 \cup F_2$, dass $F_2 \cap Y_i = \emptyset$, das heißt $Y_i \subseteq F_1$. Da i beliebig war, ist $E \cap F_2 = \emptyset$. Also ist E zusammenhängend.

(ii) Wenn $A \subseteq X$ zusammenhängend ist, dann ist auch der Abschluss $\overline{A}$ von A in X zusammenhängend.
Seien U_1, U_2 zwei offene Mengen in M mit $\overline{A} \cap U_1 \cap U_2 = \emptyset$ und $\overline{A} \subseteq U_1 \cup U_2$. Dann folgt wegen des Zusammenhangs von A, dass $A \cap U_1 = \emptyset$ oder $A \cap U_2 = \emptyset$ gilt. Wir nehmen ohne Beschränkung der Allgemeinheit den Fall $A \cap U_2 = \emptyset$ an. Damit ist A in der abgeschlossenen Menge $X \setminus U_2$ enthalten. Nach Definition des Abschlusses ist dann auch $\overline{A} \subseteq X \setminus U_2$, das heißt $\overline{A} \cap U_2 = \emptyset$. Dies zeigt die Behauptung.

(iii) Durch

$$x \sim y \quad :\Leftrightarrow \quad (\exists Y \subseteq X \text{zusammenhängend}) \; x, y \in Y$$

wird eine Äquivalenzrelation auf X definiert, deren Äquivalenzklassen zusammenhängend und abgeschlossen sind.
Die Reflexivität und die Symmetrie von $\sim$ sind klar. Wenn $x \sim y$ und $y \sim z$, dann gibt es zusammenhängende Teilmengen X_1 und X_2 von X mit $x, y \in X_1$ und $y, z \in X_2$. Insbesondere gilt $y \in X_1 \cap X_2$, also impliziert (i), dass $X_1 \cup X_2$ zusammenhängend ist. Dies zeigt $x \sim z$, also die Transitivität von $\sim$.
Sei jetzt A eine Äquivalenzklasse von $\sim$. Um zu zeigen, dass A zusammenhängend ist, betrachten wir zwei offene Mengen U_1, U_2 in X mit $A \subseteq U_1 \cup U_2$ und $A \cap U_1 \cap U_2 = \emptyset$. Wenn $x_1 \in A \cap U_1$ und $x_2 \in A \cap U_2$, dann gibt es wegen $x_1 \sim x_2$ eine zusammenhängende Teilmenge Y von X, die x_1 und x_2 enthält. Es sind alle Elemente von Y zueinander äquivalent, also ist Y enthalten in A. Es gilt also $Y \subseteq U_1 \cup U_2$ und $Y \cap U_1 \neq \emptyset \neq Y \cap U_2$. Dieser Widerspruch zeigt den Zusammenhang von A.
Abschließend stellen wir fest, dass die Äquivalenzklassen von $\sim$ nach (ii) abgeschlossen sind.

Man nennt die Äquivalenzklassen $[x]_\sim$ von $\sim$ aus (iii) die *Zusammenhangskomponenten* von X. Im Allgemeinen sind Zusammenhangskomponenten nicht offen, wie man an der Menge $X = \{0\} \cup \{\frac{1}{n} \mid n \in \mathbb{N}\}$ sieht, wenn sie die Relativtopologie von $\mathbb{R}$ trägt. □

Beispiel 6.14 (Riemann'sche Flächen von Funktionskeimen)
Sei $U \subseteq \mathbb{C}$ offen und $f : U \to \mathbb{C}$ eine $C^{\mathbb{C},k}$-Funktion. Betrachte die Garbe $\mathcal{C}_{\mathbb{C}}^{\mathbb{C},k}$ und ihren ét al.é-Raum $E := \acute{\mathrm{E}}(\mathcal{C}_{\mathbb{C}}^{\mathbb{C},k})$ (siehe Konstruktion 5.23). Dann ist der Keim $f_x \in \mathcal{C}_{\mathbb{C},x}^{\mathbb{C},k}$ von f in $x \in U$ ein Element von E, und wir können die Zusammenhangskomponente M von f_x in E betrachten. $M \subseteq E$ ist offen, weil es zu jedem $m \in M$ eine offene Umgebung von m in E gibt, die via π homöomorph zu einer Kreisscheibe in $\mathbb{C}$ ist. Daher können wir M durch offene Mengen $U \subseteq M$ überdecken, für die $\pi|_U : U \to \pi(U) \subseteq \mathbb{C}$ ein Homöomorphismus und $\pi(U) \subseteq \mathbb{C}$ offen ist. Die zugehörigen Kartenwechsel sind dann immer die Identität, also insbesondere von der Klasse $C^{\mathbb{C},k}$. Wenn man jetzt noch zeigen kann, dass M auch die topologischen A-priori-Bedingungen erfüllt, die wir in Definition 6.1 gestellt haben, dann wird M so zu einer $C^{\mathbb{C},k}$-Mannigfaltigkeit. Man nennt M die *Riemann'sche Fläche* des Funktionskeims f_x.

Die Hausdorff-Eigenschaft von M folgt, weil $\mathbb{C}$ ein Hausdorff-Raum ist, und daher zwei Punkte, die nicht in derselben π-Faser liegen, durch offene Mengen getrennt werden können. Zwei unterschiedliche Punkte in derselben Faser sind aufgrund der lokalen Homöomorphie von π ohnehin durch offene Mengen getrennt.

Die Existenz einer abzählbaren Basis für die Topologie auf M ist Konsequenz eines nichttrivialen Satzes, der auf Poincaré und Volterra zurückgeht (siehe Proposition 6.15). □

Proposition 6.15 (Poincaré-Volterra)
Sei $(X, \mathfrak{T})$ ein topologischer Hausdorff-Raum mit abzählbarer Basis und $(M, \mathfrak{S})$ ein zusammenhängender topologischer Raum, der lokal isomorph zu $\mathbb{R}^n$ ist. Wenn $f : M \to X$ stetig mit diskreten Fasern ist, dann hat auch M eine abzählbare Basis.

Beweis Sei $U_i, i \in \mathbb{N}$ eine abzählbare Basis für $\mathfrak{T}$ und $\mathfrak{B} := \{V \in \mathfrak{S} \mid V \text{ relativ kompakt und } (*)\}$, wobei gilt:

$$\exists i \in \mathbb{N}: \quad V \text{ ist Zusammenhangskomponente von } f^{-1}(U_i). \qquad (*)$$

Dann ist $\mathfrak{B}$ ist eine abzählbare Basis für $\mathfrak{S}$.

Wir zeigen zuerst, dass $\mathfrak{B}$ eine Basis für $\mathfrak{S}$ ist. Zu $a \in V \in \mathfrak{S}$ gibt es nach den Voraussetzungen an M ein relativ kompaktes $W \in \mathfrak{S}$ mit $a \in W \subseteq \overline{W} \subseteq V$ und $\overline{W} \cap f^{-1}\big(f(a)\big) = \{a\}$, wobei $\overline{W}$ der Abschluss von W in M ist. Dann ist der Rand ∂W von W, also auch $f(\partial W)$ kompakt. Außerdem gilt $f(a) \notin f(\partial W)$. Wähle ein $i \in \mathbb{N}$ mit $f(a) \in U_i \subseteq X \setminus f(\partial W)$ und bezeichne die Zusammenhangskomponente von a in $f^{-1}(U_i)$ mit V'. Es gilt $V' \subseteq W$, weil andernfalls $V' \cap \partial W \neq \emptyset$, was wegen $U_i \cap f(\partial W) \supseteq f(V') \cap f(\partial W)$ im Widerspruch zu $U_i \cap f(\partial W) = \emptyset$ steht. Es folgt $a \in V' \in \mathfrak{B}$, und zusammen ergibt sich, dass $\mathfrak{B}$ in der Tat eine Basis für $\mathfrak{S}$ ist.

Sei $V_0 \in \mathfrak{B}$ und $\mathfrak{B}_0 := \{V_0\}$. Induktiv setzen wir $\mathfrak{B}_k := \{V \in \mathfrak{B} \mid \exists V' \in \mathfrak{B}_{k-1} : V \cap V' \neq \emptyset\}$ und betrachten

$$\Omega := \bigcup \Big\{V \in \bigcup_{k \in \mathbb{N}_0} \mathfrak{B}_k\Big\} \in \mathfrak{S},$$

$$\Omega' := \bigcup \Big\{V \in \mathfrak{B} \setminus \bigcup_{k \in \mathbb{N}_0} \mathfrak{B}_k\Big\} \in \mathfrak{S}.$$

Dann gilt $M = \Omega \cup \Omega'$ und $\Omega \cap \Omega' = \emptyset$. Da M zusammenhängend ist, muss also $\Omega' = \emptyset$ gelten, das heißt $\mathfrak{B} = \bigcup_{k \in \mathbb{N}_0} \mathfrak{B}_k$. Es genügt also zu zeigen, dass jedes $\mathfrak{B}_k$ abzählbar ist. Wir machen das mit Induktion über k, wobei der Induktionsanfang trivial ist. Sei also $\mathfrak{B}_{k-1}$ für $k \in \mathbb{N}$ abzählbar und $\Omega_{k-1} := \bigcup \big\{V \in \mathfrak{B}_{k-1}\big\}$.

Da jedes $V \in \mathfrak{B}$ relativ kompakt ist, lässt es sich als endliche Vereinigung von offenen Mengen schreiben, die homöomorph zu offenen Teilmengen von $\mathbb{R}^n$ sind. Da die Topologie von $\mathbb{R}^n$ eine abzählbare Basis hat sind daher Familien disjunkter nichtleerer offener Teilmengen von V höchstens abzählbar. Das Gleiche gilt, wenn V eine abzählbare Vereinigung von Elementen von $\mathfrak{B}$ ist, das heißt insbesondere für Ω_{k-1}. Für $i \in \mathbb{N}$ sei $\mathfrak{F}_i$ die Menge der Zusammenhangskomponenten von $f^{-1}(U_i)$, die Ω_{k-1} schneiden. Da M lokal homöomorph zu $\mathbb{R}^n$ ist und $f^{-1}(U_i)$ offen, ist jede dieser Zusammenhangskomponenten offen. Also ist jedes $\mathfrak{F}_i$ abzählbar. Da nach den Definitionen $\mathfrak{B}_k \subseteq \bigcup_{i\in\mathbb{N}} \mathfrak{F}_i$ gilt, ist also auch $\mathfrak{B}_k$ abzählbar. □

6.2 Tangentialräume und Ableitungen

Für zwei differenzierbare Mannigfaltigkeiten M und N haben wir definiert, wann eine Abbildung $f : M \to N$ differenzierbar (glatt, analytisch) heißen soll, haben dabei aber nichts über eine Ableitung gesagt. Im Falle, dass M und N Vektorräume sind, ist die Ableitung in einem Punkt $p \in X$ eine lineare Abbildung $f'(p) : M \to N$. Diese Ableitung ist eine lineare Approximation von f in p. Im Allgemeinen haben wir aber keine lineare Struktur auf M und N.

Tangentialräume

Es gibt unterschiedliche Möglichkeiten, sich Abhilfe zu schaffen, die unter hinreichend starken Voraussetzungen alle zum gleichen Ergebnis führen. Ein geometrisch-physikalischer Zugang ist, sich von der Vorstellung leiten zu lassen, dass eine Mannigfaltigkeit ähnlich wie in Beispiel 6.10 in einem linearen Raum sitzt und Tangentialvektoren so etwas wie Geschwindigkeiten von Bewegungen auf der Mannigfaltigkeit sein sollen. Diese Idee führt auf eine Definition von Tangentialvektoren als Äquivalenzklassen von Kurven. Einen rechnerisch-physikalischen Zugang liefert die Feststellung, dass die Bilder von Karten ja als offene Teilmengen in einem linearen Raum enthalten sind. Man definiert dann Tangentialvektoren als Familien von Vektoren in den Zielbereichen von Karten, die bei Kartenwechsel durch Anwendung der Jacobi-Matrix ineinander übergehen. Das entspricht der Physikerdefinition „Ein Vektor ist, was sich wie ein Vektor transformiert". Da auch die Äquivalenz von Kurven mithilfe von Karten und Ableitungen formuliert wird, sieht man leicht, dass diese beiden Zugänge im Wesentlichen äquivalent sind. Anders verhält es sich mit dem algebraischen Zugang, der auf der Idee beruht, dass man einen Richtungsvektor durch die zugehörige Richtungsableitung charakterisieren kann. Um zu zeigen, dass der so gewonnene Tangentialraum in natürlicher Weise isomorph zu den beiden anderen Varianten ist, werden wir voraussetzen müssen, dass unsere Mannigfaltigkeit zumindest glatt ist.

Wir beginnen mit der geometrischen Methode, den Tangentialraum $T_pM := T_p^{\text{geo}}M$ einer Mannigfaltigkeit M in $p \in M$ zu definieren. Man will also versuchen, jeder durch ein offenes Intervall I parametrisierten differenzierbaren Kurve $\gamma : I \to M$, die für $t \in I$ durch den Punkt p geht, einen Geschwindigkeitsvektor

$$\gamma'(t) = \text{„}\lim_{h\to 0} \frac{1}{h}\left(\gamma(t+h) - \gamma(t)\right)\text{"}$$

Abb. 6.7 Geometrischer Tangentialraum

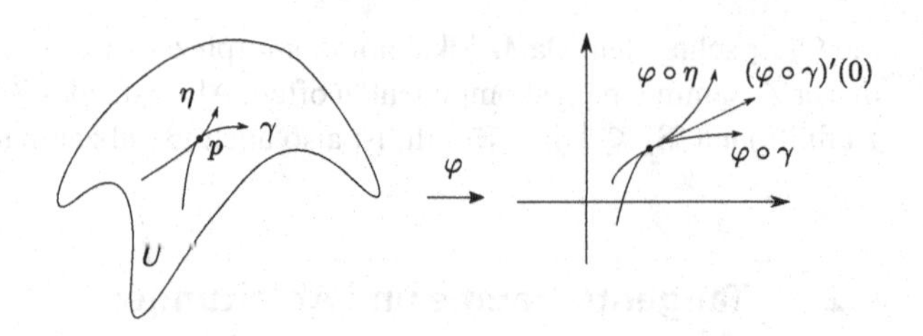

zuzuordnen (siehe Abb. 6.7). Solange M eine Teilmenge eines $\mathbb{R}^n$ ist, macht das auch keine Schwierigkeiten. Im Allgemeinen wird man aber für einen Punkt p in einer Koordinatenumgebung U die Kurve $\varphi \circ \gamma : I \to \varphi(U)$ betrachten müssen. Da die Ableitung $(\varphi \circ \gamma)'(t)$ keinen von der Karte (U, φ) unabhängigen Sinn hat, identifiziert man die differenzierbaren Kurven γ durch p, die in allen Koordinaten dieselbe Ableitung haben.

Definition 6.16 (Tangentialraum geometrisch)
Sei $(M, \mathcal{O}_M)$ eine Mannigfaltigkeit vom Typ $C^{\mathbb{K},k}$ und $p \in M$. Sei G_p die Menge der $C^{\mathbb{K},k}$-Abbildungen $\gamma\colon I \to M$, die auf einer offenen Umgebung von $0 \in \mathbb{K}$ definiert sind und $\gamma(0) = p$ erfüllen. Auf G_p definieren wir eine Äquivalenzrelation $\sim_p$ durch

$$\gamma \sim_p \eta \quad :\Leftrightarrow \quad \forall (U, \varphi) \text{ Karte} : \; (\varphi \circ \gamma)'(0) = (\varphi \circ \eta)'(0).$$

Die Äquivalenzklasse von γ bezeichnen wir mit $[\gamma]_p$. Damit können wir den *geometrischen Tangentialraum* $T_p^{\text{geo}} M$ von $p \in M$ wie folgt definieren:

$$T_p^{\text{geo}} M := \{[\gamma]_p \mid \gamma \in G_p\}.$$

Man kann direkt aus dieser Definition folgern, dass der Tangentialraum ein $\mathbb{K}$-Vektorraum ist, die anderen Zugänge liefern dies aber mit weniger Aufwand.

Übung 6.4 (Tangentialraum geometrisch)
Sei M eine n-dimensionale differenzierbare Mannigfaltigkeit vom Typ $C^{\mathbb{K},k}$ und γ und η zwei $C^{\mathbb{K},k}$-Abbildungen, die auf derselben offenen Menge $I \subseteq \mathbb{K}$ definiert sind. Sei (U, φ) eine Karte von M mit $p \in U$ und es gelte $(\varphi \circ \gamma)(I) + (\varphi \circ \eta)(I) \subseteq \varphi(U)$. Man betrachte die Abbildung

$$\sigma := \varphi^{-1}\big((\varphi \circ \gamma) + (\varphi \circ \eta)\big) : I \to M$$

und zeige die folgenden Aussagen:

(i) Die Klasse $[\sigma]_p$ von σ hängt nur von den Klassen $[\gamma]_p$ und $[\eta]_p$ ab.
(ii) Man kann via $[\gamma]_p + [\eta]_p := [\sigma]_p$ eine Addition auf $T_p^{\text{geo}} M$ definieren.
(iii) Analog lässt sich auf $T_p^{\text{geo}} M$ eine skalare Multiplikation definieren, die $T_p^{\text{geo}} M$ zusammen mit der Addition aus (ii) zu einem $\mathbb{K}$-Vektorraum macht.
(iv) Für $j \in \{1, \ldots, n\}$ sei $i_j : \mathbb{K} \to \mathbb{K}^n$, $t \mapsto \varphi(p) + (0, \ldots, 0, t, 0, \ldots, 0)$, wobei das t in der j-te Komponente steht, und $\gamma_j := \varphi^{-1} \circ i_j|_{i_j^{-1}(\varphi(U))} : i_j^{-1}\big(\varphi(U)\big) \to M$. Dann bilden die $[\gamma_j]_p$ eine Basis für $T_p^{\text{geo}} M$.

Wir nennen die Basis $[\gamma_1]_p, \dots, [\gamma_n]_p$ die φ-*Basis* für $T_p^{\text{geo}} M$.

Als Nächstes führen wir die rechnerische Physikervariante des Tangentialraumes ein.

Definition 6.17 (Tangentialraum physikalisch)
Sei $(M, \mathcal{O}_M)$ eine n-dimensionale Mannigfaltigkeit vom Typ $C^{\mathbb{K},k}$ und $p \in M$. Sei Φ_p die Familie aller Karten $\varphi\colon U_\varphi \to V_\varphi \subseteq \mathbb{K}^n$ von M, deren Definitionsbereich U_φ den Punkt $p \in M$ enthält. Eine Familie $(v_\varphi)_{\varphi \in \Phi_p}$ mit $v_\varphi \in \mathbb{K}^n$ heißtKarten und Parame ein *Tangentialvektor* an M in p, wenn gilt:

$$\forall \varphi, \psi \in \Phi_p: \quad v_\psi = \left((\psi \circ \varphi^{-1})|_{\varphi(U_\varphi \cap U_\psi)}\right)'\left(\varphi(p)\right) v_\varphi.$$

Die Menge aller Tangentialvektoren an M in p bildet mit den von den jeweiligen $\mathbb{K}^n$ ererbten Additionen und skalaren Multiplikationen einen $\mathbb{K}$-Vektorraum $T_p^{\text{phy}} M$, den wir den *Physikertangentialraum* nennen. Die Basis $v_\varphi^{(1)}, \dots, v_\varphi^{(n)}$ für $T_p^{\text{phy}} M$, die durch die Setzung $v_\varphi^{(j)} = (0, \dots, 0, 1, 0, \dots, 0)$ mit der 1 an der j-ten Stelle entsteht, heißt die φ-*Basis* für $T_p^{\text{phy}} M$.

Übung 6.5 (Äquivalenz von Tangentialräumen)
Sei $(M, \mathcal{O}_M)$ eine n-dimensionale Mannigfaltigkeit vom Typ $C^{\mathbb{K},k}$ und $p \in M$. Man betrachte die Abbildung

$$T_p^{\text{geo}} M \to T_p^{\text{phy}} M, \quad [\gamma] \mapsto \left((\varphi \circ \gamma)'(0)\right)_{\varphi \in \Phi_p}$$

und zeige, dass sie ein Isomorphismus von $\mathbb{K}$-Vektorräumen ist, der die φ-Basen ineinander überführt.

Unser algebraischer Weg zum Tangentialraum wird darin bestehen, dass wir, anstatt Geschwindigkeitsvektoren $(\varphi \circ \gamma)'(t)$ zu betrachten, deren Wirkung auf glatte Funktionen studieren: Sei γ eine differenzierbare Kurve mit $\gamma(t) = p \in M$ und $f : M \to \mathbb{R}$ eine differenzierbare Funktion. Darüber hinaus sei (U, φ) wieder eine Karte mit $p \in U$. Dann hängt der Wert $(f \circ \gamma)'(t)$ nur von der Äquivalenzklasse $[(t, \gamma)]_p$ von (t, γ) ab, wobei

$$(t, \gamma) \sim_p (s, \eta) \quad :\Leftrightarrow \quad \begin{array}{c} \gamma(t) = p = \eta(s), \\ \forall\, (\varphi, U_\varphi): \ (\varphi \circ \gamma)'(t) = (\varphi \circ \eta)'(s). \end{array}$$

Man hat nämlich

$$(f \circ \gamma)'(t) = (f \circ \varphi^{-1})' \Big(\varphi\big(\gamma(t)\big)\Big) \cdot (\varphi \circ \gamma)'(t).$$

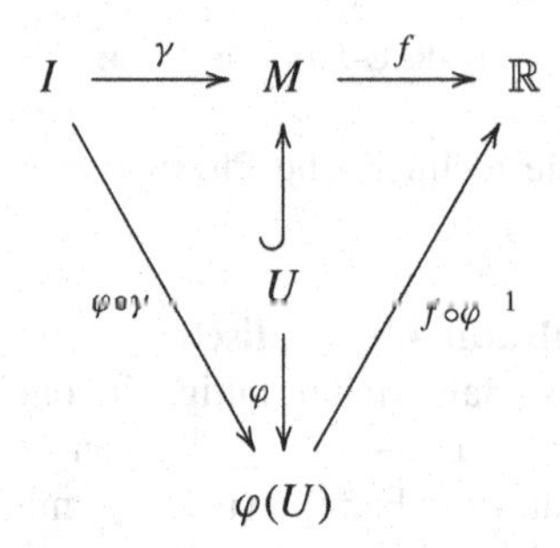

Aus der Produktregel folgt sofort die Gleichung

$$\big((f \cdot g) \circ \gamma\big)'(t) = (f \circ \gamma)'(t) \cdot g(p) + (g \circ \gamma)'(t) \cdot f(p).$$

Schließlich stellt man fest, dass der Wert von $(f \circ \gamma)'(t)$ sich nicht von $(g \circ \gamma)'(t)$ unterscheidet, wenn f und g auf einer Umgebung von p gleich sind, das heißt den gleichen Keim in p definieren.

Definition 6.18 (Tangentialraum algebraisch)
Sei M eine differenzierbare Mannigfaltigkeit vom Typ $C^{\mathbb{K},k}$ und $p \in M$. Weiter sei $C^{\mathbb{K},k}_{M,p}$ die $\mathbb{K}$-Algebra der Keime von $C^{\mathbb{K},k}_M$ in p. Ein lineares Funktional $\mathrm{v} : C^{\mathbb{K},k}_{M,p} \to \mathbb{R}$ heißt *Derivation*, wenn gilt:

$$\mathrm{v}(f_p \cdot g_p) = \mathrm{v}(f_p) \cdot g(p) + \mathrm{v}(g_p) \cdot f(p).$$

Der *algebraische Tangentialraum* $T_p^{\mathrm{alg}} M$ von M in p ist die Menge aller Derivationen $\mathrm{v} : C^{\mathbb{K},k}_{M,p} \to \mathbb{K}$. Wir statten $T_p^{\mathrm{alg}} M$ mit der punktweisen Addition und der punktweisen skalaren Multiplikation aus und machen den algebraischen Tangentialraum so zu einem $\mathbb{K}$-Vektorraum.

Die Vorüberlegungen zu Definition 6.18 liefern für jedes $p \in M$ eine Abbildung $\iota : T_p^{\mathrm{geo}} M \to T_p^{\mathrm{alg}} M$. Die elementaren Ableitungsregeln liefern, dass diese Abbildung $\mathbb{K}$-linear ist. Es stellt sich heraus, dass ι injektiv ist.

Proposition 6.19 (Tangentialräume)
Sei M eine differenzierbare Mannigfaltigkeit vom Typ $C^{\mathbb{K},k}$. Dann ist für jedes $p \in M$ die $\mathbb{K}$-lineare Abbildung $\iota : T_p^{\mathrm{geo}} M \to T_p^{\mathrm{alg}} M$ injektiv.

Beweis Um mehr über die Abbildung ι zu erfahren, betrachten wir eine Karte (U, φ), für die $p \in U$ gilt, und definieren n Derivationen $\frac{\partial}{\partial x_j}|_p$, $j = 1, \ldots, n$, in $T_p^{\mathrm{alg}} X$ durch

$$\frac{\partial}{\partial x_j}|_p(f_p) := \frac{\partial(f \circ \varphi^{-1})}{\partial x_j}\big(\varphi(p)\big),$$

wobei Punkte in $\mathbb{K}^n$ mit $x = (x_1, \ldots, x_n)$ bezeichnet werden. Beachte, dass in der Notation von Übung 6.4 gilt: $\frac{\partial}{\partial x_j}|_p = \iota([\gamma]_p)$. Wendet man die $\frac{\partial}{\partial x_j}|_p$ auf die Keime der Koordinatenfunktionen $x_i := \pi_i \circ \varphi$ an, wobei $\pi_i : \mathbb{K}^n \to \mathbb{K}$ die Projektion auf die i-te Komponente ist, so sieht man, dass die $\frac{\partial}{\partial x_j}|_p$ linear unabhängig sind. Damit ist die Behauptung gezeigt. □

Proposition 6.20 (Derivationen)
Sei M eine differenzierbare Mannigfaltigkeit vom Typ $C^{\mathbb{K},k}$ und $p \in M$. Setze $A_k := \{a \in C^{\mathbb{K},k}_{M,p} \mid a(p) = 0\}$ und betrachte eine lineare Abbildung $\mathrm{v} : C^{\mathbb{K},k}_{M,p} \to \mathbb{K}$. Dann sind die beiden folgenden Aussagen äquivalent:

(1) *v ist eine Derivation.*
(2) *v verschwindet auf $A_k^2 + \mathbb{K}\cdot 1_p$, wobei A_k^2 die Menge der $\mathbb{K}$-Linearkombinationen von Produkten der Form ab mit $a, b \in A_k$ und 1_p der Keim der konstanten Funktion 1 ist.*

Beweis Angenommen v ist eine Derivation. Dann gilt für $c \in \mathbb{K}$

$$\mathrm{v}(c \cdot 1_p) = c \cdot \mathrm{v}(1_p) = c \cdot \mathrm{v}(1_p \cdot 1_p) = c\big(\mathrm{v}(1_p) \cdot 1 + \mathrm{v}(1_p) \cdot 1\big) = 2c \cdot \mathrm{v}(1_p),$$

was $\mathrm{v}(c \cdot 1_p) = 0$ beweist. Wenn $a, b \in A_k$, dann gilt $\mathrm{v}(ab) = a(p)\mathrm{v}(b) + b(p)\mathrm{v}(a) = 0$, also erfüllt v Bedingung (2).

Nehmen wir umgekehrt an, dass v Bedingung (2) erfüllt. Dann rechnen wir für $a, b \in C^{\mathbb{K},k}_{X,p}$

$$\begin{aligned}\mathrm{v}(ab) &= \mathrm{v}\big((a - a(p))(b - b(p))\big) + \mathrm{v}(a(p)b) + \mathrm{v}(b(p)a) + \mathrm{v}\big(a(p)b(p)\big)\\ &= \mathrm{v}(a(p)b) + \mathrm{v}(b(p)a) \;=\; a(p)\mathrm{v}(b) + b(p)\mathrm{v}(a),\end{aligned}$$

das heißt, v ist eine Derivation. □

Man findet zu jedem $k \in \mathbb{N}$ Funktionen $f \in C^{\mathbb{R},k}(\mathbb{R}^n)$, die in 0 nicht $k+1$-mal differenzierbar ist. Sei $f_0 \in C^{\mathbb{R},k}_{\mathbb{R}^n,0}$ der Keim einer solchen Funktion. Wir wählen eine lineare Abbildung $\mathrm{v} : C^{\mathbb{R},k}_{\mathbb{R}^n,0} \to \mathbb{R}$ so, dass $\mathrm{v}(f_0) = 1$ und $\mathrm{v}(a) = 0$, wenn $a \in C^{\mathbb{R},k}_{\mathbb{R}^n,0}$ in 0 differenzierbar ist. Mithilfe der Formel

$$(gh)^{(k)} = \sum_{\ell=0}^{k} \binom{k}{\ell} g^{(\ell)} h^{(k-\ell)}$$

für die k-te Ableitung des Produkts zweier Funktionen sieht man, dass für $a, b \in C^{\mathbb{R},k}_{\mathbb{R}^n,0}$ mit $a(0) = b(0) = 0$ die k-te Ableitung $(ab)^{(k)}$ des Produkts $ab \in C^{\mathbb{R},k}_{\mathbb{R}^n,0}$ in 0 differenzierbar ist. Damit gilt $\mathrm{v}(ab) = 0$, und Proposition 6.20 zeigt, dass v eine Derivation ist, die auf $C^{\mathbb{R},k+1}_{\mathbb{R}^n,0}$ verschwindet. Sie kann also keine Linearkombination von Richtungsableitungen in 0 sein. Transferiert man diese Überlegung mithilfe einer Karte in eine differenzierbare Mannigfaltigkeit M vom Typ $\mathcal{C}^{\mathbb{R},k}$, so ergibt sich, dass die Abbildung $\iota : T_p^{\text{geo}} M \to T_p^{\text{alg}} M$ nicht surjektiv sein kann, wenn $k \in \mathbb{N}$ liegt. Da es sogar unendlich viele linear unabhängige Funktionskeime $f \in \mathcal{C}_{\mathbb{R},0}^{\mathbb{R},k}$ gibt, deren k-te Ableitung in 0 nicht differenzierbar ist (Übung), kann man sogar feststellen, dass für $k \in \mathbb{N}$ der Raum $T_p^{\text{alg}} M$ für jedes $p \in M$ unendlichdimensional ist.

Das obige Argument funktioniert für $\mathbb{K} = \mathbb{C}$ nicht, denn man kann zeigen, dass jede einmal komplex differenzierbare Funktion beliebig oft komplex differenzierbar, ja sogar analytisch ist. Das bedeutet, die Typen $\mathcal{C}^{\mathbb{C},k}$ stimmen alle überein, und wir verlieren nichts dabei, im komplexen Fall immer $k = \omega$ anzunehmen.

Für Mannigfaltigkeiten vom Typ $\mathcal{C}^{\mathbb{K},k}$ mit $k \in \{\infty, \omega\}$ können wir zeigen, dass $\iota : T_p^{\text{geo}} M \to T_p^{\text{alg}} M$ surjektiv ist. Wir tun das, indem wir nachweisen, dass für jede Karte (U, φ) mit $p \in U$ die $\frac{\partial}{\partial x_j}|_p$ eine Basis für $T_p^{\text{alg}} M$ bilden, die wir dann die *φ-Basis* für $T_p^{\text{alg}} X$ nennen.

Proposition 6.21 (Basis für den algebraischen Tangentialraum)
Sei M eine differenzierbare Mannigfaltigkeit vom Typ $\mathcal{C}^{\mathbb{K},k}$ mit $k \in \{\infty, \omega\}$ und (U, φ) eine Karte auf M. Seien $x_j : U \to \mathbb{K}$ die durch $x_j(q) = \pi_j\big(\varphi(q)\big)$ für alle $q \in U$ definierten Funktionen, wobei die $\pi_j : \mathbb{K}^n \to \mathbb{K}$ die Projektionen auf die j-te Komponente sind. Dann gilt für jedes $\mathrm{v} \in T_p^{\text{alg}} M$ die Formel

$$\mathrm{v} = \sum_{j=1}^{n} \Big(\mathrm{v}\big((x_j)_p\big)\Big) \cdot \frac{\partial}{\partial x_j}|_p.$$

Insbesondere sind die Tangentialvektoren $\frac{\partial}{\partial x_j}|_p$, $j = 1, \ldots, n$, eine Basis für $T_p^{\text{alg}} M$.

Um diese Proposition zu beweisen, benötigen wir ein Lemma.

Lemma 6.22
Sei V eine offene Kugel in $\mathbb{K}^n$, mit Mittelpunkt a, und sei $F \in \mathcal{C}^{\mathbb{K},k}(V)$ mit $k \in \{\infty, \omega\}$. Dann gibt es Funktionen $G_1, \ldots, G_n \in \mathcal{C}^{\mathbb{K},k}(V)$, die folgende Eigenschaften erfüllen:

(i) $F(x) = F(a) + \sum_{j=1}^{n} (x_j - a_j) G_j(x)$.

(ii) $G_j(a) = \frac{\partial F}{\partial x_j}(a)$.

Beweis Für festes $x \in V$ betrachte die Funktion $\xi : [-1, 1] \to \mathbb{K}$, die durch $\xi(t) = F\big(a + t(x - a)\big)$ definiert ist:

$$\begin{aligned} F(x) = \xi(1) &= \xi(0) + \int_0^1 \frac{d}{dt}\big(\xi(t)\big)dt \\ &= \xi(0) + \int_0^1 \sum_{j=1}^n \Big(\frac{\partial F}{\partial x_j}\big(a + t(x - a)\big)\Big)(x_j - a_j)dt \\ &= F(a) + \sum_{j=1}^n (x_j - a_j)\Big(\int_0^1 \frac{\partial F}{\partial x_j}\big(a + t(x - a)\big)dt\Big) \\ &= F(a) + \sum_{j=1}^n (x_j - a_j)G_j(x). \end{aligned}$$

Da aber $F \in C^{\mathbb{K},k}(V)$ angenommen war, gilt auch $G_j \in C^{\mathbb{K},k}(V)$. Die zweite Aussage ist klar mit der obigen Formel für die G_j. □

Das Beispiel $F : \mathbb{R} \to \mathbb{R}, x \mapsto x\,|x|$ zeigt, dass die Aussage von Lemma 6.22 nicht mehr gilt, wenn $k \in \mathbb{N}$. Die Formeln bleiben zwar richtig, aber die G_j müssen nicht den gleichen Differenzierbarkeitsgrad haben wie F.

Beweis (von Proposition 6.21) Wir geben $\mathrm{v} \in T_p^{\mathrm{alg}} M$ und $f \in C^{\mathbb{K},k}_{M,p}$ beliebig vor und setzen $F = f \circ \varphi^{-1} : V \to \mathbb{K}$. Durch Verkleinern der Umgebungen können wir annehmen, dass V eine Kugelumgebung mit Mittelpunkt $\varphi(p)$ ist. Wir wenden Lemma 6.22 an und finden Funktionen $G_j : V \to \mathbb{K}$, die Lemma 6.22(i) erfüllen. Damit berechnen wir unter Verwendung von Proposition 6.20

$$\begin{aligned} \mathrm{v}(f_p) = \mathrm{v}\big((F \circ \varphi)_p\big) &= \mathrm{v}\big(f(p) \cdot 1_p\big) + \mathrm{v}\Big(\sum_{j=1}^n \big(x_j - x_j(p) \cdot 1\big)_p \cdot \big(G_j \circ \varphi\big)_p\Big) \\ &= 0 + \sum_{j=1}^n \Big(\mathrm{v}\big((x_j)_p\big) \cdot G_j\big(\varphi(p)\big) + \mathrm{v}\big((G_j \circ \varphi)_p\big) \cdot \big(x_j(p) - x_j(p) \cdot 1\big)\Big) \\ &= \sum_{j=1}^n \Big(\mathrm{v}\big((x_j)_p\big)\Big) \cdot \frac{\partial (f \circ \varphi^{-1})}{\partial x_j}\big(\varphi(p)\big) = \sum_{j=1}^n \Big(\mathrm{v}\big((x_j)_p\big)\Big) \cdot \frac{\partial}{\partial x_j}\Big|_p (f_p). \end{aligned}$$

Also ist jede Derivation $\mathrm{v} \in T_p M$ eine Linearkombination der $\frac{\partial}{\partial x_j}|_p$, $j = 1, \dots, n$. Es bleibt daher nur zu zeigen, dass die $\frac{\partial}{\partial x_j}|_p$, $j = 1, \dots, n$, linear unabhängig sind. Das überprüft man aber sofort, indem man sie auf die Funktionen x_k, $k = 1, \dots, n$, anwendet. □

Wir können nun zeigen, dass für Mannigfaltigkeiten vom Typ $C^{\mathbb{K},k}$ mit $k \in \{\infty, \omega\}$ alle drei Tangentialräume zueinander isomorph sind.

Proposition 6.23 (Äquivalenz von Tangentialräumen)
Sei M eine Mannigfaltigkeit vom Typ $C^{\mathbb{K},k}$ mit $k \in \{\infty, \omega\}$. Dann ist die Abbildung $\iota : T_p^{\mathrm{geo}}M \to T_p^{\mathrm{alg}}M,\ [\gamma]_p \mapsto \mathrm{v}_\gamma$ mit $\mathrm{v}_\gamma(f_p) := (f \circ \gamma)'(t)$ ein Isomorphismus von $\mathbb{K}$-Vektorräumen, der die φ-Basen ineinander überführt.

Beweis Proposition 6.19 sagt, dass die Abbildung wohldefiniert und injektiv ist. Wir haben auch schon gesehen, dass Proposition 6.21 die Surjektivität liefert. Um auch die letzte Aussage zu zeigen, rechnen wir für ein (beliebiges) Element

$$\mathrm{v} = \sum_{j=1}^{n} v_j \cdot \frac{\partial}{\partial x_j}|_p \quad .$$

von $T_p^{\mathrm{alg}}M$ und die Kurve $\gamma : I \to M$, die für hinreichend kleine t durch

$$\gamma(t) = \varphi^{-1}\big(\varphi(p) + t \cdot \sum_{j=1}^{n} v_j \cdot (0, \ldots, 1, \ldots, 0)\big)$$

definiert ist, wobei die 1 an der j-ten Stelle steht, sodass

$$\begin{aligned}
\mathrm{v}_\gamma(f_p) = (f \circ \gamma)'(0) \;&=\; (f \circ \varphi^{-1})'\big(\varphi(p)\big) \circ \big((v_1, \ldots, v_n)\big) \\
= \sum_{j=1}^{n} v_j \cdot \frac{\partial (f \circ \varphi^{-1})}{\partial x_j}\big(\varphi(p)\big) \;&=\; \mathrm{v}(f_p)
\end{aligned}$$

gilt. Insbesondere wird also die φ-Basis für $T_p^{\mathrm{geo}}M$ auf die φ-Basis für $T_p^{\mathrm{alg}}M$ abgebildet. □

Übung 6.6 (Äquivalenz von Tangentialräumen)
Sei M eine n-dimensionale Mannigfaltigkeit vom Typ $C^{\mathbb{K},k}$ mit $k \in \{\infty, \omega\}$ und $p \in M$. Man zeige, dass die Abbildung

$$T_p^{\mathrm{phy}}M \to T_p^{\mathrm{alg}}M, \quad (v_\varphi)_{\varphi \in \Phi_p} \mapsto \sum_{j=1}^{n} (v_\varphi)_j \frac{\partial}{\partial x_j}|_p$$

ein Isomorphismus von $\mathbb{K}$-Vektorräumen und das resultierende Diagramm

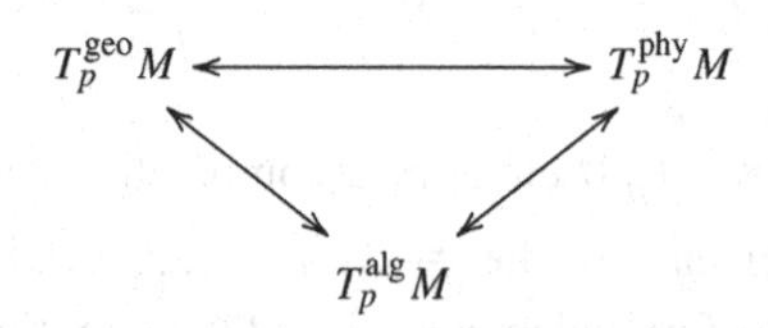

mit den linearen Isomorphismen aus Proposition 6.23 und Übung 6.5 kommutativ ist.

Die Konstruktion der Tangentialräume zeigt, dass man für eine offene Teilmenge U einer $\mathcal{C}^{\mathbb{K},k}$-Mannigfaltigkeit M die Tangentialräume T_pU und T_pM für jedes $p \in U$ identifizieren kann.

Ableitungen

Mit den Vorarbeiten zu Tangentialräumen kann man einer differenzierbaren Abbildung $f : M \to N$ zwischen zwei Mannigfaltigkeiten eine lineare Abbildung $f'(p) := df_p : T_pM \to T_{f(p)}N$ als „Ableitung" zuordnen (siehe Abb. 6.8).

Wir tun das für jeden der drei Typen von Tangentialräumen und zeigen, dass alle drei Varianten miteinander verträglich sind. Die geometrischen und die algebraischen Tangentialräume lassen verblüffend einfache Definitionen der Ableitung zu. Das liegt daran, dass die eigentliche Ableitungsoperation schon in die Definitionen (Äquivalenz von Kurven über die Ableitung bzw. Derivation) eingeflossen ist.

Definition 6.24 (Geometrische Ableitung)
Seien M und N differenzierbare Mannigfaltigkeiten vom Typ $\mathcal{C}^{\mathbb{K},k}$ und $f : M \to N$ eine $\mathcal{C}^{\mathbb{K},k}$-Abbildung. Dann ist das *Differenzial* oder die *Ableitung* $f'(p) := df_p : T_p^{\text{geo}}M \to T_{f(p)}^{\text{geo}}N$ von f in $p \in M$ durch

$$f'(p)([\gamma]_p) := [f \circ \gamma]_{f(p)}$$

definiert.

Definition 6.25 (Physikerableitung)
Seien M und N differenzierbare Mannigfaltigkeiten vom Typ $\mathcal{C}^{\mathbb{K},k}$ und $f : M \to N$ eine $\mathcal{C}^{\mathbb{K},k}$-Abbildung. Dann ist das *Differenzial* oder die *Ableitung* $f'(p) := df_p : T_p^{\text{phy}}M \to T_{f(p)}^{\text{phy}}N$ von f in $p \in M$ durch

$$f'(p)\big((v_\varphi)_{\varphi \in \Phi_{M,p}}\big) := \big((\psi \circ f \circ \varphi)'(p)v_\varphi\big)_{\psi \in \Phi_{N,f(p)}}$$

definiert. Dabei ist $\Phi_{M,p}$ die Familie von Karten von M, die in einer Umgebung von p definiert sind, und $\Phi_{N,f(p)}$ ist die Familie von Karten von N, die in einer

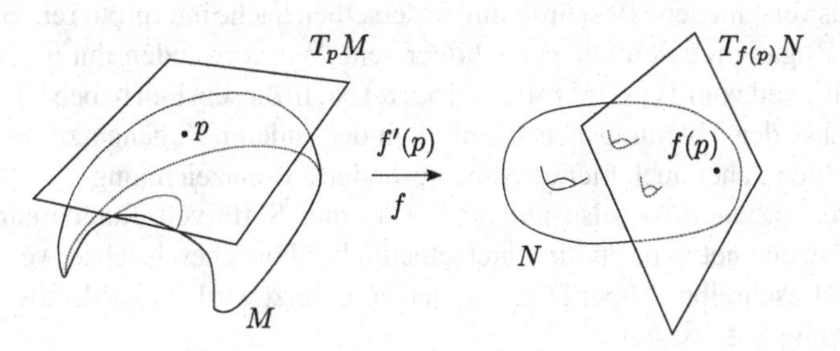

Abb. 6.8 Ableitung

Umgebung von $f(p)$ definiert sind. Es ist hier zu beachten, dass

$$\forall \varphi_1, \varphi_2 \in \Phi_{M,p}: \quad (\psi \circ f \circ \varphi_1)'(p)v_{\varphi_1} = (\psi \circ f \circ \varphi_2)'(p)v_{\varphi_2},$$

weil $v_{\varphi_2} = \big((\varphi_2 \circ (\varphi_1)^{-1})'(\varphi_1(p))\big)(v_{\varphi_1})$ gilt.

Übung 6.7 (Äquivalenz von Ableitungen)
Man zeige, dass die geometrische Ableitung und die Physikerableitung ineinander übergehen, wenn man sie mit den Isomorphismen aus Übung 6.5 verknüpft.

Definition 6.26 (Algebraische Ableitung)
Seien M und N differenzierbare Mannigfaltigkeiten vom Typ $C^{\mathbb{K},k}$ mit $k \in \{\infty, \omega\}$ und $f : M \to N$ eine $C^{\mathbb{K},k}$-Abbildung. Dann ist das *Differenzial* oder die *Ableitung* $f'(p) := df_p : T_pM \to T_{f(p)}N$ von f in $p \in M$ durch

$$\forall \mathrm{v} \in T_pM, h \in C^{\infty}\big(f(p)\big): \quad f'(p)(\mathrm{v})\big(h_{f(p)}\big) := \mathrm{v}\big((h \circ f)_p\big)$$

definiert:

$$\begin{array}{ccc} M & \xrightarrow{\quad f \quad} & N \\ {\scriptstyle h\circ f}\downarrow & & \downarrow{\scriptstyle h} \\ \mathbb{R} & \xrightarrow{\quad \mathrm{id} \quad} & \mathbb{R} \end{array}$$

Man beachte, dass es nötig ist, in dieser Definition nachzuprüfen, ob sie von der Wahl des Repräsentanten $h \in C^{\mathbb{K},k}(U)$ von $h_{f(p)} \in C^{\mathbb{K},k}_{f(p)}$ abhängt. Dem ist nicht so, wie man leicht sieht (Übung).

Übung 6.8 (Äquivalenz von Ableitungen)
Sei unter den Voraussetzungen von Definition 6.26 $\mathrm{v} \in T_p^{\mathrm{alg}}M$ von der Form v_γ mit einer $C^{\mathbb{K},k}$-Kurve $\gamma : I \to M$. Man zeige, dass $df_p(\mathrm{v}_\gamma) = \mathrm{v}_{f\circ\gamma} \in T_{f(p)}^{\mathrm{alg}}N$ gilt.

Aus den bisherigen Überlegungen zu Tangentialräumen und Ableitungen folgt, dass der geometrische und der Physikerzugang für jeden Typ $C^{\mathbb{K},k}$ von Mannigfaltigkeit mit $k \neq 0$ direkt ineinander übergeführt werden können. Wir werden in Zukunft nicht mehr zwischen $T_p^{\mathrm{geo}}M$ und $T_p^{\mathrm{phy}}M$ unterscheiden und die unterschiedlichen Formeln als verschiedene Beschreibungen derselben Sache interpretieren. Beim algebraischen Zugang müssen wir vorsichtiger sein. Wir verwenden ihn nur, wenn die Mannigfaltigkeit vom Typ $C^{\mathbb{K},k}$ mit $k \in \{\infty, \omega\}$ ist. In diesem Fall haben wir ebenfalls gesehen, dass der Ableitungsbegriff mit dem der anderen Zugänge zusammenfällt, und verzichten daher auch hier auf eine gesonderte Kennzeichnung.

Ab sofort arbeiten wir also nur noch mit einer Sorte von Tangentialraum, die mit T_pM bezeichnet wird und in unterschiedlicher Form beschrieben werden kann. Sobald die Beschreibung über Derivationen eingesetzt wird, gilt stillschweigend die Voraussetzung $k \in \{\infty, \omega\}$.

Übung 6.9 (Ableitung als Funktor)
Wir betrachten die Kategorie $\mathbf{Man}_{\mathbb{K},k}$ der differenzierbaren Mannigfaltigkeiten vom Typ $C^{\mathbb{K},k}$ und wandeln sie zu einer Kategorie $\mathbf{Man}^*_{\mathbb{K},k}$ von *punktierten* Räumen ab, indem wir als Objekte Paare (M, p) mit $M \in \mathrm{ob}(\mathbf{Man}_{\mathbb{K},k})$ und $p \in M$ wählen. Ein Morphismus $f\colon (M, p) \to (N, q)$ ist dann eine $C^{\mathbb{K},k}$-Abbildung $f : M \to N$ mit $f(p) = q$. Man zeige (Hinweis: Kettenregel), dass die Zuordnungen

$$(M, p) \mapsto T_pM \quad \text{und} \quad f \mapsto f'(p)$$

einen Funktor $\mathbf{Man}^*_{\mathbb{K},k} \to \mathbf{Vect}_{\mathbb{K}}$ definieren.

Für vorgegebene Koordinatensysteme (U, φ) auf M und (V, ψ) auf N haben wir weiter oben ausgezeichnete Basen von T_pM und $T_{f(p)}N$ erhalten. Wir wollen die Ableitung von f bezüglich dieser Basen beschreiben. Dazu bezeichnen wir die Funktion, die einem $x = (x_1, \ldots, x_n)$ die i-te Komponente y_i des Vektors $\psi \circ f \circ \varphi^{-1}(x) =: y$ zuordnet, mit $F_i : \varphi\big(U \cap f^{-1}(V)\big) \to \mathbb{R}$. Sei nun $\mathrm{v} \in T_pM$, genauer

$$\mathrm{v} = \sum_{j=1}^{m} v_j \frac{\partial}{\partial x_j}|_p, \qquad m = \dim(M).$$

Dann gilt mit $n = \dim(N)$ für $g \in C^{\mathbb{K},k}_{X,f(p)}$

$$\begin{aligned}
df_p(\mathrm{v})g_{f(p)} = \mathrm{v}\big((g \circ f)_p\big) &= \sum_{j=1}^{m} v_j \frac{\partial}{\partial x_j}|_p\big((g \circ f)_p\big)\\
&= \sum_{j=1}^{m} v_j \frac{\partial(g \circ f \circ \varphi^{-1})}{\partial x_j}(\varphi(p))\\
&= \sum_{j=1}^{m} v_j \sum_{i=1}^{n} \Big(\frac{\partial(g \circ \psi^{-1})}{\partial y_i}(\psi(f(p)))\frac{\partial y_i}{\partial x_j}(\varphi(p))\Big)\\
&= \sum_{i=1}^{n} \Big(\sum_{j=1}^{m} \frac{\partial F_i}{\partial x_j}(\varphi(p))v_j\Big)\frac{\partial g \circ \psi^{-1}}{\partial y_i}(\psi(f(p)))\\
&= \sum_{i=1}^{n} \Big(\sum_{j=1}^{m} \frac{\partial F_i}{\partial x_j}(\varphi(p))v_j\Big)\frac{\partial}{\partial y_i}|_{f(p)}(g_{f(p)}).
\end{aligned}$$

Wenn also $Df(p)$ die Jacobi-Matrix der Abbildung $F = \psi \circ f \circ \varphi^{-1}$ in p ist, dann ist $Df(p)$ genau die Matrix von $f'(p)$ bezüglich der durch φ und ψ ausgezeichneten Basen von T_pM und $T_{f(p)}N$. Für den Fall, dass $k \in \{\infty, \omega\}$, haben wir also die folgende Proposition gezeigt.

Proposition 6.27 (Ableitung in Koordinaten)
Seien M und N differenzierbare Mannigfaltigkeiten vom Typ $C^{\mathbb{K},k}$ und $f : M \to N$ eine $C^{\mathbb{K},k}$-Abbildung. Weiter seien (U, φ) und (V, ψ) Karten auf M bzw. N und $p \in f^{-1}(V) \cap U$. Schließlich bezeichnen wir die Abbildung $\psi \circ f \circ \varphi^{-1} : \varphi(f^{-1}(V) \cap$

$U) \to \psi(f(U) \cap V)$ mit F. Dann ist die lineare Abbildung $df_p : T_pM \to T_{f(p)}N$ bezüglich der φ-Basis von T_pM und der ψ-Basis von $T_{f(p)}N$ durch die Jacobi-Matrix von F gegeben.

Übung 6.10 (Ableitung in Koordinaten)
Man beweise Proposition 6.27 auch für $k \in \mathbb{N}$, indem man die Matrizendarstellung der Ableitung in den φ-Basen der geometrischen oder Physikerrealisierung der Tangentialräume berechnet.

Das folgende Beispiel zeigt, dass die gegebenen Definitionen für Hyperflächen tatsächlich die Einbettung der Tangentialräume in den umgebenden Vektorraum liefern, die als Vorstellung der geometrischen Definition des Tangentialraumes zugrunde lag.

Beispiel 6.28 (Hyperflächen)
Sei $f : \mathbb{K}^{n+1} \to \mathbb{K}$ eine $\mathcal{C}^{\mathbb{K},k}$-Abbildung mit $\operatorname{grad}(f)(p) \neq 0$ für alle $p \in M := f^{-1}(0)$. Dann ist M nach Beispiel 6.10 eine differenzierbare Mannigfaltigkeit der Dimension n vom Typ $\mathcal{C}^{\mathbb{K},k}$. Wir betrachten die Inklusionsabbildung $j : M \to \mathbb{K}^{n+1}$ und wollen zeigen, dass sie $\mathcal{C}^{\mathbb{K},k}$ ist und in jedem Punkt $p \in M$ eine injektive Ableitung $j'(p)$ hat. Dann können wir jeden Tangentialraum T_pM mit einem n-dimensionalen Unterraum in $\mathbb{K}^{n+1}$ identifizieren, weil man alle Tangentialräume des $\mathbb{K}^{n+1}$ mit $\mathbb{K}^{n+1}$ identifizieren kann.

Um zu sehen, dass j eine $\mathcal{C}^{\mathbb{K},k}$-Abbildung ist, betrachten wir eine Karte (U, φ), wie sie in Beispiel 6.10 für M konstruiert wurde. Dann ist die Abbildung $j \circ \varphi^{-1} : \varphi(U) \to \mathbb{K}^{n+1}$ von der Form $F^{-1} \circ \tilde{j}|_{\varphi(U)} : \varphi(U) \to \mathbb{K}^{n+1}$, wobei $\tilde{j} : \mathbb{K}^n \to \mathbb{K}^{n+1}$ die durch $\tilde{j}(x_1, \ldots, x_n) = (0, x_1, \ldots, x_n)$ definierte Inklusion und $F : U_1 \to V_1$ der in Beispiel 6.10 definierte Diffeomorphismus ist. Diese Abbildung ist vom Typ $\mathcal{C}^{\mathbb{K},k}$. Um die Injektivität der Ableitung $j'(p)$ zu zeigen, müssen wir noch nachweisen, dass der Rang der Jacobi-Matrix von $F^{-1} \circ \tilde{j}$ in $\varphi(p)$ gleich n ist. Da aber die Jacobi-Matrix von F in p regulär ist und die von $\tilde{j}$ den Rang n hat, folgt dies sofort aus der Kettenregel. □

6.3 Tangential- und Tensorbündel

Bisher haben wir für einen festgehaltenen Punkt $p \in M$ einer differenzierbaren Mannigfaltigkeit den Tangentialraum T_pM in diesem Punkt betrachtet. Dementsprechend haben wir zu einer vorgegebenen differenzierbaren Abbildung $f : M \to N$ zwischen zwei Mannigfaltigkeiten für jeden Punkt $p \in M$ eine lineare Abbildung $f'(p) = df_p : T_pM \to T_{f(p)}N$ als Ableitung von f in p konstruiert. Diese Konstruktion kann man für jeden Punkt $p \in M$ machen. Es ist also natürlich, alle Tangentialräume „gleichzeitig“ zu betrachten.

Definition 6. 29 (Tangentialbündel)
Sei M eine n-dimensionale differenzierbare Mannigfaltigkeit vom Typ $\mathcal{C}^{\mathbb{K},k}$. Dann heißt die Menge

$$TM := \coprod_{p \in M} T_p M$$

das *Tangentialbündel* von M.

Der Ausdruck „Bündel" kommt daher, dass wir uns TM als aus M durch „Ankleben" des Vektorraumes T_pM an den Punkt p entstanden vorstellen können.

Mit der Definition des Tangentialbündels ist es nun möglich, zu $f : M \to N$ eine Ableitung

$$f' := Tf : TM \to TN, \quad T_pM \ni \mathrm{v} \mapsto (Tf)(\mathrm{v}) := df_p(\mathrm{v}) \in T_{f(p)}N$$

zu definieren. Wenn wir mit einer $\mathcal{C}^{\mathbb{K},k}$-Abbildung f mit $k > 1$ anfangen, drängt sich die Frage auf, ob f' in irgendeiner Weise differenzierbar ist. Dazu müsste man natürlich zunächst einmal eine differenzierbare Struktur auf TM und TN haben. Wir haben schon festgestellt, dass die Dimension von T_pM für alle $p \in M$ gleich ist (nämlich $\dim(M) = n$). Das heißt, die Menge TM weist eine gewisse Homogenität auf. Das obige Bild legt nahe, TM als ein Gebilde der *Dimension* $2n$ zu betrachten. Es ist nun in der Tat so, dass man auf TM in natürlicher Weise eine differenzierbare Struktur definieren kann, die TM zu einer Mannigfaltigkeit der Dimension $2n$ macht:

Proposition 6.30 (Tangentialbündel als Mannigfaltigkeit)
Sei M eine n-dimensionale differenzierbare Mannigfaltigkeit vom Typ $\mathcal{C}^{\mathbb{K},k}$ und $TM = \coprod_{p\in M} T_pM$. Sei weiter $\pi_M : TM \to M$ die Abbildung, die jedem $\mathrm{v} \in T_pM$ den Punkt $p \in M$ zuordnet. Dann gibt es auf TM eine Hausdorff-Topologie, bezüglich der die Abbildung π stetig und offen ist. Der topologische Raum TM trägt die Struktur einer $2n$-dimensionalen $\mathcal{C}^{\mathbb{K},k-1}$-Mannigfaltigkeit, bezüglich der π eine $\mathcal{C}^{\mathbb{K},k-1}$-Abbildung ist.

Beweis Wir geben eine Familie von Mengen $\widetilde{U}_\alpha$ und Bijektionen $\widetilde{\varphi}_\alpha : \widetilde{U}_\alpha \to \widetilde{V}_\alpha$ mit $\widetilde{V}_\alpha$ offen in $\mathbb{R}^{2n}$ vor, die wir zu Homöomorphismen machen wollen. Wenn wir dann zeigen können, dass die Mengen $\widetilde{U}_\alpha$ die Menge TM überdecken und die Abbildungen

$$\widetilde{\varphi}_{\alpha\beta} = \widetilde{\varphi}_\beta \circ \widetilde{\varphi}_\alpha^{-1} : \widetilde{\varphi}_\alpha(\widetilde{U}_\alpha \cap \widetilde{U}_\beta) \to \widetilde{\varphi}_\beta(\widetilde{U}_\alpha \cap \widetilde{U}_\beta)$$

von der Klasse $\mathcal{C}^{\mathbb{K},k-1}$ sind, haben wir zweierlei gezeigt: Erstens, indem wir die $\widetilde{\varphi}_\alpha$ zu Homöomorphismen erklären, definieren wir eine Topologie auf TM. Zweitens, die Familie $(\widetilde{U}_\alpha, \widetilde{\varphi}_\alpha)$ erfüllt Bedingung $(*)$ aus Beispiel 6.7 und macht daher TM zu einer $2n$-dimensionalen $\mathcal{C}^{\mathbb{K},k-1}$-Mannigfaltigkeit.

Sei $(U_\alpha, \varphi_\alpha)_{\alpha\in A}$ eine Familie von Karten von M mit $\bigcup_{\alpha\in A} U_\alpha = M$. Wir setzen $\widetilde{U}_\alpha := \pi^{-1}(U_\alpha)$ und definieren die Abbildungen $\widetilde{\varphi}_\alpha : \widetilde{U}_\alpha \to \mathbb{K}^{2n}$ durch

$$\widetilde{\varphi}_\alpha(\mathrm{v}) = \big(x_1^\alpha(p), \ldots, x_n^\alpha(p), v_1^\alpha, \ldots, v_n^\alpha\big),$$

wobei $p \in U_\alpha$ und $\mathrm{v} = \sum_{j=1}^{n} v_j^\alpha \cdot \frac{\partial}{\partial x_j^\alpha}|_p \in T_pM$. (Beachte, dass wie zuvor die Funktionen x_j^α über die Projektionen von $\varphi(U_\alpha)$ auf die j-te Komponente in $\mathbb{K}^n$ definiert sind). Dann ist $\widetilde{V}_\alpha := \tilde{\varphi}_\alpha(\widetilde{U}_\alpha) = V_\alpha \times \mathbb{K}^n$ offen in $\mathbb{K}^{2n}$, und es gilt

$$\tilde{\varphi}_\alpha(\widetilde{U}_\alpha \cap \widetilde{U}_\beta) = \varphi_\alpha(U_\alpha \cap U_\beta) \times \mathbb{K}^n$$

(analog für φ_β). Es folgt, dass die Abbildung $\tilde{\varphi}_{\alpha\beta}$ durch

$$(x_1, \ldots, x_n, v_1^\alpha, \ldots, v_n^\alpha) \mapsto \big(\varphi_{\alpha\beta}(x_1, \ldots, x_n),\ v_1^\beta, \ldots, v_n^\beta\big)$$

für $(x_1, \ldots, x_n) \in \varphi_\alpha(U_\alpha \cap U_\beta)$ gegeben ist, wobei die v_j^β die Koeffizienten von v bezüglich der φ_β-Basis für T_pM sind. Das heißt, wir müssen nachprüfen, ob die Koeffizienten von $\mathrm{v} \in T_pM$ sich bei dem Basiswechsel von der φ_α- zur φ_β-Basis in einer $C^{\mathbb{K},k-1}$-Weise ändern. Dazu drücken wir die φ_α-Basisvektoren als Linearkombination der φ_β-Basisvektoren aus (siehe Übung 6.10; wir benutzen die algebraische Schreibweise, man kann das aber auch in der geometrischen oder der Physikerschreibweise tun, es ist also nicht nötig anzunehmen, dass $k \in \{\infty, \omega\}$ gilt):

$$\begin{aligned}
\frac{\partial}{\partial x_j^\alpha}|_p(f_p) &= \frac{\partial(f \circ \varphi_\alpha^{-1})}{\partial x_j^\alpha}(\varphi_\alpha(p)) \\
&= \sum_{k=1}^{n} \frac{\partial(f \circ \varphi_\beta^{-1})}{\partial x_k^\beta}(\varphi_\beta(p)) \cdot (D\varphi_{\alpha\beta})_{kj}\big(\varphi_\alpha(p)\big) \\
&= \sum_{k=1}^{n} \Big((D\varphi_{\alpha\beta})_{kj}\big(\varphi_\alpha(p)\big)\Big) \cdot \frac{\partial}{\partial x_k^\beta}|_p(f_p).
\end{aligned}$$

Hier bezeichnet $D\varphi_{\alpha\beta}$ die Jacobi-Matrix von $\varphi_{\alpha\beta}$.

Da die $\varphi_{\alpha\beta}$ nach Voraussetzung von der Klasse $C^{\mathbb{K},k}$ sind, folgt, dass die $\tilde{\varphi}_{\alpha\beta}$ von der Klasse $C^{\mathbb{K},k-1}$ sind (wir setzen $\infty - 1 := \infty$ und $\omega - 1 = \omega$). Diese Rechnung ist ein Spezialfall der Rechnung für die Ableitung in lokalen Koordinaten.

Unser Beweis ist noch nicht fertig: Wir müssen noch zeigen, dass der Raum TM ein Hausdorff-Raum ist. Außerdem haben wir bisher weder die Differenzierbarkeit noch die Offenheit von π gezeigt. Die Hausdorff-Eigenschaft folgt aber sofort aus der Definition der Topologie und der Hausdorff-Eigenschaft von M. Differenzierbarkeit und Offenheit von π lassen sich lokal, das heißt in einer Karte, überprüfen. Dort ist π gerade die Projektion auf einen Unterraum und somit analytisch und offen. □

Wir versehen das Tangentialbündel TM einer differenzierbaren Mannigfaltigkeit M vom Typ $C^{\mathbb{K},k}$ mit seiner durch Proposition 6.30 gegebenen Mannigfaltigkeitsstruktur. Die dort zu einer Karte (U, φ) auf M konstruierte Karte $(\widetilde{U}, \tilde{\varphi})$ auf TM nennen wir die zu (U, φ) *assoziierte Karte*.

Proposition 6.31 (Differenzierbarkeit der Ableitung)
Seien M und N differenzierbare Mannigfaltigkeiten vom Typ $\mathcal{C}^{\mathbb{K},k}$ und $f : M \to N$ eine $\mathcal{C}^{\mathbb{K},k}$-Abbildung. Dann ist die Abbildung $f' = Tf : TM \to TN$ von der Klasse $\mathcal{C}^{\mathbb{K},k-1}$.

Beweis Zu vorgegebenem $p \in M$ genügt es, Karten (U, φ) auf M mit $p \in U$ und (V, ψ) auf N mit $f(U) \subset V$ sowie deren assoziierte Karten $(\widetilde{U}, \tilde{\varphi})$ und $(\widetilde{V}, \tilde{\psi})$ zu betrachten. Sei $F : \tilde{\varphi}(\widetilde{U}) \to \tilde{\psi}(\widetilde{V})$ durch $F = \tilde{\psi} \circ Tf \circ \tilde{\psi}^{-1}$ definiert. Wir bezeichnen Elemente von $\tilde{\varphi}(\widetilde{U})$ mit (x, v), $x, v \in \mathbb{R}^m$ und Elemente von $\tilde{\psi}(\widetilde{V})$ mit (y, w), $y, w \in \mathbb{R}^n$, wobei m und n die Dimensionen von M bzw. N sind. Dann ist die erste $\mathbb{K}^n$-Komponente von $F\big(\varphi(p), v\big)$ gerade $\psi\big(f(p)\big)$. Die Darstellung von df_p bezüglich der φ-Basis für T_pM und der ψ-Basis für $T_{f(p)}N$, wie in Proposition 6.27 angegeben, zeigt dann, dass

$$\forall q \in U : \quad F\big(\varphi(q), v\big) = \big(\psi\big(f(q)\big),\ Df(q)v\big),$$

wobei $Df(q)$ die Jacobi-Matrix von $\psi \circ f \circ \varphi^{-1}$ in $\varphi(q)$ ist. Da aber f als $\mathcal{C}^{\mathbb{K},k}$-Abbildung vorausgesetzt war, sind die Komponentenfunktionen der Jacobi-Matrix $\mathcal{C}^{\mathbb{K},k-1}$-Abbildungen, das heißt, Tf ist eine $\mathcal{C}^{\mathbb{K},k-1}$-Abbildung. □

Die Konstruktion der Ableitung ist verträglich mit der Verknüpfung von Abbildungen (siehe Übung 6.9), das heißt, wir haben kommutative Diagramme der Form

$$\begin{array}{ccccc} TM & \xrightarrow{Tf} & TN & \xrightarrow{Tg} & TL \\ \downarrow{\scriptstyle \pi_M} & & \downarrow{\scriptstyle \pi_N} & & \downarrow{\scriptstyle \pi_L} \\ M & \xrightarrow[f]{} & N & \xrightarrow[g]{} & L \end{array}$$

und erkennen, dass die Zuordnungen $M \mapsto TM$ und $f \mapsto Tf$ einen Funktor $T : \mathbf{Man}_{\mathbb{K},k} \to \mathbf{Man}_{\mathbb{K},k-1}$ definieren, den man auch den *Tangentialfunktor* nennt.

Kotangentialbündel

Ein besonders wichtiger Spezialfall von differenzierbaren Abbildungen $f : M \to N$ ist natürlich der Fall $N = \mathbb{K}$. Hier ist die Menge der $\mathcal{C}^{\mathbb{K},k}$-Abbildungen $f : M \to N$ gerade $\mathcal{C}^{\mathbb{K},k}(M)$, und das Tangentialbündel von N lässt sich in kanonischer Weise mit $N \times \mathbb{K}$ identifizieren, da (N, id_N) eine Karte von N ist. Also erhält man für jeden Punkt $p \in M$ eine lineare Abbildung von T_pM nach $\mathbb{K}$ durch $\mathrm{v} \mapsto \pi_2 \circ f'(\mathrm{v})$, wobei $\pi_2 : TN = \mathbb{K} \times \mathbb{K} \to \mathbb{K}$ die Projektion auf die zweite Komponente ist. Diese Abbildung wird mit $df(p)$ bezeichnet. Analog zum Vorgehen für die Ableitung macht man aus den $df(p)$ eine Abbildung $df : M \to T^*M$, wobei T^*M die disjunkte Vereinigung $\coprod_{p \in M} T_pM^*$ der Dualräume T_pM^* von T_pM ist. Man nennt

$T_p^*M := T_pM^*$ den *Kotangentialraum* von M in p und T^*M das *Kotangentialbündel* von M.

Man beachte den engen Zusammenhang zwischen $Tf = f' : TM \to T\mathbb{K}$ und $df : M \to T^*M$:

$$\forall p \in M, \mathrm{v} \in T_pM : \quad df(p)(\mathrm{v}) = \pi_2 \circ df_p(\mathrm{v}) = \pi_2 \circ f'(\mathrm{v}) \in \mathbb{K}.$$

Die beiden Abbildungen unterscheiden sich dadurch, dass $Tf : TM \to T\mathbb{R}$ in der ersten Komponente immer die „Information f" mitschleppt, während $df : M \to T^*M$ nur die Ableitung df_p in Abhängigkeit von p beschreibt. In vielen Texten wird daher die Notation df auch für die Abbildung $f' = Tf$ verwendet. Der Unterschied wird auch in solchen Texten spätestens dann klar, wenn man ein Argument einsetzt: $df(p) \longleftrightarrow df(\mathrm{v})$.

Proposition 6.32 (φ-Basen für Kotangentialräume)
Sei M eine differenzierbare Mannigfaltigkeit vom Typ $C^{\mathbb{K},k}$ und (U, φ) eine Karte auf M. Bezeichne die Funktionen $\pi_j \circ \varphi : U \to \mathbb{K}$ mit x_j, wobei die π_j die Projektion auf die j-te Komponente ist. Dann bilden für $p \in U$ die $dx_1(p), \ldots, dx_n(p)$ die zur φ-Basis für T_pM duale Basis für T_p^*M.

Beweis Sei $\mathrm{v}_1, \ldots, \mathrm{v}_n$ die φ-Basis für T_pM. Es genügt zu zeigen, dass $dx_i(p)\mathrm{v}_j = \delta_{ij}$ gilt (Kronecker-Delta). Da aber die Jacobi-Matrix von $x_j \circ \varphi^{-1}$ gerade der Vektor $(0, \ldots, 0, 1, 0, \ldots, 0)^\top$ mit der Eins in der j-ten Zeile ist sowie die Zahl 1 der durch die Karte $(\mathbb{K}, \mathrm{id})$ gegebene Basisvektor von $T_r\mathbb{K}$, folgt die Behauptung aus der Darstellung von $Tx_i(\mathrm{v}) = \big(dx_i(p)\big)(\mathrm{v})$, für $\mathrm{v} \in T_pM$, in lokalen Koordinaten (siehe Proposition 6.27). □

Wir nennen die in Proposition 6.32 konstruierte Basis $dx_1(p), \ldots, dx_n(p)$ die *φ-Basis* für T_p^*M.

Proposition 6.33 (Kotangentialbündel als Mannigfaltigkeit)
Sei M eine differenzierbare Mannigfaltigkeit vom Typ $C^{\mathbb{K},k}$ und $\pi : T^*M \to M$ die Abbildung, die jedem $\omega \in T_p^*M$ den Punkt $p \in M$ zuordnet. Dann gibt es auf T^*M eine Hausdorff-Topologie, bezüglich der die Abbildung π stetig und offen ist. Der topologische Raum T^*M trägt die Struktur einer Mannigfaltigkeit vom Typ $C^{\mathbb{K},k-1}$, bezüglich der π eine $C^{\mathbb{K},k-1}$-Abbildung ist.

Beweis Der Beweis kann analog zu dem von Proposition 6.30 geführt werden. Wir geben nur die Karten an: Sei $(U_\alpha, \varphi_\alpha)_{\alpha \in A}$ eine Familie von Karten auf M mit $\bigcup_{\alpha \in A} U_\alpha = M$. Wir setzen wieder $\widetilde{U}_\alpha := \pi^{-1}(U_\alpha)$. Die Abbildung $\varphi_\alpha : \widetilde{U}_\alpha \to \mathbb{R}^{2n}$ ist dann durch

$$\tilde{\varphi}_\alpha(\omega) := \big(x_1^\alpha(p), \ldots, x_n^\alpha(p),\ v_1^\alpha, \ldots, v_n^\alpha\big) \tag{6.1}$$

gegeben, wobei $p \in U_\alpha$ und $\omega = \sum_{j=1}^{n} v_j^\alpha \cdot dx_j^\alpha(p) \in T_p^*M$. □

Wie im Falle des Tangentialbündels nennen wir die in Proposition 6.33 aus einer Karte (U, φ) auf M konstruierte Karte $(\widetilde{U}, \tilde{\varphi})$ auf T^*M die zu (U, φ) *assoziierte Karte*.

Übung 6.11 (Koordinatenwechsel für Kotangentialräume)
Man berechne, wie sich die Koordinaten von $\omega \in T_p^*M$ bei einem Kartenwechsel $\tilde{\varphi}_\alpha \circ \tilde{\varphi}_\beta^{-1} : \tilde{\varphi}_\alpha(\widetilde{U}_\alpha \cap \widetilde{U}_\beta) \to \tilde{\varphi}_\beta(\widetilde{U}_\alpha \cap \widetilde{U}_\beta)$ ändern.

Proposition 6.34 (Ableitung skalarer Funktionen)
Sei M eine differenzierbare Mannigfaltigkeit vom Typ $C^{\mathbb{K},k}$ und $f : M \to \mathbb{K}$ eine $C^{\mathbb{K},k}$-Funktion. Dann ist die Abbildung $df : M \to T^*M$ von der Klasse $C^{\mathbb{K},k-1}$. Es gilt $\pi \circ df = \mathrm{id}_M$.

Beweis Es genügt, die Einschränkung von df auf eine Kartenumgebung zu betrachten. Sei also (U, φ) eine Karte auf M und $(\widetilde{U}, \tilde{\varphi})$ die zu (U, φ) assoziierte Karte auf T^*M. Wenn $\mathrm{v}_1, \ldots, \mathrm{v}_n$ die φ-Basis für T_pM ist und $\mathrm{v} = \sum_{j=1}^{n} c_j \mathrm{v}_j \in T_pM$, dann haben wir nach Proposition 6.27

$$df(p)(\mathrm{v}) = \sum_{j=1}^{n} \frac{\partial F}{\partial x_j}\big(\varphi(p)\big)c_j,$$

wobei $F : \varphi(U) \to \mathbb{K}$ die Funktion $f \circ \varphi^{-1}$ ist. Also gilt:

$$df(p) = \sum_{j=1}^{n} \frac{\partial F}{\partial x_j}\big(\varphi(p)\big)dx_j(p).$$

Da die Funktion F nach Voraussetzung eine $C^{\mathbb{K},k}$-Abbildung ist, sind die Ableitungen von F $C^{\mathbb{K},k-1}$-Abbildungen, und somit ist, nach der Definition der assoziierten Karte, auch df eine $C^{\mathbb{K},k-1}$-Abbildung. □

Vektorbündel

Tangentialbündel und Kotangentialbündel sind Beispiele für *Vektorbündel*, einem in der Differenzialgeometrie (wie auch in Topologie und Analysis) sehr wichtigen Begriff. Wir geben hier die allgemeine Definition, weil wir aus dem Tangentialbündel noch andere Vektorbündel konstruieren werden.

Definition 6.35 (Vektorbündel)
Sei M eine n-dimensionale differenzierbare Mannigfaltigkeit vom Typ $C^{\mathbb{K},k}$. Ein $C^{\mathbb{K},k}$-*Vektorbündel* vom *Rang* r über M ist eine differenzierbare Mannigfaltigkeit E der Dimension $n + r$, zusammen mit einer $C^{\mathbb{K},k}$-Abbildung $\pi : E \to M$, die folgende Eigenschaften hat:

(i) Für jedes $p \in M$ hat $E_p := \pi^{-1}(p)$ die Struktur eines r-dimensionalen $\mathbb{K}$-Vektorraumes. Diesen Vektorraum nennt man die *Faser* über p.
(ii) Zu jedem $p \in M$ gibt es eine Umgebung U von p in M und einen Diffeomorphismus $\psi_U : \pi^{-1}(U) \to U \times \mathbb{K}^r$ mit $\pi_1 \circ \psi_U = \pi$ (π_1 ist die Projektion auf die U-Komponente), und für jedes $q \in U$ ist $\pi_2 \circ \psi_{U|E_q} : E_q \to \mathbb{R}^r$ ein linearer Isomorphismus (π_2 ist die Projektion auf die $\mathbb{R}^r$-Komponente).

Sei $U \subseteq M$ offen und $\sigma : U \to E$ eine $\mathcal{C}^{\mathbb{K},k}$-Abbildung mit $\pi \circ \sigma = \mathrm{id}_U$. Dann heißt σ ein *Schnitt* von (E, π, M) über U. Wir bezeichnen die Menge der Schnitte von (E, π, M) über U mit $\mathcal{C}^{\mathbb{K},k}(U; E)$.

Man beachte die offensichtlichen Ähnlichkeiten in der Notation zwischen den Definitionen von Vektorbündeln und ét al.é-Räumen. Es handelt sich aber um verschiedene Konzepte, was man schon daran sieht, dass die Fasern von ét al.é-Räumen diskret sind, die von Vektorbündeln aber mit der natürlichen $\mathbb{K}$-Vektorraumtopologie versehen sind.

Proposition 6.30 und Proposition 6.33 zeigen, dass Tangentialbündel und Kotangentialbündel in der Tat Vektorbündel sind. Weiter zeigt Proposition 6.34, dass $df : M \to T^*M$ für eine $\mathcal{C}^{\mathbb{K},k}$-Funktion $f : M \to \mathbb{K}$ ein Schnitt des Kotangentialbündels ist. Solche Schnitte nennt man auch 1-*Formen* oder *Pfaff'sche Formen*. Sie sind der Startpunkt der Theorie der Differenzialformen.

Bemerkung 6.36 (Schnittgarben von Vektorbündeln)
Sei M eine n-dimensionale differenzierbare Mannigfaltigkeit vom Typ $\mathcal{C}^{\mathbb{K},k}$ und (E, π, M) ein $\mathcal{C}^{\mathbb{K},k}$-Vektorbündel über M. Dann bildet für jede offene Teilmenge $U \subseteq M$ die Menge $E|_U := \pi^{-1}(U)$ zusammen mit $\pi_U : E|_U \to U$ ein $\mathcal{C}^{\mathbb{K},k}$-Vektorbündel $(E|_U, \pi_U, U)$ über U. Sei $V \subseteq U$ eine weitere offene Teilmenge von M. Dann ist $\rho_{VU}(\sigma) := \sigma|_V$ für jeden Schnitt $\sigma : U \to E|_U$ ein Schnitt von $(E|_V, \pi_V, V)$. Auf diese Weise wird $U \mapsto \mathcal{C}^{\mathbb{K},k}(U; E)$ eine Garbe $\mathcal{E}_\pi$ über M, die wir die *Garbe der Schnitte* oder einfach *Schnittgarbe* von (E, π, M) nennen. Man beachte, dass $\mathcal{E}_\pi$ sogar ein lokal freier $\mathcal{C}_M^{\mathbb{K},k}$-Modul vom endlichen Typ ist (siehe Definition 5.39 und Beispiel 5.40).

Die Schnittgarben von (TM, π_M, M) und (T^*M, π_M, M) bezeichnen wir mit $\mathcal{T}_M$ bzw. $\mathcal{T}_M^*$ und nennen sie die *Tangentialgarbe* bzw. die *Kotangentialgarbe* von M. □

Die Überlegungen aus Abschn. 5.4 zeigen, dass man aus den Tangential- und Kotangentialgarben eine Reihe weiterer lokalfreier $\mathcal{C}_M^{\mathbb{K},k}$-Garben vom endlichen Typ konstruieren kann. Insbesondere können wir zunächst $\mathcal{T}_M \oplus \mathcal{T}_M^*$ bilden, ihre Tensorpotenzen $(\mathcal{T}_M \oplus \mathcal{T}_M^*)^{\otimes \ell}$ für $\ell \in \mathbb{N}$ und schließlich die Tensoralgebragarbe $\bigoplus_{\ell \in \mathbb{N}_0} (\mathcal{T}_M \oplus \mathcal{T}_M^*)^{\otimes \ell}$, wobei 0-te Tensorpotenz einfach die freie Modulgarbe $\mathcal{O}_X$ ist. Die lokalen Schnitte der Tensoralgebragarbe heißen *Tensoren*. In der Tensoralgebragarbe, genauer gesagt innerhalb von $\bigoplus_{\ell \in \mathbb{N}_0} (\mathcal{T}_M^*)^{\otimes \ell}$, findet man die Garbe Ω_M der alternierenden Tensoren, deren Schnitte man *Differenzialformen* nennt. Die Schnitte von $\Omega_M^\ell := (\mathcal{T}_M^*)^{\otimes \ell} \cap \Omega_M$ heißen ℓ-Formen. Insbesondere sind also 1-Formen Schnitte der Garbe $\mathcal{T}_M^*$.

Man könnte jetzt ein allgemeines Resultat (siehe Satz 6.38) bemühen, um zu sehen, dass es jeweils ein Vektorbündel gibt, deren Schnittgarbe die jeweilige Garbe ist. Es geht aber auch so, dass man erst die entsprechenden funktoriellen Konstruktionen auf die einzelnen Tangential- und Kotangentialräume anwendet und dann daraus in Analogie zum Tangential- und Kotangentialbündel die entsprechenden Tensorbündel konstruiert.

Wir folgen im nächsten Abschnitt „Tensorbündel" der zweiten Strategie, zeigen aber am Ende, dass beide Wege zum selben Ergebnis führen. Dafür werden die folgenden Überlegungen zur strukturellen Ähnlichkeit von Vektorbündeln und lokalfreien Modulgarben von entscheidender Bedeutung sein.

Definition 6.37 (Morphismen von Vektorbündeln)
Sei M eine n-dimensionale differenzierbare Mannigfaltigkeit vom Typ $\mathcal{C}^{\mathbb{K},k}$. Ein *Morphismus* $\varphi : (E_1, \pi_1, M) \to (E_2, \pi_2, M)$ zwischen zwei $\mathcal{C}^{\mathbb{K},k}$-Vektorbündeln ist eine $\mathcal{C}^{\mathbb{K},k}$-Abbildung $\varphi : E_1 \to E_2$ mit $\pi_1 = \pi_2 \circ \varphi$. Wir bezeichnen die resultierende Kategorie der $\mathcal{C}^{\mathbb{K},k}$-Vektorbündel über M mit $\mathbf{VB}_M^{\mathbb{K},k}$.

Wir wollen jetzt zeigen, dass $\mathcal{C}^{\mathbb{K},k}$-Vektorbündel über M und lokalfreie $\mathcal{C}_M^{\mathbb{K},k}$-Moduln vom endlichen Typ im Wesentlichen das Gleiche sind. Genauer gesagt, die beiden Kategorien sind äquivalent (siehe Definition 4.58).

Satz 6.38 (Lokalfreie Garben und Vektorbündel)
Sei M eine n-dimensionale differenzierbare Mannigfaltigkeit vom Typ $\mathcal{C}^{\mathbb{K},k}$. Dann ist die Kategorie $\mathbf{VB}_M^{\mathbb{K},k}$ äquivalent zur vollen Unterkategorie $\mathbf{Mod}^{\mathrm{lff}}_{\mathcal{C}_M^{\mathbb{K},k}}$ von $\mathbf{Mod}_{\mathcal{C}_M^{\mathbb{K},k}}$, deren Objekte die lokalfreien $\mathcal{C}_M^{\mathbb{K},k}$-Moduln von endlichem Typ sind.

Beweis Die Zuordnungen $(E, \pi, M) \mapsto \mathcal{E}_\pi$ und

$$\Big(\varphi : (E_1, \pi_1, M) \to (E_2, \pi_2, M)\Big) \quad \mapsto \quad \Big(\mathcal{E}_{\pi_1}(U) \to \mathcal{E}_{\pi_2}(U),\ \sigma_1 \mapsto \varphi \circ \sigma_1\Big)$$

definieren einen Funktor $S : \mathbf{VB}_M^{\mathbb{K},k} \to \mathbf{Mod}^{\mathrm{lff}}_{\mathcal{C}_M^{\mathbb{K},k}}$.

Als Nächstes konstruieren wir einen Funktor $F : \mathbf{Mod}^{\mathrm{lff}}_{\mathcal{C}_M^{\mathbb{K},k}} \to \mathbf{VB}_M^{\mathbb{K},k}$. Sei dazu $\mathcal{E}$ ein lokalfreier $\mathcal{C}_M^{\mathbb{K},k}$-Modul von endlichem Typ und $p \in M$. Dann gibt es eine offene Umgebung U_p von p in M mit $\mathcal{E}|_{U_p}$ isomorph zu $(\mathcal{C}_{U_p}^{\mathbb{K},k})^\ell$ für ein $\ell \in \mathbb{N}$. Mithilfe der konstanten 0- und 1-Schnitte in $\mathcal{C}_M^{\mathbb{K},k}(U_p)$ finden wir eine $\mathcal{C}_M^{\mathbb{K},k}(U_p)$-Basis $e_1, \ldots, e_\ell$ für $\mathcal{E}|_{U_p}$. Dann ist für jede offene Teilmenge $V \subseteq U_p$ die Abbildung

$$\varphi_V : \mathcal{C}_M^{\mathbb{K},k}(V)^\ell \to \mathcal{E}(V), \quad (f_1, \ldots, f_\ell) \mapsto \sum_{i=1}^{\ell} f_i \rho^{\mathcal{E}}_{V,U_p}(e_i)$$

ein Isomorphismus von $\mathcal{C}_M^{\mathbb{K},k}(V)$-Moduln. Also sind auch die induzierten Abbildungen

$$\varphi_q : (\mathcal{C}_{M,q}^{\mathbb{K},k})^\ell \to \mathcal{E}_q, \quad (f_{1,q}, \ldots, f_{\ell,q}) \mapsto \sum_{l=1}^{\ell} f_{i,q} e_{i,q}$$

auf den Halmen in $q \in U_p$ Isomorphismen. Nach Proposition 5.32 sind die Ringe $\mathcal{C}_{M,q}^{\mathbb{K},k}$ lokal mit Restklassenkörper $\mathbb{K}$. Also induzieren die φ_q Isomorphismen $\bar{\varphi}_q : \mathbb{K}^\ell \to \mathcal{E}(q) := \mathcal{E}_q/\mathfrak{m}_q\mathcal{E}_q$, wobei $\mathfrak{m}_q$ das maximale Ideal von $\mathcal{C}_{M,q}^{\mathbb{K},k}$ ist. Zusammen liefern die $\bar{\varphi}_q$ für $q \in U_p$ also eine Bijektion

$$\bar{\varphi}_{U_p} : U_p \times \mathbb{K}^\ell \to \coprod_{q \in U_p} \mathcal{E}(q).$$

Beachte, dass für $q \in U_p \cap U_{p'}$ der Raum $\mathcal{E}(q)$ nicht davon abhängt, ob er über p oder über p' bestimmt wurde. Wir haben also für jedes $q \in M$ einen eindeutig bestimmten Raum $\mathcal{E}(q)$ und können $E := \coprod_{p \in M} \mathcal{E}(p)$ setzen. Dann definieren wir $\pi : E \to M$ durch

$$\forall q \in M : \quad \pi^{-1}(q) = \mathcal{E}(q).$$

E wird durch die Teilmengen $\pi^{-1}(U_p)$ mit $p \in M$ überdeckt, und für jedes Paar (p, p') von Punkten mit $U_p \cap U_{p'} \neq \emptyset$ wird die Abbildung

$$\bar{\varphi}_{U_{p'}}^{-1} \circ \bar{\varphi}_{U_p}|_{U_p \cap U_{p'}} : (U_p \cap U_{p'}) \times \mathbb{K}^\ell \to (U_p \cap U_{p'}) \times \mathbb{K}^{\ell'}$$

durch einen Basiswechsel in der zweiten Variablen gegeben, der durch eine invertierbare Matrix mit Einträgen in $\mathbb{C}_M^{\mathbb{K},k}(U_p \cap U_{p'})$ gegeben ist. Insbesondere ist $\ell = \ell'$ und die durch $\bar{\varphi}_{U_p}$ von $U_p \times \mathbb{K}^\ell$ auf $\pi^{-1}(U_p)$ induzierte Topologie $\mathfrak{T}_{U_p}$ (siehe [Hi13a, Beispiele 3.51, 3.57]) enthält $\pi^{-1}(U_p \cap U_{p'})$ als offene Menge. Also wird durch

$$U \in \mathfrak{T}_E \quad :\Leftrightarrow \quad \forall p \in M : \ U \cap U_p \in \mathfrak{T}_{U_p}$$

eine Topologie auf E definiert, bezüglich der E eine $\mathcal{C}^{\mathbb{K},k}$-Mannigfaltigkeit ist. Zusammen mit den Vektorraumstrukturen auf den Fasern $\pi^{-1}(p) = \mathcal{E}(p)$ ergibt sich jetzt, dass (E, π, M) ein Vektorbündel ist, das wir mit $F(\mathcal{E})$ bezeichnen.

Sei jetzt $\psi : \mathcal{E} \to \mathcal{E}'$ ein Morphismus von $\mathcal{C}_M^{\mathbb{K},k}$-Moduln. Geht man die Konstruktion von $F(\mathcal{E})$ und $F(\mathcal{E}')$ parallel durch und verfolgt dabei den Effekt der $\psi_V : \mathcal{E}(V) \to \mathcal{E}'(V)$ und $\psi_q : \mathcal{E}_q \to \mathcal{E}'_q$, dann findet man einen Vektorbündelmorphismus $F(\psi) : F(\mathcal{E}) \to F(\mathcal{E}')$, der durch $F(\psi)|_{\mathcal{E}(q)} = \bar{\psi}_q : \mathcal{E}(q) \to \mathcal{E}'(q)$ gegeben ist. Dass $F(\psi)$ tatsächlich eine $\mathcal{C}_M^{\mathbb{K},k}$-Abbildung ist, rechnet man dabei in lokalen Koordinaten, das heißt über den Mengen U_p, nach (Übung). Damit ist der gesuchte Funktor $F : \mathbf{Mod}^{\mathrm{lff}}_{\mathcal{C}_M^{\mathbb{K},k}} \to \mathbf{VB}_M^{\mathbb{K},k}$ konstruiert.

Es bleibt jetzt zu zeigen, dass die Funktoren $F \circ S$ und $S \circ F$ jeweils natürlich isomorph zum identischen Funktor sind. Diese Verifikation sei dem Leser als Übung überlassen. □

Übung 6.12 (Ableitung als Garbenmorphismus)
Sei M eine n-dimensionale differenzierbare Mannigfaltigkeit vom Typ $\mathcal{C}^{\mathbb{K},k}$. Man zeige, dass $f \mapsto df$ einen Garbenmorphismus $\mathcal{C}_M^{\mathbb{K},k} \to \mathcal{T}_M^*$ definiert.

Übung 6.13 (Verkleben von Vektorbündeln)
Sei M eine differenzierbare $\mathbb{K}$-Mannigfaltigkeit und $(U_\alpha, \varphi_\alpha)_{\alpha \in A}$ eine Familie von Karten, die M überdecken. Weiter sei V ein endlichdimensionaler $\mathbb{K}$-Vektorraum und $g_{\alpha\beta} : U_\alpha \cap U_\beta \to \mathrm{Aut}_{\mathbb{K}}(V)$ eine Familie von $\mathcal{C}^{\mathbb{K},k}$-Abbildungen, die folgende Bedingungen erfüllen:

(a) $\forall \alpha, \beta, \gamma \in A, x \in U_\alpha \cap U_\beta \cap U_\gamma : \quad g_{\alpha\beta}(x) \circ g_{\beta\gamma}(x) = g_{\alpha\gamma}(x).$
(b) $\forall \alpha \in A, x \in U_\alpha : \quad g_{\alpha\alpha}(x) = \mathrm{id}_V.$

Man zeige, dass man die trivialen Vektorbündel $U_\alpha \times V$ mithilfe der *Übergangsfunktionen* $g_{\alpha\beta}$ durch

$$\forall \alpha, \beta \in A : \quad (x, v) \sim (x, g_{\alpha\beta}(x)v)$$

zu einem Vektorbündel

$$E := \Big(\coprod_{\alpha \in A} U_\alpha \times V\Big)/\sim \;\to M, \quad [(x, v)]_\sim \mapsto x$$

zusammenkleben kann.

Tensorbündel

Sei M eine differenzierbare $\mathcal{C}^{\mathbb{K},k}$-Mannigfaltigkeit und (U, φ) eine Karte auf M. Für $p \in U$ betrachten wir auf T_pM und T_p^*M die jeweiligen φ-Basen $\big(\frac{\partial}{\partial x_j}|_p\big)_{j=1,\ldots,n}$ bzw. $(dx_j)_{j=1,\ldots,n}$. Auch wenn wir hier die Notation des algebraischen Zugangs zum Tangentialraum benutzen, müssen wir nicht annehmen, dass $k \in \{\infty, \omega\}$ gilt, denn wir könnten auch die geometrische oder physikalische Notation für φ-Basen verwenden. Der Grund für unsere Wahl der Notation ist, dass man so den Bezug zur Tensorrechnung, wie sie in der Physik, der Ingenieurmathematik und in Teilen der Differenzialgeometrie betrieben wird, leichter sieht.

Für $r, s \in \mathbb{N}_0$ definieren wir

$$\bigotimes\nolimits_r^s T_pM := (T_pM)^{\otimes s} \otimes (T_p^*M)^{\otimes r},$$

wobei die Tensorprodukte über $\mathbb{K}$ genommen werden. Dann bilden die $n^{(r+s)}$ Elemente

$$\left(dx \otimes \frac{\partial}{\partial x}\right)_{(\varrho,\sigma)}(p) := dx_{\varrho(1)}(p) \otimes \ldots \otimes dx_{\varrho(r)}(p) \otimes \frac{\partial}{\partial x_{\sigma(1)}}\Big|_p \otimes \ldots \otimes \frac{\partial}{\partial x_{\sigma(s)}}\Big|_p$$

eine Basis für $\bigotimes_r^s T_pM$. Hierbei durchlaufen ρ und σ die Selbstabbildungen von $\{1, \ldots, r\}$ bzw. $\{1, \ldots, s\}$.

Proposition 6.39 (Tensorbündel)
Sei M eine differenzierbare $C^{\mathbb{K},k}$-Mannigfaltigkeit und $\bigotimes_r^s TM := \coprod_{p\in M} \bigotimes_r^s T_pM$. Weiter sei $\pi : \bigotimes_r^s TM \to M$ die Abbildung, die jedem $\mathfrak{t} \in \bigotimes_r^s T_pM$ den Fußpunkt $p \in M$ zuordnet. Dann gibt es auf $\bigotimes_r^s TM$ eine Hausdorff-Topologie, bezüglich der π offen und stetig ist. Das Tripel $(\bigotimes_r^s TM, \pi, M)$ ist ein $C^{\mathbb{K},k-1}$-Vektorbündel vom Rang $n^{(r+s)}$.

Beweis Der Beweis ist ganz analog zu den Beweisen von Proposition 6.30 und Proposition 6.33. Wir definieren hier nur die zu einer Karte (U, φ) auf M assoziierte Karte $(\widetilde{U}, \tilde{\varphi})$ auf $\bigotimes_r^s TM$: Dazu setzen wir $\widetilde{U} := \pi^{-1}(U)$ and $\tilde{\varphi} : \widetilde{U} \to \mathbb{K}^{n+n^{r+s}}$, das für $p \in U$ durch

$$\tilde{\varphi}(\mathfrak{t}) := \big(x_1(p), \dots, x_n(p),\ (v)_{(\varrho,\sigma)_1}, \dots, (v)_{(\varrho,\sigma)_{n^{r+s}}}\big)$$

gegeben ist, wobei $\mathfrak{t} = \sum_{j=1}^{n^{(r+s)}} (v)_{(\varrho,\sigma)_j} \big(dx \otimes \frac{\partial}{\partial x}\big)_{(\varrho,\sigma)_j}(p)$ und die Paare (ϱ, σ) in einer fixierten Weise durchnummeriert sind. □

Definition 6.40 (Tensorbündel und Tensorfelder)
Wir nennen das Vektorbündel $\bigotimes_r^s TM$ aus Proposition 6.39 das *Tensorbündel* der Stufe (r, s) von M. Die lokalen Schnitte des Tensorbündels $\bigotimes_r^s TM$ heißen *Tensorfelder* der *Stufe* (r, s).

Man beachte, dass TM das Tensorbündel der Stufe $(0, 1)$ ist und T^*M das Tensorbündel der Stufe $(1, 0)$. Insbesondere sind die Tensorfelder der Stufe $(1, 0)$ nichts anderes als die 1-Formen. Die Tensorfelder der Stufe $(0, 1)$, das heißt die Schnitte des Tangentialbündels, nennt man auch *Vektorfelder*.

Übung 6.14 (Kartenwechsel für Tensorbündel)
Man berechne, wie sich die Koordinaten von $\mathfrak{t} \in \otimes_r^s T_pM$ unter Kartenwechseln der Form

$$\tilde{\varphi}_\alpha \circ \tilde{\varphi}_\beta^{-1} : \tilde{\varphi}_\beta(\widetilde{U}_\alpha \cap \widetilde{U}_\beta) \to \tilde{\varphi}_\alpha(\widetilde{U}_\alpha \cap \widetilde{U}_\beta).$$

transformieren.

Jedes der Tensorbündel $\bigotimes_r^s TM$ liefert eine Schnittgarbe, die wir mit $\mathcal{T}_M^{(r,s)}$ von bezeichnen. Die Einschränkung $\mathcal{T}_M^{(r,s)}|_U$ auf eine Koordinatenumgebung U ist isomorph zu $\mathcal{C}_U^{\mathbb{K},k-1} \otimes \big(\bigotimes_r^s \mathbb{K}^n\big)$, wobei $m = \dim M$ ist. Ein Vergleich mit Beispiel 5.40 zeigt, dass in der Tat

$$\bigotimes_r^s \mathcal{T}_M \cong \mathcal{T}_M^{(r,s)} = S(\otimes_r^s TM)$$

gilt, wie nach Bemerkung 6.36 angekündigt.

Bemerkung 6.41 (Tensoren und multilineare Abbildungen)
Sei M eine differenzierbare $\mathcal{C}^{\mathbb{K},k}$-Mannigfaltigkeit, $V_0, V_1, \ldots, V_s$ seien $\mathcal{C}^{\mathbb{K},k}$-Vektorbündel über M, und $\mathcal{V}_0, \ldots, \mathcal{V}_s$ seien die zugehörigen $\mathcal{C}_M^{\mathbb{K},k}$-Moduln (das heißt Schnittgarben).

(i) Für $j = 1, \ldots, s$ sei $\mathrm{H}om(V_j, V_0)$ das Vektorbündel über M, dessen Faser über $p \in M$ aus dem $\mathbb{K}$-Vektorraum $\mathrm{H}om_{\mathbb{K}}(V_{j,p}, V_{0,p})$ besteht. Der zugehörige $\mathcal{C}_M^{\mathbb{K},k}$-Modul ist (siehe Beispiel 5.38) $\mathcal{H}om_{\mathcal{C}^{\mathbb{K},k}}(\mathcal{V}_j, \mathcal{V}_0)$ mit den lokalen Schnittmoduln $\mathcal{H}om_{\mathcal{C}^{\mathbb{K},k}}(\mathcal{V}_j, \mathcal{V}_0)(U) = \mathrm{H}om_{\mathcal{C}^{\mathbb{K},k}(U)}\big(\mathcal{V}_j(U), \mathcal{V}_0(U)\big)$ für offene U in M.

(ii) Sei $\mathrm{L}(V_1, \ldots, V_s; V_0)$ das Vektorbündel über M, dessen Faser über $p \in M$ aus dem $\mathbb{K}$-Vektorraum der s-linearen Abbildungen $V_{1,p} \times \ldots \times V_{s,p} \to V_{0,p}$ besteht. Der zugehörige $\mathcal{C}_M^{\mathbb{K},k}$-Modul $\mathcal{L}_{\mathcal{C}_M^{\mathbb{K},k}}(\mathcal{V}_1, \ldots, \mathcal{V}_s; \mathcal{V}_0)$ hat die lokalen Schnittmoduln

$$\mathcal{L}_{\mathcal{C}_M^{\mathbb{K},k}}(\mathcal{V}_1, \ldots, \mathcal{V}_s; \mathcal{V}_0)(U) = \mathrm{L}_{\mathcal{C}_M^{\mathbb{K},k}(U)}\big(\mathcal{V}_1(U), \ldots, \mathcal{V}_s(U); \mathcal{V}_0(U)\big)$$

für offene U in M. Sie bestehen aus den bezüglich $\mathcal{C}^{\mathbb{K},k}(U)$ s-linearen Abbildungen $\mathcal{V}_1(U) \times \ldots \times \mathcal{V}_s(U) \to \mathcal{V}_0(U)$. Wenn V_0 das triviale Bündel $M \times \mathbb{K} \to M$ ist, ist $\mathcal{V}_0 = \mathcal{C}_M^{\mathbb{K},k}$, und wir erhalten

$$\mathcal{H}om_{\mathcal{C}^{\mathbb{K},k}}(\mathcal{V}_j, \mathcal{V}_0) = \mathcal{V}_j^{\vee}.$$

(iii) Für $V_0 = M \times \mathbb{K}$ bilden die natürlichen Abbildungen (siehe Übung 3.2)

$$\varphi_U : \bigotimes_{j=1}^{s} \mathrm{H}om_{\mathcal{C}^{\mathbb{K},k}(U)}\big(\mathcal{V}_j(U), \mathcal{C}_M^{\mathbb{K},k}(U)\big) \to \mathrm{L}_{\mathcal{C}_M^{\mathbb{K},k}(U)}\big(\mathcal{V}_1(U), \ldots, \mathcal{V}_s(U); \mathcal{C}_M^{\mathbb{K},k}(U)\big),$$

die durch

$$\big(\varphi_U(\psi_1 \otimes \ldots \otimes \psi_s)\big)(v_1, \ldots, v_s) := \prod_{j=1}^{s} \psi_j(v_j)$$

definiert sind, zusammen einen Morphismus

$$\varphi : \bigotimes_{j=1}^{s} \mathcal{V}_j^{\vee} \to \mathcal{L}_{\mathcal{C}_M^{\mathbb{K},k}}(\mathcal{V}_1, \ldots, \mathcal{V}_s; \mathcal{C}_M^{\mathbb{K},k})$$

von $\mathcal{C}_M^{\mathbb{K},k}$-Moduln. Nach Bemerkung 3.18 sind die entsprechenden Abbildungen

$$\bigotimes_{j=1}^{s} V_{j,p}^{*} \to \mathrm{L}(V_{1,p}, \ldots, V_{s,p}; \mathbb{K})$$

Isomorphismen von $\mathbb{K}$-Vektorräumen. Unter Verwendung der lokalen Trivialisierungen sieht man daher, dass φ ein Garbenisomorphismus ist.

(iv) Wendet man (iii) auf die Tangentialgarbe $\mathcal{T}_M$ an, findet man einen Garbenisomorphismus

$$(\mathcal{T}_M^*)^{\otimes s} \to \mathcal{L}_{\mathcal{C}_M^{\mathbb{K},k}}(\mathcal{T}_{M,s}; \mathcal{C}_M^{\mathbb{K},k}),$$

wobei die Notation $\mathcal{T}_{M,s}$ bedeutet, dass man s-lineare Abbildungen $\mathcal{T}_M(U) \times \ldots \times \mathcal{T}_M(U) \to \mathcal{C}_M^{\mathbb{K},k}(U)$ betrachtet.

(v) Da für endlichdimensionale Vektorräume die natürliche Einbettung $V \to (V^*)^*$ ein Isomorphismus ist, liefert lokale Trivialisierung sofort, dass für ein $\mathcal{C}^{\mathbb{K},k}$-Vektorbündel V über M die Garben $\mathcal{V}$ und $(\mathcal{V}^\vee)^\vee$ isomorph sind. Also liefert (iii), angewandt auf $\mathcal{T}_M^*$, einen Garbenisomorphismus

$$(\mathcal{T}_M)^{\otimes r} \to \mathcal{L}_{\mathcal{C}_M^{\mathbb{K},k}}(\mathcal{T}_{M,r}^*; \mathcal{C}_M^{\mathbb{K},k}).$$

(vi) Kombiniert man (iv) und (v), so findet man einen Garbenisomorphismus

$$\bigotimes_r^s \mathcal{T}_M \cong \mathcal{T}_M^{(r,s)} \to \mathcal{L}_{\mathcal{C}_M^{\mathbb{K},k}}(\mathcal{T}_{M,s}, \mathcal{T}_{M,r}^*; \mathcal{C}_M^{\mathbb{K},k}),$$

wobei $\mathcal{L}_{\mathcal{C}_M^{\mathbb{K},k}}(\mathcal{T}_{M,s}, \mathcal{T}_{M,r}^*; \mathcal{C}_M^{\mathbb{K},k})$ für $\mathcal{L}_{\mathcal{C}_M^{\mathbb{K},k}}(\mathcal{T}_M, \ldots, \mathcal{T}_M, \mathcal{T}_M^*, \ldots, \mathcal{T}_M^*; \mathcal{C}_M^{\mathbb{K},k})$ mit s Kopien von $\mathcal{T}_M$ und r Kopien von $\mathcal{T}_M^*$ steht. □

Vektorfelder

Die Quintessenz von Bemerkung 6.41 ist, dass man Tensoren über ihre multilineare Wirkung auf Vektorfeldern und 1-Formen, das heißt lokalen Schnitten des Tangential- bzw. Kotangentialbündels, definieren, kann. Wir werden diese Methode in der Untersuchung von Differenzialformen anwenden. Dafür wird es nützlich sein, für die Vektorfelder noch eine weitere Beschreibung zur Hand zu haben, die sich aus der algebraischen Sichtweise ergibt und ihre Wirkung auf Funktionen in den Mittelpunkt stellt.

Definition 6.42 (Vektorfelder)
Sei M eine differenzierbare Mannigfaltigkeit vom Typ $\mathcal{C}^{\mathbb{K},k}$ mit Tangentialbündel TM. Ein *Vektorfeld* auf M ist eine $\mathcal{C}^{\mathbb{K},k-1}$-Schnitt $\mathfrak{X} : M \to TM$. Wir bezeichnen die Menge $\mathcal{T}_M(M)$ aller global definierten Vektorfelder auf M auch mit $\mathcal{X}(M)$. Der Wert eines Vektorfeldes $\mathfrak{X}$ in $x \in M$ wird mit $\mathfrak{X}(x)$ oder $\mathfrak{X}_x$ bezeichnet.

Beispiel 6.43 (φ-Basisfelder)
Sei M eine differenzierbare Mannigfaltigkeit vom Typ $\mathcal{C}^{\mathbb{K},k}$ und (U, φ) eine Karte auf M. Wir betrachten U selbst als differenzierbare Mannigfaltigkeit und definieren Abbildungen $\mathfrak{X}_j : U \to TU$ durch $\mathfrak{X}_j(p) := \frac{\partial}{\partial x_j}\big|_p$. Diese Abbildungen schreiben

wir als $\mathfrak{X}_j = \frac{\partial}{\partial x_j}$. In der assoziierten Karte $(\widetilde{U}, \tilde{\varphi})$ auf TU werden diese Abbildungen durch

$$\tilde{\varphi} \circ \mathfrak{X}_j \circ \varphi^{-1}\big((x_1, \ldots, x_n)\big) = (x_1, \ldots, x_n,\ 0, \ldots, 0, 1, 0, \ldots, 0)$$

beschrieben, wobei die 1 in der $(n+j)$-ten Spalten steht. Also ist $\mathfrak{X}_j$ für jedes $j = 1, \ldots, n$ ein Vektorfeld auf U. Wir nennen diese Vektorfelder die *φ-Basisfelder* auf U. Der Ausdruck „Basisfeld" ist doppelt gerechtfertigt. Einerseits bilden die $\mathfrak{X}_1(p), \ldots, \mathfrak{X}_n(p)$ für jedes $p \in U$ eine Basis für $T_pU = T_pM$. Andererseits folgt aus der obigen Formel auch, dass jedes $\mathfrak{X} \in \mathcal{X}(U)$ von der Form

$$\mathfrak{X}(p) = \sum_{j=1}^{n} a_j(p)\mathfrak{X}_j(p) \quad \forall p \in U$$

ist, wobei die a_j Abbildungen der Klasse $C^{\mathbb{K},k-1}$ auf U sind. □

Jedes Vektorfeld $\mathfrak{X}$ liefert (siehe Proposition 6.19) eine Abbildung

$$C^{\mathbb{K},k}_{X,p} \to \mathbb{K}, \quad a \mapsto \iota(\mathfrak{X}_p)a.$$

Falls $k \in \{\infty, \omega\}$, lässt man ι weg, weil man darüber den geometrischen und den algebraischen Vektorraum identifiziert hat. Wenn wir mit einer $C^{\mathbb{K},k}$-Funktion $f : M \to \mathbb{K}$ starten, erhalten wir eine Funktion $\widetilde{\mathfrak{X}}(f) : M \to \mathbb{K}$ via $\widetilde{\mathfrak{X}}(f)(p) := \mathfrak{X}(p)(f_p)$. Die Derivationseigenschaft von $\mathfrak{X}(p)$ liefert eine ähnliche Eigenschaft für $\widetilde{\mathfrak{X}}$:

$$\begin{aligned}
\widetilde{\mathfrak{X}}(f \cdot g)(p) &= \mathfrak{X}(p)\big((f \cdot g)_p\big) \\
&= \mathfrak{X}(p)(f_p) \cdot g(p) + \mathfrak{X}(p)(g_p) \cdot f(p) \\
&= \widetilde{\mathfrak{X}}(f)(p) \cdot g(p) + f(p) \cdot \widetilde{\mathfrak{X}}(g)(p).
\end{aligned}$$

Das bedeutet, wir haben die folgende Gleichheit von Funktionen:

$$\widetilde{\mathfrak{X}}(f \cdot g) = \widetilde{\mathfrak{X}}(f) \cdot g + f \cdot \widetilde{\mathfrak{X}}(g).$$

Im Allgemeinen können wir nur erwarten, dass $\widetilde{\mathfrak{X}}(f)$ eine $C^{\mathbb{K},k-1}$-Funktion ist. Dies motiviert die folgende Verallgemeinerung des Derivationsbegriffs aus Definition 6.18.

Definition 6.44 (Φ-Derivationen)
Seien A und B zwei $\mathbb{K}$-Algebren und $\Phi : A \to B$ ein Homomorphismus von $\mathbb{K}$-Algebren. Eine $\mathbb{K}$-lineare Abbildung $D : A \to B$ heißt eine *Φ-Derivation*, wenn sie die folgende Eigenschaft hat:

$$\forall f, g \in A: \quad D(f \cdot g) = D(f) \cdot \Phi(g) + \Phi(f) \cdot D(g).$$

Wir bezeichnen die Menge aller solchen Derivationen mit $\mathrm{Der}_\Phi(A, B)$. Wenn $A \subseteq B$ und Φ die Inklusion ist, dann bezeichnen wir die Menge aller solchen Derivationen mit $\mathrm{Der}(A, B)$. Wenn sogar $A = B$ und $\Phi = \mathrm{id}_A$, dann sprechen wir einfach von Derivationen von A und bezeichnen die Menge aller solchen Derivationen mit $\mathrm{Der}(A)$.

Proposition 6.45 (Vektorfelder als Φ-Derivationen)
Sei M eine differenzierbare Mannigfaltigkeit vom Typ $\mathcal{C}^{\mathbb{K},k}$ und $U \subseteq M$ offen. Für jedes Vektorfeld $\mathfrak{X} \in \mathcal{T}_M(U)$ ist

$$\widetilde{\mathfrak{X}} : \mathcal{C}_M^{\mathbb{K},k}(U) \to \mathcal{C}_M^{\mathbb{K},k-1}(U)$$

eine Φ-Derivation, wobei $\Phi : \mathcal{C}_M^{\mathbb{K},k}(U) \to \mathcal{C}_M^{\mathbb{K},k-1}(U)$ die Inklusion ist. Insbesondere gilt $\widetilde{\mathfrak{X}} \in \mathrm{Der}\big(\mathcal{C}_M^{\mathbb{K},k}(U)\big)$, falls $k \in \{\infty, \omega\}$.

Beweis Die Derivationseigenschaft haben wir schon nachgerechnet. Es bleiben die Differenzierbarkeitseigenschaften zu prüfen. Da sie von lokaler Natur sind, können wir dazu annehmen, dass U eine Kartenumgebung ist. Sei also (U, φ) eine Karte auf M und $(\widetilde{U}, \tilde{\varphi})$ die assoziierte Karte auf TM. Dann hat $F = \tilde{\varphi} \circ \mathfrak{X} \circ \varphi^{-1} : \varphi(U) \to \tilde{\varphi}(\widetilde{U})$ die Form

$$F(x_1, \dots, x_n) = \big(x_1, \dots, x_n, A_1(x), \dots, A_n(x)\big) \quad \text{für } x = (x_1, \dots, x_n) \in \varphi(U).$$

Da $\mathfrak{X}$ von der Klasse $\mathcal{C}^{\mathbb{K},k}$ ist, sind die Funktionen $A_j : \varphi(U) \to \mathbb{K}$ ebenfalls von der Klasse $\mathcal{C}^{\mathbb{K},k}$. Für $f \in C^\infty(M)$ und $p \in U$ rechnen wir

$$\begin{aligned}\widetilde{\mathfrak{X}}(f)(p) = \mathfrak{X}(p)(f_p) &= \sum_{j=1}^{n} A_j\big(\varphi(p)\big) \cdot \tfrac{\partial}{\partial x_j}\big|_p(f_p) \\ &= \sum_{j=1}^{n} A_j\big(\varphi(p)\big) \cdot \tfrac{\partial(f\circ\varphi^{-1})}{\partial x_j}\big(\varphi(p)\big) = \Big(\sum_{j=1}^{n} (A_j \circ \varphi) \cdot \big(\tfrac{\partial(f\circ\varphi^{-1})}{\partial x_j} \circ \varphi\big)\Big)(p).\end{aligned}$$

Da die $\frac{\partial(f\circ\varphi^{-1})}{\partial x_j}$ von der Klasse $\mathcal{C}^{\mathbb{K},k-1}$ sind, gilt das auch für $\widetilde{\mathfrak{X}}(f)$. □

Übung 6.15 (Derivationen als Garbe)
In der Situation von Proposition 6.45 zeige man, dass $\mathrm{Der}\big(\mathcal{C}_M^{\mathbb{K},k}(U), \mathcal{C}_M^{\mathbb{K},k-1}(U)\big)$ ein $\mathcal{C}_M^{\mathbb{K},k}(U)$-Modul bezüglich der Operationen

$$\forall D_1, D_2 \in \mathrm{Der}\big(\mathcal{C}^{\mathbb{K},k}(U), \mathcal{C}^{\mathbb{K},k-1}(U)\big), f \in \mathcal{C}^{\mathbb{K},k}(U) : \quad (D_1 + D_1)(f) := D_1(f) + D_2(f)$$

und

$$\forall D \in \mathrm{Der}\big(\mathcal{C}^{\mathbb{K},k}(U), \mathcal{C}^{\mathbb{K},k-1}(U)\big), f, h \in \mathcal{C}^{\mathbb{K},k}(U) : \quad (h \cdot D)(f) := h \cdot \big(D(f)\big)$$

ist.

Es folgt unmittelbar aus den Definitionen, dass die Abbildungen und Operationen aus Proposition 6.45 und Übung 6.15 verträglich mit Einschränkungen auf kleinere offene Mengen sind. Daher definiert die Zuordnung $U \mapsto \operatorname{Der}\big(\mathcal{C}_M^{\mathbb{K},k}(U), \mathcal{C}_M^{\mathbb{K},k-1}(U)\big)$ eine Garbe, genauer gesagt sogar einen $\mathcal{C}_M^{\mathbb{K},k}$-Modul. Wir bezeichnen ihn mit $\mathcal{D}er(\mathcal{C}_M^{\mathbb{K},k}, \mathcal{C}_M^{\mathbb{K},k-1})$. Wenn $k \in \{\infty, \omega\}$, das heißt, wenn $k - 1 = k$, schreiben wir stattdessen $\mathcal{D}er(\mathcal{C}_M^{\mathbb{K},k})$.

Satz 6.46 (Charakterisierung der Tangentialgarbe durch Derivationen)
Sei M eine differenzierbare Mannigfaltigkeit vom Typ $\mathcal{C}^{\mathbb{K},k}$ mit $k \in \{\infty, \omega\}$. Dann definiert die Zuordnung $U \mapsto \tau_U$, für U offen in M, mit

$$\tau_U : \mathcal{T}_M(U) \to \mathcal{D}er(\mathcal{C}_M^{\mathbb{K},k})(U), \quad \mathfrak{X} \mapsto \tilde{\mathfrak{X}}$$

einen Isomorphismus $\tau : \mathcal{T}_M \to \mathcal{D}er(\mathcal{C}_M^{\mathbb{K},k})$ von $\mathcal{C}_M^{\mathbb{K},k}$-Moduln.

Beweis Nach unseren Vorbemerkungen ist klar, dass τ ein Garbenmorphismus ist. Wir konstruieren zunächst den inversen Morphismus. Sei dazu $U \subseteq M$ offen und $D \in \mathcal{D}er(\mathcal{C}_M^{\mathbb{K},k})(U)$. Wir können annehmen, dass U eine Koordinatenumgebung ist, das heißt, wir haben eine Karte (U, φ). Für $p \in U$ und $f \in \mathcal{C}_M^{\mathbb{K},k}(V)$ mit $p \in V \subseteq U$ offen definiert $[f]_p \mapsto \big(D|_V(f)\big)_p$ eine Derivation $\mathfrak{X}_p : \mathcal{C}_{M,p}^{\mathbb{K},k} \to \mathbb{K}$, das heißt einen algebraischen Tangentialvektor. Wegen $k \in \{\infty, \omega\}$ liefert Proposition 6.23, dass $\mathfrak{X}_p$ ein geometrischer Tangentialvektor, also ein Element von T_pM, ist. Proposition 6.21 beschreibt $\mathfrak{X}_p$ in Koordinaten:

$$\mathfrak{X}_p = \sum_{j=1}^{n} \Big(\mathfrak{X}_p\big((x_j)_p\big)\Big) \cdot \frac{\partial}{\partial x_j}|_p = \sum_{j=1}^{n} \big(D(x_j)\big)(p) \cdot \frac{\partial}{\partial x_j}|_p.$$

Also ist die Abbildung $\mathfrak{X} : M \to TM,\ p \mapsto \mathfrak{X}_p$ bezüglich der zu (U, φ) assoziierten Karte von TM in lokalen Koordinaten durch die $\mathcal{C}^{\mathbb{K},k}$-Funktionen $D(x_j)$ gegeben und damit selbst von der Klasse $\mathcal{C}^{\mathbb{K},k}$. Damit ist $\mathfrak{X} \in \mathcal{T}_M(U)$. Man prüft leicht nach (Übung), dass $D \mapsto \mathfrak{X}$ invers zu τ_U ist. Die Konstruktionen sind auch verträglich mit Restriktionen, das heißt, die τ_U^{-1} definieren einen Garbenmorphismus.

Es bleibt jetzt nur noch zu zeigen, dass τ ein Morphismus von $\mathcal{C}_M^{\mathbb{K},k}$-Moduln ist, das heißt, die τ_U sind $\mathcal{C}_M^{\mathbb{K},k}(U)$-lineare Abbildungen $\mathcal{T}_M(U) \to \mathcal{D}er(\mathcal{C}_M^{\mathbb{K},k})(U)$. Die Additivität ist unmittelbar klar aus den Definitionen. Für die skalare Multiplikation rechnen wir mit $h, f \in \mathcal{C}_M^{\mathbb{K},k}(U)$, $\mathfrak{X} \in \mathcal{T}_M(U)$ und $p \in U$:

$$\begin{aligned}
\big(\big(\tau_U(h\mathfrak{X})\big)(f)\big)(p) &= \big((h\mathfrak{X})(p)\big)(f_p) = \big(h(p)\mathfrak{X}(p)\big)(f_p) \\
&= h(p)\big(\mathfrak{X}(p)\big)(f_p) = h(p)\big(\big(\tau_U(\mathfrak{X})\big)(f)\big)(p) \\
&= \big(h\big(\tau_U(\mathfrak{X})\big)(f)\big)(p).
\end{aligned}$$

Es ergibt sich $\big(\tau_U(h\mathfrak{X})\big)(f) = h\big(\tau_U(\mathfrak{X})\big)(f)$, also $\tau_U(h\mathfrak{X}) = h\tau_U(\mathfrak{X})$. □

Satz 6.46 ist auch nützlich, wenn man nicht $k \in \{\infty, \omega\}$ voraussetzen kann oder will. Oft erlauben die algebraisch, das heißt über die Derivationseigenschaft, gewonnenen Objekte eine explizite Beschreibung in lokalen Koordinaten, aus der man dann ablesen kann, wie viel Differenzierbarkeit man voraussetzen muss, um ein entsprechendes Objekt zu definieren. Wir führen dieses Prinzip am Beispiel der Lie-Klammer von Vektorfeldern vor.

Bemerkung 6.47 (Lie-Klammer von Vektorfeldern)
Betrachtet man im Falle $k \in \{\infty, \omega\}$ die Vektorfelder als Derivationen, so kann man die Operation von Vektorfeldern auf Funktionen mehrfach hintereinander ausführen. Auf diese Weise findet man eine Lie-Algebren-Struktur auf jedem $\mathcal{T}_M(U)$. Die *Lie-Klammer*, das heißt die Algebrenmultiplikation, ist durch

$$\forall \mathfrak{X}, \mathfrak{Y} \in \mathcal{T}_M(U), f \in \mathcal{C}_M^{\mathbb{K},k}(U): \quad [\mathfrak{X}, \mathfrak{Y}]f := \mathfrak{X}(\mathfrak{Y}f) - \mathfrak{Y}(\mathfrak{X}f)$$

gegeben. Eine einfache Rechnung zeigt nämlich, dass $[\mathfrak{X}, \mathfrak{Y}]$ selbst wieder eine Derivation ist.

In lokalen Koordinaten $x_1, \ldots, x_n$ bezüglich einer Karte (U, φ) ergibt sich für die Vektorfelder

$$\mathfrak{X}(p) = \sum_{j=1}^{n} a_j(p) \left.\frac{\partial}{\partial x_j}\right|_p \quad \text{und} \quad \mathfrak{Y}(p) = \sum_{k=1}^{n} b_k(p) \left.\frac{\partial}{\partial x_k}\right|_p,$$

dass die Lie-Klammer durch

$$[\mathfrak{X}, \mathfrak{Y}](p) = \sum_{j,k=1}^{n} \left(a_j \frac{\partial b_k}{\partial x_j} - b_j \frac{\partial a_k}{\partial x_j} \right)(p) \left.\frac{\partial}{\partial x_k}\right|_p \tag{$*$}$$

gegeben ist.

Gleichung $(*)$ erlaubt es uns, auch eine Lie-Klammer von $\mathcal{C}^{\mathbb{K},k-1}$-Vektorfeldern für beliebiges $k \geq 2$ zu definieren (man beachte, dass für eine $\mathcal{C}^{\mathbb{K},k}$-Mannigfaltigkeit das Tangentialbündel TM nur eine $\mathcal{C}^{\mathbb{K},k-1}$-Mannigfaltigkeit ist). Allerdings ist das Ergebnis dann nur noch ein $\mathcal{C}^{\mathbb{K},k-2}$-Vektorfeld, das heißt ein Schnitt von $\mathcal{T}_M(U)$, wobei TM als $\mathcal{C}^{\mathbb{K},k-1}$-Mannigfaltigkeit betrachtet wird. □

6.4 Differenzialformen

Differenzialformen sind spezielle Tensorfelder. Dass sie eine so prominente Rolle in der Theorie der Mannigfaltigkeiten spielen, hat mehrere Gründe. Erstens kann man Differenzialformen ableiten (und als Ergebnis wieder Differenzialformen erhalten), was für andere Tensoren ohne Zusatzstrukturen nicht möglich ist. Zweitens kann man bestimmte Differenzialformen auch integrieren und damit eine Verallgemeinerung des Hauptsatzes der Differenzial- und Integralrechnung (den Satz von Stokes) beweisen, der die Integralsätze aus der Vektoranalysis nicht nur verallgemeinert, sondern auch vereinfacht. Der dritte Grund ist, dass aus den Differenzialformen ein Werkzeug geformt werden kann (die De-Rham-Kohomologie), mit dem man in prototypischer Weise untersuchen kann, ob Probleme, die man lokal lösen kann, auch global lösbar sind. Wir werden in diesem Abschnitt nur die ersten beiden Aspekte ansprechen.

Für unsere Definition der Differenzialformen als spezielle Tensorfelder benutzen wir die folgende Definition von Untervektorbündeln.

Definition 6.48 (Untervektorbündel)
Sei M eine differenzierbare $C^{\mathbb{K},k}$-Mannigfaltigkeit und (E, π, M) ein $C^{\mathbb{K},k}$-Vektorbündel über M. Eine Teilmenge $E' \subseteq E$ heißt ein *Untervektorbündel* von E, wenn die Mengen $E'_p := E' \cap E_p$ Untervektorräume der Fasern $E_p := \pi^{-1}(p)$ sind und die Einschränkung $\pi|_{E'} \colon E' \to M$ das Tripel $(E', \pi|_{E'}, M)$ zu einem $C^{\mathbb{K},k}$-Vektorbündel über M macht.

Sei M jetzt eine differenzierbare $C^{\mathbb{K},k}$-Mannigfaltigkeit und $p \in M$. Wir betrachten den Unterraum $\Lambda_r(T_p^*M)$ der schiefsymmetrischen Tensoren in $\bigotimes_k^0 T_pM = (T_p^*M)^{\otimes r} = \mathrm{T}^r(T_p^*M)$ (siehe Definition 3.44). Identifiziert man $(T_p^*M)^{\otimes r}$ mit den r-linearen Abbildungen $\mathrm{L}_{\mathbb{K}}(T_pM, \ldots, T_pM; \mathbb{K})$ via

$$\lambda_1 \otimes \ldots \otimes \lambda_r \mapsto \big((v_1, \ldots, v_r) \mapsto \lambda_1(v_1) \cdots \lambda_r(v_r) \big)$$

(siehe Bemerkung 6.41), so besteht $\Lambda_r(T_p^*M)$ aus den alternierenden r-linearen Abbildungen $T_pM \times \ldots \times T_pM \to \mathbb{K}$. Mithilfe von Korollar 3.47 kann man $\Lambda_r(T_p^*M)$ auch mit dem Unterraum $\Lambda^r(T_p^*M)$ der äußeren Algebra $\Lambda(T_p^*M)$ identifizieren. Wir setzen

$$\bigwedge^r T^*M := \coprod_{p \in M} \Lambda_r(T_p^*M) \tag{6.2}$$

und definieren eine Projektion $\pi : \bigwedge^r T^*M \to M$ durch $\pi^{-1}(p) = \Lambda_r(T_p^*M)$ für alle $p \in M$. Indem man assoziierte Karten baut, zeigt man (Übung), dass $(\bigwedge^r TM^*, \pi, M)$ ein Untervektorbündel von $\bigotimes_r^0 TM$ ist.

Definition 6.49 (Differenzialformen)
Sei M eine n-dimensionale differenzierbare $C^{\mathbb{K},k}$-Mannigfaltigkeit und $r \in \{0, \ldots, n\}$. Dann heißt das durch (6.2) definierte Vektorbündel $(\bigwedge^r T^*M, \pi, M)$ das *r-Formen-Bündel*. Die Schnitte dieses Bündels heißen *alternierende r-Formen* oder einfach *r-Formen* auf M. Man spricht auch von *Differenzialformen* vom *Grad r*. Der Raum der Differenzialformen vom Grad r auf M wird auch mit $\Omega^r(M)$ bezeichnet.

Da die Differenzialformen als Schnitte eines Vektorbündels über M definiert sind, ist unmittelbar klar, dass die Zuordnung $U \mapsto \Omega^r(U)$ für offene Teilmengen von M eine Garbe Ω^r_M ist.

Bemerkung 6.50 (Differenzialformen in lokalen Koordinaten)
Sei (U, φ) eine Karte auf M und seien $x_1, \dots, x_n$ die zugehörigen Koordinaten. Dann lässt sich jede Differenzialform $\omega \in \Omega^r_M(U)$ in der Form

$$\omega = \sum_{i_1 < \dots < i_r} a_{i_1,\dots,i_r} dx_{i_1} \wedge \dots \wedge dx_{i_r}$$

schreiben, wobei die $a_{i_1,\dots,i_r}$ Funktionen der Klasse $\mathcal{C}^{\mathbb{K},k-1}$ sind. Fasst man die Indizes $i_1, \dots, i_r$ zu einem Multiindex $I \in \mathbb{N}^r$ zusammen, so kürzt man dies zu

$$\omega =: \sum_{|I|=r} a_I \, dx_I$$

ab. Sei jetzt (W, ψ) eine weitere Karte mit lokalen Koordinaten $y_1, \dots, y_n$ und ω in diesen Koordinaten durch

$$\omega = \sum_{i_1 < \dots < i_r} b_{i_1,\dots,i_r} dy_{i_1} \wedge \dots \wedge dy_{i_r} = \sum_{|I|=r} b_I dy_I$$

gegeben. Auf $U \cap W$ hat man dann

$$\begin{aligned} dy_J = dy_{j_1} \wedge \dots \wedge dy_{j_r} &= \sum_{i_1=1}^{n} \frac{\partial y_{j_1}}{\partial x_{i_1}} dx_{i_1} \wedge \dots \wedge \sum_{i_r=1}^{n} \frac{\partial y_{j_r}}{\partial x_{i_r}} dx_{i_r} \\ &= \sum_{|I|=r} \det\left(\frac{\partial y_J}{\partial x_I}\right) dx_I, \end{aligned}$$

wobei

$$\left(\frac{\partial y_J}{\partial x_I}\right) = \begin{pmatrix} \frac{\partial y_{j_1}}{\partial x_{i_1}} & \cdots & \frac{\partial y_{j_1}}{\partial x_{i_r}} \\ \vdots & & \vdots \\ \frac{\partial y_{j_r}}{\partial x_{i_1}} & \cdots & \frac{\partial y_{j_r}}{\partial x_{i_r}} \end{pmatrix}.$$

Die letzte Gleichheit folgt durch Ausmultiplizieren aus der Schiefsymmetrie von $\wedge$ und der Laplace-Entwicklungsformel für die Determinante. Es gilt also

$$\omega = \sum_{|I|=r} \left(\sum_{|J|=r} b_J \det\left(\frac{\partial y_J}{\partial x_I}\right) \right) dx_I.$$

Wenn $r = n = \dim M$, erhalten wir

$$\omega = a \, dx_1 \wedge \dots \wedge dx_n = b \, dy_1 \wedge \dots \wedge dy_n$$

mit $a, b \in \mathcal{C}_M^{\mathbb{K},k}(U \cap W)$ und

$$a = b \det\left(\frac{\partial y_J}{\partial x_I}\right).$$

□

Das $\wedge$-Produkt auf den Fasern des Differenzialformenbündels lässt sich auf die Differenzialformen übertragen.

Bemerkung 6.51 (Äußeres Produkt von Differenzialformen)
Sei M eine n-dimensionale differenzierbare $\mathcal{C}^{\mathbb{K},k}$-Mannigfaltigkeit. Nach Bemerkung 3.38 gilt $\Lambda_r(T_p^*M) = 0$ für $r > n$. Also ist

$$\bigwedge T^*M := \bigoplus_{r=0}^{n}\left(\bigwedge^{r} T^*M\right) := \coprod_{p\in M}\left(\bigoplus_{r=0}^{n} \Lambda_r(T_p^*M)\right)$$

ein Vektorbündel, dessen Schnittgarbe $\Omega_M := \bigoplus_{r=0}^n \Omega_M^r$ ist. Wir bezeichnen die in Korollar 3.47 beschriebene Multiplikation auf der Faser $\left(\bigwedge T^*M\right)_p = \bigoplus_{r=0}^n \Lambda_r(T_p^*M)$ mit $\wedge$ und definieren dementsprechend eine punktweise Multiplikation $\wedge$ auf den lokalen Schnitten:

$$\forall U \in \mathfrak{T},\ \alpha, \beta \in \Omega_M(U)\ p \in U: \quad (\alpha \wedge \beta)(p) := \alpha(p) \wedge \beta(p).$$

Damit hat man auf jedem $\Omega_M(U)$ eine assoziative $\mathcal{C}^{\mathbb{K},k}(U)$-Algebrenstruktur definiert. Die Multiplikationen sind offensichtlich verträglich mit Restriktionen, das heißt, $\wedge : \Omega_M \times \Omega_M \to \Omega_M$ ist ein $\mathbf{G}(M, \mathbf{Set})$-Morphismus. □

Die äußere Ableitung

Die äußere Ableitung ist eine spezifische Operation auf Differenzialformen, die den Grad einer Differenzialform um eins erhöht, die Differenzierbakeitsordnung aber um eins senkt. Für Nullformen, das heißt Funktionen, ist die äußere Ableitung nichts anderes als die Operation

$$d : \mathcal{C}_M^{\mathbb{K},k}(U) \to \Omega_M^1(U) = \mathcal{T}_M^*(U), \quad f \mapsto df$$

aus Proposition 6.34. Für die Definition der äußeren Ableitung greifen wir auf die in Abschn. 6.3 entwickelte Methode zurück, Tensoren über ihre algebraische Wirkung auf Vektorfelder zu definieren, selbst wenn k endlich ist (siehe Bemerkung 6.41 und Bemerkung 6.47 sowie Satz 6.46). Um den Text nicht unnötig kompliziert zu gestalten, beschreiben wir die Definitionen und Ergebnisse nur für den Fall $k \in \{\infty, \omega\}$ und überlassen es dem Leser, über die Beschreibungen in lokalen Koordinaten die jeweils minimalen Anforderungen an den Differenzierbarkeitsgrad der beteiligten Objekte zu bestimmen.

Definition 6.52 (Äußere Ableitung)
Sei M eine differenzierbare $\mathcal{C}^{\mathbb{K},k}$-Mannigfaltigkeit und $k \in \{\infty, \omega\}$. Für eine auf einer offenen Teilmenge $U \subseteq M$ definierte Differenzialform $\alpha \in \Omega^r_M(U)$ vom Grad r ist die *äußere Ableitung* $d\alpha$ von α die durch die Formel

$$\begin{aligned}(d\alpha)(\mathfrak{X}_1, \ldots, \mathfrak{X}_{r+1}) := &\sum_{i=1}^{r+1} (-1)^{i+1} \mathfrak{X}_i \cdot \alpha(\mathfrak{X}_1, \ldots, \hat{\mathfrak{X}}_i, \ldots, \mathfrak{X}_{r+1}) \\ &+ \sum_{1 \leq i < j \leq r+1} (-1)^{i+j} \alpha([\mathfrak{X}_i, \mathfrak{X}_j], \mathfrak{X}_1, \ldots, \hat{\mathfrak{X}}_i, \ldots, \hat{\mathfrak{X}}_j, \ldots, \mathfrak{X}_{r+1}),\end{aligned}$$

definierte Differenzialform vom Grad $r + 1$, wobei das Dach über einem Symbol bedeutet, dass dieses Symbol entfernt wird. Man beachte, dass die Formel für $r = 0$ gerade die übliche Ableitung $df \in \Omega^1_M(U) = \mathcal{T}^*_M(U)$ von $f \in \Omega^0_M(U) = \mathcal{C}^{\mathbb{K},k}_M(U)$ liefert.

Um einzusehen, dass die angegebene Formel tatsächlich auf eine Differenzialform führt, müssen wir verifizieren, dass $d\alpha$ alternierend und $\mathcal{C}^{\mathbb{K},k}_M(U)$-linear ist. Ersteres weist man durch eine einfache algebraische Rechnung unter Verwendung der Schiefsymmetrie von α und der Lie-Klammer nach (Übung). Für die $\mathcal{C}^{\mathbb{K},k}_M(U)$-Linearität nutzt man die Identität

$$\forall\, \mathfrak{X}, \mathfrak{Y} \in \mathcal{T}_M(U),\ f \in \mathcal{C}^{\mathbb{K},k}_M(U): \quad [f\mathfrak{X}, Y] = f[\mathfrak{X}, \mathfrak{Y}] + \big(\mathfrak{Y}(f)\big)\, \mathfrak{X},$$

die man sofort aus der Definition verifiziert.

Die äußeren Ableitungen sind verträglich mit Restriktionen und offensichtlich $\mathbb{K}$-linear. Daher definieren sie einen Morphismus

$$d : \Omega_M \to \Omega_M$$

von Garben von $\mathbb{K}$-Vektorräumen. Die Formen, deren äußere Ableitung null ist, heißen *geschlossen*.

Bemerkung 6.53 (Äußere Ableitung in lokalen Koordinaten)
Sei (U, φ) eine Karte auf M und $x_1, \ldots, x_n$ seien die zugehörigen lokalen Koordinaten. Die Form $\omega \in \Omega^r_M(U)$ sei wie in Bemerkung 6.50 durch

$$\omega = \sum_{i_1 < \ldots < i_r} a_{i_1,\ldots,i_r} dx_{i_1} \wedge \ldots \wedge dx_{i_r} = \sum_{|I|=r} a_I dx_I$$

gegeben. Dann gilt

$$d\omega = \sum_{|I|=r} da_I \wedge dx_I.$$

Es genügt, dies für $\omega = f dx_I$ nachzuweisen, und durch Umnummerierung können wir auch annehmen, dass $I = (1, \ldots, r)$. Beachte, dass

$$d\omega = \sum_{|J|=r+1} d\omega\left(\frac{\partial}{\partial x_{j_1}}, \ldots, \frac{\partial}{\partial x_{j_{r+1}}}\right) dx_J.$$

Aber die definierende Formel für $d\omega$ zeigt $d\omega(\frac{\partial}{\partial x_{j_1}}, \ldots, \frac{\partial}{\partial x_{j_{r+1}}}) = 0$, falls nicht für mindestens ein $s \in \{1, \ldots, r+1\}$ das Tupel $(j_1, \ldots, \widehat{j_s}, \ldots, j_{r+1})$ eine Permutation von $(1, \ldots, r)$ ist. Wegen $j_1 < \ldots < j_{r+1}$ kann das nur passieren, wenn $(j_1, \ldots, j_{r+1}) = (1, \ldots, r, \ell)$ für ein $\ell > r$. In diesem Fall gilt

$$d\omega\left(\frac{\partial}{\partial x_{j_1}}, \ldots, \frac{\partial}{\partial x_{j_{r+1}}}\right) = (-1)^r \frac{\partial f}{\partial x_\ell},$$

weil die Lie-Klammern der Basisfelder $\frac{\partial}{\partial x_j}$ nach dem Satz von Schwarz verschwinden. Damit ergibt sich

$$d\omega = \sum_{\ell>r} (-1)^r \frac{\partial f}{\partial x_\ell} dx_1 \wedge \ldots \wedge dx_r \wedge dx_\ell = \left(\sum_{\ell=1}^{n} \frac{\partial f}{\partial x_\ell} dx_\ell\right) \wedge dx_1 \wedge \ldots \wedge dx_r = df \wedge dx_I.$$

□

Da jede Differenzialform lokal als äußeres Produkt von 1-Formen geschrieben werden kann, legt die Wirkung von d auf den 1-Formen, zusammen mit den folgenden Rechenregeln, d schon fest.

Proposition 6.54 (Rechenregeln für die äußere Ableitung)
Die äußere Ableitung d auf einer Mannigfaltigkeit hat folgende Eigenschaften:

(i) *Für $\alpha \in \Omega^r_M(U)$ und $\beta \in \Omega^s_M(U)$ gilt*

$$d(\alpha \wedge \beta) = d\alpha \wedge \beta + (-1)^r \alpha \wedge d\beta.$$

(ii) $d \circ d = 0$.

Beweis

(i) Wir weisen dies in lokalen Koordinaten nach (siehe Bemerkung 6.53 und Übung 6.16) und können dafür $\alpha = f dx_I$ und $\beta = h dx_J$ annehmen. Dann gilt $\alpha \wedge \beta = fh dx_I \wedge dx_J$, und die Darstellung der äußeren Ableitung in lokalen Koordinaten zeigt $d(\alpha \wedge \beta) = d(fh) \wedge dx_I \wedge dx_J$. Mit $d\alpha = df \wedge dx_I$, $d\beta = dh \wedge dx_J$ und $d(fh) = f dh + h df$ ergibt sich

$$\begin{aligned} d(\alpha \wedge \beta) &= f\, dh \wedge dx_I \wedge dx_J + h\, df \wedge dx_I \wedge dx_J \\ &= (-1)^{|I|} f\, dx_I \wedge dh \wedge dx_J + d\alpha \wedge \beta \\ &= (-1)^r \alpha \wedge d\beta + d\alpha \wedge \beta. \end{aligned}$$

(ii) Wegen (i) erfüllt $\tilde{d} := d \circ d$ die Rechenregel

$$\tilde{d}(\alpha \wedge \beta) = \tilde{d}\alpha \wedge \beta + \alpha \wedge \tilde{d}\beta,$$

ist also eine Derivation auf der Algebra der Differenzialformen. Um zu zeigen, dass sie gleich 0 ist, genügt es, dies für die Erzeuger der Algebra, das heißt Funktionen und 1-Formen zu zeigen. Für eine Funktion rechnen wir

$$\begin{aligned}(d^2 f)(\mathfrak{X}, \mathfrak{Y}) &= \mathfrak{X} \cdot \big((df)(\mathfrak{Y})\big) - \mathfrak{Y} \cdot \big((df)(\mathfrak{X})\big) - df([\mathfrak{X}, \mathfrak{Y}]) \\ &= \mathfrak{X}\mathfrak{Y} \cdot f - \mathfrak{Y}\mathfrak{X} \cdot f - [\mathfrak{X}, \mathfrak{Y}] \cdot f \;=\; 0,\end{aligned}$$

wobei wir $\mathfrak{X} \cdot f$ für die Wirkung von $\mathfrak{X}$ auf f geschrieben haben. Man kann eine analoge, aber kompliziertere Rechnung auch für die 1-Formen durchführen. Man kann alternativ aber auch bemerken, dass lokal die 1-Formen von der Form $f\, dx_I$ sind und $d(f\, dx_I) = df \wedge dx_I$ nach der obigen Rechnung verschwindet.

□

Übung 6.16 (Cartan-Identität)
Man zeige: Für jedes Vektorfeld $\mathfrak{X}$ gilt die *Cartan-Identität*

$$d \circ \iota_{\mathfrak{X}} + \iota_{\mathfrak{X}} \circ d = \mathrm{L}_{\mathfrak{X}},$$

wobei für $\alpha \in \Omega^r_M(U)$ und $\mathfrak{X} \in \mathcal{T}_M(U)$ die *Lie-Ableitung* $\mathrm{L}_{\mathfrak{X}}\alpha$ durch

$$(\mathrm{L}_{\mathfrak{X}}\alpha)(\mathfrak{X}_1, \ldots, \mathfrak{X}_r) = \mathfrak{X} \cdot \alpha(\mathfrak{X}_1, \ldots, \mathfrak{X}_r) - \sum_{i=1}^{r} \alpha(\mathfrak{X}_1, \ldots, [\mathfrak{X}, \mathfrak{X}_i], \ldots, \mathfrak{X}_r)$$

und die *Kontraktion* $\iota_{\mathfrak{X}}\alpha$ durch

$$(\iota_{\mathfrak{X}}\alpha)(\mathfrak{X}_1, \ldots, \mathfrak{X}_{k-1}) = \alpha(\mathfrak{X}, \mathfrak{X}_1, \ldots, \mathfrak{X}_{k-1})$$

gegeben sind.

Man benutze die Cartan-Identität, um einen koordinatenfreien Beweis für Proposition 6.54(i) zu geben (Hinweis: Induktion).

Übung 6.17 (Lie-Ableitung von Differenzialformen)
Sei $\mathfrak{X}$ ein Vektorfeld auf M. Man zeige, dass die Lie-Ableitung $\mathrm{L}_{\mathfrak{X}}$ eine Derivation of $\Omega_M(U)$ definiert. Das heißt, für Differenzialformen $\alpha, \beta \in \Omega_M(U)$ gilt

$$\mathrm{L}_{\mathfrak{X}}(\alpha \wedge \beta) = (\mathrm{L}_{\mathfrak{X}}\alpha) \wedge \beta + \alpha \wedge (\mathrm{L}_{\mathfrak{X}}\beta).$$

Weiter zeige man die Formel

$$\mathrm{L}_{f\mathfrak{X}}(\alpha) = f\mathrm{L}_{\mathfrak{X}}(\alpha) + df \wedge \iota_{\mathfrak{X}}(\alpha)$$

für $f \in C^{K,k}_M(U)$.

Bemerkung 6.55 (Pull-back von Differenzialformen)
Seien M und N differenzierbare $C^{\mathbb{K},k}$-Mannigfaltigkeiten und $f\colon M \to N$ eine

$\mathcal{C}^{K,k}$-Abbildung. Wähle offene Teilmengen $W \subseteq N$ und $U \subseteq f^{-1}(W) \subseteq M$. Dann kann man zu jeder Differenzialform $\omega \in \Omega_N^k(W)$ eine Differenzialform $f^*\omega \in \Omega_M^k(U)$ durch

$$f^*\omega\big(\mathfrak{X}_{1,p}, \ldots, \mathfrak{X}_{k,p}\big) = \omega\big(f'(p)\mathfrak{X}_{1,p}, \ldots, f'(p)\mathfrak{X}_{k,p}\big)$$

definieren, wobei $\mathfrak{X}_{j,p} \in T_p(M)$ für $j = 1, \ldots, k$. Die Form $f^*\omega$ heißt der *Pullback* von ω unter f oder auch die *zurückgezogene Form.*

Das Zurückziehen von Formen ist verträglich mit Restriktionen und äußeren Produkten, aber auch mit der äußeren Ableitung: Wenn $\varphi \in C_M^{\mathbb{K},k}(W)$, dann gilt

$$f^*(d\varphi) = d\varphi \circ f' = \varphi' \circ f' = (\varphi \circ f)' = d(f^*\varphi).$$

Für $\omega = \varphi\, dy_{i_1} \wedge \ldots \wedge dy_{i_k}$ rechnet man dann

$$\begin{aligned} d(f^*\omega) &= d\left((\varphi \circ f) f^* dy_{i_1} \wedge \ldots \wedge f^* dy_{i_k}\right) \\ &= d\left((\varphi \circ f) d(f^* y_{i_1}) \wedge \ldots \wedge d(f^* y_{i_k})\right) \\ &= d(\varphi \circ f) \wedge d(f^* y_{i_1}) \wedge \ldots \wedge d(f^* y_{i_k}) \\ &= f^* d\varphi \wedge d(f^* y_{i_1}) \wedge \ldots \wedge d(f^* y_{i_k}) \\ &= f^* d\varphi \wedge f^* dy_{i_1} \wedge \ldots \wedge f^* dy_{i_k} \\ &= f^*(d\varphi \wedge dy_{i_1} \wedge \ldots \wedge dy_{i_k}) \\ &= f^*(d\omega). \end{aligned}$$

□

6.5 Integration auf reellen Mannigfaltigkeiten

Sei M eine n-dimensionale reelle Mannigfaltigkeit und $f : M \to \mathbb{R}$ eine stetige Funktion. Wir versuchen, ein Integral $\int_M f$ zu definieren. Dazu nehmen wir zunächst an, dass der Träger $\operatorname{supp} f$ der Funktion in einer Koordinatenumgebung U von M liegt, und versuchen es mit $\int_M f = \int_U f$. Um $\int_U f$ zu definieren, betrachten wir eine Karte (U, φ). Dann könnte man

$$\int_U f := \int_{\varphi(U)} (f \circ \varphi^{-1})(x)\, dx$$

setzen, wobei die Integration auf der rechten Seite unterschiedslos über das Riemann'sche oder das Lebesgue'sche Integral definiert werden kann, weil $\varphi(U) \subseteq \mathbb{R}^n$ offen und $f \circ \varphi^{-1} : \varphi(U) \to \mathbb{R}$ stetig ist.

Was passiert, wenn wir die in der Definition benutzte Karte wechseln? Sei also (U, ψ) eine andere Karte auf M. Dann werden wir auf das Integral

$$\int_U' f := \int_{\psi(U)} (f \circ \psi^{-1})(y)\, dy$$

geführt, und der Transformationssatz liefert mit der Abbildung

$$F := \psi \circ \varphi^{-1} : \varphi(U) \to \psi(U),$$

dass

$$\begin{aligned}\int_U' f = \int_{\psi(U)} (f \circ \psi^{-1})(y)\,dy &= \int_{\varphi(U)} (f \circ \psi^{-1} \circ F)(x)\,\big|\det\big(F'(x)\big)\big|\,dx \\ &= \int_{\varphi(U)} (f \circ \varphi^{-1})(x)\,\big|\det\big(F'(x)\big)\big|\,dx,\end{aligned}$$

und wenn $x \mapsto \big|\det\big(F'(x)\big)\big|$ nicht konstant gleich 1 ist, wird dieses Integral nicht für beliebige f gleich $\int_U f$ sein. Das bedeutet, unsere versuchte Definition eines Integrals hängt von der Auswahl der Karte ab, hat also gar keinen intrinsischen Sinn für Funktionen auf M.

Die Schlüsselidee zur Behebung dieses Problems ist, nicht Funktionen integrieren zu wollen, sondern andere Objekte, die bei einem Kartenwechsel denselben Transformationsfaktor generieren wie die Transformationsformel und so für jede Karte das gleiche Ergebnis liefern. Ein Blick auf Bemerkung 6.50 zeigt, dass die Differenzialformen vom Grad n das *fast* leisten: Wieder betrachten wir die Karten (U, φ) und (U, ψ) und bezeichnen die zugehörigen lokalen Koordinaten mit $(x_1, \ldots, x_n)$ bzw. $(y_1, \ldots, y_n)$. Dann betrachten wir die Formen $\omega \in \Omega_M^n(U)$, die in den y-Koordinaten durch $\omega(y) = h(y)\,dy_1 \wedge \ldots \wedge dy_n$ gegeben ist. In den x-Koordinaten ist die Form nach Bemerkung 6.50 dann durch

$$\omega(x) = g(x)\,dx_1 \wedge \ldots \wedge dx_n = (h \circ F)(x)\,\det\big(F'(x)\big)\,dx_1 \wedge \ldots \wedge dx_n$$

gegeben. Das bedeutet, es gilt

$$\int_{\varphi(U)} g(x)\,dx = \int_{\varphi(U)} (h \circ F)(x)\,\det\big(F'(x)\big)\,dx = \int_{\psi(U)} h(y)\,dy.$$

Wir können also ein Integral $\int_U \omega$ unabhängig von der Wahl der Karte durch

$$\int_U \omega := \int_{\varphi(U)} g(x)\,dx \tag{6.3}$$

definieren, falls wir sicherstellen können, dass $\det\big(F'(x)\big) > 0$ für alle $x \in \varphi(U)$ gilt. Diese Bedingung kann man erfüllen, wenn sich M von Kartenumgebungen überdecken lässt, deren Karten für alle Kartenwechsel nur positive Jacobi-Determinanten liefern. So einen Satz von Karten nennen wir einen *orientierten Atlas* von M. Das in (6.3) definierte Integral hängt von der Wahl des orientierten Atlas ab. Würde man zum Beispiel in allen Karten die erste Koordinate mit -1 multiplizieren, so erhielte man wieder einen orientierten Atlas, aber das Vorzeichen des Integrals einer jeden n-Form würde sich umdrehen. Dieses Verhalten gibt uns die Möglichkeit, die Situation des eindimensionalen Integrals von Funktionen nachzustellen, das man ja ebenfalls je nach Integrationsrichtung mit Vorzeichen versieht.

Nicht alle Mannigfaltigkeiten haben einen orientierten Atlas. Ein prominentes Beispiel ist das *Möbius-Band* $(]-1,1[\times[0,1])_\sim$ für die Äquivalenzrelation, die $(x,0)$ mit $(-x,1)$ identifiziert. Für nichtorientierbare Mannigfaltigkeiten betrachtet man Schnitte des sogenannten *Dichtebündels*, die sich mit dem *Betrag* der Jacobi-Determinante transformieren. In diesem Abschnitt beschränken wir uns aber auf *orientierte Mannigfaltigkeiten*, das heißt Mannigfaltigkeiten mit einem orientierten Atlas, und betrachten nur Familien von Karten, deren Wechsel positive Jacobi-Determinanten haben.

Bisher haben wir nur versucht, erst Funktionen und dann n-Formen zu integrieren, deren Träger in einer festen Koordinatenumgebung lagen. Will man allgemeine n-Formen integrieren, muss man sie in Formen mit Trägern in Koordinatenumgebungen zerlegen. In der gewöhnlichen Integrationstheorie zerlegt man Funktionen in solche mit Trägern in vorgeschriebenen Mengen, indem man sie mit den charakteristischen Funktionen dieser Mengen multipliziert. Dabei geht natürlich die Stetigkeit verloren, gar nicht zu sprechen von höheren Differenzierbarkeitsordnungen, wie wir sie bei den n-Formen vorfinden. Unter relativ milden topologischen Voraussetzungen kann man das Problem durch das Konzept der „Teilung der Eins" beheben, das die konstante Funktion 1 als Summe von differenzierbaren Funktionen mit kompaktem Träger darstellt und so viele Probleme lokalisiert. Es ist wichtig zu bemerken, dass die Regularität dieser kompakten getragenen Funktionen nicht besser als C^∞ sein kann. Analytische Funktionen verschwinden überall, wenn sie auf einer offenen Teilmenge verschwinden.

Teilung der Eins

Wir beginnen mit der formalen Definition einer (stetigen) Teilung der Eins.

Definition 6.56 (Teilung der Eins)
Sei $(M,\mathfrak{T})$ ein topologischer Raum. Eine *Teilung der Eins* ist eine Familie $(\rho_i)_{i\in I}$ von stetigen Funktionen $\rho_i : M \to [0,1]$ mit kompaktem Träger, für die jedes $p\in M$ nur endlich viele $\rho_i(p)$ von Null verschieden sind und die

$$\sum_{i\in I}\rho_i(p)=1$$

erfüllen. Wenn $(U_i)_{i\in I}$ eine offene Überdeckung von M mit $\operatorname{supp}(\rho_i)\subseteq U_i$ ist, dann heißt die Teilung der Eins der Überdeckung $(U_i)_{i\in I}$ *untergeordnet*.

Für die Zwecke der Integrationstheorie würde es reichen, eine stetige Teilung der Eins zu haben. Für andere Situationen ist das allerdings nicht gut genug. Darum zeigen wir, dass man auch glatte Teilungen der Eins finden kann. Der Schlüssel dazu ist das folgende Lemma.

Lemma 6.57 (Abschneidefunktionen)
Sei M eine differenzierbare $C^{\mathbb{K},k}$-Mannigfaltigkeit mit $k \neq \omega$. Weiter seien C eine kompakte Teilmenge von M und V eine offene Umgebung von C in M. Dann gibt es eine Funktion $\chi \in C_M^{\mathbb{R},k}(M)$, die auf C den Wert 1 hat und außerhalb von V verschwindet.

Beweis Wir beweisen zunächst die folgende Behauptung: Zu zwei disjunkten Teilmengen A und B von $\mathbb{R}^n$ mit A kompakt und B abgeschlossen eine glatte Funktion $\xi : \mathbb{R}^n \to \mathbb{R}$ gibt, die auf B verschwindet und auf A konstant gleich 1 ist.

Wir zeigen diese Behauptung zuerst für den Spezialfall, dass A eine (euklidische) Kugel und B das Komplement einer konzentrischen (offenen) Kugel ist, die A enthält. Dabei nutzen wir die Rotationssymmetrie der Situation aus und betrachten zunächst das folgende eindimensionale Problem: Für $0 < a < b$ betrachte die Funktion $f : \mathbb{R} \to \mathbb{R}$, die durch

$$f(x) = \begin{cases} \exp\left(\frac{1}{x-b} - \frac{1}{x-a}\right) & \text{für, } a < x < b \\ 0 & \text{sonst.} \end{cases}$$

definiert ist (Abb. 6.9). □

Übung 6.18
Man zeige, dass f und die durch

$$F(x) = \frac{\int_x^b f(t)dt}{\int_a^b f(t)dt}$$

definierte Funktion $F : \mathbb{R} \to \mathbb{R}$ unendlich oft differenzierbar sind (Abb. 6.9).

Mit F definieren wir die gesuchte Funktion für die speziell gewählten A und B:

$$\zeta\big((x_1, \ldots, x_n)\big) := F(x_1^2 + \ldots + x_n^2)$$

Man stellt fest, dass $\zeta|_A \equiv 1$ und $\zeta|_B \equiv 0$ für $A = \{x \in \mathbb{R}^n \mid |x|^2 \leq a\}$ und $B = \{x \in \mathbb{R}^n \mid |x|^2 \geq b\}$.

Um die Behauptung für allgemeine A und B zu zeigen, überdecken wir A mit endlich vielen offenen Kugeln K_i (mit Zentrum $p^{(i)}$ und Radius b_i), von denen keine B schneidet. Das ist möglich, weil A kompakt und B abgeschlossen ist.

Übung 6.19
Man zeige, dass man die Zahlen $0 < a_i < b_i$ so wählen kann, dass die abgeschlossenen Kugeln K_i' mit Zentrum $p^{(i)}$ und Radius a_i immer noch ganz A überdecken.

Abb. 6.9 Abschneidefunktion

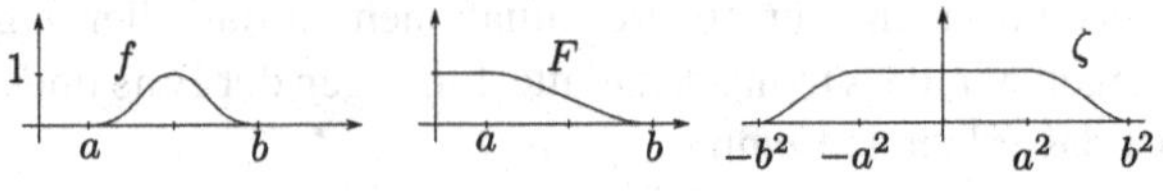

Mit dem schon bewiesenen Spezialfall finden wir glatte Funktionen $\zeta_i : \mathbb{R} \to \mathbb{R}$ mit $\zeta_i(x) = 1$ für $x \in K_i'$ und $\zeta_i(x) = 0$ für $x \in \mathbb{R}^n \setminus K_i$. Damit kann man die gesuchte Funktion ξ durch $\xi := 1 - (1 - \zeta_1)(1 - \zeta_2) \cdots (1 - \zeta_r)$ definieren, wobei r die Zahl der Bälle in der Überdeckung ist. Das komplettiert den Beweis der Behauptung.

Jetzt können wir das Lemma beweisen: Zu jedem Punkt $p \in C$ gibt es ein Karte (U, φ) auf M sowie kompakte Umgebungen K und U' von p mit $K \subset \operatorname{int}(U') \subset U \subset V$. Da C kompakt ist, finden wir m solcher Karten (U_j, φ_j), für die die K_j ganz C überdecken. Für jedes j liefert die Behauptung eine Funktion $\zeta_j : \mathbb{R} \to \mathbb{R}$, die auf $\varphi_j(K_j)$ gleich 1 ist und außerhalb von $\varphi_j(U_j')$ verschwindet. Wir definieren Funktionen $\xi_j : M \to \mathbb{R}$ durch

$$\xi_j(p) := \begin{cases} 0 & \text{für } \ p \in M \setminus U_j, \\ \zeta_j \circ \varphi_j(p) & \text{für } \ p \in U_j. \end{cases}$$

Die ξ_j sind glatt, identisch 1 auf K_j und gleich 0 auf dem Komplement von U_j'. Abschließend definieren wir $\xi : M \to \mathbb{R}$ durch

$$\xi := 1 - (1 - \xi_1)(1 - \xi_2) \cdots (1 - \xi_m).$$

□

Wir kommen zu der angekündigten milden Voraussetzung an die Topologie der Mannigfaltigkeit, die wir brauchen, um eine (glatte) Teilung der Eins zu konstruieren.

Definition 6.58 (Parakompaktheit)
Sei $(M, \mathfrak{T})$ ein topologischer Raum und $(U_i)_{i \in I}$ eine offene Überdeckung von M. Eine zweite offene Überdeckung $(V_j)_{j \in J}$ von M heißt eine *Verfeinerung* von $(U_i)_{i \in I}$, wenn es zu jedem $j \in J$ ein $i \in I$ mit $V_j \subseteq U_i$ gibt. Eine offene Überdeckung $(U_i)_{i \in I}$ heißt *lokal endlich*, wenn es zu jedem $p \in M$ eine offene Umgebung U in M gibt, für die $U \cap U_i \neq \emptyset$ nur für endlich viele $i \in I$ gilt. Der Raum $(M, \mathfrak{T})$ heißt *parakompakt*, wenn er ein Hausdorff-Raum ist und jede offene Überdeckung eine lokal endliche Verfeinerung hat.

Es stellt sich heraus, dass die Bedingung aus Definition 6.1, eine abzählbare Basis der Topologie zu haben, schon ausreicht, um die Parakompaktheit zu garantieren.

Proposition 6.59 (Parakompaktheit von Mannigfaltigkeiten)
Jede $C^{\mathbb{R},k}$-Mannigfaltigkeit M ist parakompakt. Genauer, wenn $(V_j)_{j \in J}$ eine offene Überdeckung von M ist, dann gibt es eine Familie $(U_i, \varphi_i)_{i \in I}$ von Karten auf M, die M überdecken und folgende Eigenschaften haben:

(i) *$(U_i)_{i \in I}$ ist eine lokal endliche Verfeinerung von $(V_j)_{j \in J}$.*
(ii) *$\varphi_i : U_i \to B(0, 3) \subseteq \mathbb{R}^3$, wobei $B(0, r)$ die offene euklidische Kugel um Null mit Radius r ist, ist ein Homöomorphismus.*
(iii) *Die $\tilde{U}_i := \varphi_i^{-1}(B(0, 1))$ überdecken M.*

Beweis Wir überdecken M durch eine abzählbare Familie $(W_k)_{k\in\mathbb{N}}$ von offenen, relativ kompakten Teilmengen. Dann wählen wir induktiv eine wachsende Familie $(A_k)_{k\in\mathbb{N}}$ von kompakten Mengen nach folgendem Schema: A_1 sei der Abschluss von W_1. Wenn A_k schon definiert ist, setzen wir

$$j_k := \min\left\{ j \geq k+1 \,\middle|\, A_k \subseteq \bigcup_{m=1}^{j} W_m \right\}$$

und definieren A_{k+1} als den Abschluss von $\bigcup_{m=1}^{j_k} W_m$. Dann gilt $\bigcup_{k\in\mathbb{N}} A_k = M$, und A_k ist im Inneren A_{k+1}° von A_{k+1} enthalten. Wenn jetzt $p \in A_{k+1} \setminus A_k^\circ$ gilt, dann ist p in einem der V_j enthalten, und es gibt eine Koordinatenumgebung $U_{p,j} \subseteq V_j$ von p sowie eine Karte $\varphi_{p,j} : U_{p,j} \to B(0,3)$, die $\varphi_{p,j}(p) = 0$ erfüllt. Wir setzen $\tilde{U}_{p,j} := \varphi_{p,j}^{-1}(B(0,1))$ und stellen fest, dass die $\tilde{U}_{p,j}$ die kompakte Menge $A_{k+1} \setminus A_k^\circ$ überdecken. Also können wir eine endliche Teilüberdeckung finden. Seien $\tilde{U}_i$ die Elemente dieser Teilüberdeckung und U_i die zugehörigen $U_{p,j}$. Die Sammlung der Karten, die wir so aus allen k's erhalten, hat die gewünschten Eigenschaften. □

Proposition 6.60 (Glatte Teilung der Eins)
Sei M eine glatte Mannigfaltigkeit und $(V_j)_{j\in J}$ eine offene Überdeckung von M. Dann gibt es eine glatte Teilung der Eins, die dieser Überdeckung untergeordnet ist.

Beweis Wir wählen eine Überdeckung durch Koordinatenumgebungen $(U_i)_{i\in I}$, wie sie in Proposition 6.59 konstruiert wurden. Dann liefert Lemma 6.57 glatte Funktionen $f_i : M \to [0,1]$ mit Träger in U_i, die auf $\tilde{U}_i$ konstant gleich 1 sind. Da die Überdeckung $(U_i)_{i\in I}$ lokal endlich ist, bilden die durch

$$\rho_i(p) := \frac{f_i(p)}{\sum_{i\in I} f_i(p)}$$

für $p \in M$ definierten Funktionen $\rho_i : M \to [0,1]$ in der Tat eine glatte Teilung der Eins, die $(U_i)_{i\in I}$, also auch $(V_j)_{j\in J}$, untergeordnet ist. □

Integration von n-Formen und der Satz von Stokes

Mithilfe einer Teilung der Eins können wir auf einer parakompakten $C^{\mathbb{R},\infty}$-Mannigfaltigkeit der Dimension n Integrale von beliebigen n-Formen definieren.

Definition 6.61 (Integrale von n-Formen)
Sei M eine n-dimensionale $C^{\mathbb{R},\infty}$-Mannigfaltigkeit und $(U_\alpha, \varphi_\alpha)_\alpha$ ein orientierter Atlas von M. Man beachte, dass dies den Fall $n = 0$ ausschließt, weil die Tangentialräume von 0-dimensionalen Mannigfaltigkeiten jeweils nur die Null enthalten, Koordinatenwechsel also immer 0 als Jacobi-Matrix haben. Weiter sei $\omega \in \Omega^n(M)$. Wir können annehmen, dass $(U_\alpha)_\alpha$ eine lokal endliche Überdeckung ist. Sei $(\rho_\alpha)_\alpha$

eine glatte Teilung der Eins, die $(U_\alpha)_\alpha$ untergeordnet ist. Wir definieren das *Integral* von ω durch

$$\int_M \omega := \sum_\alpha \int_{U_\alpha} \rho_\alpha \omega,$$

wobei die Integrale auf der rechten Seite für eine jeweils gegebene Karte durch die Formel (6.3) berechnet werden. Dazu müssen wir aber zeigen, dass die rechte Seite der Gleichung nicht von der Wahl der Überdeckung oder der Teilung der Eins abhängt. Wir wissen schon, dass die Formel nicht von der Karte innerhalb des orientierten Atlas abhängt, wenn Überdeckung und Teilung der Eins gewählt sind. Seien also $(V_\lambda)_\lambda$ und $(\eta_\lambda)_\lambda$ eine andere Wahl von Überdeckung und Teilung der Eins. Dann zeigt die folgende Rechnung die Wohldefiniertheit des Integrals:

$$\begin{aligned}\sum_\alpha \int_{U_\alpha} \rho_\alpha \omega &= \sum_\alpha \int_{U_\alpha} \Big(\sum_\lambda \eta_\lambda\Big) \rho_\alpha \omega = \sum_\alpha \sum_\lambda \int_{U_\alpha} \eta_\lambda \rho_\alpha \omega \\ &= \sum_\lambda \sum_\alpha \int_{U_\alpha \cap V_\lambda} \rho_\alpha \eta_\lambda \omega = \sum_\lambda \int_{V_\lambda} \Big(\sum_\alpha \rho_\alpha\Big) \eta_\lambda \omega = \sum_\lambda \int_{V_\lambda} \eta_\lambda \omega.\end{aligned}$$

In unseren Vorüberlegungen zu Beginn des Abschnitts haben wir schon festgestellt, dass das Integral einer n-Form von der Wahl des orientierten Atlas abhängt. Ersetzt man den orientierten Atlas $(U_\alpha, \varphi_\alpha)$ allerdings durch einen anderen orientierten Atlas (V_β, ψ_β), für den alle Kartenwechsel $\psi \circ \beta \circ \varphi_\alpha^{-1}$ positive Jacobi-Determinante habe, so ändert sich an den Integralen nichts. Zwei solche orientierte Atlanten nennen wir äquivalent und stellen fest, dass man so tatsächlich auf der Menge der orientierten Atlanten eine Äquivalenzrelation definiert. Die Äquivalenzklassen von orientierten Atlanten heißen *Orientierungen* von M. Man kann zeigen, dass zusammenhängende Mannigfaltigkeiten höchstens zwei Orientierungen zulassen (Übung). Die Unabhängigkeit des Integrals von der Wahl des Repräsentanten einer Orientierung ist der Schlüssel sowohl für die Berechnung konkreter Integrale als auch für die Beweisbarkeit allgemeiner Sätze über Integrale von Differenzialformen, denn sie erlaubt es, die Koordinaten passend zur Fragestellung zu modifizieren und damit bekannte Resultate aus der Integralrechnung einer und mehrerer Variablen anzuwenden.

Man könnte für nulldimensionales M das Integral $\int_M \omega$ einer kompakt getragenen 0-Form ω einfach durch $\sum_{x\in M} \omega(x)$ definieren. Dann hat man aber darauf verzichtet, die unterschiedlichen Punkte von M unterschiedlich zu orientieren, so wie man das zum Beispiel im Hauptsatz der Differenzial- und Integralrechnung mit den beiden Randpunkten eines Intervalls macht. Wir führen daher auch für nulldimensionales M den Begriff einer *Orientierung* ein. Damit ist dann einfach eine Funktion $o\colon M \to \{\pm 1\}$ gemeint und wir definieren das Integral

$$\int_M \omega := \sum_{x\in M} o(x)\omega(x)$$

in Abhängigkeit von der gewählten Orientierung.

Ziel dieses Abschnitts ist der allgemeine Satz von Stokes, der den Hauptsatz der Differenzial- und Integralrechnung verallgemeinert und die ad hoc Definition des orientierten Integrals auf 0-dimensionalen Mannigfaltigkeiten rechtfertigen wird. Die Rolle des abgeschlossenen Intervalls spielt im Satz von Stokes eine Mannigfaltigkeit *mit Rand*, wobei der Rand den Randpunkten des Intervalls entspricht. Um die Voraussetzungen an die Differenzierbarkeit auf diesen Mengen richtig formulieren zu können, führen wir einen Begriff von Differenzierbarkeit auf allgemeinen Teilmengen von $\mathbb{R}^n$ ein.

Definition 6.62 (Differenzierbarkeit auf nichtoffenen Mengen)
Sei $D \subset \mathbb{R}^n$ eine (beliebige) Teilmenge. Eine Funktion $f : D \to \mathbb{R}$ heißt *glatt*, wenn es zu jedem $x \in D$ eine offene Umgebung $U \subset \mathbb{R}^n$ von x und eine glatte Funktion $g : U \to R$ mit $g\big|_{D\cap U} = f\big|_{D\cap U}$ gibt.

Jetzt können wir auch präzise definieren, was wir unter einer Mannigfaltigkeit mit Rand verstehen wollen.

Definition 6.63 (Mannigfaltigkeit mit Rand)
Ein parakompakter Hausdorff-Raum $(M, \mathfrak{T})$, dessen Topologie $\mathfrak{T}$ eine abzählbare Basis hat, heißt eine *n-dimensionale glatte Mannigfaltigkeit mit Rand*, wenn folgende Eigenschaften erfüllt sind:

(a) Zu jedem $p \in M$ gibt es eine offene Umgebung U und einen Homöomorphismus $\sigma : U \longrightarrow \tilde{U} \subseteq \mathbb{R}^n$, wobei $\tilde{U}$ entweder offen in $\mathbb{R}^n$ oder in $\mathbb{H}_\lambda := \{x \in \mathbb{R}^n \mid \lambda(x) \leq 0\}$ ist, wobei $\lambda\colon \mathbb{R}^n \to \mathbb{R}$ eine $\mathbb{R}$-lineare Abbildung ist.
(b) Die Koordinatenwechsel $\sigma_j \circ \sigma_i^{-1} : \sigma_i(U_i \cap U_j) \to \sigma_j(U_i \cap U_j)$ sind glatt im Sinne von Definition 6.62.

In diesem Fall heißen die (U, σ) Karten von M und die U Kartenumgebungen. Der *Rand* ∂M *von* M ist die Menge der $p \in M$, für die es keine Karten mit in $\mathbb{R}^n$ offenem Bild gibt.

Randpunkte werden bei Kartenwechseln nach dem Satz über die Umkehrfunktion auf Randpunkte abgebildet. Wir könnten hier wie bei der Definition einer Mannigfaltigkeit auch mit k-mal differenzierbaren Kartenwechseln arbeiten und selbst für $k = 0$ wäre der Begriff des Randes wohldefiniert. Allerdings müssten wir dann auch hier auf [tD91, Satz II.4.7] zurückgreifen (siehe Bemerkung 6.6).

Bemerkung 6.64 (Der Rand als Mannigfaltigkeit)
Sei $(M, \mathfrak{T})$ eine glatte Mannigfaltigkeit mit Rand ∂M. Der Rand ∂M ist eine $(n-1)$-dimensionale glatte Mannigfaltigkeit, denn man kann aus den Karten $\sigma_\alpha\colon U_\alpha \to \tilde{U}_\alpha \subseteq \mathbb{H}_\lambda$ die Umgebungen $V_\alpha := U_\alpha \cap \partial M$ und dazu Karten $\psi_\alpha : V_\alpha \to \ker(\lambda_\alpha) \cong \mathbb{R}^{n-1}$ definieren. Die Karten (V_α, ψ_α) definieren durch Verklebung (siehe Beispiel 6.7) die Mannigfaltigkeitsstruktur auf ∂M. □

Beispiel 6.65 (Mannigfaltigkeiten mit Rand)

(i) Für $a < b$ in $\mathbb{R}$ ist das abgeschlossene Intervall $[a, b]$ eine Mannigfaltigkeit mit Rand $\{a, b\}$.
(ii) Die Kugel $M := \overline{B(0; r)} \subset \mathbb{R}^n$ vom Radius r ist eine Mannigfaltigkeit mit Rand $\partial M = \mathbb{S}^{n-1}(0; r)$ (die Sphäre vom Radius r).
(iii) Angenommen, die Funktion $f \in C^\infty(\mathbb{R}^n)$ erfüllt für $c \in \mathbb{R}$ die Bedingung $f'(x) \neq 0$ für jedes x mit $f(x) = c$. Dann ist $M := \{x \in \mathbb{R}^n \mid f(x) \leq c\}$ eine n-dimensionale Mannigfaltigkeit mit Rand $\partial M = \{x \in \mathbb{R}^n \mid f(x) = c\}$.
(iv) Sei $T = \mathbb{R}^2/\mathbb{Z}^2$ ein zweidimensionaler Torus. Dann ist $M := \{[x] \in T \mid x_2 \in [0, \frac{1}{2}] \mod \mathbb{Z}\}$ eine Mannigfaltigkeit mit Rand.
(v) Die Menge $M := \{x \in \mathbb{S}^n \mid x_{n+1} \geq 0\}$ ist eine Mannigfaltigkeit mit Rand $\partial M = \{x \in \mathbb{S}^n \mid x_{n+1} = 0\}$. □

Im Satz von Stokes geht es um Integrale von Differenzialformen, die wir nur definieren konnten, wenn die zugrunde liegende Mannigfaltigkeit orientiert war. Wir brauchen daher auch Orientierungen auf Mannigfaltigkeiten mit Rand, insbesondere auf dem Rand.

Bemerkung 6.66 (Orientierung auf dem Rand)
Sei M eine n-dimensionale glatte Mannigfaltigkeit mit Rand $\partial M \neq \emptyset$. Dann gilt $n > 0$. Wir haben eine Familie von Karten $(U_\alpha, \varphi_\alpha)_\alpha$, deren Koordinatenumgebungen M überdecken, einen *orientierten Atlas* von M genannt, wenn die Jacobi-Matrizen der Koordinatenwechsel alle positive Determinanten haben. Wir verwenden dieselbe Definition auch für die Mannigfaltikeit mit Rand, was nach Definition 6.62 möglich ist, denn auch an den Randpunkten haben die Koordinatenwechsel wohldefinierte Jacobi-Matrizen. Dabei ist zu beachten, dass diese Definition nicht das gewünschte Ergebnis liefern würde, hätten wir in Definition 6.63 nicht beliebige Halbräume, sondern beispielsweise nur obere Halbräume der Form $\{x \in \mathbb{R}^n \mid x_n \leq 0\}$ zugelassen. Mit einer solchen Definition hätte zum Beispiel das abgeschlossene Intervall $[0, 1]$ keinen orientierbaren Atlas.

Wir können ohne Beschränkung der Allgemeinheit annehmen, dass die U_α alle zusammenhängend sind. Im Fall $n = 1$ sind die Bilder der Karten dann jeweils offene oder halboffene Intervalle. Ein Punkt $x \in U_\alpha \cap \partial M$ wird von φ_α entweder auf das Minimimum oder das Maximum von $\varphi_\alpha(U_\alpha)$ abgebildet. Dementsprechend setzen wir $o(x) = -1$ oder $o(x) = 1$. Diese Setzung ist unabhängig von der Wahl von U_α, weil die $(U_\alpha, \varphi_\alpha)$ einen orientierten Atlas bilden. Die Orientierung von ∂M ändert sich auch nicht, wenn man $(U_\alpha, \varphi_\alpha)_\alpha$ durch einen äquivalenten orientierten Atlas ersetzt. Die Orientierung von ∂M hängt also nur von der vorgegebenen Orientierung von M ab.

Für $n > 1$ betrachten wir die Abbildungen $\psi_\alpha \colon V_\alpha = U_\alpha \cap \partial M \to \ker(\lambda_\alpha)$ aus Bemerkung 6.64. Wegen $\varphi_\alpha(U_\alpha) \subseteq \mathbb{H}_{\lambda_\alpha}$ gilt $\varphi'_\alpha(x) \colon \mathbb{H}_{\lambda_\alpha} \to \mathbb{H}_{\lambda_\alpha}$ für jedes $x \in V_\alpha$. Wir wählen eine Basis $v_1^\alpha, \ldots, v_{n-1}^\alpha$ für $\ker(\lambda_\alpha)$ und ergänzen sie durch einen Vektor $v_n^\alpha \in \mathbb{H}_{\lambda_\alpha}$ zu einer Basis für $\mathbb{R}^n$. Dabei können wir annehmen, dass die Matrix $(v_1^\alpha, \ldots, v_n^\alpha)$ mit den v_j^α als Spaltenmatrizen positive Determinante hat (ersetze gegebenenfalls v_1 durch $-v_1$). Sei $\tilde{\psi}_\alpha \colon V_\alpha \to \mathbb{R}^{n-1}$ die Verknüpfung von ψ_α mit dem linearen Isomorphismus, der durch die Basis $v_1^\alpha, \ldots, v_{n-1}^\alpha$ für $\ker(\lambda_\alpha)$ vermittelt wird. Dann ist die Familie $(V_\alpha, \tilde{\psi}_\alpha)_\alpha$ eine Orientierung von ∂M. Um das einzusehen, bezeichnen wir die zugehörigen Koordinaten mit y_i^α für $i = 1, \ldots, n-1$. Die Ableitung $f'_{\alpha\beta}(\varphi_\alpha(x))$ des Koordinatenwechsels von φ_α zu φ_β in $x \in U_\alpha \cap U_\beta \cap \partial M$ bildet $\mathbb{H}_{\lambda_\alpha}$ bijektiv auf $\mathbb{H}_{\lambda_\beta}$ ab. Bezüglich der Basen $v_1^\alpha, \ldots, v_n^\alpha$ und $v_1^\beta, \ldots, v_n^\beta$ hat die zugehörige darstellende Matrix die Gestalt

$$A = \begin{pmatrix} A' & * \\ 0 & a \end{pmatrix},$$

wobei A' die Jacobi-Matrix des Koordinatenwechsels von $\tilde{\psi}_\alpha$ zu $\tilde{\psi}_\beta$ in x ist und $a > 0$ gilt. Da die $(U_\alpha, \varphi_\alpha)$ eine Orientierung bilden, ist $\det(A) = \det(A')a > 0$. Also ist auch $\det(A') > 0$, das heißt, die $(V_\alpha, \tilde{\psi}_\alpha)_\alpha$ sind ein orientierter Atlas von ∂M. Ersetzt man in dieser Konstruktion $(U_\alpha, \varphi_\alpha)_\alpha$ durch einen äquivalenten orientierten Atlas, so erhält man als Ergebnis einen zu $(V_\alpha, \tilde{\psi}_\alpha)_\alpha$ äquivalenten orientierten Atlas von ∂M. Also ist auch hier die resultierende Orientierung auf ∂M nur abhängig von der gewählten Orientierung von M. Wir nennen die durch $(V_\alpha, \tilde{\psi}_\alpha)_\alpha$ definierte Orientierung von ∂M die von der zu $(U_\alpha, \varphi_\alpha)_\alpha$ gehörigen Orientierung *induzierte Orientierung* des Randes. □

Abschließend dehnen wir noch die Begriffe einer Differenzialform und der äußeren Ableitung auf Mannigfaltigkeiten mit Rand aus.

Definition 6.67 (Äußere Ableitung)
Sei M eine glatte Mannigfaltigkeit mit Rand. Eine *glatte Differenzialform* ω der Ordnung r auf M ist eine glatte Differenzialform der Ordnung r auf der Mannigfaltigkeit (ohne Rand) $M \setminus \partial M$, für die in jeder lokalen Karte (U_α, x^α) die Abbildungen $\omega^\alpha_{j_1,\ldots,j_k}$, die in der Koordinatendarstellung

$$\omega = \sum \omega^\alpha_{j_1,\ldots,j_k} dx^\alpha_{j_1} \wedge \ldots \wedge dx^\alpha_{j_k}$$

vorkommen, sich alle zu glatten Funktion auf M fortsetzen lassen. Für eine solche Form definieren wir die *äußere Ableitung* $d\omega$ über die lokalen Formeln

$$d\omega := \sum d\omega^\alpha_{j_1,\ldots,j_k} \wedge dx^\alpha_{j_1} \wedge \ldots \wedge dx^\alpha_{j_k}.$$

Damit können wir das zentrale Resultat dieses Abschnitts beweisen. Es ist nicht nur eine Verallgemeinerung des Hauptsatzes der Differenzial- und Integralrechnung. Nachdem wir die begrifflichen Rahmen festgelegt haben, ist der Hauptsatz der Differenzial- und Integralrechnung auch das wesentliche Beweismittel.

Satz 6.68 (Stokes)
Sei M eine orientierte n-dimensionale Mannigfaltigkeit mit Rand ∂M, der mit der induzierten Orientierung versehen ist. Mit $i : \partial M \hookrightarrow M$ sei die Inklusion bezeichnet. Dann gilt für eine glatte $n-1$-Form $\omega \in \Omega^{n-1}(M)$ auf M, dass $d\omega \in \Omega^{n-1}(M)$ und

$$\int_{\partial M} i^*\omega = (-1)^{n-1} \int_M d\omega.$$

Das Vorzeichen $(-1)^{n-1}$ in diesem Satz ist eine Konsequenz der Definition der induzierten Orientierung.

Beweis Wir bezeichnen die Orientierung von M mit $(U_\alpha, \varphi_\alpha)_\alpha$ und die induzierte Orientierung von ∂M mit $(V_\alpha, \tilde{\psi}_\alpha)_\alpha$. Wir können annehmen, dass die Überdeckung $(U_\alpha)_\alpha$ lokal endlich ist. Dann finden wir eine glatte Teilung der Eins $(\rho_\alpha)_\alpha$, die der Überdeckung $(U_\alpha)_\alpha$ untergeordnet ist. Dann ist $\left(\rho_\alpha\big|_{\partial M}\right)_\alpha$ eine glatte Teilung der Eins auf ∂M, die der Überdeckung $(V_\alpha)_\alpha$ untergeordnet ist. Für $\omega \in \Omega^{n-1}(M)$ rechnen wir

$$\int_M d\omega = \int_M d\Big(\textstyle\sum_\alpha \rho_\alpha \omega\Big) = \int_M \textstyle\sum_\alpha d(\rho_\alpha \omega) = \displaystyle\sum_\alpha \int_M d(\rho_\alpha \omega).$$

Auf der anderen Seite haben wir

$$\int_{\partial M} i^*\omega = \int_{\partial M} i^*\Big(\textstyle\sum_\alpha \rho_\alpha \omega\Big) = \displaystyle\sum_\alpha \int_{\partial M} i^*(\rho_\alpha \omega).$$

Also ist es genug, den Satz für den Fall zu beweisen, dass ω in einer Koordinatenumgebung getragen ist: $\operatorname{supp}\omega \subset U$. Aber dann können wir auch annehmen, dass $M = U$ ein Rechteck in $\mathbb{R}^n$ ist.

1. Fall: U enthält keinen Randpunkt.

In diesem Fall können wir annehmen, dass $U =]-1, 1[^n$ und es gilt automatisch $\int_{\partial M} i^*\omega = 0$. Für $x = (x_1, \ldots, x_n) \in U$ finden wir mit

$$\omega = \sum_{j=1}^n (-1)^{j-1} \omega_j \, dx_1 \wedge \ldots \wedge \widehat{dx_j} \wedge \ldots \wedge dx_n,$$

dass

$$d\omega = \Big(\sum_{j=1}^n \frac{\partial \omega_j}{\partial x_j}\Big) dx_1 \wedge \ldots \wedge dx_n.$$

Da die Orientierung von $M = U$ durch die Koordinaten gegeben ist, ergibt sich

$$\int_U d\omega = \int_U \Big(\textstyle\sum_j \frac{\partial \omega_j}{\partial x_j}\Big) dx = \displaystyle\sum_j \int_U \frac{\partial \omega_j}{\partial x_j} dx.$$

Jetzt schreiben wir $x^{(j)} := (x_1, \dots, \widehat{x_j}, \dots, x_n)$ und $U^{(j)} := \{x^{(j)} \mid x \in U\}$. Da U ein Rechteck ist und $(x^{(j)}, 1), (x^{(j)}, -1) \in \partial U$, können wir wegen $\operatorname{supp}\omega \subset U$ rechnen:

$$\int_U \frac{\partial \omega_j}{\partial x_j}\, dx = \int_{U^{(j)}} \left[\int_{-1}^{1} \frac{\partial \omega_j}{\partial x_j}(x^{(j)}, x_j)\, dx_j\right] dx^{(j)}$$
$$= \int_{U^{(j)}} \left[\omega_j(x^{(j)}, 1) - \omega_j(x^{(j)}, -1)\right] dx^{(j)} = 0.$$

Damit ist der Satz in diesem Fall bewiesen.

2. Fall: U enthält Randpunkte.

In diesem Fall müssen wir den Fall $n = 1$ gesondert behandeln. Wir starten aber mit dem Fall $n > 1$. Dann können wir nach orientierungserhaltenden Koordinatenwechseln annehmen, das $U =]-1, 1[^{n-1} \times]-1, 0]$ gilt und die Orientierungen jeweils durch die Inklusionen $U \to \mathbb{R}^n$ und $\partial U =]-1, 1[^{n-1} \times \{0\} = \mathbb{R}^{n-1}$ gegeben sind. Mit den Argumenten aus Fall 1, angewandt auf die Koordinaten $j = 1, \dots, n-1$, rechnen wir

$$\int_U d\omega = \sum_{j=1}^{n} \int_U \frac{\partial \omega_j}{\partial x_j}\, dx = \int_U \frac{\partial \omega_n}{\partial x_n}\, dx$$
$$= \int_{U^{(n)}} \left[\int_{-1}^{0} \frac{\partial \omega_n}{\partial x_n}(x^{(n)}, x_n) dx_n\right] dx^{(n)}$$
$$= \int_{U^{(n)}} \left[\omega_n(x^{(n)}, 0) - \omega_n(x^{(n)}, -1)\right] dx^{(n)}$$
$$= \int_{U^{(n)}} \omega_n\, dx^{(n)} = \int_{U^{(n)}} \omega_n\, dx_1 \wedge \ldots \wedge dx_{n-1}.$$

Die Inklusion $i\colon \partial U \hookrightarrow U,\ (x_1, \dots, x_{n-1}) \mapsto (x_1, \dots, x_{n-1}, 0)$ erfüllt, wegen $\omega = \sum_{j=1}^{n} (-1)^{j-1} \omega_j\, dx_1 \wedge \ldots \wedge \widehat{dx_j} \wedge \ldots \wedge dx_n$,

$$i^*\omega = \omega \circ Ti = (-1)^{n-1} \omega_n\, dx_1 \wedge \ldots \wedge dx_{n-1}.$$

Für $\mathfrak{v}_1, \dots, \mathfrak{v}_{n-1} \in T_p(\partial U)$ haben wir

$$\big((i^*\omega)(p)\big)(\mathfrak{v}_1, \dots, \mathfrak{v}_{n-1}) = \big(\omega(p)\big)(\mathfrak{v}_1, \dots, \mathfrak{v}_{n-1}),$$

was auf

$$\int_{\partial U} i^*\omega = \int_{U^{(n)}} (-1)^{n-1} \omega_n\, dx_1 \wedge \ldots \wedge dx_{n-1} = (-1)^{n-1} \int_U d\omega$$

führt.

Es bleibt der Fall $n = 1$ zu behandeln. In diesem Fall ist ω eine Funktion und wir haben entweder $U = [0, 1[$ oder $U =]-1, 0]$. Dann gilt $d\omega = \frac{\partial\omega}{\partial x}\,dx$ und wir erhalten

$$\int_U d\omega = \int_0^1 \frac{\partial\omega}{\partial x}\,dx = -\omega(0) = \int_{\partial U} \omega$$

bzw.

$$\int_U d\omega = \int_{-1}^0 \frac{\partial\omega}{\partial x}\,dx = \omega(0) = \int_{\partial U} \omega,$$

weil $\partial U = \{0\}$ im ersten Fall die induzierte Orientierung $o(0) = -1$ hat und im zweiten Fall $o(0) = 1$. □

Das folgende Korollar ist ein einfaches Beispiel für ein ganz typisches Resultat unserer Vorgehensweise, lokale Ergebnisse (hier der Hauptsatz der Differenzial- und Integralrechnung) zu globalisieren und dann unter topologischen Voraussetzungen, die sich lokal gar nicht realisieren lassen (hier, auch das ganz typisch, die Kompaktheit), Schlüsse zu ziehen.

Korollar 6.69 (Mannigfaltigkeiten ohne Rand)
Sei M eine orientierte kompakte glatte Mannigfaltigkeit ohne Rand und $\omega \in \Omega^{n-1}(M)$. Dann gilt $\int_M d\omega = 0$. □

Aus dem Satz von Stokes lassen sich die klassischen Integralsätze von Gauß, Stokes und Green ableiten. Wir rechnen hier nur ein einfaches Beispiel aus.

Beispiel 6.70 (Kreisscheiben)
Für $r > 0$ betrachten wir die Mannigfaltigkeit $M := \{(x_1, x_2) \in \mathbb{R}^2 \mid x_1^2 + x_2^2 \leq r\}$ mit Rand $\partial M = \{(x_1, x_2) \in \mathbb{R}^2 \mid x_1^2 + x_2^2 = r\}$. Weiter sei U eine offene Umgebung von M in $\mathbb{R}^2$ und $f_1, f_2 : U \to \mathbb{R}$ seien glatte Funktionen. Wir betrachten die 1-Form $\omega = f_1\,dx_1 + f_2\,dx_2 \in \Omega^1(U)$ auf U und ziehen sie mit der Inklusionsabbildung $i\colon \partial M \to U$ zu einer 1-Form $i^*\omega = i^*(f_1\,dx_1 + f_2\,dx_2) \in \Omega^1(\partial M)$ zurück. Die äußere Ableitung $d\omega$ von ω auf U ist durch $df_1 \wedge dx_1 + df_2 \wedge dx_2$ gegeben. Der Satz von Stokes (siehe Satz 6.68) liefert

$$\int_{\partial M} i^*\omega = -\int_M d\omega,$$

und wir wollen beide Seiten explizit berechnen.

Für die rechte Seite ergibt sich wegen $df_i = \frac{\partial f_i}{\partial x_1}\,dx_1 + \frac{\partial f_i}{\partial x_2}\,dx_2$ aus Definition 6.61 sofort

$$\int_M d\omega = \int_M \left(\frac{\partial f_2}{\partial x_1} - \frac{\partial f_1}{\partial x_2}\right) d(x_1, x_2).$$

Um die linke Seite zu berechnen, verwenden wir die Parametrisierung $\gamma :]0, 1] \to \partial M,\ t \mapsto r(\cos 2\pi t, \sin 2\pi t)$ von $\partial M \setminus \{(1, 0)\}$. Wir ziehen $i^*\omega$ nochmals mit

γ zurück, um es in der Koordinate t bezüglich der Karte $(\partial M \setminus \{(1,0)\}, \gamma^{-1})$ zu berechnen. Wegen

$$\begin{aligned}
\gamma^*(i^*\omega)\Big(\frac{\partial}{\partial t}\Big) = (i \circ \gamma)^*\omega\Big(\frac{\partial}{\partial t}\Big) &= \omega\Big((i \circ \gamma)'(t)\Big(\frac{\partial}{\partial t}\Big)\Big) \\
&= \omega\Big(-2\pi r \sin(2\pi t)\frac{\partial}{\partial x_1}, 2\pi r \cos(2\pi t)\frac{\partial}{\partial x_2}\Big) \\
&= -2\pi r \sin(2\pi t)\, f_1\big(\gamma(t)\big) + 2\pi r \cos(2\pi t)\, f_2\big(\gamma(t)\big)
\end{aligned}$$

gilt $\gamma^*(i^*\omega) = -2\pi r \sin(2\pi t)\, f_1\big(\gamma(t)\big) + 2\pi r \cos(2\pi t)\, f_2\big(\gamma(t)\big)$, und Definition 6.61 liefert

$$\int_{\partial M \setminus \{(1,0)\}} i^*\omega = \int_{]0,1[} \big(-2\pi r \sin(2\pi t)\, f_1\big(\gamma(t)\big) + 2\pi r \cos(2\pi t)\, f_2\big(\gamma(t)\big)\big)\, dt.$$

Da der Punkt $\{(1,0)\}$ zum Integral nichts beiträgt, erhält man mithilfe der Funktion $f = (f_1, f_2) : U \to \mathbb{R}^2$ und des euklidischen Skalarprodukts auf $\mathbb{R}^2$

$$\int_{\partial M} i^*\omega = \int_0^1 f\big(\gamma(t)\big) \cdot \gamma'(t)\, dt.$$

Die rechte Seite dieser Gleichung wird auch das *Kurvenintegral* von f über γ genannt. Mit der ganz normalen Substitutionsregel (das heißt dem Transformationssatz in einer Variablen) sieht man auch direkt, dass es nicht von der Wahl der Parametrisierung, sondern nur von $\gamma(]0,1[)$, das heißt von ∂M, abhängt. □

6.6 Anwendungen auf komplexe Differenzierbarkeit

Wir wollen mithilfe von Beispiel 6.70 zeigen, dass jede komplex stetig differenzierbare Funktion auf einer offenen Teilmenge U von $\mathbb{C}$ automatisch komplex analytisch ist, das heißt lokal in absolut konvergente Potenzreihen entwickelt werden kann. Dazu identifizieren wir $\mathbb{C}$ als zweidimensionalen $\mathbb{R}$-Vektorraum mit $\mathbb{R}^2$ und vergleichen die reelle und die komplexe Differenzierbarkeit einer Funktion $U \to \mathbb{C} \cong \mathbb{R}^2$.

Bemerkung 6.71 (Komplexe und reelle Differenzierbarkeit)
Wenn wir $\mathbb{C}$ via $z = \operatorname{Re} z + i \operatorname{Im} z = x + iy \leftrightarrow (x, y)$ mit $\mathbb{R}^2$ identifizieren, dann ist eine offene Teilmenge $U \subseteq \mathbb{C}$ auch offen in $\mathbb{R}^2$. Eine Funktion $f : U \to \mathbb{C}$ kann dann als vektorwertige Funktion $f = (u, v) : U \to \mathbb{R}^2$ aufgefasst werden, wobei wir $f(z) = u(x, y) + iv(x, y)$ mit $u, v : U \to \mathbb{R}$ setzen. Dann kann f reell differenzierbar sein, ohne komplex differenzierbar sein zu müssen. Ein einfaches Beispiel ist die Funktion $\mathbb{C} \to \mathbb{C}, z \mapsto \overline{z}$. Es stellt sich heraus, dass f genau dann komplex differenzierbar in z_0 ist, wenn f reell differenzierbar und seine Ableitung $f'(z_0) : \mathbb{R}^2 \to \mathbb{R}^2$ komplex linear ist, wenn man $\mathbb{R}^2$ mit $\mathbb{C}$ identifiziert.

Ausgedrückt durch die Jacobi-Matrix bezüglich der kanonischen Basis $\{1, i\}$ von $\mathbb{C}$ als zweidimensionalem $\mathbb{R}$-Vektorraum bedeutet das

$$\begin{pmatrix} \frac{\partial u}{\partial x} & \frac{\partial u}{\partial y} \\ \frac{\partial v}{\partial x} & \frac{\partial v}{\partial y} \end{pmatrix} = \begin{pmatrix} \frac{\partial \mathrm{Re} f}{\partial x} & \frac{\partial \mathrm{Re} f}{\partial y} \\ \frac{\partial \mathrm{Im} f}{\partial x} & \frac{\partial \mathrm{Im} f}{\partial y} \end{pmatrix} = \begin{pmatrix} a & b \\ -b & a \end{pmatrix}.$$

Die sich daraus ergebenden Identitäten für die partiellen Ableitungen heißen die *Cauchy-Riemann-Differenzialgleichungen.*

Betrachtet man $\mathbb{C}$ als den Körper der reellen 2×2-Matrizen der Form $\begin{pmatrix} a & b \\ -b & a \end{pmatrix}$, dann liefert die kanonische Basis $\{1, i\}$ eine Identifikation von $\mathbb{C}$ mit einer Teilmenge von $Hom_{\mathbb{R}}(\mathbb{R}^2, \mathbb{R}^2)$, und die Bezeichnung $f'(z_0) \in \mathbb{C} \subseteq Hom_{\mathbb{R}}(\mathbb{R}^2, \mathbb{R}^2)$ wird unzweideutig, gleichgültig ob man die reelle Ableitung oder die komplexe Ableitung von f betrachtet. □

Sei jetzt $U \subseteq \mathbb{C}$ eine offene Umgebung von 0 und $f = u + iv : U \to \mathbb{C}$ stetig komplex differenzierbar. Dann gilt $\frac{\partial u}{\partial y} = -\frac{\partial v}{\partial x}$. Wendet man unter Verwendung der Notation von Bemerkung 6.71 die Überlegungen aus Beispiel 6.70 auf die Form $\omega = udx - vdy \in \Omega^1(U)$ an, so findet man

$$0 = \int_M \Big(\frac{\partial u}{\partial y} + \frac{\partial v}{\partial x}\Big) d(x, y) = \int_0^1 \big(- 2\pi r \sin(2\pi t)\, u\big(\gamma(t)\big) - 2\pi r \cos(2\pi t)\, v\big(\gamma(t)\big)\big)\, dt.$$

Unter der Identifikation von $\mathbb{C}$ und $\mathbb{R}^2$ erhält man $\gamma(t) = r\cos(2\pi t) + ir\sin(2\pi t) = re^{2\pi it}$ und $\gamma'(t) = -2\pi r \sin(2\pi t) + i2\pi r \cos(2\pi t) = 2\pi i r e^{2\pi i t}$. Es ergibt sich

$$\begin{aligned} f\big(\gamma(t)\big)\gamma'(t) &= \big((u + iv)\big(\gamma(t)\big)\big)\big(- 2\pi r \sin(2\pi t) + 2\pi i r \cos(t)\big) \\ &= \big(- 2\pi r \sin(2\pi t)\, u\big(\gamma(t)\big) - 2\pi r \cos(2\pi t)\, v\big(\gamma(t)\big)\big) \\ &\quad + i\big(- 2\pi r \sin(2\pi t)\, v\big(\gamma(t)\big) + 2\pi r \cos(2\pi t)\, u\big(\gamma(t)\big)\big), \end{aligned}$$

also insbesondere

$$0 = \mathrm{Re}\Big(\int_0^1 f\big(\gamma(t)\big)\gamma'(t)\, dt\Big).$$

Eine analoge Rechnung mit $\omega' = vdx - udy \in \Omega^1(U)$ liefert wegen $\frac{\partial u}{\partial x} = \frac{\partial v}{\partial y}$ erst

$$0 = \int_M \Big(\frac{\partial v}{\partial y} - \frac{\partial u}{\partial x}\Big) d(x, y) = \int_0^1 \big(- 2\pi r \sin(2\pi t)\, v\big(\gamma(t)\big) + 2\pi r \cos(2\pi t)\, u\big(\gamma(t)\big)\big)\, dt$$

und dann

$$0 = \mathrm{Im}\Big(\int_0^1 f\big(\gamma(t)\big)\gamma'(t)\, dt\Big).$$

Zusammen erhalten wir also

$$0 = \int_0^1 f\big(\gamma(t)\big)\gamma'(t)\, dt.$$

Dies motiviert die folgende Definition.

Definition 6.72 (Komplexes Kurvenintegral)
Sei $\gamma : [a, b] \to \mathbb{C}$ eine stetige, stückweise differenzierbare Kurve und $f : \gamma([a, b]) \to \mathbb{C}$ stetig. Wir definieren das *komplexe Kurvenintegral* $\int_\gamma f$ von f über γ durch

$$\int_\gamma f := \int_\gamma f(z)dz := \int_a^b f(\gamma(t))\,\gamma'(t)\,dt.$$

Mit dieser Definition können wir das Ergebnis der oben durchgeführten Rechnung wie folgt als eine spezielle Form des Cauchy-Integralsatzes formulieren.

Proposition 6.73 (Cauchy-Integralsatz)
Sei $U \subseteq \mathbb{C}$ offen und $f \in C^{\mathbb{C},1}(U)$. Dann gilt

$$0 = \int_\gamma f$$

für jede Kurve der Form $\gamma(t) := z_0 + re^{2\pi it}$ mit $\{z \in \mathbb{C} \mid |z - z_0| \leq r\} \subseteq U$.

Beweis Für jedes $z_0 \in U$ mit $\{z \in \mathbb{C} \mid |z - z_0| \leq r\} \subseteq U$ wendet man die obige Rechnung auf die Funktion $f_{z_0} : U - z_0 \to \mathbb{C},\ z \mapsto f(z + z_0)$ und die Kurve $\gamma_{z_0}(t) = re^{2\pi it}$ an. □

Beispiel 6.74 (Kreisringe)

(i) Seien $0 < r < R$ und $M := \{z \in \mathbb{C} \mid r \leq |z - z_0| \leq R\}$. Dann besteht der Rand ∂M von M aus zwei Kreisen, und die induzierte Orientierung der Kreise ist so, dass sie in entgegengesetzte Richtungen laufen. Wir wenden die obigen Überlegungen auf eine Funktion $f \in C^{\mathbb{C},1}(U)$ an, deren Definitionsbereich eine offene Umgebung von M ist. Dann gilt wieder $0 = \int_\gamma f$, wenn γ eine Parametrisierung von ∂M ist. Diese besteht diesmal aus zwei Teilen, $t \mapsto \gamma_r(-t) = z_0 + re^{-2\pi it}$ und $t \mapsto \gamma_R(t) = z_0 + Re^{2\pi it}$. Also haben wir

$$\int_{\gamma_r} f = \int_{\gamma_R} f.$$

Indem man die Radien zwischen r und R variieren lässt, zeigt man sogar, dass die Abbildung $[r, R] \to \mathbb{C}, s \mapsto \int_{\gamma_s} f$ mit $\gamma_s(t) = z_0 + se^{2\pi it}$ konstant ist.

(ii) Wir betrachten jetzt die Menge $U_R := \{z \in \mathbb{C} \mid 0 < |z - z_0| < R\}$ und nehmen an, dass $f \in C^{\mathbb{C},1}(U_R)$ beschränkt ist. Mit (i), angewandt auf $0 < r' < R' < R$, ergibt sich, dass

$$\int_{\gamma_{r'}} f = \int_{\gamma_{R'}} f.$$

Wenn $|f(z)| < c$ für alle $z \in U_R$ gilt, dann folgt

$$\left|\int_{\gamma_{r'}} f\right| \leq c \int_0^1 |\gamma_{r'}'(t)| = 2\pi c r'.$$

Lässt man jetzt r' gegen 0 gehen, ergibt sich

$$0 = \int_{\gamma_{R'}} f.$$

□

Lemma 6.75 (Analytizität von Kurvenintegralen)
Sei $\gamma : [a, b] \to \mathbb{C}$ eine stückweise differenzierbare Kurve. Wenn $\varphi : \gamma([a, b]) \to \mathbb{C}$ stetig ist, dann ist die durch

$$f(z) := \frac{1}{2\pi i} \int_\gamma \frac{\varphi(w)}{w - z} dw$$

definierte Funktion $f : \mathbb{C} \setminus \gamma([a, b]) \to \mathbb{C}$ analytisch mit den Ableitungen

$$f^{(n)}(z) = \frac{n!}{2\pi i} \int_\gamma \frac{\varphi(w)}{(w - z)^{n+1}} dw.$$

Beweis Wähle $z \in \mathbb{C}$ mit $|z - z_0| < d\big(z_0, \gamma([a, b])\big) = \operatorname{dist}\big(z_0, \gamma([a, b])\big) = \inf_{w \in \gamma([a,b])} |z_0 - w|$. Dann gilt

$$\exists c \in \mathbb{R}\, \forall w \in \gamma([a, b]) : \quad \left|\frac{z - z_0}{w - z_0}\right| < c < 1.$$

Also konvergiert die geometrische Reihe

$$\sum_{n=0}^{\infty} \left(\frac{z - z_0}{w - z_0}\right)^n$$

gleichmäßig in $w \in \gamma([a, b])$ gegen

$$\frac{1}{1 - \frac{z - z_0}{w - z_0}} = \frac{w - z_0}{w - z}.$$

Damit rechnet man

$$\begin{aligned}2\pi i\, f(z) &= \int_\gamma \frac{\varphi(w)}{w-z}dw = \int_\gamma \sum_{n=0}^{\infty}\left(\frac{z-z_0}{w-z_0}\right)^n \frac{\varphi(w)}{w-z_0}dw \\ &= \sum_{n=0}^{\infty}\int_\gamma \left(\frac{z-z_0}{w-z_0}\right)^n \frac{\varphi(w)}{w-z_0}dw \\ &= \sum_{n=0}^{\infty}\Big(\int_\gamma \frac{\varphi(w)}{(w-z_0)^{n+1}}dw\Big)(z-z_0)^n\end{aligned}$$

(für die Konvergenz der Reihe verwendet man den Satz von Fubini) und findet, dass f analytisch ist mit

$$f^{(n)}(z_0) = \frac{1}{2\pi i}n!\,a_n = \frac{1}{2\pi i}n! \int_\gamma \frac{\varphi(w)}{(w-z_0)^{n+1}}\,dw.$$

Aber das war gerade die Behauptung. □

Wenn in der Situation von Lemma 6.75 die Kurve γ durch $\gamma(t) = z_0 + re^{2\pi it}$ gegeben und φ konstant gleich 1 ist, dann ergibt sich

$$\begin{aligned}\frac{2\pi i}{n!}f^{(n)}(z_0) &= \int_\gamma \frac{1}{(w-z_0)^{n+1}}\,dw = \int_0^1 \frac{1}{r^{n+1}}e^{-2(n+1)\pi i\,t}2\pi i r\, e^{2\pi i t}dt \\ &= \frac{2\pi i}{r^n}\int_0^1 e^{-2n\pi i\,t}dt = \begin{cases}0 & \text{für } n>0\\ 2\pi i & \text{für } n=0.\end{cases}\end{aligned}$$

Damit erhalten wir das folgende Korollar zum Beweis von Lemma 6.75.

Korollar 6.76 (Windungsintegral für den Kreis)
Für die geschlossene Kurve $\gamma : [0,1] \to \mathbb{C},\ z_0 + re^{2\pi it}$ mit $z_0 \in U$ gilt

$$\forall z \in \left\{z \in \mathbb{C} \mid |z-z_0| < r\right\}:\quad 1 = \frac{1}{2\pi i}\int_\gamma \frac{1}{w-z}\,dw.$$

Satz 6.77 (Cauchy-Integralformel)
Sei $U \in \mathbb{C}$ offen und $f \in C^{\mathbb{C},1}(U)$. Dann gilt

$$f(z) = \frac{1}{2\pi i}\int_\gamma \frac{f(w)}{w-z}dw$$

für jede Kurve der Form $\gamma(t) := z_0 + re^{2\pi it}$ mit $z \in \left\{w \in \mathbb{C} \mid |w-z_0| < r\right\} \subseteq U$.

Beweis Sei $z \in U \backslash \gamma([a, b])$ fest gewählt. Wir betrachten die durch

$$w \mapsto \begin{cases} \frac{f(w)-f(z)}{w-z} & \text{für } w \neq z \\ f'(z) & \text{für } w = z \end{cases}$$

definierte Funktion $g : U \to \mathbb{C}$. In $U \backslash \{z\}$ ist g von der Klasse $\mathcal{C}^{\mathbb{C},1}$. Da f in z komplex stetig differenzierbar ist, ist g auch in z stetig. Das Argument in Beispiel 6.74(ii) zeigt jetzt, dass $\int_\gamma \frac{f(w)-f(z)}{w-z} dw = \int_\gamma g(w) dw = 0$, also wegen Korollar 6.76

$$2\pi i f(z) = f(z) \int_\gamma \frac{dw}{w-z} = \int_\gamma \frac{f(w)}{w-z} dw.$$

□

Korollar 6.78 (Holomorphe Funktionen auf $\mathbb{C}$)
Die Garben $\mathcal{C}_\mathbb{C}^{\mathbb{C},1}$ und $\mathcal{C}_\mathbb{C}^{\mathbb{C},\omega}$ stimmen überein.

Beweis Sei $U \subseteq \mathbb{C}$ offen und $f \in \mathcal{C}_\mathbb{C}^{\mathbb{C},1}(U)$. Wir wollen zeigen, dass f analytisch ist. Dazu wählen wir $z_0 \in U$ und ein $r > 0$ mit $\{z \in \mathbb{C} \mid |z - z_0| \leq r\} \subseteq U$. Sei $\gamma : [0, 1] \to \mathbb{C}$, $t \mapsto z_0 + r\, e^{2\pi i t}$ und $f^\sharp : \{w \in \mathbb{C} \mid |w - z_0| < r\} \to \mathbb{C}$ die durch

$$f^\sharp(z) := \frac{1}{2\pi i} \int_\gamma \frac{f(w)}{w-z} dw$$

definierte Funktion. Nach Lemma 6.75 ist $f^\sharp$ komplex analytisch. Andererseits zeigt Satz 6.77, dass $f^\sharp$ und f auf $\{z \in \mathbb{C} \mid |z - z_0| < r\}$ übereinstimmen. Also ist auch f auf einer Umgebung von z_0 komplex analytisch. □

Abschließend wollen wir das Ergebnis von Korollar 6.78 auf $\mathbb{C}^n$ verallgemeinern. Dazu müssen wir Produkte von Kreisscheiben, sogenannte Polyzylinder, betrachten.

Definition 6.79 (Polyzylinder)
Sei $a \in \mathbb{C}$ und $\varrho = (\varrho_1, \ldots, \varrho_n)$ ein n-Tupel positiver reeller Zahlen, dann nennen wir die Menge

$$P(a, \varrho) := \{z \in \mathbb{C}^n : |z_j - a_j| < \varrho_j \text{ für } j = 1, \ldots, n\}$$

den *Polyzylinder* mit *Mittelpunkt a* und *(Poly-)Radius* ϱ. Mit $P(a, \varrho)^-$ bezeichnen wir den Abschluss von $P(a, \varrho)$ in $\mathbb{C}^n$. Die Menge

$$T(a, \varrho) := \{z \in \mathbb{C}^n \mid |z_j - a_j| = \varrho_j \text{ für } j = 1, \ldots, n\}$$

nennen wir die *Bestimmungsfläche* von $P(a, \varrho)^-$. Topologisch ist diese Fläche ein Torus. Die Mengen $P(a, \varrho)$ (und nicht etwa die höherdimensionalen Kugeln) spielen in der Theorie mehrerer Veränderlicher die Rolle der Konvergenzkreise.

Jetzt kann man durch Iteration ein höherdimensionales Analogon der Cauchy-Integralformel finden.

Proposition 6.80 (Cauchy-Integralformel)
Sei Ω offen in $\mathbb{C}^n$ und f eine holomorphe Funktion auf Ω sowie $a \in \Omega$ und $\varrho = (\varrho_1, \ldots, \varrho_n)$ mit $\varrho_j > 0$ derart, dass $P(a, \varrho)^- \subset \Omega$. Dann gilt für alle $z \in P(a, \varrho)$

$$f(z) = \frac{1}{(2\pi i)^n} \int_{|\zeta_1 - a_1| = \varrho_1} \cdots \int_{|\zeta_n - a_n| = \varrho_n} \frac{f(\zeta_1, \ldots, \zeta_n)}{(\zeta_1 - z_1) \cdot \ldots \cdot (\zeta_n - z_n)} \, d\zeta_1 \ldots d\zeta_n. \tag{6.4}$$

Beweis Sei ϱ' ein Polyradius, für den $P(a, \varrho)^- \subset P(a, \varrho') \subset \Omega$ gilt. Wähle ein beliebiges, aber festes $(\chi_1, \ldots, \chi_{n-1}) \in \mathbb{C}^{n-1}$ mit $|\chi_j - a_j| < \varrho'_j$ und betrachte die Funktion $F_n : \Omega_n \to \mathbb{C}$ auf $\Omega_n := \{z_n \in \mathbb{C} \mid (\chi_1, \ldots, \chi_{n-1}, z_n) \in \Omega\} \subset \mathbb{C}$ definiert durch

$$F_n(z_n) = f\big((\chi_1, \ldots, \chi_{n-1}, z_n)\big).$$

Als das Urbild einer offenen Menge bezüglich einer stetigen Projektion ist Ω_n eine offene Menge in $\mathbb{C}$, und nach den Voraussetzungen an die $|\chi_j - a_j|$ enthält Ω_n die Kreisscheibe $\{z_n \in \mathbb{C} \mid |z_n - a_n| < \varrho_n\}$. Wir bemerken weiter, dass die Funktion F_n nach der Kettenregel holomorph ist, da die Abbildung $j_n : \mathbb{C} \to \mathbb{C}^n$, gegeben durch $z \mapsto (\chi_1, \ldots, \chi_{n-1}, z)$, komplex linear, also komplex differenzierbar, ist. Also liefert die Cauchy-Integralformel in einer Variablen, dass wegen $F_n(z_n) = f(\chi_1, \ldots, \chi_{n-1}, z_n)$ und $F_n(\zeta_n) = f(\chi_1, \ldots, \chi_{n-1}, \zeta_n)$, die Formel

$$f(\chi_1, \ldots, \chi_{n-1}, z_n) = \frac{1}{2\pi i} \int_{|\zeta_n - a_n| = \varrho_n} \frac{f(\chi_1, \ldots, \chi_{n-1}, \zeta_n)}{\zeta_n - z_n} \, d\zeta_n$$

gilt. Analog verfährt man nun mit der vorletzten Variablen und erhält

$$\begin{aligned}
&f(\chi_1, \ldots, \chi_{n-2}, z_{n-1}, z_n) = \\
&= \frac{1}{2\pi i} \int_{|\zeta_{n-1} - a_{n-1}| = \varrho_{n-1}} \frac{f(\chi_1, \ldots, \chi_{n-2}, \zeta_{n-1}, z_n)}{\zeta_{n-1} - z_{n-1}} \, d\zeta_{n-1} \\
&= \frac{1}{(2\pi i)^2} \int_{|\zeta_{n-1} - a_{n-1}| = \varrho_{n-1}} \int_{|\zeta_n - a_n| = \varrho_n} \frac{f(\chi_1, \ldots, \chi_{n-2}, \zeta_{n-1}, \zeta_n)}{(\zeta_{n-1} - z_{n-1})(\zeta_n - z_n)} \, d\zeta_n d\zeta_{n-1}.
\end{aligned}$$

Auf diese Weise erhält man nach n Schritten die gewünschte Formel. Beachte, dass es nicht auf die Integrationsreihenfolge ankommt – man hätte auch mit z_1 anfangen können. □

Lemma 6.81 (Analytizität von Torusintegralen)
Sei $P(a, \varrho)$ ein Polyzylinder in $\mathbb{C}^n$. Mit $h : T(a, \varrho) \to \mathbb{C}$ *stetig wird eine Funktion f durch*

$$f(z) = \frac{1}{(2\pi i)^n} \int_{|\zeta_1 - a_1| = \varrho_1} \cdots \int_{|\zeta_n - a_n| = \varrho_n} \frac{h(\zeta_1, \ldots, \zeta_n)}{(\zeta_1 - z_1) \cdot \ldots \cdot (\zeta_n - z_n)} \, d\zeta_1 \ldots d\zeta_n$$

definiert. Dann ist f auf $P(a, \varrho)$ analytisch.

Beweis Es genügt zu zeigen, dass man f auf $P(a, \varrho)$ durch eine Potenzreihe um a darstellen kann. Wir setzen

$$c_\alpha := \frac{1}{(2\pi i)^n} \int_{|\zeta_j - a_j| = \rho_j} \frac{h(\zeta)}{\prod_j (\zeta_j - a_j)^{\alpha_j + 1}} \, d\zeta_1 \dots d\zeta_n \tag{6.5}$$

und wollen zeigen, dass f durch die Potenzreihe $\sum_{\alpha \in \mathbb{N}^n} c_\alpha (z - a)^\alpha$ dargestellt wird. Dazu verifizieren wir (Übung) zuerst die Formel

$$\forall \zeta \in T(a, \varrho),\ z \in P(a, \varrho): \quad \frac{1}{\prod_j (\zeta_j - z_j)} = \sum_{\alpha \in \mathbb{N}^n} \left(\prod_j \frac{(z_j - a_j)^{\alpha_j}}{(\zeta_j - a_j)^{\alpha_j + 1}} \right). \tag{6.6}$$

Beachte, dass die rechte Seite in dieser Formel für feste $z \in P(a, \varrho)$ gleichmäßig in ζ konvergiert. Wir setzen nun diese Reihe in die Definitionsgleichung von f ein. Die Stetigkeit von h in der ζ_1-Variablen sichert die gleichmäßige Konvergenz des Integranten (des ersten Integrals), sodass wir Summation und Integration vertauschen dürfen. Nun müssen wir die Stetigkeit (nicht nur die Stetigkeit in den einzelnen Variablen) von h benützen, um auch die gleichmäßige Konvergenz des Integranten des zweiten Integrals schließen und wieder Integration und Summation vertauschen zu können. Die Behauptung ergibt sich nun aus n solchen Vertauschungen. □

Jetzt kann man analog zum Beweis von Korollar 6.78 Proposition 6.80 mit Lemma 6.81 kombinieren, um den folgenden Satz zu erhalten.

Satz 6.82 (Holomorphe Funktionen auf $\mathbb{C}^n$)
Die Garben $C_{\mathbb{C}^n}^{\mathbb{C},1}$ und $C_{\mathbb{C}^n}^{\mathbb{C},\omega}$ stimmen überein.

Zum Abschluss dieses Kapitels zeigen wir ein exemplarisches globales Resultat, das sich durch Kombination globaler Topologie und lokaler Struktur ergibt: Auf zusammenhängenden kompakten komplexen Mannigfaltigkeiten sind alle komplex differenzierbaren Funktionen konstant. Dazu brauchen wir ein Lemma, das selbst von großer Bedeutung ist, denn es sagt, dass zwei analytische Funktionen auf einer zusammenhängenden Mannigfaltigkeit übereinstimmen müssen, wenn sie auf einer (beliebig kleinen) offenen Menge übereinstimmen.

Lemma 6.83 (Prinzip der analytischen Fortsetzung)
Sei $(M, C_M^{\mathbb{K},\omega})$ eine analytische Mannigfaltigkeit und $f \in C_M^{\mathbb{K},\omega}(M)$. Dann ist die Menge $E := \{x \in M \mid \forall k \in \mathbb{N}_0 : \ f^{(k)}(x) = 0\}$ der Punkte, an denen alle Ableitungen von f verschwinden, offen und abgeschlossen in M.

Beweis Da alle Ableitungen stetig sind, ist E als Schnitt von abgeschlossenen Mengen selbst abgeschlossen. Um zu zeigen, dass E auch offen ist, genügt es zu zeigen, dass es eine offene Überdeckung von M durch offene Koordinatenumgebungen U mit $E \cap U$ offen gibt. Wir können also annehmen, dass M eine offene Teilmenge von $\mathbb{K}^n$ ist. Für einen Multiindex $\alpha \in \mathbb{N}^n$ bezeichnen wir die zugehörige partielle Ableitung mit D^α. Dann gilt $E = \{x \in M \mid \forall \alpha \in \mathbb{N}^\alpha : D^\alpha f(x) = 0\}$. Sei jetzt $x_0 \in E$ und U eine Umgebung von x_0, auf der die Potenzreihe $\sum_\alpha c_\alpha (x - x_0)^\alpha$ gegen $f(x)$ konvergiert. Dann gilt $c_\alpha = (\alpha!)^{-1} D^\alpha f(x_0) = 0$ für alle α. Also ist U eine Teilmenge von E, und E ist offen. □

Satz 6.84 (Kompakte komplexe Mannigfaltigkeiten)
Sei $(M, C_M^{\mathbb{C},1})$ eine zusammenhängende kompakte komplexe Mannigfaltigkeit und $f \in C_M^{\mathbb{C},1}(M)$. Dann ist f konstant.

Beweis Die Kompaktheit von M zeigt zusammen mit der Stetigkeit von f, dass die Funktion $|f| : M \to \mathbb{R}$ ein Maximum hat. Sei $z_0 \in M$ ein Punkt, an dem dieses Maximum angenommen wird. Die Beweisstrategie ist, zunächst zu zeigen, dass f auf einer Umgebung von z_0 konstant ist. Dann liefert Lemma 6.83, dass f konstant ist.

Um zu zeigen, dass f auf einer Umgebung von z_0 konstant ist, können wir annehmen, dass M eine offene Koordinatenumgebung in $\mathbb{C}^n$ ist, und uns dann auf den Fall $n = 1$ zurückziehen, indem wir die Funktion auf die komplexen Geradenstücke $(z_0 + \mathbb{C}v) \cap M$ mit $v \in \mathbb{C}^n$ einschränken. Genauer, wir nehmen an, dass $\{z \in \mathbb{C}^n \mid |z - z_0| \leq R\} \subseteq M$, und betrachten für festes $v \in \mathbb{C}^n$ mit $|v| = 1$ die Menge $U_v := \{z_0 + \zeta v \mid \zeta \in \mathbb{C}, |\zeta| < R\}$. Wenn wir dann zeigen, dass die Funktion $f|_{U_v}$ konstant ist, dann ist f auf der Kugel um z_0 mit Radius R konstant.

Sei also jetzt $\{z \in \mathbb{C} \mid |z - z_0| \leq R\} \subseteq U \subseteq \mathbb{C}$ offen und $f \in C_{\mathbb{C}}^{\mathbb{C},1}(U)$ mit einem Maximum von $|f|$ in z_0. Nach Multiplikation mit einer Konstanten können wir annehmen, dass $f(z_0) \geq 0$. Dann liefert die Cauchy-Integralformel aus Satz 6.77, dass für $0 < r \leq R$

$$f(z_0) = |f(z_0)| = \left| \int_0^1 f(z_0 + re^{2\pi i t})\, dt \right| \leq M(r) := \sup_t \left| f(z_0 + re^{2\pi i t}) \right| \quad (*)$$

gilt. Da $|f|$ in z_0 sein Maximum hat, folgt $f(z_0) = M(r)$. Die Funktion $h(z) := \operatorname{Re}\big(f(z_0) - f(z)\big)$ ist auf U nichtnegativ und $h(z) = 0$ genau dann, wenn $\operatorname{Re} f(z) = f(z_0)$. Wegen $|f(z)| \geq \operatorname{Re} f(z)$ muss dann $\operatorname{Im} f(z) = 0$ sein, das heißt $f(z) = f(z_0)$. Wieder mit der Cauchy-Integralformel aus Satz 6.77 folgt, dass $0 = \int_0^1 h(z_0 + re^{2\pi i t})\, dt$, also muss die nichtnegative Funktion h auf dem Kreis $z_0 + re^{2\pi i \mathbb{R}}$ verschwinden. Damit gilt $f(z) = f(z_0)$ für alle z auf diesem Kreis. Da $r \leq R$ beliebig war, ist also f konstant auf der gesamten Kreisscheibe $\{z \in \mathbb{C} \mid R \geq |z - z_0|\}$. □

Literatur Es gibt eine unüberschaubare Menge an Lehrbüchern über topologische und differenzierbare Mannigfaltigkeiten. Dazu kommen Kapitel in Büchern über Topologie wie [tD91] oder speziellere Themen wie [HN12]. Der Zugang über Garben wird eher selten gewählt. Ausnahmen sind [Ra04] und [We15]. Die klassischen

Bücher [KN96] und [Sp99] enthalten den Zugang über Karten und Atlanten. Einen relativ direkten Zugang zu Differenzialformen und Integration findet man in [AF10] und [Sp71]. Komplexe Mannigfaltigkeiten werden in weit weniger Büchern behandelt als reelle, es gibt aber immer noch eine sehr große Auswahl an Texten (siehe zum Beispiel [GH94], [Ta02] und [We79]).

Algebraische Varietäten 7

Inhaltsverzeichnis

Im Vergleich zu Mannigfaltigkeiten sind algebraische Varietäten schon lokal sehr vielfältig. Ein möglicher Startpunkt für den Einstieg in die Theorie der algebraischen Varietäten ist der Vergleich mit den Untermannigfaltigkeiten in $\mathbb{R}^n$ oder $\mathbb{C}^n$. Beispiele solcher Untermannigfaltigkeiten haben wir als Nullstellenmengen von differenzierbaren Funktionen gewonnen, deren Ableitung auf der Nullstellenmenge überall von Null verschieden ist. Wenn man statt differenzierbarer Funktionen Polynomfunktionen betrachtet, kann man solche Nullstellenmengen auch für andere Körper betrachten. Das „algebraisch" in algebraische Varietäten bezieht sich darauf, dass die betrachteten Funktionen polynomialen Charakter haben. Weil diese Funktionen einfacher sind als beliebige differenzierbare Funktionen, unternimmt man in diesem Kontext sofort den Versuch, auch etwas über Nullstellenmengen von Funktionen zu sagen, deren (formale) Ableitungen keine extra Regularitätsbedingungen erfüllen. Damit lässt man lokale Singularitäten zu, die sehr unterschiedlich aussehen können. Während also die lokale Theorie von differenzierbaren Mannigfaltigkeiten darin besteht, die Differenzialrechnung auf offenen Stücken von $\mathbb{R}^n$ oder $\mathbb{C}^n$ zu studieren, besteht die lokale Theorie der algebraischen Varietäten darin, Nullstellenmengen von Polynomfunktionen auf $\mathbb{K}^n$ für allgemeine Körper $\mathbb{K}$ zu studieren und Funktionen zwischen solchen Mengen zu betrachten, die in einer vernünftigen Art und Weise als polynomial betrachtet werden können.

Mit diesen Bemerkungen wird klar, dass wir bei der Einführung von algebraischen Varietäten nicht auf einer in den Grundvorlesungen besprochenen lokalen Theorie aufbauen können, sondern auch die lokale Theorie erst entwickeln müssen. Wir tun das in Abschn. 7.1 über *algebraische Mengen,* die wir als Nullstellenmengen von Polynomen einführen. Auf solchen algebraischen Mengen konstruieren wir Garben

J. Hilgert, *Mathematische Strukturen*,
https://doi.org/10.1007/978-3-662-68893-9_7

von Funktionen, die dann *reguläre* Funktionen genannt werden. Damit ist der Weg frei für eine Definition von *algebraischen Varietäten* als geringten Räumen, die lokal aussehen wie algebraische Mengen mit ihren regulären Funktionen. Zusammen mit den passenden aus regulären Funktionen zusammengesetzten Abbildungen erhält man so eine Kategorie von algebraischen Varietäten.

Es stellt sich heraus, dass es diverse technische Probleme bei der Untersuchung von algebraischen Mengen gibt. Zum Beispiel haben Polynome im Allgemeinen gar keine Nullstellen. Um die Existenz von Nullstellen zu garantieren, muss man voraussetzen, dass der Körper $\mathbb{K}$ algebraisch abgeschlossen ist. Da jeder Körper $\mathbb{K}$ als Unterkörper in einem algebraisch abgeschlossenen Körper $\bar{\mathbb{K}}$ enthalten ist, kann man sich für den Anfang auf den Standpunkt stellen, dass man die Nullstellengebilde in $\bar{\mathbb{K}}^n$ betrachtet und erst dann danach fragt, unter welchen Umständen darin Punkte enthalten sind, deren Koordinaten alle in $\mathbb{K}$ liegen. Um solche Fragen systematisch behandeln zu können, braucht man gute kategorielle Eigenschaften beim Übergang von einem Körper (Polynomring) zum anderen. Da lokal die Punkte von algebraischen Varietäten als maximale Ideale in Ringen von regulären Funktionen beschrieben werden, ist die Frage nach guten kategoriellen Eigenschaften insbesondere eine Frage nach dem Verhalten von maximalen Idealen unter Ringhomomorphismen. Dieses weist leider im Gegensatz zu den *Primidealen* keine gute kategoriellen Eigenschaften auf. Daher weitet man den mathematischen Rahmen für die Untersuchung von algebraischen Varietäten noch einmal aus und betrachtet geringte Räume, die lokal nicht mehr so aussehen wie Räume von maximalen Idealen in Ringen, sondern wie Räume von Primidealen in Ringen. Das zugehörige geometrische Konzept ist das eines *Schemas.*

7.1 Algebraische Mengen

Wir beginnen mit der Definition einer algebraischen Menge. Sei dazu $\mathbb{K}$ ein beliebiger Körper und $\mathbb{K}[X_1, \ldots, X_n]$ der Polynomring über $\mathbb{K}$ in n Variablen. Für $a = (a_1, \ldots, a_n) \in \mathbb{K}^n$ sei

$$\mathrm{ev}_a : \mathbb{K}[X_1, \ldots, X_n] \to \mathbb{K}, \quad f \mapsto f(a_1, \ldots, a_n)$$

die Auswertungsabbildung. Dann ist ev_a ein Homomorphismus von $\mathbb{K}$-Algebren.

Definition 7.1 (Algebraische Mengen)
Eine Teilmenge $V \subseteq \mathbb{K}^n$ heißt *algebraisch* oder, wenn man die Rolle des Körpers $\mathbb{K}$ betonen möchte, $\mathbb{K}$-*algebraisch,* wenn es ein Ideal $I \trianglelefteq \mathbb{K}[X_1, \ldots, X_n]$ mit

$$V = \mathrm{V}(I) := \{a \in \mathbb{K}^n \mid \forall f \in I : \ f(a) = 0\}$$

gibt. V heißt dann die *Verschwindungs-* oder *Nullstellenmenge* von I.

Bemerkung 7.2 (Zariski-Topologie auf $\mathbb{K}^n$)
Aus der Definition der Abbildung

$$\mathrm{V}\colon \{I \trianglelefteq \mathbb{K}[X_1,\ldots,X_n] \mid \text{Ideale}\} \longrightarrow \{X \subseteq \mathbb{K}^n \mid \text{Teilmengen}\}, \quad I \mapsto \mathrm{V}(I)$$

leitet man sofort die folgenden Eigenschaften von V ab:

(i) $\mathrm{V}(0) = \mathbb{K}^n$ und $\mathrm{V}(\mathbb{K}[X_1,\ldots,X_n]) = \emptyset$.
(ii) Aus $I \subseteq J$ folgt $\mathrm{V}(I) \supseteq \mathrm{V}(J)$.
(iii) $\mathrm{V}(I_1 \cap I_2) = \mathrm{V}(I_1) \cup \mathrm{V}(I_2)$.
(iv) $\mathrm{V}\big(\sum_{\lambda\in\Lambda} I_\lambda\big) = \bigcap_{\lambda\in\Lambda} \mathrm{V}(I_\lambda)$.

Als Konsequenz dieser Eigenschaften erhält man, dass die $\mathrm{V}(I)$ die abgeschlossenen Mengen einer Topologie bilden. Man nennt sie die *Zariski-Topologie* auf $\mathbb{K}^n$. □

Wir wollen Funktionen auf einer algebraischen Menge in $\mathbb{K}^n$ *polynomial* nennen, wenn sie als Einschränkung einer Polynomfunktion auf $\mathbb{K}^n$ geschrieben werden können.

Definition 7.3 (Polynomfunktionen auf algebraischen Mengen)
Sei $V \subseteq \mathbb{K}^n$ eine algebraische Menge. Eine Funktion $f : V \to \mathbb{K}$ heißt *Polynomfunktion,* wenn es ein Polynom $F \in \mathbb{K}[X_1,\ldots,X_n]$ mit $f = F|_V$ gibt, wobei $F|_V$ die Einschränkung der zu F gehörigen Polynomfunktion $\mathbb{K}^n \to \mathbb{K}$, $a \mapsto F(a)$ ist. Der Ring $\mathbb{K}[V] := \mathbb{K}[X_1,\ldots,X_n]/\mathrm{I}(V)$ mit dem *Verschwindungsideal*

$$\mathrm{I}(V) := \{f \in \mathbb{K}[X_1,\ldots,X_n] \mid \forall a \in V : f(a) = 0\} \trianglelefteq \mathbb{K}[X_1,\ldots,X_n]$$

von V heißt der *Koordinatenring* von V.

Die Definition des Koordinatenrings ist mit Vorsicht zu genießen. Obwohl sie in diversen Texten zur elementaren algebraischen Geometrie in genau dieser Form gebracht wird, liefert sie doch nur für unendliche Körper die gewünschten Ergebnisse. Das liegt an dem Unterschied zwischen Polynomen und Polynomfunktionen, der offenbar wird, wenn man Polynome in Punkten von $\mathbb{K}^n$ auswertet. Am leichtesten sieht man das in einer Variablen, wo zum Beispiel das Polynom $X^p - X$ mit Koeffizienten im p-elementigen Körper $\mathbb{K} = \mathbb{Z}/p\mathbb{Z}$ die Nullfunktion liefert. In diesem Fall liefert Definition 7.3 für $V = \mathbb{K}$ den Koordinatenring $\mathbb{K}[V] = \mathbb{K}[X]/(X^p - X)$, während der für die arithmetische Geometrie relevante Ring eigentlich $\mathbb{K}[X]$ ist. Sobald man voraussetzt, dass der Körper algebraisch abgeschlossen ist, verschwindet diese Problematik, weil algebraisch abgeschlossene Körper automatisch unendlich viele Elemente haben: Wenn $\mathbb{K}$ endlich ist, hat das Polynom $f(X) = 1 + \prod_{a\in\mathbb{K}}(X - a)$ keine Nullstelle in $\mathbb{K}$.

Bemerkung 7.4 (Koordinatenringe)
Sei $V \subseteq \mathbb{K}^n$ eine algebraische Menge.

(i) Da der Polynomring $\mathbb{K}[X_1, \ldots, X_n]$ eine endlich erzeugte $\mathbb{K}$-Algebra ist, ist auch sein Quotient $\mathbb{K}[V] = \mathbb{K}[X_1, \ldots, X_n]/\mathrm{I}(V)$ eine endlich erzeugte $\mathbb{K}$-Algebra.

(ii) Für $F, G \in \mathbb{K}[X_1, \ldots, X_n]$ gilt

$$F|_V = G|_V \quad \Leftrightarrow \quad F - G \in \mathrm{I}(V).$$

Damit ist $\mathbb{K}[V]$ ein Ring von Funktionen auf V. Genauer, $\mathbb{K}[V]$ ist der kleinste Ring, der die konstanten Funktionen und die Koordinatenfunktionen $a = (a_1, \ldots, a_n) \stackrel{x_j}{\longmapsto} a_j$ enthält.

(iii) Wenn für $f \in \mathbb{K}[V]$ gilt, dass $f^n = 0 \in \mathbb{K}[V]$, dann heißt das $\big(f(a)\big)^n = 0 \in \mathbb{K}$ für alle $a \in V$. Aber dann gilt auch $f(a) = 0$ für alle $a \in V$, also nach (ii) $f = 0$. Das bedeutet, in $\mathbb{K}[V]$ gibt es keine nilpotenten Elemente ungleich null. Definitionsgemäß bedeutet das, der Ring $\mathbb{K}[V]$ ist *reduziert*. □

Wir sammeln einige weitere Eigenschaften der Abbildung

$$\mathrm{I} : \{X \subseteq \mathbb{K}^n \mid \text{Teilmengen}\} \longrightarrow \{I \trianglelefteq \mathbb{K}[X_1, \ldots, X_n] \mid \text{Ideale}\}.$$

Proposition 7.5 (Verschwindungsideale)

(i) $\forall\, X \subseteq Y \subseteq \mathbb{K}^n : \quad \mathrm{I}(X) \supseteq \mathrm{I}(Y)$.
(ii) $\forall\, X \subseteq \mathbb{K}^n : \quad X \subseteq \mathrm{V}\big(\mathrm{I}(X)\big)$.
(iii) $X = \mathrm{V}\big(\mathrm{I}(X)\big)$ *gilt in (ii) genau dann, wenn X algebraisch ist.*
(iv) $\forall J \trianglelefteq \mathbb{K}[X_1, \ldots, X_n] : \quad J \subseteq \mathrm{I}\big(\mathrm{V}(J)\big)$.

Beweis Die Punkte (i), (ii) und (iv) folgen sofort aus den Definitionen. In (iii) folgt aus $X = \mathrm{V}\big(\mathrm{I}(X)\big)$ nach Definition sofort, dass X algebraisch ist. Umgekehrt, wenn X algebraisch ist, das heißt von der Form $X = \mathrm{V}(I)$ mit $I \trianglelefteq \mathbb{K}[X_1, \ldots, X_n]$, dann liefert (iv), dass $I \subseteq \mathrm{I}(X)$ und daher $\mathrm{V}\big(\mathrm{I}(X)\big) \subseteq \mathrm{V}(I) = X \subseteq \mathrm{V}\big(\mathrm{I}(X)\big)$ nach Bemerkung 7.2 und (ii). □

Bemerkung 7.6 (Zariski-Topologie auf einer algebraischen Menge)
Sei V eine algebraische Menge in $\mathbb{K}^n$. Wir betrachten die Abbildungen

$$\{I \trianglelefteq \mathbb{K}[V] \mid \text{Ideale}\} \underset{\mathrm{I}}{\overset{\mathrm{V}}{\rightleftarrows}} \{X \subseteq V \mid \text{Teilmengen}\},$$

die durch

$$\mathrm{V}(I) := \{a \in V \mid \forall\, f \in I : f(a) = 0\},$$
$$\mathrm{I}(X) := \{f \in \mathbb{K}[V] \mid \forall\, a \in X : f(a) = 0\}$$

definiert sind, und stellen fest, dass sich die Aussagen aus Bemerkung 7.2 und Proposition 7.5 verallgemeinern lassen. Sie müssen nur mit V statt $\mathbb{K}^n$ formuliert werden. Insbesondere sind die $\mathrm{V}(I)$ die abgeschlossenen Mengen einer Topologie auf V. Man nennt auch diese Topologie die *Zariski-Topologie*. □

Als Nächstes definieren wir polynomiale Abbildungen zwischen algebraischen Mengen.

Definition 7.7 (Polynomiale Abbildungen)
Seien $V \subseteq \mathbb{K}^n$, $W \subseteq \mathbb{K}^m$ algebraisch. Eine Abbildung $f : V \to W$ heißt *polynomial,* wenn es Polynome $F_1, \dots, F_m \in \mathbb{K}[X_1, \dots, X_n]$ mit $f(a) = \big(F_1(a), \dots, F_m(a)\big) \in \mathbb{K}^m$ für alle $a \in V$ gibt.

Eine polynomiale Abbildung $f: V \to W$ heißt ein *Isomorphismus* algebraischer Mengen, wenn es eine polynomiale Abbildung $g: W \to V$ mit $g \circ f = \mathrm{id}_V$ und $f \circ g = \mathrm{id}_W$ gibt.

Eine Abbildung $f: V \to W$ ist genau dann polynomial, wenn für alle $j = 1, \dots, m$ die Koordinatenfunktionen $f_j = y_j \circ f$ mit $y_j(b_1, \dots, b_m) = b_j$ polynomial sind, das heißt, wenn gilt $f_j \in \mathbb{K}[V]$.

Beispiel 7.8 (Polynomiale Abbildungen)

(i) $\varphi : \mathbb{K}^1 \to C \subseteq \mathbb{K}^3$, $t \mapsto (t^3, t^4, t^5)$ ist polynomial.
(ii) $\varphi : \mathbb{R}^1 \to \mathbb{R}^2$, $t \mapsto \frac{1}{t^2+1}(2t, t^2 - 1)$ ist nicht polynomial (Parametrisierung des Kreises; Abb. 7.1). □

Satz 7.9 (Polynomiale Abbildungen und Algebrenhomomorphismen)
Seien $V \subseteq \mathbb{K}^n$ und $W \subseteq \mathbb{K}^m$ algebraische Mengen.

(i) *Eine polynomiale Abbildung $f: V \to W$ induziert via $f^*(g) := g \circ f$ einen $\mathbb{K}$-Algebren-Homomorphismus $f^*: \mathbb{K}[W] \to \mathbb{K}[V]$.*
(ii) *Jeder $\mathbb{K}$-Algebren-Homomorphismus $\Phi: \mathbb{K}[W] \to \mathbb{K}[V]$ ist von der Form $\Phi = f^*$ für eine eindeutig bestimmte polynomiale Abbildung $f: V \to W$, das heißt,*

$$\{f: V \to W \mid polynomial\} \to \{\Phi: \mathbb{K}[W] \to \mathbb{K}[V] \,\big|\, \mathbb{K}\text{-}Algebren\text{-}Hom.\}$$
$$f \mapsto f^*$$

ist eine Bijektion.

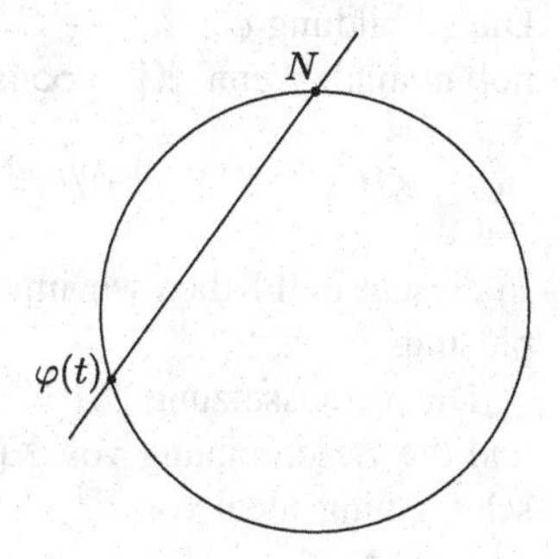

Abb. 7.1 Parametrisierung des Kreises

Beweis

(i) Sei f gegeben durch $(F_1, \ldots, F_m)$ und g durch $G \in \mathbb{K}[Y_1, \ldots, Y_m]$. Dann ist $g \circ f$ durch $G(F_1, \ldots, F_m)$ gegeben (man kann Polynome ineinander einsetzen), das heißt, $g \circ f$ ist polynomial, also in $\mathbb{K}[V]$. Offensichtlich gilt $f^*(a) = a$ für $a \in \mathbb{K}$ (konstante Funktion). Der Nachweis, dass f^* tatsächlich ein Algebrenhomomorphismus ist, sei dem Leser als Übung überlassen.

(ii) $y_j : W \to \mathbb{K}$ sei die j-te Koordinatenfunktion für $j = 1, \ldots, m$. Sie ist durch Auswertung der Polynome $Y_j \in \mathbb{K}[Y_1, \ldots, Y_m]$ gegeben, also polynomial. Setze $f_j := \Phi(y_j) \in \mathbb{K}[V]$ und $f := (f_1, \ldots, f_m) : V \to \mathbb{K}^m$. Zunächst wollen wir zeigen, dass $f(V) \subseteq W$. Dazu reicht es, für ein beliebiges $G \in \mathrm{I}(W) \subseteq \mathbb{K}[Y_1, \ldots, Y_m]$ zu zeigen, dass für alle $Q \in V$ gilt: $G(f_1(Q), \ldots, f_m(Q)) = 0$. Das heißt, man muss zeigen, dass $G(f_1, \ldots, f_m) = 0 \in \mathbb{K}[V]$. Betrachte dazu die Abbildung $G(y_1, \ldots, y_m) \in \mathbb{K}[W]$, die dadurch entsteht, dass man die Abbildungen $y_j \in \mathbb{K}[W]$ in G einsetzt. Weil $(y_1, \ldots, y_m)\colon W \to \mathbb{K}^m$ gerade die Einbettung von W in $\mathbb{K}^m$ ist und G im Verschwindungsideal von W liegt, gilt $G(y_1, \ldots, y_m) = 0$. Da Φ ein $\mathbb{K}$-Algebren-Homomorphismus ist, gilt

$$\begin{aligned} G(f_1, \ldots, f_m) &= G\big(\Phi(y_1), \ldots, \Phi(y_m)\big) = \Phi\big(G(y_1, \ldots, y_m)\big) \\ &= \Phi(0) = 0 \in \mathbb{K}[V]. \end{aligned}$$

Damit wissen wir jetzt $f(V) \subseteq W$, und zusammen ergibt sich, dass die Abbildung $f : V \to W$ polynomial ist.
Beachte: Es gilt $f^*(y_j) = f_j = \Phi(y_j)$, und die y_j erzeugen $\mathbb{K}[W]$, also haben wir $f^* = \Phi$. Der Nachweis der Eindeutigkeit sei dem Leser als Übung überlassen. □

Korollar 7.10 (Isomorphismen algebraischer Mengen)
Eine polynomiale Abbildung $f : V \to W$ ist genau dann ein Isomorphismus, wenn $f^* : \mathbb{K}[W] \to \mathbb{K}[V]$ ein $\mathbb{K}$-Algebren-Isomorphismus ist.

Beweis Wenn $g : W \to V$ mit $g \circ f = \mathrm{id}_V$, dann gilt $f^* \circ g^* = (g \circ f)^* = \mathrm{id}_V^* = \mathrm{id}_{\mathbb{K}(V)}$. Die umgekehrte Implikation folgt aus der Eindeutigkeitsaussage in Satz 7.9. □

Beispiel 7.11 (Polynomiale Abbildungen)
Die Abbildung $\varphi : \mathbb{K}^1 \to C := \{(a, b) \in \mathbb{K}^2 \mid b^2 = a^3\} \subseteq \mathbb{K}^2,\ t \mapsto (t^2, t^3)$ ist polynomial. Wenn $|\mathbb{K}| = \infty$ ist, dann gilt

$$\varphi^* : \mathbb{K}[C] = \mathbb{K}[Y_1, Y_2]/(Y_2^2 - Y_1^3) \to \mathbb{K}[\mathbb{K}^1] = \mathbb{K}[X], \quad y_1 \mapsto X^2,\ y_2 \mapsto X^3.$$

In diesem Fall haben wir $\mathrm{im}\,(\varphi^*) = \mathbb{K}[X^2, X^3] \subsetneq \mathbb{K}[X]$, also ist φ^* kein Isomorphismus.

Die Voraussetzung $|\mathbb{K}| = \infty$ wurde dabei für die Identifikation $\mathbb{K}[\mathbb{K}^1] = \mathbb{K}[X]$ und die Beschreibung von $\mathbb{K}[C]$ gebraucht. Im Falle von $\mathbb{K} = \{0, 1\}$ ist das Verschwindungsideal von $\mathbb{K}^1$ gleich $\big(X(X-1)\big) \trianglelefteq \mathbb{K}[X]$. Wenn x das Bild von X in

$\mathbb{K}[\mathbb{K}^1]$ ist, dann gilt in diesem Fall $x^2 = x$, also auch $x^3 = x$, und φ^* ist surjektiv. Beachte, dass $\mathbb{K}[\mathbb{K}^1] = \mathbb{K} + \mathbb{K}x$ nur zweidimensional ist. Das Verschwindungsideal $\mathrm{I}(C)$ von C wird in diesem Fall von $Y_1 - Y_2$ und $Y_1^2 - Y_1$ erzeugt (Übung). Man sieht außerdem, dass $C = \{(a, a) \in \mathbb{K}^2 \mid a \in \mathbb{K}\}$. Der Koordinatenring wird von $y_1 := Y_1 + \mathrm{I}(C)$ erzeugt und ist ebenfalls zweidimensional: $\mathbb{K}[C] = \mathbb{K} + \mathbb{K}y_1$. Wegen $\varphi^*(y_1) = x$ ist φ^* in diesem Fall also ein Isomorphismus. □

Übung 7.1 (Algebraische Mengen und $\mathbb{K}$-Algebren)
Sei $\mathbf{Alg}_{\mathbb{K}}^{\mathrm{fgr}}$ die volle Unterkategorie von $\mathbf{Alg}_{\mathbb{K}}$, deren Objekte die reduzierten endlich erzeugten $\mathbb{K}$-Algebren sind („fg" wie *finitely generated* und „r" wie *reduced*). Man zeige, dass die algebraischen Teilmengen von Räumen der Form $\mathbb{K}^n$ mit $n \in \mathbb{N}$ zusammen mit den polynomialen Abbildungen eine Kategorie $\mathbf{AM}_{\mathbb{K}}$ bilden und durch die Zuordnungen

$$V \mapsto \mathbb{K}[V], \quad f \mapsto f^*$$

ein volltreuer kontravarianter Funktor $\mathbf{AM}_{\mathbb{K}} \to \mathbf{Alg}_{\mathbb{K}}^{\mathrm{fgr}}$ definiert wird.

Im Allgemeinen liefert der Funktor aus Übung 7.1 keine Äquivalenz der Kategorien $\mathbf{AM}_{\mathbb{K}}$ und $\mathbf{Alg}_{\mathbb{K}}^{\mathrm{fgr}}$ (siehe Proposition 4.59). Wir werden aber zeigen, dass das für algebraisch abgeschlossenes $\mathbb{K}$ so ist. In diesem Fall finden wir zur jedem $V \in \mathrm{ob}(\mathbf{AM}_{\mathbb{K}})$ auch eine natürliche Garbe $\mathcal{O}_V$ von Ringen auf V, die $(V, \mathcal{O}_V)$ zu einem geringten Raum macht.

Der Hilbert'sche Nullstellensatz

Der Hilbert'sche Nullstellensatz ist das wesentliche Hilfsmittel für den Nachweis der Äquivalenz der Kategorien $\mathbf{AM}_{\mathbb{K}}$ und $\mathbf{Alg}_{\mathbb{K}}^{\mathrm{fgr}}$ für algebraisch abgeschlossenes $\mathbb{K}$. Das folgende Beispiel gibt einen Hinweis darauf, warum die algebraische Abgeschlossenheit von $\mathbb{K}$ in der Frage der Charakterisierung algebraischer Mengen durch Eigenschaften ihrer Koordinatenringe eine Rolle spielen könnte.

Beispiel 7.12 (Nullstellenmengen und Verschwindungsideale)

(i) Wenn $\mathbb{K}$ nicht algebraisch abgeschlossen ist und $f \in \mathbb{K}[X]$ weder Nullstellen in $\mathbb{K}$ hat noch konstant ist, dann ist $J := (f) \neq \mathbb{K}[X]$, aber wegen $\mathrm{V}(J) = \emptyset$ hat man $\mathrm{I}(\mathrm{V}(J)) = \mathbb{K}[X]$, das heißt $J \subsetneq \mathrm{I}(\mathrm{V}(J))$.
(ii) Für $\mathbb{R}^2$ und $f = X_1^2 + X_2^2$ gilt $\mathrm{V}(f) = \{0\} \subseteq \mathbb{R}^2$, aber $\mathrm{I}(\{0\}) = (X_1, X_2)$, das von X_1 und X_2 erzeugte Ideal. Insbesondere gilt also $(f) \subsetneq \mathrm{I}(\mathrm{V}(f))$.
(iii) Für $f \in \mathbb{K}[X_1, \ldots, X_n]$, $2 \leq m \in \mathbb{N}$ gilt $\mathrm{V}(f^m) = \mathrm{V}(f)$ und $f \in \mathrm{I}(\mathrm{V}(f^m))$, aber in der Regel nicht $f \in (f^m)$. □

Beispiel 7.12 liefert auch Hinweise auf die Formulierung des Nullstellensatzes. Es geht darum, Bedingungen zu formulieren, die aus V und I ein paar zueinander inverse Abbildungen machen. Man wird sich auf Ideale beschränken müssen, die mit einem Ringelement auch alle seine Wurzeln enthalten. Solche Ideale nennt man *Radikalideale.*

Definition 7.13 (Radikalideal)
Sei R ein Ring und $I \trianglelefteq R$ ein Ideal. Das *Radikal* von I ist

$$\mathrm{rad}(I) := \{f \in R \mid \exists n \in \mathbb{N} : f^n \in I\}.$$

Wenn $\mathrm{rad}(I) = I$, dann heißt I ein *Radikalideal.*

Bemerkung 7.14 (Radikalideale)
Sei R ein faktorieller Ring und $I \trianglelefteq R$ ein Ideal.

(i) $\mathrm{rad}(I)$ ist ein Ideal: Wenn $f, g \in \mathrm{rad}(I)$, dann gibt es $n, m \in \mathbb{N}$ mit $f^n, g^m \in I$ und

$$(f+g)^r = \sum_{l=0}^{r} \binom{r}{l} f^l\, g^{r-l} \in I \text{ für } r \geq n+m-1.$$

(ii) Wenn I prim ist, dann ist I ein Radikalideal: Aus $f^n \in I$ folgt nämlich $f^{n-1} \in I$ oder $f \in I$ etc.
(iii) Sei $f = \prod_j f_j^{n_j}$ mit irreduziblen (siehe Übung 1.8) f_j, von denen sich keines als Produkt eines anderen mit einer Einheit von R schreiben lässt. Dann gilt (Übung) für das Ideal $I = (f)$, dass $\mathrm{rad}(I) = (\prod f_j)$. □

Satz 7.15 (Hilbert'scher Nullstellensatz)
Sei $\mathbb{K}$ algebraisch abgeschlossen.

(i) I $\mathbb{K}[X_1, \ldots, X_n]$ *ist von der Form*

$$\mathfrak{m}_a := (X_1 - a_1, \ldots, X_n - a_n)$$

für ein $a = (a_1, \ldots, a_n) \in \mathbb{K}^n$, und $\mathfrak{m}_a$ ist das Verschwindungsideal von a.
(ii) *Sei $J \subsetneqq \mathbb{K}[X_1, \ldots, X_n]$ ein Ideal, dann gilt $\mathrm{V}(J) \neq \emptyset$.*
(iii) *Für jedes Ideal $J \trianglelefteq \mathbb{K}[X_1, \ldots, X_n]$ gilt $\mathrm{I}\big(\mathrm{V}(J)\big) = \mathrm{rad}(J)$.*

Der Beweis dieses Satzes erfordert relativ umfangreiche algebraische Vorbereitungen. Wenn wir ihn bewiesen haben, ergibt sich für algebraisch abgeschlossene Körper das folgende Diagramm:

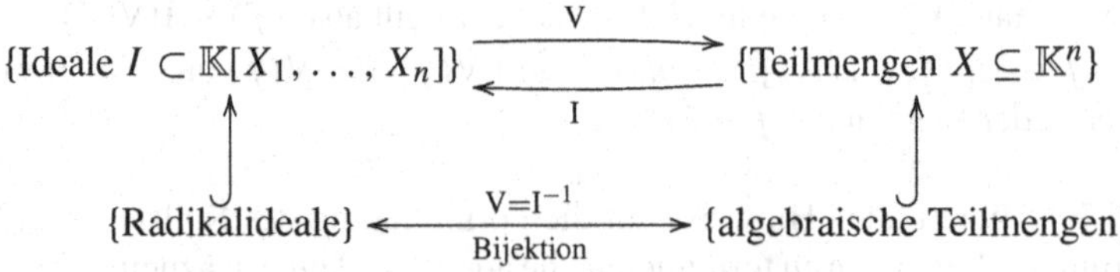

$$\begin{array}{ccc}
\{\text{Ideale } I \subset \mathbb{K}[X_1, \ldots, X_n]\} & \underset{\mathrm{I}}{\overset{\mathrm{V}}{\rightleftarrows}} & \{\text{Teilmengen } X \subseteq \mathbb{K}^n\} \\
\uparrow & & \uparrow \\
\{\text{Radikalideale}\} & \underset{\text{Bijektion}}{\overset{\mathrm{V}=\mathrm{I}^{-1}}{\longleftrightarrow}} & \{\text{algebraische Teilmengen}\}
\end{array}$$

Die wesentlichen begrifflichen Werkzeuge für den Beweis des Hilbert'schen Nullstellensatzes sind die *endlichen* und die *endlich erzeugten* R-Algebren.

Definition 7.16 (Endliche und endlich erzeugte Algebren)
Seien $R \subseteq A$ kommutative Ringe mit Eins.

(i) A heißt *endlich erzeugte R-Algebra,* wenn es $a_1, \ldots, a_n \in A$ mit $A = R[a_1, \ldots, a_n]$ gibt, das heißt, wenn A als Ring von R und $\{a_1, \ldots, a_n\}$ erzeugt ist.
(ii) A heißt eine *endliche R-Algebra,* wenn es $a_1, \ldots, a_n \in A$ mit

$$A = R\,a_1 + \ldots + R\,a_n$$

gibt, das heißt, wenn A als R-Modul von $\{a_1, \ldots, a_n\}$ erzeugt ist.

Die folgenden elementaren Eigenschaften von endlichen Algebren werden wir im Beweis des Hilbert'schen Nullstellensatzes wiederholt verwenden.

Proposition 7.17 (Endliche Algebren)

(i) *Seien $A \subseteq B \subseteq C$ kommutative Ringe mit Eins. Wenn B eine endliche A-Algebra und C eine endliche B-Algebra ist, dann ist C eine endliche A-Algebra.*
(ii) *Sei $A \subseteq B$ und B eine endliche A-Algebra sowie $x \in B$. Dann gibt es ein normiertes Polynom mit Koeffizienten in A, das x annulliert:*

$$x^n + a_{n-1}x^{n-1} + \ldots + a_0 = 0, \quad a_i \in A.$$

(iii) *Sei umgekehrt x die Nullstelle eines normierten Polynoms mit Koeffizienten in A, dann ist $B = A[x]$ eine endliche A-Algebra.*

Beweis (i) und (iii) seien dem Leser als Übung überlassen. Für (ii) sei $B = Ab_1 + \ldots + Ab_n$ und $x \in B$. Dann gilt $xb_i \in B$, das heißt, es gibt $a_{ij} \in A$ mit $xb_i = \sum_{j=1}^{n} a_{ij}b_j$ oder, anders geschrieben, $\sum_{j=1}^{n}(x\delta_{ij} - a_{ij})b_j = 0$. Setze $M_{ij} := x\delta_{ij} - a_{ij}$ und $\Delta := \det(M_{ij})_{i,j=1,\ldots,n}$. Wenn M^{adj} die aus der Cramer'schen Regel bekannte *adjunkte Matrix* zu M ist, dann gilt (Übung) $M^{\text{adj}}M\,b = \Delta b$, wobei $b = (b_1, \ldots, b_n)^\top$. Mit $M\,b = 0$ folgt also $\Delta b = 0$, das heißt $\Delta b_i = 0$ für alle $i = 1, \ldots, n$.

Beachte, dass $1_B \in B$ eine Linearkombination der b_i ist. Daher ist $\Delta 1_B = 0$ und daraus folgt $\Delta = 0$, das heißt

$$\det(x\delta_{ij} - a_{ij}) = 0.$$

Dies ist die gesuchte Relation. □

Jede endlich erzeugte $\mathbb{K}$-Algebra lässt sich als eine endliche Algebra über einem Polynomring schreiben. Wir werden das für Körper $\mathbb{K}$ mit unendlich vielen Elementen beweisen und daraus den Hilbertschen Nullstellensatz herleiten. Dazu führen wir das Konzept der algebraisch unabhängigen Elemente einer $\mathbb{K}$-Algebra ein.

Definition 7.18 (Algebraisch unabhängige Elemente)
Sei $\mathbb{K}$ ein Körper mit unendlich vielen Elementen und A eine $\mathbb{K}$-Algebra. Die Elemente $a_1, \dots, a_n \in A$ heißen *algebraisch unabhängig,* wenn für kein von Null verschiedenes Polynom $f \in \mathbb{K}[X_1, \dots, X_n]$ gilt $f(a_1, \dots, a_n) = 0$.

Wenn $a_1, \dots, a_n \in A$ algebraisch unabhängig sind, dann ist die Auswertungsabbildung $\mathbb{K}[X_1, \dots, X_n] \to \mathbb{K}[a_1, \dots, a_n]$ ein Isomorphismus von $\mathbb{K}$-Algebren.

Lemma 7.19 (Polynome)
Sei $\mathbb{K}$ ein Körper mit unendlich vielen Elementen und $0 \neq f \in \mathbb{K}[X_1, \dots, X_n]$. Dann gibt es ein $a \in \mathbb{K}^n$ mit $f(a) \neq 0$.

Beweis Wir nehmen ohne Beschränkung der Allgemeinheit an, dass X_n in f vorkommt:

$$f = \sum_{j=0}^{m} g_j\, X_n^j, \quad g_j \in \mathbb{K}[X_1, \dots, X_{n-1}], \quad g_m \neq 0.$$

Wir führen den Beweis mit Induktion über n: Für $n = 1$ hat $f \in \mathbb{K}[X_1]$ nur endlich viele Nullstellen. Für $n > 1$ gibt es ein $b \in \mathbb{K}^{n-1}$ mit $g_m(b) \neq 0$, also gilt $f(b, X_n) = \sum_j g_j(b) X_n^j \neq 0$. Damit gibt es ein $a_n \in \mathbb{K}$ mit $f(b, a_n) \neq 0$, das heißt, $a = (b, a_n)$ tut das Gewünschte. □

Lemma 7.19 zeigt insbesondere, dass für Körper mit unendlich vielen Elementen Polynome und Polynomfunktionen im Wesentlichen das Gleiche sind.

Satz 7.20 (Noether-Normalisierung)
Sei $\mathbb{K}$ ein Körper mit unendlich vielen Elementen und $A = \mathbb{K}[a_1, \dots, a_n]$ eine endlich erzeugte $\mathbb{K}$-Algebra. Dann existiert ein $m \leq n$ und $y_1, \dots, y_m \in A$ mit:

(a) *$y_1, \dots, y_m$ sind algebraisch unabhängig über $\mathbb{K}$.*
(b) *A ist eine endliche $\mathbb{K}[y_1, \dots, y_m]$-Algebra.*

Beweis Sei I der Kern der Auswertungsabbildung

$$\mathrm{ev}_a : \mathbb{K}[X_1, \dots, X_n] \to \mathbb{K}[a_1, \dots, a_n]$$

für $a = (a_1, \dots, a_n)$ und $0 \neq f \in I$ (für $I = \{0\}$ ist nichts zu zeigen). Setze

$$\left.\begin{array}{ll} a_1' & := a_1 - \alpha_1 a_n \\ & \vdots \\ a_{n-1}' & := a_{n-1} - \alpha_{n-1} a_n \end{array}\right\} \text{ mit } \alpha_j \in \mathbb{K}, \text{ die später passend gewählt werden.}$$

Dann gilt $0 = f(a_1' + \alpha_1 a_n, \dots, a_{n-1}' + \alpha_{n-1} a_n, a_n)$.

Behauptung: Es gibt $\alpha_0, \alpha_1, \ldots, \alpha_{n-1} \in \mathbb{K}$ so, dass

$$\alpha_0 f(X'_1 + \alpha_1 X_n, \ldots, X'_{n-1} + \alpha_{n-1} X_n, X_n) = X_n^k + \text{Terme niedrigerer Ord. in } X_n,$$

wenn f als Polynom in der Variablen X_n mit Koeffizienten im Ring $\mathbb{K}[X'_1, \ldots, X'_{n-1}]$ mit $X'_j := X_j - \alpha_j X_n$ für $j = 1, \ldots, n-1$ betrachtet wird.

Dazu setze $d := \deg_{X_1,\ldots,X_n} f$ und $f = F_d + G$ mit F_d homogen vom Grad d und $\deg G < d$. Wir rechnen

$$\begin{aligned} f(X_1, \ldots, X_{n-1}, X_n) &= f(X'_1 + \alpha_1 X_n, \ldots, X'_{n-1} + \alpha_{n-1} X_n, X_n) \\ &= F_d(\alpha_1, \ldots, \alpha_{n-1}, 1) X_n^d + \text{Terme niedrigerer Ord. in } X_n. \end{aligned}$$

Wenn $F_d(\alpha_1, \ldots, \alpha_{n-1}, \alpha_n) = 0$ für alle $\alpha = (\alpha_1, \ldots, \alpha_n) \in \mathbb{K}^n$ mit $\alpha_n \neq 0$ gilt, dann ist auch $F_d(\alpha_1, \ldots, \alpha_{n-1}, 0) = 0$, weil $F_d(\alpha_1, \ldots, \alpha_{n-1}, X)$ ein Polynom ist. Also gilt dann $F_d(\alpha_1, \ldots, \alpha_{n-1}, \alpha_n) = 0$ für alle $\alpha = (\alpha_1, \ldots, \alpha_n) \in \mathbb{K}^n$. Das ist aber wegen $F_d \neq 0$ nach Lemma 7.19 nicht der Fall. Es gibt also ein $\alpha = (\alpha_1, \ldots, \alpha_n) \in \mathbb{K}^n$ mit $\alpha_n \neq 0$ und $F_d(\alpha_1, \ldots, \alpha_{n-1}, \alpha_n) \neq 0$. Teilt man jetzt durch α_n, erhält man ein $(\alpha_1, \ldots, \alpha_{n-1}, 1) \in \mathbb{K}^n$ mit $F_d(\alpha_1, \ldots, \alpha_{n-1}, 1) \neq 0$. Damit folgt die Behauptung.

Seien jetzt die $\alpha_0, \ldots, \alpha_{n-1}$ so gewählt wie in der Behauptung. Dann ist

$$0 = a_n^k + \text{Terme niedrigerer Ordnung in } a_n,$$

wobei die Koeffizienten in $A' := \mathbb{K}[a'_1, \ldots, a'_{n-1}]$ liegen, eine normierte Gleichung für a_n über A'. Nach Proposition 7.17(iii) ist A endlich über A', weil $A = A'[a_n] = \mathbb{K}[a'_1, \ldots, a'_{n-1}, a_n]$. Der Beweis des Satzes geht jetzt mit Induktion über n: Für $n = 1$ gilt $A' = \mathbb{K}$, also ist A endlich über $\mathbb{K}$, und die Behauptung folgt mit $m = 0$. Für $n > 1$ folgt mit Induktion, dass A' eine endliche $\mathbb{K}[y_1, \ldots, y_m]$-Algebra ist, wobei die y_j algebraisch unabhängig sind. Nach Proposition 7.17(i) ist dann aber A eine endliche $\mathbb{K}[y_1, \ldots, y_m]$-Algebra, und der Satz ist bewiesen. □

Lemma 7.21 (Körper, die endliche Algebren sind)
Sei A ein Körper und $B \subseteq A$ ein Unterring. Wenn A eine endliche B-Algebra ist, dann ist B ein Körper.

Beweis Für $b \in B \setminus \{0\}$ gilt $b^{-1} \in A$, und es existiert nach Proposition 7.17 ein normiertes Polynom $f = \sum_{j=0}^{n} b_j X^j$ über B mit $b_n = 1$ und $f(b^{-1}) = 0$. Aber dann gilt

$$b^{-1} = -(b_{n-1} + b_{n-2} b + \ldots + b_0 b^{n-1}) \in B.$$

□

Lemma 7.22 (Körper, die endlich erzeugte Algebren sind)
Sei $\mathbb{K}$ ein Körper mit unendlich vielen Elementen und A eine endlich erzeugte $\mathbb{K}$-Algebra, das heißt von der Form $A = \mathbb{K}[a_1, \ldots, a_n]$. Wenn A ein Körper ist, dann ist A algebraisch über $\mathbb{K}$, das heißt, jedes Element von A ist Nullstelle eines Polynoms mit Koeffizienten in $\mathbb{K}$. Insbesondere gilt $A = \mathbb{K}$, wenn $\mathbb{K}$ algebraisch abgeschlossen ist.

Beweis Wir stellen zunächst fest, dass nach Satz 7.20 algebraisch unabhängige Elemente $y_1, \ldots, y_m \in A$ existieren, für die A eine endliche $\mathbb{K}[y_1, \ldots, y_m]$-Algebra ist. Wenn A ein Körper ist, so liefert Lemma 7.21, dass $\mathbb{K}[y_1, \ldots, y_m] \cong \mathbb{K}[X_1, \ldots, X_m]$ ein Körper ist. Aber dann muss $m = 0$ gelten, das heißt, A ist eine endliche $\mathbb{K}$-Algebra. Damit folgt die Behauptung aus Proposition 7.17(ii). □

Beweis (von Satz 7.15)

(i) Sei $\mathfrak{m} \subseteq \mathbb{K}[X_1, \ldots, X_n]$ ein maximales Ideal und $\mathbb{L} = \mathbb{K}[X_1, \ldots, X_n]/\mathfrak{m}$. Dann ist $\mathbb{L}$ ein Körper und wir setzen $\varphi := \pi \circ \iota : \mathbb{K} \to \mathbb{L}$ mit der Inklusion $\iota : \mathbb{K} \to \mathbb{K}[X_1, \ldots, X_n]$ und der kanonischen Quotientenabbildung $\pi : \mathbb{K}[X_1, \ldots, X_n] \to \mathbb{L}$. Die Abbildung φ ist als Ringhomomorphismus automatisch ein Körperhomomorphismus, also injektiv. $\mathbb{L}$ wird als Ring über $\varphi(\mathbb{K})$ durch $\pi(X_1), \ldots, \pi(X_n)$ erzeugt, also ist nach Lemma 7.22 $\varphi(\mathbb{K}) \subseteq \mathbb{L}$ eine algebraische Körpererweiterung. Weil mit $\mathbb{K}$ auch der isomorphe Körper $\varphi(\mathbb{K})$ algebraisch abgeschlossen ist, liefert Lemma 7.22 sogar $\varphi(\mathbb{K}) = \mathbb{L}$.
Sei jetzt $b_j \in \mathbb{L}$ das Bild von X_j und $a_j := \varphi^{-1}(b_j)$. Dann gilt

$$\pi(X_j - a_j) = \pi(X_j) - \pi \circ \iota(a_j) = \varphi(a_j) - \varphi(a_j) = 0,$$

das heißt $X_j - a_j \in \mathfrak{m}$ für $j = 1, \ldots, n$.

Für $a := (a_1, \ldots, a_n) \in \mathbb{K}^n$ gilt, dass $\mathfrak{m}_a := \mathrm{V}(a)$ der Kern von $\mathrm{ev}_a : \mathbb{K}[X_1, \ldots, X_n] \to \mathbb{K}$ ist. Weil ev_a surjektiv ist, gilt $\mathbb{K}[X_1, \ldots, X_n]/\mathfrak{m}_a \cong \mathbb{K}$, und $\mathfrak{m}_a$ ist nach Proposition 1.20 ein maximales Ideal in $\mathbb{K}[X_1, \ldots, X_n]$.
Indem man für $f \in \mathbb{K}[X_1, \ldots, X_n]$ die Taylor-Entwicklung in a betrachtet, erkennt man, dass $\ker(\mathrm{ev}_a) = (X_1 - a_1, \ldots, X_n - a_n)$ gilt. Also haben wir oben $\mathfrak{m}_a \subseteq \mathfrak{m}$ gezeigt. Die Maximalität von $\mathfrak{m}_a$ liefert dann die Gleichheit.

(ii) Sei $J \subsetneqq A = \mathbb{K}[X_1, \ldots, X_n]$ ein Ideal. Nach dem Lemma von Zorn ist J in einem maximalen Ideal $\mathfrak{m}$ enthalten, und nach (i) ist dieses von der Form $\mathfrak{m}_a$, sodass $a \in \mathrm{V}(J)$.

(iii) Sei $J \subsetneqq \mathbb{K}[X_1, \ldots, X_n]$ ein Ideal und $f \in \mathbb{K}[X_1, \ldots, X_n]$. Jetzt betrachte das Ideal

$$J_1 := (J, fY - 1) \subseteq \mathbb{K}[X_1, \ldots, X_n, Y].$$

Wenn $q = (a_1, \ldots, a_n, b) \in \mathrm{V}(J_1) \subseteq \mathbb{K}^{n+1}$, dann gilt $g(a_1, \ldots, a_n) = 0$ für alle $g \in J$ und $a := (a_1, \ldots, a_n) \in \mathrm{V}(J)$. Wegen $0 = (fY - 1)(q) =$

$f(a)b-1$ folgt $b = f(a)^{-1}$. Wenn wir aber $f \in \mathrm{I}(\mathrm{V}(J))$ gewählt haben, dann liefert dies $\mathrm{V}(J_1) = \emptyset$, und (ii) zeigt $J_1 = \mathbb{K}[X_1, \ldots, X_n, Y]$. Es folgt

$$1 = g_1 f_1 + g_0(fY - 1) \in \mathbb{K}[X_1, \ldots, X_n, Y] \qquad (*)$$

mit $f_1 \in J,\ g_0, g_1 \in \mathbb{K}[X_1, \ldots, X_n, Y]$.
Sei Y^N die höchste Potenz von Y, die in g_0 oder g_1 vorkommt. Man multipliziert $(*)$ mit f^N und erhält

$$f^N = G_1(X_1, \ldots, X_n, fY)f_1 + G_0(X_1, \ldots, X_n, fY)(fY - 1).$$

Mit

$$(fY)^k = (fY - 1 + 1)^k = \sum_{\ell=0}^{k} \binom{k}{\ell} (fY - 1)^\ell$$

liefert diese Gleichheit modulo $(fY - 1)$ ein Polynom $h \in \mathbb{K}[X_1, \ldots, X_n]$ mit

$$f^N + (fY-1) = h(X_1, \ldots, X_n)f_1 + (fY-1) \in \mathbb{K}[X_1, \ldots, X_n, Y]/(fY-1).$$

Beachte, dass die Verknüpfung

$$\mathbb{K}[X_1, \ldots, X_n] \hookrightarrow \mathbb{K}[X_1, \ldots, X_n, Y] \to \mathbb{K}[X_1, \ldots, X_n, Y]/(fY-1)$$

ein injektiver Ringhomomorphismus ist, weil $fY-1$ kein von Null verschiedenes Polynom in $\mathbb{K}[X_1, \ldots, X_n]$ teilen kann. Wegen $f, h, f_1 \in \mathbb{K}[X_1, \ldots, X_n]$ können wir die Gleichung $f^N = hf_1$ also auch in $\mathbb{K}[X_1, \ldots, X_n]$ lesen. Es folgt $f^N = h(X_1, \ldots, X_n)f_1 \in J$ und $f \in \operatorname{rad} J$, also $I(V(J)) \subseteq \operatorname{rad} J$. Die Umkehrung ist klar. □

Satz 7.23 (Algebraische Mengen und $\mathbb{K}$-Algebren)
*Sei $\mathbb{K}$ algebraisch abgeschlossen. Dann sind die Kategorien $\mathbf{Alg}_{\mathbb{K}}^{\mathrm{fgr}}$ und $\mathbf{AM}_{\mathbb{K}}$ äquivalent.*s

Beweis In Übung 7.1 haben wir gesehen, dass der durch die Zuordnungen

$$V \mapsto \mathbb{K}[V], \quad f \mapsto f^*$$

definierte (kontravariante) Funktor volltreu ist. Nach Proposition 4.59 bleibt nur zu zeigen, dass er auch essenziell surjektiv ist. Dazu müssen wir zu einer reduzierten endlich erzeugten $\mathbb{K}$-Algebra A eine algebraische Menge V finden, für die $\mathbb{K}[V]$ als $\mathbb{K}$-Algebra isomorph zu A ist.

Seien $a_1, \ldots, a_n \in A$ Erzeuger von A, das heißt, es gelte $A = \mathbb{K}[a_1, \ldots, a_n]$. Dann ist der Homomorphismus

$$\Phi : \mathbb{K}[X_1, \ldots, X_n] \to A, \quad F \mapsto F(a_1, \ldots, a_n)$$

von $\mathbb{K}$-Algebren surjektiv. Setze $I := \ker(\Phi)$. Dann gilt $A \cong \mathbb{K}[X_1, \ldots, X_n]/I$, und weil A reduziert ist, ist $I = \operatorname{rad}(I)$. Mit dem Hilbert'schen Nullstellensatz (siehe Satz 7.15) folgt $I = \mathrm{I}(\mathrm{V}(I))$, also

$$\mathbb{K}[\mathrm{V}(I)] = \mathbb{K}[X_1, \ldots, X_n]/\mathrm{I}(\mathrm{V}(I)) = \mathbb{K}[X_1, \ldots, X_n]/I \cong A.$$

□

Konstruktion der Strukturgarbe

Wir konstruieren die Ringe $\mathcal{O}_V(U)$ und ihre Einschränkungsabbildungen für eine algebraische Menge zunächst nur für die Elemente U einer Basis der Topologie und bauen erst dann daraus eine Garbe.

Definition 7.24 (Standardoffene Mengen)
Sei V eine algebraische Menge und $f \in \mathbb{K}[V]$. Dann heißt $D_V(f) := \{a \in V \mid f(a) \neq 0\}$ eine *standardoffene Menge*.

Wenn $\mathrm{V}(f)$ die Nullstellenmenge von f ist, die mit der Nullstellenmenge des von f erzeugten Hauptideals (f) übereinstimmt, dann gilt $D_V(f) = V \setminus \mathrm{V}(f)$. Also sind die standardoffenen Mengen in V tatsächlich offen bezüglich der Zariski-Topologie. Nach Bemerkung 7.6 gilt für jedes Ideal $I \trianglelefteq \mathbb{K}[V]$

$$\mathrm{V}(I) = \bigcap_{f \in I} \mathrm{V}(f),$$

also sieht man durch Komplementbildung, dass jede offene Menge Vereinigung von standardoffenen Mengen ist. In anderen Worten, die standardoffenen Mengen bilden eine Basis für die Zariski-Topologie.

Konstruktion 7.25 (Strukturgarbe algebraischer Mengen)
Sei V eine algebraische Menge und $0 \neq f \in \mathbb{K}[V]$. Die Abbildung $r : \mathbb{K}[V] \to \{h : D_V(f) \to \mathbb{K}\}$, $g \mapsto g|_{D_V(f)}$ ist ein Homomorphismus von $\mathbb{K}$-Algebren. Betrachte die Menge $S := \{f^n \mid n \in \mathbb{N}_0\}$, wobei $f^0 := 1$ gesetzt wird. Da $f \neq 0$ ist, ist $D_V(f) \neq \emptyset$, das heißt, es gibt ein $a \in V$ mit $f(a) \neq 0$. Aber dann ist auch $f^n(a) = (f(a))^n \neq 0$. Also gilt $0 \notin S$. Wegen $f^n f^m = f^{n+m} \in S$ erfüllt S die Voraussetzungen von Übung 1.4. Sei $\mathbb{K}[V]_f := S^{-1}\mathbb{K}[V]$ die resultierende Lokalisierung von $\mathbb{K}[V]$ in S und $\varphi_f : \mathbb{K}[V] \to \mathbb{K}[V]_f$, $g \mapsto \frac{g}{1}$ die Lokalisierungsabbildung, von der man sofort sieht, dass sie nicht nur ein Ringhomomorphismus ist, sondern sogar ein Homomorphismus von $\mathbb{K}$-Algebren, wenn man die skalare Multiplikation $c\frac{g}{f^n} := \frac{cg}{f^n}$ auf $\mathbb{K}[V]_f$ einführt.

Weil $f(a) \neq 0$ für alle $a \in D_V(f)$, ist die Funktion $f|_{D_V(f)}$ in der $\mathbb{K}$-Algebra $\{h : D_V(f) \to \mathbb{K}\}$ *aller* $\mathbb{K}$-wertigen Funktionen auf $D_V(f)$ invertierbar. Durch

$$\frac{g}{f^n} \mapsto g|_{D_V(f)}(f|_{D_V(f)})^{-n}$$

wird ein Homomorphismus $r_f : \mathbb{K}[V]_f \to \{h : D_V(f) \to \mathbb{K}\}$ von $\mathbb{K}$-Algebren definiert, der $r = r_f \circ \varphi_f$ erfüllt. Um die Wohldefiniertheit einzusehen, nehmen wir an, dass $\frac{g_1}{f^{n_1}} = \frac{g_2}{f^{n_2}}$. Dann gibt es ein $f^\ell \in S$ mit $f^\ell(g_1 f^{n_2} - g_2 f^{n_1}) = 0 \in \mathbb{K}[V]$. Da $f^\ell|_{D_V(f)}$ nirgendwo verschwindet, ist die Einschränkung von $g_1 f^{n_2} - g_2 f^{n_1}$ auf $D_V(f)$ gleich null. Dies wiederum zeigt $g_1|_{D_V(f)}(f|_{D_V(f)})^{-n_1} = g_2|_{D_V(f)}(f|_{D_V(f)})^{-n_2}$. Damit ist r_f wohldefiniert, die anderen Eigenschaften folgen dann sofort aus den Definitionen. Wenn $r_f\big(\frac{g}{f^n}\big) = 0$ ist, dann gilt $g|_{D_V(f)} = 0$ und damit $fg = 0$. Aber dann ist $g \in \ker(\varphi_f)$ und $\frac{g}{f^n} = 0 \in \mathbb{K}[V]_f$. Also ist r_f injektiv, und wir können $\mathbb{K}[V]_f$ als einen Ring von Funktionen auf $D_V(f)$ betrachten. Wir setzen

$$\mathcal{O}_V\big(D_V(f)\big) := \mathbb{K}[V]_f.$$

Als Nächstes konstruieren wir die Einschränkungsabbildungen. Seien dazu $f_1, f_2 \in \mathbb{K}[V]$ mit $D_V(f_1) \subseteq D_V(f_2)$ gegeben. Wir möchten gerne Elemente von $\mathcal{O}_V\big(D_V(f_2)\big) = \mathbb{K}[V]_{f_2}$ auf $D_V(f_1)$ einschränken, aber niemand garantiert uns, dass die so gewonnene Funktion auf $D_V(f_1)$ ein Element von $\mathcal{O}_V\big(D_V(f_1)\big) = \mathbb{K}[V]_{f_1}$ ist. An dieser Stelle kann uns der Hilbert'sche Nullstellensatz weiterhelfen: Es gilt $\mathrm{V}(f_2) \subseteq \mathrm{V}(f_1)$, also insbesondere $f_1 \in \mathrm{I}\big(\mathrm{V}(f_2)\big)$. Wenn wir jetzt wüssten, dass $f_1 \in \mathrm{rad}(f_2)$, dann könnten wir wie folgt vorgehen: Es gibt ein $g \in \mathbb{K}[V]$ und ein $n \in \mathbb{N}$ mit $f_1^n = f_2 g$. Insbesondere verschwindet g in keinem Punkt von $D_V(f_1)$. Wenn jetzt $\frac{u}{f_2^m} \in \mathbb{K}[V]_{f_2}$, dann gilt auf $D_V(f_1)$, dass $ug^m(f_2^m g^m)^{-1} = ug^m(f_1^{nm})^{-1} = \frac{ug^m}{f_1^{mn}} \in \mathbb{K}[V]_{f_1}$. Betrachtet als Abbildung, ist $\frac{ug^m}{f_1^{mn}}$ nichts anderes als die Einschränkung von $\frac{u}{f_2^m}$ auf $D_V(f_1)$. Also ist die Abbildung $\mathbb{K}[V]_{f_2} \to \mathbb{K}[V]_{f_1}$, $\frac{u}{f_2^m} \mapsto \frac{ug^m}{f_1^{mn}}$ ein wohldefinierter Homomorphismus von $\mathbb{K}$-Algebren.

Ab sofort setzen wir voraus, dass $\mathbb{K}$ *algebraisch abgeschlossen* ist. Mit dem obigen Argument wissen wir dann, dass die Einschränkung von $D_V(f_2)$ auf $D_V(f_1)$ einen Homomorphismus $\rho_{f_1,f_2} : \mathbb{K}[V]_{f_2} \to \mathbb{K}[V]_{f_1}$ von $\mathbb{K}$-Algebren liefert.

Um schließen zu können, dass man aus den $\mathcal{O}_V\big(D_V(f)\big)$ und ihren Einschränkungsabbildungen eine Garbe $U \mapsto \mathcal{O}_V(U)$ zusammensetzen kann, braucht man eine Verklebeeigenschaft für die $\mathcal{O}_V\big(D_V(f)\big)$. Sei also $D_V(f)$ eine standardoffene Menge, die als Vereinigung von standardoffenen Mengen $D_V(f_\alpha)$ mit $\alpha \in A$ geschrieben werden kann. Wir nehmen an, dass $\frac{g_\alpha}{f_\alpha^{n_\alpha}} \in \mathbb{K}[V]_{f_\alpha}$ gegeben sind, die als Funktionen auf Teilmengen von V verträglich sind:

$$\forall \alpha, \beta \in A : \quad \frac{g_\alpha}{f_\alpha^{n_\alpha}}\bigg|_{D_V(f_\alpha)\cap D_V(f_\beta)} = \frac{g_\beta}{f_\beta^{n_\beta}}\bigg|_{D_V(f_\alpha)\cap D_V(f_\beta)}. \tag{$*$}$$

Wir suchen ein $\frac{g}{f^n} \in \mathbb{K}[V]_f$ mit

$$\forall \alpha \in A : \quad \frac{g_\alpha}{f_\alpha^{n_\alpha}} = \frac{g}{f^n}\bigg|_{D_V(f_\alpha)}. \tag{$**$}$$

Wegen $D_V(f) = \bigcup_\alpha D_V(f_\alpha) = \bigcup_\alpha D_V(f_\alpha^2)$ gilt

$$\mathrm{V}(f) = \mathrm{V}\Big(\sum_\alpha \mathbb{K}[V] f_\alpha^2\Big),$$

und Satz 7.15 liefert, dass $f \in \mathrm{rad}\Big(\sum_\alpha \mathbb{K}[V] f_\alpha^2\Big)$. Also gibt es ein $n \in \mathbb{N}$ und $a_\alpha \in \mathbb{K}[V]$, von denen nur endlich viele von Null verschieden sind, mit $f^n = \sum_\alpha a_\alpha f_\alpha^2$. Wir setzen $g := \sum_\alpha a_\alpha g_\alpha f_\alpha \in \mathbb{K}[V]$ und behaupten, dass damit $(**)$ erfüllt ist.

Für $\alpha, \beta \in A$ gilt $D_V(f_\alpha) \cap D_V(f_\beta) = D_V(f_\alpha f_\beta)$, und aus $(*)$ folgt $f_\alpha f_\beta (g_\alpha f_\beta - g_\beta f_\alpha) = 0 \in \mathbb{K}[V]$. Damit rechnen wir

$$f_\beta^2 g = f_\beta^2 \sum_\alpha a_\alpha g_\alpha f_\alpha = \sum_\alpha a_\alpha g_\alpha f_\beta^2 f_\alpha = \sum_\alpha a_\alpha g_\beta f_\alpha^2 f_\beta = g_\beta f_\beta f^n.$$

Auf $D_V(f_\beta) \subseteq D_V(f)$ gilt also $f_\beta g = g_\beta f^n$ und damit $(**)$.

Die eben bewiesene Verklebeeigenschaft für die $\mathcal{O}_V\big(D_V(f)\big)$ zeigt, dass wir keine Zweideutigkeit schaffen, wenn wir jetzt für jede offene Teilmenge $U \subseteq V$

$$\mathcal{O}_V(U) := \{h : U \to \mathbb{K} \mid \forall a \in U\, \exists f \in \mathbb{K}[V] : \ a \in D_V(f) \subseteq U, h|_{D_V(f)} \in \mathbb{K}[V]_f\}$$

setzen. Damit wird $U \mapsto \mathcal{O}_V(U)$ zusammen mit den Einschränkungen von Funktionen zu einer Prägarbe von kommutativen $\mathbb{K}$-Algebren. Die Einschränkungs- und Verklebeeigenschaften der $\mathcal{O}_V\big(D_V(f)\big)$ zeigen dann aber auch, dass $\mathcal{O}_V$ eine Garbe ist. Also ist $(V, \mathcal{O}_V)$ ein geringter Raum. □

An dieser Stelle haben wir unser Minimalprogramm zur Beschreibung der lokalen Theorie algebraischer Varietäten über algebraisch abgeschlossenen Körpern abgearbeitet. Wir haben die lokalen Modelle mitsamt ihrer Struktur als geringte Räume konstruiert. Selbstverständlich gäbe es hier noch viele Eigenschaften dieser lokalen Modelle zu beschreiben, und in Texten, auch elementaren, zur algebraischen Geometrie wird das auch gemacht. Da es uns hier hauptsächlich darum geht, das Konzept einer algebraischen Varietät als einer durch geringte Räume beschriebenen lokalen Struktur zu erklären, schieben wir weitere Informationen über algebraische Mengen nur bei konkretem Bedarf nach. Insbesondere verzichten wir auf die Beschreibung von Tangentialräumen, die man in Analogie zur algebraischen Herangehensweise für Mannigfaltigkeiten konstruieren kann.

7.2 Algebraische Varietäten

Grundsätzlich ist eine algebraische Varietät über einem algebraisch abgeschlossenen Körper $\mathbb{K}$ ein $\mathbb{K}$-geringter Raum, der lokal isomorph zu einer $\mathbb{K}$-algebraischen Menge mit ihrer Strukturgarbe ist. Ähnlich wie im Falle der Mannigfaltigkeiten macht man aber auch noch topologische A-priori-Annahmen. Leider ist es so, dass sich dafür bis heute keine einheitlichen Konventionen durchgesetzt haben. Im Wesentlichen geht es um zwei Eigenschaften:

Quasikompaktheit: Damit bezeichnet man die endliche Überdeckungseigenschaft, das heißt, man verlangt, dass jede Überdeckung durch offene Mengen eine endliche Teilüberdeckung hat.

Separiertheit: Diese Eigenschaft ist eine Trennungseigenschaft im Sinne der Topologie, ein Verwandter der Hausdorff-Eigenschaft. Man kann sie so formulieren, dass man für eine Varietät X die Abgeschlossenheit von $\{(x, x) \in X \times X \mid x \in X\}$ in der Produktvarietät $X \times X$ fordert. Wäre die Topologie auf $X \times X$ die Produkttopologie, wäre das äquivalent zur Hausdorffeigenschaft. Die Produktvarietät ist aber ein kategorielles Produkt in der Kategorie der algebraischen Varietäten, und ihre Topologie ist *nicht* die Produkttopologie.

Die Schwierigkeit, die Separiertheit a priori zu beschreiben, erklärt, warum viele Autoren sie nicht in die Definition einer algebraischen Varietät mit aufnehmen oder aber zunächst den Begriff einer *Prävarietät* einführen und diesen so weit entwickeln, bis bis sie sagen können, was eine separierte Prävarietät ist, die sie dann eine Varietät nennen.

Einigkeit besteht dagegen bei der Quasikompaktheit, die alle Autoren in der einen oder anderen Form in die Definition mit einbeziehen. Damit man sieht, dass diese Setzung sinnvoll ist, muss man sich überlegen, ob die lokalen Modelle, die ja auch algebraische Varietäten sein sollen, diese Eigenschaft haben. Man kann das zum Beispiel aus der Noether-Eigenschaft von $\mathbb{K}$-algebraischen Mengen ableiten, die besagt, dass jede absteigende Folge von abgeschlossenen Teilmengen, und dementsprechend jede aufsteigende Folge von offenen Teilmengen, nach endlich vielen Schritten stationär wird. Die Noether-Eigenschaft von $\mathbb{K}$-algebraischen Mengen gilt ohne jede Voraussetzung an $\mathbb{K}$. Wir behandeln sie hier, obwohl die Quasikompaktheit algebraischer Mengen auch anders bewiesen werden könnte, weil sie eine für die algebraische Geometrie fundamentale Eigenschaft algebraischer Mengen ist.

Die Noether-Eigenschaft

Koordinatenringe algebraischer Mengen sind nicht nur endlich erzeugte $\mathbb{K}$-Algebren, sie haben auch ausschließlich endlich erzeugte Ideale, was sie zu sogenannten *Noether'schen Ringen* macht.

Definition 7.26 (Endlich erzeugte Ideale)
Sei R ein kommutativer Ring mit Eins und $I \trianglelefteq R$ ein Ideal. Dann heißt I *endlich erzeugt,* wenn es endlich viele Elemente $x_1, \dots, x_n \in I$ gibt, für die I das kleinste Ideal ist, das $x_1, \dots, x_n$ enthält.

Proposition 7.27 (Noether'sche Ringe)
Sei R ein kommutativer Ring mit Eins. Dann sind folgende Eigenschaften äquivalent:

(1) *Jedes Ideal $I \trianglelefteq R$ ist endlich erzeugt.*
(2) *Jede aufsteigende Folge $I_1 \subset I_2 \subset \dots$ von Idealen wird stationär.*
(3) *Jede nichtleere Teilmenge von Idealen in R hat ein maximales Element.*

Wenn sie erfüllt sind, heißt R ein Noether'scher Ring.

Beweis

(1) $\Rightarrow$ (2): $I := \bigcup_{j=1}^{\infty} I_j$ ist ein Ideal in R. Sei I von den Elementen $f_1, \dots, f_m$ erzeugt. Dann gibt es ein I_k mit $f_1, \dots, f_m \in I_k$, also gilt $I_k = I$ und $I_{k+n} = I_k$ für alle n.
(2) $\Rightarrow$ (3): Dies folgt direkt aus dem Lemma von Zorn.
(3) $\Rightarrow$ (1): Sei $I \trianglelefteq R$ ein Ideal und $\Sigma := \{J \subseteq I \mid J \text{ endlich erzeugtes Ideal}\}$ die Menge der endlich erzeugten Unterideale in I. Wegen (3) gibt es ein maximales Element J_o von Σ. Wenn $J_o \neq I$, dann gibt es ein $f \in I \setminus J_o$. Aber $J_o + Rf$ ist endlich erzeugt mit $J_o + Rf \subseteq I$, und dieser Widerspruch zur Maximalität von J_o beweist die Behauptung. □

Die Noether-Eigenschaft vererbt sich auf Quotienten und Lokalisierungen.

Proposition 7.28 (Noether'sche Ringe)
Sei R ein Noether'scher Ring.

(i) *Wenn $I \trianglelefteq R$ ein Ideal ist, dann ist der Quotientenring R/I noethersch.*
(ii) *Sei R ein Noether'scher Integritätsbereich und K der Quotientenkörper von R. Sei $0 \notin S \subseteq R$ eine Teilmenge und*

$$R[S^{-1}] := \left\{ \frac{a}{b} \in K \;\middle|\; a \in R, b = 1 \text{ oder ein Produkt von Elementen aus } S \right\}.$$

Dann ist $R[S^{-1}]$ ist ein Noether'scher Ring.

Beweis Übung. Hinweis zu (ii): Ein Ideal in $R[S^{-1}]$ ist vollständig durch seinen Schnitt mit R bestimmt. □

Die Noether-Eigenschaft vererbt sich auch auf Polynomringe. Das ist eine einfache Folgerung aus dem Hilbert'schen Basissatz.

Satz 7.29 (Hilbert'scher Basissatz)
Sei R ein kommutativer Ring mit Eins. Wenn R noethersch ist, dann ist auch der Polynomring $R[X]$ noethersch.

Beweis Sei $J \trianglelefteq R[X]$ ein Ideal und setze

$$I_n := \{a \in R \mid \exists\, f = aX^n + b_{n-1}X^{n-1} + \ldots + b_0 \in J\}.$$

Dann ist I_n ein Ideal für jedes $n \in \mathbb{N}_0$, und es gilt $I_n \subseteq I_{n+1}$ (multipliziere mit X). Nach Proposition 7.27 gibt es ein N mit $I_N = I_{N+k}$ für alle $k \in \mathbb{N}$. Jetzt konstruiere eine Erzeugermenge für J wie folgt: Seien $a_{i1}, \ldots, a_{im(i)}$ Erzeuger von I_i und $f_{ik} = a_{ik}X^i + \ldots \in J$ entsprechende Polynome.

Behauptung: $\mathcal{E} := \{f_{ik} \mid i = 0, \ldots, N,\ k = 1, \ldots, m(i)\}$ erzeugt J.
Wir zeigen dazu mit Induktion über $\deg(g)$, dass jedes $g \in J$ in dem von $\mathcal{E}$ erzeugten Ideal von $R[X]$ liegt. Wenn $g = 0$ ist, gibt es nichts zu zeigen. Sei also $0 \neq g \in J$ und $\deg(g) = m$. Dann gilt $g = bX^m + \ldots$ und $b \in I_m$. Also kann man $b = \sum_k c_{m'k}a_{m'k}$ mit $m' = m$ für $m \leq N$ und $m' = N$ sonst schreiben. Setze

$$g_1 := g - X^{m-m'} \sum_k c_{m'k} f_{m'k}. \qquad (*)$$

Dann gilt $\deg(g_1) \leq \deg(g) - 1$ für $m \geq 1$ und $g_1 = 0$ für $m = 0$. Im Fall $m = 0$ liefert $(*)$, dass $g = X^{m-m'} \sum_k c_{m'k} f_{m'k}$ in dem von $\mathcal{E}$ erzeugten Ideal liegt, das heißt den Induktionsanfang. Für $m > 0$ bekommt man mit Induktion, dass g_1 in dem von $\mathcal{E}$ erzeugten Ideal liegt. Also liegt auch g in diesem Ideal. □

Korollar 7.30 (Endlich erzeugte K-Algebren sind noethersch)
Sei $\mathbb{K}$ ein Körper, dann ist jede endlich erzeugte $\mathbb{K}$-Algebra ein Noether'scher Ring.

Beweis Sei A eine endlich erzeugte $\mathbb{K}$-Algebra, das heißt, es gibt $a_1, \ldots, a_n \in A$ mit $A = \mathbb{K}[a_1, \ldots, a_n]$. Dann gilt $A \cong \mathbb{K}[X_1, \ldots, X_n]/I$, wobei I der Kern der Auswertungsabbildung in $a = (a_1, \ldots, a_n) \in \mathbb{K}^n$ ist. Mit Proposition 7.28(i) und dem Hilbert'schen Basissatz folgt dann die Behauptung. □

Kombiniert man Proposition 7.28(i) mit Korollar 7.30, so erhält man, dass Koordinatenringe algebraischer Mengen noethersch sind.

Korollar 7.31 (Koordinatenringe sind noethersch)
Sei $\mathbb{K}$ ein Körper und $V \subseteq \mathbb{K}^n$ eine algebraische Menge, dann ist der Koordinatenring $\mathbb{K}[V]$ noethersch.

Es gibt auch eine topologische Interpretation dieser Eigenschaft.

Definition 7.32 (Noether'sche Räume)
Ein topologischer Raum $(X, \mathfrak{T})$ heißt *noethersch*, wenn jede absteigende Folge $K_1 \supseteq K_2 \supseteq \ldots$ abgeschlossener Teilmengen stationär wird.

Mit Bemerkung 7.6 sehen wir, dass für eine (Zariski-)abgeschlossene Teilmenge K einer algebraischen Menge $V \subseteq \mathbb{K}^n$ gilt: $K = \mathrm{V}(\mathrm{I}(K))$. Da I außerdem Inklusionen umdreht, wird aus einer absteigende Folge $K_1 \supseteq K_2 \supseteq \ldots$ abgeschlossener Teilmengen durch Anwendung von I eine aufsteigende Folge $\mathrm{I}(K_1) \subseteq \mathrm{I}(K_2) \subseteq \ldots$ von Idealen in $\mathbb{K}[V]$. Also liefert Korollar 7.31 die folgende Proposition.

Proposition 7.33 (Algebraische Mengen sind noethersch)
Algebraische Mengen sind bezüglich der Zariski-Topologie noethersch.

Prävarietäten über algebraisch abgeschlossenen Körpern

Wir folgen der Traditionslinie, zunächst Prävarietäten einzuführen, die Theorie so weit zu entwickeln, dass wir eine saubere Definition der Separiertheit angeben können, und dann algebraische Varietäten als separierte Prävarietäten zu definieren.

Definition 7.34 (Prävarietät)
Sei $\mathbb{K}$ ein algebraisch abgeschlossener Körper. Ein quasikompakter $\mathbb{K}$-geringter Raum $(X, \mathcal{O}_X)$ heißt eine *Prävarietät* oder, falls man die Rolle des Körpers betonen will, $\mathbb{K}$-*Prävarietät,* wenn er lokal isomorph zu einer $\mathbb{K}$-algebraischen Menge mit ihrer Strukturgarbe ist.

Ein Morphismus zwischen zwei Prävarietäten ist ein Morphismus von $\mathbb{K}$-geringten Räumen. Damit erhält man die Kategorie $\mathbf{PVar}_{\mathbb{K}}$ als volle Unterkategorie der $\mathbf{RSp}_{\mathbb{K}}$ der $\mathbb{K}$ geringten Räume.

Im Folgenden wird $\mathbb{K}$ immer algebraisch abgeschlossen sein. Wegen Proposition 7.33 ist jede $\mathbb{K}$-algebraische Menge zusammen mit ihrer Strukturgarbe eine Prävarietät.

Beispiel 7.35 (Affine $\mathbb{K}$-Varietäten)
Sei A eine reduzierte endlich erzeugte $\mathbb{K}$-Algebra. Wir wissen aus Satz 7.23, dass die Kategorien $\mathbf{Alg}_{\mathbb{K}}^{\mathrm{fgr}}$ und $\mathbf{AM}_{\mathbb{K}}$ äquivalent sind. Also muss es zu A eine algebraische Menge V mit $\mathbb{K}[V] \cong A$ geben. Wir wollen die Konstruktion hier direkt angeben und die Strukturgarbe von V gleich mitliefern. Das Ergebnis werden wir eine *affine Varietät* nennen.

Wir bezeichnen die Menge aller maximalen Ideale $\mathfrak{m} \trianglelefteq A$ mit $\mathrm{Spm}(A)$. Definiert man für ein Ideal $I \trianglelefteq A$ die Verschwindungsmenge

$$\mathrm{V}(I) := \{\mathfrak{m} \in \mathrm{Spm}(R) \mid I \subseteq \mathfrak{m}\},$$

so leitet man für V sofort die folgenden Eigenschaften ab (Übung; siehe auch Bemerkung 7.2):

(i) $\mathrm{V}(0) = \mathrm{Spm}(A)$ und $\mathrm{V}(A) = \emptyset$.
(ii) Aus $I \subseteq J$ folgt $\mathrm{V}(I) \supseteq \mathrm{V}(J)$.
(iii) $\mathrm{V}(I_1 \cap I_2) = \mathrm{V}(I_1) \cup \mathrm{V}(I_2)$.
(iv) $\mathrm{V}\big(\sum_{\lambda\in\Lambda} I_\lambda\big) = \bigcap_{\lambda\in\Lambda} \mathrm{V}(I_\lambda)$.

Insbesondere bilden die Mengen $\mathrm{V}(I)$ für $I \trianglelefteq A$ die abgeschlossenen Mengen einer Topologie $\mathfrak{Z}$ auf $\mathrm{Spm}(A)$, die wir auch hier die *Zariski-Topologie* nennen.

Für $\mathfrak{m} \in \mathrm{Spm}(A)$ ist die Abbildung $\mathbb{K} \to A/\mathfrak{m},\ c \mapsto c \cdot 1 + \mathfrak{m}$ nach Lemma 7.22 ein Isomorphismus, das heißt, wir können $A/\mathfrak{m}$ mit $\mathbb{K}$ identifizieren. Für $f \in A$ schreiben wir $f(\mathfrak{m})$ anstatt $f + \mathfrak{m} \in A/\mathfrak{m}$ und setzen

$$D(f) := \{\mathfrak{m} \in \mathrm{Spm}(A) \mid f(\mathfrak{m}) \neq 0\} = \{\mathfrak{m} \in \mathrm{Spm}(A) \mid f \notin \mathfrak{m}\}.$$

Da maximale Ideale prim sind, gilt $D(fg) = D(f) \cap D(g)$ für $f, g \in A$. Dies zeigt, dass die $D(f)$ mit $f \in A$ die Basis einer Topologie auf $\mathrm{Spm}(A)$ definieren. Da aber $\mathfrak{m} \notin D(f)$ äquivalent zu $f \in \mathfrak{m}$ ist, ist das Komplement von $D(f)$ gerade die Verschwindungsmenge $\mathrm{V}(f)$ des von f erzeugten Hauptideals. Also sind die $D(f)$ alle Zariski-offen. Wegen (iv) ist das Komplement von $\mathrm{V}(I)$ gleich der Vereinigung der Verschwindungsmengen eines (beliebigen) Erzeugendensystems von I, also bilden die $D(f)$ eine Basis der Zariski-Topologie.

Jedes Paar $g, h \in A$ definiert eine Funktion $D(h) \to \mathbb{K},\ \mathfrak{m} \mapsto \frac{g(\mathfrak{m})}{h(\mathfrak{m})}$, und für eine offene Menge $U \in \mathfrak{Z}$ definieren wir $\mathcal{O}_{\mathrm{Spm}(A)}(U)$ als die Menge der Funktionen $U \to \mathbb{K}$, die lokal von dieser Form sind, und nennen diese Funktionen *regulär*. Damit erhält man einen geringten Raum.

Die Konstruktion von $(\mathrm{Spm}(A), \mathcal{O}_{\mathrm{Spm}(A)})$ ist funktoriell: Wenn $\psi : A \to B$ ein Homomorphismus von $\mathbb{K}$-Algebren ist (beide endlich erzeugt und reduziert), dann gilt

$$\forall\, \mathfrak{n} \in \mathrm{Spm}(B) : \quad \psi^{-1}(\mathfrak{n}) \in \mathrm{Spm}(A),$$

weil $A/\psi^{-1}(\mathfrak{n}) \to B/\mathfrak{n} = \mathbb{K}$ ein injektiver Homomorphismus von $\mathbb{K}$-Algebren ist, was $A/\psi^{-1}(\mathfrak{n}) = \mathbb{K}$ impliziert. Also haben wir eine Abbildung $\psi^\sharp : \mathrm{Spm}(B) \to \mathrm{Spm}(A),\ \mathfrak{n} \mapsto \psi^{-1}(\mathfrak{n})$, für die

$$\forall\, f \in A : \quad (\psi^\sharp)^{-1}\big(D(f)\big) = \{\mathfrak{n} \in \mathrm{Spm}(B) \mid \psi^{-1}(\mathfrak{n}) \in D(f)\} = D\big(\psi(f)\big)$$

gilt, weil $f \notin \psi^{-1}(\mathfrak{n})$ genau dann gilt, wenn $\psi(f) \notin \mathfrak{n}$. Das zeigt, dass $\psi^\sharp$ stetig ist. Durch Verknüpfung mit $\psi^\sharp$ erhält man (Übung) eine Familie von Abbildungen

$$\psi_U : \mathcal{O}_{\mathrm{Spm}(A)}\big(D(f)\big) \to \mathcal{O}_{\mathrm{Spm}(B)}\big(D(\psi(f))\big), \quad h \mapsto h \circ \psi^\sharp,$$

die einen Garbenmorphismus $\tilde{\psi}$ definiert. Das Paar $(\psi^\sharp, \tilde{\psi})$ ist dann ein Morphismus von geringten Räumen.

Man beachte, dass die Wahl von Erzeugern $f_1, \ldots, f_n \in A$ von A zu einer injektiven Abbildung $\mathrm{Spm}(A) \to \mathbb{K}^n,\ \mathfrak{m} \mapsto \big(f_1(\mathfrak{m}), \ldots, f_n(\mathfrak{m})\big)$ führt, deren Bild genau die $\mathbb{K}$-algebraische Menge ist, die im Beweis von Satz 7.23 konstruiert wurde. Der Vergleich mit Konstruktion 7.25 zeigt dann auch, dass die Strukturgarbe von dort mit der hier gegebenen übereinstimmt (Details als Übung).

Während der Beweis von Satz 7.23 zur Äquivalenz von $\mathbf{Alg}_{\mathbb{K}}^{\mathrm{fgr}}$ und $\mathbf{AM}_{\mathbb{K}}$ sich auf die essenzielle Surjektivität des Funktors $V \mapsto \mathbb{K}[V]$ und Proposition 4.59

stützte, haben wir hier den quasiinversen Funktor $A \mapsto \mathrm{Spm}(A)$ angegeben, der die Äquivalenz bewirkt.

Ein Vorteil der hier gegebenen Beschreibung ist, dass sie nicht auf eine Einbettung in einem $\mathbb{K}^n$ Bezug nimmt. Wir bezeichnen die $\mathbb{K}$-geringten Räume der Form $(\mathrm{Spm}(A), \mathcal{O}_{\mathrm{Spm}(A)})$ mit reduzierter, endlich erzeugter $\mathbb{K}$-Algebra A als *affine Varietät* und bemerken, dass es sich um eine Prävarietät handelt. Man verzichtet auf die Vorsilbe „Prä", weil sich später (siehe Beispiel 7.41) herausstellen wird, dass jede affine Varietät automatisch separiert und daher eine Varietät ist. Die volle Unterkategorie von $\mathbf{PVar}_{\mathbb{K}}$, deren Objekte die affinen $\mathbb{K}$-Varietäten sind, bezeichnen wir mit $\mathbf{Var}_{\mathbb{K}}^{\mathrm{aff}}$.

Die Äquivalenz von $\mathbf{Var}_{\mathbb{K}}^{\mathrm{aff}}$ und $\mathbf{Alg}_{\mathbb{K}}^{\mathrm{fgr}}$ zeigt, dass jeder Morphismus

$$(\varphi, \varphi^\flat) : (\mathrm{Spm}(A), \mathcal{O}_{\mathrm{Spm}(A)}) \to (\mathrm{Spm}(B), \mathcal{O}_{\mathrm{Spm}(B)})$$

von der oben beschriebenen Form ist (man vergleiche das auch mit dem Beweis von Satz 7.9). Das heißt, der Garbenmorphismus $\varphi^\flat : \mathcal{O}_{\mathrm{Spm}(B)} \to \varphi_* \mathcal{O}_{\mathrm{Spm}(A)}$ ist durch

$$\varphi_U^\flat : \mathcal{O}_{\mathrm{Spm}(B)}(U) \to (\varphi_* \mathcal{O}_{\mathrm{Spm}(A)})(U) = \mathcal{O}_{\mathrm{Spm}(A)})\big(\varphi^{-1}(U)\big), \quad h \mapsto h \circ \varphi|_{\varphi^{-1}(U)}$$

für offenes $U \subseteq \mathrm{Spm}(B)$ gegeben. Also ist $\varphi^\flat$ vollkommen durch φ bestimmt. Man sagt in dieser Situation einfach, $\varphi : \mathrm{Spm}(A) \to \mathrm{Spm}(B)$ ist eine *reguläre Abbildung*, und schreibt auch nur $\varphi : \mathrm{Spm}(A) \to \mathrm{Spm}(B)$ statt $(\varphi, \varphi^\flat) : (\mathrm{Spm}(A), \mathcal{O}_{\mathrm{Spm}(A)}) \to (\mathrm{Spm}(B), \mathcal{O}_{\mathrm{Spm}(B)})$. □

Bemerkung 7.36 (Affine offene Mengen)

(i) Sei $(V, \mathcal{O}_V) = (\mathrm{Spm}(A), \mathcal{O}_{\mathrm{Spm}(A)})$ eine affine $\mathbb{K}$-Varietät. Dann ist für jedes $f \in \mathbb{K}[V]$ die Einschränkung $\big(D_V(f), \mathcal{O}_V|_{D_V(f)}\big)$ auch eine affine $\mathbb{K}$-Varietät. Konstruktion 7.25 zeigt nämlich, dass $\big(D_V(f), \mathcal{O}_V|_{D_V(f)}\big)$ isomorph zu $(\mathrm{Spm}(\mathbb{K}[V]_f), \mathcal{O}_{\mathrm{Spm}(\mathbb{K}[V]_f})$ ist.

(ii) Eine offene Teilmenge $U \subseteq X$ einer $\mathbb{K}$-Prävarietät $(X, \mathcal{O}_X)$ heißt *affine Teilmenge* von X, wenn $(U, \mathcal{O}_X|_U)$ isomorph zu einer affinen Varietät ist. Die affinen Teilmengen von X bilden eine Basis der Topologie von X. Um das einzusehen, wählen wir eine offene Teilmenge $U \subseteq X$ und betrachten ein $x \in U$. Nach Definition hat x eine offene Umgebung U' in X, für die $(U', \mathcal{O}_X|_{U'})$ isomorph zu einer affinen Varietät ist. Da $U \cap U'$ offen in U' ist, gibt es nach (i) eine affine Umgebung von x, die in $U \cap U'$ enthalten ist. Da $x \in U$ beliebig gewählt war, ist U die Vereinigung von affinen Mengen.

(iii) Wenn $(\varphi, \varphi^\flat) : (X, \mathcal{O}_X) \to (Y, \mathcal{O}_Y)$ ein Morphismus zwischen $\mathbb{K}$-Prävarietäten ist, dann betrachtet man für eine affine offene Menge $V \subseteq Y$ eine affine offene Menge $U \subseteq X$, die in $\varphi^{-1}(V)$ enthalten ist. Man erhält dann eine Einschränkung $(\varphi|_U, \varphi^\flat|_{\mathcal{O}_Y|_V}) : (U, \mathcal{O}_X|_U) \to (V, \mathcal{O}_Y|_V)$, die nach Beispiel 7.35(iii) einfach als reguläre Abbildung $\varphi|_U : U \to V$ betrachtet werden kann. Da diese Einschränkungen den Morphismus $(\varphi, \varphi^\flat)$ vollständig bestimmen, wird auch $\varphi^\flat$ durch φ vollständig festgelegt, und wir können die Konvention, nur von einer *regulären Abbildung* $\varphi : X \to Y$ zu sprechen, auch für Prävarietäten übernehmen. □

Beispiel 7.37 (Verkleben von Prävarietäten)
Sei $(X, \mathfrak{T})$ ein topologischer Raum und $\{U_i \in \mathfrak{T} \mid i \in I\}$ eine offene Überdeckung von X. Weiter seien $\mathcal{O}_{U_i}$ für $i \in I$ Garben über U_i, die $(U_i, \mathcal{O}_{U_i})$ zu $\mathbb{K}$-Prävarietäten machen. Außerdem sei

$$\left\{\varphi_{ij} : \mathcal{O}_{U_j}|_{U_i \cap U_j} \to \mathcal{O}_{U_i}|_{U_i \cap U_j} \;\middle|\; i, j \in I\right\}$$

ein Satz von Klebedaten (siehe Beispiel 5.13) in der Kategorie der Garben von $\mathbb{K}$-Algebren. Dann ist die Verklebung $\mathcal{O}_X$ eine Garbe von $\mathbb{K}$-Algebren über X mit $\mathcal{O}_X|_{U_i} = \mathcal{O}_{U_i}$. Also ist $(X, \mathcal{O}_X)$ ein $\mathbb{K}$-geringter Raum und, falls I endlich ist, sogar eine $\mathbb{K}$-Prävarietät. □

Man kann Produkte von affinen Varietäten bilden. Dabei kommen zwar keine neuen Beispiele für Varietäten heraus – nämlich wieder nur affine Varietäten –, aber durch Verkleben kann man dann auch Produkte von Prävarietäten bilden und erhält so eine Maschine, die neue Beispiele generiert.

Beispiel 7.38 (Produkte von affinen Varietäten)
Seien $(X, \mathcal{O}_X)$, $(Y, \mathcal{O}_Y)$ zwei affine algebraische $\mathbb{K}$-Varietäten. Dann gibt es ein kategorielles Produkt von $(X, \mathcal{O}_X)$ und $(Y, \mathcal{O}_Y)$ in $\mathbf{Var}_{\mathbb{K}}^{\text{aff}}$ (siehe Definition 4.26). Das bedeutet, es gibt eine bis auf Isomorphie eindeutig bestimmte affine Varietät $(Z, \mathcal{O}_Z)$, die folgende universelle Eigenschaft besitzt:

$$\begin{array}{ccc}
(Z, \mathcal{O}_Z) & \longrightarrow & (X, \mathcal{O}_X) \\
\downarrow & \overset{\exists! \Phi_Z}{\nwarrow} & \uparrow {\scriptstyle \forall \Phi_X} \\
(Y, \mathcal{O}_Y) & \underset{\forall \Phi_Y}{\longleftarrow} & (W, \mathcal{O}_W)
\end{array}$$

Wir schreiben dann $(X \times Y, \mathcal{O}_{X \times Y})$ für $(Z, \mathcal{O}_Z)$.

Man beachte hier, dass die Produkttopologie für algebraische Varietäten nicht geeignet ist, denn sie liefert zum Beispiel auf dem mengentheoretischen Produkt zweier Räume der Form $\mathbb{K}^n$ und $\mathbb{K}^m$ nicht die Zariski-Topologie auf dem resultierenden affinen Raum $\mathbb{K}^{n+m}$.

Für $X = \mathrm{Spm}(A)$ und $Y = \mathrm{Spm}(B)$ setzen wir $Z := \mathrm{Spm}(C)$ mit $C = A \otimes_{\mathbb{K}} B$. Wendet man jetzt den kontravarianten Funktor Spm auf das kategorielle Summendiagramm von Tensorprodukten von kommutativen Algebren an (siehe Beispiel 4.31), so erhält man das kategorielle Produktdiagramm von affinen Varietäten. Da Spm eine Äquivalenz von Kategorien induziert, ist $(Z, \mathcal{O}_Z) = (\mathrm{Spm}(C), \mathcal{O}_{\mathrm{Spm}(C)})$ das kategorielle Produkt von $(X, \mathcal{O}_X)$ und $(Y, \mathcal{O}_Y)$ in $\mathbf{Var}_{\mathbb{K}}^{\text{aff}}$. □

Proposition 7.39 (Produkt von Prävarietäten)
In der Kategorie $\mathbf{PVar}_{\mathbb{K}}$ *gibt es ein kategorielles Produkt.*

Beweis Seien $(X, \mathcal{O}_X)$ und $Y, \mathcal{O}_Y)$ zwei $\mathbb{K}$-Prävarietäten und $(U_\alpha)_{\alpha \in A}$ sowie $(V_\beta)_{\beta \in B}$ Überdeckungen von X bzw. Y durch offene affine Teilmengen. Betrachte die affinen Produktvarietäten $(U_\alpha \times V_\beta, \mathcal{O}_{U_\alpha \times V_\beta})$ für $(\alpha, \beta) \in A \times B$, die in Beispiel 7.38 konstruiert wurden. Die universellen Eigenschaften dieser Produkte zeigen, dass

$$\mathcal{O}_{U_\alpha \times V_\beta}|_{(U_\alpha \times V_\beta) \cap (U_{\alpha'} \times V_{\beta'})} = \mathcal{O}_{U_{\alpha'} \times V_{\beta'}}|_{(U_\alpha \times V_\beta) \cap (U_{\alpha'} \times V_{\beta'})}.$$

Also kann man die Garben $\mathcal{O}_{U_\alpha \times V_\beta}$ für $(\alpha, \beta) \in A \times B$ verkleben und erhält eine Garbe $\mathcal{O}_{X \times Y}$ über $X \times Y$, die $X \times Y$ nach Beispiel 7.37 zu einer Prävarietät macht.

Um zu zeigen, dass $(X \times Y, \mathcal{O}_{X \times Y})$ ein kategorielles Produkt von $(X, \mathcal{O}_X)$ und $Y, \mathcal{O}_Y)$ ist, betrachten wir das Diagramm

$$\begin{array}{ccc}
(X \times Y, \mathcal{O}_{X \times Y}) & \longrightarrow & (X, \mathcal{O}_X) \\
\downarrow & \overset{\exists ? \Phi}{\nwarrow} & \uparrow \forall \Phi_X \\
(Y, \mathcal{O}_Y) & \underset{\forall \Phi_Y}{\longleftarrow} & (W, \mathcal{O}_W)
\end{array}$$

aus dem wir durch Einschränkungen für $(\alpha, \beta) \in A \times B$ wegen der universellen Eigenschaft von $(U_\alpha \times V_\beta, \mathcal{O}_{U_\alpha \times V_\beta})$ das Diagramm

$$\begin{array}{ccc}
(U_\alpha \times V_\beta, \mathcal{O}_{U_\alpha \times V_\beta}) & \longrightarrow & (U_\alpha, \mathcal{O}_{U_\alpha}) \\
\downarrow & \overset{\exists ! \Phi_{\alpha,\beta}}{\nwarrow} & \uparrow \forall \Phi_X \\
(V_\beta, \mathcal{O}_{V_\beta}) & \underset{\forall \Phi_Y}{\longleftarrow} & (W_{\alpha,\beta}, \mathcal{O}_{W_{\alpha,\beta}})
\end{array}$$

gewinnen. Die $\Phi_{\alpha,\beta}$ sind verträglich und lassen sich zu einem Morphismus $\Phi : (W, \mathcal{O}_W) \to (X \times Y, \mathcal{O}_{X \times Y})$ zusammensetzen. Die Eindeutigkeit folgt aus der lokalen Eindeutigkeit. □

Varietäten über algebraisch abgeschlossenen Körpern

Die Produkte von Prävarietäten liefern nicht nur neue Beispiele für Prävarietäten, sie erlauben uns auch, die Separiertheit von Prävarietäten sauber zu definieren und somit endlich das Konzept einer Varietät einzuführen.

Definition 7.40 (Algebraische Varietäten)
Eine $\mathbb{K}$-Prävarietät $(X, \mathcal{O}_X)$ heißt eine *algebraische Varietät* oder einfach eine *Varietät* ($\mathbb{K}$-Varietät, wenn man den Körper betonen will), wenn sie *separiert* ist, das heißt, wenn die Diagonale $\Delta_X := \{(x, x) \in X \times X \mid x \in X\}$ in $X \times X$ abgeschlossen ist.

Die volle Unterkategorie von $\mathbf{PVar}_{\mathbb{K}}$, deren Objekte die Varietäten sind, bezeichnen wir mit $\mathbf{Var}_{\mathbb{K}}$.

Wir können jetzt insbesondere die Berechtigung des Namens „affine Varietäten" nachweisen.

Beispiel 7.41 (Affine Varietäten)
Sei $(X, \mathcal{O}_X)$ eine affine $\mathbb{K}$-Varietät. Dann können wir X als Zariski-abgeschlossene Teilmenge eines $\mathbb{K}^n$ auffassen. Damit ist

$$\Delta_X = \Delta_{\mathbb{K}^n} \cap (X \times X) \subseteq \mathbb{K}^n \times \mathbb{K}^n = \mathbb{K}^{2n},$$

und weil $X \times X$ nach Definition (siehe Beispiel 7.38) als abgeschlossene Teilmenge von $\mathbb{K}^{2n}$ aufgefasst werden kann, reicht es zu zeigen, dass $\Delta_{\mathbb{K}^n}$ in $\mathbb{K}^{2n}$ abgeschlossen ist, um zu zeigen, dass X eine $\mathbb{K}$-Varietät ist. Da aber $\Delta_{\mathbb{K}^n}$ die Verschwindungsmenge des von den Polynomen $X_i - X_{i+n}$ für $i = 1, \ldots, n$ erzeugten Ideals in $\mathbb{K}[X_1, \ldots, X_{2n}]$ ist, ist das klar. □

Als Konsequenz von Beispiel 7.41 sieht man, dass für jede $\mathbb{K}$-Prävarietät $(X, \mathcal{O}_X)$ die Diagonale Δ_X in $X \times X$ *lokal abgeschlossen* ist. Dabei heißt eine Menge Y in einem topologischen Raum X lokal abgeschlossen, wenn jeder Punkt $y \in Y$ eine offene Umgebung U_y in X hat, für die $Y \cap U_y$ abgeschlossen in U_y ist. Um die lokale Abgeschlossenheit von Δ_X zu zeigen, muss man nur zu jedem $(x, x) \in \Delta_X$ eine offene affine Teilmenge $U_x \subseteq X$ wählen und feststellen, dass $\Delta_X \cap (U_x \times U_x) = \Delta_{U_x}$ gilt, denn Δ_{U_x} ist nach Beispiel 7.41 abgeschlossen in $U_x \times U_x$.

Übung 7.2 (Lokal abgeschlossene Mengen)
Sei $(X, \mathfrak{T})$ ein topologischer Raum und $Y \subseteq X$. Man zeige die folgenden Aussagen:
(i) Y ist genau dann in X lokal abgeschlossen, wenn es eine abgeschlossene Menge $A \subseteq X$ und eine offene Menge $U \subseteq X$ mit $Y = A \cap U$ gibt.
(ii) Wenn Y lokal abgeschlossen in X ist, dann ist Y offen in seinem Abschluss $\overline{Y}$ in X.

Beispiel 7.42 (Untervarietäten)
Sei $(X, \mathcal{O}_X)$ eine $\mathbb{K}$-Prävarietät und $Z \subseteq X$ lokal abgeschlossen. Dann ist $(Z, \mathcal{O}_X|_Z)$ eine $\mathbb{K}$-Prävarietät. Da Z offen in seinem Abschluss ist und offene Teilmengen von Prävarietäten selbst Prävarietäten sind, genügt es, diese Aussage für abgeschlossenes Z zu zeigen. Dann sind aber die Schnitte $Z \cap U$ von Z mit affinen offenen Teilmengen U von X abgeschlossene Teilmengen von affinen Varietäten, also selbst affine Varietäten. Damit ist $(Z, \mathcal{O}_X|_Z)$ lokal isomorph zu $(Z \cap U, \mathcal{O}_{Z \cap U})$. Da endliche viele affine offene Mengen ausreichen, um X zu überdecken, ist auch Z quasikompakt, also eine Prävarietät.

Wenn $(X, \mathcal{O}_X)$ separiert ist, das heißt eine Varietät, dann ist $\Delta_Z = (Z \times Z) \cap \Delta_X$ abgeschlossen in $Z \times Z$, denn $Z \times Z$ mit der Relativtopologie in $X \times X$ ist das Produkt der Prävarietät Z mit sich selbst (siehe Übung 7.3). Also ist $(Z, \mathcal{O}_X|_Z)$ dann selbst auch eine Varietät. □

Übung 7.3 (Produkte von Unterprävarietäten)
Seien $(X, \mathcal{O}_X)$ und $(Y, \mathcal{O}_Y)$ Prävarietäten und $Z \subseteq X$, $W \subseteq Y$ lokal abgeschlossene Teilmengen. Man zeige, dass $Z \times W$, versehen mit der Relativtopologie der Produktprävarietät $X \times Y$ und der eingeschränkten Garbe $\mathcal{O}_{X \times Y}|_{Z \times W}$, das Produkt der Prävarietäten Z und W ist.

Hinweis: Betrachte affine offene Teilmengen und führe das Problem so auf affine Varietäten zurück, wo es über die Koordinatenalgebren leicht zu lösen ist.

Beispiel 7.43 (Produkte von Varietäten)
Seien $(X, \mathcal{O}_X)$ und $(Y, \mathcal{O}_Y)$ Varietäten. Dann ist auch die Produktprävarietät $(X \times Y, \mathcal{O}_{X \times Y})$ separiert, also eine Varietät. Dazu muss man nur feststellen, dass $\Delta_{X \times Y} \subseteq (X \times Y) \times (X \times Y)$ sich mit $\Delta_X \times \Delta_Y \subseteq (X \times X) \times (Y \times Y)$ identifizieren lässt. □

Das folgende Lemma brauchen wir für eine Charakterisierung der Separiertheit, die es uns erlaubt, projektive Räume über algebraisch abgeschlossenen Körpern als algebraische Varietäten zu erkennen.

Lemma 7.44 (Graphen regulärer Abbildungen)
Seien $(X, \mathcal{O}_X)$ und $(Y, \mathcal{O}_Y)$ zwei $\mathbb{K}$-Prävarietäten und $\varphi : X \to Y$ eine reguläre Abbildung. Dann ist der Graph

$$\Gamma_\varphi := \{\big(x, \varphi(x)\big) \in X \times Y \mid x \in X\}$$

eine lokal abgeschlossene Teilmenge von $X \times Y$, die als Prävarietät isomorph zu X ist. Wenn $(Y, \mathcal{O}_Y)$ eine Varietät ist, ist $\Gamma_\varphi \subseteq X \times Y$ abgeschlossen.

Beweis Betrachte die reguläre Abbildung $\psi : X \times Y \to Y \times Y$, $(x, y) \mapsto (\varphi(x), y)$. Weil $\Gamma_\varphi = \psi^{-1}(\Delta_Y)$ ist und stetige Urbilder von (lokal) abgeschlossenen Mengen (lokal) abgeschlossen sind, folgt, dass Γ_φ lokal abgeschlossen in $X \times Y$ ist und sogar abgeschlossen, wenn $(Y, \mathcal{O}_Y)$ eine Varietät ist. Insbesondere ist Γ_φ eine Prävarietät, bezüglich der $\gamma_\varphi : X \to \Gamma_\varphi$, $x \mapsto \big(x, \varphi(x)\big)$ eine reguläre Abbildung ist. Beachte, dass auch die Projektion $\mathrm{p}_1 : \Gamma_\varphi \to X$, $\big(x, \varphi(x)\big) \mapsto x$ eine reguläre Abbildung von Prävarietäten ist. Damit sind X und Γ_φ isomorph. □

Proposition 7.45 (Charakterisierung der Separiertheit)
Sei $(X, \mathcal{O}_X)$ eine Prävarietät. Dann sind die folgenden Eigenschaften äquivalent.

(1) *X ist separiert.*
(2) *Wenn U und V affine offene Teilmengen von X sind, dann ist auch $U \cap V$ affin offen, und die folgende Abbildung ist surjektiv:*

$$\mu_{U,V} : \mathcal{O}_X(U) \otimes_{\mathbb{K}} \mathcal{O}_X(V) \to \mathcal{O}_X(U \cap V), \quad f \otimes g \mapsto f|_{U \cap V} \cdot g|_{U \cap V}.$$

(3) *Wenn $(Z, \mathcal{O}_Z)$ eine Prävarietät ist und $\varphi, \psi : Z \to X$ reguläre Abbildungen sind, dann ist $\Delta_{\varphi,\psi} := \{z \in Z \mid \varphi(z) = \psi(z)\}$ abgeschlossen in Z.*

Beweis Die Implikation (3) $\Rightarrow$ (1) folgt sofort, wenn man $Z = X \times X$ mit $\varphi(x_1, x_2) = x_1$ und $\psi(x_1, x_2) = x_2$ setzt. Umgekehrt, wenn X separiert ist, dann ist in der Situation von (3) die Menge $\Delta_{\varphi,\psi} = (\varphi, \psi)^{-1}(\Delta_X)$ abgeschlossen. Also sind (1) und (3) äquivalent.

Da die Produkte $U \times V$ für affine offene Mengen U, V in X eine offene Überdeckung von $X \times X$ bilden, ist Δ_X genau dann abgeschlossen in $X \times X$, wenn alle $(U \times V) \cap \Delta_X$ abgeschlossen in $U \times V$ sind. Nach Lemma 7.44 ist die Abbildung $\delta_{U,V} : U \cap V \to (U \times V) \cap \Delta_X,\ x \mapsto (x, x)$ ein Isomorphismus von Prävarietäten. Aber $(U \times V) \cap \Delta_X$ ist genau dann affin, wenn es abgeschlossen in $U \times V$ ist. Damit ist also auch $U \cap V$ genau dann affin, wenn $(U \times V) \cap \Delta_X$ abgeschlossen in $U \times V$ ist. In diesem Fall ist die Verknüpfung von $\mu_{U,V}$ mit dem Isomorphismus $\delta_{U,V}$ für $U = \mathrm{Spm}(A)$ und $V = \mathrm{Spm}(B)$ durch die surjektive Abbildung

$$A \otimes_{\mathbb{K}} B \to A \otimes_{\mathbb{K}} B/I$$

gegeben, wobei I das Verschwindungsideal von $(U \times V) \cap \Delta_X$ in $\mathbb{K}[U \times V] = A \otimes_{\mathbb{K}} B$ ist. Damit ist gezeigt, dass (2) aus (1) folgt. Umgekehrt, wenn (2) gilt, dann ist $\mathbb{K}[U \times V] \to \mathbb{K}[U \cap V],\ f \mapsto f \circ \delta_{U,V}$ eine Quotientenabbildung mit Kern $I := \{f \in \mathbb{K}[U \times V] \mid f|_{(U \times V) \cap \Delta_X} = 0\}$, und das Bild der durch $\mathbb{K}[U \times V] \to \mathbb{K}[U \times V]/I \to \mathbb{K}[U \cap V]$ vermittelten regulären Abbildung $U \cap V \to U \times V$ ist die (abgeschlossene) Verschwindungsmenge $\mathrm{V}(I)$ von I in $U \times V$. Andererseits ist dieses Bild gerade $(U \times V) \cap \Delta_X$. Also ist diese Menge abgeschlossen, das heißt, X ist separiert. Damit ist auch die Äquivalenz von (1) und (2) gezeigt. □

Wir schließen diesen Abschnitt mit einer Familie von Beispielen für algebraische Varietäten ab, von denen man zeigen kann, dass sie eine echte Verallgemeinerung der affinen Varietäten darstellen.

Beispiel 7.46 (Projektive Varietäten)

(i) Sei $\mathbb{P}^n_{\mathbb{K}}$ der projektive Raum der Geraden $[x] = \mathbb{K}x \subseteq \mathbb{K}^{n+1}$ für $0 \neq x \in \mathbb{K}^{n+1}$ (siehe Beispiel 6.11). Für jedes $i = 0, \ldots, n$ betrachten wir die Teilmengen

$$U_j := \{\, [x] \in \mathbb{P}^n_{\mathbb{K}} \mid x_j \neq 0\}$$

zusammen mit den bijekiven Abbildungen

$$\varphi_j : U_j \to \mathbb{K}^n, \quad \mathbb{K}(x_0, \ldots, x_n) \mapsto \left(\frac{x_0}{x_j}, \ldots, \frac{x_{j-1}}{x_j}, \frac{x_{j+1}}{x_j}, \ldots, \frac{x_n}{x_j}\right).$$

Wir benutzen φ_j dazu, auf U_j die Struktur einer affinen $\mathbb{K}$-Varietät zu definieren: $\mathcal{O}_{U_i} := \varphi^{-1}(\mathcal{O}_{\mathbb{K}^n})$. Für $i, j \in \{0, \ldots, n\}$ betrachten wir die Abbildungen $\varphi_i \circ \varphi_j^{-1}|_{\varphi_j(U_j \cap U_i)} : \varphi_j(U_j \cap U_i) \to \varphi_i(U_j \cap U_i)$. Die Menge $\varphi_j(U_j \cap U_i)$ ist affin offen in $\mathbb{K}^n$, denn sie ist das Komplement der Nullstellenmenge der Projektion auf die i-te Komponente. Für $i < j$ ist $\varphi_i \circ \varphi_j^{-1}$ explizit durch

$$\begin{aligned}(z_1, \dots, z_n) &\mapsto (z_1, \dots, z_j, 1, z_{j+1}, \dots, z_n)\\ &\mapsto \left(\frac{z_1}{z_i}, \dots, \frac{z_{i-1}}{z_i}, \frac{z_{i+1}}{z_i}, \dots, \frac{z_{j-1}}{z_i}, \frac{1}{z_i}, \frac{z_{j+1}}{z_i}, \dots, \frac{z_n}{z_i}\right)\end{aligned}$$

gegeben. Wir können also feststellen, dass die Abbildungen regulär, das heißt Isomorphismen von affinen Varietäten, sind. Also können wir die Garben $(U_j, \mathcal{O}_{U_j})$ zusammenkleben und erhalten die Struktur einer $\mathbb{K}$-Prävarietät auf $\mathbb{P}^n_{\mathbb{K}}$. Da der Beweis von Proposition 7.45 zeigt, dass es genügt, die Bedingung (2) für eine überdeckende Familie von affinen offenen Teilmengen zu haben, brauchen wir sie hier nur für $U \times V = U_i \times U_j$ zu testen. Wir überlassen diesen Test dem Leser als Übung und stellen nur fest, dass $\mathbb{P}^n_{\mathbb{K}}$ eine $\mathbb{K}$-Varietät ist.

(ii) Wenn $X \subseteq \mathbb{P}^n_{\mathbb{K}}$ lokal abgeschlossen ist, dann ist $(X, \mathcal{O}_{\mathbb{P}^n_{\mathbb{K}}}|_X)$ nach Beispiel 7.42 eine Varietät. Man nennt Varietäten dieser Art *quasiprojektiv*. Wenn X in $\mathbb{P}^n_{\mathbb{K}}$ abgeschlossen ist, dann nennt man $(X, \mathcal{O}_{\mathbb{P}^n_{\mathbb{K}}}|_X)$ eine *projektive Varietät*. □

Projektive Varietäten sind im Allgemeinen nicht affin. Ein möglicher Nachweis dafür ist, den Begriff der *Vollständigkeit* für algebraische Varietäten einzuführen, und zu zeigen, dass projektive Varietäten immer vollständig sind, affine Varietäten dagegen nur, wenn sie endlich sind (siehe [Di74, §3.3]). Da jeder affine Raum als offene Teilmenge eines projektiven Raumes betrachtet werden kann sind affine Varietäten automatisch quasiprojektiv. Damit sind die quasiprojektiven Varietäten eine echte Verallgemeinerung der affinen Varietäten.

7.3 Schemata

Schemata bilden einen erweiterten begrifflichen Rahmen für algebraische Varietäten, in dem man algebraische Mengen für Körper behandeln kann, die nicht algebraisch abgeschlossen sind. Die Definition eines Schemas ist auf der Basis von Kap. 5 ganz einfach: Ein Schema ist ein geringter Raum (siehe Definition 5.28), der lokal isomorph zum Spektrum eines Ringes (siehe Beispiel 5.30) ist. In den Bezeichnungen folgt man der Theorie der Varietäten.

Definition 7.47 (Schemata)
Ein *affines Schema* ist ein lokal geringter Raum, der für einen kommutativen Ring R mit Eins zum Spektrum $(\operatorname{Spec} R, \mathcal{O}_{\operatorname{Spec} R})$ isomorph ist. Ein *Schema* ist ein lokal geringter Raum $(X, \mathcal{O}_X)$, der lokal zu einem affinen Schema isomorph ist. Die volle Unterkategorie der Kategorie $\mathbf{RSp}_{\mathrm{lok}}$ der lokal geringten Räumen, deren Objekte die Schemata sind, bezeichnen wir mit **Sch**. Die volle Unterkategorie von **Sch**, deren Objekte affine Schemata sind, bezeichnen wir mit $\mathbf{Sch}^{\mathrm{aff}}$.

Die Überlegungen aus Beispiel 5.30 lassen sich analog zu den Konstruktionen für affine Varietäten aus Beispiel 7.35 und Bemerkung 7.36 ausweiten. Um die Analogie mit den affinen Varietäten zu betonen, bezeichnen wir Primideale jetzt mit $\mathfrak{p}$ statt mit P wie in Beispiel 5.30.

Bemerkung 7.48 (Affine Schemata)
Sei R ein kommutativer Ring mit Eins, $f \in R$ und $\mathrm{V}(f) := \{\mathfrak{p} \in \mathrm{Spec}\,(R) \mid f \in \mathfrak{p}\}$ die Verschwindungsmenge des Hauptideals $Rf = (f) \trianglelefteq R$. Wir nennen

$$D(f) := D_{\mathrm{Spec}\,(R)}(f) := \mathrm{Spec}\,(R) \setminus V(f)$$

die zu f gehörige *standardoffene Menge*. Die $D(f)$ mit $f \in R$ bilden eine Basis der Topologie von $\mathrm{Spec}\,(R)$. Wenn nämlich $U \subseteq \mathrm{Spec}\,(R)$ offen ist und $\mathfrak{p} \in U$, dann ist U von der Form $U = \mathrm{Spec}\,(R) \setminus \mathrm{V}(I)$ für ein Ideal $I \lhd R$. Also gilt $\mathfrak{p} \notin \mathrm{V}(I)$, das heißt $I \not\subseteq \mathfrak{p}$, und es existiert ein $f \in I$ mit $f \notin \mathfrak{p}$. Aber $(f) \subseteq I$ zeigt $\mathrm{V}(I) \subseteq \mathrm{V}(f)$ und damit $\mathfrak{p} \in D(f) \subseteq U$. □

Um analog zu Bemerkung 7.36(i) die Schnitte auf standardoffenen Mengen selbst als Spektren beschreiben zu können, brauchen wir einen Ersatz für den Hilbert'schen Nullstellenssatz, der über Konstruktion 7.25 in Bemerkung 7.36(i) eingeflossen ist.

Lemma 7.49 (Verschwindungsmengen und Radikale)
Sei R ein kommutativer Ring mit Eins und $I, J \lhd R$. Dann gilt

$$\mathrm{V}(I) \subseteq \mathrm{V}(J) \iff \mathrm{rad}(J) \subseteq \mathrm{rad}(I).$$

Beweis Wir zeigen zunächst, dass für jedes Ideal $I \trianglelefteq R$

$$\mathrm{rad}(I) = \bigcap_{I \subseteq \mathfrak{p} \in \mathrm{Spec}\,(R)} \mathfrak{p} \qquad (*)$$

gilt. Dabei ist die Inklusion $\subseteq$ klar, weil Primideale Radikalideale sind, aus $I \subseteq \mathfrak{p} \in \mathrm{Spec}\,(R)$ also $\mathrm{rad}(I) \subseteq \mathrm{rad}(\mathfrak{p}) = \mathfrak{p}$ folgt.

Um auch die Inklusion $\supseteq$ zu zeigen, nehmen wir an, dass $f \in R \setminus \mathrm{rad}(I)$, und setzen $S := \{1, f, f^2, \ldots\}$. Dann gilt $S \cap I = \emptyset$ und $S^{-1}I \subsetneq S^{-1}R$, das heißt, das lokalisierte Ideal $S^{-1}I \trianglelefteq S^{-1}R$ ist in einem maximalen Ideal $\mathfrak{m} \trianglelefteq S^{-1}R$ enthalten. Wenn $\varphi : R \to S^{-1}R$ der kanonische Homomorphismus ist (siehe Übung 27), dann ist $\mathfrak{p} := \varphi^{-1}(\mathfrak{m})$ zwar möglicherweise nicht maximal, aber auf jeden Fall prim in R (siehe Übung 51). Wegen $\varphi(I) \subseteq S^{-1}I \subseteq \mathfrak{m}$ gilt $I \subseteq \mathfrak{p}$, und wegen $\varphi(\mathfrak{p}) \subseteq \mathfrak{m} \neq S^{-1}R$ gilt $\mathfrak{p} \cap S = \emptyset$, also insbesondere $f \notin \mathfrak{p}$. Zusammen finden wir $f \in R \setminus \bigcap_{I \subseteq \mathfrak{p} \in \mathrm{Spec}\,(R)} \mathfrak{p}$. Damit ist $(*)$ bewiesen.

Nach Definition von V gilt

$$\mathrm{V}(I) \subseteq \mathrm{V}(J) \iff \forall \mathfrak{p} \in \mathrm{Spec}\,(R) : \ (I \subseteq \mathfrak{p} \Rightarrow J \subseteq \mathfrak{p}).$$

Damit liefert $(*)$, dass

$$\operatorname{rad}(I) = \bigcap_{I \subseteq \mathfrak{p} \in \operatorname{Spec}(R)} \mathfrak{p} \supseteq \bigcap_{J \subseteq \mathfrak{p} \in \operatorname{Spec}(R)} \mathfrak{p} = \operatorname{rad}(J).$$

Wenn umgekehrt $\operatorname{rad}(J) \subseteq \operatorname{rad}(I)$ und $I \subseteq \mathfrak{p} \in \operatorname{Spec}(R)$ gilt, dann folgt $J \subseteq \operatorname{rad}(J) \subseteq \operatorname{rad}(I) \subseteq \operatorname{rad}(\mathfrak{p}) = \mathfrak{p}$. Damit ist das Lemma bewiesen. □

Jetzt können wir zeigen, dass standardoffene Mengen in affinen Schemata selbst affine Schemata sind. Da die standardoffenen Mengen eine Basis der Zariski-Topologie bilden, impliziert dies, dass die Einschränkungen von affinen Schemata auf offene Teilmengen selbst Schemata sind.

Satz 7.50 (Standardoffene Unterschemata)
Sei R ein kommutativer Ring mit 1 und $(\operatorname{Spec}(R), \mathcal{O})$ sein Spektrum. Dann gilt:

(i) $\forall\, \mathfrak{p} \in \operatorname{Spec}(R): \quad \mathcal{O}_{\mathfrak{p}} \cong R_{\mathfrak{p}}$.

(ii) $\forall\, f \in R: \quad \mathcal{O}\big(D(f)\big) \cong R_f$.
Hierbei ist R_f die Lokalisierung $S^{-1}R$ mit $S := \{1, f, f^2, \ldots\}$.

(iii) $\forall\, f \in R: \quad (D(f), \mathcal{O}|_{D(f)}) \cong \operatorname{Spec}(R_f)$.

(iv) $\mathcal{O}\big(\operatorname{Spec}(R)\big) \cong R$ *und das folgende Diagramm kommutiert*

$$\begin{array}{ccc} \mathcal{O}\big(\operatorname{Spec}(R)\big) & \longrightarrow & \mathcal{O}_{\mathfrak{p}} \\ \cong\big\downarrow & & \big\downarrow\cong \\ R & \longrightarrow & R_{\mathfrak{p}} \end{array}$$

Beweis (i) Jedes $s \in \mathcal{O}_{\mathfrak{p}}$ ist von der Form $s = [(U, t)]_{\mathfrak{p}} =: t_{\mathfrak{p}}$ mit $t \in \mathcal{O}(U)$. Wir setzen $\varphi\colon \mathcal{O}_{\mathfrak{p}} \to R_{\mathfrak{p}},\ s \mapsto t(\mathfrak{p})$ und zeigen, dass φ ein Isomorphismus ist. Die Homomorphie ist klar. Um die Surjektivität zu zeigen, betrachten wir $r \in R_{\mathfrak{p}}$. Dann ist r von der Form $r = \frac{a}{b}$ mit $b \notin \mathfrak{p}$. Mit $V := D(b)$ gilt dann $\mathfrak{p} \in V$, und für

$$t\colon V \to \coprod_{\mathfrak{q} \in V} R_{\mathfrak{q}}, \quad \mathfrak{q} \mapsto \frac{a}{b}$$

gilt $t \in \mathcal{O}(V)$ und $\varphi(t_{\mathfrak{p}}) = r$. Für die Injektivität von φ betrachten wir $s, s' \in \mathcal{O}_{\mathfrak{p}}$ mit $\varphi(s) = \varphi(s')$. Es gibt dann eine Umgebung V von $\mathfrak{p}$ sowie $a, a' \in R$ und $b, b' \in R \setminus \mathfrak{p}$, für die $t = \frac{a}{b}, t' = \frac{a'}{b'} \in \mathcal{O}(V)$ mit $s = t_{\mathfrak{p}}$ und $s' = t'_{\mathfrak{p}}$ gilt. Wegen $\frac{a}{b} = \frac{a'}{b'}$ gibt es ein $h \in R \setminus \mathfrak{p}$ mit $ab'h = a'bh$, und das liefert

$$\forall \mathfrak{q} \in \operatorname{Spec}(R) \text{ mit } b, b', h \notin \mathfrak{q}: \quad \frac{a}{b} = \frac{a'}{b'} \in R_{\mathfrak{q}}.$$

Das wiederum zeigt $t|_{D(b)\cap D(b')\cap D(h)} = t'|_{D(b)\cap D(b')\cap D(h)}$ und damit, wegen $\mathfrak{p} \in D(b) \cap D(b') \cap D(h)$, auch $s = t_{\mathfrak{p}} = t'_{\mathfrak{p}} = s'$.

(ii) Betrachte den Homomorphismus

$$\psi\colon R_f \to \mathcal{O}\big(D(f)\big), \quad \frac{a}{f^n} \mapsto \Big(\mathfrak{q} \mapsto \frac{a}{f^n} \in R_\mathfrak{q}\Big).$$

Wir wollen zeigen, dass ψ ein Isomorphismus ist. Zum Nachweis der Injektivität von ψ nehmen wir an, dass $\psi(\frac{a}{f^n}) = \psi(\frac{b}{f^m})$. Wir wählen ein $\mathfrak{p} \in D(f)$ und ein $h \in R \setminus \mathfrak{p}$ mit $haf^m = hbf^n$. Sei

$$I := \operatorname{Ann}(af^m - bf^n) := \{r \in R \mid r(af^m - bf^n) = 0\}.$$

Dann gilt $h \in I$ und $I \not\subseteq \mathfrak{p}$, das heißt $\mathfrak{p} \notin \mathrm{V}(I)$. Dieses Argument zeigt $D(f) \cap \mathrm{V}(I) = \emptyset$, also $\mathrm{V}(I) \subseteq \mathrm{V}(f)$. Jetzt liefert Lemma 7.49, dass $f \in \operatorname{rad}(I)$. Deshalb findet man ein $\ell \in \mathbb{N}$ mit $af^{m+\ell} = bf^{n+\ell}$, und die Gleichheit

$$\frac{a}{f^m} = \frac{b}{f^m} \in R_f$$

ist bewiesen.
Um die Surjektivität von ψ zu zeigen, betrachten wir $s \in \mathcal{O}\big(D(f)\big)$. Lokal ist s von der Form

$$D(h_i) \to \coprod_{\mathfrak{q} \in D(h_i)} R_\mathfrak{q}, \quad \mathfrak{q} \mapsto \frac{a_i}{b_i} \in R_\mathfrak{q},$$

wobei $a_i, h_i \in R$ und $b_i \in R \setminus \mathfrak{q}$ für $\mathfrak{q} \in D(h_i)$ geeignet gewählt werden müssen. Nach Bemerkung 7.48 können wir $D(f) = \bigcup_{i \in I} D(h_i)$ annehmen und finden (siehe Beispiel 5.30)

$$\mathrm{V}(f) \supseteq \bigcap_{i \in I} \mathrm{V}(h_i) = \mathrm{V}\Big(\sum_{i \in I} (h_i)\Big).$$

Mit Lemma 7.49 folgt dann $f \in \operatorname{rad}\Big(\sum_{i \in I} (h_i)\Big)$, das heißt, es existiert ein $m \in \mathbb{N}$ und $c_i \in R$ mit $f^m = \sum_{i \in I} c_i h_i$, wobei nur endlich viele Summanden von Null verschieden sind. Wegen

$$\mathfrak{p} \in D(f) \iff f \notin \mathfrak{p} \iff (\exists n \in \mathbb{N}: f^n \notin \mathfrak{p})$$

liefert dies $D(f) \subseteq \bigcup_{i \in I} D(h_i)$, wobei schon eine endliche Vereinigung ausreicht. Außerdem zeigt diese Charakterisierung der standardoffenen Mengen auch $D(h_i) \subseteq D(b_i)$, also $h_i \in \operatorname{rad}(Rb_i)$. Es gibt also $d_i \in R$ und $k_i \in \mathbb{N}$ mit $h_i^{k_i} = d_i b_i$. Wegen $D(h_i) = D(h_i^{k_i})$ können wir ohne Beschränkung der Allgemeinheit annehmen, dass $k_i = 1$. Indem wir jetzt a_i durch $d_i a_i$ ersetzen, können wir also $h_i = b_i$ annehmen. Wenn jetzt $\mathfrak{q} \in D(h_i) \cap D(h_j) = D(h_i h_j)$, dann gilt

$$s(\mathfrak{q}) = \frac{a_i}{h_i} = \frac{a_j}{h_j} \in R_{\mathfrak{q}},$$

das heißt $\psi(\frac{a_i h_j}{h_i h_j}) = \psi(\frac{a_j h_i}{h_i h_j})$. Wenden wir jetzt den ersten Teil des Beweises auf $h_i h_j$ an, so ergibt sich $\frac{a_i h_j}{h_i h_j} = \frac{a_j h_i}{h_i h_j}$. Also finden wir ein $n \in \mathbb{N}$ mit

$$\begin{aligned} 0 &= (h_i h_j)^n (a_i h_j^2 h_i - a_j h_j h_i^2) = (h_i h_j)^{n+1}(a_i h_j - a_j h_i) \\ &= h_j^{n+2}(a_i h_i^{n+1}) - h_i^{n+2}(a_j h_j^{n+1}). \end{aligned}$$

Analog zu obigen Rechnungen ersetzt man jetzt h_i durch h_i^{n+2} und a_i durch $h_i^{n+1} a_i$. Damit kann man dann

$$\forall i, j \in I : \qquad h_j a_i = h_i a_j$$

annehmen. Wie zuvor können wir $f^m = \sum_{i \in I} c_i h_i$ schreiben, wobei wieder nur endlich viele Summanden von Null verschieden sind. Dann setzen wir $a := \sum_{i \in I} c_i a_i$ und finden $h_j a = \sum_{i \in I} c_i a_i h_j = \sum_{i \in I} c_i a_j h_i = f^m a_j$, also

$$\forall \mathfrak{q} \in D(h_j) \subseteq D(f) : \quad \frac{a}{f^m} = \frac{a_j}{h_j} \in R_{\mathfrak{q}}$$

und schließlich $\psi(\frac{a}{f^m}) = s$.

(iii) Für $f \in R$ und $f \notin \mathfrak{p} \in \operatorname{Spec}(R)$ sei $\mathfrak{p}_f \trianglelefteq R_f$ das von $j_f(\mathfrak{p})$ erzeugte Ideal, wobei $j_f : R \to R_f, r \to \frac{r}{1}$ der kanonische Homomorphismus ist. Dann gilt $\mathfrak{p}_f \in \operatorname{Spec}(R_f)$, denn für $\frac{a}{f^n}\frac{b}{f^m} \in \mathfrak{p}_f$ gibt es ein $\ell \in \mathbb{N}_0$ und $c \in \mathfrak{p}$ mit $f^{n+m}c = f^\ell ab \in \mathfrak{p}$. Aber das zeigt $a \in \mathfrak{p}$ oder $b \in \mathfrak{p}$, also $\frac{a}{f^n} \in \mathfrak{p}_f$ oder $\frac{b}{f^m} \in \mathfrak{p}_f$.

Man beachte, dass $j_f^{-1}(\mathfrak{p}_f) = \{r \in R \mid \exists t \in S : tr \in \mathfrak{p}\} = \mathfrak{p}$. Umgekehrt, wenn $\mathfrak{q} \in \operatorname{Spec}(R_f)$ ist, dann gilt $f \notin j_f^{-1}(\mathfrak{q})$ und $\big(j_f^{-1}(\mathfrak{p})\big)_f = \mathfrak{q}$, das heißt, $\mathfrak{p} \mapsto \mathfrak{p}_f$ und $\mathfrak{q} \mapsto j_f^{-1}(\mathfrak{q})$ sind zueinander inverse Abbildungen für die Mengen

$$\operatorname{Spec}(R_f) = \{\mathfrak{p}_f \mid f \notin \mathfrak{p} \in \operatorname{Spec}(R)\} \underset{\text{bij.}}{\longleftrightarrow} D(f) = \{\mathfrak{p} \in \operatorname{Spec}(R) \mid f \notin \mathfrak{p}.\}$$

Wir setzen $\varphi : D(f) \to \operatorname{Spec}(R_f),\ \mathfrak{p} \mapsto \mathfrak{p}_f$ und behaupten, dass

$$\forall J \trianglelefteq R_f : \quad \varphi^{-1}\big(\mathrm{V}(J)\big) = \mathrm{V}\big(j_f^{-1}(J)\big), \tag{$*$}$$

was dann die Stetigkeit von φ zeigt. Wenn $\mathfrak{p}_f \in \mathrm{V}(J)$, das heißt $J \subseteq \mathfrak{p}_f$, dann gilt $j_f^{-1}(J) \subseteq j_f^{-1}(\mathfrak{p}_f) = \mathfrak{p}$, das heißt $\mathfrak{p} \in \mathrm{V}\big(j_f^{-1}(J)\big)$. Umgekehrt, wenn $\mathfrak{p} \in \mathrm{V}\big(j_f^{-1}(J)\big)$, dann gilt für $\frac{b}{f^n} \in J$, dass $b \in j_f^{-1}(J) \subseteq \mathfrak{p}$, also $\frac{b}{f^n} \in \mathfrak{p}_f$. Das zeigt $J \subseteq \mathfrak{p}_f$, also $\mathfrak{p}_f \in \mathrm{V}(J)$ und damit $(*)$.
Um auch die Stetigkeit der Umkehrabbildung zu zeigen, weisen wir

$$\forall I \trianglelefteq R: \quad \varphi\big(\mathrm{V}(I)\big) = \mathrm{V}\big(S^{-1}I\big)\big) \qquad (**)$$

nach: Wenn $\mathfrak{p} \in D(f) \cap \mathrm{V}(I)$, dann gilt $I \subseteq \mathfrak{p}$, aber $f \notin \mathfrak{p}$. Dies zeigt $S^{-1}I \subseteq S^{-1}\mathfrak{p} = \mathfrak{p}_f$, also $\mathfrak{p}_f \in \mathrm{V}(S^{-1}I)$. Umgekehrt, wenn $\mathfrak{p}_f \in \mathrm{V}(S^{-1}I)$ und $a \in I$, dann gilt $\frac{a}{1} \in S^{-1}I \subseteq \mathfrak{p}_f$, also $a \in j_f^{-1}(\mathfrak{p}_f) = \mathfrak{p}$. Es folgt $\mathfrak{p} \in \mathrm{V}(I)$, und $(**)$ ist gezeigt. Wir wissen jetzt also, dass φ ein Homöomorphismus ist.
Sei jetzt $U \subseteq \mathrm{Spec}\,(R_f) = \varphi\big(D(f)\big)$ offen. Ein Schnitt $s \in \mathcal{O}_{\mathrm{Spec}(R_f)}(U)$ ist gegeben als Abbildung $s : U \to \coprod_{\mathfrak{p}_f \in U} (R_f)_{\mathfrak{p}_f}$. Da aber für $\mathfrak{p}_f = \varphi(\mathfrak{p}) \in \mathrm{Spec}\,(R_f)$ mit $\mathfrak{p} \in D(f)$ gilt, dass $f \notin \mathfrak{p}$ und daher $(R_f)_{\mathfrak{p}_f} = R_{\mathfrak{p}}$, wird s durch Verknüpfung mit φ mit einem Schnitt von $\mathcal{O}_{\mathrm{Spec}(R)}\big(\varphi^{-1}(U)\big)$ identifiziert, und man bekommt alle Schnitte von $\mathcal{O}_{\mathrm{Spec}(R)}\big(\varphi^{-1}(U)\big)$ auf diese Weise.

(iv) Die erste Aussage folgt mit $f = 1$ sofort aus (ii). Wir können das Diagramm mit den in (i) und (ii) konstruierten Abbildungen präzisieren:

$$\begin{array}{ccc} \mathcal{O}\big(\mathrm{Spec}\,(R)\big) & \xrightarrow{\mathrm{ev}_{\mathfrak{p}}} & \mathcal{O}_{\mathfrak{p}} \\ \psi \uparrow & & \downarrow \varphi \\ R & \xrightarrow{j_{\mathfrak{p}}} & R_{\mathfrak{p}} \end{array}$$

Dabei ist $\mathrm{ev}_{\mathfrak{p}}$ die Auswertung in $\mathfrak{p}$ und $j_{\mathfrak{p}}: R \to R_{\mathfrak{p}},\ a \mapsto \frac{a}{1}$ die kanonische Abbildung. □

Die Existenz von Basen für die Topologie, die aus affinen offenen Mengen bestehen, erlaubt uns, durch Verkleben (siehe Beispiel 5.13) von Schemata neue Schemata zu konstruieren; wir führen das Verfahren an einer Variante des projektiven Raumes vor.

Beispiel 7.51 (Projektive Räume über Ringen)
Sei R ein kommutativer Ring mit Eins und $S := R[X_0, \ldots, X_n, X_0^{-1}, \ldots, X_n^{-1}]$ der Ring aller *Laurent-Polynome* in $n+1$ Variablen. Dabei ist S definitionsgemäß der Quotient des Polynomrings $R[X_0, \ldots, X_n, Y_0, \ldots, Y_n]$ nach dem von den Elementen $X_0Y_0 - 1, \ldots, X_nY_n - 1$ erzeugten Ideal. In S betrachten wir für $i = 0, \ldots, n$ die Unterringe

$$R^{(i)} := R\Big[\frac{X_0}{X_i}, \ldots, \widehat{\frac{X_i}{X_i}}, \ldots, \frac{X_n}{X_i}\Big],$$

wobei, wie üblich, das Dach über einem Term bedeutet, dass dieser weggelassen wird. Also sind die $R^{(i)}$ alle isomorph zu dem Polynomring über R in n Variablen. Wir betrachten für $i, j = 0, \ldots, n$ mit $i \neq j$ die affinen Schemata $U_i := \mathrm{Spec}\,(R^{(i)})$ und darin die standardoffenen Teilmengen

$$U_{ij} := D_{U_i}\left(\frac{X_j}{X_i}\right),$$

die nach Satz 7.50 selbst affine Schemata für die Ringe $R^{(i)}_{\frac{X_j}{X_i}}$ sind. Weiter setzen wir $\varphi_{ii} = \mathrm{id}_{U_i}$ und definieren $\varphi_{ji} : U_{ij} \to U_{ji}$ über die Gleichheit

$$R^{(i)}_{\frac{X_j}{X_i}} = R^{(j)}_{\frac{X_i}{X_j}}.$$

Damit erhält man Klebedaten (siehe Beispiel 5.13) und stellt fest, dass die Verklebung P^n_R ein geringter Raum ist, der lokal isomorph zu einem affinen Schema ist. Wir nennen das Schema P^n_R den *projektiven Raum der relativen Dimension n über R*.

Es ist klar, dass R sich als Ring der konstanten Funktionen in den Ring $\mathcal{O}_{\mathrm{P}^n_R}(\mathrm{P}^n_R)$ einbetten lässt. Andererseits sind die Schnitte $\mathcal{O}_{\mathrm{P}^n_R}(U_i)$ gerade die Polynome in $\frac{X_0}{X_i}, \ldots, \widehat{\frac{X_i}{X_i}}, \ldots, \frac{X_n}{X_i}$. Kein nichtkonstantes Polynom lässt sich zu einem globalen Schnitt fortsetzen (Übung), also ist die Einbettung sogar ein Isomorphismus. Wäre P^n_R ein affines Schema von der Form $\mathrm{Spec}\,(S)$, so müsste nach Satz 7.50 $\mathcal{O}_{\mathrm{P}^n_R}(\mathrm{P}^n_R) = S$, das heißt $S = R$, gelten. Dann wäre also $\mathrm{P}^n_R = \mathrm{Spec}\,(R)$, und das ist im Allgemeinen falsch (zum Beispiel, wenn $R = \mathbb{K}$ ein Körper ist, sodass die rechte Seite aus nur einem Punkt besteht). □

Geometrische Interpretation affiner Schemata

Die bisher durchgeführten Konstruktionen für Schemata haben frappierende Ähnlichkeit mit den Konstruktionen aus Abschn. 7.2 für $\mathbb{K}$-Varietäten für algebraisch abgeschlossene Körper $\mathbb{K}$, wobei aber die maximalen Ideale überall durch Primideale zu ersetzen sind. Dieser Unterschied hat eine geometrische Interpretation. Wir beschränken uns dabei auf affine Schemata, weil es sich um geometrische Interpretationen der *Punkte* eines Schemas handelt, es also keinen Unterschied macht, wenn man sich auf affine offene Teilmengen zurückzieht.

Nach dem Hilbertschen Nullstellensatz entsprechen Punkte in einer affinen Varietät genau den maximalen Idealen der Koordinatenalgebra. Allgemeine Primideale entsprechen dagegen bestimmten abgeschlossenen Untervarietäten. Welche das sind, lässt sich präzise formulieren.

Definition 7.52 (Irreduzible topologische Räume)
Ein topologischer Raum $(X, \mathfrak{T})$ heißt *irreduzibel*, wenn es keine Zerlegung von X der Form $X = X_1 \cup X_2$ mit abgeschlossenen Teilmengen $X_1, X_2 \subsetneq X$ gibt.

Wenn X eine algebraische Menge über einem Körper $\mathbb{K}$ und $\mathfrak{T}$ die Zariski-Topologie ist, dann bedeutet Irreduzibilität von X, dass X nicht als Vereinigung von zwei echten algebraischen Teilmengen geschrieben werden kann. Da algebraische Teilmengen über Verschwindungsmengen von Idealen generiert werden, kann man eine Charakterisierung der Irreduzibilität über Eigenschaften der Verschwindungsideale erwarten.

Proposition 7.53 (Irreduzible Komponenten algebraischer Mengen)
Sei $\mathbb{K}$ ein Körper und $X \subseteq \mathbb{K}^n$ algebraisch. Dann gilt:

(i) *X ist genau dann irreduzibel, wenn $\mathrm{I}(X)$ prim ist.*
(ii) *Es gibt eine bis auf die Reihenfolge eindeutige Zerlegung $X = X_1 \cup \ldots \cup X_r$ mit X_i irreduziblen algebraischen Teilmengen, für die*

$$\forall i \neq j : \quad X_i \nsubseteq X_j$$

gilt. Die X_i heißen dann die irreduziblen Komponenten von X).

Beweis

(i) Wenn X nicht irreduzibel ist, dann können wir $X = X_1 \cup X_2$ mit $X_1, X_2 \subsetneq X$ algebraisch schreiben. Wegen $X_i = \mathrm{V}(\mathrm{I}(X_i))$ gilt $\mathrm{I}(X_1)\mathrm{I}(X_2) \subseteq \mathrm{I}(X) \subsetneq \mathrm{I}(X_1), \mathrm{I}(X_2)$. Also gibt es $f_i \in \mathrm{I}(X_i) \setminus \mathrm{I}(X)$ mit $f_1 f_2 \in \mathrm{I}(X)$, das heißt, $\mathrm{I}(X)$ ist nicht prim.
Umgekehrt, wenn $\mathrm{I}(X)$ nicht prim ist, gibt es $f_1, f_2 \notin \mathrm{I}(X)$ mit $f_1 f_2 \in \mathrm{I}(X)$. Sei $\mathrm{I}_i := (\mathrm{I}(X), f_i)$ und $\mathrm{V}(\mathrm{I}_i) =: X_i$, dann gilt $X_i \subsetneq X$, weil es für $f_j \notin \mathrm{I}(X)$ ein $a_j \in X$ mit $f_j(a_j) \neq 0$ gibt. Dieses a_j liegt nicht in X_j. Aber aus $b \in X$ folgt $f_1 f_2(b) = 0$, das heißt $f_1(b) = 0$ oder $f_2(b) = 0$ und damit $b \in X_1$ oder $b \in X_2$.
(ii) Sei $X_1 \supseteq X_2 \supseteq \ldots \supseteq X_n \supseteq \ldots$ eine Kette von algebraischen Mengen. Dann gilt: Die entsprechende Kette der Verschwindungsideale $\mathrm{I}(X_1) \subseteq \mathrm{I}(X_2) \subseteq \ldots \subseteq \mathrm{I}(X_n) \subseteq \ldots$ wird stationär. Wegen $X_n = \mathrm{V}(\mathrm{I}(X_n))$ (siehe Proposition 7.5) wird dann auch die erste Kette wird stationär. Also hat jede Menge von algebraischen Teilmengen in $\mathbb{K}^n$ ein minimales Element (Lemma von Zorn).
Sei jetzt Σ die Menge aller algebraischen Teilmengen $X \subseteq \mathbb{K}^n$, für die es eine Zerlegung wie in (ii) *nicht* gibt. Wenn $\Sigma \neq \emptyset$, dann gibt es ein minimales Element X in Σ. Dann ist X nicht irreduzibel (das wäre dann schon die Zerlegung), also finden wir $X = X_1 \cup X_2$ mit $X_1, X_2 \subsetneq X$ algebraisch. Wegen der Minimalität haben X_1 und X_2 Zerlegungen, und zusammen findet man eine Zerlegung für X. Dies liefert einen Widerspruch! Also gilt $\Sigma = \emptyset$, und das beweist die Existenz der Zerlegung. Die Eindeutigkeit sei dem Leser als Übung überlassen. □

Wendet man diese Proposition auf algebraisch abgeschlossenes $\mathbb{K}$ an, so lässt sich das Diagramm aus dem Hilbert'schen Nullstellensatz wie folgt ergänzen:

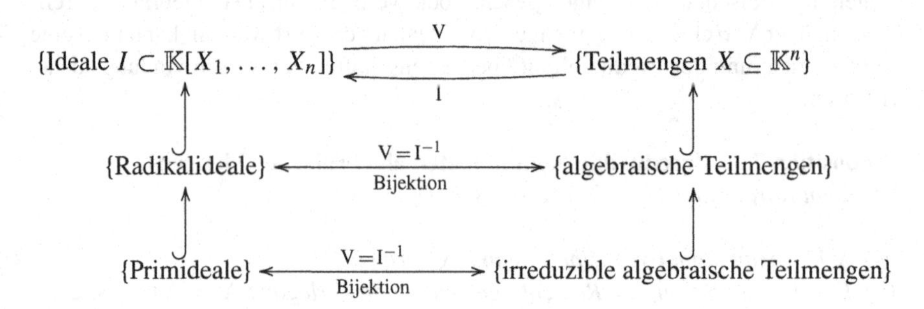

Wenn jetzt A eine endlich erzeugte reduzierte $\mathbb{K}$-Algebra ist, dann beschreiben die maximalen Ideale die Punkte einer affinen $\mathbb{K}$-Varietät, nämlich $(\mathrm{Spm}(A), \mathcal{O}_{\mathrm{Spm}(A)})$. Die Punkte des zugehörigen affinen Schemas $(\mathrm{Spec}(A), \mathcal{O}_{\mathrm{Spec}(A)})$ dagegen sind die irreduziblen Untervarietäten von $\mathrm{Spm}(A)$, von denen die Punkte nur die allerkleinsten sind. Die Definition der Zariski-Topologie auf $\mathrm{Spec}(A)$ zeigt (Übung), dass der Abschluss eines Punktes $\mathfrak{p} \in \mathrm{Spec}(A)$ durch $\{\mathfrak{q} \in \mathrm{Spec}(A) \mid \mathfrak{p} \subseteq \mathfrak{q}\}$ gegeben ist. Das bedeutet, eine irreduzible algebraische Teilmenge $\mathfrak{q}$ von $\mathrm{Spm}(A)$ gehört zum Abschluss von $\mathrm{V}(\mathfrak{p})$, wenn sie eine algebraische Teilmenge von $\mathrm{V}(\mathfrak{p})$ ist. Insbesondere gehört ein Punkt $\mathfrak{m} \in \mathrm{Spm}(A)$ zum Abschluss von $\mathrm{V}(\mathfrak{p})$, wenn $\mathfrak{m} \in \mathrm{V}(\mathfrak{p})$ ist. Abgeschlossen ist ein Punkt in $\mathfrak{p} \in \mathrm{Spec}(A)$ also nur, wenn $\mathfrak{p} \trianglelefteq A$ maximal ist, das heißt zu $\mathrm{Spm}(A)$ gehört.

Da man A sowohl als Koordinatenalgebra $\mathbb{K}[\mathrm{Spm}(A)]$ aus $\mathrm{Spm}(A)$ als auch als $\mathcal{O}_{\mathrm{Spec}(A)}\big(\mathrm{Spec}(A)\big)$ aus $\mathrm{Spec}(A)$ zurückgewinnen kann, sieht man, dass durch

$$\mathrm{Spm}(A) \longleftarrow\!\shortmid A \longmapsto \mathrm{Spec}(A)$$

ein volltreuer Funktor $\mathbf{Var}_{\mathbb{K}}^{\mathrm{aff}} \to \mathbf{Sch}^{\mathrm{aff}}$ definiert wird. Durch Verkleben von affinen Varietäten und affinen Schemata erhält man sogar einen volltreuen Funktor $\mathbf{Var}_{\mathbb{K}} \to \mathbf{Sch}$. Dies belegt die zu Anfang dieses Abschnitts gemachte Aussage, dass Schemata einen erweiterten begrifflichen Rahmen zur Behandlung von algebraischen Varietäten darstellen.

Schemata über (allgemeinen) Körpern

Abschließend wollen wir kurz skizzieren, wie man Schemata einsetzt, um über „algebraische Varietäten" über nicht notwendigerweise abgeschlossenen Körpern oder sogar Ringen zu sprechen. Für die fehlenden Details verweisen wir auf [GW10].

Ein *Schema über einem Ring R* ist ein Schemamorphismus $(X, \mathcal{O}_X) \to (\mathrm{Spec}(R), \mathcal{O}_{\mathrm{Spec}(R)})$. Für einen nicht notwendigerweise algebraisch abgeschlossenen Körper $\mathbb{K}$ ist ein Schema über $\mathbb{K}$ also ein Morphismus $(X, \mathcal{O}_X) \to (\star, \mathbb{K})$, wobei

$(\operatorname{Spec}(\mathbb{K}), \mathcal{O}_{\operatorname{Spec}(\mathbb{K})}) = (\star, \mathbb{K})$ der einpunktige geringte Raum mit Ring $\mathbb{K}$ ist. Insbesondere ist $\mathcal{O}_X$ dann eine Garbe von $\mathbb{K}$-Algebren. Man sagt $(X, \mathcal{O}_X)$ „ist von lokal endlichem Typ“, wenn $(X, \mathcal{O}_X)$ lokal von der Form $(\operatorname{Spec}(A), \mathcal{O}_{\operatorname{Spec}(A)})$ mit einer endlich erzeugen $\mathbb{K}$-Algebra A ist. Wir halten ein solches Schema von lokal endlichem Typ über $\mathbb{K}$ fest.

Für $x \in X$ ist der Ring $\mathcal{O}_{X,x}$ nach Satz 5.34 lokal. Sei $\kappa(x)$ der zugehörige Restklassenkörper, das heißt der Quotient von $\mathcal{O}_{X,x}$ nach dem maximalen Ideal. Der Punkt x heißt $\mathbb{K}$-*rational,* wenn die Einschränkung $\mathbb{K} \to \kappa(x)$ der Quotientenabbildung ein Isomorphismus ist. Wir bezeichnen die Menge der $\mathbb{K}$-rationalen Punkte von X mit $X_{\mathbb{K}}(\mathbb{K})$. Man kann zeigen, dass die Abbildung

$$X(\mathbb{K}) := \mathbf{Sch}(\operatorname{Spec}(\mathbb{K}), X) \to X_{\mathbb{K}}(\mathbb{K}), \quad (f, f^\flat) \mapsto f(\star)$$

eine Bijektion ist. Man nennt die Menge $X(\mathbb{K})$ der Morphismen $\mathbf{Sch}(\operatorname{Spec}(\mathbb{K}), X)$ die $\mathbb{K}$-*wertigen Punkte* von X.

Wenn X die Verschwindungsmenge $\mathrm{V}(f_1, \ldots, f_k)$ für $f_1, \ldots, f_k \in A := \mathbb{K}[X_1, \ldots, X_n]$ in $\operatorname{Spec}(A)$ ist (siehe Beispiel 5.30), dann gilt (Übung)

$$X_{\mathbb{K}}(\mathbb{K}) = \{x \in \mathbb{K}^n \mid f_1(x) = \ldots = f_k(x) = 0\}.$$

Das heißt, für dieses Beispiel liefert die Setzung $X_{\mathbb{K}}(\mathbb{K})$ die gewünschten Punkte.

Die Identifikation der $\mathbb{K}$-rationalen Punkte mit den $\mathbb{K}$-wertigen Punkten macht die $\mathbb{K}$-rationalen Punkte zu einem darstellbaren Funktor und eröffnet damit die Behandlung von Rationalitätsfragen mithilfe der sehr leistungsfähigen Technik der Punktfunktoren (siehe [EH07, Kap. VI]).

Eine wichtige Anwendung der Theorie rationaler Punkte von Schemata ist die Theorie algebraischer Gruppen im Kontext zahlentheoretischer Fragen, in denen als Körper $\mathbb{K}$ zum Beispiel oft endliche Erweiterungen von $\mathbb{Q}$ relevant sind – daher auch der Name „rationale Punkte“. Um überhaupt anfangen zu können, eine solche Theorie aufzubauen, braucht man die Möglichkeit Produkte von Schemata über $\mathbb{K}$ zu bilden, um zu formulieren was eine mit der Schemastruktur verträgliche Verknüpfung von Elementen sein soll. Dazu greift man auf die Ideen von Abschn. 4.3 zurück und zeigt, dass die Kategorie **Sch** Pull-backs im Sinne von Beispiel 4.36 zulässt (siehe [GW10, Thm. 4.18]). Für zwei Schemata X und Y über $\mathbb{K}$ betrachtet man das Diagramm

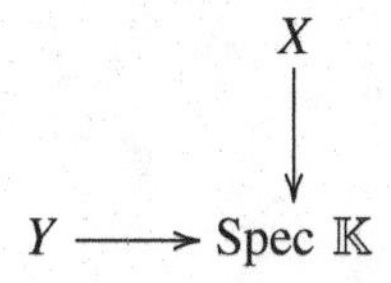

und bezeichnet den zugehörigen Pull-back, der dann auch ein Schema über $\mathbb{K}$ ist. mit $X \times Y$.

Literatur Der klassische Text zur Einführung in den schematheoretischen Zugang zur algebraischen Geometrie ist [Ha77]. Inzwischen gibt es diverse leserfreundlichere Darstellungen (siehe zum Beispiel [EH07], [Ho12] und [GW10]). Will man verstehen, inwiefern dieser Zugang die Theorie der Varietäten verallgemeinert, bietet es sich an, zusätzlich Texte wie [Di74], [Mi05] und [Pe95] anzusehen, die Varietäten im Detail diskutieren. Als Einführung in die lokale Theorie eignen sich auch [Re90] und [Re95]. Die Querverbindung zu den Mannigfaltigkeiten sieht man gut in [Br89] und [GH94].

Teil III
Ausblick

Aus den Strukturen, die wir in den Teilen I und II diskutiert haben, ließe sich einfach durch Kombination eine große Anzahl von neuen Strukturen gewinnen. So könnte man zum Beispiel zu jeder algebraischen Struktur Varianten betrachten, bei denen die zugrunde liegenden Mengen topologische Räume, Mannigfaltigkeiten oder Varietäten sind und die Verknüpfungen Morphismen in der jeweiligen Kategorie. Man kann algebraische und lokale Strukturen aber auch mit anderen Strukturen mischen, die weder algebraisch noch lokal sind. Man kann zum Beispiel fordern, dass es auf einer Mannigfaltigkeit ein Maß gibt, das auf der von den offenen Teilmengen erzeugten σ-Algebra definiert ist. Oder aber man möchte gerne die Existenz einer Orientierung voraussetzen. Die meisten denkbaren kombinierten Strukturen werden in der Praxis allerdings nicht betrachtet oder gar eingehend studiert.

Es gibt unterschiedliche Motivationen neue Strukturen zu studieren. Eine Motivation kann sein, dass Beispiele entsprechender Strukturen in schon untersuchten mathematischen Fragestellungen auftauchen. So ist zum Beispiel die Lineare Algebra als strukturelle Abstraktion der Untersuchung (linearer) Differentialgleichungen entstanden. Eine andere Motivation ist, dass zusätzliche Strukturelemente durch die mathematische Modellierung physikalischer oder anderer Phänomene nahegelegt wird. Für viele Anwendungen braucht man die Existenz bestimmter Funktionen, die zur Modellierung der relevanten Situationen nötig sind. In der Relativitätstheorie braucht man zum Beispiel eine Art Abstandsmessung im Raum-Zeit-Kontinuum. In diesem Abschnitt beschreiben wir diverse Klassen von solchen spezialisierten Strukturen. Dabei geben wir Motivationen und präzise Definitionen, verzichten aber weitgehend auf detaillierte Ergebnisse. Die beschriebenen Strukturen sind jeweils Gegenstand eigener ausgereifter Theorie, und wir beschränken uns auf die Angabe von Standardliteratur zur jeweiligen Theorie, die dem Leser als Startpunkt für eine Suche nach detaillierterer Information dienen mag.

Man könnte auch die ganze Funktionalanalysis, deren Entwicklung eng mit der mathematischen Modellierung der Quantenphysik verbunden ist, eine Beispielklasse für die Untersuchung spezialisierter Strukturen nennen. Sie kombiniert Vektorräume mit Normen oder Topologien, das heißt, in der Funktionalanalysis geht es um spezielle Vektorräume. Im Vordergrund steht aber, dass die Funktionalanalysis Methoden und Ergebnisse der Linearen Algebra auf gewisse unendlich dimensionale Vektorräume verallgemeinert. Das lenkt den Blick auf Verallgemeinerungen von Strukturen und Theorien, die entwickelt werden, um gegebene Probleme zu lösen, die mit den herkömmlichen Methoden nicht angreifbar waren. Es kommt zum Beispiel vor, dass man eine gewisse Kombination von Eigenschaften braucht, um eine bekannte Technik zum Einsatz bringen zu können. Die Einführung der komplexen Zahlen im Studium polynomialer Gleichungen kann man so lesen, aber auch die Einführung von Distributionen, um Differentialgleichungen zu lösen. In beiden Fällen handelt es sich um Erweiterungen des mathematischen Rahmens, um für gegebene Probleme Lösungen in diesem erweiterten Rahmen angegeben zu können, die man dann näher untersuchen kann. Auch die Erweiterung von $\mathbb{C}$-Varietäten zu Schemata um Rationalitätsfragen zu studieren, lässt sich so begründen.

Eine vorhandene Struktur zu modifizieren oder zu ersetzen kann auch zum Ziel haben, Argumentationen aus separaten Kontexten zu vereinheitlichen oder zu vereinfachen. Angesichts der rasanten Entwicklung mathematischen Wissens in viele unterschiedliche Richtungen ist die Vereinheitlichung eine durchaus ernstzunehmende Aufgabe. Wir gehen hier auf zwei Prinzipien von Vereinheitlichungen gesondert ein. Die Übertragung von Argumenten auf andere Gebiete, illustriert an der Homologische Algebra als Technologie des Strukturvergleichs und die Übertragung von Strukturelementen, illustriert am Konzept des Gruppenobjekts zur Formalisierung von Symmetrien. Kap. 8 ist diesen Illustrationen gewidmet. In Kap. 9 besprechen wir dann spezialisierte Strukturen sowie mögliche Verallgemeinerungen und Vereinheitlichungen.

Da in diesem Teil sehr unterschiedliche Inhalte jeweils nur sehr schlaglichtartig behandelt werden, enthält jeder Abschnitt eine eigene kommentierte Literaturliste.

Übertragung von Argumentationen und Strukturen

8

Inhaltsverzeichnis

In diesem Kapitel illustrieren wir die Übertragung von Argumentationen und Strukturelementen auf andere Gebiete, an der Homologische Algebra als Technologie des Strukturvergleichs und dem Konzept des Gruppenobjekts zur Formalisierung von Symmetrien.

8.1 Technologien des Strukturvergleichs

Kap. 4 war dem Vergleich von mathematischen Strukturen gewidmet. Dort haben wir die begrifflichen Grundlagen für die präzise Beschreibung solcher Vergleiche diskutiert.

Es gibt aber ganze Bereiche der Mathematik, die sich schon von der Fragestellung her mit dem Vergleich von mathematischen Strukturen beschäftigen. Ein typisches Beispiel ist die *algebraische Topologie,* in der es darum geht, algebraische Kenngrößen für Familien von topologischen Räumen zu finden, anhand derer man die Mitglieder der Familie auseinanderhalten kann. Technisch gesprochen sucht man Funktoren von Kategorien topologischer Räume in Kategorien algebraischer Strukturen. Beispiele hierfür sind diverse (Ko)Homologie- oder Homotopiefunktoren. Wenn die Bilder der Funktoren nicht isomorph sind, waren es die Urbilder auch nicht (siehe z. B. [Ha02]). Man versucht also, die Funktoren grob genug zu konstruieren, sodass man über ihre Bilder etwas Sinnvolles aussagen kann, aber gleichzeitig fein genug, um interessante topologische Räume voneinander unterscheiden zu können. Andere Fragestellungen sind die nach Obstruktionen für die Existenz von topologischen Räumen mit bestimmten Zusatzeigenschaften, die sich oft als Frage nach dem Verschwinden bestimmter Elemente einer Kohomologiegruppe formulieren lassen.

J. Hilgert, *Mathematische Strukturen*,
https://doi.org/10.1007/978-3-662-68893-9_8

Eine ganz andere Form des Strukturvergleichs hat die *Galois-Theorie* zum Thema. Ausgehend von Galois' Einsichten zur Rolle der Gruppentheorie für die Lösbarkeit von polynomialen Gleichungen, geht es in der Galois-Theorie um das Wechselspiel zwischen Körpererweiterungen $\mathbb{K} \subseteq \mathbb{L}$ und den Gruppen $\mathrm{Aut}(\mathbb{L})^{\mathbb{K}}$ von Körperautomorphismen, die $\mathbb{K}$ punktweise fest lassen (siehe [La93, Teil 2]). Die Galois-Theorie ist ein unverzichtbares Werkzeug in der algebraischen Zahlentheorie und der arithmetischen Geometrie. Außerdem ist die lokale Klassenkörpertheorie, in der es um Körpererweiterungen mit abelscher Galois-Gruppe geht, der Ausgangspunkt für das *Langlands-Programm,* eines der großen mathematischen Forschungsprojekte der Gegenwart. Dennoch verzichten wir hier auf eine separate Skizzierung, sondern verweisen auf die Literatur (siehe [Bu96] und [Go11]).

Homologische Algebra

Aus den Konstruktionen der Algebraischen Topologie hat sich im Laufe der Zeit eine mathematische Technologie entwickelt, die unter der Überschrift *Homologische Algebra* inzwischen in vielen Bereichen der Mathematik eingesetzt wird. Aus den geometrisch-kombinatorischen Anfängen der simplizialen Homologie hat wurde zunächst eine Theorie von Familien von Abbildungen zwischen Moduln. Inzwischen ist die Homologische Algebra eine Theorie von bestimmten Kategorien und dazugehörigen Funktoren. Sie lässt sich auch für Garben, speziell Modulgarben, einsetzen und führt dann zu entsprechenden Garbenkohomologien. Diese sind oft der Schlüssel für die Untersuchung globaler Eigenschaften lokaler Strukturen. Zuerst wurden solche Techniken in der Funktionentheorie mehrerer komplexer Variablen eingesetzt, man hat aber sehr bald erkannt, dass sie auch in der algebraischen und der arithmetischen Geometrie von höchstem Nutzen sind. Inzwischen spielen Garbenkohomologie und ihre Weiterentwicklungen in einer Vielzahl von mathematischen Disziplinen eine wichtige Rolle. Wir verzichten darauf, diese Entwicklungen zu skizzieren, sondern verweisen direkt auf die einschlägige Literatur (siehe [Br97, Go73, Ha77, KV95, Ra04, Ta02, We15, We79, Wa83]).

Um die Grundideen der Homologischen Algebra zu erläutern, betrachten wir als Beispiel einen topologischen Raumes, der als simplizialer Komplex gegeben ist, die Oberfläche eines Tetraeders. Sie ist aus vier Dreiecken zusammengesetzt, die jeweils einen Rand haben, der aus drei Intervallen besteht. Die Intervalle wiederum haben ihre Endpunkte als Rand. Um mit diesen geometrischen Bausteinen rechnen zu können, muss man formale (Linear-)Kombinationen der geometrischen Objekte bilden. Zum Beispiel will man die ganze Fläche als Summe der sie konstituierenden Dreiecke sehen und den Rand eines Dreiecks als Summe der Intervalle, die den Rand bilden sehen. Der Rand eines Dreiecks ist geschlossen, d. h. ein geschlossener Streckenzug. Er hat also selbst keinen Rand. Damit bei der Summenbildung der Rand des Dreiecks als Summe der Endpunkte seiner Intervalle richtig beschrieben wird, müssen sich die Endpunkte zu Null addieren. Das kann man dadurch erreichen, dass der Rand eines Intervalls als Differenz der Endpunkte definiert wird. Auch die Oberfläche des Tetraeders ist geschlossen, d. h. sie hat keinen Rand. Daher müssen sich auch die Ränder der Dreiecke zu Null addieren, was man dadurch erreichen kann, dass man den Rand eines Dreiecks als alternierende Summe seiner Randintervalle definiert.

Da eine alternierende Summe von Simplizes der gleichen Dimension (hier entweder Punkte, Intervalle oder Dreiecke) nichts anderes ist als eine spezielle $\mathbb{Z}$-wertige Funktion auf der Menge dieser Simplizes, wird man durch diese Überlegungen auf die Räume C_j der $\mathbb{Z}$-wertigen Funktionen auf der Menge der j-Simplizes geführt. Die kombinatorische Definition des Randes wird dann zu einer $\mathbb{Z}$-linearen Abbildung $\partial_j : C_j \to C_{j-1}$ und die geometrische Tatsache, dass ein Rand selbst keinen Rand hat, übersetzt sich in die Identität $\partial_{j-1} \circ \partial_j = 0$. Damit ist klar, dass $\operatorname{im}(\partial_j) \subseteq \ker(\partial_{j-1})$ und man kann die Homologiegruppen $H_j := \ker(\partial_{j-1}) / \operatorname{im}(\partial_j)$ definieren. Familien von Morphismen

$$\ldots \longrightarrow C_j \xrightarrow{\partial_j} C_{j-1} \xrightarrow{\partial_{j-1}} C_{j-2} \longrightarrow \ldots$$

mit $\partial_{j-1} \circ \partial_j = 0$ kann man natürlich für jede Kategorie von R-Moduln betrachten. Dafür spielt es auch keine Rolle, ob man die Indizes nach unten zählt wie hier oder nach oben wie im Falle der äußeren Ableitung (vgl. Proposition 6.54)

$$\ldots \longrightarrow \Omega^j_M(U) \xrightarrow{d_j} \Omega^{j+1}_M(U) \xrightarrow{d_{j+1}} \Omega^{j+2}_M(U) \longrightarrow \ldots,$$

für die man die de Rham-Kohomologiegruppe $H^{j+1}_M(U) := \ker(d_{j+1}) / \operatorname{im}(d_j)$ definiert.

Es stellt sich heraus, dass die de Rham-Kohomologiegruppen, die man aus lokalen Daten der Mannigfaltigkeit gebaut hat, funktorieller Natur sind (man ziehe Differentialformen via Bemerkung 6.55 zurück) und globale Informationen über die Mannigfaltigkeit enthalten. Man kann das als ersten Hinweis für die sich immer wieder bestätigende Relevanz kohomologischer Informationen lesen. Wenn man, so motiviert, nach weiteren Einsatzmöglichkeiten dieser Ideen sucht, ist es naheliegend, Sequenzen von Morphismen in einer beliebigen Kategorien $\mathbf{C}$ zu betrachten. Will man dabei aber auch die Identität $d_{j+1} \circ d_j = 0$ verallgemeinern, braucht man einen Kandidaten für "0" in den Morphismenmengen $\mathbf{C}(A, B)$. Das bekommt man, wenn man fordert, dass die $\mathbf{C}(A, B)$ jeweils abelsche Gruppen sind. Wenn man dazu noch annimmt, dass die Verknüpfung von Morphismen bezüglichen dieser $\mathbb{Z}$-Modulstrukturen bilinear sind, nennt man die Kategorie $\mathbf{C}$ *präadditiv*. Will man dann weiter von Bildern und Kernen von Morphismen sprechen, so braucht man in $\mathbf{C}$ auch ein *Nullobjekt* $0 \in \operatorname{Ob}(\mathbf{C})$, für das $\mathbf{C}(0, A)$ und $\mathbf{C}(A, 0)$ jeweils genau ein Element haben. Außerdem braucht man für die Definitionen von Kern und Bild eines Morphismus die Existenz von endlichen Limiten und Kolimiten im Sinne der Definitionen 4.34 und 4.35. Der *Kern* $\ker(f)$ eines Morphismus $f \in \mathbf{C}(A, B)$ ist der Limes des Diagramms

$$A \underset{0}{\overset{f}{\rightrightarrows}} B\,,$$

wobei $0 \in \mathbf{C}(A, B)$ der eindeutig bestimmte Morphismus ist, der durch das Nullobjekt faktorisiert. Analog erhält man den *Kokern* coker (f) von f als den Kolimes dieses Diagramms. Man hat also $\ker(f) \to A$ und $B \to \operatorname{coker}(f)$. Man bezeichnet den Kokern von $\ker(f) \to A$ mit $\operatorname{coim}(f)$ und den Kern von $B \to \operatorname{coker}(f)$ mit $\operatorname{im}(f)$. Aus den Definition ergibt sich eine natürliche Faktorisierung

$$A \longrightarrow \operatorname{coim}(f) \longrightarrow \operatorname{im}(f) \longrightarrow B$$

von $A \longrightarrow B$. Wenn dabei $\operatorname{coim}(f) \longrightarrow \operatorname{im}(f)$ immer ein Isomorphismus ist, nennt man $\mathbf{C}$ eine *exakte* Kategorie. Eine exakte präadditive Kategorie heißt eine *abelsche* Kategorie, siehe z. B. [We15]. Es hat sich herausgestellt, dass es die Eigenschaften einer abelschen Kategorie sind, die man braucht, um die Homologische Algebra, wie sie für Moduln über kommutativen Ringen entwickelt worden war, zum Laufen zu bringen.

Neben der simplizialen Homologie gibt es noch eine zweite Wurzel der Algebraischen Topologie, nämlich die Homotopietheorie. In dieser Theorie geht es darum Abbildungen zwischen topologischen Räumen stetig entlang eines Parameters $t \in [0, 1]$ zu deformieren. Ohne auf die Details eingehen zu wollen, halten wir hier nur fest, wie sich solche Deformationen auf Kohomologiefunktoren auswirken. Wenn eine Kohomologietheorie wie oben über *Kettenkomplexe* der Form

$$(C_X^\bullet, d_{X,\bullet}) := \quad (\ldots \longrightarrow C_X^j \stackrel{d_{X,j}}{\longrightarrow} C_X^{j+1} \stackrel{d_{X,j+1}}{\longrightarrow} C_X^{j+2} \longrightarrow \ldots)$$

gegeben ist, dann induziert eine stetige Abbildung $f : X \to Y$ zwischen zwei topologischen Räumen Morphismen $f^j : C_Y^j \to C_X^j$, die das Diagramm

$$\begin{array}{ccccccccc}
\ldots \longrightarrow & C_Y^j & \xrightarrow{d_{Y,j}} & C_Y^{j+1} & \xrightarrow{d_{Y,j+1}} & C_Y^{j+2} & \longrightarrow \ldots \\
& \downarrow{\scriptstyle f^j} & & \downarrow{\scriptstyle f^{j+1}} & & \downarrow{\scriptstyle f^{j+2}} & \\
\ldots \longrightarrow & C_X^j & \xrightarrow[d_{X,j}]{} & C_X^{j+1} & \xrightarrow[d_{X,j+1}]{} & C_X^{j+2} & \longrightarrow \ldots
\end{array}$$

kommutativ machen. Diese Kommutativität zeigt, dass $(f^\bullet)$ Morphismen zwischen den Kohomologieräume induziert. Es stellt sich heraus, dass eine Homotopie zwischen zwei stetigen Abbildungen $f, g : X \to Y$ Morphismen $H^j : C_Y^j \to C_X^{j-1}$ induziert, für die

$$f^j - g^j = d_{X,j-1} \circ H^j + H^{j+1} \circ d_{Y,j} : C_Y^j \to C_X^j$$

gilt. Damit rechnet man nach, dass homotope Abbildungen den selben Morphismus in der Kohomologie induzieren.

Wenn man jetzt eine abelsche Kategorie **C** hat, dann kann man eine Kategorie $\mathbf{C}^\bullet$ von Komplexen der Form

$$(C^\bullet, d_\bullet) := \quad (\ldots \longrightarrow C^j \xrightarrow{d_j} C^{j+1} \xrightarrow{d_{j+1}} C^{j+2} \longrightarrow \ldots)$$

mit $d_{j+1} \circ d_j = 0$ einführen, für die Morphismen durch kommutative Diagramme von Morphismen der Form

$$\begin{array}{ccccccccc} \ldots & \longrightarrow & D^j & \xrightarrow{\delta_j} & D^{j+1} & \xrightarrow{\delta_{j+1}} & D^{j+2} & \longrightarrow & \ldots \\ & & \downarrow{\scriptstyle f^j} & & \downarrow{\scriptstyle f^{j+1}} & & \downarrow{\scriptstyle f^{j+2}} & & \\ \ldots & \longrightarrow & C^j & \xrightarrow[d_j]{} & C^{j+1} & \xrightarrow[d_{j+1}]{} & C_X^{j+2} & \longrightarrow & \ldots \end{array}$$

gegeben sind. Dann kann man den Begriff einer *Homotopie* zwischen zwei Morphismen $f^\bullet$ und $g^\bullet$ als Familie $H^j : D^j \to C^{j-1}$ von Morphismen definieren, für die

$$f^j - g^j = d_{j-1} \circ H^j + H^{j+1} \circ \delta_j : D^j \to C^j.$$

Homotopie von Morphismen ist eine Äquivalenzrelation. Indem man statt Morphismen zwischen Komplexen durch Homotopieklassen von Komplexen ersetzt, erhält man die *Homotopiekategorie* $K(\mathbf{C})$ von Komplexen über **C**. Mit der Konstruktion von $K(\mathbf{C})$ ist man den ersten Schritt in der Konstruktion der sogenannten *derivierten Kategorie* $D(\mathbf{C})$ gegangen (siehe z. B. [Iv86, Chap. XI]).

Abelsche Kategorien und ihre derivierten Kategorien sind der begriffliche Rahmen für die moderne homologische Algebra. Clausen und Scholze führen in der Einleitung zu [CS22] den Umstand, dass die Kategorie **ABtop** der topologischen abelschen Gruppen keine abelsche Kategorie bilden, als eine zentrale Motivation für ihre neuartige *kondensierte Mathematik* an. In dieser Theorie betrachtet man *kondensierte Mengen,* die definitionsgemäß **Set**-Garben über der Kategorie **CHaus** kompakter Hausdorff-Räume mit stetigen Abbildungen als Morphismen sind. Damit ist ein Funktor $\mathbf{CHaus}^{\mathrm{op}} \to \mathbf{Set}$ (**Set**-Prägarbe, vgl. Definition 5.1) gemeint, der die passenden Garben-Bedingungen erfüllt (siehe [LS23, Chap. 3 & Def. 4.1.3]). Eine *kondensierte abelsche Gruppe* ist dann eine **Ab**-Garbe über der Kategorie **CHaus**. Die kondensierten abelschen Gruppen bilden eine abelsche Kategorien **ABcond** und es gibt einen treuen Funktor **ABtop** $\to$ **ABcond** (siehe [LS23, Cor. 6.1.5 & Prop. 6.2.1]). Damit hat man einmal mehr eine Bereichserweiterung geschaffen, in man zusätzliche Werkzeuge hat, um für Probleme „verallgemeinerte Lösungen“ zu finden, deren Relevanz für die ursprünglichen Probleme man dann untersuchen kann.

Literatur: [To17] ist eine Einführung in die Topologie mit Schwerpunkt auf der elementaren Algebraischen Topologie. Darin werden sowohl Homotopie als auch simpliziale Homologie besprochen. Weiter führen [Ha02] und vor allem [Sp66], aber in allen drei Büchern kommen Mannigfaltigkeiten und die de Rham Kohomologie nur am Rande vor. Beweise für den Satz von de Rham, der die Verbindung zwischen der de Rham-Kohomologie und der in den schon genannten Büchern behandelten singulären Kohomologie (einer Weiterentwicklung der simplizialen Kohomologie) findet man in [Wa83] und [We15]. Das Buch von Wedhorn enthält auch einen Anhang zur Homologischen Algebra in abelschen Kategorien. Ausführliche Darstellungen dazu bis hin zur Definition derivierter Kategorien liefern [Iv86,We94]. Noch weiter führen die Bücher [GM03,KS06]. Der Essayband [AC21a] enthält eine Skizze neuerer begrifflicher Entwicklungen in der Homotopietheorie.

8.2 Gruppenobjekte und Gruppenwirkungen

Wir haben dieses Buch mit algebraischen Strukturen begonnen und sind dann zu lokalen Strukturen übergegangen, die durch Garben beschrieben werden konnten. Die so gewonnenen Objekte wie zum Beispiel Mannigfaltigkeiten oder algebraische Varietäten können aber selbst wieder algebraische Strukturen tragen. In diesem Fall möchte man, dass die algebraischen Strukturabbildungen Morphismen der entsprechenden Kategorie sind. Wenn die algebraische Struktur Verknüpfungen enthält, geht das nur für Kategorien, die endliche Produkte zulassen. Diese Kombination von lokalen und algebraischen Strukturen mag auf den ersten Blick willkürlich und unmotiviert erscheinen, aber zumindest im Falle von Gruppen zeigen die Beispiele, dass man sich von solchen Kombinationen interessante Einblicke und paradigmatische Beispiele erwarten kann. Wir beschreiben daher das Vorgehen exemplarisch für den Fall der Gruppen.

Definition 8.1 (Gruppenobjekte)
Sei $\mathbf{C}$ eine Kategorie, die endliche Produkte zulässt und ein *terminales* Objekt $\star$ enthält (das heißt, von jedem Objekt $A \in \mathbf{C}$ gibt es genau einen Morphismus $t_A : A \to \star$). Ein Objekt $G \in \mathrm{ob}(\mathbf{C})$, zusammen mit drei Morphismen $\mathrm{m} : G \times G \to G$, $\mathrm{i} : G \to G$ und $\mathrm{e} : \star \to G$, heißt ein *Gruppenobjekt* in $\mathbf{C}$, wenn die folgenden Diagramme kommutativ sind:

$$
\begin{array}{ccc}
G \times G \times G & \xrightarrow{\mathrm{id} \times \mathrm{m}} & G \times G \\
{\scriptstyle \mathrm{m} \times \mathrm{id}} \downarrow & & \downarrow {\scriptstyle \mathrm{m}} \\
G \times G & \xrightarrow[\mathrm{m}]{} & G
\end{array}
\qquad
\begin{array}{ccccc}
G \times G & \xrightarrow{\mathrm{m}} & G & \xleftarrow{\mathrm{m}} & G \times G \\
{\scriptstyle \mathrm{id} \times \mathrm{e}} \uparrow & & \| & & \uparrow {\scriptstyle \mathrm{e} \times \mathrm{id}} \\
G \times \star & \xleftarrow[(\mathrm{id}, t_G)]{} & G & \xrightarrow[(t_G, \mathrm{id})]{} & \star \times G
\end{array}
$$

$$
\begin{array}{ccccccc}
 & & G \times G & \xrightarrow{\mathrm{id} \times \mathrm{i}} & G \times G & & \\
 & {\scriptstyle \delta_G} \nearrow & & & & \searrow {\scriptstyle \mathrm{m}} & \\
G & & \xrightarrow{t_G} & \star & \xrightarrow{\mathrm{e}} & & G \\
 & {\scriptstyle \delta_G} \searrow & & & & \nearrow {\scriptstyle \mathrm{m}} & \\
 & & G \times G & \xrightarrow[\mathrm{i} \times \mathrm{id}]{} & G \times G & &
\end{array}
$$

Für Mannigfaltigkeiten und Varietäten über algebraisch abgeschlossenen Körpern haben wir die Existenz von endlichen Produkten festgestellt (siehe Übung 6.2 und Beispiel 7.43). Terminale Objekte gibt es auch in beiden Kategorien. Sie bestehen jeweils aus dem einpunktigen geringten Raum mit Ring gleich $\mathbb{K}$. Die entsprechenden Gruppenobjekte heißen $\mathbb{K}$-*Lie-Gruppen* bzw. *algebraische Gruppen* über $\mathbb{K}$. Zusammen mit den Morphismen, die gleichzeitig Gruppenhomomorphismen sind, bilden sie jeweils eine Kategorie, die ihrerseits Gegenstand reichhaltiger Theorien sind (siehe zum Beispiel [HN12] bzw. [Mi17]). Motiviert durch Fragestellungen insbesondere aus der Zahlentheorie ist für algebraische Gruppen von großer Bedeutung nicht auf algebraisch abgeschlossene Körper eingeschränkt zu sein. In Abschn. 7.3 wurden entsprechende Rationalitätsfragen schon angesprochen, man möchte aber auch mit Ringen arbeiten können, um zum Beispiel Gruppen von Matrizen behandeln zu können, deren Einträge ganzzahlig sind. Begrifflich lässt sich das mithilfe von *Schemata über einem festen Basisschema* $(S, \mathcal{O}_S)$ (einfacher, S-Schema) machen. Ein S-Schemata ist definiert als Schemamorphismus $(X, \mathcal{O}_X) \to (S, \mathcal{O}_S)$. Die Existenz von Pull-backs in **Sch**, die wir schon in Abschn. 7.3 zur Existenz von Produkten von Schemata über Körpern herangezogen haben, erlaubt ganz allgemein Produkte von S-Schemata. Damit lassen sich dann auch Gruppenobjekte in der Kategorie $\mathbf{Sch}_S$ der S-Schemata einführen, deren Morphismen kommutative Dreiecke

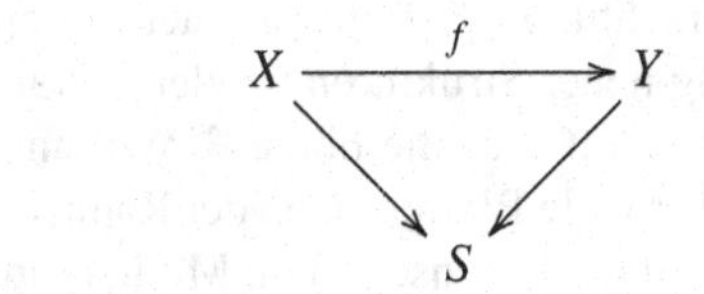

von Schemamorphismen sind.

Es gibt eine Reihe weiterer relevanter Beispiele für Gruppenobjekte. Zum Beispiel lassen auch die für die physikalischen Theorien der Supersymmetrie relevanten Kategorien von Supermannigfaltigkeiten (siehe zum Beispiel [CCF11]) Produkte zu. Die entsprechenden Gruppenobjekte nennt man *Lie-Supergruppen*. Sie sind Beispiele dafür, dass Gruppenobjekte einer Kategorie selbst keine Gruppen sein müssen.

Die Existenz von Gruppenobjekten in Kategorien mit Produkten legt auch die Einführung von Gruppenwirkungen nahe.

Definition 8.2 (Gruppenwirkungen)
Sei $\mathbf{C}$ eine Kategorie, die endliche Produkte zulässt und ein terminales Objekt $\star$ enthält. Weiter seien $G, X \in \mathrm{ob}(\mathbf{C})$. Wenn G ein Gruppenobjekt in $\mathbf{C}$ ist, heißt ein Morphismus $\mu : G \times X \to X$ eine Gruppenwirkung, wenn die folgenden Diagramme kommutativ sind:

$$\begin{array}{ccc} G\times G\times X & \xrightarrow{\mathrm{id}\times\mu} & G\times X \\ {\scriptstyle \mathrm{m}\times\mathrm{id}}\downarrow & & \downarrow{\scriptstyle\mu} \\ G\times X & \xrightarrow[\mu]{} & X \end{array} \qquad \begin{array}{ccc} \star\times X & \xrightarrow{\mathrm{e}\times\mathrm{id}} & G\times X \\ & \searrow^{\cong} & \downarrow{\scriptstyle\mu} \\ & & X \end{array}$$

Mit dieser Definition hat man einen Rahmen, in dem man nicht nur Wirkungen von Lie-Gruppen auf Mannigfaltigkeiten und von algebraischen Gruppen auf Varietäten studieren kann, sondern auch exotischere Operationen wie Wirkungen von Lie-Supergruppen auf Supermannigfaltigkeiten (siehe zum Beispiel [AHW18]).

Neue Strukuren aus Bahnen und Quotienten

Gruppenwirkung geben oft Anlass zur Einführung neuer Strukturen. Lässt man zum Beispiel $(\mathbb{R}, +)$ auf dem Torus $\mathbb{R}^2/\mathbb{Z}^2$ durch

$$(t, (x + \mathbb{Z}, y + \mathbb{Z})) \mapsto (x + t + \mathbb{Z}, y + \sqrt{2}t + \mathbb{Z})$$

wirken, dann ist jede Bahn der Wirkung dicht in $\mathbb{R}^2/\mathbb{Z}^2$ (siehe [HN12, Bsp. 9.3.12]). Damit wird die 2-dimensionale Mannigfaltigkeit $\mathbb{R}^2/\mathbb{Z}^2$ als Vereinigung von 1-dimensionalen Mannigfaltigkeiten geschrieben sind, die keine abgeschlossenen Teilmengen von $\mathbb{R}^2/\mathbb{Z}^2$ sind, obwohl jeder Punkt eine Umgebung hat, die homöomorph zum Produkt der Bahn eines offenen Intervalls $]-\epsilon, \epsilon[\subseteq \mathbb{R}$ durch den Punkt und einem offenen Intervall ist. Man hat damit ein Beispiel einer *Blätterung* einer Mannigfaltigkeit (siehe zum Beispiel [Mi08, § 3.23] und [MM03], aber auch [LS20] für algebraische Varianten).

Mehr noch als bei der Betrachtung der Bahnen einer Gruppenwirkung tritt die Notwendigkeit zur Betrachtung neuer Strukturen bei der Betrachtung von Quotienten, d. h. der Menge der Bahnen auf. Für die obige $\mathbb{R}$-Wirkung auf dem Torus hat der Raum der Bahnen, so wie für viele Blätterungen der Raum der Blätter, bezüglich der Quotiententopologie keine guten Eigenschaften. Mit herkömmlichen Methoden lassen sich solche Räumen nicht analysieren. Die *nichtkommutative Geometrie* greift die Idee auf, dass manche Räume vollständig durch zugeordnete Algebren von Funktionen beschrieben werden können. Das gilt zum Beispiel für affine $\mathbb{C}$-Varietäten, die man aus ihren regulären Funktionen zurückgewinnen kann. Es gilt aber auch für kompakte topologische Räume, die vollständig durch die auf ihnen definierten $\mathbb{C}$-wertigen stetigen Funktionen bestimmt sind. In der nichtkommutativen Geometrie konstruiert man zu singulären Räumen, wie den Räumen von Blättern nicht-kommutative C^*-Algebren, die die Algebren der stetigen Funktionen ersetzen und die man mit Methoden der Funktionalanalysis studieren kann (siehe z. B. [Co94,GVF01]). Ein wichtiger Schritt in der Konstruktion der Blätterungs-C^*-Algebren ist die geometrische Konstruktion gewisser *Gruppoide* zu Blätterungen. Gruppoide sind algebraische Strukturen, die sich am einfachsten als kleine Kategorien, in denen jeder Morphismus invertierbar ist, beschreiben lassen. Das bedeutet, dass die Endomorphismen von Objekten Gruppen bilden. Wenn es nur ein Objekt gibt, reduziert sich die Gruppoidstruktur auf eine Gruppenstruktur.

Für manche Wirkungen sind die Quotienten zwar singulär, aber immer noch mit geometrischen Methoden behandelbar. Ein Beispiel ist die sogenannte modulare Fläche, die man als Quotient der oberen Halbebene in $\mathbb{C}$ bezüglich der durch die Gruppe $SL(2, \mathbb{Z})$ gegebenen Möbius-Transformationen erhält. Die modulare Fläche ist ein Beispiel für eine *Orbifaltigkeit,* für die man, grob gesprochen, in der Definition einer Mannigfaltigkeit durch lokale Karten die offenen Teilmengen von $\mathbb{R}^n$ durch Quotienten von solchen Mengen nach endlichen Gruppen ersetzt. Für die modulare Fläche tauchen diese endlichen Gruppen als Stabilisatoren der Punkte i (isomorph zu $\mathbb{Z}/2\mathbb{Z}$) und $\pm\frac{1}{2}+i\frac{\sqrt{3}}{2}$ (isomorph zu $\mathbb{Z}/3\mathbb{Z}$) auf. Orbifaltigkeiten wurden als Objekte unter dem Namen V-manifolds schon 1956 von Satake eingeführt (siehe [Sa56]), die Definition von Morphismen ist dagegen weitaus subtiler (vgl. [Po17]).

Quotienten von algebraischen Varietäten und Schemata, die ja ohnehin schon lokal komplizierter sind als Mannigfaltigkeiten, führen ebenfalls aus den Ausgangskategorien hinaus. In diesem Kontext betrachtet man die Theorie der *Stacks* (englisch für Stapel), die sich insbesondere für das Studium von Familien geometrischer Objekte als sehr nützlich erwiesen hat. Stacks sind Verallgemeinerungen von Schemata, die im Stile von Funktorkategorien definiert sind.

Literatur Es gibt viele Bücher über Lie-Gruppen, oft sind sie allerdings mit Blick auf bestimmte Klassen (zum Beispiel kompakt oder reduktiv) oder Anwendungen (zum Beispiel lineare Darstellungen) von Lie-Gruppen geschrieben. [HN12] ist der allgemeinen Strukturtheorie von Lie-Gruppen gewidmet.

Klassische Texte über algebraische Gruppen, die Gruppen von Matrizen geschrieben werden können, sind [Bo91, Sp88]. Das Buch [Mi17] von Milne behandelt Rationalitätsfragen in systematischer Weise im Rahmen von Schemata über Körpern. Das Vorwort zu [Mi17] enthält eine Erläuterung der Unterschiede in der Behandlung von Rationalitätsfragen, wie [Bo91] sie anbietet. Die Verbindungen zwischen algebraischen Gruppen und Zahlentheorie werden zum Beispiel in [PR94] ausführlich thematisiert.

Eine systematische Darstellung der Theorie der Orbifaltigkeiten in Buchform steht noch aus, aber [MM03] enthält eine Diskussion von Orbifaltigkeiten und ihren Querverbindungen mit Blätterungen und Gruppoiden. Gruppoide und Verallgemeinerungen davon spielen nicht nur in der Nichtkommutativen Geometrie eine Rolle, sondern tauchen in unterschiedlichsten Kontexten auf. Etliche davon sind in den beiden Bänden [AC21a, AC21b] beschrieben.

Über Supermannigfaltigkeiten gibt es inzwischen diverse Bücher, die das Thema ganz unterschiedlich behandeln (siehe zum Beispiel [CCF11, DM99, Tu04], eine allgemein akzeptierte systematische Darstellung gibt es aber auch für dieses Feld noch nicht. [AC21b] enthält auch zu diesem Thema einen Artikel.

Stacks werden in [AC21a] eingeführt. Zu diesem Thema gibt es ein besonderes Experiment: Das *Stacks Project* ist ein neuartiger Versuch, Stacks und ihre Rolle in der Algebraischen Geometrie im Rahmen einer Gemeinschaftsanstrengung in der Form eines Open Access Online-Lehrbuchs weiterzuentwickeln und verfügbar zu machen, siehe [SP].

Spezialisierung, Verallgemeinerung und Vereinheitlichung von Strukturen

9

Inhaltsverzeichnis

In diesem Kapitel erläutern wir exemplarisch spezialisierte Strukturen, die dann aber wiederum verallgemeinert und vereinheitlicht werden können. Ziel des Kapitels ist nicht eine in irgendeiner Form erschöpfende Aufzählung von gut motivierten Strukturen, die in den ersten beiden Teilen noch nicht aufgeführt wurden. Andernfalls wäre zum Beispiel das Fehlen *kombinatorischer Strukturen* nicht zu entschuldigen. Es geht vielmehr darum, ein Gefühl dafür zu vermitteln, dass die strukturellen Überlegungen der ersten beiden Teile uns erlauben, ohne große Mühe eine Vielzahl von mathematischen Begriffen einzuordnen.

9.1 Spezielle Tensoren

In Kap. 6 haben wir gesehen, dass man aus einer Mannigfaltigkeitsstruktur, die durch eine Garbe, das heißt durch lokale Daten, gegeben ist, eine Reihe weiterer Strukturen ableiten kann. Insbesondere haben wir die Tangentialräume gefunden, die punktweise definiert sind, aber je nach Klasse der Mannigfaltigkeit stetig oder differenzierbar variieren. Zusammen bilden sie ein Vektorbündel, das nach Satz 6.38 durch seine Schnittgarbe charakterisiert wird, also auch als lokale Struktur betrachtet werden sollte. Allgemeiner haben wir zu jeder differenzierbaren Mannigfaltigkeit auch Tensor- und Formenbündel. In diversen geometrischen oder physikalischen Theorien, in denen Mannigfaltigkeiten eine Rolle spielen, hat man neben der Mannigfaltigkeitsstruktur und den abgeleiteten Strukturen noch einzelne Elemente dieser Zusatzstrukturen, die dann jeweils eine geometrische oder physikalische Interpretation haben. Wir betrachten hier beispielhaft die pseudo-Riemann'schen Metriken, die symplektischen Formen und die Poisson-Tensoren.

J. Hilgert, *Mathematische Strukturen*,
https://doi.org/10.1007/978-3-662-68893-9_9

Pseudo-Riemann'sche Metriken

Die Riemann'sche Geometrie ist die Verallgemeinerung der euklidischen Geometrie auf gekrümmte Räume. Der Ausgangspunkt für diese Theorie ist die Vorstellung, dass man Längen und Winkel nicht mehr global, sondern zunächst nur noch im Tangentialraum beschreiben kann, dessen Elemente man als „Geschwindigkeiten" mit Richtungen und Absolutbeträgen interpretiert.

Definition 9.1 (Pseudo-Riemann'sche Mannigfaltigkeit)
Sei M eine $C_{\mathbb{R}}^k$-Mannigfaltigkeit und $g \in \mathcal{T}_M^{(0,2)}(M)$ ein globales Tensorfeld, das punktweise nichtausgeartet und symmetrisch ist. Dann heißt (M, g) eine *Pseudo-Riemann'sche Mannigfaltigkeit* und g eine *Pseudo-Riemann'sche Metrik.* Wenn g punktweise positiv definit ist, heißt (M, g) eine *Riemann'sche Mannigfaltigkeit* und g eine *Riemann'sche Metrik.* Wenn g punktweise die Signatur $(n-1, 1)$ hat, heißt (M, g) eine *Lorentz-Mannigfaltigkeit* und g eine *Lorentz-Metrik.*

Lorentz-Mannigfaltigkeiten der Dimension 4 modellieren in der allgemeinen Relativitätstheorie das Raum-Zeit-Kontinuum. Die drei Raumrichtungen lassen sich hier nicht mehr eindeutig von der einen Zeitrichtung trennen, aber die Signatur der Form modelliert, was an „Raumartigkeit" und „Zeitartigkeit" Einsteins physikalische Theorie der Gravitation übrig lässt.

Beispiel 9.2 (Pseudo-Riemann'sche Mannigfaltigkeiten)

(i) Sei $M = \mathbb{R}^n$ und $g_0\ \mathbb{R}^n \times \mathbb{R}^n \to \mathbb{R}$ eine nichtausgeartete symmetrische Bilinearform. Dann definiert $g(x) = g_0$ eine Pseudo-Riemann'sche Metrik auf der Mannigfaltigkeit $\mathbb{R}^n$. Sie ist riemannsch, wenn g_0 positiv definit ist, und lorentzsch, wenn die Signatur von g_0 gleich $(n-1, 1)$ ist. Als Spezialfälle erhält man die *euklidischen Räume,* für die g_0 bezüglich der Standardbasis durch die Einsmatrix $\mathbf{1}_n$ gegeben ist und den *Minkowski-Raum,* für den $n = 4$ und g_0 bezüglich der Standardbasis gleich der Diagonalmatrix $\operatorname{diag}(1, 1, 1, -1)$ ist.

(ii) Sei (M, g) eine Riemann'sche $C_{\mathbb{R}}^k$-Mannigfaltigkeit und N eine $C_{\mathbb{R}}^k$-Mannigfaltigkeit. Wenn $\varphi\ N \to M$ eine injektive $C_{\mathbb{R}}^k$-Abbildung ist, deren Ableitung $\varphi'(x) : T_x(N) \to T_{\varphi(x)}(M)$ für jedes $x \in N$ auch injektiv ist, dann definiert $x \mapsto g_N(x) := g\big(\varphi(x)\big) \circ \big(\varphi'(x) \times \varphi'(x)\big)$ eine Riemann'sche Metrik g_N auf N. Diese Konstruktion funktioniert im Allgemeinen für Pseudo-Riemann'sche Metriken nicht, weil die Einschränkung einer nichtausgearteten Bilinearform auf einen Unterraum ausgeartet sein kann.

(iii) Durch Kombination von (i) und (ii) erhält man für die $\mathbb{R}$-Hyperflächen aus Beispiel 6.10 jeweils eine Riemann'sche Metrik. □

Jede differenzierbare Mannigfaltigkeit trägt Riemann'sche Metriken, weil man Riemann'sche Metriken auf Koordinatenumgebungen, die ganz offensichtlich existieren, mithilfe einer glatten Teilung der Eins, die einem Atlas untergeordnet ist, zu einer Riemann'schen Metrik auf der ganzen Mannigfaltigkeit aufaddieren kann.

Wenn (M, g) eine Riemann'sche Mannigfaltigkeit ist und $\gamma : [a, b] \to M$ eine stückweise differenzierbare Kurve, so kann man γ eine Länge $\ell_g(\gamma)$ zuordnen, indem man über die bezüglich g bestimmte Länge der Tangentialvektoren integriert:

$$\ell_g(\gamma) := \int_a^b \sqrt{g\big(\gamma'(t), \gamma'(t)\big)}\, dt.$$

Damit kann man eine Distanzfunktion $d_g : M \times M \to \mathbb{R}$ durch das Infimum aller Längen von stückweise differenzierbaren Verbindungskurven definieren. Wenn je zwei Punkte in M durch solche Kurven verbunden werden können, ist diese Distanzfunktion eine Metrik, und wenn eine Kurve die Distanz zwischen zwei Punkten realisiert, nennt man sie eine *Geodäte.*

Satz 9.3 Hopf-Rinow
Sei (M, g) eine Riemann'sche Mannigfaltigkeit, die als metrischer Raum vollständig ist. Dann kann man je zwei Punkte durch eine Geodäte verbinden.

In Proposition 6.34 haben wir gesehen, dass Ableitungen skalarer Funktionen auf Mannigfaltigkeiten Schnitte des Kotangentialbündels, das heißt 1-Formen, sind. In den Anfängervorlesungen werden Ableitungen von skalaren Funktionen auf offenen Teilmengen von $\mathbb{R}^n$ oft als Vektoren eingeführt, deren Komponenten die partiellen Ableitungen sind. Dass diese beiden Definitionen zusammenpassen, liegt an einer stillschweigenden Verwendung der natürlichen euklidischen Metrik auf $\mathbb{R}^n$, mit deren Hilfe man den Gradienten der Funktionen definiert. Dieser Gradient ist das Objekt, das in der Vektoranalysis oft einfach als Ableitung von f bezeichnet wird.

Definition 9.4 (Gradient)
Sei (M, g) eine Pseudo-Riemann'sche Mannigfaltigkeit und $f : M \to \mathbb{R}$ eine differenzierbare Funktion. Dann definiert die Gleichung

$$\forall x \in M, v \in T_x(M): \quad g(x)\big(\mathrm{grad}(f)(x), v\big) = df(x)(v)$$

ein Vektorfeld $\mathrm{grad}(f)$ auf M, das man den *Gradienten* von f nennt.

Aus dem Beweis von Proposition 6.34 liest man ab (Übung), dass für $M = \mathbb{R}^n$ mit der euklidischen Metrik wie in Beispiel 9.2(i) der Gradient von $f : \mathbb{R}^n \to \mathbb{R}$ bezüglich der Standardbasis tatsächlich durch die partiellen Ableitungen gegeben ist.

Symplektische Formen

Die Symplektische Geometrie modelliert die klassische Mechanik in der Hamilton'schen Formulierung. Der Raum der möglichen Zustände, das heißt der „Phasenraum", ist dabei eine Mannigfaltigkeit, die zusätzlich mit einer nichtausgearteten 2-Form ausgestattet ist. Diese 2-Form erlaubt es, die Bewegungsgleichungen zu einer vorgegebenen Energieverteilung auf die Zustände, das heißt einer „Hamilton-Funktion", zu formulieren. Wir formulieren die zentrale Definition hier nur für reelle Mannigfaltigkeiten, sie kann aber auch auf komplexe Mannigfaltigkeiten übertragen werden.

Definition 9.5 (Symplektische Mannigfaltigkeit)
Sei M eine $C^k_{\mathbb{R}}$-Mannigfaltigkeit und $\omega \in \Omega^2(M)$ eine geschlossene 2-Form, die als Bilinearform punktweise nichtausgeartet ist. Dann heißt (M, ω) eine *symplektische Mannigfaltigkeit* und ω eine *symplektische Form.*

Eine *Hamilton-Funktion* ist jetzt eine differenzierbare Funktion $f : M \to \mathbb{R}$, und die Bewegungsgleichungen sind durch Vektorfelder gegeben, die man analog zu den Gradienten aus der symplektischen Form gewinnt.

Definition 9.6 (Symplektischer Gradient)
Sei (M, ω) eine symplektische Mannigfaltigkeit und $f : M \to \mathbb{R}$ eine differenzierbare Funktion. Dann definiert die Gleichung

$$\forall x \in M, v \in T_x(M): \quad \omega(x)\big(\mathfrak{X}_f(x), v\big) = df(x)(v)$$

ein Vektorfeld $\mathfrak{X}_f$ auf M, das man den *symplektischen Gradienten* oder das *Hamilton'sche Vektorfeld* von f nennt.

Die Differenzialgleichung, die man aus einem Vektorfeld $\mathfrak{X} : M \to TM$ auf einer differenzierbaren Mannigfaltigkeit gewinnt, ist durch $\gamma' = \mathfrak{X} \circ \gamma$ für eine differenzierbare Kurve $\gamma : I \to M$ gegeben. Im Falle Hamilton'scher Vektorfelder nennt man diese Differenzialgleichung dann die *Hamilton'schen Bewegungsgleichungen.*

Beispiel 9.7 (Symplektische Mannigfaltigkeiten)

(i) Sei $M = \mathbb{R}^{2n}$ und $\omega_0 : \mathbb{R}^{2n} \times \mathbb{R}^{2n} \to \mathbb{R}$ eine nichtausgeartete schiefsymmetrische Bilinearform. Dann definiert $\omega(x) := \omega_0$ eine symplektische Form auf der Mannigfaltigkeit $\mathbb{R}^{2n}$, denn die äußere Ableitung von ω ist null (siehe Bemerkung 6.53).

(ii) Sei N eine differenzierbare $C^k_{\mathbb{R}}$-Mannigfaltigkeit mit $k \geq 2$ und $M := T^*(N)$. Wenn $\pi : M \to N$ die kanonische Projektion ist, dann liefert die Ableitung $\pi' : T(M) \to T(N)$ eine 1-Form

$$M = T^*(N) \supseteq T^*_{\pi(\beta)}(N) \ni \beta \mapsto \Theta_\beta := \beta \circ \pi'|_{T_\beta(M)} \in T_\beta(M)^*$$

auf M. Die äußere Ableitung $\omega := d\Theta$ ist nach Proposition 6.54 geschlossen. Rechnet man bezüglich einer Karte (U, φ) mit φ-Basen (siehe Proposition 6.32), so findet man (Übung), dass Θ in lokalen Koordinaten die Form $\sum_{i=1}^n y_i dx_i$ hat, wobei $x_1, \ldots, x_n$ die Koordinaten auf N und $y_1, \ldots, y_n$ die Faserkoordinaten sind. Dementsprechend ist dann $\omega = \sum_{i=1}^n dy_i \wedge dx_i$ punktweise nichtausgeartet. □

Beispiel 9.8 (Koadjungierte Bahnen)
Sei G eine Lie-Gruppe und $\mathfrak{g}$ der Tangentialraum an G im Einselement e. Die Gruppe G wirkt über die Konjugationen $c_g : G \to G,\ h \mapsto ghg^{-1}$ auf sich selbst durch Diffeomorphismen. Wegen $c_g(e) = e$ bildet die Ableitung $\mathrm{Ad}(g) := c'_g(e)$ den Raum $\mathfrak{g}$ in sich selbst ab. Die so definierte Wirkung von G auf $\mathfrak{g}$ heißt die *adjungierte Wirkung*. Durch die Setzung

$$\forall g \in G, \nu \in \mathfrak{g}^*, X \in \mathfrak{g} : \quad \langle \mathrm{Ad}^*(g)\nu, X\rangle := \langle \nu, \mathrm{Ad}(g^{-1})X\rangle$$

definiert man auf dem Dualraum $\mathfrak{g}^*$ von $\mathfrak{g}$ die *koadjungierte Wirkung*. Es stellt sich heraus, dass die Bahnen der koadjungierten Wirkung in natürlicher Weise symplektische Mannigfaltigkeiten sind.

Um die Definition der symplektischen Form ω angeben zu können, brauchen wir die natürliche Lie-Klammer $[\cdot, \cdot]$ auf $\mathfrak{g}$ (vgl. Bemerkung 6.47). Man erhält sie, man Elemente von $\mathfrak{g}$ durch Linkstranslation zu translationsinvarianten Vektorfeldern fortsetzt, die Lie-Klammer von Vektorfeldern aus Bemerkung 6.47 benutzt und das Ergebnis im Einselement auswertet. Dieser Zusammenhang zwischen Lie-Gruppen und Lie-Algebren ist funktoriell, und man bezeichnet die Lie-Algebra $\mathfrak{g}$ einer Lie-Gruppe G auch oft mit $\mathrm{Lie}(G)$.

Wenn jetzt $\nu \in \mathfrak{g}^*$, dann sind alle Tangentialvektoren an die koadjungierte Bahn $\mathrm{Ad}^*(G)\nu$ in ν von der Form $\mathrm{ad}^*(X)\nu := (\mathrm{Ad}^*)'(e)\nu$ mit $X \in \mathfrak{g}$. Durch

$$\forall X, Y \in \mathfrak{g} : \quad \omega(\nu)(\mathrm{ad}^*(X)\nu, \mathrm{ad}^*(Y)\nu) := \langle \nu, [X, Y]\rangle$$

kann man eine nichtausgeartete schiefsymmetrische Bilinearform auf $T_\nu(\mathrm{Ad}^*(G)\nu)$ definieren. Mithilfe der koadjungierten Wirkung lässt sich diese Bilinearform zu einer G-invarianten symplektischen Form ω auf $\mathrm{Ad}^*(G)\nu$ ausedehnen. □

Wenn V ein $\mathbb{R}$-Vektorraum ist und ω_0 eine nichtausgeartete schiefsymmetrische Bilinearform auf V, dann nennt man (V, ω_0) einen *symplektischen Vektorraum*. Jeder symplektische Vektorraum hat gerade Dimension $2n$ und eine Basis, bezüglich der die Form ω_0 durch die Blockmatrix

$$J_n = \begin{pmatrix} \mathbf{0} & \mathbf{1} \\ -\mathbf{1} & \mathbf{0} \end{pmatrix}$$

gegeben ist, wobei $\mathbf{1}$ die Einheitsmatrix bezeichnet.

Im Gegensatz zu (Pseudo-)Riemann'schen Mannigfaltigkeiten, die sich auch lokal stark unterscheiden können, sehen symplektische Mannigfaltigkeiten lokal alle gleich aus. Es gibt immer lokale Karten (U, φ), für die die symplektische Form bezüglich der φ-Basis aus Proposition 6.32 durch die Matrix J_n dargestellt wird.

Satz 9.9 (Darboux)
Sei (M, ω) eine symplektische Mannigfaltigkeit. Dann gibt es zu jedem Punkt $x \in M$ eine Karte (U, φ), sodass die symplektische Form ω in Koordinaten die Form $\omega = \sum_{i=1}^n dx_i \wedge dx_{i+n}$ hat.

Man nennt Koordinaten für (M, ω) wie in Satz 9.9 *symplektische Koordinaten.*

Ein reeller Vektorraum V wird zu einem komplexen Vektorraum, wenn es eine $\mathbb{R}$-lineare Abbildung $I : V \to V$ mit $I^2 = -\mathrm{id}$ gibt, denn dann kann man die skalare Multiplikation mit komplexen Zahlen durch

$$\forall x, y \in \mathbb{R}, v \in V : \quad (x + iy) \cdot v := x \cdot v + y \cdot Iv$$

definieren. Man nennt so ein $I \in \mathrm{Hom}_{\mathbb{R}}(V, V) = V^* \otimes V$ eine *komplexe Struktur* auf V.

Für eine reelle differenzierbare Mannigfaltigkeit M nennt man ein (globales) Tensorfeld $I \in \mathcal{T}_M^{(1,1)}(M)$ eine *fastkomplexe Struktur* auf M, wenn jedes $I_x \in \bigoplus_1^1 T_x M = \mathrm{End}_{\mathbb{R}}(T_x(M))$ eine komplexe Struktur auf $T_x(M)$ ist. Der Grund für das „fast" in „fastkomplexe Struktur" ist, dass zwar jede als reelle Mannigfaltigkeit aufgefasste komplexe Mannigfaltigkeit eine fastkomplexe Struktur hat, umgekehrt eine fastkomplexe Struktur aber eine Zusatzeigenschaft erfüllen muss, um von einer komplexen Mannigfaltigkeitsstruktur zu kommen. Man beachte dazu, dass jede komplexe Mannigfaltigkeit $(M, \mathcal{O}_M)$ als glatte reelle Mannigfaltigkeit $(M, \mathcal{C}_M^{\mathbb{R},\infty})$ betrachtet werden kann, indem man auf den Koordinatenumgebungen nicht nur holomorphe, sondern glatte reell differenzierbare Funktionen betrachtet und die so gewonnenen lokalen Garben verklebt. Indem man für holomorphe Koordinaten $z_k = x_k + iy_k$ auf einer komplexen Mannigfaltigkeit die komplexen Strukturen auf den Tangentialräumen durch

$$I \cdot \frac{\partial}{\partial x_k} = \frac{\partial}{\partial y_k} \quad \text{und} \quad I \cdot \frac{\partial}{\partial y_k} = -\frac{\partial}{\partial x_k} \tag{9.1}$$

definiert, legt man eine wohldefinierte fastkomplexe Struktur I auf M fest, die man die *kanonische fastkomplexe Struktur* auf M nennt.

Zu jeder fastkomplexen Struktur I definiert man ein Tensorfeld $N_I \in \mathcal{T}_M^{2,1}(M)$ durch (vgl. Bemerkung 6.47)

$$\forall \mathfrak{X}, \mathfrak{Y} \in \mathcal{X}(M) : \quad N_I(\mathfrak{X}, \mathfrak{Y}) := [I\mathfrak{X}, I\mathfrak{Y}] - I[I\mathfrak{X}, \mathfrak{Y}] - I[\mathfrak{X}, I\mathfrak{Y}] - [\mathfrak{X}, \mathfrak{Y}].$$

N_I heißt der *Nijenhuis-Tensor* von I. Die fastkomplexe Struktur I heißt *integrierbar,* wenn ihr Nijenhuis-Tensor verschwindet. Der Name erklärt sich aus dem folgenden ausgesprochen nichttrivialen Satz, der mit analytischen Methoden bewiesen wird.

Satz 9.10 (Newlander-Nirenberg)
Sei M eine reelle Mannigfaltigkeit mit einer fastkomplexen Struktur I. Dann sind folgende Aussagen äquivalent:

(1) *I ist integrierbar.*
(2) *M ist die einer komplexen Mannigfaltigkeit zugrunde liegende reelle Mannigfaltigkeit und I ihre kanonische fastkomplexe Struktur.*

Für eine symplektische Mannigfaltigkeit (M, ω) zeigt der Satz 9.9 von Darboux, dass man für symplektische Koordinaten durch Gl. (9.1) eine fastkomplexe Struktur I auf M definieren kann. Sie lässt ω invariant und durch

$$\forall x \in M, \mathfrak{v}, \mathfrak{w} \in T_x(M): \quad g(x)(\mathfrak{v}, \mathfrak{w}) := \omega(x)(\mathfrak{v}, I(x)\mathfrak{w}) \tag{9.2}$$

wird eine Riemann'sche Metrik auf M definiert.

Es stellt sich die Frage, ob die fastkomplexen Strukturen aus (9.1) integrierbar sind. Dem ist im Allgemeinen nicht so (siehe [CS01, § 17.3]).

Im Kontrast zur lokalen Ununterscheidbarkeit von symplektischen Mannigfaltigkeiten aus dem Satz 9.9 von Darboux gibt es aus der symplektischen Form gewonnene Invarianten, anhand derer man symplektische Mannigfaltigkeiten unterscheiden kann. Es ist sogar möglich zu zeigen, dass nicht jede differenzierbare Mannigfaltigkeit gerader Dimension eine symplektische Form tragen kann, was auch ein Kontrast zur Riemann'schen Geometrie ist. Aussagen dieser Art gehören in den Bereich der *Symplektischen Topologie.* Um sie zu beweisen, benötigt man bis heute aber in erster Linie ausgeklügelte analytische Methoden. Zwei Konzepte spielen in diesem Kontext eine wichtige Rolle: *I-holomorphe* oder *pseudo-holomorphe Kurven* und die *Floer-Homologie* (siehe [MS17,AD14]). Die Floer-Homologie zu definieren, würde hier den Rahmen sprengen, aber I-holomorphe Kurven sind Abbildungen $\gamma : U \to M$ für offene Teilmengen $U \subseteq \mathbb{C}$, die das I-Analogon zu den Cauchy-Riemann-Differentialgleichungen erfüllen:

$$\frac{\partial \gamma}{\partial s} + (I \circ \gamma)\frac{\partial \gamma}{\partial t} = 0.$$

Um die analytischen Methoden der Symplektischen Topologie zu systematisieren, hat man unter anderem das Konzept einer *Polyfaltigkeit* eingeführt, einer Art durch Familien von Banachräumen angereicherter Orbifaltigkeiten (siehe [HWZ21]).

Kähler-Mannigfaltigkeiten

Kähler-Mannigfaltigkeiten sind komplexe Mannigfaltigkeiten, die, wenn man sie als reelle Mannigfaltigkeiten betrachtet, sowohl riemannsch als auch symplektisch sind, wobei die beiden Strukturen über die komplexe Struktur gekoppelt sind. Kähler-Mannigfaltigkeiten spielen sowohl in der komplexen Analysis als auch in der komplexen Algebraischen Geometrie eine wichtige Rolle. Sie geben aber auch Anlass für die Einführung neuer Strukturen.

Sei M eine komplexe Mannigfaltigkeit. Dann sind die Fasern $T_z(M)$ des Tangentialbündels komplexe Vektorräume, und man kann auf jeder dieser Fasern hermitesche innere Produkte betrachten. Sei für jedes $z \in M$ ein solches hermitesches inneres Produkt $h(z) : T_z(M) \times T_z(M) \to \mathbb{C}$ gegeben. Dann ist

$g(z) := \mathrm{Re}\big(h(z)\big) : T_z(M) \times T_z(M) \to \mathbb{R}$ ein euklidisches inneres Produkt, wobei $T_z(M)$ als reeller Vektorraum betrachtet wird. Wegen

$$h(z)(\mathfrak{v}, \mathfrak{w}) = \overline{h(z)(\mathfrak{w}, \mathfrak{v})}$$

ist $\omega := \mathrm{Im}\,\big(h(z)\big) : T_z(M) \times T_z(M) \to \mathbb{R}$ schiefsymmetrisch. Wenn $\mathfrak{v}_1, \ldots, \mathfrak{v}_n$ eine $h(z)$-orthonormale $\mathbb{C}$-Basis für $T_z(M)$ ist, dann ist $\mathfrak{v}_1, \ldots, \mathfrak{v}_n, i\mathfrak{v}_1, \ldots, i\mathfrak{v}_n$ eine $\mathrm{Re}\,\big(h(z)\big)$-orthonormale $\mathbb{R}$-Basis für $T_z(M)$, die

$$\forall j,k \in \{1,\ldots,n\}: \quad \mathrm{Im}\,h(z)\big(\mathfrak{v}_j, \mathfrak{v}_k\big) = 0 \text{ und } \mathrm{Im}\,h(z)\big(\mathfrak{v}_j, i\mathfrak{v}_k\big) = -\delta_{jk}$$

erfüllt. Also ist ω punktweise nichtausgeartet.

Man beachte, dass für $\mathfrak{v}, \mathfrak{w} \in T_z(M)$ gilt

$$g(i\mathfrak{v}, \mathfrak{w}) = \mathrm{Re}\,i h(z)\big(\mathfrak{v}, \mathfrak{w}\big) = -\,\mathrm{Im}\,h(z)\big(\mathfrak{v}, \mathfrak{w}\big) = -\omega(\mathfrak{v}, \mathfrak{w}) \qquad (*)$$

gilt. Also kann g aus ω und umgekehrt ω aus g gewonnen werden. Insbesondere wird h durch g oder ω vollständig bestimmt. Das macht es einfach, die gewünschten Regularitätseigenschaften zu formulieren.

Definition 9.11 (Hermitesche Struktur)
Eine *hermitesche Struktur* h auf einer komplexen Mannigfaltigkeit $(M, \mathcal{O}_M)$ ist gegeben durch eine Riemann'sche Metrik g auf der zugehörigen reellen Mannigfaltigkeit $(M, C_M^{\mathbb{R},\infty})$, für die $h = g + i\omega$ mit der durch (*) definierten 2-Form ω auf $(M, C_M^{\mathbb{R},\infty})$ gilt.

Definition 9.12 (Kähler-Mannigfaltigkeiten)
Eine *Kähler-Mannigfaltigkeit* ist eine komplexe Mannigfaltigkeit $(M, \mathcal{O}_X)$ zusammen mit einer hermiteschen Struktur h auf M, für die $\omega := \mathrm{Im}\,h$ geschlossen ist.

Die einfachste Beispielklasse für Kähler-Mannigfaltigkeiten sind die Vektorräume $\mathbb{C}^n$ mit ihren kanonischen hermiteschen Metriken. Die wichtigste Beispielklasse sind die komplexen projektiven Räume und ihre abgeschlossenen komplexen Untermannigfaltigkeiten. Wir schreiben im folgenden Beispiel die Fubini-Study-Metrik auf $\mathbb{P}^n_{\mathbb{C}}$ explizit, aber *ad hoc* in Koordinaten auf. Es sei darauf hingewiesen, dass die Fubini-Study-Form über den Prozess der symplektischen Reduktion in natürlicher Weise aus der Kähler-Form auf $\mathbb{C}^{n+1}$ gewonnen werden kann.

Beispiel 9.13 (Komplexe projektive Räume)
Wir beschreiben die *Fubini-Study-Metrik* nur auf der Koordinatenumgebung $U_0 = \{[x] \in \mathbb{P}^n_{\mathbb{C}} \mid x_0 \neq 0\}$, die wir in Beispiel 7.46 beschrieben haben. Die Koordinaten seien mit $z_1, \ldots, z_n$ bezeichnet. Durch Aufspalten in Real- und Imaginärteil findet man glatte Koordinatenfunktionen $x_j = \mathrm{Re}(z_j)$ und $y_j = \mathrm{Im}(z_j)$ sowie glatte Funktionen $\overline{z}_j := x_j - i y_j$. Dazu bildet man die 1-Form $d\overline{z}_j = dx_j - i\,dy_j$ auf $\mathbb{P}^n_{\mathbb{C}}$,

die allerdings nicht mehr holomorph ist, sondern als Schnitt des komplexifizierten Tangentialbündels der reellen Mannigfaltigkeit $\mathbb{P}^n_{\mathbb{C}}$ betrachtet werden sollte. Damit wird

$$\omega_{\mathrm{FS}} := \frac{1}{2i}\Big(\big(1+\textstyle\sum_{j=1}^n |z_j|^2\big) \displaystyle\sum_{j=1}^n dz_j \wedge d\overline{z}_j - \big(1+\textstyle\sum_{j=1}^n |z_j|^2\big)^2 \displaystyle\sum_{j,k=1}^n z_j \overline{z}_k dz_j \wedge d\overline{z}_k\Big)$$

zu einer Kähler-Form, deren zugehörige hermitesche Metrik durch

$$h_{\mathrm{FS}} := \big(1+\textstyle\sum_{j=1}^n |z_j|^2\big) \displaystyle\sum_{j=1}^n dz_j \otimes d\overline{z}_j - \big(1+\textstyle\sum_{j=1}^n |z_j|^2\big)^2 \displaystyle\sum_{j,k=1}^n z_j \overline{z}_k dz_j \otimes d\overline{z}_k$$

gegeben ist. □

Sei M für den Moment eine glatte reelle Mannigfaltigkeit mit einer fastkomplexen Struktur I. Man kann die Endomorphismen $I(x)$ komplex-linear fortsetzen und erhält so $\pm i$-Eigenraumzerlegungen von $T_x(M)_{\mathbb{C}} := T_x(M) \otimes \mathbb{C}$. Die $+i$-Eigenräume fasst man zu dem Bündel $T^{1,0}(M)$, die $-i$-Eigenräume zu $T^{0,1}(M)$ zusammen (nicht zu verwechseln mit den Schnittgarben $\mathcal{T}_M^{(r,s)}$ der Tensorbündel $\bigoplus_r^s TM$ aus Abschn. 6.3). Die Zerlegung $TM_{\mathbb{C}} = T^{1,0}(M) \oplus T^{0,1}(M)$ induziert auch Zerlegungen

$$\bigwedge^k TM_{\mathbb{C}} = \bigwedge^k TM \otimes \mathbb{C} = \bigoplus_{p+q=k} \bigwedge^{p,q} TM$$

der komplexifizierten k-Formen-Bündel aus Abschn. 6.4. Dabei sind die Bündel $\bigwedge^{p,q} TM$ isomorph zu $\bigwedge^p T^{1,0}(M) \otimes \bigwedge^q T^{0,1}(M)$. Die komplexe Konjugation, die von der komplexen Konjugation auf $\mathbb{C}$ auf allen diesen Bündeln induziert wird, liefert dann die Identität $\overline{\bigwedge^{p,q} TM} = \bigwedge^{q,p} TM$ und somit insbesondere $\dim_{\mathbb{C}}(\bigwedge^{p,q} TM) = \dim_{\mathbb{C}}(\bigwedge^{q,p} TM)$. Sei $\Omega^k(M)_{\mathbb{C}}$ der Raum der globalen Schnitte von $\bigwedge^k TM_{\mathbb{C}}$, d. h. der komplexen Differentialformen vom Grad k. Wir bezeichnen die Schnitte von $\bigwedge^{p,q} TM$ mit $\Omega^{p,q}(M)$.

Durch Komplexifizierung der äußeren Ableitung erhält man einen Komplex von $\mathbb{C}$-Vektorräumen, dessen Kohomologie die De-Rham-Kohomologie $H^k(M, \mathbb{C})$ mit Koeffizienten in $\mathbb{C}$ ist. Durch Verknüpfung der äußeren Ableitung mit den Projektionen auf $\bigwedge^{p+1,q} TM$ und $\bigwedge^{p,q+1} TM$ erhält man die Differentiale

$$\partial : \Omega^{p,q}(M) \to \Omega^{p+1,q}(M) \quad \text{und} \quad \overline{\partial} : \Omega^{p,q}(M) \to \Omega^{p,q+1}(M).$$

Die fastkomplexe Struktur I ist genau dann integrierbar, wenn $d = \partial + \overline{\partial}$, (siehe [Hu05, Prop. 2.6.15]). In diesem Fall kann man aus den Komplexen $(\Omega^{p,\bullet}(M), \overline{\partial})$ in Analogie zur de Rham-Kohomologie die *Dolbeault-Kohomologien* $H^{p,q}(M)$ bauen. Für kompakte Kähler-Mannigfaltigkeiten kann man auf den Räumen von Formen mithilfe der hermiteschen Struktur L^2-innere Produkte definieren. Diese wiederum ermöglichen die Konstruktion von adjungierten Operatoren d^*, ∂^* und $\overline{\partial}^*$ zu den Differentialen d, ∂ und $\overline{\partial}$. Man definiert die zugehörigen *Laplace-Operatoren* durch

$$\Delta_d := dd^* + d^*d, \quad \Delta_\partial := \partial\partial^* + \partial^*\partial, \quad \Delta_{\overline{\partial}} := \overline{\partial}\overline{\partial}^* + \overline{\partial}^*\overline{\partial}.$$

Diese Laplace-Operatoren haben gute Eigenschaften – sie sind zum Beispiel elliptisch. Formen, die von den jeweiligen Laplace-Operatoren Δ annuliert werden, nennt man Δ-*harmonisch.* Für Kähler-Mannigfaltigkeiten gilt $\Delta_d = 2\Delta - \partial = 2\Delta_{\overline{\partial}}$, also fallen die Begriffe in diesem Fall zusammen, und man kann einfach von harmonischen Formen sprechen. Wir bezeichnen den Raum der harmonischen Elemente von $\Omega^{p,q}(M)$ mit $\mathcal{H}^{p,q}(M)$ und den Raum der harmonischen Elemente von $\Omega^k(M)$ mit $\mathcal{H}^k(M)$.

Satz 9.14 (Hodge)
Sei (M, ω) eine kompakte Kähler-Mannigfaltigkeit. Dann gilt

$$\mathcal{H}^k(M) \cong H^k(M, \mathbb{C}) = \bigoplus_{p+q=k} H^{p,q}(M) \cong \bigoplus_{p+q=k} \mathcal{H}^{p,q}(M),$$

wobei $H^{p,q}(M)$ als Dolbeault-Kohomologieraum oder als Raum von De-Rham-Klassen, die Elemente von $\Omega^{p,q}(M)$ repräsentieren, gelesen werden kann.

Der Satz von Hodge ist eines der zentralen Resultate in [Vo16], das auch diverse Anwendungen enthält. Wir gehen hier nur auf die Definition einer *Hodge-Struktur* ein. Der Satz von de Rham liefert insbesondere, dass die De-Rham-Kohomologie $H^k(M, \mathbb{C})$ als $H^k(M, \mathbb{Z}) \otimes \mathbb{C}$ geschrieben werden kann, wobei $H^k(M, \mathbb{Z})$ eine der üblichen Kohomologietheorien mit ganzzahligem Koeffizient ist. Man kann zum Beispiel die simpliziale Kohomologie nehmen, wenn M homöomorph zu einem simplizialen Komplex gewählt ist. Wenn man mit Garbenkohomologie vertraut ist, kann man die Garbenkohomologie von M mit Koeffizienten in der durch den Ring $\mathbb{Z}$ definierten lokal konstanten Garbe verwenden. Der Satz von Hodge liefert dann die Zerlegung

$$H^k(M, \mathbb{Z}) \otimes \mathbb{C} = \bigoplus_{p+q=k} H^{p,q}(M)$$

und damit ein Beispiel für eine Hodge-Struktur.

Definition 9.15 (Hodge-Struktur)
Eine *Hodge-Struktur* vom Gewicht k besteht aus einer endlich erzeugten abelschen Gruppe $H_\mathbb{Z}$ und $\mathbb{C}$-Vektorräumen $H^{p,q}$ mit $p + q = k$, für die $\overline{H^{p,q}} = H^{q,p}$ und

$$H_\mathbb{Z} \otimes \mathbb{C} = \bigoplus_{p+q=k} H^{p,q}$$

gilt.

Poisson-Mannigfaltigkeiten

Poisson-Mannigfaltigkeiten sind Verallgemeinerungen von symplektischen Mannigfaltigkeiten, die sowohl in der klassischen Mechanik, als auch in der Beschreibung von quantenmechanischen Analoga mechanischer Systeme eine Rolle spielen (siehe [Wa07]). Die nachfolgende Definition passt nicht zur Überschrift „Spezielle Tensoren", es stellt sich aber heraus, dass sie äquivalent zur Existenz eines speziellen Tensors ist.

Definition 9.16 (Poisson-Mannigfaltigkeiten)
Sei M eine differenzierbare Mannigfaltigkeit. Eine Lie-Klammer $\{\cdot,\cdot\} : C^\infty(M) \times C^\infty(M) \longrightarrow \mathbb{R}$ (siehe Beispiel 4.5) heißt *Poisson-Klammer,* wenn

$$\forall f_1, f_2, g \in C^\infty(M): \quad \{f_1 f_2, g\} = \{f_1, g\} f_2 + f_1\{f_2, g\} \tag{9.3}$$

gilt. Das Paar $(M, \{\cdot,\cdot\})$ heißt dann eine *Poisson-Mannigfaltigkeit.*

Wegen der Schiefsymmetrie der Poisson-Klammer gilt natürlich auch

$$\forall g_1, g_2, f \in C^\infty(M): \quad \{f, g_1 g_2\} = \{f, g_1\} g_2 + g_1\{f, g_2\}.$$

Damit ist $\mathfrak{X}_f : C^\infty(M) \to C^\infty(M),\ g \mapsto \{f, g\}$ für $f \in C^\infty(M)$ eine Derivation, das heißt ein Vektorfeld. Man nennt es, wie im Kontext der symplektischen Mannigfaltigkeiten, das *Hamilton'sche Vektorfeld* zu f.

Das angekündigte spezielle Tensorfeld, der *Poisson-Tensor,* auf einer Poisson-Mannigfaltigkeit ist $\Lambda \in \bigwedge^2 \mathcal{T}_M(M) \subseteq \bigotimes_0^2 \mathcal{T}_M(M)$, gegeben durch

$$\forall f, g \in C^\infty(M): \quad \Lambda(x)\big(df(x), dg(x)\big) := \{f, g\}(x). \tag{9.4}$$

Gl. (9.4) definiert für jedes $\Lambda \in \bigwedge^2 \mathcal{T}_M(M)$ eine Lie-Klammer auf $C^\infty(M)$, die aber nicht notwendigerweise auch (9.3) erfüllt. Um die Gültigkeit dieser Gleichung durch eine Eigenschaft von Λ zu charakterisieren, erweitert man zunächst die Kontraktion ι einer Differenzialform mit einem Vektorfeld (siehe Übung 6.16) zu einer Kontraktion

$$\iota(\mathfrak{X}_1 \wedge \ldots \wedge \mathfrak{X}_k)\nu(\mathfrak{Y}_1, \ldots, \mathfrak{Y}_r) := \nu(\mathfrak{X}_1, \ldots, \mathfrak{X}_k, \mathfrak{Y}_1, \ldots, \mathfrak{Y}_r)$$

einer Differenzialform mit *Multivektorfeldern,* d. h. Schnitten von $\bigwedge^k TM$, und definiert dann die *Schouten-Nijenhuis-Klammer*

$$[\cdot,\cdot] : C^\infty(M; \textstyle\bigwedge^p TM) \times C^\infty(M; \bigwedge^q TM) \to C^\infty(M; \bigwedge^{p+q-1} TM)$$

via

$$\iota([P, Q])\omega := (-1)^{q(p+1)}\iota(P)d\big(\iota(Q)\omega\big) + (-1)^p\iota(Q)d\big(\iota(P)\omega\big) - \iota(P \wedge Q)d\omega.$$

Dann kann man zeigen, dass (9.3) äquivalent zu $[\Lambda, \Lambda] = 0$ ist (siehe [Wa07, § 4.1]). Man schreibt dann auch (M, Λ) statt $(M, \{\cdot,\cdot\})$, wenn man eine Poisson-Mannigfaltigkeit bezeichnen will.

Beispiel 9.17 (Symplektische Mannigfaltigkeiten)
Sei (M, ω) eine symplektische Mannigfaltigkeit (glatt und reell). Dann ist $\omega^\flat : T(M) \to T^*(M)$, $\mathfrak{v} \mapsto (\mathfrak{w} \mapsto \omega(\mathfrak{w}, \mathfrak{v}))$ ein Isomorphismus von reellen Vektorbündeln über M. Wir bezeichnen die Inverse von $\omega^\flat$ mit $\omega^\sharp$ und setzen

$$\Lambda(\alpha, \beta) := -\omega\big(\omega^\sharp(\alpha), \omega^\sharp(\beta)\big)$$

für $\alpha, \beta \in T_x^*(M)$ und $x \in M$. Dann definiert Λ eine Poisson-Struktur auf M, und die Poisson-Klammer ist durch

$$\{f, g\}(x) = \Lambda(x)\big(df(x), dg(x)\big) = -\omega\big(\omega^\sharp(df(x)), \omega^\sharp(dg(x))\big)$$

gegeben. Sei $\mathfrak{X}$ der symplektische Gradient von f im Sinne von Definition 9.6. Dann gilt für jedes Vektorfeld $\mathfrak{Y}$ auf M, dass $\omega(\mathfrak{X}, \mathfrak{Y}) = df(\mathfrak{Y})$, und wir erhalten $\omega^\sharp\big(df(x)\big) = \mathfrak{X}(x)$. Wenn also $\mathfrak{Y}$ der symplektische Gradient von g ist, erhalten wir

$$-\omega\big(\omega^\sharp(df(x), \omega^\sharp(dg(x))\big) = -\omega\big(\mathfrak{X}(x), \mathfrak{Y}(x)\big) = \omega\big(\mathfrak{Y}(x), \mathfrak{X}(x)\big) = (\mathfrak{X}g)(x).$$

Zusammen ergibt sich $\mathfrak{X} = \mathfrak{X}_f$, das heißt, das Hamilton'sche Vektorfeld zur Funktion f stimmt mit dem symplektischen Gradienten von f überein. Die doppelte Verwendung Bezeichnung „Hamilton'sches Vektorfeld" führt also zu keinen Zweideutigkeiten. □

Beispiel 9.18 (Dualräume von Lie-Algebren)
Sei $(V, [\cdot,\cdot])$ eine endlichdimensionale reelle Lie-Algebra. Dann wird durch

$$\forall f, g \in C^\infty(V^*) : \quad \{f, g\}(x) := \langle x, [df(x), dg(x)]\rangle$$

eine Poisson-Klammer auf V^* definiert. Man beachte dabei, dass V mit $(V^*)^*$ identifiziert werden kann, weil es als endlichdimensional vorausgesetzt wurde. Da lineare Abbildungen glatt sind, lässt sich V also als Unterraum von $C^\infty(V^*)$ auffassen. Damit ist die Poisson-Klammer $\{v, w\}$ von zwei Elementen $v, w \in V$ definiert. Mit dieser Identifikation ergibt sich $\{v, w\} = [v, w]$, d. h., die Poisson-Klammer ist eine Fortsetzung der Lie-Klammer auf V.

Um den Poisson-Tensor zu bestimmen, wählen wir eine Basis $v_1, \ldots, v_n$ für V. Dann werden durch

$$\forall i, j \in \{1, \ldots, n\} : \quad [v_i, v_j] = \sum_{k=1}^{n} c_{ij}^k v_k$$

die Zahlen $c_{ij}^k \in \mathbb{R}$ definiert, die man auch die *Strukturkonstanten* von V (bezüglich der gegebenen Basis) nennt. Sei jetzt $\alpha_1, \ldots, \alpha_n$ die zu $v_1, \ldots, v_n$ duale Basis für $V^* = \mathrm{Hom}_{\mathbb{R}}(V, \mathbb{R})$. Dann wird auf V^* durch

$$\sum_{k=1}^n x_k \alpha_k = x \mapsto \Lambda_{ij}(x) := \sum_{k=1}^n x_k c_{ij}^k$$

eine Poisson-Form $x \mapsto \Lambda(x) = \big(\Lambda_{ij}(x)\big)_{i,j=1,\ldots,n}$ definiert, wobei $\Lambda(x)(v_j, v_j) = \Lambda_{ij}(x)$ ist. Wegen

$$\begin{aligned} \Lambda(x)(dv_i(x), dv_j(x)) = \Lambda(x)(v_i, v_j) &= \Lambda_{ij}(x) = \sum_{k=1} c_{ij}^k x_k = \sum_{k=1} c_{ij}^k v_k(x) \\ = [v_i, v_j](x) &= \{v_i, v_j\}(x) \end{aligned}$$

ist Λ der Poisson-Tensor zu $\{\cdot, \cdot\}$. □

Wie wir in Beispiel 9.8 gesehen haben, lässt sich die Poisson-Mannigfaltigkeit V^*, wenn V die Lie-Algebra einer Lie-Gruppe G ist, durch symplektische Mannigfaltigkeiten blättern. Das ist kein Sonderfall. Alle Poisson-Mannigfaltigkeiten haben eine natürliche *symplektische Blätterung.* Die Tangentialräume an die Blätter sind durch den linearen Spann der Hamilton'schen Vektorfelder gegeben. Das heißt, wenn $B \subseteq M$ das Blatt der symplektischen Blätterung durch $x \in M$ ist, dann gilt

$$T_x(B) = \mathrm{Spann}\{\mathfrak{X}_f(x) \mid f \in C^\infty(M)\}.$$

Die Poisson-Mannigfaltigkeit ist genau dann schon selbst eine symplektische Mannigfaltigkeit, wenn der Poisson-Tensor vollen Rang hat. In diesem Fall gibt es nur ein Blatt in der Blätterung (wobei die Mannigfaltigkeit als zusammenhängend angenommen wird).

Ein typisches Beispiel ist der Raum $\mathbb{R}^3$, den man über eine Basis mit dem Dualraum der Lie-Algebra $\mathfrak{so}_3$ der schiefsymmetrischen reellen 3×3-Matrizen identifiziert; für die so gewonnene Poisson-Struktur auf $\mathbb{R}^3$ sind die Blätter der symplektischen Blätterung durch die konzentrischen Sphären gegeben. Dabei ist auch die Sphäre vom Radius 0, das heißt der Nullpunkt, ein Blatt.

Ein wesentlicher Unterschied in der mathematischen Modellierung von klassischer und Quantenmechanik ist, dass die klassischen Observablen kommutative asssoziative Algebren bilden, die quantenmechanischen Observablen dagegen nichtkommutative assoziative Algebren. Wir gehen hier auf das subtile Zusammenspiel der beiden Modellierungen nicht näher ein, sondern skizzieren nur kurz eine Methode, zu einer Poisson-Mannigfaltigkeit eine nichtkommutative assoziative Algebra zu konstruieren. Für eine ausführliche Diskussion der physikalischen Bedeutung dieser mathematischen Konstruktion verweisen wir auf [Wa07, Kap. 5].

Definition 9.19 (Formales Sternprodukt)
Sei (M, Λ) eine Poisson-Mannigfaltigkeit. Sei $C^\infty(M)[[\lambda]]$ der Raum der formalen Potenzreihen in einer Variable λ mit Koeffizienten in $C^\infty(M)$, (vgl. Beispiel 1.6.) Ein *formales Sternprodukt* ist eine $\mathbb{C}[[\lambda]]$-bilineare Abbildung

$$\star : C^\infty(M)[[\lambda]] \times C^\infty(M)[[\lambda]] \to C^\infty(M)[[\lambda]]$$

der Form

$$f \star g = \sum_{r=0}^{\infty} \lambda^r C_r(f, g),$$

wobei die $C_r : C^\infty(M) \times C^\infty(M) \to C^\infty(M)$ $\mathbb{C}$-bilineare Abbildungen sind, die man $\mathbb{C}[[\lambda]]$-bilinear fortsetzt. Weiter verlangt man von $\star$ die folgenden Eigenschaften:

(a) $(C^\infty(M)[[\lambda]], \star)$ ist eine assoziative Algebra mit der konstanten Funktion $1 \in C^\infty(M)$ als Einselement.
(b) Für alle $f, g \in C^\infty(M)$ gilt $C_0(f, g) = fg$ und $C_1(f, g) - C_1(g, f) = i\{f, g\}$.

Zwei Sternprodukte $\star$ und $\star'$ heißen *äquivalent,* wenn es eine formale Reihe $S = \mathrm{id} + \sum_{r=1}^{\infty} \lambda^r S_r$ von linearen Abbildungen $S_r : C^\infty(M) \to C^\infty(M)$ mit $S_1 = 1$ und

$$\forall f, g \in C^\infty(M)[[\lambda]] : \quad f \star' g = S^{-1}(Sf \star Sg)$$

gibt.

Nachdem Sternprodukte für verschiedene Spezialfälle über die Jahrzehnte konstruiert worden waren, hat Maxim Kontsevich in [Ko03] gezeigt, dass es für jede Poisson-Mannigfaltigkeit Sternprodukte gibt, für die die C_r in beiden Variablen durch Differentialoperatoren der Ordnung r gegeben sind. Er gibt auch eine Klassifikation bis auf Äquivalenz an, die auf das Konzept *formaler Deformationen* von Poisson-Strukturen zurückgreift. Ein zentrales technisches Resultat in diesem Kontext ist Kontsevichs *Formalitätssatz,* der die Schouten-Nijenhuis-Klammer mit der sogenannten Hochschild-Kohomologie der Algebra $C^\infty(M)$ verbindet.

Literatur Es gibt eine große Anzahl an ein- und weiterführenden Büchern zur Riemann'schen Geometrie. Sehr leserfreundlich sind zum Beispiel [dC92] und der erste Band von [Sp99]. Wesentlich geringer ist die Auswahl an Büchern über Pseudo-Riemann'sche Geometrie, siehe aber [ON83] und [Ch11]. Speziell zur Lorentz'schen Variante sind [BE11] und [HE73] zwei Klassiker. Für die physikalische Interpretation des Minkowski-Raums im Rahmen der speziellen Relativitätstheorie siehe [Na12].

Traditionell stellen die meisten Bücher über Symplektische Geometrie den Zusammenhang mit der klassischen Mechanik in den Mittelpunkt. Beispiele dafür sind [LM87] und [AMR88]. Neuere Bücher wie [CS01], [MS17] und [Oh15] nehmen auch die Symplektische Topologie in den Blick. Einführungen in die der Symplektischen Topologie zugrunde liegende Analysis geben [MS12], [AD14] und [HWZ21]. In [AC21b] werden auch Verbindungen zwischen Symplektischer Geometrie und Methoden der Homologischen Algebra diskutiert. Der Satz von Newlander-Nirenberg wird in vielen Büchern erklärt (z. B. [KN96], [Hu05], [Wa07] und [MS17]), aber nur in sehr wenigen vollständig (d. h. nicht nur im analytischen Fall) bewiesen. Ein Beispiel ist das Buch [Ho73].

Es gibt nur wenige Bücher, die sich ausschließlich mit Kähler-Mannigfaltigkeiten beschäftigen wie [We58] oder [Ba06]. Sie spielen aber in den meisten Büchern über komplexe Mannigfaltigkeiten eine wichtige Rolle. Beispiele hierfür sind [We79] und [Hu05] sowie [GH94], wo insbesondere der Bezug zur Algebraischen Geometrie erklärt wird. Das Buch [Vo16], das eine Einführung in die Hodge-Theorie ist, enthält auch eine ausführliche Einführung in die Theorie der Kähler-Mannigfaltigkeiten.

Eine frühe systematische Darstellung der Differentialgeometrie von Poisson-Mannigfaltigkeiten im Kontext von Symplektischer Geometrie und klassischer Mechanik ist [LM87]. Texte wie [Va94] und [CLM21] haben ihren Fokus ausschließlich auf Poisson-Mannigfaltigkeiten. In [Wa07] und [LPV13] spielen Anwendungen eine größere Rolle. Insbesondere ist [LPV13, Chap. 13] eine Einführung in die Ergebnisse von Kontsevich zur Deformationsquantisierung. Der Artikel von Kontsevich in [AC21a] geht noch einen Schritt weiter. Er beschreibt unter anderem die Rolle von Deformationstechniken und Homologischer Algebra in der sogenannten derivierten nichtkommutativen Geometrie.

9.2 Zusammenhänge und Faserbündel

In Kap. 6 haben wir differenzierbare Abbildungen zwischen Mannigfaltigkeiten definiert, und wir wissen, was eine Ableitung ist. Wir kennen damit im Prinzip auch die höheren Ableitungen. Wir haben weiter festgestellt, dass Ableitungen auf Tangentialräumen leben, und herausgefunden, wie die Tangentialräume verschiedener Punkte in differenzierbarer Weise aneinanderkleben. Dies wurde über Karten gemacht, und wegen der Definition von Karten und differenzierbaren Strukturen hing dieses differenzierbare Aneinanderkleben *nicht* von der Wahl der Karte ab. Anders wäre das, wollte man versuchen zu erklären, was es heißen soll, wenn zwei Vektoren in *verschiedenen* Tangentialräumen in die gleiche Richtung zeigen. Natürlich kann man in einer Karte (U, φ) auf M bzw. deren assoziierter Karte erklären, dass zwei Richtungen gleich sind, wenn die letzten n Koordinaten der entsprechenden Vektoren Vielfache voneinander sind. Aber selbstverständlich kann man andere Karten auf M machen, die dieselben Punkte enthalten und für die diese Vektoren *nicht* (in diesem Sinne) in dieselbe Richtung zeigen. Es ist in der Tat gar nicht möglich, ein sinnvolles Konzept der oben genannten Art global zu definieren, das heißt für beliebige Punkte ohne jede weitere Spezifikation die affine Struktur des Tangentialraumes zu vergleichen. Aber auch wenn man den Gültigkeitsbereich eines solchen Vergleichsprozesses einschränkt, findet man kein von der Wahl der Karten unabhängiges Konzept, ohne vorher auf der Mannigfaltigkeit eine zusätzliche Struktur einzuführen.

Kovariante Ableitungen

Die zusätzliche Struktur, die man einführt, ist die Möglichkeit, Richtungsableitungen von Vektorfeldern zu bilden. Mit diesen Richtungsableitungen kann man dann Tangentialvektoren $\mathfrak{v}$ und $\mathfrak{w}$ in zwei Tangentialräumen T_pM und T_qM vergleichen, indem man p und q durch eine glatte Kurve γ verbindet, ein Vektorfeld $\mathfrak{X}$ (zumindest auf dem Bild von γ) definiert, für das $\mathfrak{v} = \mathfrak{X}(p)$ und $\mathfrak{w} = \mathfrak{X}(q)$ gilt. Dann sagt man, dass $\mathfrak{w}$ der parallel verschobene Vektor von $\mathfrak{v}$ entlang γ ist, wenn die Richtungsableitung des Vektorfeldes $\mathfrak{X}$ in Richtung $\gamma'(t)$ für alle t verschwindet. Angesichts unserer algebraischen Definition des Tangentialraumes, die Tangentialvektoren mit Richtungsableitungen identifizierte, mag es verwunderlich erscheinen, dass es nicht möglich sein soll, Richtungsableitungen von Vektorfeldern zu definieren, ohne neue Strukturen auf einer Mannigfaltigkeit einzuführen. Diese Richtungsableitungen bezogen sich aber auf Funktionen, und wenn man versucht, diese Richtungsableitungen auch für Vektorfelder zu definieren, etwa indem man die Komponentenfunktionen eines Vektorfeldes ableitet, stellt man sehr schnell fest, dass man dabei kein kartenunabhängiges Resultat erhält. Der Einfachheit halber formulieren wir die Definitionen nur für glatte Mannigfaltigkeiten.

Definition 9.20 (Affiner Zusammenhang)
Sei M eine $\mathcal{C}^{\mathbb{R},\infty}$-Mannigfaltigkeit. Ein *affiner Zusammenhang* auf M ist eine Vorschrift ∇, die jedem Vektorfeld $\mathfrak{X} \in \mathcal{T}_M(M)$ eine lineare Abbildung $\nabla_{\mathfrak{X}} : \mathcal{T}_M(M) \to \mathcal{T}_M(M)$ zuordnet, die die beiden folgenden Eigenschaften hat:

(a) $\forall\, f, g \in C^\infty(M), \mathfrak{X}, \mathfrak{Y} \in \mathcal{T}_M(M): \quad \nabla_{f\mathfrak{X}+g\mathfrak{Y}} = f\nabla_{\mathfrak{X}} + g\nabla_{\mathfrak{Y}}$
(b) $\forall\, f \in C^\infty(M), \mathfrak{X}, \mathfrak{Y} \in \mathcal{T}_M(M): \quad \nabla_{\mathfrak{X}}(f\mathfrak{Y}) = f\nabla_{\mathfrak{X}}(\mathfrak{Y}) + \big(\mathfrak{X}(f)\big)\mathfrak{Y}$

Der Operator $\nabla_{\mathfrak{X}}$ heißt auch *kovariante Ableitung* bezüglich $\mathfrak{X}$.

Der Name *kovariante Ableitung* verschleiert die Tatsache, dass es sich hier um eine Zusatzstruktur handelt. Andererseits werden wir im Verlauf dieses Abschnitts noch Versionen von Zusammenhängen diskutieren, denen man die Verwandtschaft zu den kovarianten Ableitungen nicht ohne Weiteres ansieht. Deshalb ziehen wir hier die Bezeichnung kovariante Ableitung vor.

Beispiel 9.21 (Hyperflächen)
Sei M eine Hyperfläche in $\mathbb{R}^{n+1}$, dann lässt sich T_pM für jedes $p \in M$ mit einer Hyperebene des $\mathbb{R}^{n+1}$ identifizieren. Wir nehmen an, wir haben eine glatte Funktion $\eta : M \to \mathbb{R}^{n+1}$, sodass $\eta(p)$ immer senkrecht auf T_pM liegt (bzgl. des üblichen Skalarprodukts auf $\mathbb{R}^{n+1}$). Sei für jedes $p \in M$ die Projektion von $\mathbb{R}^{n+1}$ entlang $\mathbb{R}\eta(p)$ auf T_pM mit Π_p bezeichnet. Beachte, dass man in $\mathbb{R}^{n+1}$ problemlos Richtungsableitungen von Vektorfeldern bilden kann: Seien dazu $\mathfrak{X}$ und $\mathfrak{Y}$ Vektorfelder, dann ist für $p \in M$ die Richtungsableitung von $\mathfrak{Y}$ in p in Richtung $\mathfrak{X}(p)$ durch

$$D_{\mathfrak{X}}(\mathfrak{Y})(p) := \lim_{h\to 0} \frac{1}{h}\Big(\mathfrak{Y}\big(p + h\mathfrak{X}(p)\big) - \mathfrak{Y}(p)\Big)$$

gegeben. Der Vektor $D_{\mathfrak{X}}(\mathfrak{Y})(p)$ liegt im Allgemeinen nicht in T_pM. Nach unserer Definition liegt dagegen der Vektor $\Pi_p\big(D_{\mathfrak{X}}(\mathfrak{Y})(p)\big)$ sehr wohl in T_pM. Wir definieren

$$\nabla_{\mathfrak{X}}(\mathfrak{Y})(p) := \Pi_p\big(D_{\mathfrak{X}}(\mathfrak{Y})(p)\big). \qquad (*)$$

Man kann zeigen, dass $\nabla_{\mathfrak{X}}(\mathfrak{Y})$ nur von den Werten von $\mathfrak{X}$ und $\mathfrak{Y}$ auf M abhängt. Weiter kann man zeigen, dass man zu jedem Vektorfeld auf einer Umgebung U in M ein Vektorfeld auf einer Umgebung V in $\mathbb{R}^{n+1}$ definieren kann, dessen Einschränkung das Feld auf U ist. Mit diesen Aussagen lässt sich nachweisen, dass die durch (*) definierte Vorschrift eine kovariante Ableitung ist. □

Sei ein glattes Vektorfeld $\mathfrak{Y} \in \mathcal{T}_M(M)$ fest gewählt. Dann ist die Abbildung $T : \mathcal{T}_M(M) \times \mathcal{T}_M^*(M) \to C^\infty(M)$, definiert durch $T(\mathfrak{X}, \omega) = \omega\big(\nabla_{\mathfrak{X}}(\mathfrak{Y})\big)$, ein Tensorfeld vom Typ (1, 1). Also hängt der Wert der kovarianten Ableitung $\nabla_{\mathfrak{X}}(\mathfrak{Y})$ an der Stelle $\mathfrak{p} \in M$ nur vom Wert von $\mathfrak{X}$ in p ab. Damit ist die Gleichung

$$\forall t \in I: \quad \nabla_{\gamma'(t)}(\mathfrak{Y})\big(\gamma(t)\big) = 0$$

für eine glatte Kurve γ und ein vorgegebenes Vektorfeld $\mathfrak{Y}$ sinnvoll. Die Lösung dieser Gleichung wird als die Parallelverschiebung von $\mathfrak{Y}$ entlang γ interpretiert. Eine genauere Analyse der Differenzialgleichung zeigt, dass nur die Werte von $\mathfrak{Y}$ auf dem Bild von γ eine Rolle spielen. Damit wird die *Parallelverschiebung* entlang einer Verbindungskurve $\gamma : I \to M$ von p und q in M ein linearer Isomorphismus $\tau_{p,q,\gamma} : T_p(M) \to T_q(M)$. Eine Kurve heißt *Geodäte* für ∇, wenn für zwei beliebige Zeiten $t, s \in I$ gilt, dass

$$\tau_{\gamma(s),\gamma(t),\gamma}\big(\gamma'(t)\big) = \gamma'(s),$$

d. h., die Kurve γ hat „konstante Geschwindigkeit". Damit sind Geodäten so etwas wie Geraden in M.

Es stellt sich heraus, dass auf einer Pseudo-Riemann'schen Mannigfaltigkeit (M, g) genau eine kovariante Ableitung ∇ existiert, für die alle Parallelverschiebungen isometrisch sind und der durch

$$\forall \mathfrak{X}, \mathfrak{Y} \in \mathcal{T}_M(M), \omega \in \Omega^1(M): \quad T_\nabla(\mathfrak{X}, \mathfrak{Y}, \omega) = \omega\big(\nabla_{\mathfrak{X}}(\mathfrak{Y}) - \nabla_{\mathfrak{Y}}(\mathfrak{X}) - [\mathfrak{X}, \mathfrak{Y}]\big)$$

definierte *Torsionstensor* $T_\nabla \in \bigotimes_2^1 \mathcal{T}_M(M)$ verschwindet. Diese kovariante Ableitung heißt der *Levi-Civita-Zusammenhang* für (M, g). Im Falle Riemann'scher Metriken sind die Geodäten für den Levi-Civita-Zusammenhang (lokal) distanzminimierend, das heißt, sie stimmen mit den in Abschn. 9.1 definierten Geodäten für (M, g) überein.

Krümmung

Man stelle sich die Einheitssphäre in $\mathbb{R}^3$ mit der kovarianten Ableitung aus Beispiel 9.21 vor. Die Parallelverschiebung entlang eines Großkreises ist dann gerade die Rotation um die zugehörige Rotationsachse der Sphäre. Verfolgt man die Parallelverschiebung für drei aufeinanderfolgende Viertelkreise (erst auf dem Äquator, dann zum Nordpol und schließlich zurück zum Ausgangspunkt), dann wird aus einem Tangentialvektor parallel zum Äquator im Ergebnis ein Tangentialvektor, der zum Nordpol zeigt. Im Gegensatz dazu ändert sich ein Vektor nicht, wenn man ihn in einem euklidischen Vektorraum parallel entlang einer geschlossenen Kurve verschiebt. Das legt nahe, dass man mithilfe von Parallelverschiebung entlang geschlossener Kurven *Krümmung* entdecken kann. Betrachtet man Kurven, die für zwei Vektorfelder $\mathfrak{X}$ und $\mathfrak{Y}$ durch sukzessives Folgen der Integralkurven von $\mathfrak{X}$, $\mathfrak{Y}$, $-\mathfrak{X}$ und $-\mathfrak{Y}$ für jeweils eine Zeit ε entstehen, und verschiebt ein drittes Vektorfeld $\mathfrak{Z}$ entlang dieser Kurve, dann ergibt sich für $\varepsilon \to 0$ tatsächlich eine punktweise definierte Größe. Diese Größe ist ein Tensor der Stufe $(1, 3)$, der durch

$$\begin{aligned}
&\forall\, \mathfrak{X}, \mathfrak{Y}, \mathfrak{Z} \in \mathcal{T}_M(M),\ \omega \in \Omega^1(M):\\
&R_\nabla(\mathfrak{X}, \mathfrak{Y}, \mathfrak{Z}, \omega) := \omega\big((\nabla_{\mathfrak{X}}\nabla_{\mathfrak{Y}} - \nabla_{\mathfrak{Y}}\nabla_{\mathfrak{X}} - \nabla_{[\mathfrak{X},\mathfrak{Y}]})(\mathfrak{Z})\big)
\end{aligned}$$

definiert werden kann. Er heißt *Riemann'scher Krümmungstensor*. Dieser und daraus abgeleitete Tensoren spielen in vielen wichtigen Differenzialgleichungen der geometrischen Analysis eine wichtige Rolle. Bekannt sind dabei insbesondere die Einstein'schen Bewegungsgleichungen der allgemeinen Relativitätstheorie (siehe z. B. [Sa22]) und der Ricci-Fluss, der eine zentrale Rolle in der Lösung der Poincaré-Vermutung und ihrer modernen Verallgemeinerung, Bill Thurstons Geometrisierungsvermutung, durch Grigori Perelman gespielt hat (siehe z. B. [MF10]).

Faserbündel

Das Konzept einer kovarianten Ableitung, das wir für das Tangentialbündel eingeführt haben, lässt sich problemlos auf allgemeine Vektorbündel im Sinne von Definition 6.35 verallgemeinern. Man kann aber noch einen Schritt weiter gehen und auf allgemeinen Faserbündeln Zusammenhänge definieren, die auf den ersten Blick nichts mit den affinen Zusammenhängen zu tun zu haben scheinen. Wir werden die Verbindungen hier nicht näher beschreiben, verweisen aber auf Bd. 2 von Spivaks fünfteiligem Werk [Sp99], in dem die unterschiedlichen Begriffe von Zusammenhängen und ihre Querverbindungen ausführlich diskutiert werden.

Definition 9.22 (Faserbündel)
Seien M und F differenzierbare Mannigfaltigkeiten vom Typ $C^{\mathbb{K},k}$. Ein $C^{\mathbb{K},k}$-*Faserbündel* mit Faser F ist eine differenzierbare Mannigfaltigkeit E mit einer $C^{\mathbb{K},k}$-Abbildung $\pi : E \to M$, die folgende Eigenschaften hat: Zu jedem $p \in M$ gibt es eine Umgebung U von p in M und einen Diffeomorphismus $\varphi_U : \pi^{-1}(U) \to U \times F$ mit $\pi_1 \circ \varphi_U = \pi$ (π_1 ist die Projektion auf die U-Komponente), und für jedes $q \in U$

ist $\pi_2 \circ \psi_U|_{E_q} : E_q \to F$ ein $\mathcal{C}^{\mathbb{K},k}$-Isomorphismus (dabei ist E_q die Faser $\pi^{-1}(q)$ und π_2 die Projektion auf die F-Komponente). Ein *Schnitt* von (E, π) ist eine $\mathcal{C}^{\mathbb{K},k}$-Abbildung $\sigma : M \to E$ mit $\pi \circ \sigma = \mathrm{id}_M$.

Das einfachste Beispiel eines Faserbündels über M mit Faser F ist das Produkt $M \times F$ mit der Projektion π_1 auf die erste Komponente. Es wird das *triviale* F-Bündel über M genannt. Die Definition eines Faserbündel beinhaltet also, dass Faserbündel lokal trivial sind. Eine Überdeckung des Faserbündels durch offene Teilmengen der Form $\pi^{-1}(U)$ mit den in Definition 9.22 beschriebenen Eigenschaften heißt eine *lokale Trivialisierung* des Bündels.

Die Tensorbündel aus Abschn. 6.3 sind Beispiele für Faserbündel. Für diese Bündel ist F jeweils ein Vektorraum und die Fasern haben selbst Vektorraumstrukturen, für die die faserweisen Diffeomorphismen zu Isomorphismen von Vektorräumen werden. Das sind genau die Vektorbündel aus Definition 6.35. Wenn die Faser eines Vektorbündels die Dimension 1 hat, spricht man auch von einem *Geradenbündel.*

Beispiel 9.23 (Orientierungsbündel)
In Abschn. 6.5 haben wir gesehen, dass die Integration von n-Formen auf einer n-dimensionalen differenzierbaren Mannigfaltigkeit sich aus dem Transformationssatz nur dann begründen ließ, wenn die Mannigfaltigkeit orientiert war. Auch die Orientierung ist eine Zusatzstruktur. Die Existenz einer Orientierung lässt sich durch die Existenz einer nirgends verschwindenden n-Form charakterisieren. Eine andere Charakterisierung findet man mithilfe des *Orientierungsbündels* $\mathrm{Or}(M)$. Dieses Bündel ist dadurch definiert, dass man auf jeder Kartenumgebung $(U_\alpha, \varphi_\alpha)$ das triviale Geradenbündel $U \times \mathbb{R}$ betrachtet und diese trivialen Bündel auf $U_\alpha \cap U_\beta$ mithilfe von

$$(x, r) \mapsto \big(x, \operatorname{sign}\det\big(\varphi_a \circ \varphi_\beta^{-1})'(x)\big)r\big)$$

miteinander verklebt (siehe Übung 6.13). Die Mannigfaltigkeit ist genau dann orientierbar, wenn das Orientierungsbündel *trivial* ist, d. h., wenn es einen Diffeomorphismus $\varphi : M \times \mathbb{R} \to \mathrm{Or}(M)$ gibt, der die Fasern $\{m\} \times \mathbb{R}$ linear isomorph auf die Faser über m in $\mathrm{Or}(M)$ abbildet. Eine Orientierung ist dann als Überdeckung von M durch Karten $(U_\alpha, \varphi_\alpha)$ gegeben, für die die Übergangsfunktionen nicht Werte in der Gruppe $\{\pm 1\}$ annimmt, sondern nur in der kleineren Gruppe $\{1\}$. □

Betrachtet man zu jeder Faser eines Tensorbündels geometrische Objekte wie den Raum aller Basen (evtl. mit Zusatzeigenschaften), trifft man auf den folgenden Typus von Faserbündel.

Definition 9.24 (Hauptfaserbündel)
Sei G eine Lie-Gruppe. Ein Faserbündel (E, π) heißt ein *Hauptfaserbündel* mit *Strukturgruppe* G, wenn es eine glatte Rechtswirkung $E \times G \longrightarrow E$ gibt, die

$$\forall e \in E, g \in G : \quad \pi(e \cdot g) = \pi(g)$$

erfüllt, d. h. die Fasern $E_m := \pi^{-1}(m)$ erhält, und auf den Fasern *frei* ($e \cdot g = e \implies g = 1$) sowie *transitiv* ($\forall\, e_1, e_2 \in E$ mit $\pi(e_1) = \pi(e_2)\ \exists\, g \in G$ so, dass $e_1 \cdot g = e_2$) ist.

Beispiel 9.25 (Homogene Räume)
Das einfachste Beispiel eines Hauptfaserbündels ist die Quotientenabbildung $\pi : G \to G/H$ einer Lie-Gruppe G nach einer abgeschlossenen Untergruppe H. Jede Faser dieser Abbildung ist eine Nebenklasse gH, auf der die Gruppe H frei und transitiv von rechts wirkt. Da G/H in natürlicher Weise eine glatte Mannigfaltigkeitsstruktur trägt, bezüglich der alle Abbildungen und Wirkungen glatt sind, wird (G, π) so zu einem Hauptfaserbündel über G/H mit Strukturgruppe H. □

Beispiel 9.26 (Rahmenbündel eines Vektorbündels)
Sei (E, π) ein Vektorbündel über M mit Faser $\mathbb{R}^n$. Wir setzen

$$\mathrm{GL}(E) := \bigcup_{x \in M} \{\varphi \in \mathrm{Hom}(\mathbb{R}^n, E_x) \mid \varphi \text{ invertierbar}\},$$

und betrachten die Abbildung

$$\tilde{\pi} : \mathrm{GL}(E) \longrightarrow M, \quad \varphi \longmapsto x \text{ für } \varphi \in \mathrm{Hom}(\mathbb{R}^n, E_x).$$

Dann ist $(\mathrm{GL}(E), \tilde{\pi})$ ein Hauptfaserbündel mit Strukturgruppe $\mathrm{GL}(n, \mathbb{R})$. Um das einzusehen, kann man sich auf den Fall eines trivialen Vektorbündels zurückziehen, d. h.

$$E = U \times \mathbb{R}^n, \quad E_x = \{x\} \times \mathbb{R}^n.$$

annehmen. Dann kann man $\{\varphi \in \mathrm{Hom}(\mathbb{R}^n, E_x) \mid \varphi \text{ invertierbar}\}$ mit $\mathrm{GL}(n, \mathbb{R})$ identifizieren und es gilt $\mathrm{GL}(E) \cong U \times \mathrm{GL}(n, \mathbb{R})$. Damit wird $(\mathrm{GL}(E), \tilde{\pi})$ zu einem Faserbündel mit Faser $\mathrm{GL}(n, \mathbb{R})$. Für $g \in \mathrm{GL}(n, \mathbb{R})$ und $\varphi \in \mathrm{Hom}(\mathbb{R}^n, E_x)$, definiert

$$(\varphi \cdot g)(v) = \varphi(g \cdot v)$$

die Struktur eines Hauptfaserbündels auf $\mathrm{GL}(E)$. Dieses Bündel wird oft das *Rahmenbündel* von E genannt. □

Hauptfaserbündel mit Strukturgruppe G sind Beispiele für G-Strukturen auf Faserbündeln.

Definition 9.27 (G-Strukturen auf Faserbündeln)
Sei $E \to M$ ein $\mathcal{C}^{\mathbb{K},k}$-Faserbündel mit Faser F und G eine Gruppe. Weiter sei $(U_\alpha, \psi_\alpha)_{\alpha \in A}$ eine Familie von lokalen Trivialisierungen des Faserbündels E, die E überdecken. Eine *G-Struktur* auf E besteht aus einer Gruppenwirkung $G \times F \to F$, $(g, f) \mapsto g \cdot f$ und einer Familie von *Übergangsfunktionen* $g_{\alpha\beta} : U_\alpha \cap U_\beta \to G$, die

$$\forall \alpha, \beta, \gamma \in A, x \in U_\alpha \cap U_\beta \cap U_\gamma : \quad g_{\alpha\beta}(x) g_{\beta\gamma}(x) = g_{\alpha\gamma}(x)$$

und

$$\forall \alpha \in A, x \in U_\alpha : \quad g_{\alpha\alpha}(x) = 1 \in G$$

sowie

$$\forall \alpha, \beta \in A, x \in U_\alpha \cap U_\beta, f \in F : \quad \psi_\alpha \circ \psi_\beta^{-1}(x, f) = (x, g_{\alpha\beta}(x) \cdot f) \quad (*)$$

erfüllen.

In Beispiel 9.23 sehen wir die *Reduktion* einer Strukturgruppe, die eine Zusatzstruktur beschreibt.

Definition 9.28 (Reduktion der Strukturgruppe)
Sei $E \to M$ ein $C^{\mathbb{K},k}$-Faserbündel mit G-Struktur und H eine Untergruppe von G. Dann heißt eine H-Struktur, die sich aus einer überdeckenden Teilfamilie $(U_\alpha, \psi_\alpha)_{\alpha \in A'}$ ergibt, für die

$$\forall \alpha, \beta \in A', x \in U_\alpha \cap U_\beta : \quad g_{\alpha\beta}(x) \in H$$

gilt, eine *Reduktion* der Strukturgruppe.

Beispiel 9.29 (Metriken aus Strukturgruppenreduktionen)
Jedes Vektorbündel E mit Faser V hat eine natürliche $\mathrm{GL}(V)$-Struktur. Die Übergangsfunktionen sind dabei durch

$$g_{\alpha\beta} := \left(\pi_2 \circ \psi_\alpha|_{E_x}\right) \circ \left(\pi_2 \circ \psi_\beta|_{E_x}\right)^{-1} : V \to V$$

gegeben. Sei jetzt V mit einem inneren Produkt $\langle \cdot\,, \cdot \rangle_V$ ausgestattet und H die von den Isometrien dieses inneren Produkts gebildete Untergruppe von $\mathrm{GL}(V)$. Angenommen, man hat auf einem Vektorbündel $\pi : E \to M$ mit Faser V eine Reduktion der Strukturgruppe $\mathrm{GL}(V)$ auf H. Dann lässt sich wegen (*) in Definition 9.27 auf jeder Faser E_x mit $x \in U_\alpha, \alpha \in A'$ durch

$$\forall \mathfrak{v}, \mathfrak{w} \in E_x : \quad \langle \mathfrak{v}, \mathfrak{w} \rangle_x := \langle \pi_2 \circ \psi_\alpha(\mathfrak{v}), \pi_2 \circ \psi_\alpha(\mathfrak{w}) \rangle_V$$

ein inneres Produkt definieren, das nicht von der Wahl der lokalen Trivialisierung abhängt. Aus den Definitionen liest man sofort ab, dass die Abbildung

$$\{(\mathfrak{v}, \mathfrak{w}) \in E \times E \mid \pi(\mathfrak{v}) = \pi(\mathfrak{w})\} \to \mathbb{K}, \quad (\mathfrak{v}, \mathfrak{w}) \mapsto \langle \mathfrak{v}, \mathfrak{w} \rangle_{\pi(\mathfrak{v})}$$

denselben Differenzierbarkeitsgrad hat wie das Vektorbündel E.

Insbesondere zeigt dieses Beispiel, dass man durch Reduktion der Strukturgruppe von $\mathrm{GL}(n, \mathbb{R})$ des Tangentialbündels einer reellen n-dimensionalen Mannigfaltigkeit auf die orthogonale Gruppe $O(n, \mathbb{R})$ eine Riemann'sche Metrik vorgibt. Existiert sogar eine Reduktion auf die spezielle orthogonale Gruppe $SO(n, \mathbb{R})$, erhält man eine orientierte Riemann'sche Mannigfaltigkeit. □

Analog zu Beispiel 9.29 liefert für eine komplexe Mannigfaltigkeit die Reduktion der Strukturgruppe $GL(n, \mathbb{C})$ auf die unitäre Gruppe $U(n)$ eine hermitesche Struktur. Man kann die Konstruktion auch auf andere Typen von Bilinearformen übertragen. Zum Beispiel erhält man aus der Reduktion der Strukturgruppe von $GL(n, \mathbb{R})$ des Tangentialbündels einer reellen n-dimensionalen Mannigfaltigkeit auf die symplektische Gruppe $Sp(n, \mathbb{R})$ eine nichtausgeartete 2-Form. Wir sehen, dass eine Reihe der in Abschn. 9.1 durch Tensoren besprochenen Zusatzstrukturen auch über Reduktion von Strukturgruppen beschrieben werden kann.

Anstatt eine Strukturgruppe G auf eine Untergruppe H zu reduzieren, kann man Gruppenhomomorphismen $\rho : H \to G$ betrachten und eine H-Struktur $(h_{\alpha\beta})_{\alpha,\beta\in A}$ als einen *Lift* einer G-Struktur $(g_{\alpha\beta})_{\alpha,\beta\in A}$ betrachten, wenn

$$\forall \alpha, \beta \in A, x \in U_\alpha \cap U_\beta : \quad g_{\alpha\beta}(x) = \rho\big(h_{\alpha\beta}(x)\big).$$

Auch Lifts von G-Strukturen sind Zusatzstrukturen. In der Geometrie und der mathematischen Physik spielen zum Beispiel die *Spinstrukturen* (und die ihnen zugeordneten *Dirac-Operatoren*) eine wichtige Rolle, die durch den Lift der $SO(n, \mathbb{R})$-Struktur einer orientierten Riemann'schen Mannigfaltigkeit zu einer $Spin(n)$-Struktur gegeben sind (siehe [LM89]). Die Gruppe $Spin(n)$ ist dabei eine kompakte Gruppe mit einem zweielementigen Normalteiler, für den die Quotientengruppe isomorph zu $SO(n, \mathbb{R})$ ist. Topologisch gesehen ist $Spin(n)$ die einfach zusammenhängende Überlagerungsgruppe von $SO(n, \mathbb{R})$.

In Beispiel 9.26 wurde aus einem Vektorbündel ein Hauptfaserbündel konstruiert. Umgekehrt kann man zu einem Hauptfaserbündel mit Strukturgruppe G über M und einer differenzierbaren Gruppenwirkung $G \times F \to F$ immer ein Faserbündel über M mit Faser F zuordnen.

Beispiel 9.30 (Assoziierte Bündel)
Sei (E, π) ein Hauptfaserbündel mit Strukturgruppe G über M und $G \times F \to F$ einer differenzierbaren Gruppenwirkung. Dann wirkt G von rechts auf $E \times F$ durch $(e, f) \cdot g := (e \cdot g, g^{-1} \cdot f)$. Sei $E \times_G F$ die Menge der G-Bahnen dieser Wirkung und $[e, f] := (e, f) \cdot G$. Dann ist

$$\pi_F : E \times_G F \to M \quad [e, f] \mapsto \pi(e)$$

ein Faserbündel über M mit Faser F. □

Auf den Hauptfaserbündeln aus Beispiel 9.25 gibt es jeweils eine Linkswirkung von G, die mit der Rechtswirkung von H vertauscht. Damit hat man auch auf allen assoziierten Bündeln $G \times_H F$ eine Linkswirkung von G. Die Schnitte eines solchen assoziierten Bündels lassen sich mit Funktionen $f : G \to F$ identifizieren, die

$$\forall h \in H, g \in G: \quad f(gh) = h^{-1} \cdot f(g)$$

erfüllen. Man beachte die keineswegs zufällige Ähnlichkeit zu den induzierten Moduln aus Beispiel 4.49. Sie erklärt, warum assoziierte Bündel von homogenen Räumen eine zentrale Rolle in der Theorie induzierter Darstellungen von Lie-Gruppen spielen (siehe z. B. [Vo87]).

Beispiel 9.31 (Pull-back von Faserbündeln)
Sei (E, π) ein $C^{\mathbb{K},k}$-Faserbündel über M mit Faser F, N eine $C^{\mathbb{K},k}$-Mannigfaltigkeit und $\varphi : N \to M$ eine $C^{\mathbb{K},k}$-Abbildung. Dann ist

$$\varphi^* E := \{(y, e) \in N \times E \mid \varphi(y) = \pi(e)\} \to N, \quad (n, e) \mapsto n$$

ein $C^{\mathbb{K},k}$-Faserbündel über N mit Faser F. Man nennt $\varphi^* E$ den *Pull-back* oder die *Zurückziehung* von E mit φ. Wir fassen die Konstruktion in dem folgenden kommutativen Diagramm zusammen (vgl. Beispiel 4.36)

$$\begin{array}{ccc} \varphi^* E & \xrightarrow{\pi^*\varphi} & E \\ {\scriptstyle \varphi^*\pi}\downarrow & & \downarrow{\scriptstyle \pi} \\ N & \xrightarrow[\varphi]{} & M \end{array}$$

und halten fest, dass die Einschränkungen von $\pi^*\varphi$ auf Fasern jeweils ein Diffeomorphismus auf eine Faser von E sind. □

Zusammenhänge auf Faserbündeln

Sei (E, π) ein Faserbündel über M. Ein *vertikaler Vektor* von E ist ein Tangentialvektor $X \in T_e(E)$ mit $X \in T_e(E_{\pi(e)})$, d. h., $\pi'(X) = 0$, wobei $\pi' : TE \to TM$ die Ableitung von π ist. Mit der kanonischen Projektion $\pi_E : TE \to E$ und $VE := \{X \in TE \mid X \text{ vertikal}\} \subseteq TE$ ist dann (VE, π_E) ein Vektorbündel, das man das *vertikale Bündel* von E nennt. Wir halten fest, dass die Faser $V(E)_e$ von $V(E)$ in $e \in E$ gleich $T_e(E_{\pi(e)})$ ist.

Definition 9.32 (Zusammenhang auf einem Faserbündel)
Sei (E, π) ein Faserbündel über M. Eine VE-wertige 1-Form Φ auf E, d. h. ein glatter Schnitt von $\bigotimes_1^1 TE = TE^* \otimes TE = \operatorname{Hom}(TE, TE)$ mit Werten in VE, ist ein *Zusammenhang*, wenn $\Phi \circ \Phi = \Phi$ und $\operatorname{Bild}(\Phi(e)) = VE_e$, d. h., wenn Φ eine Projektion von TE auf das Unterbündel VE ist. Der Kern HE von Φ heißt das *horizontale Bündel* von E zu Φ.

Wenn man jetzt eine glatte Kurve $\gamma : I \to M$ hat, dann kann man nach Beispiel 9.31 das Bündel E mit γ zu einem Bündel $\gamma^* E$ über I zurückziehen. Man kann auch die vektorwertige Form Φ zurückziehen. Dazu muss man zunächst zeigen, dass das vertikale Unterbündel eines zurückgezogenen Bündels die Zurückziehung des vertikalen Unterbündels ist. Das vertikale Bündel von $\gamma^* E$ ist durch

$$V(\gamma^* E) = \{Z \in T(\gamma^* E) \mid (\gamma^* \pi)'(Z) = 0\}$$

gegeben. Für $Z \in V(\gamma^* E)$ gilt also

$$\pi' \circ (\pi^* \gamma)'(Z) = \gamma' \circ (\gamma^* \pi)'(Z) = 0,$$

d.h. $(\pi^* \gamma)'(Z) \in VE$. Damit erhalten wir das kommutative Diagramm

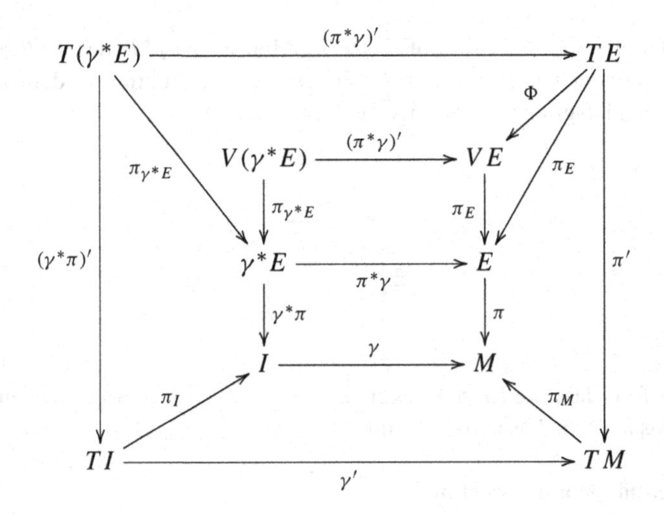

und wollen einsehen, dass es eine Projektion $\gamma^* \Phi : T(\gamma^* E) \to V(\gamma^* E)$ mit

$$\Phi \circ (\pi^* \gamma)' = (\pi^* \gamma)' \circ \gamma^* \Phi$$

gibt. Da $\pi^* \gamma|_{(\gamma^* E)_{\gamma^* \pi(t,e)}} : (\gamma^* E)_{\gamma^* \pi(t,e)} \to E_{\pi(e)}$ für jedes $(t, e) \in \gamma^* E$ ein Diffeomorphismus ist, ist $\varphi_{t,e} := (\pi^* \gamma)'|_{V(\gamma^* E)_{(t,e)}} : V(\gamma^* E)_{(t,e)} \to V(E)_e$ ein linearer Isomorphismus. Also können wir für jedes $(t, e) \in \gamma^* E$ eine Abbildung

$$\gamma^* \Phi : T(\gamma^* E)_{(t,e)} \to V(\gamma^* E)_{(t,e)}, \quad Z \mapsto \varphi_{t,e}^{-1} \circ \Phi \circ (\pi^* \gamma)'(Z)$$

definieren. Diese Abbildungen sind Projektionen und lassen sich zu einem Zusammenhang $\gamma^* \Phi : T(\gamma^* E) \to V(\gamma^* E)$ zusammensetzen, der das obige Diagramm komplettiert.

Man beachte, dass man für die Konstruktion der Zurückziehung eines Zusammenhangs die speziellen Eigenschaften von I und γ gar nicht braucht. Es würde genügen,

$\gamma : I \to M$ als differenzierbare Abbildung zwischen Mannigfaltigkeiten anzunehmen. Als Nächstes betrachten wir allerdings das horizontale Bündel $H(\gamma^* E)$ und wollen benutzen, dass es *integrierbar* ist, d. h. dass es eine Blätterung von $\gamma^* E$ gibt, deren Blätter die Fasern von $H(\gamma^* E)$ als Tangentialräume haben. Das ist für allgemeine horizontale Bündel nicht der Fall. Für unser $\gamma^* E$ geht das aber, denn die Fasern von $H(\gamma^* E)$ sind eindimensional, und die Integrierbarkeit folgt aus dem Satz von Picard-Lindelöf über die eindeutige Lösbarkeit gewöhnlicher Differenzialgleichungen.

Wir wählen eine festen Punkt $t_0 \in I$. Dann lässt sich die Kurve γ für jeden „Anfangspunkt" $e_0 \in E_\gamma(t_0)$ und zu einer horizontalen Kurve $\tilde{\gamma}_{e_0}$ in $\gamma^* E$ mit $\tilde{\gamma}_{e_0}(t_0) = (t_0, e_0)$ liften, und für $t \in I$ ist die resultierende Abbildung

$$\tau_{\gamma(t_0),\gamma(t),\gamma} : E_{\gamma(t_0)} \to E_{\gamma(t)}, \quad e_0 \mapsto \pi^* \gamma(\tilde{\gamma}_{e_0}(t))$$

ist die angestrebte Parallelverschiebung entlang der Kurve.

Auch für diese Parallelverschiebung lassen sich Krümmungseigenschaften aus dem Paralleltransport entlang geschlossener Kurven ablesen. Für jedes $x_0 \in M$ bekommt man eine Gruppe von Diffeomorphismen von E_{x_0}, die man die *Holonomiegruppe* des Zusammenhangs in x_0 nennt. Wir wollen auf die Holonomiegruppen nicht näher eingehen, sondern einen anderen Zugang zur Krümmung beleuchten, indem wir die Krümmungsform eines Zusammenhangs einführen.

Wir bezeichnen die glatten Schnitte von $\bigwedge^k T^*M \otimes TM$ mit $\Omega^k(M, TM)$ und nennen sie *vektorwertige* k-Formen. Die vektorwertigen Differentialformen

$$\Omega^\bullet(M, TM) := \bigoplus_{k=0}^{\infty} \Omega^k(M, TM)$$

bilden eine $\mathbb{Z}_2$-graduierte Lie-Algebra (siehe Beispiel 4.5) bezüglich der *Frölicher-Nijenhuis-Klammer,* die wir einfach mit $[\cdot, \cdot]$ bezeichnen, aber nur für Argumente in $\Omega^1(M, TM)$ definieren wollen (man findet eine vollständige Diskussion in [Mi08, § 16]). Für $K, L \in \Omega^1(M, TM)$ und $\mathfrak{X}, \mathfrak{Y} \in \mathcal{X}(M)$ setzen wir

$$\begin{aligned}[K, L](\mathfrak{X}, \mathfrak{Y}) := [K\mathfrak{X}, L\mathfrak{Y}] - [K\mathfrak{Y}, L\mathfrak{X}] - L([K\mathfrak{X}, \mathfrak{Y}] - [K\mathfrak{Y}, \mathfrak{X}])\\ -K([L\mathfrak{X}, \mathfrak{Y}] - [L\mathfrak{Y}, \mathfrak{X}]) + (LK + KL)[\mathfrak{X}, \mathfrak{Y}],\end{aligned}$$

wobei auf der rechten Seite die Klammern die normalen Kommutatorklammern von Vektorfeldern sind. Dabei ist zu beachten, dass vektorwertige 1-Formen Schnitte von $\mathrm{Hom}(TM, TM)$ sind, also Vektorfelder auf Vektorfelder abbilden.

Die *Krümmungsform* eines Zusammenhangs $\Phi \in \Omega^1(E, V(E))$ ist definiert als $R := \frac{1}{2}[\Phi, \Phi] \in \Omega^2(E, TE)$. Da das vertikale Bündel VE immer integrierbar ist, hat R Werte in VE. Andererseits ist das horizontale Bündel genau dann integrierbar, wenn $R = 0$ gilt, d. h., die Krümmung verschwindet.

Wenn das Faserbündel (E, π) Symmetrien aufweist, zum Beispiel, wenn es sich um ein Hauptfaserbündel mit Strukturgruppe G handelt, dann kann man auch von einem Zusammenhang auf dem Bündel Symmetrieeigenschaften fordern. Da für Hauptfaserbündel das vertikale Bündel trivialisierbar mit Faser $\mathfrak{g} = \mathrm{Lie}(G)$ ist, führt das zum Konzept eines $\mathfrak{g}$-wertigen Zusammenhangs. Für so einen G-invarianten Zusammenhang $\Phi \in \Omega^1(E, VE)$ findet man eine zugeordnete Zusammenhangsform $\omega \in \Omega^1(E, \mathfrak{g})$ und zu seiner ebenfalls G-invarianten Krümmungsform $R \in \Omega^2(E, VE)$ eine bezüglich der G-Wirkungen auf E und $\mathfrak{g}$ äquivariante Krümmungsform $\Omega \in \Omega^2(E, \mathfrak{g})$. Aus solchen G-invarianten Zusammenhängen lassen sich Zusammenhänge auf assoziierten Bündeln konstruieren und letztendlich, wenn es sich um Vektorbündel handelt, kovariante Ableitungen.

Man kann das äußere Produkt von Differentialformen auf $\mathfrak{g}$-wertige Formen verallgemeinern, indem man Formen mit Werten in der symmetrischen Algebra von $\mathfrak{g}$ betrachtet. Unter Verwendung der natürlichen Abbildung $\mathrm{S}(\mathfrak{g}^*) \to \mathrm{S}(\mathfrak{g})^*$ lassen sich solche Formen mit $f \in \mathrm{S}(\mathfrak{g}^*)$ verknüpfen und zu gewöhnlichen Differenzialformen machen. Sie werden G-invariant, wenn man f im Raum $\mathrm{S}(\mathfrak{g}^*)^G$ der G-invarianten Polynomfunktionen auf $\mathfrak{g}$ wählt. Wendet man dieses Prinzip auf die k-fache Potenz der Krümungsform Ω eines Hauptfaserbündels E an, so erhält man eine G-invariante $2k$-Form $\mathrm{CW}_E(f)$ auf E. Diese Form ist, wie schon Ω *horizontal,* d. h., als Multilinearform verschwindet sie, sobald eines der Argumente ein vertikales Vektorfeld ist. Das Zurückziehen mit π ist aber ein Isomorphismus zwischen den $\Omega(M)$ und den G-äquivarianten horizontalen Differentialformen auf E. Also gewinnt man eine Differentialform $\mathrm{CW}_{M,\pi}(f) \in \Omega^{2k}(M)$ mit $\mathrm{CW}_E(f) = \pi^*(\mathrm{CW}_{M,\pi}(f))$. Diese Form hängt nicht von der Wahl des G-invarianten Zusammenhangs ab und wird *Chern-Weil-Form* von f genannt. Man kann nachrechnen, dass die Chern-Weil-Formen geschlossen sind und daher (De-Rham-)Kohomologieklassen definieren. Die resultierenden Kohomologieklassen (geraden Grades) heißen auch *charakteristische Klassen.* Sie spielen in der Algebraischen Topologie und Geometrie eine wichtige Rolle. Besonders prominent ist ihr Auftreten auf der topologischen Seite der *Atiyah-Singer-Indexformel,* die den analytischen Index von elliptischen Differenzialoperatoren auf kompakten Mannigfaltigkeiten durch topologische Größen, nämlich Integrale gewisser charakteristischer Klassen, ausdrückt.

Literatur Zusammenhänge sind die grundlegende Struktur für den Zugang von [KN96] zur Differenzialgeometrie. Die unterschiedlichen Varianten der Beschreibung von Zusammenhängen und ihre Relevanz für Krümmungsbegriffe werden in Bd. 2 von [Sp99] beschrieben und verglichen. Kovariante Ableitungen, Levi-Civita-Zusammenhänge und die Riemann'sche Krümmung werden aber natürlich auch in jedem Buch über Riemann'sche Geometrie erklärt. Bündel werden in [KN96] ausführlich behandelt. Wegen ihrer Rolle in der Eichtheorie und anderen Bereichen der theoretischen Physik finden sie auch Eingang in Lehrbüchern der Physik wie [Na15]. Man findet sie aber auch in vielen spezialisierteren Texten wie [LM89] oder [MS12]. Den hier skizzierten Zugang zu Zusammenhängen auf allgemeinen Faserbündeln bis hin zu einer Formulierung der Atiyah-Singer-Indexformel findet man in [Mi08, Chap. IV]. Ein anderer Zugang, der unter anderem massiv Gebrauch von Dirac-Operatoren macht, findet sich in [BGV92].

9.3 Strukturierte Analysis?

Bis hierher kam die Analysis in diesem Buch nur am Rande vor: implizit über den Differenzialkalkül in Kap. 6 über Mannigfaltigkeiten und als eine Art Abbruchkriterium, wenn Inhalte die Einführung konkreter analytischer Methoden erfordert hätten, die sich nicht gut mit Strukturen in Verbindung bringen lassen.

Es wäre nicht richtig zu sagen, dass in der Analysis Strukturen keine Rolle spielen. Schon die Differential- und Integralkalküle von Newton und Leibniz lassen sich als Algebraisierungen analytischer Inhalte griechischer Mathematik deuten. Die Funktionalanalysis als Kombination von linearer Algebra und Topologie wurde als struktureller Rahmen für Integralgleichungen erfunden und später so ausgebaut, dass sie zu einem unverzichtbaren Werkzeug für die Behandlung von Differenzialgleichungen wurde. Und im Grunde sind die Kolmogoroff-Axiome der Wahrscheinlichkeitstheorie auch eine Algebraisierung einer analytischen Problemstellung.

Es hat auch in späteren Zeiten nicht an Versuchen gemangelt, die Analysis weiter zu algebraisieren, aber diese Versuche haben sich unter den Analytikern nicht durchgesetzt. Ein Beispiel ist die *Nichtstandard-Analysis,* die, nicht zuletzt motiviert durch Eulers Umgang mit der Leibniz, schen Infinitesimalmathematik, „unendlich kleine" und „unendlich große" Zahlen einführt und damit rechnet (siehe zum Beispiel [LR94]). Bourbaki arbeitet in [Bo67] mit einem Differentialkalkül auf Basis metrischer Körper. Noch allgemeiner ist der in [Be11] vorgestellte Kalkül, der auf der Basis von topologischen Ringen operiert.

Ein in der Analysis sehr verbreitetes Vorgehen ist, mit auf die jeweilige Problemstellung zugeschnittene Skalen von topologischen Vektorräumen zu arbeiten (siehe [St23] für aktuelle Beispiele). Klassische Beispiele für solche Skalen sind die Lebesgue'schen L^p-Räume mit $1 < p \leq \infty$ oder die Sobolev-Räume H_s mit $s \in \mathbb{R}$. Es gibt Versuche systematischer Darstellungen solcher Skalen von Räumen (siehe zum Beispiel das vierbändige Werk [Tr83]), aber bisher scheint wenig Kapital aus so einer Systematik geschlagen worden zu sein.

In speziellen Situationen wird auch versucht, analytische Probleme dadurch zu lösen, dass man Strukturen, die ursprünglich mit endlichdimensionalen Vektorräumen verbunden sind, wie zum Beispiel Mannigfaltigkeiten, auf der Basis von unendlichdimensionalen Vektorräumen definiert und für die Lösung der Probleme einsetzt. Ein Beispiel ist die Behandlung von partiellen Evolutionsgleichungen, die man mithilfe von gewöhnlichen Differentialgleichungen auf unendlichdimensionalen Räumen behandelt (siehe zum Beispiel [EN00], [Am19] und [AK21]).

Man könnte viele Beispiele spezieller Situationen angeben, in denen strukturelle Überlegungen in die Lösung analytischer Probleme einfließen. Strukturen, innerhalb derer allgemeine Sätze und Lemmata bewiesen werden, die immer wieder herangezogen werden, spielen in der Analysis aber eine untergeordnete Rolle. Fragt man Analytiker danach, betonen sie in der Regel, dass in der Analysis *Prinzipien* im Zentrum stünden, die es zu verstehen gälte und die es erlaubten, Lösungsmethoden auf gegebene Probleme anzupassen.

Algebraische Analysis

Ich möchte an dieser Stelle ein Beispiel für eine tiefliegende Algebraisierung von Analysis herausgreifen und etwas näher beschreiben. Sie geht auf Mikio Sato und seine Schüler Masaki Kashiwara und Takahiro Kawai zurück (siehe [SKK73] und [KKK86]. Diese *Algebraische Analysis,* die massiven Gebrauch von Garbentheorie und Homologischer Algebra macht, ist der eigentliche Ursprung der Mikrolokalen Analysis, sie hat aber in ihrer ursprünglichen Form nur wenig Verbreitung gefunden. Erst die von Lars Hörmander entwickelte Variante, in der die topologischen und algebraischen Bestandteile auf eine Minimum reduziert sind (siehe [Ho83]), hat sich als von Analytikern häufig eingesetztes Werkzeug etabliert.

Startpunkt der Algebraischen Analysis nach Sato sind die *Hyperfunktionen.* Das sind die allgemeinsten unter den sogenannten „verallgemeinerten Funktionen". Die bekannteste Beispielklasse von verallgemeinerten Funktionen sind die *Distributionen* auf offenen Teilmengen U von $\mathbb{R}^n$. Sie sind definiert als stetige lineare Funktionale auf dem Raum $\mathcal{C}_c^\infty(U)$ der glatten Funktionen mit kompakten Trägern auf U. Jede glatte Funktion $f \in \mathcal{C}^\infty(U)$ auf U definiert eine Distribution durch $\varphi \mapsto \int_U f(x)\varphi(x)\mathrm{d}x$. Auf diese Weise bettet man $\mathcal{C}^\infty(U)$ in den Raum $\mathcal{D}'(U)$ der Distributionen auf U ein, was die Bezeichnung verallgemeinerte Funktionen erklärt. Wenn man eine Distribution $\varphi \in \mathcal{D}'(U)$ auf den Raum $\mathcal{A}(U)$ aller reell analytischen Funktionen einschränkt, dann erhält man ein lineares Funktional auf $\mathcal{A}(U)$, aber nicht jedes solche Funktional ist fortsetzbar zu einer Distribution. Diese Ideen lassen sich auf reell analytische Mannigfaltigkeit mit Volumenform übertragen. Dabei wird die Volumenform dazu gebraucht, Funktionen über Integrale als Distributionen betrachten zu können (andernfalls muss man die kompakt getragenen glatten Funktionen durch glatte Schnitte des Dichtebündels ersetzen). Auf einer kompakten reell analytischen Mannigfaltigkeiten M kann man Hyperfunktionen tatsächlich als lineare Funktionale auf dem Raum der reell analytischen Funktionen definieren und erhält dann die Inklusionskette

$$\mathcal{A}(M) \hookrightarrow \mathcal{C}^\infty(M) \hookrightarrow \mathcal{D}'(M) \hookrightarrow \mathcal{B}(M),$$

wobei $\mathcal{B}(M)$ den Raum der Hyperfunktionen auf M bezeichnet.

Für nichtkompakte Mannigfaltigkeiten funktioniert dieser Ansatz nicht. Im Falle eindimensionaler Mannigfaltigkeiten M hat man aber einen anderen einfachen Ansatz. In diesem Fall betrachtet man eine Komplexifizierung $M_\mathbb{C}$ von M und holomorphe Funktionen auf dem Komplement von M in $M_\mathbb{C}$. Lokal sieht dieses Komplement wie zwei Halbräume aus. Wenn die Funktion auf ganz $M_\mathbb{C}$ definiert und holomorph ist, dann ist sie wegen des Prinzips der analytischen Fortsetzung durch ihre Einschränkung auf M eindeutig bestimmt. Diese Einschränkung lässt sich dann als Randwert jeder der beiden Einschränkungen auf die beiden Halbräume betrachten. Wenn die Funktion auf einem der beiden Halbräume verschwindet, sich auf vom anderen Halbraum aber stetig auf M fortsetzen lässt, ist der Randwert so etwas wie ein Sprung zwischen den Funktionen auf den beiden Halbräumen. Diese Beobachtungen führen dazu, den Quotienten $\mathcal{O}(M_\mathbb{C} \setminus M)/\mathcal{O}(M_\mathbb{C})$ als Objekte auf M und die Nebenklassen $\varphi + \mathcal{O}(M_{\mathbb{C}})$ als „Randwerte" der $\varphi \in \mathcal{O}(M_{\mathbb{C}} \setminus M)$ zu betrachten. Diese Überlegungen waren allerdings rein lokal, das heißt, man sollte eigentlich mit nur lokal definierten Funktionen arbeiten. Angemessen ist es hier, mit den Garben holomorpher Funktionen zu arbeiten und, erhält so die Garbe $\mathcal{B}_M := \mathcal{O}_{M_{\mathbb{C}} \setminus M} / \mathcal{O}_{M_{\mathbb{C}}}$ der Hyperfunktionen.

In höheren Dimension kann man diesen Ansatz nicht unverändert übernehmen, weil sich Funktionen in $\mathcal{O}(M_{\mathbb{C}} \setminus M)$ nach dem Satz von Hartogs immer auf ganz $M_{\mathbb{C}}$ holomorph fortsetzen lassen, der obige Quotient also immer verschwindet. Die Lösung ist, M lokal als offene Teilmenge von $\mathbb{R}^n \subseteq \mathbb{C}^n$ in holomorphe Funktionen auf der Menge der Punkte zu betrachten, deren Koordinaten in allen Komponenten nichtverschwindende Imaginärteile haben. Dies führt auf Familien von holomorphen Funktionen, und der passende herauszuteilende Unterraum ist kohomologischer Natur. Als Ergebnis erhält man eine Definition der Garbe $\mathcal{B}_M$ von Hyperfunktionen als der Teil n-Kohomologie von $M_{\mathbb{C}}$ mit Koeffizienten in $\mathcal{O}_{M_{\mathbb{C}}}$, der in M getragen ist (tensoriert mit der Orientierungsgarbe, das heißt der Garbe, die der Prägarbe aller Schnitte des Orientierungsbündels zugeordnet ist). Mit dieser allgemeinen Definition erhält man dann auf Garbenebene die Einbettungen

$$\mathcal{A}_M \hookrightarrow \mathcal{C}_M^\infty \hookrightarrow \mathcal{D}'_M \hookrightarrow \mathcal{B}_M.$$

Verallgemeinerte Funktionen sind eine Erweiterung des mathematischen Rahmens von Funktionen, die es erlauben, Probleme für Funktionen in diesem erweiterten Rahmen zu lösen und die Lösungen dann genauer zu analysieren. Will man zum Beispiel lineare Differentialgleichungen lösen, so zeigt man, dass Differenzialoperatoren auch auf Distributionen wirken. Dann kann man in manchen Situation distributionelle Lösungen der Differenzialgleichung finden, sogenannte *schwache Lösungen*. Für spezielle Differenzialoperatoren kann man außerdem „Regularitätssätze" beweisen, die besagen, dass jede schwache Lösung schon eine glatte Funktion gewesen sein muss. Ein Beispiel für so eine spezielle Eigenschaft von Differenzialoperatoren $D : C^\infty(M) \to C^\infty(M)$ ist die *Elliptizität*. Man kann sie am Hauptsymbol $\sigma \in C^\infty(T^*M)$ des Differentialoperators D ablesen. Wenn D in lokalen Koordinaten durch $D = \sum_{\alpha \in \mathbb{N}_0^n} c_\alpha \partial_x^\alpha$ gegeben ist, dann ist σ in den assoziierte Koordinaten von T^*M durch $\sigma(x, \xi) = \sum_{|\alpha|=k} c_\alpha \xi_x^\alpha$ gegeben, wobei k die Ordnung der höchsten nichtverschwindenden Ableitung in D ist. Elliptizität bedeutet, dass $\sigma(x, \xi)$ für $\xi \neq 0$ nicht verschwindet.

Hyperfunktionen sind ein noch weiterer Rahmen für Funktionen als Distributionen, und es gibt Problemstellungen, die sich in diesem Rahmen besser behandeln lassen als für Distributionen. Der Preis, den man bezahlt, ist der hohe begriffliche Aufwand schon für die Definitionen, aber auch für die (garben- und modultheoretischen) Werkzeuge, die man für die Arbeit in diesem Rahmen verwenden kann. Dieser Aufwand wird von fast allen Analytikern gescheut, und sie versuchen, die Problemstellungen so umzuformulieren, dass sie im Rahmen von Distributionen mit Methoden der Funktional- und harmonischen Analysis behandelbar werden. Das gelingt nicht immer. Insbesondere die Konstruktion von Randwertabbildung gelingt im Rahmen von Distributionen oft nur unter schärferen Voraussetzungen.

Der nächste Schritt in Satos Algebraischer Analysis nach der Einführung der Hyperfunktionen ist die Konstruktion einer passenden Algebra von Operatoren. Passend heißt hier, dass sie die linearen Differentialoperatoren $D = \sum_{\alpha \in \mathbb{N}_0^n} c_\alpha \partial_x^\alpha$ (endliche Summe) mit reell analytischen Koeffizientenfunktionen c_α enthält und viele Elemente bis auf einfach zu behandelnde Reste invertierbar sind. Als Ausgangspunkt nimmt man die auf Koordinatenumgebungen definierten *vollen Symbole* $\sum_{\alpha \in \mathbb{N}_0^n} c_\alpha(x)\xi^\alpha$ und betrachtet die Summanden als homogene holomorphe Funktionen auf $T^*M_\mathbb{C}$, wobei $M_\mathbb{C}$ eine „kleine" komplexe Umgebung von M ist. Dann folgt man einem Ansatz, der so ähnlich ist wie bei Polynomen, die man zu Potenzreihen verallgemeinert. Man betrachtet nicht notwendig endliche formale Summen von holomorphen Funktionen P_ζ auf $T^*M_\mathbb{C}$. Diese Funktionen sollen in der Faservariablen homogen vom Grad $\zeta \in \mathbb{C}$ sein, das heißt, P_ζ ist eine Eigenfunktion des Euler-Operators $\sum_j \xi_j \partial_{\xi_j}$ zum Eigenwert ζ. Weiter nimmt man an, dass es einen Hauptwert $\lambda \in \mathbb{C}$ für die Homogenität gibt und alle anderen Summanden homogen vom Grad $\lambda - j$ mit $j \in \mathbb{N}$ sind. Dazu kommt noch eine technische Abschätzung in Faservariablen. Auf diese Weise erhält man für jedes $\lambda \in \mathbb{C}$ eine Garbe $\mathcal{E}_{M_\mathbb{C}}(\lambda)$, deren Schnitte man *Mikrodifferenzialoperatoren* nennt. Es ist nicht offensichtlich, auf welchen Räumen die Mikrodifferenzialoperatoren in natürlicher Weise wirken sollen. Eine Möglichkeit ist, die Garbe $\mathcal{C}_M$ der Mikrofunktionen auf $iT^*M := \coprod_{x \in M} iT_xM \subseteq T^*M_\mathbb{C}|_M$ einzuführen, die aus der Garbe $\mathcal{B}_M$ der Hyperfunktionen gewonnen wird. Dafür braucht man das Konzept der *singulären Menge* $\mathrm{SS}(u) \in iT^*M$ einer Hyperfunktion. Das ist das Komplement der Menge aller $(x, i\xi) \in iT^*M$, für die u *mikroanalytisch* in einer Umgebung von $(x, i\xi)$ ist, was im Wesentlichen bedeutet, dass u durch eine Summe von holomorphen Funktionen auf offenen Kegeln um $[0, \epsilon[i\xi$ repräsentiert wird. So findet man eine Prägarbe

$$U \mapsto \mathcal{B}_M(M)/\{u \in \mathcal{B}_M(M) \mid \mathrm{SS}(u) \cap V = \emptyset\}$$

auf iT^*M, deren assoziierte Garbe die Garbe der *Mikrofunktionen* ist. Man kann Mikrofunktionen multiplizieren, zurückziehen und integrieren. Mikrodifferenzialoperatoren wirken auf Mikrofunktionen und die Algebra der Mikrodifferenzialoperatoren hat gute Eigenschaften. Insgesamt bieten Mikrofunktionen und Mikrodifferenzialoperatoren einen leistungsfähigen Rahmen, in dem man viele Probleme für Differenzialoperatoren mit holomorphen Koeffizientenfunktionen elegant lösen kann.

Hörmander hat eine Variante dieser Algebraischen Analysis für Distributionen entwickelt, in der die Rolle der analytischen Fortsetzung durch die Fourier-Transformation übernommen wird. Regularität von Distributionen wird mithilfe von Abfallbedingungen der Fourier-Transformation beschrieben und damit für klassische Methoden der Analysis, die sich zentral um Ungleichungen drehen, zugänglich. In dieser Variante werden die singulären Mengen zu *Wellenfrontmengen,* die Mikrodifferentialoperatoren zu *Pseudodifferenzialoperatoren* und die *quantisierten Kontakttransformationen,* die bei Sato aus Koordinatentransformationen gewonnen werden, zu *Fourierintegraloperatoren.* Das sind die wesentlichen Bausteine der *Mikrolokalen Analysis,* die in den letzten Jahrzehnten ständig weiterentwickelt wurde und heutzutage ein Standardwerkzeug insbesondere in der Spektraltheorie von Differenzialoperatoren ist.

Man könnte sagen, dass die Mikrolokale Analysis eine Sammlung von Prinzipien ist, die entsprechend der mathematischen Präferenzen der zeitgenössischen Analytiker immer wieder variiert werden, um verschiedenste analytische Probleme zu lösen. Ihr Ursprung in einer Strukturtheorie ist dabei kaum noch erkennbar. Es scheint mir nicht ausgeschlossen, dass die Rolle von Strukturen in der Mikrolokalen Analysis und der Analysis ganz allgemein irgendwann (wieder) an Bedeutung gewinnt.

Literatur Die Originalquelle für die Algebraische Analysis nach Sato ist [SKK73]. Das Buch [KKK86] ist eine etwas leichter lesbare Einführung. Speziell zu Hyperfunktionen gibt es verschiedene Einführungen. Das Buch [Mo91] ist diesem Thema gewidmet, enthält aber auch ein Kapitel über Mikrofunktionen. Sowohl [Sch84] als auch [Ho83] enthalten einführende Kapitel zu Hyperfunktionen, die sich an mit der Analysis von Distributionen vertraute Leser richten. Das Buch [Sch85] ist eine Einführung in die Theorie der Mikrodifferenzialoperatoren. [Bj79] und [Bj93] betrachten Mikrodifferenzialoperatoren im Kontext allgemeiner Ringe von Differenzialoperatoren und ihrer Moduln. Die garbentheoretischen Werkzeuge, die in der Theorie zum Einsatz kommen, sind in [KS94] beschrieben. Eine Standardquelle für Mikrolokale Analysis und Pseudodifferenzialoperatoren ist [Ho83]. Neuere Texte sind [Zw12] und [Iv19].

Literatur

A

[AMR88] Abraham R, Marsden J, Ratiu T (1988) Manifolds, tensor analysis, and applications. Springer, New York

[AF10] Agricola I, Friedrich Th (2010) Vektoranalysis: Differentialformen in Analysis, Geometrie und Physik. Vieweg-Teubner, Wiesbaden

[AHW18] Alldridge A, Hilgert J, Wurzbacher T (2018) Superorbits. J Inst Math Jussieu 17:1065–1120

[Am19] Amann H (2019) Linear and quasilinear parabolic problems II. Birkhäuser, Basel

[AC21a] Anel M, Catren G (2021) New spaces in mathematics – formal and conceptual reflections. Cambridge University Press

[AC21b] Anel M, Catren G (2021) New spaces in physics – formal and conceptual reflections. Cambridge University Press

[AK21] Arnold VI, Khesin BA (2021) Topological methods in hydrodynamics, 2. Aufl. Springer, Cham

[AD14] Audin M, Damian M (2014) Morse theory and floer homology. Springer, London

[Ba06] Ballmann W (2006) Lectures on Kähler Manifolds. European Math. Soc, Zürich

[BE11] Beem J, Ehrlich P (1981) Global lorentzian geometry. Marcel Dekker, New York

[BGV92] Berline N, Vergne M, Getzler E (1992) Heat kernels and dirac operators. Springer, New York

[Be11] Bertram W (2011) Calcul différentiel topologique élémentaire. Calvage & Mounet, Paris

[Bj79] Björk J-E (1979) Rings of differential operators. North-Holland, Amsterdam

[Bj93] Björk J-E (1993) Analytic $\mathcal{D}$-modules and applications. Kluwer, Doordrecht

[Bo91] Borel A (1991) Linear algebraic groups, 2. Aufl. Springer, New York

[Bo14] Bosch S (2014) Lineare algebra. Springer Spektrum, Heidelberg

[Bo67] Bourbaki N (1967) Variétés différentielles et analytiques – Fascicule de résultats. Hermann, Paris

[Bo70] Bourbaki N (1970) Algèbre I. Hermann, Paris

[Br97] Bredon GE (1997) Sheaf theory. Springer, New York

[Br89] Brodmann M (1989) Algebraische Geometrie. Birkhäuser, Basel

[Bu96] Bumb D (1996) Automorphic forms and representations. Cambridge University Press

[CS01] Cannas da Silva A (2001) Lectures on symplectic geometry. Springer, Berlin

J. Hilgert, *Mathematische Strukturen*,
https://doi.org/10.1007/978-3-662-68893-9_A

[CCF11] Carmeli C, Caston L, Fioresi R (2011) Mathematical foundations of supersymmetry. European Mat. Soc, Zürich
[Ch11] Chen B-Y (2019) Pseudo-Riemannian geometry, δ-invariants and applications. World Scientific, Hackensack
[CS22] Clausen D, Scholze P (2022) Condensed mathematics and complex geometry. https://people.mpim-bonn.mpg.de/scholze/Complex.pdf
[Co94] Connes A (1994) Noncommutative geometry. Academic Press, San Diego
[Co95] Coutinho SC (1995) A primer of algebraic D-modules. Cambridge University Press
[CLM21] Crainic M, Loja Fernandez R, Mărcuţ I (2021) Lectures on poisson geometry. American Math. Soc, Providence
[DM99] Deligne P, Morgan J (1999) Notes on supersymmetry (following J. Bernstein). In: Deligne P et al (Hrsg) Quantum fields and strings: a course for mathematicians, Bd I. American Math. Soc., Providence, S 41–98
[tD91] tom Dieck T (1991) Topologie. De Gruyter, Berlin
[Di74] Dieudonné J (1974) Cours de Géométrie Algébrique 2. Presses Universitaires de France
[Di85] Dieudonné J (1985) Grundzüge der modernen Analysis, Bd 1. Vieweg, Wiesbaden
[dC92] do Carmo MP (1992) Riemannian geometry. Birkhäuser, Basel
[EN00] Engel K-J, Nagel R (2000) One-parameter semigroups for linear evolution equations. Springer
[EH07] Eisenbud D, Harris J (2007) The geometry of schemes. Springer, New York
[Fi13] Fischer G (2013) Lehrbuch der Algebra. Springer Spektrum, Heidelberg
[GM03] Gelfand SI, Manin YI (2003) Methods of homological algebra, 2. Aufl. Springer, Berlin
[Go73] Godement R (1973) Théorie des Faisceaux. Hermann, Paris
[GW10] Görtz U, Wedhorn T (2010) Algebraic geometry I. Vieweg+Teubner, Wiesbaden
[Go11] Gowers T et al (2011) The princeton companion to mathematics. Princeton University Press
[GVF01] Gracia-Bondía J, Várilly J, Figueroa H (2001) Elements of noncommutative geometry. Birkhäuser, Boston
[Gr08] Grätzer G (2008) Universal algebra. Springer, New York
[GH94] Griffith P, Harris J (1994) Principles of algebraic geometry. Wiley, New York
[Ha77] Hartshorne R (1977) Algebraic geometry. Springer, New York
[Ha02] Hatcher A (2002) Algebraic topology. Cambridge University Press
[HE73] Hawking S, Ellis G (1973) The large scale structure of space-time. Cambridge University Press
[HS73] Herrlich H, Strecker GE (1973) Category theory. Allyn and Bacon, Boston
[HH21] Hilgert I, Hilgert J (2021) Mathematik – Ein Reiseführer, 2. Aufl. Springer Spektrum, Heidelberg
[Hi13] Hilgert J (2013) Lesebuch Mathematik für das erste Studienjahr. Springer Spektrum, Heidelberg
[Hi13a] Hilgert J (2013) Arbeitsbuch Mathematik für das erste Studienjahr. Springer Spektrum, Heidelberg
[HN12] Hilgert J, Neeb K-H (2012) Structure and geometry of lie groups. Springer, New York
[HWZ21] Hofer H, Wysocki K, Zehnder E (2021) Polyfold and Fredholm theory. Springer, New York
[Ho12] Holme A (2012) A royal road to algebraic geometry. Springer, Berlin
[Ho73] Hörmander L (1973) An introduction to complex analysis in several variables, 2. Aufl. North-Holland, Amsterdam
[Ho83] Hörmander L (1983) The analysis of linear partial differential operators I–IV. Springer, Berlin
[Hu05] Huybrechts D (2005) Complex geometry. Springer, Berlin
[Iv86] Iversen B (1986) Cohomology of sheaves. Springer, Berlin

[Iv19] Ivrii V (2019) Microlocal analysis, sharp spectral asymptotics and applications V - applications to quantum theory and miscellaneous problems. Springer, Cham

[KKK86] Kashiwara M, Kawai T, Kimura T (1986) Foundations of algebraic analysis. Princeton University Press

[KS94] Kashiwara M, Shapira P (1994) Sheaves on manifolds. Springer, Berlin

[KS06] Kashiwara M, Shapira P (2006) Categories and sheaves. Springer, Berlin

[Ke95] Kempf G (1995) Algebraic structures. Vieweg, Wiesbaden

[KV95] Knapp AW, Vogan DA (1995) Cohomological induction and unitary representations. Princeton University Press

[KN96] Kobayashi S, Nomizu K (1996) Foundations of differential geometry. Wiley, New York

[Ko97] Koch H (1997) Zahlentheorie. Vieweg, Wiesbaden

[Ko03] Kontsevich M (2003) Deformation quantization of Poisson manifolds. Lett Math Phys 66:157–216

[KM95] Kowalsky H-J, Michler GO (1995) Lineare algebra. De Gruyter, Berlin

[La21] Land M (2021) Introduction to infinity-categories. Springer, Cham

[LR94] Landers D, Rogge L (1994) Nichtstandard analysis. Springer, Berlin

[La93] Lang S (1993) Algebra. Addison-Wesley, Reading

[LPV13] Laurent-Gengoux C, Pichereau A, Vanhaecke P (2013) Poisson structures. Springer, Heidelberg

[LM89] Lawson B, Michelsohn M-L (1989) Spin geometry. Princeton University Press

[Le14] Leinster T (2014) Basic category theory. Cambridge University Press

[LS23] Le Stum B (2023) An introduction to condensed mathematics. https://perso.univ-rennes1.fr/bernard.le-stum/bernard.le-stum/Enseignement_files/CondensedBook.pdf

[LM87] Libermann P, Marle Ch-M (1987) Symplectic geometry and analytical mechanics. D. Reidel, Dordrecht

[LS20] Lins Neto A, Scárdua B (2020) Complex algebraic foliations. De Gruyter, Berlin

[ML98] Mac Lane S (1998) Categories for the working mathematician. Springer, New York

[MS17] McDuff D, Salamon D (2017) Introduction to symplectic topology, 3. Aufl. Oxford University Press

[MS12] McDuff D, Salamon D (2012) J-Holomorphic curves and symplectic topology, 2. Aufl. American Math. Soc, Providence

[Mi08] Michor PW (2008) Topics in differential geometry. American Math. Soc, Providence

[Mi05] Milne JS (2005) Algebraic geometry: V5.0. Taiaroa Publishing, Erehwon

[Mi17] Milne JS (2005) Algebraic groups. Cambridge University Press

[MM03] Moerdijk I, Mrçun J (2003) Introduction to foliations and Lie groupoids. Cambridge University Press

[MF10] Morgan JW, Fong F (2010) Ricci flow and geometrization of 3-manifolds. American Math. Soc, Providence

[Mo91] Morimoto M (1991) An introduction to sato's hyperfunctions. Amer. Math. Soc, Providence

[Na12] Naber GL (2012) The geometry of minkowski spacetime – an introduction to the mathematics of the special theory of relativity. Springer, New York

[Na15] Nakahara M (2015) Differentialgeometrie, Topologie und Physik. Springer, Berlin

[Oh15] Oh Y-G (2015) Symplectic topology and floer homology. Cambridge University Press

[ON83] O'Neill B (1983) Semi-Riemannian geometry. Academic Press, New York

[Pe95] Perrin D (1995) Géométrie algébrique. InterÉditions, Paris

[PR94] Platonov V, Rapinchuk A (1994) Algebraic groups and number theory. Academic Press, New York

[Po17] Pohl A (2017) The category of reduced orbifolds in local charts. J Math Soc Japan 69:755–800

[Ra04] Ramanan S (2004) Global calculus. American Math. Soc, Providence

[Re90] Reid M (1990) Undergraduate algebraic geometry. Cambridge University Press

[Re95] Reid M (1995) Undergraduate Commutative Algebra. Cambridge University Press
[Sa22] Sasane A (2022) A mathematical introduction to general relativity. World Scientific Publishing, Hackensack
[Sa56] Satake I (1956) On a generalization of the notion of manifold. Proc Nat Acad Sci USA 42:359–363
[SKK73] Sato M, Kashiwara M, Kawai T (1973) Microfunctions and pseudo-differential equations. In Hyperfunctions and pseudo-differential equations. Lect Notes Math 287:265–529
[Sch85] Schapira P (1985) Microdifferential systems in the complex domain. Springer, Berlin
[Sch84] Schlichtkrull H (1984) Hyperfunctions and harmonic analysis on symmetric spaces. Birkhäuser, Basel
[Sp66] Spanier E (1966) Algebraic topology. McGraw-Hill, New York
[Sp71] Spivak M (1971) Calculus on manifolds. Addison-Wesley, Reading
[Sp99] Spivak M (1999) A comprehensive introduction to differential geometry, 3rd edn. Publish or Perish, Houston
[Sp88] Springer T (1988) Linear algebraic groups, 2. Aufl. Springer, New York
[SP] The Stacks project – an open source textbook and reference work on algebraic geometry. https://stacks.math.columbia.edu
[St23] Street B (2023) Maximal Subellipticity. De Gruyter, Berlin
[Ta02] Taylor JL (2002) Several complex variables with connections to algebraic geometry and lie groups. American Math. Soc, Providence
[Te75] Tennison BR (1975) Sheaf theory. Cambridge University Press
[To17] Toenniessen F (2017) Topologie. Springer, Berlin
[Tr83] Triebel H (1983–2020) Theory of function spaces I–IV. Birkhäuser, Basel
[Tu04] Tuynman GM (2004) Supermanifolds and supergroups. Kluwer Academic Publishers, Dordrecht
[Va94] Vaisman I (1994) Lectures on the geometry of Poisson manifolds. Birkhäuser, Basel
[Vo87] Vogan DA (1987) Unitary representations of reductive Lie groups. Princeton University Press
[Vo16] Voisin C (2016) Théorie de Hodge et géométrie algébrique complexe. Soc. Math. de France, Paris
[Wa07] Waldmann S (2007) Poisson-Geometrie und Deformationsquantisierung. Springer, Berlin
[Wa83] Warner FW (1983) Foundations of differentiable manifolds and lie groups. Springer, New York
[We15] Wedhorn T (2015) Manifolds, sheaves, and cohomology. Springer, Berlin
[We94] Weibel C (1994) An introduction to homological algebra. Cambridge University Press
[We58] Weil A (1958) Introduction à l'étude des variétés kählériennes. Hermann, Paris
[We79] Wells RO (1979) Differential analysis on complex manifolds. Springer, New York
[Zw12] Zworski M (2012) Semiclassical analysis. American Math. Soc, Providence

Mathematische Symbole und Index

Symbols

J. Hilgert, *Mathematische Strukturen*,
https://doi.org/10.1007/978-3-662-68893-9